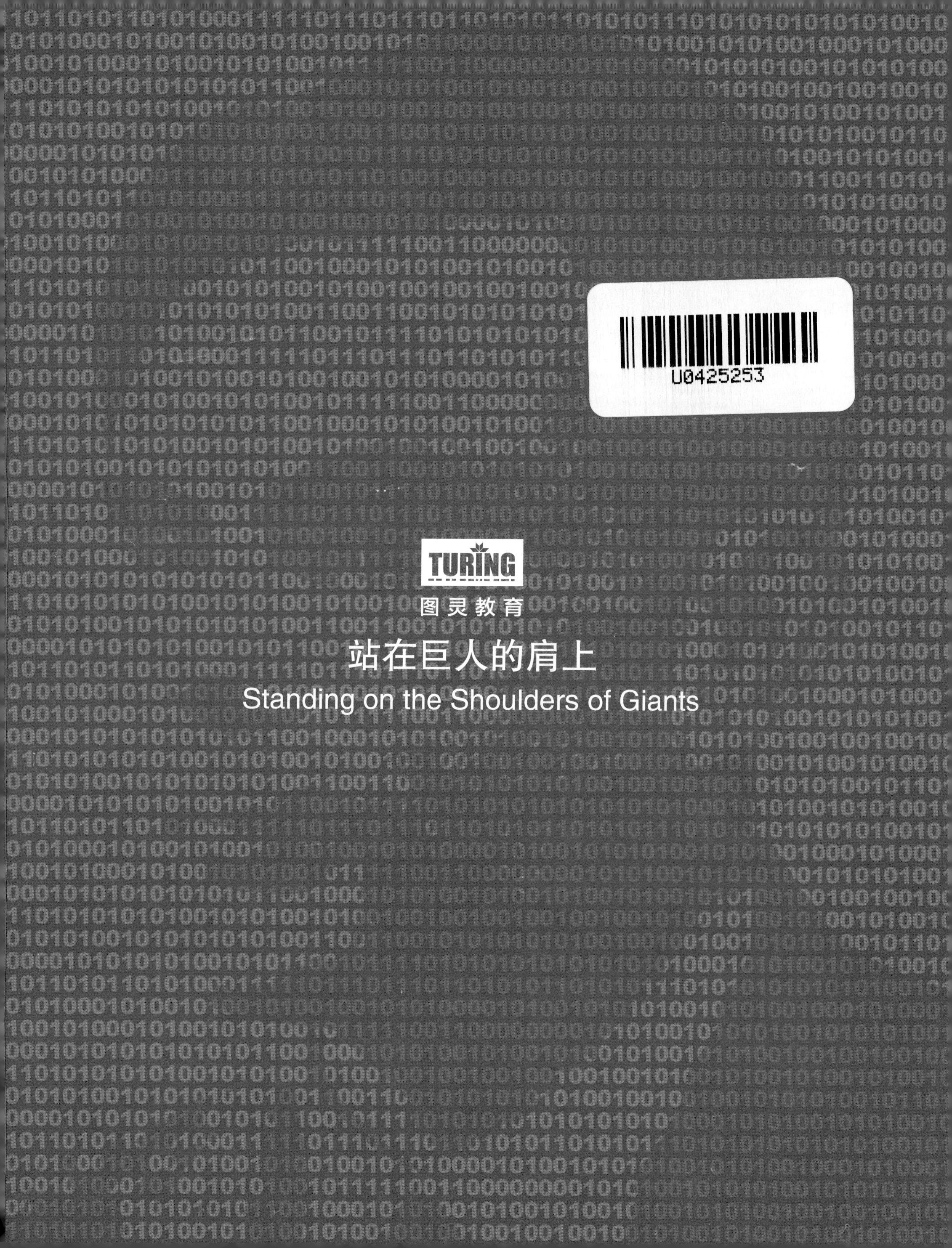
U0425253
TURING
图灵教育
站在巨人的肩上
Standing on the Shoulders of Giants

TURING

图灵教育

站在巨人的肩上

Standing on the Shoulders of Giants

TURING 图灵程序设计丛书

Linux命令行与shell脚本编程大全（第3版）

Linux Command Line and Shell Scripting Bible，3E

【美】Richard Blum　Christine Bresnahan 著
门佳 武海峰 译

人 民 邮 电 出 版 社
北　京

图书在版编目（CIP）数据

Linux命令行与shell脚本编程大全 / (美) 布鲁姆
(Richard Blum) , (美) 布雷斯纳汉
(Christine Bresnahan) 著 ; 门佳, 武海峰译. -- 3版.
-- 北京 : 人民邮电出版社, 2016.8 (2022.1重印)
(图灵程序设计丛书)
ISBN 978-7-115-42967-4

Ⅰ. ①L… Ⅱ. ①布… ②布… ③门… ④武… Ⅲ. ①
Linux操作系统—程序设计 Ⅳ. ①TP316.89

中国版本图书馆CIP数据核字(2016)第155715号

内 容 提 要

这是一本关于 Linux 命令行与 shell 脚本编程的全方位教程，主要包括四大部分：Linux 命令行，shell 脚本编程基础，高级 shell 脚本编程，如何创建实用的 shell 脚本。本书针对 Linux 系统的最新特性进行了全面更新，不仅涵盖了详尽的动手教程和现实世界中的实用信息，还提供了与所学内容相关的参考信息和背景资料。通过本书的学习，你将轻松写出自己的 shell 脚本。

本书适合 Linux 程序设计人员阅读。

◆ 著　　[美] Richard Blum　Christine Bresnahan
译　　门　佳　武海峰
责任编辑　朱　巍
执行编辑　贺子娟
责任印制　彭志环

◆ 人民邮电出版社出版发行　北京市丰台区成寿寺路11号
邮编　100164　电子邮件　315@ptpress.com.cn
网址　http://www.ptpress.com.cn
河北京平诚乾印刷有限公司印刷

◆ 开本：800×1000　1/16
印张：38.75　　2016年8月第3版
字数：922千字　　2022年1月河北第36次印刷

著作权合同登记号　图字：01-2015-4663号

定价：109.00元

读者服务热线：(010)84084456-6009　印装质量热线：(010)81055316

反盗版热线：(010)81055315

广告经营许可证：京东市监广登字 20170147 号

引　言

欢迎阅读《Linux命令行与shell脚本编程大全（第3版）》。和所有“大全”系列图书一样，本书涵盖了详尽的动手教程和实践信息，还提供了与所学内容相关的参考信息和背景资料。本书是关于Linux命令行和shell命令的相当全面的资源。读完之后，你将可以轻松写出自己的shell脚本来实现Linux系统任务自动化处理。

读者对象

如果你是Linux环境下的系统管理员，那么学会编写shell脚本将让你受益匪浅。本书并未细述安装Linux系统的每个步骤，但只要系统已安装好Linux并能运行起来，你就可以开始考虑如何让一些日常的系统管理任务实现自动化。这时shell脚本编程就能发挥作用了，这也正是本书的作用所在。本书将演示如何使用shell脚本来自动处理系统管理任务，包括从监测系统统计数据和数据文件到为你的老板生成报表。

如果你是家用Linux爱好者，同样能从本书中获益。现今，用户很容易在诸多部件堆积而成的图形环境中迷失。大多数桌面Linux发行版都尽量向一般用户隐藏系统的内部细节。但有时你确实需要知道内部发生了什么。本书将告诉你如何启动Linux命令行以及接下来要做什么。通常，如果是执行一些简单任务（比如文件管理），在命令行下操作要比在华丽的图形界面下方便得多。在命令行下有大量的命令可供使用，本书将会展示如何使用它们。

本书结构

本书将会引领你从认识Linux命令行基础开始，一直到写出自己的shell脚本。全书分成四大部分，每部分都基于前面的内容。

第一部分假定你已经有个能运行的Linux系统，或者正在设法获取Linux系统。第1章“初识Linux shell”，描述了构成整个Linux系统的各个部分，并且说明了shell是如何融入Linux的。在介绍了Linux系统的基础知识之后，接着继续探讨以下内容：

- 使用终端仿真包来访问shell（第2章）；
- 介绍基本的shell命令（第3章）；
- 使用更高级的shell命令来窥探系统信息（第4章）；
- 理解shell的用途（第5章）；

- ❑ 使用shell变量来操作数据（第6章）；
- ❑ 理解Linux文件系统和安全（第7章）；
- ❑ 在命令行上使用Linux文件系统（第8章）；
- ❑ 在命令行上安装和更新软件（第9章）；
- ❑ 使用Linux编辑器编写shell脚本（第10章）。

第二部分将从编写shell脚本开始，具体内容如下：

- ❑ 学习如何创建和运行shell脚本（第11章）；
- ❑ 改变shell脚本中程序的流程（第12章）；
- ❑ 迭代代码片段（第13章）；
- ❑ 在脚本中处理用户输入的数据（第14章）；
- ❑ 了解在脚本中存储和显示数据的不同方法（第15章）；
- ❑ 控制脚本在系统中运行的方式和时机（第16章）。

第三部分深入探讨了shell脚本编程的更高级话题，其中包括：

- ❑ 在脚本中创建自己的函数（第17章）；
- ❑ 利用Linux图形化桌面来和脚本用户交互（第18章）；
- ❑ 使用高级Linux命令过滤和解析数据文件（第19章）；
- ❑ 使用正则表达式来定义数据（第20章）；
- ❑ 学习在脚本中操作数据的高级方法（第21章）；
- ❑ 从原始数据生成报表（第22章）；
- ❑ 修改shell脚本，使其能在其他Linux shell中运行（第23章）。

本书的第四部分演示了如何在现实环境中使用shell脚本。在这部分，你将：

- ❑ 学习如何将各种脚本特性融入自己的脚本中（第24章）；
- ❑ 学习如何使用数据库保存、检索数据，如何访问互联网上的数据以及发送电子邮件（第25章）；
- ❑ 编写与Linux系统交互的高级脚本（第26章）。

警告、窍门与说明

为帮助读者更好地理解本书内容，全书进行了很多不同的组织和排版上的处理。

警告 这部分信息很重要，所以放在单独的段落里，并采用了特殊的排版。“警告”部分介绍了要特别注意的信息，不管是不便之处，还是对数据和系统潜在的危害，都囊括在内。

窍门 这部分提供了有益的建议，能够简化你的操作，提升工作效率。“窍门”部分也会提出可行的问题解决方案或某项任务更好的处理方法。

说明 这部分提供了有用的补充或辅助信息，不过有些偏离当前讲述的主题。

代码下载

可以从http://www.wiley.com/go/linuxcommandline下载本书的代码文件。

最低需求

本书并不局限于某种特定的Linux发行版，你可以使用任何可用的Linux系统来跟着书中的进度学习。书中大部分内容都采用了bash shell，这是多数Linux系统的默认shell。

下一步做什么

读完本书之后，你就已经可以在日常工作中得心应手地运用Linux命令了。在不断变化的Linux世界，我们最好能不断了解Linux的最新发展。Linux发行版会有变动，增加新的功能，移除过时的功能。经常关注Linux方面的资讯，不断更新你的Linux知识体系。找一个不错的Linux论坛，关注一下Linux世界的最新动态。有很多流行的Linux新闻站点都能提供有关Linux新进展的及时资讯，比如Slashdot和Distrowatch。

致　谢

首先，所有的荣誉和赞美都献给上帝。是他通过他的儿子耶稣，让这一切成为可能，并赐予我们永生。

非常感谢John Wiley & Sons出版团队的诸位为本书作出的突出贡献。感谢前组稿编辑Mary James为我们提供写作本书的机会。感谢策划编辑Brian Herrmann保证本书的写作顺利进行，并将内容更好地呈现给读者。感谢Marty的努力和勤勉。本书的技术编辑Kevin E. Ryan为保证本书的内容正确作出了卓越贡献，并对本书内容提出了若干改进建议。感谢本书的文字编辑Gwenette Gaddis，她的耐心和努力使得本书的可读性更强。还要感谢Waterside Productions公司的Carole McClendon为我们安排本书的写作事务，并在写作道路上给予了我们很大的帮助。

在此，Christine还想感谢她的先生Timothy，感谢他的鼓励、耐心和倾听，即使他并不理解她说的是什么，也能全心支持她。

目　录

第一部分　Linux 命令行

第 1 章　初识 Linux shell ········· 2

1.1　什么是 Linux ········· 2

1.1.1　深入探究 Linux 内核 ········· 3

1.1.2　GNU 工具 ········· 6

1.1.3　Linux 桌面环境 ········· 8

1.2　Linux 发行版 ········· 12

1.2.1　核心 Linux 发行版 ········· 13

1.2.2　特定用途的 Linux 发行版 ········· 13

1.2.3　Linux LiveCD ········· 14

1.3　小结 ········· 15

第 2 章　走进 shell ········· 16

2.1　进入命令行 ········· 16

2.1.1　控制台终端 ········· 17

2.1.2　图形化终端 ········· 17

2.2　通过 Linux 控制台终端访问 CLI ········· 18

2.3　通过图形化终端仿真访问 CLI ········· 20

2.4　使用 GNOME Terminal 仿真器 ········· 21

2.4.1　访问 GNOME Terminal ········· 21

2.4.2　菜单栏 ········· 22

2.5　使用 Konsole Terminal 仿真器 ········· 25

2.5.1　访问 Konsole Terminal ········· 25

2.5.2　菜单栏 ········· 26

2.6　使用 xterm 终端仿真器 ········· 29

2.6.1　访问 xterm ········· 30

2.6.2　命令行参数 ········· 30

2.7　小结 ········· 32

第 3 章　基本的 bash shell 命令 ········· 33

3.1　启动 shell ········· 33

3.2　shell 提示符 ········· 34

3.3　bash 手册 ········· 34

3.4　浏览文件系统 ········· 37

3.4.1　Linux 文件系统 ········· 37

3.4.2　遍历目录 ········· 40

3.5　文件和目录列表 ········· 42

3.5.1　基本列表功能 ········· 42

3.5.2　显示长列表 ········· 44

3.5.3　过滤输出列表 ········· 45

3.6　处理文件 ········· 46

3.6.1　创建文件 ········· 47

3.6.2　复制文件 ········· 47

3.6.3　制表键自动补全 ········· 50

3.6.4　链接文件 ········· 50

3.6.5　重命名文件 ········· 52

3.6.6　删除文件 ········· 54

3.7　处理目录 ········· 55

3.7.1　创建目录 ········· 55

3.7.2　删除目录 ········· 55

3.8　查看文件内容 ········· 58

3.8.1　查看文件类型 ········· 58

3.8.2　查看整个文件 ········· 59

3.8.3　查看部分文件 ········· 61

3.9　小结 ········· 63

第 4 章　更多的 bash shell 命令 ········· 64

4.1　监测程序 ········· 64

4.1.1　探查进程 ········· 64

4.1.2　实时监测进程 ········· 70

4.1.3　结束进程 ········· 72

4.2　监测磁盘空间 ········· 73

4.2.1 挂载存储媒体 ······73
4.2.2 使用 df 命令······76
4.2.3 使用 du 命令······77
4.3 处理数据文件······78
4.3.1 排序数据······78
4.3.2 搜索数据······81
4.3.3 压缩数据······83
4.3.4 归档数据······84
4.4 小结······85
第 5 章 理解 shell······86
5.1 shell 的类型······86
5.2 shell 的父子关系······88
5.2.1 进程列表······91
5.2.2 别出心裁的子 shell 用法······93
5.3 理解 shell 的内建命令······96
5.3.1 外部命令······96
5.3.2 内建命令······97
5.4 小结······101
第 6 章 使用 Linux 环境变量······103
6.1 什么是环境变量······103
6.1.1 全局环境变量······104
6.1.2 局部环境变量······105
6.2 设置用户定义变量······106
6.2.1 设置局部用户定义变量······106
6.2.2 设置全局环境变量······107
6.3 删除环境变量······109
6.4 默认的 shell 环境变量······110
6.5 设置 PATH 环境变量······113
6.6 定位系统环境变量······114
6.6.1 登录 shell······115
6.6.2 交互式 shell 进程······119
6.6.3 非交互式 shell······120
6.6.4 环境变量持久化······121
6.7 数组变量······121
6.8 小结······122
第 7 章 理解 Linux 文件权限······124
7.1 Linux 的安全性······124
7.1.1 /etc/passwd 文件······124
7.1.2 /etc/shadow 文件······126
7.1.3 添加新用户······127
7.1.4 删除用户······129
7.1.5 修改用户······130
7.2 使用 Linux 组······132
7.2.1 /etc/group 文件······133
7.2.2 创建新组······133
7.2.3 修改组······134
7.3 理解文件权限······135
7.3.1 使用文件权限符······135
7.3.2 默认文件权限······136
7.4 改变安全性设置······138
7.4.1 改变权限······138
7.4.2 改变所属关系······139
7.5 共享文件······140
7.6 小结······142
第 8 章 管理文件系统······143
8.1 探索 Linux 文件系统······143
8.1.1 基本的 Linux 文件系统······143
8.1.2 日志文件系统······145
8.1.3 写时复制文件系统······147
8.2 操作文件系统······147
8.2.1 创建分区······147
8.2.2 创建文件系统······151
8.2.3 文件系统的检查与修复······153
8.3 逻辑卷管理······154
8.3.1 逻辑卷管理布局······154
8.3.2 Linux 中的 LVM······155
8.3.3 使用 Linux LVM······156
8.4 小结······162
第 9 章 安装软件程序······163
9.1 包管理基础······163
9.2 基于 Debian 的系统······164
9.2.1 用 aptitude 管理软件包······164
9.2.2 用 aptitude 安装软件包······166
9.2.3 用 aptitude 更新软件······168
9.2.4 用 aptitude 卸载软件······169
9.2.5 aptitude 仓库······169

9.3 基于 Red Hat 的系统 …… 171
9.3.1 列出已安装包 …… 171
9.3.2 用 yum 安装软件 …… 173
9.3.3 用 yum 更新软件 …… 174
9.3.4 用 yum 卸载软件 …… 174
9.3.5 处理损坏的包依赖关系 …… 175
9.3.6 yum 软件仓库 …… 176
9.4 从源码安装 …… 177
9.5 小结 …… 180

第 10 章 使用编辑器 …… 181

10.1 vim 编辑器 …… 181
10.1.1 检查 vim 软件包 …… 181
10.1.2 vim 基础 …… 183
10.1.3 编辑数据 …… 185
10.1.4 复制和粘贴 …… 185
10.1.5 查找和替换 …… 186
10.2 nano 编辑器 …… 187
10.3 emacs 编辑器 …… 188
10.3.1 检查 emacs 软件包 …… 189
10.3.2 在控制台中使用 emacs …… 190
10.3.3 在 GUI 环境中使用 emacs …… 195
10.4 KDE 系编辑器 …… 196
10.4.1 KWrite 编辑器 …… 196
10.4.2 Kate 编辑器 …… 200
10.5 GNOME 编辑器 …… 202
10.5.1 启动 gedit …… 203
10.5.2 基本的 gedit 功能 …… 203
10.5.3 设定偏好设置 …… 204
10.6 小结 …… 206

第二部分 shell 脚本编程基础

第 11 章 构建基本脚本 …… 210

11.1 使用多个命令 …… 210
11.2 创建 shell 脚本文件 …… 211
11.3 显示消息 …… 212
11.4 使用变量 …… 214
11.4.1 环境变量 …… 214
11.4.2 用户变量 …… 215
11.4.3 命令替换 …… 216
11.5 重定向输入和输出 …… 218
11.5.1 输出重定向 …… 218
11.5.2 输入重定向 …… 219
11.6 管道 …… 220
11.7 执行数学运算 …… 222
11.7.1 expr 命令 …… 223
11.7.2 使用方括号 …… 224
11.7.3 浮点解决方案 …… 225
11.8 退出脚本 …… 228
11.8.1 查看退出状态码 …… 228
11.8.2 exit 命令 …… 229
11.9 小结 …… 231

第 12 章 使用结构化命令 …… 232

12.1 使用 if-then 语句 …… 232
12.2 if-then-else 语句 …… 235
12.3 嵌套 if …… 235
12.4 test 命令 …… 238
12.4.1 数值比较 …… 240
12.4.2 字符串比较 …… 242
12.4.3 文件比较 …… 246
12.5 复合条件测试 …… 254
12.6 if-then 的高级特性 …… 255
12.6.1 使用双括号 …… 255
12.6.2 使用双方括号 …… 256
12.7 case 命令 …… 257
12.8 小结 …… 258

第 13 章 更多的结构化命令 …… 260

13.1 for 命令 …… 260
13.1.1 读取列表中的值 …… 261
13.1.2 读取列表中的复杂值 …… 262
13.1.3 从变量读取列表 …… 263
13.1.4 从命令读取值 …… 264
13.1.5 更改字段分隔符 …… 265
13.1.6 用通配符读取目录 …… 266
13.2 C 语言风格的 for 命令 …… 268
13.2.1 C 语言的 for 命令 …… 268

13.2.2 使用多个变量 ······269
13.3 while 命令 ······270
13.3.1 while 的基本格式 ······270
13.3.2 使用多个测试命令 ······271
13.4 until 命令 ······272
13.5 嵌套循环 ······274
13.6 循环处理文件数据 ······276
13.7 控制循环 ······277
13.7.1 break 命令 ······277
13.7.2 continue 命令 ······280
13.8 处理循环的输出 ······282
13.9 实例 ······283
13.9.1 查找可执行文件 ······284
13.9.2 创建多个用户账户 ······285
13.10 小结 ······286

第 14 章 处理用户输入 ······287

14.1 命令行参数 ······287
14.1.1 读取参数 ······287
14.1.2 读取脚本名 ······289
14.1.3 测试参数 ······291
14.2 特殊参数变量 ······292
14.2.1 参数统计 ······292
14.2.2 抓取所有的数据 ······294
14.3 移动变量 ······295
14.4 处理选项 ······296
14.4.1 查找选项 ······297
14.4.2 使用 getopt 命令 ······300
14.4.3 使用更高级的 getopts ······302
14.5 将选项标准化 ······305
14.6 获得用户输入 ······306
14.6.1 基本的读取 ······306
14.6.2 超时 ······307
14.6.3 隐藏方式读取 ······308
14.6.4 从文件中读取 ······309
14.7 小结 ······309

第 15 章 呈现数据 ······311

15.1 理解输入和输出 ······311
15.1.1 标准文件描述符 ······311
15.1.2 重定向错误 ······313
15.2 在脚本中重定向输出 ······315
15.2.1 临时重定向 ······315
15.2.2 永久重定向 ······316
15.3 在脚本中重定向输入 ······317
15.4 创建自己的重定向 ······317
15.4.1 创建输出文件描述符 ······318
15.4.2 重定向文件描述符 ······318
15.4.3 创建输入文件描述符 ······319
15.4.4 创建读写文件描述符 ······320
15.4.5 关闭文件描述符 ······321
15.5 列出打开的文件描述符 ······322
15.6 阻止命令输出 ······323
15.7 创建临时文件 ······324
15.7.1 创建本地临时文件 ······324
15.7.2 在/tmp 目录创建临时文件 ······325
15.7.3 创建临时目录 ······326
15.8 记录消息 ······327
15.9 实例 ······328
15.10 小结 ······330

第 16 章 控制脚本 ······331

16.1 处理信号 ······331
16.1.1 重温 Linux 信号 ······331
16.1.2 生成信号 ······332
16.1.3 捕获信号 ······334
16.1.4 捕获脚本退出 ······335
16.1.5 修改或移除捕获 ······335
16.2 以后台模式运行脚本 ······338
16.2.1 后台运行脚本 ······338
16.2.2 运行多个后台作业 ······340
16.3 在非控制台下运行脚本 ······341
16.4 作业控制 ······342
16.4.1 查看作业 ······342
16.4.2 重启停止的作业 ······344
16.5 调整谦让度 ······345
16.5.1 nice 命令 ······345
16.5.2 renice 命令 ······346
16.6 定时运行作业 ······346
16.6.1 用 at 命令来计划执行

作业……347
16.6.2 安排需要定期执行的脚本……349
16.6.3 使用新 shell 启动脚本……352
16.7 小结……353

第三部分 高级 shell 脚本编程

第 17 章 创建函数……356
17.1 基本的脚本函数……356
17.1.1 创建函数……357
17.1.2 使用函数……357
17.2 返回值……359
17.2.1 默认退出状态码……359
17.2.2 使用 return 命令……360
17.2.3 使用函数输出……361
17.3 在函数中使用变量……362
17.3.1 向函数传递参数……362
17.3.2 在函数中处理变量……364
17.4 数组变量和函数……366
17.4.1 向函数传数组参数……366
17.4.2 从函数返回数组……368
17.5 函数递归……369
17.6 创建库……370
17.7 在命令行上使用函数……371
17.7.1 在命令行上创建函数……372
17.7.2 在.bashrc 文件中定义函数……372
17.8 实例……374
17.8.1 下载及安装……374
17.8.2 构建库……374
17.8.3 shtool 库函数……376
17.8.4 使用库……376
17.9 小结……377

第 18 章 图形化桌面环境中的脚本编程……378
18.1 创建文本菜单……378
18.1.1 创建菜单布局……379
18.1.2 创建菜单函数……380
18.1.3 添加菜单逻辑……380
18.1.4 整合 shell 脚本菜单……381
18.1.5 使用 select 命令……382
18.2 制作窗口……384
18.2.1 dialog 包……384
18.2.2 dialog 选项……389
18.2.3 在脚本中使用 dialog 命令……391
18.3 使用图形……393
18.3.1 KDE 环境……393
18.3.2 GNOME 环境……396
18.4 小结……400

第 19 章 初识 sed 和 gawk……401
19.1 文本处理……401
19.1.1 sed 编辑器……401
19.1.2 gawk 程序……404
19.2 sed 编辑器基础……410
19.2.1 更多的替换选项……410
19.2.2 使用地址……411
19.2.3 删除行……414
19.2.4 插入和附加文本……415
19.2.5 修改行……417
19.2.6 转换命令……418
19.2.7 回顾打印……419
19.2.8 使用 sed 处理文件……421
19.3 小结……423

第 20 章 正则表达式……424
20.1 什么是正则表达式……424
20.1.1 定义……424
20.1.2 正则表达式的类型……425
20.2 定义 BRE 模式……426
20.2.1 纯文本……426
20.2.2 特殊字符……427
20.2.3 锚字符……428
20.2.4 点号字符……430
20.2.5 字符组……430
20.2.6 排除型字符组……432
20.2.7 区间……433
20.2.8 特殊的字符组……434
20.2.9 星号……434
20.3 扩展正则表达式……436

20.3.1 问号 ……436
20.3.2 加号 ……437
20.3.3 使用花括号 ……437
20.3.4 管道符号 ……438
20.3.5 表达式分组 ……439
20.4 正则表达式实战 ……439
20.4.1 目录文件计数 ……440
20.4.2 验证电话号码 ……441
20.4.3 解析邮件地址 ……443
20.5 小结 ……444

第21章 sed进阶 ……445

21.1 多行命令 ……445
21.1.1 next命令 ……446
21.1.2 多行删除命令 ……449
21.1.3 多行打印命令 ……449
21.2 保持空间 ……450
21.3 排除命令 ……451
21.4 改变流 ……454
21.4.1 分支 ……454
21.4.2 测试 ……455
21.5 模式替代 ……456
21.5.1 &符号 ……457
21.5.2 替代单独的单词 ……457
21.6 在脚本中使用sed ……458
21.6.1 使用包装脚本 ……458
21.6.2 重定向sed的输出 ……459
21.7 创建sed实用工具 ……460
21.7.1 加倍行间距 ……460
21.7.2 对可能含有空白行的文件加倍行间距 ……460
21.7.3 给文件中的行编号 ……461
21.7.4 打印末尾行 ……462
21.7.5 删除行 ……463
21.7.6 删除HTML标签 ……466
21.8 小结 ……467

第22章 gawk进阶 ……469

22.1 使用变量 ……469
22.1.1 内建变量 ……469
22.1.2 自定义变量 ……474
22.2 处理数组 ……476
22.2.1 定义数组变量 ……476
22.2.2 遍历数组变量 ……477
22.2.3 删除数组变量 ……478
22.3 使用模式 ……478
22.3.1 正则表达式 ……478
22.3.2 匹配操作符 ……479
22.3.3 数学表达式 ……480
22.4 结构化命令 ……480
22.4.1 if语句 ……480
22.4.2 while语句 ……482
22.4.3 do-while语句 ……483
22.4.4 for语句 ……484
22.5 格式化打印 ……484
22.6 内建函数 ……487
22.6.1 数学函数 ……487
22.6.2 字符串函数 ……488
22.6.3 时间函数 ……490
22.7 自定义函数 ……490
22.7.1 定义函数 ……490
22.7.2 使用自定义函数 ……491
22.7.3 创建函数库 ……491
22.8 实例 ……492
22.9 小结 ……493

第23章 使用其他shell ……495

23.1 什么是dash shell ……495
23.2 dash shell的特性 ……496
23.2.1 dash命令行参数 ……496
23.2.2 dash环境变量 ……497
23.2.3 dash内建命令 ……499
23.3 dash脚本编程 ……500
23.3.1 创建dash脚本 ……500
23.3.2 不能使用的功能 ……500
23.4 zsh shell ……502
23.5 zsh shell的组成 ……503
23.5.1 shell选项 ……503
23.5.2 内建命令 ……504
23.6 zsh脚本编程 ……508

23.6.1 数学运算 ……508
23.6.2 结构化命令 ……509
23.6.3 函数 ……510
23.7 小结 ……510

第四部分　创建实用的脚本

第 24 章　编写简单的脚本实用工具 ……514
24.1 归档 ……514
24.2 管理用户账户 ……523
24.2.1 需要的功能 ……523
24.2.2 创建脚本 ……530
24.2.3 运行脚本 ……535
24.3 监测磁盘空间 ……537
24.3.1 需要的功能 ……537
24.3.2 创建脚本 ……540
24.3.3 运行脚本 ……541
24.4 小结 ……542
第 25 章　创建与数据库、Web 及电子邮件相关的脚本 ……543
25.1 MySQL 数据库 ……543
25.1.1 使用 MySQL ……543
25.1.2 在脚本中使用数据库 ……552
25.2 使用 Web ……555
25.2.1 安装 Lynx ……556
25.2.2 lynx 命令行 ……557
25.2.3 Lynx 配置文件 ……558
25.2.4 从 Lynx 中获取数据 ……559
25.3 使用电子邮件 ……561
25.4 小结 ……564
第 26 章　一些小有意思的脚本 ……565
26.1 发送消息 ……565
26.1.1 功能分析 ……565
26.1.2 创建脚本 ……568
26.2 获取格言 ……573
26.2.1 功能分析 ……574
26.2.2 创建脚本 ……577
26.3 编造借口 ……583
26.3.1 功能分析 ……583
26.3.2 创建脚本 ……586
26.4 小结 ……587
附录 A　bash 命令快速指南 ……589
附录 B　sed 和 gawk 快速指南 ……597

Part 1

第一部分

Linux 命令行

本部分内容

- 第 1 章　初识 Linux shell
- 第 2 章　走进 shell
- 第 3 章　基本的 bash shell 命令
- 第 4 章　更多的 bash shell 命令
- 第 5 章　理解 shell
- 第 6 章　使用 Linux 环境变量
- 第 7 章　理解 Linux 文件权限
- 第 8 章　管理文件系统
- 第 9 章　安装软件程序
- 第 10 章　使用编辑器

第 1 章

初识Linux shell

1

本章内容

- 什么是Linux
- Linux内核的组成
- 探索Linux桌面
- 了解Linux发行版

在深入研究如何使用Linux命令行和shell之前，最好先了解一下什么是Linux、它的历史及运作方式。本章将带你逐步了解什么是Linux，并介绍命令行和shell在Linux整体架构中的位置。

1.1 什么是 Linux

如果你以前从未接触过Linux，可能就不清楚为什么会有这么多不同的Linux发行版。在查看Linux软件包时，你肯定被发行版、LiveCD和GNU之类的术语搞晕过。初次进入Linux世界会让人觉得不那么得心应手。在开始学习命令和脚本之前，本章将为你稍稍揭开Linux系统的神秘面纱。

首先，Linux可划分为以下四部分：

- Linux内核
- GNU工具
- 图形化桌面环境
- 应用软件

每一部分在Linux系统中各司其职。但就单个部分而言，其作用并不大。图1-1是一个基本结构框图，展示了各部分是如何协作起来构成整个Linux系统的。

本节将详细介绍这四部分，然后概述它们如何通过协作构成一个完整的Linux系统。

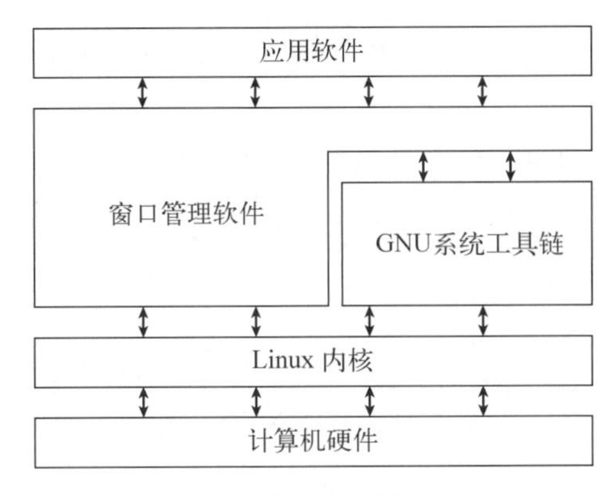

图1-1 Linux系统

1.1.1 深入探究 Linux 内核

Linux系统的核心是内核。内核控制着计算机系统上的所有硬件和软件，在必要时分配硬件，并根据需要执行软件。

如果你一直都在关注Linux世界，肯定听说过Linus Torvalds。Linus还在赫尔辛基大学上学时就开发了第一版Linux内核。起初他只是想仿造一款Unix系统而已，因为当时Unix操作系统在很多大学都很流行。

Linus完成了开发工作后，将Linux内核发布到了互联网社区，并征求改进意见。这个简单的举动引发了计算机操作系统领域内的一场革命。很快，Linus就收到了来自世界各地的学生和专业程序员的各种建议。

如果谁都可以修改内核程序代码，那么随之而来的将是彻底的混乱。为了简单起见，Linus担当起了所有改进建议的把关员。能否将建议代码并入内核完全取决于Linus。时至今日，这种概念依然在Linux内核代码开发过程中沿用，不同的是，现在是由一组开发人员来做这件事，而不再是Linus一个人。

内核主要负责以下四种功能：

- 系统内存管理
- 软件程序管理
- 硬件设备管理
- 文件系统管理

后面几节将会进一步探究以上每一种功能。

1. 系统内存管理

操作系统内核的主要功能之一就是内存管理。内核不仅管理服务器上的可用物理内存，还可以创建和管理虚拟内存（即实际并不存在的内存）。

内核通过硬盘上的存储空间来实现虚拟内存，这块区域称为交换空间（swap space）。内核不断地在交换空间和实际的物理内存之间反复交换虚拟内存中的内容。这使得系统以为它拥有比物理内存更多的可用内存（如图1-2所示）。

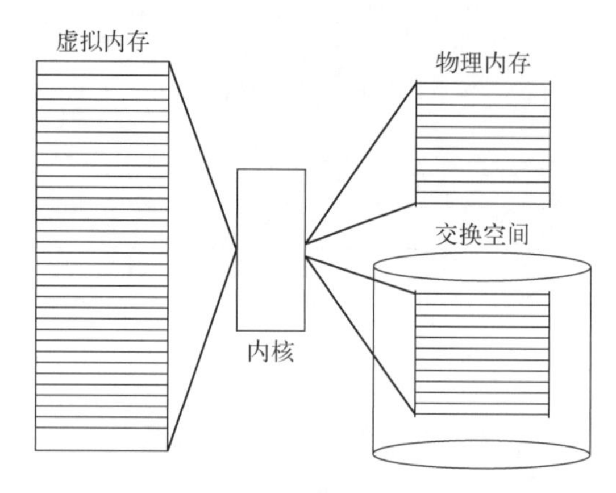

图1-2　Linux系统内存映射

内存存储单元按组划分成很多块，这些块称作*页面*（page）。内核将每个内存页面放在物理内存或交换空间。然后，内核会维护一个内存页面表，指明哪些页面位于物理内存内，哪些页面被换到了磁盘上。

内核会记录哪些内存页面正在使用中，并自动把一段时间未访问的内存页面复制到交换空间区域（称为*换出*，swapping out）——即使还有可用内存。当程序要访问一个已被换出的内存页面时，内核必须从物理内存换出另外一个内存页面给它让出空间，然后从交换空间换入请求的内存页面。显然，这个过程要花费时间，拖慢运行中的进程。只要Linux系统在运行，为运行中的程序换出内存页面的过程就不会停歇。

2. 软件程序管理

Linux操作系统将运行中的程序称为*进程*。进程可以在前台运行，将输出显示在屏幕上，也可以在后台运行，隐藏到幕后。内核控制着Linux系统如何管理运行在系统上的所有进程。

内核创建了第一个进程（称为*init进程*）来启动系统上所有其他进程。当内核启动时，它会将init进程加载到虚拟内存中。内核在启动任何其他进程时，都会在虚拟内存中给新进程分配一块专有区域来存储该进程用到的数据和代码。

一些Linux发行版使用一个表来管理在系统开机时要自动启动的进程。在Linux系统上，这个表通常位于专门文件/etc/inittab中。

另外一些系统（比如现在流行的Ubuntu Linux发行版）则采用/etc/init.d目录，将开机时启动或停止某个应用的脚本放在这个目录下。这些脚本通过/etc/rcX.d目录下的入口（entry）[①]启动，这里的X代表*运行级*（run level）。

① 这些入口实际上是到/etc/init.d目录中启动脚本的符号链接。——译者注（后文若无特殊说明，脚注均为“译者注”。）

Linux操作系统的init系统采用了运行级。运行级决定了init进程运行/etc/inittab文件或/etc/rcX.d目录中定义好的某些特定类型的进程。Linux操作系统有5个启动运行级。

运行级为1时，只启动基本的系统进程以及一个控制台终端进程。我们称之为单用户模式。单用户模式通常用来在系统有问题时进行紧急的文件系统维护。显然，在这种模式下，仅有一个人（通常是系统管理员）能登录到系统上操作数据。

标准的启动运行级是3。在这个运行级上，大多数应用软件，比如网络支持程序，都会启动。另一个Linux中常见的运行级是5。在这个运行级上系统会启动图形化的X Window系统，允许用户通过图形化桌面窗口登录系统。

Linux系统可以通过调整启动运行级来控制整个系统的功能。通过将运行级从3调整成5，系统就可以从基于控制台的系统变成更先进的图形化X Window系统。

在第4章，你将会学习如何使用ps命令查看当前运行在Linux系统上的进程。

3. 硬件设备管理

内核的另一职责是管理硬件设备。任何Linux系统需要与之通信的设备，都需要在内核代码中加入其驱动程序代码。驱动程序代码相当于应用程序和硬件设备的中间人，允许内核与设备之间交换数据。在Linux内核中有两种方法用于插入设备驱动代码：

- 编译进内核的设备驱动代码
- 可插入内核的设备驱动模块

以前，插入设备驱动代码的唯一途径是重新编译内核。每次给系统添加新设备，都要重新编译一遍内核代码。随着Linux内核支持的硬件设备越来越多，这个过程变得越来越低效。不过好在Linux开发人员设计出了一种更好的将驱动代码插入运行中的内核的方法。

开发人员提出了内核模块的概念。它允许将驱动代码插入到运行中的内核而无需重新编译内核。同时，当设备不再使用时也可将内核模块从内核中移走。这种方式极大地简化和扩展了硬件设备在Linux上的使用。

Linux系统将硬件设备当成特殊的文件，称为设备文件。设备文件有3种分类：

- 字符型设备文件
- 块设备文件
- 网络设备文件

字符型设备文件是指处理数据时每次只能处理一个字符的设备。大多数类型的调制解调器和终端都是作为字符型设备文件创建的。块设备文件是指处理数据时每次能处理大块数据的设备，比如硬盘。

网络设备文件是指采用数据包发送和接收数据的设备，包括各种网卡和一个特殊的回环设备。这个回环设备允许Linux系统使用常见的网络编程协议同自身通信。

Linux为系统上的每个设备都创建一种称为节点的特殊文件。与设备的所有通信都通过设备节点完成。每个节点都有唯一的数值对供Linux内核标识它。数值对包括一个主设备号和一个次设备号。类似的设备被划分到同样的主设备号下。次设备号用于标识主设备组下的某个特定设备。

4. 文件系统管理

不同于其他一些操作系统，Linux内核支持通过不同类型的文件系统从硬盘中读写数据。除了自有的诸多文件系统外，Linux还支持从其他操作系统（比如Microsoft Windows）采用的文件系统中读写数据。内核必须在编译时就加入对所有可能用到的文件系统的支持。表1-1列出了Linux系统用来读写数据的标准文件系统。

表1-1　Linux文件系统

文件系统	描　述
ext	Linux扩展文件系统，最早的Linux文件系统
ext2	第二扩展文件系统，在ext的基础上提供了更多的功能
ext3	第三扩展文件系统，支持日志功能
ext4	第四扩展文件系统，支持高级日志功能
hpfs	OS/2高性能文件系统
jfs	IBM日志文件系统
iso9660	ISO 9660文件系统（CD-ROM）
minix	MINIX文件系统
msdos	微软的FAT16
ncp	Netware文件系统
nfs	网络文件系统
ntfs	支持Microsoft NT文件系统
proc	访问系统信息
ReiserFS	高级Linux文件系统，能提供更好的性能和硬盘恢复功能
smb	支持网络访问的Samba SMB文件系统
sysv	较早期的Unix文件系统
ufs	BSD文件系统
umsdos	建立在msdos上的类Unix文件系统
vfat	Windows 95文件系统（FAT32）
XFS	高性能64位日志文件系统

Linux服务器所访问的所有硬盘都必须格式化成表1-1所列文件系统类型中的一种。

Linux内核采用虚拟文件系统（Virtual File System，VFS）作为和每个文件系统交互的接口。这为Linux内核同任何类型文件系统通信提供了一个标准接口。当每个文件系统都被挂载和使用时，VFS将信息都缓存在内存中。

1.1.2　GNU 工具

除了由内核控制硬件设备外，操作系统还需要工具来执行一些标准功能，比如控制文件和程序。Linus在创建Linux系统内核时，并没有可用的系统工具。然而他很幸运，就在开发Linux内核的同时，有一群人正在互联网上共同努力，模仿Unix操作系统开发一系列标准的计算机系统工具。

GNU组织（GNU是GNU's Not Unix的缩写）开发了一套完整的Unix工具，但没有可以运行它们的内核系统。这些工具是在名为开源软件（open source software，OSS）的软件理念下开发的。

开源软件理念允许程序员开发软件，并将其免费发布。任何人都可以使用、修改该软件，或将该软件集成进自己的系统，无需支付任何授权费用。将Linus的Linux内核和GNU操作系统工具整合起来，就产生了一款完整的、功能丰富的免费操作系统。

尽管通常将Linux内核和GNU工具的结合体称为Linux，但你也会在互联网上看到一些Linux纯粹主义者将其称为GNU/Linux系统，藉此向GNU组织所作的贡献致意。

1. 核心GNU工具

GNU项目的主旨在于为Unix系统管理员设计出一套类似于Unix的环境。这个目标促使该项目移植了很多常见的Unix系统命令行工具。供Linux系统使用的这组核心工具被称为coreutils（core utilities）软件包。

GNU coreutils软件包由三部分构成：

- 用以处理文件的工具
- 用以操作文本的工具
- 用以管理进程的工具

这三组主要工具中的每一组都包含一些对Linux系统管理员和程序员至关重要的工具。本书将详细介绍GNU coreutils软件包中包含的所有工具。

2. shell

GNU/Linux shell是一种特殊的交互式工具。它为用户提供了启动程序、管理文件系统中的文件以及运行在Linux系统上的进程的途径。shell的核心是命令行提示符。命令行提示符是shell负责交互的部分。它允许你输入文本命令，然后解释命令，并在内核中执行。

shell包含了一组内部命令，用这些命令可以完成诸如复制文件、移动文件、重命名文件、显示和终止系统中正运行的程序等操作。shell也允许你在命令行提示符中输入程序的名称，它会将程序名传递给内核以启动它。

你也可以将多个shell命令放入文件中作为程序执行。这些文件被称作shell脚本。你在命令行上执行的任何命令都可放进一个shell脚本中作为一组命令执行。这为创建那种需要把几个命令放在一起来工作的工具提供了便利。

在Linux系统上，通常有好几种Linux shell可用。不同的shell有不同的特性，有些更利于创建脚本，有些则更利于管理进程。所有Linux发行版默认的shell都是bash shell。bash shell由GNU项目开发，被当作标准Unix shell——Bourne shell（以创建者的名字命名）的替代品。bash shell的名称就是针对Bourne shell的拼写所玩的一个文字游戏，称为Bourne again shell。

除了bash shell，本书还将介绍其他几种常见的shell。表1-2列出了Linux中常见的几种不同shell。

表1-2　Linux shell

shell	描　述
ash	一种运行在内存受限环境中简单的轻量级shell，但与bash shell完全兼容
korn	一种与Bourne shell兼容的编程shell，但支持如关联数组和浮点运算等一些高级的编程特性
tcsh	一种将C语言中的一些元素引入到shell脚本中的shell
zsh	一种结合了bash、tcsh和korn的特性，同时提供高级编程特性、共享历史文件和主题化提示符的高级shell

大多数Linux发行版包含多个shell，但它们通常会采用其中一个作为默认shell。如果你的Linux发行版包含多个shell，就请尽情尝试不同的shell，看看哪个能满足你的需要。

1.1.3　Linux 桌面环境

在Linux的早期（20世纪90年代初期），能用的只有一个简单的Linux操作系统文本界面。这个文本界面允许系统管理员运行程序，控制程序的执行，以及在系统中移动文件。

随着Microsoft Windows的普及，电脑用户已经不再满足于对着老式的文本界面工作了。这推动了OSS社区的更多开发活动，Linux图形化桌面环境应运而生。

完成工作的方式不止一种，Linux一直以来都以此而闻名。在图形化桌面上更是如此。Linux有各种图形化桌面可供选择。后面几节将会介绍其中一些比较流行的桌面。

1. X Window系统

有两个基本要素决定了视频环境：显卡和显示器。要在电脑上显示绚丽的画面，Linux软件就得知道如何与这两者互通。X Window软件是图形显示的核心部分。

X Window软件是直接和PC上的显卡及显示器打交道的底层程序。它控制着Linux程序如何在电脑上显示出漂亮的窗口和图形。

Linux并非唯一使用X Window的操作系统，它有针对不同操作系统的版本。在Linux世界里，能够实现X Window的软件包可不止一种。

其中最流行的软件包是X.org。它提供了X Window系统的开源实现，支持当前市面上的很多新显卡。

另外两个X Window软件包也日渐流行。Fedora Linux发行版采用了试验性的Wayland软件；Ubuntu Linux发行版开发出了Mir显示服务器，用于其桌面环境。

在首次安装Linux发行版时，它会检测显卡和显示器，然后创建一个含有必要信息的X Window配置文件。在安装过程中，你可能会注意到安装程序会检测一次显示器，以此来确定所支持的视频模式。有时这会造成显示器黑屏几秒。由于现在有多种不同类型的显卡和显示器，这个过程可能会需要一段时间来完成。

核心的X Window软件可以产生图形化显示环境，但仅此而已。虽然对于运行独立应用这已经足够，但在日常PC使用中却并不是那么有用。它没有桌面环境供用户操作文件或是开启程序。

为此，你需要一个建立在X Window系统软件之上的桌面环境。

2. KDE桌面

KDE（K Desktop Environment，K桌面环境）最初于1996年作为开源项目发布。它会生成一个类似于Microsoft Windows的图形化桌面环境。如果你是Windows用户，KDE就集成了所有你熟悉的功能。图1-3展示了运行在openSuSE Linux发行版上的KDE 4桌面。

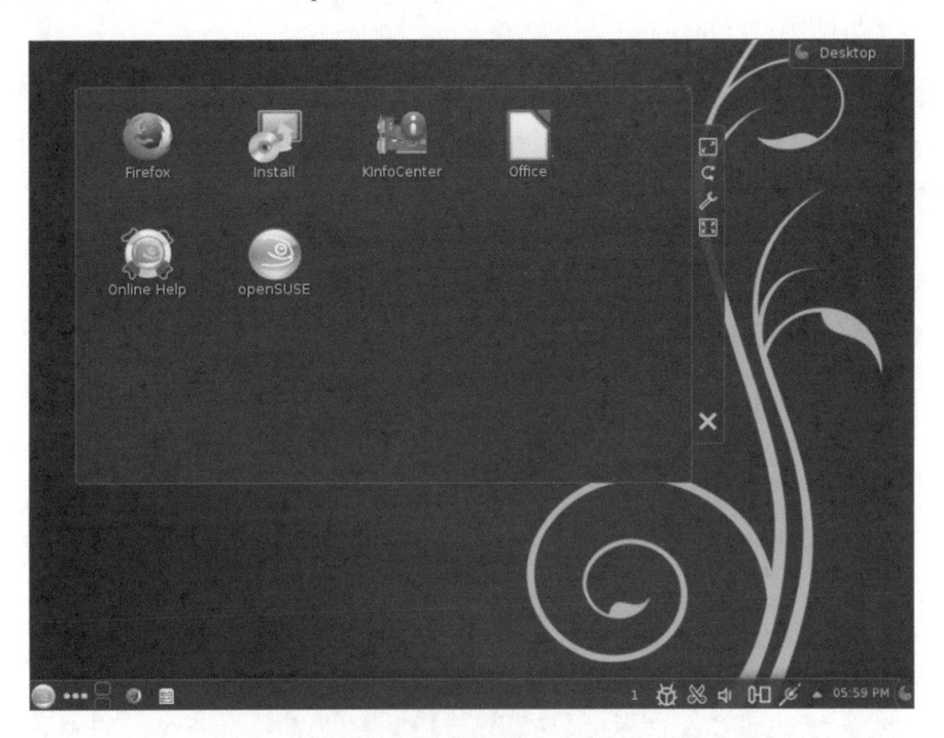

图1-3　openSuSE Linux系统上的KDE 4桌面

KDE桌面允许你把应用程序图标和文件图标放置在桌面的特定位置上。单击应用程序图标，Linux系统就会运行该应用程序。单击文件图标，KDE桌面就会确定使用哪种应用程序来处理该文件。

桌面底部的横条称为面板，由以下四部分构成。

- **KDE菜单**：和Windows的开始菜单非常类似，KDE菜单包含了启动已安装程序的链接。
- **程序快捷方式**：在面板上有直接从面板启动程序的快速链接。
- **任务栏**：任务栏显示着当前桌面正运行的程序的图标。
- **小应用程序**：面板上还有一些特殊小应用程序的图标，这些图标常常会根据小应用程序的状态发生变化。

所有的面板功能都和你在Windows上看到的类似。除了桌面功能，KDE项目还开发了大量的可运行在KDE环境中的应用程序。

3. GNOME桌面

GNOME（the GNU Network Object Model Environment，GNU网络对象模型环境）是另一个流行的Linux桌面环境。GNOME于1999年首次发布，现已成为许多Linux发行版默认的桌面环境（不过用得最多的是Red Hat Linux）。

尽管GNOME决定不再沿用Microsoft Windows的标准观感（look-and-feel），但它还是集成了许多Windows用户习惯的功能：

- 一块放置图标的桌面区域
- 两个面板区域
- 拖放功能

图1-4展示了CentOS Linux发行版采用的标准GNOME桌面。

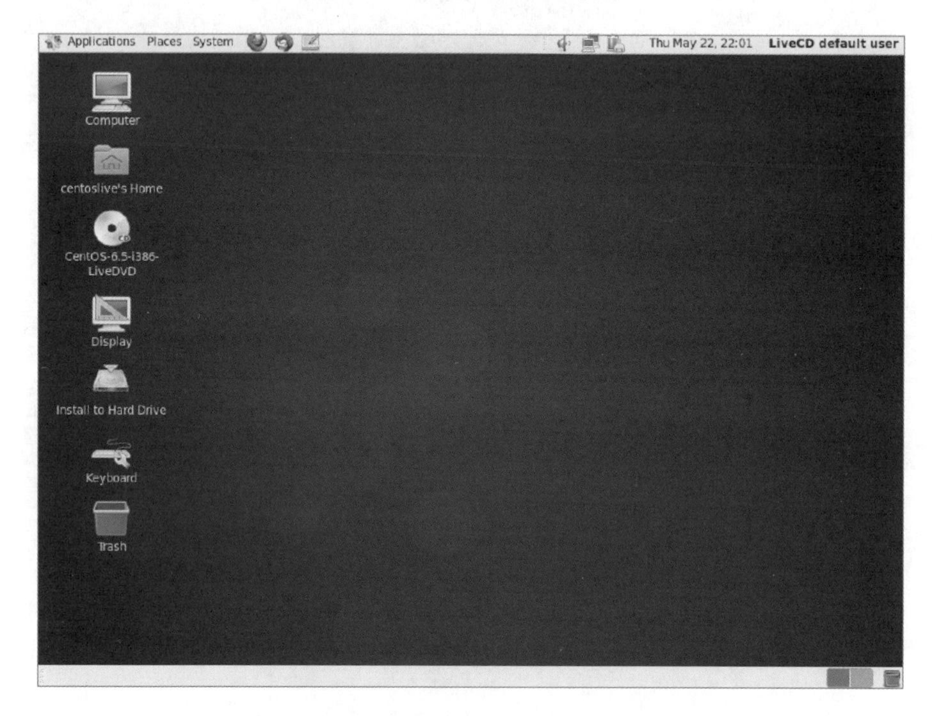

图1-4　CentOS Linux系统上的GNOME桌面

GNOME开发人员不甘示弱于KDE，也开发了一批集成进GNOME桌面的图形化程序。

4. Unity桌面

如果你用的是Ubuntu Linux发行版，你会注意到它与KDE和GNOME桌面环境有些不一样。准确来说，这是因为负责开发Ubuntu的公司决定采用自己的一套叫作Unity的Linux桌面环境。

Unity桌面得名于该项目的目标——为工作站、平板电脑以及移动设备提供一致的桌面体验。不管你是在工作站还是在手机上使用Ubuntu，Unity桌面的使用方式都是一样的。图1-5展示了Ubuntu 14.04 LTS中的Unity桌面。

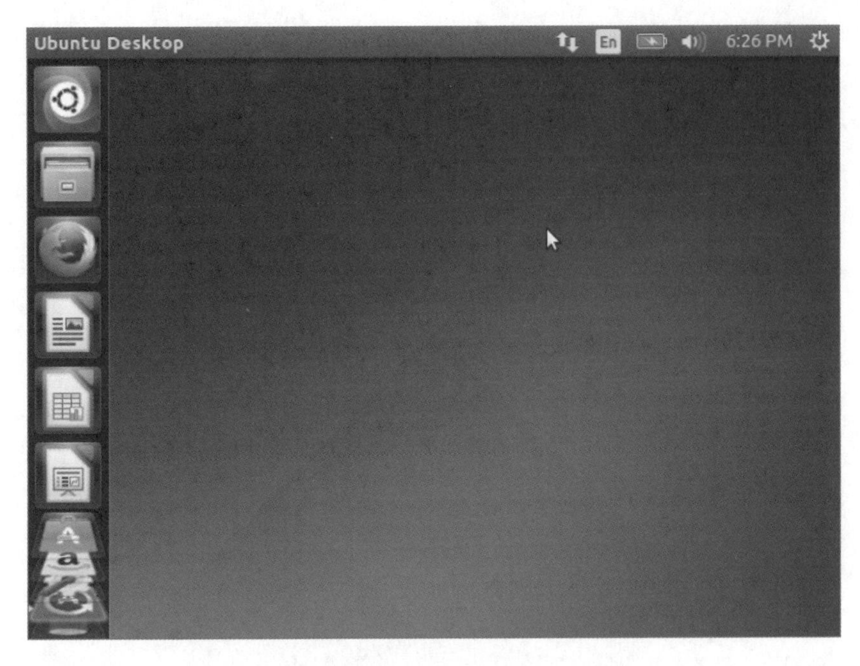

图1-5 Ubuntu Linux系统上的Unity桌面

5. 其他桌面

图形化桌面环境的弊端在于它们要占用相当一部分的系统资源来保证正常运行。在Linux发展之初，Linux的标志和卖点之一就是它可以运行在处理能力较弱的老旧PC上，这些PC无力运行较新的微软桌面。然而随着KDE和GNOME桌面环境的普及，情况发生了变化。运行KDE或GNOME桌面要占用的内存资源和微软的最新桌面环境旗鼓相当。

如果你的PC已经有些年代了，也不要泄气。Linux开发人员已经联手让Linux返璞归真。他们开发了一些低内存开销的图形化桌面应用，提供了能够在老旧PC上完美运行的基本功能。尽管这些图形化桌面环境并没有大量专为其设计的应用，但它们仍然能运行许多基本的图形化程序，支持如文字处理、电子表格、数据库、绘图以及多媒体等功能。

表1-3列出了一些可在配置较低的PC和笔记本电脑上运行的轻量级Linux图形化桌面环境。

表1-3 其他Linux图形化桌面

桌 面	描 述
Fluxbox	一个没有面板的轻型桌面，仅有一个可用来启动程序的弹出式菜单
Xfce	和KDE很像的一个桌面，但少了很多图像以适应低内存环境
JWM	Joe的窗口管理器（Joe's Window Manager），非常适用于低内存低硬盘空间环境的超轻型桌面
Fvwm	支持如虚拟桌面和面板等高级桌面功能，但能够在低内存环境中运行
fvwm95	从fvwm衍生而来，但看起来更像是Windows 95桌面

这些图形化桌面环境并不如KDE或GNOME桌面一样绚丽，但却提供了恰到好处的基本图形化功能。图1-6展示了Puppy Linux antiX发行版所采用的JWM桌面的外观。

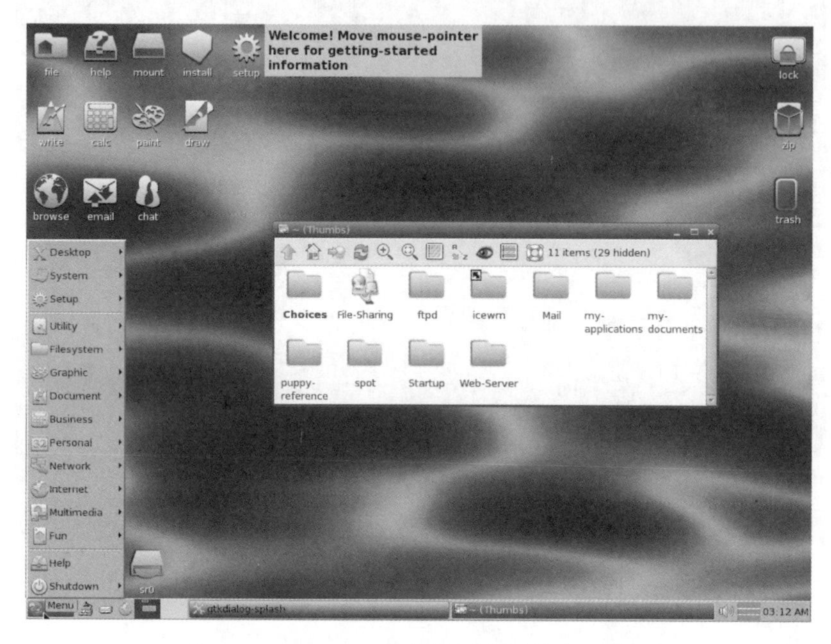

图1-6　Puppy Linux发行版所采用的JWM桌面

如果你用的是老旧PC，尝试一下基于上述某个桌面环境的Linux发行版，看看怎么样，可能会有惊喜哦。

1.2　Linux 发行版

到此为止，你已经了解了构成完整Linux系统所需要的4个关键部件，那你可能在考虑要怎样才能把它们组成一个Linux系统。幸运的是，已经有人为你做好这些了。

我们将完整的Linux系统包称为发行版。有很多不同的Linux发行版来满足可能存在的各种运算需求。大多数发行版是为某个特定用户群定制的，比如商业用户、多媒体爱好者、软件开发人员或者普通家庭用户。每个定制的发行版都包含了支持特定功能所需的各种软件包，比如为多媒体爱好者准备的音频和视频编辑软件，为软件开发人员准备的编译器和集成开发环境（IDE）。

不同的Linux发行版通常归类为3种：

- 完整的核心Linux发行版
- 特定用途的发行版
- LiveCD测试发行版

后面几节将会探讨这些不同类型的Linux发行版，然后展示每种类型中一些Linux发行版示例。

1.2.1　核心 Linux 发行版

核心Linux发行版含有内核、一个或多个图形化桌面环境以及预编译好的几乎所有能见到的Linux应用。它提供了一站式的完整Linux安装。表1-4列出了一些较流行的核心Linux发行版。

表1-4　核心Linux发行版

发　行　版	描　　述
Slackware	最早的Linux发行版中的一员，在Linux极客中比较流行
Red Hat	主要用于Internet服务器的商业发行版
Fedora	从Red Hat分离出的家用发行版
Gentoo	为高级Linux用户设计的发行版，仅包含Linux源代码
openSUSE	用于商用和家用的发行版
Debian	在Linux专家和商用Linux产品中流行的发行版

在Linux的早期，发行版是作为一叠软盘发布的。你必须下载多组文件，然后将其复制到软盘上。通常要用20张或更多的软盘来创建一个完整的发行版！毋庸多言，这是个痛苦的过程。

现今，家用电脑基本都有内置的CD和DVD光驱，Linux发行版也就用一组CD光盘或单张DVD光盘来发布。这大大简化了Linux的安装过程。

然而当新手在安装核心Linux发行版时，仍然经常遇到各种各样的问题。为了照顾到Linux用户的所有使用情景，单个发行版必须包含很多应用软件。从高端的Internet数据库服务器到常见的游戏，可谓应用尽有。鉴于Linux上可用应用程序的数量，一个完整的发行版通常至少要4张CD。

尽管发行版中的大量可选配置对Linux极客来说是好事，但对新手来说就是一场噩梦。多数发行版会在安装过程中询问一系列问题，以决定哪些应用要默认加载、PC上连接了哪些硬件以及怎样配置硬件设备。新手经常会被这些问题困扰，因此，他们经常是要么加载了过多的程序，要么没有加载够，到后来才发现计算机并没有按照他们预想的方式工作。

对新手来说，幸运的是，安装Linux还有更简便的方法。

1.2.2　特定用途的 Linux 发行版

Linux发行版的一个新子群已经出现了。它们通常基于某个主流发行版，但仅包含主流发行版中一小部分用于某种特定用途的应用程序。

除了提供特定软件外（比如仅为商业用户提供的办公应用），定制化发行版还尝试通过自动检测和自动配置常见硬件来帮助新手安装Linux。这使得Linux的安装过程轻松愉悦了许多。

表1-5列出了一些特定用途的Linux发行版以及它们的专长。

这只是特定用途的Linux发行版中的一小部分而已。像这样的发行版足有上百款，而且在互联网上还不断有新的成员加入。不管你的专长是什么，你都能找到一款为你量身定做的Linux发行版。

表1-5　特定用途的Linux发行版

发　行　版	描　　述
CentOS	一款基于Red Hat企业版Linux源代码构建的免费发行版
Ubuntu	一款用于学校和家庭的免费发行版
PCLinuxOS	一款用于家庭和办公的免费发行版
Mint	一款用于家庭娱乐的免费发行版
dyne:bolic	一款用于音频和MIDI应用的免费发行版
Puppy Linux	一款适用于老旧PC的小型免费发行版

许多特定用途的Linux发行版都是基于Debian Linux。它们使用和Debian一样的安装文件，但仅打包了完整Debian系统中的一小部分。

1.2.3　Linux LiveCD

Linux世界中一个相对较新的现象是可引导的Linux CD发行版的出现。它无需安装就可以看到Linux系统是什么样的。多数现代PC都能从CD启动，而不是必须从标准硬盘启动。基于这点，一些Linux发行版创建了含有Linux样本系统（称为Linux LiveCD）的可引导CD。由于单张CD容量的限制，这个样本并非完整的Linux系统，不过令人惊喜的是，你可以自己加入各种软件。结果就是，你可以通过CD来启动PC，并且无需在硬盘安装任何东西就能运行Linux发行版。

这是一个不弄乱PC就体验各种Linux发行版的绝妙方法。只需插入CD就能引导了！所有的Linux软件都将直接从CD上运行。你可以从互联网上下载各种Linux LiveCD，刻录，然后体验。

表1-6列出了一些可用的流行Linux LiveCD。

表1-6　Linux LiveCD发行版

发　行　版	描　　述
Knoppix	来自德国的一款Linux发行版，也是最早的LiveCD Linux
PCLinuxOS	一款成熟的LiveCD形式的Linux发行版
Ubuntu	为多种语言设计的世界级Linux项目
Slax	基于Slackware Linux的一款LiveCD Linux
Puppy Linux	为老旧PC设计的一款全功能Linux

你能在这张表中看到熟悉的面孔。许多特定用途的Linux发行版都有对应的Linux LiveCD版本。一些Linux LiveCD发行版，比如Ubuntu，允许直接从LiveCD安装整个发行版。这使你可以从CD引导启动，先体验一下此Linux发行版，如果喜欢的话，再把它安装到硬盘上。这个功能极其方便易用。

就像所有美好的事物一样，Linux LiveCD也有一些不足之处。由于要从CD上访问所有东西，应用程序会运行得更慢，而如果再搭配上陈旧缓慢的PC和光驱，那更是慢上加慢。还有，由于无法向CD写入数据，对Linux系统作的任何修改都会在重启后失效。

不过，有一些Linux LiveCD的改进帮助解决了上述一些问题。这些改进包括：

- 能将CD上的Linux系统文件复制到内存中；
- 能将系统文件复制到硬盘上；
- 能在U盘上存储系统设置；
- 能在U盘上存储用户设置。

一些Linux LiveCD，如Puppy Linux，只包含最少数量的Linux系统文件。当CD引导启动时，LiveCD的启动脚本直接把它们复制到内存中。这允许在Linux启动后立即把CD从光驱中取走。这不仅提高了程序运行速度（因为程序从内存中运行时更快），而且还空出了CD光驱，供你用Puppy Linux自带的软件转录音频CD或播放视频DVD。

其他Linux LiveCD用另外的方法，同样允许你在启动后将CD从光驱中拿走。这种方法是将核心Linux文件作为一个文件复制到Windows硬盘上。待CD启动后，系统会寻找那个文件，并从中读取系统文件。dyne:bolic Linux LiveCD采用的就是这种技术，我们称之为对接。当然，你必须在从CD引导启动之前把系统文件复制到硬盘里。

一种非常流行的技术就是用常见的U盘（也称为闪存或闪盘）来存储Linux LiveCD会话数据。几乎每个Linux LiveCD都能识别插入的U盘（即使是在Windows下格式化的）并从U盘上读写文件。这允许你启动Linux LiveCD，使用Linux应用来创建文件，再将这些文件存储在U盘上，然后用Windows应用（或者在另外一台电脑上）访问这些文件。这该有多酷！

1.3 小结

本章探讨了Linux系统及其基本工作原理。Linux内核是系统的核心，控制着内存、程序和硬件之间的交互。GNU工具也是Linux系统中的一个重要部分。本书关注的焦点Linux shell是GNU核心工具集中的一部分。本章还讨论了Linux系统中的最后一个组件：Linux桌面环境。随着时间推移，一切都发生了改变。现今的Linux可以支持多种图形化桌面环境。

本章还探讨了各种Linux发行版。Linux发行版就是把Linux系统的各个不同部分汇集起来组成一个易于安装的包。Linux发行版有囊括各种软件的成熟的Linux发行版，也有只包含针对某种特定功能软件包的特定用途发行版。Linux LiveCD则是一种无需将Linux安装到硬盘就能体验Linux的发行版。

下一章将开始了解启动命令行和shell脚本编程体验所需的基本知识。你将了解如何从绚丽的图形化桌面环境获得Linux shell工具。就目前而言，这绝非易事。

第 2 章

走进shell

2

本章内容

- 访问命令行
- 通过Linux控制台终端访问CLI
- 通过图形化终端仿真器访问CLI
- 使用GNOME终端仿真器
- 使用Konsole终端仿真器
- 使用xterm终端仿真器

在Linux早期，可以用来工作的只有shell。那时，系统管理员、程序员和系统用户都端坐在Linux控制台终端前，输入shell命令，查看文本输出。如今，伴随着图形化桌面环境的应用，想在系统中找到shell提示符来输入命令都变得困难起来。本章讨论了如何进入命令行环境，带你逐步了解可能会在各种Linux发行版中碰到的终端仿真软件包。

2.1 进入命令行

在图形化桌面出现之前，与Unix系统进行交互的唯一方式就是借助由shell所提供的文本命令行界面（command line interface，CLI）。CLI只能接受文本输入，也只能显示出文本和基本的图形输出。

由于这些限制，输出设备并不需要多华丽。通常只需要一个简单的哑终端就可以使用Unix系统。所谓的哑终端无非就是利用通信电缆（一般是一条多线束的串行电缆）连接到Unix系统上的一台显示器和一个键盘。这种简单的组合可以轻松地向Unix系统中输入文本数据，并查看文本输出结果。

如你所知，如今的Linux环境相较以前已经发生了巨大变化。所有的Linux发行版都配备了某种类型的图形化桌面环境。但是，如果想输入shell命令，仍旧需要使用文本显示来访问shell的CLI。于是现在的问题就归结为一点：有时还真是不容易在Linux发行版上找到进入CLI的方法。

2.1.1 控制台终端

进入CLI的一种方法是让Linux系统退出图形化桌面模式，进入文本模式。这样在显示器上就只有一个简单的shell CLI，跟图形化桌面出现以前一样。这种模式称作Linux控制台，因为它仿真了早期的硬接线控制台终端，而且是一种同Linux系统交互的直接接口。

Linux系统启动后，它会自动创建出一些虚拟控制台。虚拟控制台是运行在Linux系统内存中的终端会话。无需在计算机上连接多个哑终端，大多数Linux发行版会启动5~6个（有时会更多）虚拟控制台，你在一台计算机的显示器和键盘上就可以访问它们。

2.1.2 图形化终端

除了虚拟化终端控制台，还可以使用Linux图形化桌面环境中的终端仿真包。终端仿真包会在一个桌面图形化窗口中模拟控制台终端的使用。图2-1展示了一个运行在Linux图形化桌面环境中的终端仿真器。

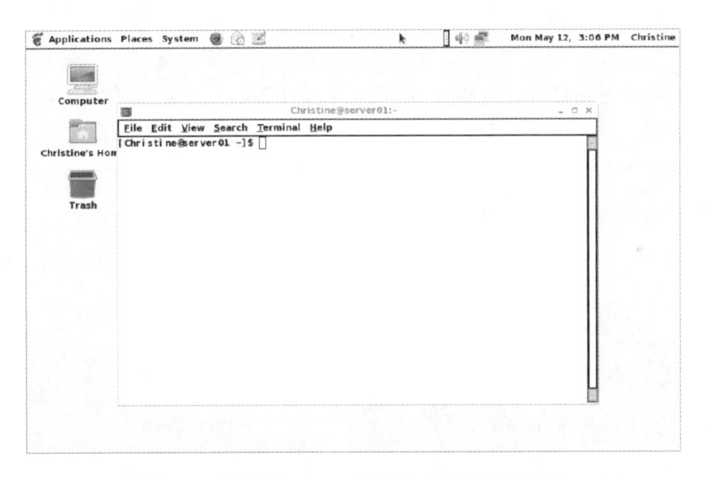

图2-1 运行在Linux桌面上的终端仿真器

图形化终端仿真只负责Linux图形化体验的一部分。完整的体验效果需要借助多个组件来实现，其中就包括图形化终端仿真软件（称为客户端）。表2-1展示了Linux图形化桌面环境的不同组成部分。

表2-1 图形界面的组成

名称	例子	描述
客户端	图形化终端仿真器，桌面环境，网络浏览器	请求图形化服务的应用
显示服务器	Mir，Wayland Compositor，Xserver	负责管理显示（屏幕）和输入设备（键盘、鼠标、触摸屏）
窗口管理器	Compiz，Metacity，Kwin	为窗口加入边框，提供窗口移动和管理功能
部件库	Athenal（Xaw），X Intrinsics	为桌面环境中的客户端添加菜单以及外观项

要想在桌面中使用命令行，关键在于图形化终端仿真器。可以把图形化终端仿真器看作GUI中（in the GUI）的CLI终端，将虚拟控制台终端看作GUI以外（outside the GUI）的CLI终端。理解各种终端及其特性能够提高你的命令行体验。

2.2　通过 Linux 控制台终端访问 CLI

在Linux的早期，在启动系统时你只会在显示器上看到一个登录提示符，除此之外就没别的了。之前说过，这就是Linux控制台。它是唯一可以为系统输入命令的地方。

尽管在启动时会创建多个虚拟控制台，但很多Linux发行版在完成启动过程之后会切换到图形化环境。这为用户提供了图形化登录以及桌面体验。这样一来，就只能通过手动方式来访问虚拟控制台了。

在大多数Linux发行版中，你可以使用简单的按键组合来访问某个Linux虚拟控制台。通常必须按下Ctrl+Alt组合键，然后按功能键（F1~F7）进入要使用的虚拟控制台。功能键F1生成虚拟控制台1，F2键生成虚拟控制台2，F3键生成虚拟控制台3，F4键生成虚拟控制台4，依次类推。

说明　Linux发行版通常使用Ctrl+Alt组合键配合F1或F7来进入虚拟控制台。Ubuntu使用F7，而RHEL则使用F1。最好还是测试一下自己所使用的发行版是如何进入虚拟控制台的。

文本模式的虚拟控制台采用全屏的方式显示文本登录界面。图2-2展示了一个虚拟控制台的文本登录界面。

```
Ubuntu 14.04 LTS server01 tty2

server01 login: christine
Password:
Last login: Mon May 12 15:45:49 EDT 2014 on tty2
Welcome to Ubuntu 14.04 LTS (GNU/Linux 3.13.0-24-generic x86_64)

 * Documentation:  https://help.ubuntu.com/

christine@server01:~$
```

图2-2　Linux虚拟控制台登录界面

注意，在图2-2中第一行文本的最后有一个词`tty2`。这个词中的2表明这是虚拟控制台2，可以通过Ctrl+Alt+F2组合键进入。`tty`代表电传打字机（teletypewriter）。这是一个古老的名词，指的是一台用于发送消息的机器。

说明　不是所有的Linux发行版都会在登录界面上显示虚拟控制台的tty号。

在login:提示符后输入用户ID，然后再在Password:提示符后输入密码，就可以进入控制台终端了。如果你之前从来没有用过这种方式登录，那要注意在这里输入密码和在图形环境中输入不太一样。在图形环境中，输入密码的时候会看到点号或星号，但是在虚拟控制台中，输入密码的时候什么都不会显示。

登入虚拟控制台之后，你就进入了Linux CLI。记住，在Linux虚拟控制台中是无法运行任何图形化程序的。

一旦登录完成，你可以保持此次登录的活动状态，然后在不中断活动会话的同时切换到另一个虚拟控制台。你可以在所有虚拟控制台之间切换，拥有多个活动会话。在使用CLI时，这个特性为你提供了巨大的灵活性。

还有一些灵活性涉及虚拟控制台的外观。尽管虚拟控制台只是文本模式的控制台终端，但你可以修改文字和背景色。

比如可将终端的背景色设置成白色、文本设置成黑色，这样可让眼睛轻松些。登录之后，有好几种方法可实现这样的修改。其中一种方法是输入命令setterm -inversescreen on，然后按回车键，如图2-3所示。注意，在途中我们使用选项on启用了inversescreen特性。也可以使用选项off关闭该特性。

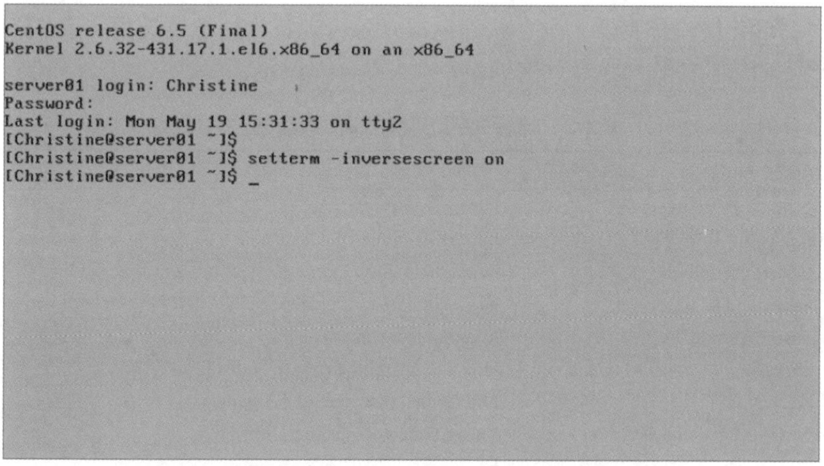

```
CentOS release 6.5 (Final)
Kernel 2.6.32-431.17.1.el6.x86_64 on an x86_64

server01 login: Christine
Password:
Last login: Mon May 19 15:31:33 on tty2
[Christine@server01 ~]$
[Christine@server01 ~]$ setterm -inversescreen on
[Christine@server01 ~]$ _
```

图2-3　启用了inversescreen的Linux虚拟控制台

另一种方法是连着输入两条命令。输入setterm -background white，然后按回车键，接着输入setterm -foreground black，再按回车键。要注意，因为先修改的是终端的背景色，所以可能会很难看清接下来输入的命令。

在上面的命令中，你不用像inversescreen那样去启用或关闭什么特性。共有8种颜色可供选择，分别是black、red、green、yellow、blue、magenta、cyan和white（这种颜色在有些发行版中看起来像灰色）。你可以赋予纯文本模式的控制台终端富有创意的外观效果。表2-2展示了setterm命令的一些选项，可以用于增进控制台终端的可读性，或改善外观。

表2-2　用于设置前景色和背景色的setterm选项

选　项	参　数	描　述
-background	black、red、green、yellow、blue、magenta、cyan或white	将终端的背景色改为指定颜色
-foreground	black、red、green、yellow、blue、magenta、cyan或white	将终端的前景色改为指定颜色
-inversescreen	on或off	交换背景色和前景色
-reset	无	将终端外观恢复成默认设置并清屏
-store	无	将终端当前的前景色和背景色设置成-reset选项的值

如果不涉及GUI，虚拟控制台终端访问CLI自然是不错的选择。但有时候需要一边访问CLI，一边运行图形化程序。使用终端仿真软件包可以解决这个问题，这也是在GUI中访问shell CLI的一种流行的方式。接下来的部分将介绍能够提供图形化终端仿真的常见软件包。

2.3　通过图形化终端仿真访问CLI

相较于虚拟化控制台终端，图形化桌面环境提供了更多访问CLI的方式。在图形化环境下，有大量可用的图形化终端仿真器。每个软件包都有各自独特的特性及选项。表2-3列举出了一些流行的图形化终端仿真器软件包及其网址。

表2-3　流行的图形化终端仿真器软件包

名　称	网　址
Eterm	http://www.eterm.org
Final Term	http://finalterm.org
GNOME Terminal	https://help.gnome.org/users/gnome-terminal/stable
Guake	https://github.com/Guake/guake
Konsole Terminal	http://konsole.kde.org
LillyTerm	http://lilyterm.luna.com.tw/index.html
LXTerminal	http://wiki.lxde.org/en/LXTerminal
mrxvt	https://code.google.com/p/mrxvt
ROXTerm	http://roxterm.sourceforge.net
rxvt	http://sourceforge.net/projects/rxvt
rxvt-unicode	http://software.schmorp.de/pkg/rxvt-unicode
Sakura	https://launchpad.net/sakura
st	http://st.suckless.org
Terminator	https://launchpad.net/terminator
Terminology	http://www.enlightenment.org/p.php?p=about/terminology
tilda	http://tilda.sourceforge.net/tildaabout.php
UXterm	http://manpages.ubuntu.com/manpages/gutsy/man1/uxterm.1.html
Wterm	http://sourceforge.net/projects/wterm

（续）

名 称	网 址
xterm	http://invisible-island.net/xterm
Xfce4 Terminal	http://docs.xfce.org/apps/terminal/start
Yakuake	http://extragear.kde.org/apps/yakuake

尽管可用的图形化终端仿真器软件包不少，但本章只重点关注其中常用的三个。它们分别是GNOME Terminal、Konsole Terminal和xterm，通常都会默认安装在Linux发行版中。

2.4 使用 GNOME Terminal 仿真器

GNOME Terminal是GNOME桌面环境的默认终端仿真器。很多发行版，如RHEL、Fedora和CentOS，默认采用的都是GNOME桌面环境，因此GNOME Terminal自然也就是默认配备了。不过其他一些桌面环境，比如Ubuntu Unity，也采用GNOME Terminal作为默认的终端仿真软件包。它使用起来非常简单，是Linux新手的不错选择。这部分将带你学习如何访问、配置和使用GNOME终端仿真器。

2.4.1 访问 GNOME Terminal

每个图形化桌面环境都有不同的方式访问GNOME终端仿真器。本节讲述了如何在GNOME、Unity和KDE桌面环境中访问GNOME Terminal。

说明 如果你使用的桌面环境并没有在表2-3中列出，那你就得逐个查看桌面环境中的各种菜单来找到GNOME终端仿真器。它在菜单中通常叫作Terminal。

在GNOME桌面环境中，访问GNOME Terminal非常直截了当。找到左上角的菜单，点击Applications，从下拉菜单中选择System Tools，点击Terminal。如果写成简写法的话，这一系列操作就像这样：Applications ➪ System Tools ➪ Terminal。

图2-1就是一张GNOME Terminal的图片。它展示了在CentOS发行版的GNOME桌面环境中访问GNOME Terminal。

在Unity桌面环境中，访问GNOME终端得费点事。最简单的方法是Dash ➪ Search，然后输入Terminal。GNOME终端会作为一个名为Terminal的应用程序显示在Dash区域。点击对应的图标就可以打开GNOME终端仿真器了。

窍门 在一些Linux发行版的桌面环境中，例如Ubuntu的Unity，可以使用快捷键Ctrl+Alt+T快速访问GNOME终端。

在KDE桌面环境中，默认的仿真器是Konsole终端仿真器。必须通过菜单才能访问。找到屏幕左下角名为Kickoff Application Launcher的图标，然后依次点击Application ➪ Utilities ➪ Terminal。

在大多数桌面环境中，可以创建一个启动器（launcher）访问GNOME Terminal。启动器是桌面上的一个图标，可以利用它启动一个选定的应用程序。这是个很棒的特性，可以让你在桌面环境中快速访问终端仿真器。如果不想使用快捷键或是你的桌面环境中无法使用快捷键，这个特性就尤为有用。

例如，在GNOME桌面环境中，要创建一个启动器的话，可以在桌面中间单击右键，在出现的下拉菜单中选择Select Create Launcher...，然后会打开一个名为Create Launcher的窗口。在Type字段中选择Application。在Name字段中输入图标的名称。在Command字段中输入`gnome-terminal`。点击Ok，保存为新的启动器。一个带有指定名称图标的启动器就出现在了桌面上。双击就可以打开GNOME终端仿真器了。

说明　在Command字段中输入`gnome-terminal`时，输入的实际上是用来启动GNOME终端仿真器的shell命令。在第3章中会学到如何为`gnome-terminal`这类命令加入特定的命令行选项来获得特殊的配置，以及如何查看可用的选项。

在GNOME终端仿真器应用中，菜单提供了多种配置选项，应用本身也包含了很多可用的快捷键。了解这些选项能够增进GNOME Terminal CLI的使用体验。

2.4.2　菜单栏

GNOME Terminal的菜单栏包含了配置选项和定制选项，可以通过它们使你的GNOME Terminal符合自己的使用习惯。接下来的几张表格简要地描述了菜单栏中各种配置选项以及对应的快捷键。

说明　在阅读书中所描述的这些GNOME Terminal菜单选项时，要注意的是，这和你所使用的Linux发行版的GNOME Terminal的菜单选项可能会略有不同。因为一些Linux发行版采用的GNOME Terminal的版本比较旧。

表2-4展示了GNOME Terminal的File菜单下的配置选项。File菜单中包含了可用于创建和管理所有CLI终端会话的菜单项。

表2-4　File菜单

名　称	快 捷 键	描　述
Open Terminal	Shift+Ctrl+N	在新的GNOME Terminal窗口中启动一个新的shell会话
Open Tab	Shift+Ctrl+T	在现有的GNOME Terminal窗口的新标签中启动一个新的shell会话

（续）

名称	快捷键	描述
New Profile	无	定制会话并将其保存为配置文件（profile），以备随后再次使用
Save Contents	无	将回滚缓冲区（scrollback buffer）中的内容保存到文本文件中
Close Tab	Shift+Ctrl+W	关闭当前标签中的会话
Close Window	Shift+Ctrl+Q	关闭当前的GNOME Terminal会话

注意，和在网络浏览器中一样，你可以在GNOME Terminal会话中打开新的标签来启动一个全新的CLI会话。每个标签中的会话均被视为独立的CLI会话。

窍门 并不是非得点击菜单项才能进入File菜单中的选项。大多数选项可以通过在会话区域中点击右键找到。

表2-5所展示的Edit菜单中的菜单项用于处理标签内的文本内容。可以使用鼠标在会话窗口中的任意位置复制、粘贴文本。

表2-5 Edit菜单

名称	快捷键	描述
Copy	Shift+Ctrl+C	将所选的文本复制到GNOME的剪贴板中
Paste	Shift+Ctrl+V	将GNOME剪贴板中的文本粘贴到会话中
Paste Filenames		粘贴已复制的文件名和对应的路径
Select All	无	选中回滚缓冲区中的全部输出
Profiles	无	添加、删除或修改GNOME Terminal的配置文件
Keyboard Shortcuts	无	创建快捷键来快速访问GNOME Terminal的各种特性
Profile Preferences	无	编辑当前会话的配置文件

Paste Filenames菜单项只有在最新版的GNOME Terminal中才能找到，因此在你的系统中可能会看不到。

表2-6所展示的View菜单中包含用于控制CLI会话窗口外观的菜单项。这些选项能够为视力有缺陷的用户带来帮助。

表2-6 View菜单

名称	快捷键	描述
Show Menubar	无	打开/关闭菜单栏
Full Screen	F11	打开/关闭终端窗口全桌面显示模式
Zoom In	Ctrl++	逐步增大窗口显示字号
Zoom Out	Ctrl+-	逐步减小窗口显示字号
Normal Size	Ctrl+0	恢复默认字号

要注意的是，如果关闭了菜单栏显示，会话的菜单栏就会消失。不过你可以在任何一个终端

会话窗口中点击右键，然后选择Show Menubar，轻而易举地找回菜单栏。

表2-7所展示的Search菜单中的菜单项用于在终端会话中进行简单的搜索。这些搜索类似于在网络浏览器或字处理软件中进行的操作。

表2-7　Search菜单

名　称	快 捷 键	描　述
Find	Shift+Ctrl+F	打开Find窗口，提供待搜索文本的搜索选项
Find Next	Shift+Ctrl+H	从终端会话的当前位置开始向后搜索指定文本
Find Previous	Shift+Ctrl+G	从终端会话的当前位置开始向前搜索指定文本

表2-8所展示的Terminal菜单中的菜单项用于控制终端仿真会话的特性。这些菜单项并没有对应的快捷键。

表2-8　Terminal菜单

名　称	描　述
Change Profile	切换到新的配置文件
Set Title	修改标签会话的标题
Set Character Encoding	选择用于发送和显示字符的字符集
Reset	发送终端会话重置控制码
Reset and Clear	发送终端会话重置控制码并清除终端会话显示
Window Size List	列出可用于调整当前终端窗口大小的列表

Reset选项非常有用。某天，你可能不小心让终端会话显示了一堆杂乱无章的字符和符号。这时候根本识别不出什么文本信息。这通常是因为在屏幕上显示了非文本文件。可以通过选择Reset或Reset and Clear让屏幕恢复正常。

表2-9所展示的Tabs菜单中的菜单项用于控制标签的位置以及活动标签的选择。这个菜单只有在打开多个标签会话时才会出现。

表2-9　Tabs菜单

名　称	快 捷 键	描　述
Next Tab	Ctrl+PageDown	使下一个标签成为活动标签
Previous Tab	Ctrl+PageUp	使上一个标签成为活动标签
Move Tab Left	Shift+Ctrl+PageUp	将当前标签移动到前一个标签的前面
Move Tab Right	Shift+Ctrl+PageDown	将当前标签移动到下一个标签的后面
Detach Tab	无	删除该标签并使用该标签会话启动一个新的GNOME Terminal窗口
Tab List	无	列出当前正在运行的标签（选择一个标签，转入对应的会话）
Terminal List	无	列出当前正在运行的终端（选择一个终端，转入对应的会话。当打开多个窗口会话的时候才会出现该菜单项）

最后，Help菜单包含了两个菜单项。Contents提供了一份完整的GNOME Terminal手册，可供你研究GNOME Terminal的各个菜单项和特性。About菜单项可以告诉你当前运行的GNOME

Terminal的版本。

除了GNOME终端仿真软件包，另一个常用的软件包是Konsole Terminal。两者在很多方面类似。不过两者间存在的差异还是让我们很有必要单独开辟一节来讲解的。

2.5 使用 Konsole Terminal 仿真器

KDE桌面项目拥有自己的终端仿真软件包：Konsole Terminal。Konsole软件包具备基本的终端仿真特性，另外还包含了一些更高级的图形应用程序功能。本节描述了Konsole Terminal的特性及其用法。

2.5.1 访问 Konsole Terminal

Konsole Terminal是KDE桌面环境的默认终端仿真器，可以通过KDE环境的菜单系统轻而易举地访问到。在其他桌面环境中，访问Konsole Terminal就要麻烦一点了。

在KDE桌面环境中，可以通过点击屏幕左下角名为Kickoff Application Launcher的图标来访问Konsole Terminal。然后点击Applications ➪ System ➪ Terminal (Konsole)。

说明 你可能会在KDE菜单环境中看到两个终端菜单项。如果是这样的话，下方包含文字Konsole的Terminal菜单项就是Konsole终端。

在GNOME桌面环境中，通常并没有默认安装Konsole终端。如果已经安装过的话，你可以通过GNOME的菜单系统进行访问。在屏幕左上角点击Applications ➪ System Tools ➪ Konsole。

说明 你的系统中可能并没有安装Konsole终端仿真软件包。如果想安装的话，请阅读第9章来学习如何在命令行中安装软件。

如果在Unity桌面环境中安装了Konsole，可以通过Dash ➪ Search，然后输入`Konsole`进行访问。Konsole Terminal会作为一个名为Konsole的应用程序显示在Dash区域。点击对应的图标打开Konsole终端仿真器。

图2-4展示了在CentOS Linux发行版的KDE桌面环境中访问Konsole Terminal。

记住，在大多数桌面环境中，可以创建一个启动器来访问如Konsole Terminal这样的应用程序。需要用于启动器启动Konsole终端仿真器的命令是`konsole`。另外，如果已经安装过Konsole Terminal的话，可以在其他的终端模拟器中输入`konsole`，然后按回车键来启动。

和GNOME Terminal类似，Konsole Terminal也通过菜单提供了一些配置选项和快捷键。接下来将会逐一讲述这些选项。

图2-4　Konsole Terminal

2.5.2　菜单栏

Konsole Terminal的菜单栏包含了查看和更改终端仿真会话特性所需的配置及定制化选项。下面的几张表格简要描述了菜单选项及其快捷键。

窍门　在活动会话区域中点击右键时，Konsole Terminal会弹出一个简单的菜单。一些菜单项可以在这个非常方便的菜单中找到。

表2-10中所展示的File菜单提供了可用于在当前窗口或新窗口中打开新标签的选项。

表2-10　File菜单

名　称	快 捷 键	描　述
New Tab	Ctrl+Shift+N	在现有的Konsole Terminal窗口的新标签中启动一个新的shell会话
New Window	Ctrl+Shift+M	在新的Konsole Terminal窗口中启动一个新的shell会话
shell	无	打开采用默认配置文件的shell
Open Browser Here	无	打开默认的文件浏览器应用
Close Tab	Ctrl+Shift+W	关闭当前标签中的会话
Quit	Ctrl+Shift+Q	退出Konsole Terminal仿真应用

在首次启动Konsole Terminal时，菜单中唯一列出的配置文件就是shell。随着越来越多的配置文件被创建及保存，它们的名字都会出现在菜单中。

说明 在阅读书中所描述的Konsole Terminal菜单项时，要注意的是，这可能会和你使用的Linux发行版中的Konsole Terminal有所不同。因为一些Linux发行版中采用的Konsole Terminal仿真软件包的版本比较旧。

表2-11中所展示的Edit菜单提供了可用于处理会话中的文本内容的选项。除此之外，可以管理标签名称的选项也在此列。

表2-11 Edit菜单

名 称	快 捷 键	描 述
Copy	Ctrl+Shift+C	将选择的文本复制到Konsole的剪贴板中
Paste	Ctrl+Shift+V	将Konsole剪贴板中的文本粘贴到会话中
Rename Tab	Ctrl+Alt+S	修改标签会话的标题
Copy Input To	无	开始/停止将会话输入复制到所选的其他会话中
Clear Display	无	清除终端会话中的内容
Clear & Reset	无	清除终端会话中的内容并发送终端会话重置控制码

Konsole有一种很好的方法来跟踪每个标签会话中正在进行的活动。你可以使用Rename Tab菜单项对标签进行命名，使其符合当前执行的任务。这可以帮助我们知道那些打开的标签究竟是干什么的。

表2-12所展示的View菜单中的菜单项用于控制Konsole Terminal窗口中单个会话的视图。除此之外，可监视终端会话活动的选项也在此列。

表2-12 View菜单

名 称	快 捷 键	描 述
Split View	无	控制显示在Konsole Terminal窗口中的多个标签会话
Detach View	Ctrl+Shift+H	删除一个标签会话并使用该标签中的会话启动一个新的Konsole Terminal窗口
Show Menu Bar	无	打开/关闭菜单栏
Full Screen Mode	Ctrl+Shift+F11	打开/关闭终端窗口的全屏模式
Monitor for Silence	Ctrl+Shift+I	打开/关闭无活动标签（tab silence）的特殊消息
Monitor for Activity	Ctrl+Shift+A	打开/关闭活动标签（tab activity）的特殊消息
Character Encoding	无	选择用于发送和显示字符的字符集
Increase Text Size	Ctrl++	逐步增大窗口显示字号
Decrease Text Size	Ctrl+-	逐步减小窗口显示字号

菜单项Monitor for Silence用于指明无活动标签。如果在当前标签会话内超过10秒钟没有出现新的文本内容，那该标签就成了无活动标签。这允许你在等待应用程序输出时切换到另一个标签。

由菜单项Monitor for Activity所打开的活动标签功能会在标签会话中出现新的文本内容时发出一条消息。这一选项能让你注意到应用程序产生了新的输出。

Konsole为每个标签保存了一个叫作*回滚缓冲区*的历史记录。这个历史记录中包含了已经不在当前终端可视区域中的文本内容。默认的是在回滚缓冲区内保存最近的1000行文本。表2-13所展示的Scrollback菜单中的菜单项可用于查看该缓冲区。

表2-13 Scrollback菜单

名 称	快 捷 键	描 述
Search Output	Ctrl+Shift+F	打开Konsole Terminal窗口底部的Find窗口，提供回滚文本搜索选项
Find Next	F3	在回滚缓冲区历史记录中查找下一个匹配的文本
Find Previous	Shift+F3	在回滚缓冲区历史记录中查找上一个匹配的文本
Save Output	无	将回滚缓冲区中的内容保存在一个文本文件或HTML文件中
Scrollback Options	无	打开Scrollback Options窗口来配置回滚缓冲区选项
Clear Scrollback	无	删除回滚缓冲区中的内容
Clear Scrollback & Reset	Ctrl+Shift+X	删除回滚缓冲区中的内容并重置终端窗口

你也可以使用窗口可视区域中的滚动条向后翻看回滚缓冲区中的内容。另外，也可以使用Shift+UpArrow逐行向后翻看，或是使用Shift+PageUp逐页（24行）向后翻看。

表2-14中所展示的Bookmarks菜单中的菜单项可用于管理Konsole Terminal窗口中的书签。书签能够保存活动会话的目录位置，让你随后可以在相同会话或新的会话中轻松返回之前的位置。

表2-14 Bookmark菜单

名 称	快 捷 键	描 述
Add Bookmark	Ctrl+Shift+B	在当前目录位置上创建新的书签
Bookmark Tabs as Folder	无	为当前所有的终端标签会话创建一个新的书签
New Bookmark Folder	无	创建新的书签文件夹
Edit Bookmarks	无	编辑已有的书签

表2-15所展示的Settings菜单中的菜单项可用于定制和管理配置文件。另外，你还可以为当前的标签会话再添加些许功能。这些菜单项并没有对应的快捷键。

表2-15 Settings菜单

名 称	描 述
Change Profile	将所选的配置文件应用于当前标签
Edit Current Profile	打开Edit Profile窗口，提供配置文件配置选项
Manage Profiles	打开Manage Profile窗口，提供配置文件管理选项
Configure Shortcuts	创建Konsole Terminal命令快捷键
Configure Notifications	创建定制化的Konsole Terminal方案及会话

Configure Notifications项允许将会话中发生的特定事件与不同的行为关联起来。当出现某个

事件时，就会触发指定的行为（或一系列行为）。

表2-16中所展示的Help菜单中的菜单项给出了完整的Konsole手册（如果你的Linux发行版中已经安装了KDE手册）以及标准的About Konsole对话框。

表2-16 Help菜单

名 称	快 捷 键	描 述
Konsole Handbook	无	包含了完整的Konsole手册
What's This?	Shift+F1	包含了终端部件的帮助信息
Report Bug	无	打开Submit Bug Report（提交bug报告）表单
Switch Application Language	无	打开Switch Application's Language（切换应用程序语言）表单
About Konsole	无	显示当前Konsole Terminal的版本
About KDE		显示当前KDE桌面环境的版本

有一份相当全面的文档可以帮助你使用Konsole终端仿真器软件包。除此之外，在你碰到程序故障的时候，还可以使用Bug Report表单向Konsole Terminal开发人员提交问题。

相较于另一个流行的软件包xterm，Konsole终端仿真器软件包算是年轻一代了。在下一节中，我们将探望一下“老古董”xterm。

2.6 使用 xterm 终端仿真器

最古老也是最基础的终端仿真软件包是xterm。xterm软件包在X Window出现之前就有了，通常默认包含在发行版中。

尽管xterm是功能完善的仿真软件包，但是它并不需要太多的资源（如内存）来运行。正因为如此，在专门为老旧硬件设计的Linux发行版中，xterm非常流行。有些图形化桌面环境就用它作为默认终端仿真器软件包。

xterm软件包尽管没有提供太多炫目的特性，但是却把一件事做到了极致：它能够仿真旧式终端，如DEC公司的VT102、VT220以及Tektronix 4014终端。对于VT102和VT220终端，xterm甚至能够仿真VT序列色彩控制码，让你可以在脚本中使用色彩。

说明 DEC VT102及VT220盛行于20世纪80年代和90年代初期，用于连接Unix系统的哑文本终端。VT102/VT220不仅能显示文本，还能够使用块模式图形显示基本的图形结构。由于在很多商业环境中这种终端访问方式仍在使用，因而使得VT102/VT220仿真依然流行。

图2-5展示了运行在图形化Linux桌面中的xterm。可以看出，它非常朴素。

如今得花点心思才能把xterm终端仿真器找出来。它常常并没有被包含在桌面环境的菜单中。

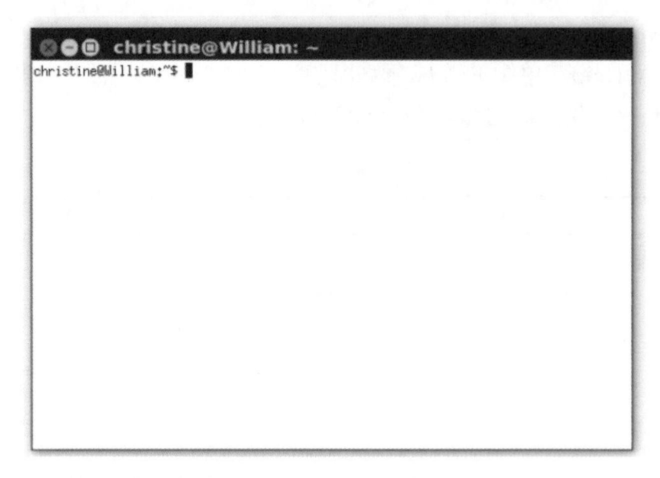

图2-5　xterm终端

2.6.1　访问 xterm

在Ubuntu的Unity桌面中，xterm是默认安装的。可以通过Dash ➪ Search，然后输入xterm进行访问。xterm会作为一个名为XTerm的应用出现在Dash区域。点击对应的图标就可以打开xterm终端仿真器。

说明　在Ubuntu中搜索xterm时，你可能会看到另一个叫作UXTerm的终端。这只不过是加入了Unicode支持的xterm仿真器软件包而已。

GNOME和KDE桌面环境中并没有默认安装xterm。你得先安装它（可以参阅第9章安装软件包）。安装完成之后，你必须从另一个终端仿真器中启动xterm。打开一个终端仿真器进入CLI，输入xterm并按回车键。记住，也可以创建桌面启动器来启动xterm。

xterm包让你可以使用命令行参数设置自己的特性。下面的内容将讨论这些特性以及如何进行修改。

2.6.2　命令行参数

xterm的命令行参数非常多。你可以控制大量的特性来对终端仿真实施定制，例如允许或禁止某种VT仿真。

说明　xterm包含数量众多的配置选项，在此无法一一列举。在bash手册中有大量的文档可供参考。第3章中会讲到如何阅读bash手册。另外，xterm开发团队也在其网站上提供了很好的帮助：http://invisible-island.net/xterm/。

可以通过向xterm命令加入参数来调用某些配置选项。例如，要想让xterm仿真DEC VT100终端，可以输入命令xterm -ti vt100，然后按回车键。表2-17给出了一些可以配合xterm终端仿真器使用的参数。

2

表2-17　xterm命令行参数

参　数	描　述
-bg *color*	指定终端背景色
-fb *font*	指定粗体文本所使用的字体
-fg *color*	指定文本颜色
-fn *font*	指定文本字体
-fw *font*	指定宽文本字体
-lf *filename*	指定用于屏幕日志的文件名
-ms *color*	指定文本光标颜色
-name *name*	指定标题栏中的应用程序名称
-ti *terminal*	指定要仿真的终端类型

一些xterm命令行参数使用加号（+）或减号（-）来指明如何设置某种特性。加号表示启用某种特性，减号表示关闭某种特性。不过反过来也行。加号可以表示禁止某种特性，减号可以表示允许某种特性，例如在使用bc参数的时候。表2-18中列出了可以使用+/-命令行参数设置的一些常用特性。

表2-18　xterm +/-命令行参数

参　数	描　述
ah	启用/禁止文本光标高亮
aw	启用/禁止文本行自动环绕
bc	启用/禁止文本光标闪烁
cm	启用/禁止识别ANSI色彩更改控制码
fullscreen	启用/禁止全屏模式
j	启用/禁止跳跃式滚动
l	启用/禁止将屏幕数据记录进日志文件
mb	启用/禁止边缘响铃
rv	启用/禁止图像反转
t	启用/禁止Tektronix模式

要注意，不是所有的xterm实现都支持这些命令行参数。你可以在xterm启动后，使用-help参数来确定你所使用的xterm实现支持哪些参数。

现在你已经了解了三种终端仿真器软件包，重要的问题是：哪个是最好的终端仿真器。对于这个问题，并没有权威的答案。要使用哪个仿真器软件包取决于你的个人需求。不过，能有这么多选择总是好事。

2.7　小结

为了着手学习Linux命令行命令，得先能访问命令行。在图形化界面的世界里，有时会费点周折。本章讨论了能够获得Linux命令行的一些不同的界面。

首先，我们讲解了通过虚拟控制台终端（不涉及GUI的终端）和通过图形化终端仿真软件包（GUI中的终端）访问CLI时的不同。简要对比了两种访问方式之间的差别。

接下来，我们详细探究了通过虚拟控制台终端访问CLI，包括像更改背景色这类控制台终端配置选项。

在学习了虚拟控制台终端之后，本章还讲述了利用图形化终端仿真器访问CLI，其中主要涉及三种终端仿真器：GNOME Terminal、Konsole Terminal以及xterm。

本章还讨论了GNOME桌面项目的GNOME终端仿真软件包。GNOME Terminal通常默认安装在GNOME桌面环境中。藉由菜单以及快捷键，它可以很方便地设置多种终端特性。

然后讨论了KDE桌面项目的Konsole终端仿真软件包。Konsole Terminal通常默认安装在KDE桌面环境中。它提供了诸多漂亮的特性，例如能够监测到空闲的终端。

最后讲到的是xterm终端仿真器软件包。xterm是Linux中第一个可用的终端仿真器。它能够仿真旧式终端硬件，如VT和Tektronix终端。

下一章将开始接触Linux命令行。你将从中学习到Linux文件系统导航以及创建、删除、处理文件所需的命令。

第3章

基本的bash shell命令

本章内容

- ❑ 使用shell
- ❑ bash手册
- ❑ 浏览文件系统
- ❑ 文件和目录列表
- ❑ 管理文件和目录
- ❑ 查看文件内容

大多数Linux发行版的默认shell都是GNU bash shell[①]。本章将介绍bash shell的一些基本特性，例如bash手册、tab键自动补全以及显示文件内容，带你逐步了解怎样用bash shell提供的基本命令来操作Linux文件和目录。如果你已经熟悉了Linux环境中的这些基本操作，可以直接跳过本章，从第4章开始了解更多的高级命令。

3.1 启动 shell

GNU bash shell能提供对Linux系统的交互式访问。它是作为普通程序运行的，通常是在用户登录终端时启动。登录时系统启动的shell依赖于用户账户的配置。

/etc/passwd文件包含了所有系统用户账户列表以及每个用户的基本配置信息。以下是从/etc/passwd文件中取出的样例条目：

```
christine:x:501:501:Christine Bresnahan:/home/christine:/bin/bash
```

每个条目有七个字段，字段之间用冒号分隔。系统使用字段中的数据来赋予用户账户某些特定特性。其中的大多数条目将在第7章有更加详细的介绍。现在先将注意力放在最后一个字段上，该字段指定了用户使用的shell程序。

① 在6.10之后的大部分Ubuntu版本上，默认的shell是bash。

说明　尽管本书的重点放在了GNU bash shell，但是也会谈及其他一些shell。第23章中讲解了如何使用如dash和tcsh之类的shell。

在前面的/etc/passwd样例条目中，用户christine使用/bin/bash作为自己的默认shell程序。这意味着当christine登录Linux系统后，bash shell会自动启动。

尽管bash shell会在登录时自动启动，但是，是否会出现shell命令行界面（CLI）则依赖于所使用的登录方式。如果采用虚拟控制台终端登录，CLI提示符会自动出现，你可以输入shell命令。但如果是通过图形化桌面环境登录Linux系统，你就需要启动一个图形化终端仿真器来访问shell CLI提示符。

3.2　shell 提示符

一旦启动了终端仿真软件包或者登录Linux虚拟控制台，你就会看到shell CLI提示符。提示符就是进入shell世界的大门，是你输入shell命令的地方。

默认bash shell提示符是美元符号（$），这个符号表明shell在等待用户输入。不同的Linux发行版采用不同格式的提示符。在Ubuntu Linux系统上，shell提示符看起来是这样的：

```
christine@server01:~$
```

在CentOS系统上是这样的：

```
[christine@server01 ~]$
```

除了作为shell的入口，提示符还能够提供其他的辅助信息。在上面的两个例子中，提示符中显示了当前用户ID名christine。另外还包括系统名server01。在本章的后续部分，你会学习到更多可以在提示符中显示的内容。

窍门　如果你还是CLI新手，请记住，在输入shell命令之后，需要按回车键才能让shell执行你输入的命令。

shell提示符并非一成不变。你可根据自己的需要改变它。第6章讲到了如何修改shell CLI提示符。

可以把shell CLI提示符想象成一名助手，它帮助你使用Linux系统，给你有益的提示，告诉你什么时候shell可以接受新的命令。shell中另一个大有帮助的东西是bash手册。

3.3　bash 手册

大多数Linux发行版自带用以查找shell命令及其他GNU工具信息的在线手册。熟悉手册对使用各种Linux工具大有裨益，尤其是在你要弄清各种命令行参数的时候。

man命令用来访问存储在Linux系统上的手册页面。在想要查找的工具的名称前面输入man命令，就可以找到那个工具相应的手册条目。图3-1展示了查找xterm命令的手册页面的例子。输入命令man xterm就可以进入该页面。

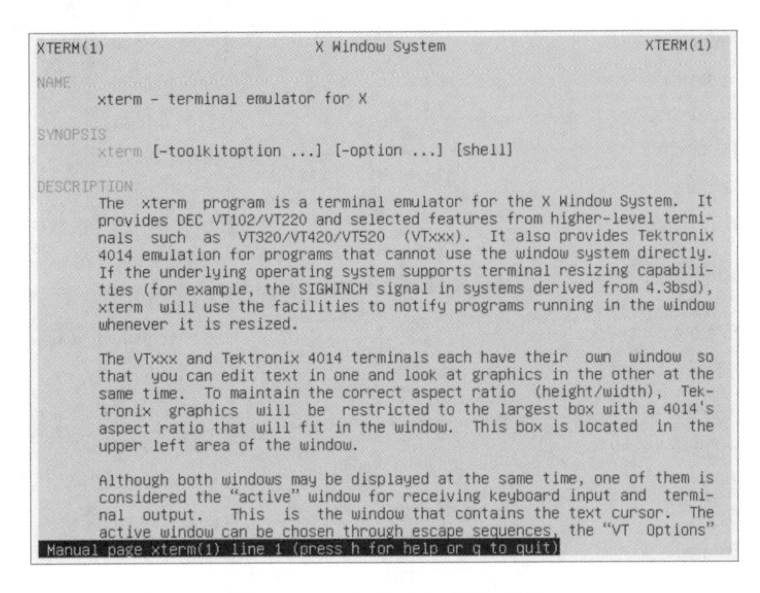

```
XTERM(1)                      X Window System                      XTERM(1)

NAME
       xterm - terminal emulator for X

SYNOPSIS
       xterm [-toolkitoption ...] [-option ...] [shell]

DESCRIPTION
       The  xterm  program is a terminal emulator for the X Window System.  It
       provides DEC VT102/VT220 and selected features from higher-level termi-
       nals  such  as  VT320/VT420/VT520  (VTxxx).  It also provides Tektronix
       4014 emulation for programs that cannot use the window system directly.
       If the underlying operating system supports terminal resizing capabili-
       ties (for example, the SIGWINCH signal in systems derived from 4.3bsd),
       xterm  will use the facilities to notify programs running in the window
       whenever it is resized.

       The VTxxx and Tektronix 4014 terminals each have their  own  window  so
       that  you can edit text in one and look at graphics in the other at the
       same time.  To maintain the correct aspect ratio  (height/width),  Tek-
       tronix  graphics  will  be  restricted to the largest box with a 4014's
       aspect ratio that will fit in the window.  This box is located  in  the
       upper left area of the window.

       Although both windows may be displayed at the same time, one of them is
       considered the "active" window for receiving keyboard input and  termi-
       nal  output.   This  is  the window that contains the text cursor.  The
       active window can be chosen through escape sequences, the "VT  Options"
 Manual page xterm(1) line 1 (press h for help or q to quit)
```

图3-1　xterm命令的手册页面

注意图3-1中xterm命令的DESCRIPTION段落。这些段落排列的并不紧密，字里行间全是技术行话。bash手册并不是按部就班的学习指南，而是作为快速参考来使用的。

窍门　如果你是新接触bash shell，可能一开始会觉得手册页并不太有用。但是，如果养成了阅读手册的习惯，尤其是阅读第一段或是DESCRIPTION部分的前两段，最终你会学到各种技术行话，手册页也会变得越来越有用。

当使用man命令查看命令手册页的时候，这些手册页是由分页程序（pager）来显示的。分页程序是一种实用工具，能够逐页显示文本。可以通过点击空格键进行翻页，或是使用回车键逐行查看。另外还可以使用箭头键向前向后滚动手册页的内容（假设你用的终端仿真软件包支持箭头键功能）。

读完了手册页，可以点击q键退出。退出手册页之后，你会重新获得shell CLI提示符，这表示shell正在等待接受下一条命令。

窍门　bash手册甚至包含了一份有关其自身的参考信息。输入man man来查看与手册页相关的手册页。

手册页将与命令相关的信息分成了不同的节。每一节惯用的命名标准如表3-1所示。

表3-1　Linux手册页惯用的节名

节	描　　述
Name	显示命令名和一段简短的描述
Synopsis	命令的语法
Configuration	命令配置信息
Description	命令的一般性描述
Options	命令选项描述
Exit Status	命令的退出状态指示
Return Value	命令的返回值
Errors	命令的错误消息
Environment	描述所使用的环境变量
Files	命令用到的文件
Versions	命令的版本信息
Conforming To	命名所遵从的标准
Notes	其他有帮助的资料
Bugs	提供提交bug的途径
Example	展示命令的用法
Authors	命令开发人员的信息
Copyright	命令源代码的版权状况
See Also	与该命令类似的其他命令

并不是每一个命令的手册页都包含表3-1中列出的所有节。还有一些命令的节名并没有在上面的节名惯用标准中列出。

窍门　如果不记得命令名怎么办？可以使用关键字搜索手册页。语法是：`man -k 关键字`。例如，要查找与终端相关的命令，可以输入`man -k terminal`。

除了对节按照惯例进行命名，手册页还有对应的内容区域。每个内容区域都分配了一个数字，从1开始，一直到9，如表3-2所示。

表3-2　Linux手册页的内容区域

区　域　号	所涵盖的内容
1	可执行程序或shell命令
2	系统调用
3	库调用
4	特殊文件
5	文件格式与约定

（续）

区 域 号	所涵盖的内容
6	游戏
7	概览、约定及杂项
8	超级用户和系统管理员命令
9	内核例程

man工具通常提供的是命令所对应的最低编号的内容。例如，在图3-1中，我们输入的是命令`man xterm`，请注意，在现实内容的左上角和右上角，单词XTERM后的括号中有一个数字：(1)。这表示所显示的手册页来自内容区域1（可执行程序或shell命令）。

一个命令偶尔会在多个内容区域都有对应的手册页。比如说，有个叫作`hostname`的命令。手册页中既包括该命令的相关信息，也包括对系统主机名的概述。要想查看所需要的页面，可以输入`man` *`section# topic`*。对手册页中的第1部分而言，就是输入`man 1 hostname`。对于手册页中的第7部分，就是输入`man 7 hostname`。

你也可以只看各部分内容的简介：输入`man 1 intro`阅读第1部分，输入`man 2 intro`阅读第2部分，输入`man 3 intro`阅读第3部分，等等。

手册页不是唯一的参考资料。还有另一种叫作info页面的信息。可以输入`info info`来了解info页面的相关内容。

另外，大多数命令都可以接受`-help`或`--help`选项。例如你可以输入`hostname -help`来查看帮助。关于帮助的更多信息，可以输入`help help`。（看出这里面的门道没？）

显然有不少有用的资源可供参考。不过，很多基本的shell概念还是需要详细的解释。在下一节中，我们要讲讲如何浏览Linux文件系统。

3.4　浏览文件系统

当登录系统并获得shell命令提示符后，你通常位于自己的主目录中。一般情况下，你会想去逛逛主目录之外的其他地方。本节将告诉你如何使用shell命令来实现这个目标。在开始前，先了解一下Linux文件系统，为下一步作铺垫。

3.4.1　Linux 文件系统

如果你刚接触Linux系统，可能就很难弄清楚Linux如何引用文件和目录，对已经习惯Microsoft Windows操作系统方式的人来说更是如此。在继续探索Linux系统之前，先了解一下它的布局是有好处的。

你将注意到的第一个不同点是，Linux在路径名中不使用驱动器盘符。在Windows中，PC上安装的物理驱动器决定了文件的路径名。Windows会为每个物理磁盘驱动器分配一个盘符，每个驱动器都会有自己的目录结构，以便访问存储其中的文件。

举个例子，在Windows中经常看到这样的文件路径：

```
C:\Users\Rich\Documents\test.doc
```

这种Windows文件路径表明了文件test.doc究竟位于哪个磁盘分区中。如果你将test.doc保存在闪存上，该闪存由J来标识，那么文件的路径就是J:\test.doc。该路径表明文件位于J盘的根目录下。

Linux则采用了一种不同的方式。Linux将文件存储在单个目录结构中，这个目录被称为虚拟目录（virtual directory）。虚拟目录将安装在PC上的所有存储设备的文件路径纳入单个目录结构中。

Linux虚拟目录结构只包含一个称为根（root）目录的基础目录。根目录下的目录和文件会按照访问它们的目录路径一一列出，这点跟Windows类似。

窍门　你将会发现Linux使用正斜线（/）而不是反斜线（\）在文件路径中划分目录。在Linux中，反斜线用来标识转义字符，要是用在文件路径中的话会导致各种各样的问题。如果你之前用的是Windows环境，就需要一点时间来适应。

在Linux中，你会看到下面这种路径：

```
/home/Rich/Documents/test.doc
```

这表明文件test.doc位于Documents目录，Documents又位于rich目录中，rich则在home目录中。要注意的是，路径本身并没有提供任何有关文件究竟存放在哪个物理磁盘上的信息。

Linux虚拟目录中比较复杂的部分是它如何协调管理各个存储设备。在Linux PC上安装的第一块硬盘称为根驱动器。根驱动器包含了虚拟目录的核心，其他目录都是从那里开始构建的。

Linux会在根驱动器上创建一些特别的目录，我们称之为挂载点（mount point）。挂载点是虚拟目录中用于分配额外存储设备的目录。虚拟目录会让文件和目录出现在这些挂载点目录中，然而实际上它们却存储在另外一个驱动器中。

通常系统文件会存储在根驱动器中，而用户文件则存储在另一驱动器中，如图3-2所示。

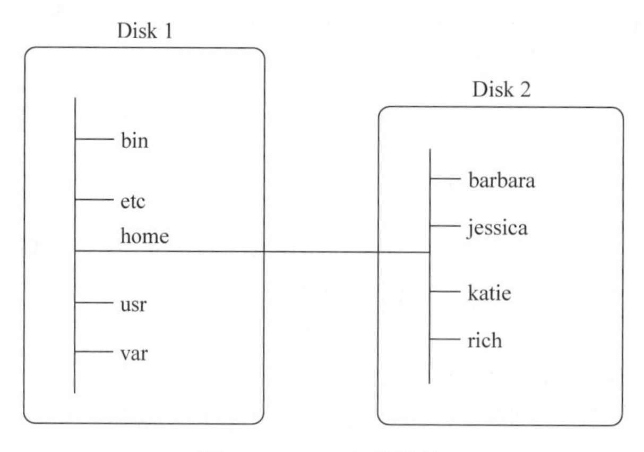

图3-2　Linux文件结构

图3-2展示了计算机中的两块硬盘。一块硬盘和虚拟目录的根目录（由正斜线/表示）关联起来。剩下的硬盘就可以挂载到虚拟目录结构中的任何地方。在这个例子中，第二块硬盘被挂载到了/home位置，用户目录都位于这个位置。

Linux文件系统结构是从Unix文件结构演进过来的。在Linux文件系统中，通用的目录名用于表示一些常见的功能。表3-3列出了一些较常见的Linux顶层虚拟目录名及其内容。

表3-3 常见Linux目录名称

目　录	用　途
/	虚拟目录的根目录。通常不会在这里存储文件
/bin	二进制目录，存放许多用户级的GNU工具
/boot	启动目录，存放启动文件
/dev	设备目录，Linux在这里创建设备节点
/etc	系统配置文件目录
/home	主目录，Linux在这里创建用户目录
/lib	库目录，存放系统和应用程序的库文件
/media	媒体目录，可移动媒体设备的常用挂载点
/mnt	挂载目录，另一个可移动媒体设备的常用挂载点
/opt	可选目录，常用于存放第三方软件包和数据文件
/proc	进程目录，存放现有硬件及当前进程的相关信息
/root	root用户的主目录
/sbin	系统二进制目录，存放许多GNU管理员级工具
/run	运行目录，存放系统运作时的运行时数据
/srv	服务目录，存放本地服务的相关文件
/sys	系统目录，存放系统硬件信息的相关文件
/tmp	临时目录，可以在该目录中创建和删除临时工作文件
/usr	用户二进制目录，大量用户级的GNU工具和数据文件都存储在这里
/var	可变目录，用以存放经常变化的文件，比如日志文件

常见的目录名均基于文件系统层级标准（filesystem hierarchy standard，FHS）。很多Linux发行版都遵循了FHS。这样一来，你就能够在任何兼容FHS的Linux系统中轻而易举地查找文件。

说明 FHS偶尔会进行更新。你可能会发现有些Linux发行版仍在使用旧的FHS标准，而另外一些则只实现了部分当前标准。要想保持与FHS标准同步，请访问其官方主页：http://www.pathname.com/fhs。

在登录系统并获得一个shell CLI提示符后，会话将从主目录开始。主目录是分配给用户账户的一个特有目录。用户账户在创建之后，系统通常会为其分配一个特有的目录（参见第7章）。

可以使用图形界面在虚拟目录中跳转。要想在CLI提示符下切换虚拟目录，需要使用`cd`命令。

3.4.2　遍历目录

在Linux文件系统上，可以使用切换目录命令cd将shell会话切换到另一个目录。cd命令的格式非常简单：

```
cd destination
```

cd命令可接受单个参数*destination*，用以指定想切换到的目录名。如果没有为cd命令指定目标路径，它将切换到用户主目录。

*destination*参数可以用两种方式表示：一种是使用绝对文件路径，另一种是使用相对文件路径。

接下来将分别阐述这两种方法。这两者之间的不同对于理解文件系统遍历非常重要。

1. 绝对文件路径

用户可在虚拟目录中采用绝对文件路径引用目录名。绝对文件路径定义了在虚拟目录结构中该目录的确切位置，以虚拟目录的根目录开始，相当于目录的全名。

绝对文件路径总是以正斜线（/）作为起始，指明虚拟文件系统的根目录。因此，如果要指向usr目录所包含的bin目录下的用户二进制文件，可以使用如下绝对文件路径：

```
/usr/bin
```

使用绝对文件路径可以清晰表明用户想切换到的确切位置。要用绝对文件路径来切换到文件系统中的某个特定位置，只需在cd命令后指定全路径名：

```
christine@server01:~$ cd /usr/bin
christine@server01:/usr/bin$
```

注意，在上面的例子中，提示符中一开始有一个波浪号（~）。在切换到另一个目录之后，这个波浪号被/usr/bin替代了。CLI提示符正是用它来帮助你跟踪当前所在虚拟目录结构中的位置。波浪号表明shell会话位于你的主目录中。在切换出主目录之后，如果提示符已经进行了相关配置的话，绝对文件路径就会显示在提示符中。

说明　如果你的shell CLI提示符中并没有显示shell会话的当前位置，那是因为它并没有进行相关的配置。如果你希望修改CLI提示符的话，第6章会告诉你如何更改配置。

如果没有配置好提示符来显示当前shell会话的绝对文件路径，也可以使用shell命令来显示所处的位置。pwd命令可以显示出shell会话的当前目录，这个目录被称为当前工作目录。pwd命令的用法如下：

```
christine@server01:/usr/bin$ pwd
/usr/bin
christine@server01:/usr/bin$
```

窍门 在切换到新的当前工作目录时使用pwd命令，是很好的习惯。因为很多shell命令都是在当前工作目录中操作的，在发出命令之前，你应该始终确保自己处在正确的目录之中。

可以使用绝对文件路径切换到Linux虚拟目录结构中的任何一级：

```
christine@server01:/usr/bin$ cd /var/log
christine@server01:/var/log$
christine@server01:/var/log$ pwd
/var/log
christine@server01:/var/log$
```

还可以从Linux虚拟目录中的任何一级跳回主目录：

```
christine@server01:/var/log$ cd
christine@server01:~$
christine@server01:~$ pwd
/home/christine
christine@server01:~$
```

但是，如果你只是在自己的主目录中工作，经常使用绝对文件路径的话未免太过冗长。例如，若已经位于目录/home/christine，再输入下面这样的命令切换到Documents目录就有些繁琐了：

```
cd /home/christine/Documents
```

幸好还有一种简单的解决方法。

2. 相对文件路径

相对文件路径允许用户指定一个基于当前位置的目标文件路径。相对文件路径不以代表根目录的正斜线（/）开头，而是以目录名（如果用户准备切换到当前工作目录下的一个目录）或是一个特殊字符开始。假如你位于home目录中，并希望切换到Documents子目录，那你可以使用cd命令加上一个相对文件路径：

```
christine@server01:~$ pwd
/home/christine
christine@server01:~$
christine@server01:~$ cd Documents
christine@server01:~/Documents$ pwd
/home/christine/Documents
christine@server01:~/Documents$
```

上面的例子并没有使用正斜线（/），而是采用了相对文件路径将当前工作目录从/home/christine改为/home/christine/Documents，大大减少了输入内容。

另外，此例中还要注意的是，如果提示符经过配置可以显示出当前工作目录，它就会一直显示波浪号。这表明当前工作目录位于用户home目录之下。

窍门 如果你刚接触命令行和Linux目录结构，建议暂时先坚持使用绝对文件路径。等熟悉了目录布局之后，再使用相对文件路径。

可以在任何包含子目录的目录中使用带有相对文件路径的cd命令。也可以使用一个特殊字符来表示相对目录位置。

有两个特殊字符可用于相对文件路径中：

- 单点符（.），表示当前目录；
- 双点符（..），表示当前目录的父目录。

你可以使用单点符，不过对cd命令来说，这没有什么意义。在本章后面你会看到另一个命令如何有效地在相对文件路径中使用单点符。

双点符在目录层级中移动时非常便利。如果你处在在主目录下的Documents目录中，需要切换到主目录下的Downloads目录，可以这么做：

```
christine@server01:~/Documents$ pwd
/home/christine/Documents
christine@server01:~/Documents$ cd ../Downloads
christine@server01:~/Downloads$ pwd
/home/christine/Downloads
christine@server01:~/Downloads$
```

双点符先将用户带到上一级目录，也就是用户的主目录，然后/Downloads这部分再将用户带到下一级目录，即Downloads目录。必要时用户也可用多个双点符来向上切换目录。假如现在位于主目录中（/home/christine），想切换到/etc目录，可以输入如下命令：

```
christine@server01:~$ cd ../../etc
christine@server01:/etc$ pwd
/etc
christine@server01:/etc$
```

当然，在上面这种情况下，采用相对路径其实比采用绝对路径输入的字符更多，用绝对路径的话，用户只需输入/etc。因此，只在必要的时候才使用相对文件路径。

说明　在shell CLI提示符中加入足够的信息非常方便，本节正是这么做的。不过出于清晰性的考虑，在书中余下的例子里，我们只使用一个简单的$提示符。

既然你已经知道如何遍历文件系统和验证当前工作目录，那就可以开始探索各种目录中究竟都有些什么东西了。下一节将学习如何查看目录中的文件。

3.5　文件和目录列表

要想知道系统中有哪些文件，可以使用列表命令（ls）。本节将描述ls命令和可用来格式化其输出信息的选项。

3.5.1　基本列表功能

ls命令最基本的形式会显示当前目录下的文件和目录：

```
$ ls
Desktop    Downloads         Music      Pictures  Templates  Videos
Documents  examples.desktop  my_script  Public    test_file
$
```

注意，ls命令输出的列表是按字母排序的（按列排序而不是按行排序）。如果用户用的是支持彩色的终端仿真器，ls命令还可以用不同的颜色来区分不同类型的文件。LS_COLORS环境变量控制着这个功能。（第6章中会讲到环境变量。）不同的Linux发行版根据各自终端仿真器的能力设置这个环境变量。

如果没安装彩色终端仿真器，可用带-F参数的ls命令轻松区分文件和目录。使用-F参数可以得到如下输出：

```
$ ls -F
Desktop/    Downloads/        Music/     Pictures/ Templates/ Videos/
Documents/ examples.desktop my_script* Public/   test_file
$
```

-F参数在目录名后加了正斜线（/），以方便用户在输出中分辨它们。类似地，它会在可执行文件（比如上面的my_script文件）的后面加个星号，以便用户找出可在系统上运行的文件。

基本的ls命令在某种意义上有点容易让人误解。它显示了当前目录下的文件和目录，但并没有将全部都显示出来。Linux经常采用隐藏文件来保存配置信息。在Linux上，隐藏文件通常是文件名以点号开始的文件。这些文件并没有在默认的ls命令输出中显示出来，因此我们称其为隐藏文件。

要把隐藏文件和普通文件及目录一起显示出来，就得用到-a参数。下面是一个带有-a参数的ls命令的例子：

```
$ ls -a
.              .compiz    examples.desktop  Music      test_file
..             .config    .gconf            my_script  Videos
.bash_history  Desktop    .gstreamer-0.10   Pictures   .Xauthority
.bash_logout   .dmrc      .ICEauthority     .profile   .xsession-errors
.bashrc        Documents  .local            Public     .xsession-errors.old
.cache         Downloads  .mozilla          Templates
$
```

所有以点号开头的隐藏文件现在都显示出来了。注意，有三个以.bash开始的文件。它们是bash shell环境所使用的隐藏文件，在第6章会对其进行详细的讲解。

-R参数是ls命令可用的另一个参数，叫作递归选项。它列出了当前目录下包含的子目录中的文件。如果目录很多，这个输出就会很长。以下是-R参数输出的简单例子：

```
$ ls -F -R
.:
Desktop/    Downloads/        Music/     Pictures/ Templates/ Videos/
Documents/ examples.desktop my_script* Public/   test_file

./Desktop:

./Documents:
```

```
./Downloads:

./Music:
ILoveLinux.mp3*

./Pictures:

./Public:

./Templates:

./Videos:
$
```

注意，首先-R参数显示了当前目录下的内容，也就是之前例子中用户home目录下的那些文件。另外，它还显示出了用户home目录下所有子目录及其内容。只有Music子目录中包含了一个可执行文件ILoveLinux.mp3。

窍门　选项并不一定要像例子中那样分开输入：ls -F -R。它们可以进行如下合并：ls -FR。

在上一个例子中，子目录中没再包含子目录。如果有更多的子目录，-R参数会继续进行遍历。正如你所看到的，如果目录结构很庞大，输出内容会变得很长。

3.5.2　显示长列表

在基本的输出列表中，ls命令并未输出太多每个文件的相关信息。要显示附加信息，另一个常用的参数是-l。-l参数会产生长列表格式的输出，包含了目录中每个文件的更多相关信息。

```
$ ls -l
total 48
drwxr-xr-x 2 christine christine 4096 Apr 22 20:37 Desktop
drwxr-xr-x 2 christine christine 4096 Apr 22 20:37 Documents
drwxr-xr-x 2 christine christine 4096 Apr 22 20:37 Downloads
-rw-r--r-- 1 christine christine 8980 Apr 22 13:36 examples.desktop
-rw-rw-r-- 1 christine christine    0 May 21 13:44 fall
-rw-rw-r-- 1 christine christine    0 May 21 13:44 fell
-rw-rw-r-- 1 christine christine    0 May 21 13:44 fill
-rw-rw-r-- 1 christine christine    0 May 21 13:44 full
drwxr-xr-x 2 christine christine 4096 May 21 11:39 Music
-rw-rw-r-- 1 christine christine    0 May 21 13:25 my_file
-rw-rw-r-- 1 christine christine    0 May 21 13:25 my_scrapt
-rwxrw-r-- 1 christine christine   54 May 21 11:26 my_script
-rw-rw-r-- 1 christine christine    0 May 21 13:42 new_file
drwxr-xr-x 2 christine christine 4096 Apr 22 20:37 Pictures
drwxr-xr-x 2 christine christine 4096 Apr 22 20:37 Public
drwxr-xr-x 2 christine christine 4096 Apr 22 20:37 Templates
-rw-rw-r-- 1 christine christine    0 May 21 11:28 test_file
drwxr-xr-x 2 christine christine 4096 Apr 22 20:37 Videos
$
```

这种长列表格式的输出在每一行中列出了单个文件或目录。除了文件名，输出中还有其他有用信息。输出的第一行显示了在目录中包含的总块数。在此之后，每一行都包含了关于文件（或目录）的下述信息：

- 文件类型，比如目录（d）、文件（-）、字符型文件（c）或块设备（b）；
- 文件的权限（参见第6章）；
- 文件的硬链接总数；
- 文件属主的用户名；
- 文件属组的组名；
- 文件的大小（以字节为单位）；
- 文件的上次修改时间；
- 文件名或目录名。

-l参数是一个强大的工具。有了它，你几乎可以看到系统上任何文件或目录的大部分信息。

在进行文件管理时，ls命令的很多参数都能派上用场。如果在shell提示符中输入man ls，就能看到可用来修改ls命令输出的参数有好几页。

别忘了可以将多个参数结合起来使用。你不时地会发现一些参数组合不仅能够显示出所需的内容，而且还容易记忆，例如ls -alF。

3.5.3　过滤输出列表

由前面的例子可知，默认情况下，ls命令会输出目录下的所有非隐藏文件。有时这个输出会显得过多，当你只需要查看单个少数文件信息时更是如此。

幸而ls命令还支持在命令行中定义过滤器。它会用过滤器来决定应该在输出中显示哪些文件或目录。

这个过滤器就是一个进行简单文本匹配的字符串。可以在要用的命令行参数之后添加这个过滤器：

```
$ ls -l my_script
-rwxrw-r-- 1 christine christine 54 May 21 11:26 my_script
$
```

当用户指定特定文件的名称作为过滤器时，ls命令只会显示该文件的信息。有时你可能不知道要找的那个文件的确切名称。ls命令能够识别标准通配符，并在过滤器中用它们进行模式匹配：

- 问号（?）代表一个字符；
- 星号（*）代表零个或多个字符。

问号可用于过滤器字符串中替代任意位置的单个字符。例如：

```
$ ls -l my_scr?pt
-rw-rw-r-- 1 christine christine  0 May 21 13:25 my_scrapt
-rwxrw-r-- 1 christine christine 54 May 21 11:26 my_script
$
```

其中，过滤器my_scr?pt与目录中的两个文件匹配。类似地，星号可匹配零个或多个字符。

```
$ ls -l my*
-rw-rw-r-- 1 christine christine  0 May 21 13:25 my_file
-rw-rw-r-- 1 christine christine  0 May 21 13:25 my_scrapt
-rwxrw-r-- 1 christine christine 54 May 21 11:26 my_script
$
```

使用星号找到了三个名字以my开头的文件。和问号一样，你可以把星号放在过滤器中的任意位置。

```
$ ls -l my_s*t
-rw-rw-r-- 1 christine christine  0 May 21 13:25 my_scrapt
-rwxrw-r-- 1 christine christine 54 May 21 11:26 my_script
$
```

在过滤器中使用星号和问号被称为*文件扩展匹配*（file globbing），指的是使用通配符进行模式匹配的过程。通配符正式的名称叫作*元字符通配符*（metacharacter wildcards）。除了星号和问号之外，还有更多的元字符通配符可用于文件扩展匹配。可以使用中括号。

```
$ ls -l my_scr[ai]pt
-rw-rw-r-- 1 christine christine  0 May 21 13:25 my_scrapt
-rwxrw-r-- 1 christine christine 54 May 21 11:26 my_script
$
```

在这个例子中，我们使用了中括号以及在特定位置上可能出现的两种字符：a或i。中括号表示一个字符位置并给出多个可能的选择。可以像上面的例子那样将待选的字符列出来，也可以指定字符范围，例如字母范围[a – i]。

```
$ ls -l f[a-i]ll
-rw-rw-r-- 1 christine christine 0 May 21 13:44 fall
-rw-rw-r-- 1 christine christine 0 May 21 13:44 fell
-rw-rw-r-- 1 christine christine 0 May 21 13:44 fill
$
```

另外，可以使用感叹号（!）将不需要的内容排除在外。

```
$ ls -l f[!a]ll
-rw-rw-r-- 1 christine christine 0 May 21 13:44 fell
-rw-rw-r-- 1 christine christine 0 May 21 13:44 fill
-rw-rw-r-- 1 christine christine 0 May 21 13:44 full
$
```

在进行文件搜索时，文件扩展匹配是一个功能强大的特性。它也可以用于ls以外的其他shell命令。本章随后的部分会有到更多相关的例子。

3.6　处理文件

shell提供了很多在Linux文件系统上操作文件的命令。本节将带你逐步了解文件处理所需要的一些基本的shell命令。

3.6.1 创建文件

你总会时不时地遇到要创建空文件的情况。例如，有时应用程序希望在它们写入数据之前，某个日志文件已经存在。这时，可用touch命令轻松创建空文件。

```
$ touch test_one
$ ls -l test_one
-rw-rw-r-- 1 christine christine 0 May 21 14:17 test_one
$
```

touch命令创建了你指定的新文件，并将你的用户名作为文件的属主。注意，文件的大小是零，因为touch命令只创建了一个空文件。

touch命令还可用来改变文件的修改时间。这个操作并不需要改变文件的内容。

```
$ ls -l test_one
-rw-rw-r-- 1 christine christine 0 May 21 14:17 test_one
$ touch test_one
$ ls -l test_one
-rw-rw-r-- 1 christine christine 0 May 21 14:35 test_one
$
```

test_one文件的修改时间现在已经从最初的时间14:17更新到了14:35。如果只想改变访问时间，可用-a参数。

```
$ ls -l test_one
-rw-rw-r-- 1 christine christine 0 May 21 14:35 test_one
$ touch -a test_one
$ ls -l test_one
-rw-rw-r-- 1 christine christine 0 May 21 14:35 test_one
$ ls -l --time=atime test_one
-rw-rw-r-- 1 christine christine 0 May 21 14:55 test_one
$
```

在上面的例子中，要注意的是，如果只使用ls -l命令，并不会显示访问时间。这是因为默认显示的是修改时间。要想查看文件的访问时间，需要加入另外一个参数：--time=atime。有了这个参数，就能够显示出已经更改过的文件访问时间。

创建空文件和更改文件时间戳算不上你在Linux系统中的日常工作。不过复制文件可是在使用shell时经常要干的活儿。

3.6.2 复制文件

对系统管理员来说，在文件系统中将文件和目录从一个位置复制到另一个位置可谓家常便饭。cp命令可以完成这个任务。

在最基本的用法里，cp命令需要两个参数——源对象和目标对象：

```
cp source destination
```

当source和destination参数都是文件名时，cp命令将源文件复制成一个新文件，并且以destination命名。新文件就像全新的文件一样，有新的修改时间。

```
$ cp test_one  test_two
$ ls -l test_*
-rw-rw-r-- 1 christine christine 0 May 21 14:35 test_one
-rw-rw-r-- 1 christine christine 0 May 21 15:15 test_two
$
```

新文件test_two和文件test_one的修改时间并不一样。如果目标文件已经存在，cp命令可能并不会提醒这一点。最好是加上-i选项，强制shell询问是否需要覆盖已有文件。

```
$ ls -l test_*
-rw-rw-r-- 1 christine christine 0 May 21 14:35 test_one
-rw-rw-r-- 1 christine christine 0 May 21 15:15 test_two
$
$ cp -i test_one  test_two
cp: overwrite 'test_two'? n
$
```

如果不回答y，文件复制将不会继续。也可以将文件复制到现有目录中。

```
$ cp -i test_one  /home/christine/Documents/
$
$ ls -l /home/christine/Documents
total 0
-rw-rw-r-- 1 christine christine 0 May 21 15:25 test_one
$
```

新文件现就在目录Documents中了，和源文件同名。

说明　之前的例子在目标目录名尾部加上了一个正斜线（/），这表明Documents是目录而非文件。这有助于明确目的，而且在复制单个文件时非常重要。如果没有使用正斜线，子目录/home/christine/Documents又不存在，就会有麻烦。在这种情况下，试图将一个文件复制到Documents子目录反而会创建一个名为Documents的文件，连错误消息都不会显示！

上一个例子采用了绝对路径，不过也可以使用相对路径。

```
$ cp -i test_one  Documents/
cp: overwrite 'Documents/test_one'? y
$
$ ls -l Documents
total 0
-rw-rw-r-- 1 christine christine 0 May 21 15:28 test_one
$
```

本章在前面介绍了特殊符号可以用在相对文件路径中。其中的单点符（.）就很适合用于cp命令。记住，单点符表示当前工作目录。如果需要将一个带有很长的源对象名的文件复制到当前工作目录中时，单点符能够简化该任务。

```
$ cp -i /etc/NetworkManager/NetworkManager.conf  .
$
$ ls -l NetworkManager.conf
-rw-r--r-- 1 christine christine 76 May 21 15:55 NetworkManager.conf
$
```

想找到那个单点符可真是不容易！仔细看的话，你会发现它在第一行命令的末尾。如果你的源对象名很长，使用单点符要比输入完整的目标对象名省事得多。

窍门 cp命令的参数要比这里叙述的多得多。别忘了用man cp，你可以看到cp命令所有的可用参数。

cp命令的-R参数威力强大。可以用它在一条命令中递归地复制整个目录的内容。

```
$ ls -Fd *Scripts
Scripts/
$ ls -l Scripts/
total 25
-rwxrw-r-- 1 christine christine 929 Apr  2 08:23 file_mod.sh
-rwxrw-r-- 1 christine christine 254 Jan  2 14:18 SGID_search.sh
-rwxrw-r-- 1 christine christine 243 Jan  2 13:42 SUID_search.sh
$
$ cp -R Scripts/  Mod_Scripts
$ ls -Fd *Scripts
Mod_Scripts/  Scripts/
$ ls -l Mod_Scripts
total 25
-rwxrw-r-- 1 christine christine 929 May 21 16:16 file_mod.sh
-rwxrw-r-- 1 christine christine 254 May 21 16:16 SGID_search.sh
-rwxrw-r-- 1 christine christine 243 May 21 16:16 SUID_search.sh
$
```

在执行cp -R命令之前，目录Mod_Scripts并不存在。它是随着cp -R命令被创建的，整个Scripts目录中的内容都被复制到其中。注意，在新的Mod_Scripts目录中，所有的文件都有对应的新日期。Mod_Scripts目录现在已经成为了Scripts目录的完整副本。

说明 在上面的例子中，ls命令加入了-Fd选项。之前你已经见过-F选项了，不过-d选项可能还是第一次碰到。后者只列出目录本身的信息，不列出其中的内容。

也可以在cp命令中使用通配符。

```
$ cp *script  Mod_Scripts/
$ ls -l Mod_Scripts
total 26
-rwxrw-r-- 1 christine christine 929 May 21 16:16 file_mod.sh
-rwxrw-r-- 1 christine christine 54  May 21 16:27 my_script
-rwxrw-r-- 1 christine christine 254 May 21 16:16 SGID_search.sh
-rwxrw-r-- 1 christine christine 243 May 21 16:16 SUID_search.sh
$
```

该命令将所有以script结尾的文件复制到Mod_Scripts目录中。在这里，只需要复制一个文件：my_script。

在复制文件的时候，除了单点符和通配符之外，另一个shell特性也能派上用场。那就是制表键自动补全。

3.6.3　制表键自动补全

在使用命令行时，很容易输错命令、目录名或文件名。实际上，对长目录名或文件名来说，输错的几率还是蛮高的。

这正是制表键自动补全挺身而出的时候。制表键自动补全允许你在输入文件名或目录名时按一下制表键，让shell帮忙将内容补充完整。

```
$ ls really*
really_ridiculously_long_file_name
$
$ cp really_ridiculously_long_file_name  Mod_Scripts/
ls -l Mod_Scripts
total 26
-rwxrw-r-- 1 christine christine 929 May 21 16:16 file_mod.sh
-rwxrw-r-- 1 christine christine 54  May 21 16:27 my_script
-rw-rw-r-- 1 christine christine  0  May 21 17:08
really_ridiculously_long_file_name
-rwxrw-r-- 1 christine christine 254 May 21 16:16 SGID_search.sh
-rwxrw-r-- 1 christine christine 243 May 21 16:16 SUID_search.sh
$
```

在上面的例子中，我们输入了命令`cp really`，然后按制表键，shell就将剩下的文件名自动补充完整了！当然了，目标目录还是得输入的，不过仍然可以利用命令补全来避免输入错误。

使用制表键自动补全的的技巧在于要给shell足够的文件名信息，使其能够将需要文件同其他文件区分开。假如有另一个文件名也是以really开头，那么就算按了制表键，也无法完成文件名的自动补全。这时候你会听到嘟的一声。要是再按一下制表键，shell就会列出所有以really开头的文件名。这个特性可以让你观察究竟应该输入哪些内容才能完成自动补全。

3.6.4　链接文件

链接文件是Linux文件系统的一个优势。如需要在系统上维护同一文件的两份或多份副本，除了保存多份单独的物理文件副本之外，还可以采用保存一份物理文件副本和多个虚拟副本的方法。这种虚拟的副本就称为**链接**。链接是目录中指向文件真实位置的占位符。在Linux中有两种不同类型的文件链接：

- 符号链接
- 硬链接

符号链接就是一个实实在在的文件，它指向存放在虚拟目录结构中某个地方的另一个文件。这两个通过符号链接在一起的文件，彼此的内容并不相同。

要为一个文件创建符号链接，原始文件必须事先存在。然后可以使用`ln`命令以及`-s`选项来创建符号链接。

```
$ ls -l data_file
-rw-rw-r-- 1 christine christine 1092 May 21 17:27 data_file
$
$ ln -s data_file  sl_data_file
$
$ ls -l *data_file
-rw-rw-r-- 1 christine christine 1092 May 21 17:27 data_file
lrwxrwxrwx 1 christine christine    9 May 21 17:29 sl_data_file -> data_file
$
```


在上面的例子中，注意符号链接的名字sl_data_file位于ln命令中的第二个参数位置上。显示在长列表中符号文件名后的->符号表明该文件是链接到文件data_file上的一个符号链接。

另外还要注意的是，符号链接的文件大小与数据文件的文件大小。符号链接sl_data_file只有9个字节，而data_file有1092个字节。这是因为sl_data_file仅仅只是指向data_file而已。它们的内容并不相同，是两个完全不同的文件。

另一种证明链接文件是独立文件的方法是查看inode编号。文件或目录的inode编号是一个用于标识的唯一数字，这个数字由内核分配给文件系统中的每一个对象。要查看文件或目录的inode编号，可以给ls命令加入-i参数。

```
$ ls -i *data_file
296890 data_file  296891 sl_data_file
$
```

从这个例子中可以看出数据文件的inode编号是296890，而sl_data_file的inode编号则是296891。所以说它们是不同的文件。

硬链接会创建独立的虚拟文件，其中包含了原始文件的信息及位置。但是它们从根本上而言是同一个文件。引用硬链接文件等同于引用了源文件。要创建硬链接，原始文件也必须事先存在，只不过这次使用ln命令时不再需要加入额外的参数了。

```
$ ls -l code_file
-rw-rw-r-- 1 christine christine 189 May 21 17:56 code_file
$
$ ln code_file  hl_code_file
$
$ ls -li *code_file
296892 -rw-rw-r-- 2 christine christine 189 May 21 17:56
code_file
296892 -rw-rw-r-- 2 christine christine 189 May 21 17:56
hl_code_file
$
```

在上面的例子中，我们使用ls -li命令显示了*code_files的inode编号以及长列表。注意，带有硬链接的文件共享inode编号。这是因为它们终归是同一个文件。还要注意的是，链接计数（列表中第三项）显示这两个文件都有两个链接。另外，它们的文件大小也一模一样。

说明　只能对处于同一存储媒体的文件创建硬链接。要想在不同存储媒体的文件之间创建链接，只能使用符号链接。

复制链接文件的时候一定要小心。如果使用cp命令复制一个文件，而该文件又已经被链接到了另一个源文件上，那么你得到的其实是源文件的一个副本。这很容易让人犯晕。用不着复制链接文件，可以创建原始文件的另一个链接。同一个文件拥有多个链接，这完全没有问题。但是，千万别创建软链接文件的软链接。这会形成混乱的链接链，不仅容易断裂，还会造成各种麻烦。

你可能觉得符号链接和硬链接的概念不好理解。幸好下一节中的文件重命名容易明白得多。

3.6.5　重命名文件

在Linux中，重命名文件称为移动（moving）。mv命令可以将文件和目录移动到另一个位置或重新命名。

```
$ ls -li f?ll
296730 -rw-rw-r-- 1 christine christine 0 May 21 13:44 fall
296717 -rw-rw-r-- 1 christine christine 0 May 21 13:44 fell
294561 -rw-rw-r-- 1 christine christine 0 May 21 13:44 fill
296742 -rw-rw-r-- 1 christine christine 0 May 21 13:44 full
$
$ mv fall  fzll
$
$ ls -li f?ll
296717 -rw-rw-r-- 1 christine christine 0 May 21 13:44 fell
294561 -rw-rw-r-- 1 christine christine 0 May 21 13:44 fill
296742 -rw-rw-r-- 1 christine christine 0 May 21 13:44 full
296730 -rw-rw-r-- 1 christine christine 0 May 21 13:44 fzll
$
```

注意，移动文件会将文件名从fall更改为fzll，但inode编号和时间戳保持不变。这是因为mv只影响文件名。

也可以使用mv来移动文件的位置。

```
$ ls -li /home/christine/fzll
296730 -rw-rw-r-- 1 christine christine 0 May 21 13:44
/home/christine/fzll
$
$ ls -li /home/christine/Pictures/
total 0
$ mv fzll  Pictures/
$
$ ls -li /home/christine/Pictures/
total 0
296730 -rw-rw-r-- 1 christine christine 0 May 21 13:44 fzll
$
$ ls -li /home/christine/fzll
```

```
ls: cannot access /home/christine/fzll: No such file or directory
$
```

在上例中，我们使用mv命令把文件fzll从/home/christine移动到了/home/christine/Pictures。和刚才一样，这个操作并没有改变文件的inode编号或时间戳。

窍门 和cp命令类似，也可以在mv命令中使用-i参数。这样在命令试图覆盖已有的文件时，你就会得到提示。

唯一变化的就是文件的位置。/home/christine目录下不再有文件fzll，因为它已经离开了原先的位置，这就是mv命令所做的事情。

也可以使用mv命令移动文件位置并修改文件名称，这些操作只需一步就能完成。

```
$ ls -li Pictures/fzll
296730 -rw-rw-r-- 1 christine christine 0 May 21 13:44
Pictures/fzll
$
$ mv /home/christine/Pictures/fzll  /home/christine/fall
$
$ ls -li /home/christine/fall
296730 -rw-rw-r-- 1 christine christine 0 May 21 13:44
/home/christine/fall
$
$ ls -li /home/christine/Pictures/fzll
ls: cannot access /home/christine/Pictures/fzll:
No such file or directory
```

在这个例子中，我们将文件fzll从子目录Pictures中移动到了主目录/home/christine，并将名字改为fall。文件的时间戳和inode编号都没有改变。改变的只有位置和名称。

也可以使用mv命令移动整个目录及其内容。

```
$ ls -li Mod_Scripts
total 26
296886 -rwxrw-r-- 1 christine christine 929 May 21 16:16
file_mod.sh
296887 -rwxrw-r-- 1 christine christine  54 May 21 16:27
my_script
296885 -rwxrw-r-- 1 christine christine 254 May 21 16:16
SGID_search.sh
296884 -rwxrw-r-- 1 christine christine 243 May 21 16:16
SUID_search.sh
$
$ mv Mod_Scripts  Old_Scripts
$
$ ls -li Mod_Scripts
ls: cannot access Mod_Scripts: No such file or directory
$
$ ls -li Old_Scripts
total 26
296886 -rwxrw-r-- 1 christine christine 929 May 21 16:16
```

```
file_mod.sh
296887 -rwxrw-r-- 1 christine christine  54 May 21 16:27
my_script
296885 -rwxrw-r-- 1 christine christine 254 May 21 16:16
SGID_search.sh
296884 -rwxrw-r-- 1 christine christine 243 May 21 16:16
SUID_search.sh
$
```

目录内容没有变化。只有目录名发生了改变。

在知道了如何使用mv命令进行重命名……不对……移动文件之后,你应该发现这其实非常容易的。另一个简单但可能有危险的任务是删除文件。

3.6.6　删除文件

迟早有一天，你得删除已有的文件。不管是清理文件系统还是删除某个软件包，总有要删除文件的时候。

在Linux中，删除（deleting）叫作移除（removing）[①]。bash shell中删除文件的命令是rm。rm命令的基本格式非常简单。

```
$ rm -i fall
rm: remove regular empty file 'fall'? y
$
$ ls -l fall
ls: cannot access fall: No such file or directory
$
```

注意，-i命令参数提示你是不是要真的删除该文件。bash shell中没有回收站或垃圾箱，文件一旦删除，就无法再找回。因此，在使用rm命令时，要养成总是加入-i参数的好习惯。

也可以使用通配符删除成组的文件。别忘了使用-i选项保护好自己的文件。

```
$ rm -i f?ll
rm: remove regular empty file 'fell'? y
rm: remove regular empty file 'fill'? y
rm: remove regular empty file 'full'? y
$
$ ls -l f?ll
ls: cannot access f?ll: No such file or directory
$
```

rm命令的另外一个特性是，如果要删除很多文件且不受提示符的打扰，可以用-f参数强制删除。小心为妙!

① 这里原文可理解为删除的功能实际上是移除（remove）命令rm完成的，在本书中，我们依然用“删除”这个大家已经习惯的叫法。

3.7 处理目录

在Linux中，有些命令（比如cp命令）对文件和目录都有效，而有些只对目录有效。创建新目录需要使用本节讲到的一个特殊命令。删除目录也很有意思，本节也会讲到。

3.7.1 创建目录

在Linux中创建目录很简单，用mkdir命令即可：

```
$ mkdir New_Dir
$ ls -ld New_Dir
drwxrwxr-x 2 christine christine 4096 May 22 09:48 New_Dir
$
```

系统创建了一个名为New_Dir的新目录。注意，新目录长列表是以d开头的。这表示New_Dir并不是文件，而是一个目录。

可以根据需要批量地创建目录和子目录。但是，如果你想单单靠mkdir命令来实现，就会得到下面的错误消息：

```
$ mkdir New_Dir/Sub_Dir/Under_Dir
mkdir: cannot create directory 'New_Dir/Sub_Dir/Under_Dir':
No such file or directory
$
```

要想同时创建多个目录和子目录，需要加入-p参数：

```
$ mkdir -p New_Dir/Sub_Dir/Under_Dir
$
$ ls -R New_Dir
New_Dir:
Sub_Dir

New_Dir/Sub_Dir:
Under_Dir

New_Dir/Sub_Dir/Under_Dir:
$
```

mkdir命令的-p参数可以根据需要创建缺失的父目录。父目录是包含目录树中下一级目录的目录。

当然，完事之后，你得知道怎么样删除目录，尤其是在把目录建错地方的时候。

3.7.2 删除目录

删除目录之所以很棘手，是有原因的。删除目录时，很有可能会发生一些不好的事情。shell会尽可能防止我们捅娄子。删除目录的基本命令是rmdir。

```
$ touch New_Dir/my_file
$ ls -li New_Dir/
```

```
total 0
294561 -rw-rw-r-- 1 christine christine 0 May 22 09:52 my_file
$
$ rmdir New_Dir
rmdir: failed to remove 'New_Dir': Directory not empty
$
```

默认情况下，rmdir命令只删除空目录。因为我们在New_Dir目录下创建了一个文件my_file，所以rmdir命令拒绝删除目录。

要解决这一问题，得先把目录中的文件删掉，然后才能在空目录上使用rmdir命令。

```
$ rm -i New_Dir/my_file
rm: remove regular empty file 'New_Dir/my_file'? y
$
$ rmdir New_Dir
$
$ ls -ld New_Dir
ls: cannot access New_Dir: No such file or directory
```

rmdir并没有-i选项来询问是否要删除目录。这也是为什么说rmdir只能删除空目录还是有好处的原因。

也可以在整个非空目录上使用rm命令。使用-r选项使得命令可以向下进入目录，删除其中的文件，然后再删除目录本身。

```
$ ls -l My_Dir
total 0
-rw-rw-r-- 1 christine christine 0 May 22 10:02 another_file
$
$ rm -ri My_Dir
rm: descend into directory 'My_Dir'? y
rm: remove regular empty file 'My_Dir/another_file'? y
rm: remove directory 'My_Dir'? y
$
$ ls -l My_Dir
ls: cannot access My_Dir: No such file or directory
$
```

这种方法同样可以向下进入多个子目录，当需要删除大量目录和文件时，这一点尤为有效。

```
$ ls -FR Small_Dir
Small_Dir:
a_file  b_file  c_file  Teeny_Dir/  Tiny_Dir/

Small_Dir/Teeny_Dir:
e_file

Small_Dir/Tiny_Dir:
d_file
$
$ rm -ir Small_Dir
rm: descend into directory 'Small_Dir'? y
rm: remove regular empty file 'Small_Dir/a_file'? y
rm: descend into directory 'Small_Dir/Tiny_Dir'? y
```

```
rm: remove regular empty file 'Small_Dir/Tiny_Dir/d_file'? y
rm: remove directory 'Small_Dir/Tiny_Dir'? y
rm: descend into directory 'Small_Dir/Teeny_Dir'? y
rm: remove regular empty file 'Small_Dir/Teeny_Dir/e_file'? y
rm: remove directory 'Small_Dir/Teeny_Dir'? y
rm: remove regular empty file 'Small_Dir/c_file'? y
rm: remove regular empty file 'Small_Dir/b_file'? y
rm: remove directory 'Small_Dir'? y
$
$ ls -FR Small_Dir
ls: cannot access Small_Dir: No such file or directory
$
```

这种方法虽然可行，但很难用。注意，你依然要确认每个文件是否要被删除。如果该目录有很多个文件和子目录，这将非常琐碎。

说明　对rm命令而言，-r参数和-R参数的效果是一样的。-R参数同样可以递归地删除目录中的文件。shell命令很少会就相同的功能采用不同大小写的参数。

一口气删除目录及其所有内容的终极大法就是使用带有-r参数和-f参数的rm命令。

```
$ tree Small_Dir
Small_Dir
├── a_file
├── b_file
├── c_file
├── Teeny_Dir
│   └── e_file
└── Tiny_Dir
    └── d_file

2 directories, 5 files
$
$ rm -rf Small_Dir
$
$ tree Small_Dir
Small_Dir [error opening dir]

0 directories, 0 files
$
```

rm -rf命令既没有警告信息，也没有声音提示。这肯定是一个危险的工具，尤其是在拥有超级用户权限的时候。务必谨慎使用，请再三检查你所要进行的操作是否符合预期。

说明　在上面的例子中，我们使用了tree工具。它能够以一种美观的方式展示目录、子目录及其中的文件。如果需要了解目录结构，尤其是在删除目录之前，这款工具正好能派上用场。不过它可能并没有默认安装在你所使用的Linux发行版中。请参阅第9章，学习如何安装软件。

在前面几节中，你看到了如何管理文件和目录。到此为止，除了如何查看文件内容，我们已经讲述了你所需要的有关文件的全部知识。

3.8　查看文件内容

Linux中有几个命令可以查看文件的内容，而不需要调用其他文本编辑器（参见第10章）。本节将演示一些可以帮助查看文件内容的命令。

3.8.1　查看文件类型

在显示文件内容之前，应该先了解一下文件的类型。如果打开了一个二进制文件，你会在屏幕上看到各种乱码，甚至会把你的终端仿真器挂起。

file命令是一个随手可得的便捷工具。它能够探测文件的内部，并决定文件是什么类型的：

```
$ file my_file
my_file: ASCII text
$
```

上面例子中的文件是一个text（文本）文件。file命令不仅能确定文件中包含的文本信息，还能确定该文本文件的字符编码，ASCII。

下面例子中的文件就是一个目录。因此，以后可以使用file命令作为另一种区分目录的方法：

```
$ file New_Dir
New_Dir: directory
$
```

第三个file命令的例子中展示了一个类型为符号链接的文件。注意，file命令甚至能够告诉你它链接到了哪个文件上：

```
$ file sl_data_file
sl_data_file: symbolic link to 'data_file'
$
```

下面的例子展示了file命令对脚本文件的返回结果。尽管这个文件是ASCII text，但因为它是一个脚本文件，所以可以在系统上执行（运行）：

```
$ file my_script
my_script: Bourne-Again shell script, ASCII text executable
$
```

最后一个例子是二进制可执行程序。file命令能够确定该程序编译时所面向的平台以及需要何种类型的库。如果你有从未知源处获得的二进制文件，这会是个非常有用的特性：

```
$ file /bin/ls
/bin/ls: ELF 64-bit LSB  executable, x86-64, version 1 (SYSV),
dynamically linked (uses shared libs), for GNU/Linux 2.6.24,
[...]
$
```

现在你已经学会了如何快速查看文件类型，接着就可以开始学习文件的显示与浏览了。

3.8.2 查看整个文件

如果手头有一个很大的文本文件，你可能会想看看里面是什么内容。在Linux上有3个不同的命令可以完成这个任务。

1. cat命令

cat命令是显示文本文件中所有数据的得力工具。

```
$ cat test1
hello

This is a test file.


That we'll use to       test the cat command.
$
```

没什么特别的，就是文本文件的内容而已。这里还有一些可以和cat命令一起用的参数，可能对你有所帮助。

-n参数会给所有的行加上行号。

```
$ cat -n test1
     1  hello
     2
     3  This is a test file.
     4
     5
     6  That we'll use to       test the cat command.
$
```

这个功能在检查脚本时很有用。如果只想给有文本的行加上行号，可以用-b参数。

```
$ cat -b test1
     1  hello

     2  This is a test file.


     3  That we'll use to       test the cat command.
$
```

最后，如果不想让制表符出现，可以用-T参数。

```
$ cat -T test1
hello

This is a test file.


That we'll use to^Itest the cat command.
$
```

-T参数会用^I字符组合去替换文中的所有制表符。

对大型文件来说，cat命令有点繁琐。文件的文本会在显示器上一晃而过。好在有一个简单办法可以解决这个问题。

2. more命令

cat命令的主要缺陷是：一旦运行，你就无法控制后面的操作。为了解决这个问题，开发人员编写了more命令。more命令会显示文本文件的内容，但会在显示每页数据之后停下来。我们输入命令more /etc/bash.bashrc生成如图3-3中所显示的内容。

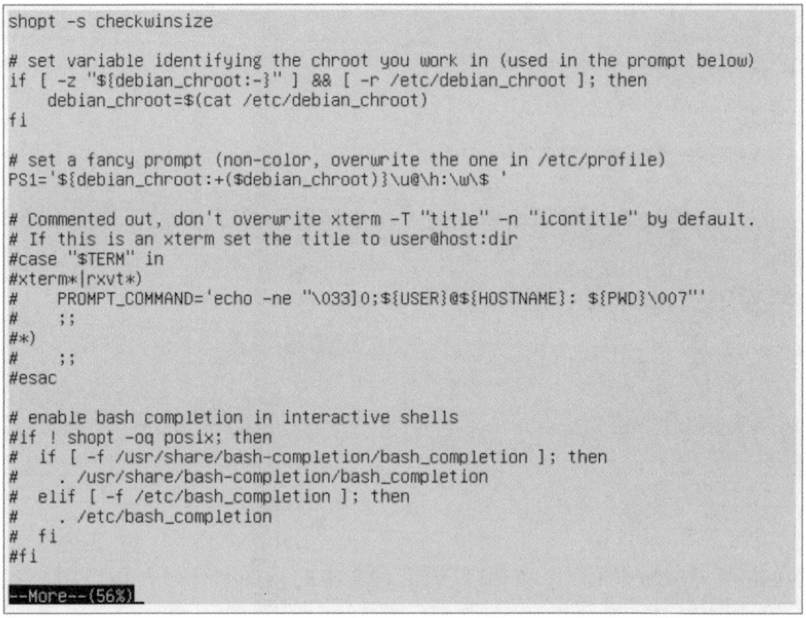

```
shopt -s checkwinsize

# set variable identifying the chroot you work in (used in the prompt below)
if [ -z "${debian_chroot:-}" ] && [ -r /etc/debian_chroot ]; then
    debian_chroot=$(cat /etc/debian_chroot)
fi

# set a fancy prompt (non-color, overwrite the one in /etc/profile)
PS1='${debian_chroot:+($debian_chroot)}\u@\h:\w\$ '

# Commented out, don't overwrite xterm -T "title" -n "icontitle" by default.
# If this is an xterm set the title to user@host:dir
#case "$TERM" in
#xterm*|rxvt*)
#    PROMPT_COMMAND='echo -ne "\033]0;${USER}@${HOSTNAME}: ${PWD}\007"'
#    ;;
#*)
#    ;;
#esac

# enable bash completion in interactive shells
#if ! shopt -oq posix; then
#  if [ -f /usr/share/bash-completion/bash_completion ]; then
#    . /usr/share/bash-completion/bash_completion
#  elif [ -f /etc/bash_completion ]; then
#    . /etc/bash_completion
#  fi
#fi

--More--(56%)
```

图3-3　使用more命令显示文本文件

注意图3-3中屏幕的底部，more命令显示了一个标签，其表明你仍然在more程序中以及你现在在这个文本文件中的位置。这是more命令的提示符。

more命令是分页工具。在本章前面的内容里，当使用man命令时，分页工具会显示所选的bash手册页面。和在手册页中前后移动一样，你可以通过按空格键或回车键以逐行向前的方式浏览文本文件。浏览完之后，按q键退出。

more命令只支持文本文件中的基本移动。如果要更多高级功能，可以试试less命令。

3. less命令

从名字上看，它并不像more命令那样高级。但是，less命令的命名实际上是个文字游戏（从俗语“less is more”得来），它实为more命令的升级版。它提供了一些极为实用的特性，能够实现在文本文件中前后翻动，而且还有一些高级搜索功能。

less命令的操作和more命令基本一样，一次显示一屏的文件文本。除了支持和more命令相同的命令集，它还包括更多的选项。

窍门 要想查看less命令所有的可用选项，可以输入man less浏览对应的手册页。也可以这样查看more命令选项的参考资料。

其中一组特性就是less命令能够识别上下键以及上下翻页键（假设你的终端配置正确）。在查看文件内容时，这给了你全面的控制权。

3.8.3 查看部分文件

通常你要查看的数据要么在文本文件的开头，要么在文本文件的末尾。如果这些数据是在大型文件的起始部分，那你就得等cat或more加载完整个文件之后才能看到。如果数据是在文件的末尾（比如日志文件），那可能需要翻过成千上万行的文本才能到最后的内容。好在Linux有解决这两个问题的专用命令。

1. tail命令

tail命令会显示文件最后几行的内容（文件的“尾部”）。默认情况下，它会显示文件的末尾10行。

出于演示的目的，我们创建了一个包含20行文本的文本文件。使用cat命令显示该文件的全部内容如下：

```
$ cat log_file
line1
line2
line3
line4
line5
Hello World - line 6
line7
line8
line9
line10
line11
Hello again - line 12
line13
line14
line15
Sweet - line16
line17
line18
line19
Last line - line20
$
```

现在你已经看到了整个文件，可以再看看使用tail命令浏览文件最后10行的效果：

```
$ tail log_file
line11
Hello again - line 12
line13
```

```
line14
line15
Sweet - line16
line17
line18
line19
Last line - line20
$
```

可以向tail命令中加入-n参数来修改所显示的行数。在下面的例子中，通过加入-n 2使tail命令只显示文件的最后两行：

```
$ tail -n 2 log_file
line19
Last line - line20
$
```

-f参数是tail命令的一个突出特性。它允许你在其他进程使用该文件时查看文件的内容。tail命令会保持活动状态，并不断显示添加到文件中的内容。这是实时监测系统日志的绝妙方式。

2. head命令

head命令，顾名思义，会显示文件开头那些行的内容。默认情况下，它会显示文件前10行的文本：

```
$ head log_file
line1
line2
line3
line4
line5
Hello World - line 6
line7
line8
line9
line10
$
```

类似于tail命令，它也支持-n参数，这样就可以指定想要显示的内容了。这两个命令都允许你在破折号后面输入想要显示的行数：

```
$ head -5 log_file
line1
line2
line3
line4
line5
$
```

文件的开头通常不会改变，因此head命令不像tail命令那样支持-f参数特性。head命令是一种查看文件起始部分内容的便捷方法。

3.9 小结

本章涵盖了在shell提示符下操作Linux文件系统的基础知识。一开始我们讨论了bash shell，之后介绍了怎样和shell交互。命令行界面（CLI）采用提示符来表明你可以输入命令。bash shell提供了很多可用以创建和操作文件的工具。在开始操作文件之前，很有必要先了解一下Linux怎么存储文件。本章讨论了Linux虚拟目录的基础知识，然后展示了Linux如何引用存储设备。在描述了Linux文件系统之后，还带你逐步了解了如何使用cd命令在虚拟目录里切换目录。

在介绍如何进入指定目录后，我们又演示了怎样用ls命令列出目录中的文件和子目录。ls命令有很多参数可用来定制输出内容。可以通过ls命令获得有关文件和目录的信息。

touch命令非常有用，可以创建空文件和变更已有文件的访问时间或修改时间。本章还介绍了如何使用cp命令将已有文件复制到其他位置。另外还逐步介绍了如何链接文件，给出了一种简单的方法可以实现在两个位置上拥有同一个文件且不用生成单独的副本。ln命令提供了这种链接功能。

接着我们讲了怎样用mv命令重命名文件（在Linux中称为移动文件），以及如何用rm命令删除文件（在Linux中称为移除文件），还介绍了怎样用mkdir和rmdir命令对目录执行相同的任务。

最后，本章以如何查看文件的内容作结。cat、more和less命令可以非常方便地查看文件全部内容，而且tail和head命令还可查看文件中的一小部分内容。

下章将继续讨论bash shell的命令，并了解更多管理Linux系统时经常用到的高级系统管理命令。

第4章

更多的bash shell命令

本章内容

- 管理进程
- 获取磁盘统计信息
- 挂载新磁盘
- 排序数据
- 归档数据

第3章介绍了Linux文件系统上切换目录以及处理文件和目录的基本知识。文件管理和目录管理是Linux shell的主要功能之一。不过，在开始脚本编程之前，我们还需要了解一下其他方面的知识。本章将详细介绍Linux系统管理命令，演示如何通过命令行命令来探查Linux系统的内部信息，最后介绍一些可以用来操作系统上数据文件的命令。

4.1 监测程序

Linux系统管理员面临的最复杂的任务之一就是跟踪运行在系统中的程序——尤其是现在，图形化桌面集成了大量的应用来生成一个完整的桌面环境。系统中总是运行着大量的程序。

好在有一些命令行工具可以使你的生活轻松一些。本节将会介绍一些能帮你在Linux系统上管理程序的基本工具及其用法。

4.1.1 探查进程

当程序运行在系统上时，我们称之为进程（process）。想监测这些进程，需要熟悉ps命令的用法。ps命令好比工具中的瑞士军刀，它能输出运行在系统上的所有程序的许多信息。

遗憾的是，随着它的稳健而来的还有复杂性——有数不清的参数，这或许让ps命令成了最难掌握的命令。大多数系统管理员在掌握了能提供他们需要信息的一组参数之后，就一直坚持只使用这组参数。

默认情况下，ps命令并不会提供那么多的信息：

```
$ ps
```

```
  PID TTY          TIME CMD
 3081 pts/0    00:00:00 bash
 3209 pts/0    00:00:00 ps
$
```

没什么特别的吧？默认情况下，ps命令只会显示运行在当前控制台下的属于当前用户的进程。在此例中，我们只运行了bash shell（注意，shell也只是运行在系统上的另一个程序而已）以及ps命令本身。

上例中的基本输出显示了程序的进程ID（Process ID，PID）、它们运行在哪个终端（TTY）以及进程已用的CPU时间。

说明 ps命令叫人头疼的地方（也正是它如此复杂的原因）在于它曾经有两个版本。每个版本都有自己的命令行参数集，这些参数控制着输出什么信息以及如何显示。最近，Linux开发人员已经将这两种ps命令格式合并到了单个ps命令中（当然，也加入了他们自己的风格）。

Linux系统中使用的GNU ps命令支持3种不同类型的命令行参数：

- Unix风格的参数，前面加单破折线；
- BSD风格的参数，前面不加破折线；
- GNU风格的长参数，前面加双破折线。

下面将进一步解析这3种不同的参数类型，并举例演示它们如何工作。

1. Unix风格的参数

Unix风格的参数是从贝尔实验室开发的AT&T Unix系统上原有的ps命令继承下来的。这些参数如表4-1所示。

表4-1 Unix风格的ps命令参数

参数	描述
-A	显示所有进程
-N	显示与指定参数不符的所有进程
-a	显示除控制进程（session leader[①]）和无终端进程外的所有进程
-d	显示除控制进程外的所有进程
-e	显示所有进程
-C *cmdlist*	显示包含在*cmdlist*列表中的进程
-G *grplist*	显示组ID在*grplist*列表中的进程
-U *userlist*	显示属主的用户ID在*userlist*列表中的进程
-g *grplist*	显示会话或组ID在*grplist*列表中的进程[②]
-p *pidlist*	显示PID在*pidlist*列表中的进程

① 关于session leader的概念，可参考《Unix环境高级编程（第3版）》第9章的内容。

② 这个在不同的Linux发行版中可能不尽相同，有的发行版中grplist代表会话ID，有的发行版中grplist代表有效组ID。

（续）

参　　数	描　　述
-s *sesslist*	显示会话ID在*sesslist*列表中的进程
-t *ttylist*	显示终端ID在*ttylist*列表中的进程
-u *userlist*	显示有效用户ID在*userlist*列表中的进程
-F	显示更多额外输出（相对-f参数而言）
-O *format*	显示默认的输出列以及*format*列表指定的特定列
-M	显示进程的安全信息
-c	显示进程的额外调度器信息
-f	显示完整格式的输出
-j	显示任务信息
-l	显示长列表
-o *format*	仅显示由*format*指定的列
-y	不要显示进程标记（process flag，表明进程状态的标记）
-Z	显示安全标签（security context）[①]信息
-H	用层级格式来显示进程（树状，用来显示父进程）
-n *namelist*	定义了WCHAN列显示的值
-w	采用宽输出模式，不限宽度显示
-L	显示进程中的线程
-V	显示ps命令的版本号

上面给出的参数已经很多了，不过还有很多。使用ps命令的关键不在于记住所有可用的参数，而在于记住最有用的那些参数。大多数Linux系统管理员都有自己的一组参数，他们会牢牢记住这些用来提取有用的进程信息的参数。举个例子，如果你想查看系统上运行的所有进程，可用-ef参数组合（ps命令允许你像这样把参数组合在一起）。

```
$ ps -ef
UID        PID  PPID  C STIME TTY          TIME CMD
root         1     0  0 11:29 ?        00:00:01 init [5]
root         2     0  0 11:29 ?        00:00:00 [kthreadd]
root         3     2  0 11:29 ?        00:00:00 [migration/0]
root         4     2  0 11:29 ?        00:00:00 [ksoftirqd/0]
root         5     2  0 11:29 ?        00:00:00 [watchdog/0]
root         6     2  0 11:29 ?        00:00:00 [events/0]
root         7     2  0 11:29 ?        00:00:00 [khelper]
root        47     2  0 11:29 ?        00:00:00 [kblockd/0]
root        48     2  0 11:29 ?        00:00:00 [kacpid]
68        2349     1  0 11:30 ?        00:00:00 hald
root      3078  1981  0 12:00 ?        00:00:00 sshd: rich [priv]
rich      3080  3078  0 12:00 ?        00:00:00 sshd: rich@pts/0
rich      3081  3080  0 12:00 pts/0    00:00:00 -bash
rich      4445  3081  3 13:48 pts/0    00:00:00 ps -ef
$
```

① security context也叫security label，是SELinux采用的声明资源的一种机制。

上例中，我们略去了输出中的不少行，以节约空间。但如你所见，Linux系统上运行着很多进程。这个例子用了两个参数：-e参数指定显示所有运行在系统上的进程；-f参数则扩展了输出，这些扩展的列包含了有用的信息。

- UID：启动这些进程的用户。
- PID：进程的进程ID。
- PPID：父进程的进程号（如果该进程是由另一个进程启动的）。
- C：进程生命周期中的CPU利用率。
- STIME：进程启动时的系统时间。
- TTY：进程启动时的终端设备。
- TIME：运行进程需要的累计CPU时间。
- CMD：启动的程序名称。

上例中输出了合理数量的信息，这也正是大多数系统管理员希望看到的。如果想要获得更多的信息，可采用-l参数，它会产生一个长格式输出。

```
$ ps -l
F S  UID PID  PPID  C PRI  NI ADDR SZ WCHAN  TTY       TIME   CMD
0 S  500 3081  3080  0  80   0 -   1173 wait pts/0   00:00:00 bash
0 R  500 4463  3081  1  80   0 -   1116 -    pts/0   00:00:00 ps
$
```

注意使用了-l参数之后多出的那些列。

- F：内核分配给进程的系统标记。
- S：进程的状态（O代表正在运行；S代表在休眠；R代表可运行，正等待运行；Z代表僵化，进程已结束但父进程已不存在；T代表停止）。
- PRI：进程的优先级（越大的数字代表越低的优先级）。
- NI：谦让度值用来参与决定优先级。
- ADDR：进程的内存地址。
- SZ：假如进程被换出，所需交换空间的大致大小。
- WCHAN：进程休眠的内核函数的地址。

2. BSD风格的参数

了解了Unix风格的参数之后，我们来一起看一下BSD风格的参数。伯克利软件发行版（Berkeley software distribution，BSD）是加州大学伯克利分校开发的一个Unix版本。它和AT&T Unix系统有许多细小的不同，这也导致了多年的Unix争论。BSD版的ps命令参数如表4-2所示。

表4-2 BSD风格的ps命令参数

参数	描述
T	显示跟当前终端关联的所有进程
a	显示跟任意终端关联的所有进程
g	显示所有的进程，包括控制进程
r	仅显示运行中的进程

（续）

参　数	描　述
x	显示所有的进程，甚至包括未分配任何终端的进程
U *userlist*	显示归*userlist*列表中某用户ID所有的进程
p *pidlist*	显示PID在*pidlist*列表中的进程
t *ttylist*	显示所关联的终端在*ttylist*列表中的进程
O *format*	除了默认输出的列之外，还输出由*format*指定的列
X	按过去的Linux i386寄存器格式显示
Z	将安全信息添加到输出中
j	显示任务信息
l	采用长模式
o *format*	仅显示由*format*指定的列
s	采用信号格式显示
u	采用基于用户的格式显示
v	采用虚拟内存格式显示
N *namelist*	定义在WCHAN列中使用的值
O *order*	定义显示信息列的顺序
S	将数值信息从子进程加到父进程上，比如CPU和内存的使用情况
c	显示真实的命令名称（用以启动进程的程序名称）
e	显示命令使用的环境变量
f	用分层格式来显示进程，表明哪些进程启动了哪些进程
h	不显示头信息
k *sort*	指定用以将输出排序的列
n	和WCHAN信息一起显示出来，用数值来表示用户ID和组ID
w	为较宽屏幕显示宽输出
H	将线程按进程来显示
m	在进程后显示线程
L	列出所有格式指定符
V	显示ps命令的版本号

如你所见，Unix和BSD类型的参数有很多重叠的地方。使用其中某种类型参数得到的信息也同样可以使用另一种获得。大多数情况下，你只要选择自己所喜欢格式的参数类型就行了（比如你在使用Linux之前就已经习惯BSD环境了）。

在使用BSD参数时，ps命令会自动改变输出以模仿BSD格式。下例是使用l参数的输出：

```
$ ps l
F   UID   PID  PPID PRI  NI    VSZ   RSS WCHAN  STAT TTY        TIME COMMAND
0   500  3081  3080  20   0   4692  1432 wait   Ss   pts/0      0:00 -bash
0   500  5104  3081  20   0   4468   844 -      R+   pts/0      0:00 ps l
$
```

注意，其中大部分的输出列跟使用Unix风格参数时的输出是一样的，只有一小部分不同。

- VSZ：进程在内存中的大小，以千字节（KB）为单位。
- RSS：进程在未换出时占用的物理内存。
- STAT：代表当前进程状态的双字符状态码。

许多系统管理员都喜欢BSD风格的l参数。它能输出更详细的进程状态码（STAT列）。双字符状态码能比Unix风格输出的单字符状态码更清楚地表示进程的当前状态。

第一个字符采用了和Unix风格S列相同的值，表明进程是在休眠、运行还是等待。第二个参数进一步说明进程的状态。

- <：该进程运行在高优先级上。
- N：该进程运行在低优先级上。
- L：该进程有页面锁定在内存中。
- s：该进程是控制进程。
- l：该进程是多线程的。
- +：该进程运行在前台。

从前面的例子可以看出，bash命令处于休眠状态，但同时它也是一个控制进程（在我的会话中，它是主要进程），而ps命令则运行在系统的前台。

3. GNU长参数

最后，GNU开发人员在这个新改进过的ps命令中加入了另外一些参数。其中一些GNU长参数复制了现有的Unix或BSD类型的参数，而另一些则提供了新功能。表4-3列出了现有的GNU长参数。

表4-3 GNU风格的ps命令参数

参 数	描 述
--deselect	显示所有进程，除了命令行中列出的进程
--Group *grplist*	显示组ID在*grplist*列表中的进程
--User *userlist*	显示用户ID在*userlist*列表中的进程
--group *grplist*	显示有效组ID在*grplist*列表中的进程
--pid *pidlist*	显示PID在*pidlist*列表中的进程
--ppid *pidlist*	显示父PID在*pidlist*列表中的进程
--sid *sidlist*	显示会话ID在*sidlist*列表中的进程
--tty *ttylist*	显示终端设备号在*ttylist*列表中的进程
--user *userlist*	显示有效用户ID在*userlist*列表中的进程
--format *format*	仅显示由*format*指定的列
--context	显示额外的安全信息
--cols *n*	将屏幕宽度设置为*n*列
--columns *n*	将屏幕宽度设置为*n*列
--cumulative	包含已停止的子进程的信息
--forest	用层级结构显示出进程和父进程之间的关系
--headers	在每页输出中都显示列的头
--no-headers	不显示列的头

（续）

参　数	描　述
--lines *n*	将屏幕高度设为*n*行
--rows *n*	将屏幕高度设为*n*排
--sort *order*	指定将输出按哪列排序
--width *n*	将屏幕宽度设为*n*列
--help	显示帮助信息
--info	显示调试信息
--version	显示ps命令的版本号

可以将GNU长参数和Unix或BSD风格的参数混用来定制输出。GNU长参数中一个着实让人喜爱的功能就是--forest参数。它会显示进程的层级信息，并用ASCII字符绘出可爱的图表。

```
1981 ?        00:00:00 sshd
3078 ?        00:00:00  \_ sshd
3080 ?        00:00:00      \_ sshd
3081 pts/0    00:00:00          \_ bash
16676 pts/0    00:00:00              \_ ps
```

这种格式让跟踪子进程和父进程变得十分容易。

4.1.2　实时监测进程

ps命令虽然在收集运行在系统上的进程信息时非常有用，但也有不足之处：它只能显示某个特定时间点的信息。如果想观察那些频繁换进换出的内存的进程趋势，用ps命令就不方便了。

而top命令刚好适用这种情况。top命令跟ps命令相似，能够显示进程信息，但它是实时显示的。图4-1是top命令运行时输出的截图。

输出的第一部分显示的是系统的概况：第一行显示了当前时间、系统的运行时间、登录的用户数以及系统的平均负载。

平均负载有3个值：最近1分钟的、最近5分钟的和最近15分钟的平均负载。值越大说明系统的负载越高。由于进程短期的突发性活动，出现最近1分钟的高负载值也很常见，但如果近15分钟内的平均负载都很高，就说明系统可能有问题。

说明　Linux系统管理的要点在于定义究竟到什么程度才算是高负载。这个值取决于系统的硬件配置以及系统上通常运行的程序。对某个系统来说是高负载的值可能对另一系统来说就是正常值。通常，如果系统的负载值超过了2，就说明系统比较繁忙了。

第二行显示了进程概要信息——top命令的输出中将进程叫作任务（task）：有多少进程处在运行、休眠、停止或是僵化状态（僵化状态是指进程完成了，但父进程没有响应）。

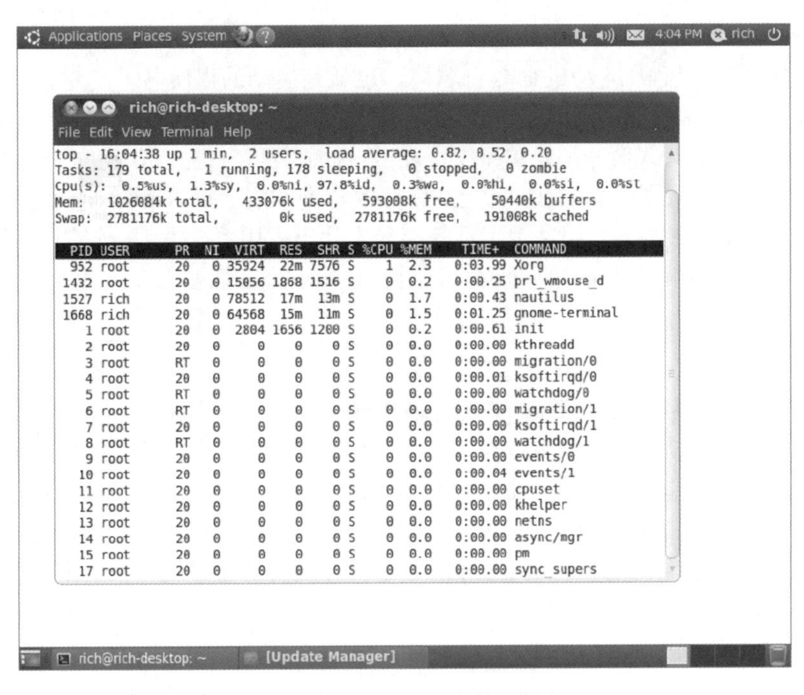

图4-1　top命令运行时的输出

下一行显示了CPU的概要信息。top根据进程的属主（用户还是系统）和进程的状态（运行、空闲还是等待）将CPU利用率分成几类输出。

紧跟其后的两行说明了系统内存的状态。第一行说的是系统的物理内存：总共有多少内存，当前用了多少，还有多少空闲。后一行说的是同样的信息，不过是针对系统交换空间（如果分配了的话）的状态而言的。

最后一部分显示了当前运行中的进程的详细列表，有些列跟ps命令的输出类似。

- PID：进程的ID。
- USER：进程属主的名字。
- PR：进程的优先级。
- NI：进程的谦让度值。
- VIRT：进程占用的虚拟内存总量。
- RES：进程占用的物理内存总量。
- SHR：进程和其他进程共享的内存总量。
- S：进程的状态（D代表可中断的休眠状态，R代表在运行状态，S代表休眠状态，T代表跟踪状态或停止状态，Z代表僵化状态）。
- %CPU：进程使用的CPU时间比例。
- %MEM：进程使用的内存占可用内存的比例。

- TIME+：自进程启动到目前为止的CPU时间总量。
- COMMAND：进程所对应的命令行名称，也就是启动的程序名。

默认情况下，top命令在启动时会按照%CPU值对进程排序。可以在top运行时使用多种交互命令重新排序。每个交互式命令都是单字符，在top命令运行时键入可改变top的行为。键入f允许你选择对输出进行排序的字段，键入d允许你修改轮询间隔。键入q可以退出top。用户在top命令的输出上有很大的控制权。用这个工具就能经常找出占用系统大部分资源的罪魁祸首。当然了，一旦找到，下一步就是结束这些进程。这也正是接下来的话题。

4.1.3 结束进程

作为系统管理员，很重要的一个技能就是知道何时以及如何结束一个进程。有时进程挂起了，只需要动动手让进程重新运行或结束就行了。但有时，有的进程会耗尽CPU且不释放资源。在这两种情景下，你就需要能控制进程的命令。Linux沿用了Unix进行进程间通信的方法。

在Linux中，进程之间通过信号来通信。进程的信号就是预定义好的一个消息，进程能识别它并决定忽略还是作出反应。进程如何处理信号是由开发人员通过编程来决定的。大多数编写完善的程序都能接收和处理标准Unix进程信号。这些信号都列在了表4-4中。

表4-4　Linux进程信号

信　号	名　称	描　述
1	HUP	挂起
2	INT	中断
3	QUIT	结束运行
9	KILL	无条件终止
11	SEGV	段错误
15	TERM	尽可能终止
17	STOP	无条件停止运行，但不终止
18	TSTP	停止或暂停，但继续在后台运行
19	CONT	在STOP或TSTP之后恢复执行

在Linux上有两个命令可以向运行中的进程发出进程信号。

1. kill命令

kill命令可通过进程ID（PID）给进程发信号。默认情况下，kill命令会向命令行中列出的全部PID发送一个TERM信号。遗憾的是，你只能用进程的PID而不能用命令名，所以kill命令有时并不好用。

要发送进程信号，你必须是进程的属主或登录为root用户。

```
$ kill 3940
-bash: kill: (3940) - Operation not permitted
$
```

TERM信号告诉进程可能的话就停止运行。不过，如果有不服管教的进程，那它通常会忽略这个请求。如果要强制终止，-s参数支持指定其他信号（用信号名或信号值）。

你能从下例中看出，kill命令不会有任何输出。

```
# kill -s HUP 3940
#
```

要检查kill命令是否有效，可再运行ps或top命令，看看问题进程是否已停止。

2. killall命令

killall命令非常强大，它支持通过进程名而不是PID来结束进程。killall命令也支持通配符，这在系统因负载过大而变得很慢时很有用。

```
# killall http*
#
```

上例中的命令结束了所有以http开头的进程，比如Apache Web服务器的httpd服务。

警告 以root用户身份登录系统时，使用killall命令要特别小心，因为很容易就会误用通配符而结束了重要的系统进程。这可能会破坏文件系统。

4.2 监测磁盘空间

系统管理员的另一个重要任务就是监测系统磁盘的使用情况。不管运行的是简单的Linux台式机还是大型的Linux服务器，你都要知道还有多少空间可留给你的应用程序。

在Linux系统上有几个命令行命令可以用来帮助管理存储媒体。本节将介绍在日常系统管理中经常用到的核心命令。

4.2.1 挂载存储媒体

如第3章中讨论的，Linux文件系统将所有的磁盘都并入一个虚拟目录下。在使用新的存储媒体之前，需要把它放到虚拟目录下。这项工作称为挂载（mounting）。

在今天的图形化桌面环境里，大多数Linux发行版都能自动挂载特定类型的可移动存储媒体。可移动存储媒体指的是可从PC上轻易移除的媒体，比如CD-ROM、软盘和U盘。

如果用的发行版不支持自动挂载和卸载可移动存储媒体，就必须手动完成。本节将介绍一些可以帮你管理可移动存储设备的Linux命令行命令。

1. mount命令

Linux上用来挂载媒体的命令叫作mount。默认情况下，mount命令会输出当前系统上挂载的设备列表。

```
$ mount
/dev/mapper/VolGroup00-LogVol00 on / type ext3 (rw)
proc on /proc type proc (rw)
sysfs on /sys type sysfs (rw)
devpts on /dev/pts type devpts (rw,gid=5,mode=620)
```

```
/dev/sda1 on /boot type ext3 (rw)
tmpfs on /dev/shm type tmpfs (rw)
none on /proc/sys/fs/binfmt_misc type binfmt_misc (rw)
sunrpc on /var/lib/nfs/rpc_pipefs type rpc_pipefs (rw)
/dev/sdb1 on /media/disk type vfat
(rw,nosuid,nodev,uhelper=hal,shortname=lower,uid=503)
$
```

mount命令提供如下四部分信息：

- 媒体的设备文件名
- 媒体挂载到虚拟目录的挂载点
- 文件系统类型
- 已挂载媒体的访问状态

上面例子的最后一行输出中，U盘被GNOME桌面自动挂载到了挂载点/media/disk。vfat文件系统类型说明它是在Windows机器上被格式化的。

要手动在虚拟目录中挂载设备，需要以root用户身份登录，或是以root用户身份运行sudo命令。下面是手动挂载媒体设备的基本命令：

```
mount -t type device directory
```

type参数指定了磁盘被格式化的文件系统类型。Linux可以识别非常多的文件系统类型。如果是和Windows PC共用这些存储设备，通常得使用下列文件系统类型。

- vfat：Windows长文件系统。
- ntfs：Windows NT、XP、Vista以及Windows 7中广泛使用的高级文件系统。
- iso9660：标准CD-ROM文件系统。

大多数U盘和软盘会被格式化成vfat文件系统。而数据CD则必须使用iso9660文件系统类型。

后面两个参数定义了该存储设备的设备文件的位置以及挂载点在虚拟目录中的位置。比如说，手动将U盘/dev/sdb1挂载到/media/disk，可用下面的命令：

```
mount -t vfat /dev/sdb1 /media/disk
```

媒体设备挂载到了虚拟目录后，root用户就有了对该设备的所有访问权限，而其他用户的访问则会被限制。你可以通过目录权限（将在第7章中介绍）指定用户对设备的访问权限。

如果要用到mount命令的一些高级功能，表4-5中列出了可用的参数。

表4-5　mount命令的参数

参　　数	描　　述
-a	挂载/etc/fstab文件中指定的所有文件系统
-f	使mount命令模拟挂载设备，但并不真的挂载
-F	和-a参数一起使用时，会同时挂载所有文件系统
-v	详细模式，将会说明挂载设备的每一步
-I	不启用任何/sbin/mount.filesystem下的文件系统帮助文件
-l	给ext2、ext3或XFS文件系统自动添加文件系统标签

（续）

参　数	描　述
-n	挂载设备，但不注册到/etc/mtab已挂载设备文件中
-p *num*	进行加密挂载时，从文件描述符*num*中获得密码短语
-s	忽略该文件系统不支持的挂载选项
-r	将设备挂载为只读的
-w	将设备挂载为可读写的（默认参数）
-L label	将设备按指定的*label*挂载
-U *uuid*	将设备按指定的*uuid*挂载
-O	和-a参数一起使用，限制命令只作用到特定的一组文件系统上
-o	给文件系统添加特定的选项

4

-o参数允许在挂载文件系统时添加一些以逗号分隔的额外选项。以下为常用的选项。

- ro：以只读形式挂载。
- rw：以读写形式挂载。
- user：允许普通用户挂载文件系统。
- check=none：挂载文件系统时不进行完整性校验。
- loop：挂载一个文件。

2. umount命令

从Linux系统上移除一个可移动设备时，不能直接从系统上移除，而应该先卸载。

窍门 Linux上不能直接弹出已挂载的CD。如果你在从光驱中移除CD时遇到麻烦，通常是因为该CD还挂载在虚拟目录里。先卸载它，然后再去尝试弹出。

卸载设备的命令是umount（是的，你没看错，命令名中并没有字母n，这一点有时候很让人困惑）。umount命令的格式非常简单：

```
umount [directory | device ]
```

umount命令支持通过设备文件或者是挂载点来指定要卸载的设备。如果有任何程序正在使用设备上的文件，系统就不会允许你卸载它：

```
[root@testbox mnt]# umount /home/rich/mnt
umount: /home/rich/mnt: device is busy
umount: /home/rich/mnt: device is busy
[root@testbox mnt]# cd /home/rich
[root@testbox rich]# umount /home/rich/mnt
[root@testbox rich]# ls -l mnt
total 0
[root@testbox rich]#
```

上例中，命令行提示符仍然在挂载设备的文件系统目录中，所以umount命令无法卸载该镜像文件。一旦命令提示符移出该镜像文件的文件系统，umount命令就能卸载该镜像文件。[①]

4.2.2 使用 df 命令

有时你需要知道在某个设备上还有多少磁盘空间。df命令可以让你很方便地查看所有已挂载磁盘的使用情况。

```
$ df
Filesystem           1K-blocks      Used Available Use% Mounted on
/dev/sda2             18251068   7703964   9605024  45% /
/dev/sda1               101086     18680     77187  20% /boot
tmpfs                   119536         0    119536   0% /dev/shm
/dev/sdb1               127462    113892     13570  90% /media/disk
$
```

df命令会显示每个有数据的已挂载文件系统。如你在前例中看到的，有些已挂载设备仅限系统内部使用。命令输出如下：

- 设备的设备文件位置；
- 能容纳多少个1024字节大小的块；
- 已用了多少个1024字节大小的块；
- 还有多少个1024字节大小的块可用；
- 已用空间所占的比例；
- 设备挂载到了哪个挂载点上。

df命令有一些命令行参数可用，但基本上不会用到。一个常用的参数是-h。它会把输出中的磁盘空间按照用户易读的形式显示，通常用M来替代兆字节，用G替代吉字节。

```
$ df -h
Filesystem            Size  Used Avail Use% Mounted on
/dev/sdb2              18G  7.4G  9.2G  45% /
/dev/sda1              99M   19M   76M  20% /boot
tmpfs                 117M     0  117M   0% /dev/shm
/dev/sdb1             125M  112M   14M  90% /media/disk
$
```

说明　Linux系统后台一直有进程来处理文件或使用文件。df命令的输出值显示的是Linux系统认为的当前值。有可能系统上有运行的进程已经创建或删除了某个文件，但尚未释放文件。这个值是不会算进闲置空间的。

---

① 如果在卸载设备时，系统提示设备繁忙，无法卸载设备，通常是有进程还在访问该设备或使用该设备上的文件。这时可用lsof命令获得使用它的进程信息，然后在应用中停止使用该设备或停止该进程。lsof命令的用法很简单：lsof /path/to/device/node，或者lsof /path/to/mount/point。

4.2.3 使用 du 命令

通过df命令很容易发现哪个磁盘的存储空间快没了。系统管理员面临的下一个问题是，发生这种情况时要怎么办。

另一个有用的命令是du命令。du命令可以显示某个特定目录（默认情况下是当前目录）的磁盘使用情况。这一方法可用来快速判断系统上某个目录下是不是有超大文件。

默认情况下，du命令会显示当前目录下所有的文件、目录和子目录的磁盘使用情况，它会以磁盘块为单位来表明每个文件或目录占用了多大存储空间。对标准大小的目录来说，这个输出会是一个比较长的列表。下面是du命令的部分输出：


```
$ du
484     ./.gstreamer-0.10
8       ./Templates
8       ./Download
8       ./.ccache/7/0
24      ./.ccache/7
368     ./.ccache/a/d
384     ./.ccache/a
424     ./.ccache
8       ./Public
8       ./.gphpedit/plugins
32      ./.gphpedit
72      ./.gconfd
128     ./.nautilus/metafiles
384     ./.nautilus
72      ./.bittorrent/data/metainfo
20      ./.bittorrent/data/resume
144     ./.bittorrent/data
152     ./.bittorrent
8       ./Videos
8       ./Music
16      ./.config/gtk-2.0
40      ./.config
8       ./Documents
```

每行输出左边的数值是每个文件或目录占用的磁盘块数。注意，这个列表是从目录层级的最底部开始，然后按文件、子目录、目录逐级向上。

这么用du命令（不加参数，用默认参数）作用并不大。我们更想知道每个文件和目录占用了多大的磁盘空间，但如果还得逐页查找的话就没什么意义了。

下面是能让du命令用起来更方便的几个命令行参数。

- -c：显示所有已列出文件总的大小。
- -h：按用户易读的格式输出大小，即用K替代千字节，用M替代兆字节，用G替代吉字节。
- -s：显示每个输出参数的总计。

系统管理员接下来就是要使用一些文件处理命令操作大批量的数据。这正是下一节的主题。

4.3 处理数据文件

当你有大量数据时，通常很难处理这些信息及提取有用信息。正如在上节中学习的du命令，系统命令很容易输出过量的信息。

Linux系统提供了一些命令行工具来处理大量数据。本节将会介绍一些每个系统管理员以及日常Linux用户都应该知道的基本命令，这些命令能够让生活变得更加轻松。

4.3.1 排序数据

处理大量数据时的一个常用命令是sort命令。顾名思义，sort命令是对数据进行排序的。

默认情况下，sort命令按照会话指定的默认语言的排序规则对文本文件中的数据行排序。

```
$ cat file1
one
two
three
four
five
$ sort file1
five
four
one
three
two
$
```

这相当简单。但事情并非总像看起来那样容易。看下面的例子。

```
$ cat file2
1
2
100
45
3
10
145
75
$ sort file2
1
10
100
145
2
3
45
75
$
```

如果你本期望这些数字能按值排序，就要失望了。默认情况下，sort命令会把数字当做字符来执行标准的字符排序，产生的输出可能根本就不是你要的。解决这个问题可用-n参数，它会告诉sort命令把数字识别成数字而不是字符，并且按值排序。

```
$ sort -n file2
1
2
3
10
45
75
100
145
$
```


现在好多了！另一个常用的参数是-M，按月排序。Linux的日志文件经常会在每行的起始位置有一个时间戳，用来表明事件是什么时候发生的。

```
Sep 13 07:10:09 testbox smartd[2718]: Device: /dev/sda, opened
```

如果将含有时间戳日期的文件按默认的排序方法来排序，会得到类似于下面的结果。

```
$ sort file3
Apr
Aug
Dec
Feb
Jan
Jul
Jun
Mar
May
Nov
Oct
Sep
$
```

这并不是想要的结果。如果用-M参数，sort命令就能识别三字符的月份名，并相应地排序。

```
$ sort -M file3
Jan
Feb
Mar
Apr
May
Jun
Jul
Aug
Sep
Oct
Nov
Dec
$
```

还有其他一些方便的sort参数可用，如表4-6所示。

表4-6　sort命令参数

单破折线	双破折线	描　　述
-b	--ignore-leading-blanks	排序时忽略起始的空白
-C	--check=quiet	不排序，如果数据无序也不要报告
-c	--check	不排序，但检查输入数据是不是已排序；未排序的话，报告
-d	--dictionary-order	仅考虑空白和字母，不考虑特殊字符
-f	--ignore-case	默认情况下，会将大写字母排在前面；这个参数会忽略大小写
-g	--general-number-sort	按通用数值来排序（跟-n不同，把值当浮点数来排序，支持科学计数法表示的值）
-i	--ignore-nonprinting	在排序时忽略不可打印字符
-k	--key=*POS1*[,*POS2*]	排序从POS1位置开始；如果指定了POS2的话，到POS2位置结束
-M	--month-sort	用三字符月份名按月份排序
-m	--merge	将两个已排序数据文件合并
-n	--numeric-sort	按字符串数值来排序（并不转换为浮点数）
-o	--output=*file*	将排序结果写出到指定的文件中
-R	--random-sort	按随机生成的散列表的键值排序
	--random-source=*FILE*	指定-R参数用到的随机字节的源文件
-r	--reverse	反序排序（升序变成降序）
-S	--buffer-size=*SIZE*	指定使用的内存大小
-s	--stable	禁用最后重排序比较
-T	--temporary-directory=*DIR*	指定一个位置来存储临时工作文件
-t	--field-separator=*SEP*	指定一个用来区分键位置的字符
-u	--unique	和-c参数一起使用时，检查严格排序；不和-c参数一起用时，仅输出第一例相似的两行
-z	--zero-terminated	用NULL字符作为行尾，而不是用换行符

-k和-t参数在对按字段分隔的数据进行排序时非常有用，例如/etc/passwd文件。可以用-t参数来指定字段分隔符，然后用-k参数来指定排序的字段。举个例子，要对前面提到的密码文件/etc/passwd根据用户ID进行数值排序，可以这么做：

```
$ sort -t ':' -k 3 -n /etc/passwd
root:x:0:0:root:/root:/bin/bash
bin:x:1:1:bin:/bin:/sbin/nologin
daemon:x:2:2:daemon:/sbin:/sbin/nologin
adm:x:3:4:adm:/var/adm:/sbin/nologin
lp:x:4:7:lp:/var/spool/lpd:/sbin/nologin
sync:x:5:0:sync:/sbin:/bin/sync
shutdown:x:6:0:shutdown:/sbin:/sbin/shutdown
halt:x:7:0:halt:/sbin:/sbin/halt
mail:x:8:12:mail:/var/spool/mail:/sbin/nologin
news:x:9:13:news:/etc/news:
uucp:x:10:14:uucp:/var/spool/uucp:/sbin/nologin
operator:x:11:0:operator:/root:/sbin/nologin
```

```
games:x:12:100:games:/usr/games:/sbin/nologin
gopher:x:13:30:gopher:/var/gopher:/sbin/nologin
ftp:x:14:50:FTP User:/var/ftp:/sbin/nologin
```

现在数据已经按第三个字段——用户ID的数值排序。

-n参数在排序数值时非常有用，比如du命令的输出。

```
$ du -sh * | sort -nr
1008k   mrtg-2.9.29.tar.gz
972k    bldg1
888k    fbs2.pdf
760k    Printtest
680k    rsync-2.6.6.tar.gz
660k    code
516k    fig1001.tiff
496k    test
496k    php-common-4.0.4pl1-6mdk.i586.rpm
448k    MesaGLUT-6.5.1.tar.gz
400k    plp
```

注意，-r参数将结果按降序输出，这样就更容易看到目录下的哪些文件占用空间最多。

说明 本例中用到的管道命令（|）将du命令的输出重定向到sort命令。我们将在第11章中进一步讨论。

4.3.2 搜索数据

你会经常需要在大文件中找一行数据，而这行数据又埋藏在文件的中间。这时并不需要手动翻看整个文件，用grep命令来帮助查找就行了。grep命令的命令行格式如下。

```
grep [options] pattern [file]
```

grep命令会在输入或指定的文件中查找包含匹配指定模式的字符的行。grep的输出就是包含了匹配模式的行。

下面两个简单的例子演示了使用grep命令来对4.3.1节中用到的文件file1进行搜索。

```
$ grep three file1
three
$ grep t file1
two
three
$
```

第一个例子在文件file1中搜索能匹配模式three的文本。grep命令输出了匹配了该模式的行。第二个例子在文件file1中搜索能匹配模式t的文本。这个例子里，file1中有两行匹配了指定的模式，两行都输出了。

由于grep命令非常流行，它经历了大量的更新。有很多功能被加进了grep命令。如果查看一下它的手册页面，你会发现它是多么的无所不能。

如果要进行反向搜索（输出不匹配该模式的行），可加-v参数。

```
$ grep -v t file1
one
four
five
$
```

如果要显示匹配模式的行所在的行号，可加-n参数。

```
$ grep -n t file1
2:two
3:three
$
```

如果只要知道有多少行含有匹配的模式，可用-c参数。

```
$ grep -c t file1
2
$
```

如果要指定多个匹配模式，可用-e参数来指定每个模式。

```
$ grep -e t -e f file1
two
three
four
five
$
```

这个例子输出了含有字符t或字符f的所有行。

默认情况下，grep命令用基本的Unix风格正则表达式来匹配模式。Unix风格正则表达式采用特殊字符来定义怎样查找匹配的模式。

要想进一步了解正则表达式的细节，可以参考第20章的内容。

以下是在grep搜索中使用正则表达式的简单例子。

```
$ grep [tf] file1
two
three
four
five
$
```

正则表达式中的方括号表明grep应该搜索包含t或者f字符的匹配。如果不用正则表达式，grep就会搜索匹配字符串tf的文本。

egrep命令是grep的一个衍生，支持POSIX扩展正则表达式。POSIX扩展正则表达式含有更多的可以用来指定匹配模式的字符（参见第20章）。fgrep则是另外一个版本，支持将匹配模式指定为用换行符分隔的一列固定长度的字符串。这样就可以把这列字符串放到一个文件中，然后在fgrep命令中用其在一个大型文件中搜索字符串了。

4.3.3 压缩数据

如果你接触过Microsoft Windows，就必然用过zip文件。它如此流行，以至于微软从Windows XP开始，就已经将其集成进了自家的操作系统中。zip工具可以将大型文件（文本文件和可执行文件）压缩成占用更少空间的小文件。

Linux包含了多种文件压缩工具。虽然听上去不错，但这实际上经常会在用户下载文件时造成混淆。表4-7列出了Linux上的文件压缩工具。

表4-7 Linux文件压缩工具

工 具	文件扩展名	描 述
bzip2	.bz2	采用Burrows-Wheeler块排序文本压缩算法和霍夫曼编码
compress	.Z	最初的Unix文件压缩工具，已经快没人用了
gzip	.gz	GNU压缩工具，用Lempel-Ziv编码
zip	.zip	Windows上PKZIP工具的Unix实现

4

compress文件压缩工具已经很少在Linux系统上看到了。如果下载了带.Z扩展名的文件，通常可以用第9章中介绍的软件包安装方法来安装compress包（在很多Linux发行版上叫作ncompress），然后再用uncompress命令来解压文件。gzip是Linux上最流行的压缩工具。

gzip软件包是GNU项目的产物，意在编写一个能够替代原先Unix中compress工具的免费版本。这个软件包含有下面的工具。

- gzip：用来压缩文件。
- gzcat：用来查看压缩过的文本文件的内容。
- gunzip：用来解压文件。

这些工具基本上跟bzip2工具的用法一样。

```
 $ gzip myprog
 $ ls -l my*
-rwxrwxr-x 1 rich rich 2197 2007-09-13 11:29 myprog.gz
 $
```

gzip命令会压缩你在命令行指定的文件。也可以在命令行指定多个文件名甚至用通配符来一次性批量压缩文件。

```
$ gzip my*
$ ls -l my*
 -rwxr--r--    1 rich     rich          103 Sep  6 13:43 myprog.c.gz
 -rwxr-xr-x    1 rich     rich         5178 Sep  6 13:43 myprog.gz
 -rwxr--r--    1 rich     rich           59 Sep  6 13:46 myscript.gz
 -rwxr--r--    1 rich     rich           60 Sep  6 13:44 myscript2.gz
$
```

gzip命令会压缩该目录中匹配通配符的每个文件。

4.3.4　归档数据

虽然zip命令能够很好地将数据压缩和归档进单个文件，但它不是Unix和Linux中的标准归档工具。目前，Unix和Linux上最广泛使用的归档工具是tar命令。

tar命令最开始是用来将文件写到磁带设备上归档的，然而它也能把输出写到文件里，这种用法在Linux上已经普遍用来归档数据了。

下面是tar命令的格式：

```
tar function [options] object1 object2 ...
```

function参数定义了tar命令应该做什么，如表4-8所示。

表4-8　tar命令的功能

功　能	长 名 称	描　　述
-A	--concatenate	将一个已有tar归档文件追加到另一个已有tar归档文件
-c	--create	创建一个新的tar归档文件
-d	--diff	检查归档文件和文件系统的不同之处
	--delete	从已有tar归档文件中删除
-r	--append	追加文件到已有tar归档文件末尾
-t	--list	列出已有tar归档文件的内容
-u	--update	将比tar归档文件中已有的同名文件新的文件追加到该tar归档文件中
-x	--extract	从已有tar归档文件中提取文件

每个功能可用选项来针对tar归档文件定义一个特定行为。表4-9列出了这些选项中能和tar命令一起使用的常见选项。

表4-9　tar命令选项

选　　项	描　　述
-C *dir*	切换到指定目录
-f *file*	输出结果到文件或设备*file*
-j	将输出重定向给bzip2命令来压缩内容
-p	保留所有文件权限
-v	在处理文件时显示文件
-z	将输出重定向给gzip命令来压缩内容

这些选项经常合并到一起使用。首先，你可以用下列命令来创建一个归档文件：

```
tar -cvf test.tar test/ test2/
```

上面的命令创建了名为test.tar的归档文件，含有test和test2目录内容。接着，用下列命令：

```
tar -tf test.tar
```

列出tar文件test.tar的内容（但并不提取文件）。最后，用命令：

```
tar -xvf test.tar
```

通过这一命令从tar文件test.tar中提取内容。如果tar文件是从一个目录结构创建的，那整个目录结构都会在当前目录下重新创建。

如你所见，tar命令是给整个目录结构创建归档文件的简便方法。这是Linux中分发开源程序源码文件所采用的普遍方法。

窍门 下载了开源软件之后，你会经常看到文件名以.tgz结尾。这些是gzip压缩过的tar文件可以用命令`tar -zxvf` *`filename`*`.tgz`来解压。

4.4 小结

本章讨论了Linux系统管理员和程序员用到的一些高级bash命令。ps和top命令在判断系统的状态时特别重要，能看到哪些应用在运行以及它们消耗了多少资源。

在可移动存储普及的今天，系统管理员常谈到的另一个话题就是挂载存储设备。mount命令可以将一个物理存储设备挂载到Linux虚拟目录结构上。umount命令用来移除设备。

最后，本章讨论了各种处理数据的工具。sort工具能轻松地对大数据文件进行排序，便于组织数据；grep实用工具能快速检索大数据文件来查找特定信息。Linux上有一些不同的文件压缩工具，包括bzip2、gzip和zip。每种工具都能够压缩大型文件来节省文件系统空间。tar工具能将整个目录都归档到单个文件中，方便把数据迁移到另外一个系统上。

下一章将讨论各种Linux shell及其使用。Linux允许你在多个shell之间进行通信，这一点在脚本中创建子shell时非常有用。

第5章

理解shell

本章内容

- 探究shell的类型
- 理解shell的父/子关系
- 别出心裁的子shell用法
- 探究内建的shell命令

现在你已经学到了一些shell的基础知识，例如如何进入shell以及初级的shell命令，是时候去一探shell进程的究竟了。要想理解shell，得先理解一些CLI。

shell不单单是一种CLI。它是一个时刻都在运行的复杂交互式程序。输入命令并利用shell来运行脚本会出现一些既有趣又令人困惑的问题。搞清楚shell进程以及它与系统之间的关系能够帮助你解决这些难题，或是完全避开它们。

本章将会带你全面学习shell进程。你会了解到如何创建子shell以及父shell与子shell之间的关系。探究各种用于创建子进程的命令和内建命令。另外还有一些shell的窍门和技巧等你一试。

5.1 shell 的类型

系统启动什么样的shell程序取决于你个人的用户ID配置。在/etc/passwd文件中，在用户ID记录的第7个字段中列出了默认的shell程序。只要用户登录到某个虚拟控制台终端或是在GUI中启动终端仿真器，默认的shell程序就会开始运行。

在下面的例子中，用户christine使用GNU bash shell作为自己的默认shell程序：

```
$ cat /etc/passwd
[...]
Christine:x:501:501:Christine B:/home/Christine:/bin/bash
$
```

bash shell程序位于/bin目录内。从长列表中可以看出/bin/bash（bash shell）是一个可执行程序：

```
$ ls -lF /bin/bash
-rwxr-xr-x. 1 root root 938832 Jul 18  2013 /bin/bash*
$
```

本书所使用的CentOS发行版中还有其他一些shell程序。其中包括tcsh，它源自最初的C shell：

```
$ ls -lF /bin/tcsh
-rwxr-xr-x. 1 root root 387328 Feb 21  2013 /bin/tcsh*
$
```

另外还包括ash shell的Debian版：

```
$ ls -lF /bin/dash
-rwxr-xr-x. 1 root root 109672 Oct 17  2012 /bin/dash*
$
```

最后，C shell的软链接（参见第3章）指向的是tcsh shell：

```
$ ls -lF /bin/csh
lrwxrwxrwx. 1 root root 4 Mar 18 15:16 /bin/csh -> tcsh*
$
```

这些shell程序各自都可以被设置成用户的默认shell。不过由于bash shell的广为流行，很少有人使用其他的shell作为默认shell。

说明 第1章对各种shell有一个简单的描述。如果你想进一步学习GNU bash shell之外的shell，第23章提供了更多的相关信息。

默认的交互shell会在用户登录某个虚拟控制台终端或在GUI中运行终端仿真器时启动。不过还有另外一个默认shell是/bin/sh，它作为默认的系统shell，用于那些需要在启动时使用的系统shell脚本。

你经常会看到某些发行版使用软链接将默认的系统shell设置成bash shell，如本书所使用的CentOS发行版：

```
$ ls -l /bin/sh
lrwxrwxrwx. 1 root root 4 Mar 18 15:05 /bin/sh -> bash
$
```

但要注意的是在有些发行版上，默认的系统shell和默认的交互shell并不相同，例如在Ubuntu发行版中：

```
$ cat /etc/passwd
[...]
christine:x:1000:1000:Christine,,,:/home/christine:/bin/bash
$
$ ls -l /bin/sh
lrwxrwxrwx 1 root root 4 Apr 22 12:33 /bin/sh -> dash
$
```

注意，用户christine默认的交互shell是/bin/bash，也就是bash shell。但是作为默认系统shell的/bin/sh被设置为dash shell。

窍门　对bash shell脚本来说，这两种不同的shell（默认的交互shell和默认的系统shell）会造成问题。一定要阅读第11章中有关bash shell脚本首行的语法要求，以避免这些麻烦。

并不是必须一直使用默认的交互shell。可以使用发行版中所有可用的shell，只需要输入对应的文件名就行了。例如，你可以直接输入命令`/bin/dash`来启动dash shell。

```
$ /bin/dash
$
```

除启动了dash shell程序之外，看起来似乎什么都没有发生。提示符`$`是dash shell的CLI提示符。可以输入`exit`来退出dash shell。

```
$ exit
exit
$
```

这一次好像还是什么都没有发生，但是dash shell程序已经退出了。为了理解这个过程，我们将在下一节中探究登录shell程序与新启动的shell程序之间的关系。

5.2　shell 的父子关系

用于登录某个虚拟控制器终端或在GUI中运行终端仿真器时所启动的默认的交互shell，是一个父shell。本书到目前为止都是父shell提供CLI提示符，然后等待命令输入。

在CLI提示符后输入`/bin/bash`命令或其他等效的`bash`命令时，会创建一个新的shell程序。这个shell程序被称为子shell（child shell）。子shell也拥有CLI提示符，同样会等待命令输入。

当输入`bash`、生成子shell的时候，你是看不到任何相关的信息的，因此需要另一条命令帮助我们理清这一切。第4章中讲过的`ps`命令能够派上用场，在生成子shell的前后配合选项`-f`来使用。

```
$ ps -f
UID        PID  PPID  C STIME TTY          TIME CMD
501       1841  1840  0 11:50 pts/0    00:00:00 -bash
501       2429  1841  4 13:44 pts/0    00:00:00 ps -f
$
$ bash
$
$ ps -f
UID        PID  PPID  C STIME TTY          TIME CMD
501       1841  1840  0 11:50 pts/0    00:00:00 -bash
501       2430  1841  0 13:44 pts/0    00:00:00 bash
501       2444  2430  1 13:44 pts/0    00:00:00 ps -f
$
```

第一次使用`ps -f`的时候，显示出了两个进程。其中一个进程的进程ID是`1841`（第二列），运行的是bash shell程序（最后一列）。另一个进程（进程ID为`2429`）对应的是命令`ps -f`。

说明 进程就是正在运行的程序。bash shell是一个程序，当它运行的时候，就成为了一个进程。一个运行着的shell就是某种进程而已。因此，在说到运行一个bash shell的时候，你经常会看到"shell"和"进程"这两个词交换使用。

输入命令`bash`之后，一个子shell就出现了。第二个`ps -f`是在子shell中执行的。可以从显示结果中看到有两个bash shell程序在运行。第一个bash shell程序，也就是父shell进程，其原始进程ID是`1841`。第二个bash shell程序，即子shell进程，其PID是`2430`。注意，子shell的父进程ID（PPID）是`1841`，指明了这个父shell进程就是该子shell的父进程。图5-1展示了这种关系。

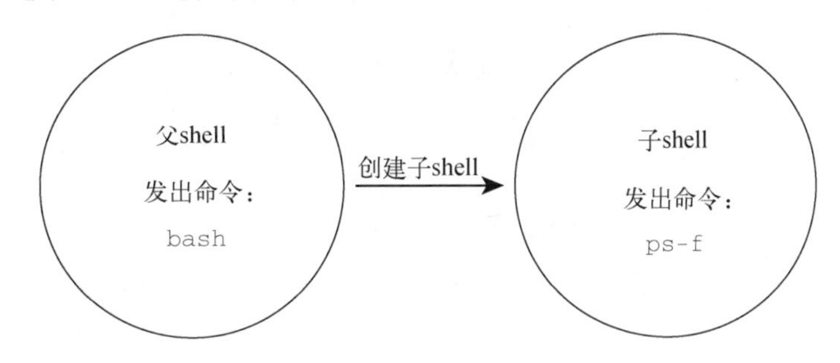

图5-1 bash shell进程的父子关系

在生成子shell进程时，只有部分父进程的环境被复制到子shell环境中。这会对包括变量在内的一些东西造成影响，我们会在第6章中谈及相关的内容。

子shell（child shell，也叫subshell）可以从父shell中创建，也可以从另一个子shell中创建。

```
$ ps -f
UID        PID  PPID  C STIME TTY          TIME CMD
501       1841  1840  0 11:50 pts/0    00:00:00 -bash
501       2532  1841  1 14:22 pts/0    00:00:00 ps -f
$
$ bash
$
$ bash
$
$ bash
$
$ ps --forest
  PID TTY          TIME CMD
 1841 pts/0    00:00:00 bash
 2533 pts/0    00:00:00  \_ bash
 2546 pts/0    00:00:00      \_ bash
 2562 pts/0    00:00:00          \_ bash
 2576 pts/0    00:00:00              \_ ps
$
```

在上面的例子中，`bash`命令被输入了三次。这实际上创建了三个子shell。`ps --forest`命令展示了这些子shell间的嵌套结构。图5-2中也展示了这种关系。

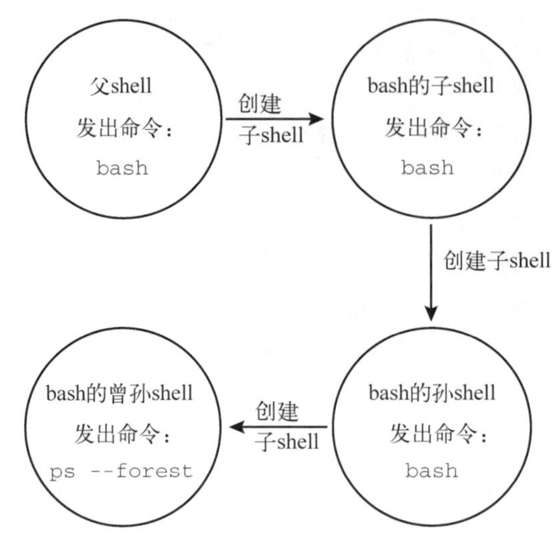

图5-2　子shell的嵌套关系

ps -f命令也能够表现子shell的嵌套关系，因为它能够通过PPID列显示出谁是谁的父进程。

```
$ ps -f
UID         PID  PPID  C STIME TTY          TIME CMD
501        1841  1840  0 11:50 pts/0    00:00:00 -bash
501        2533  1841  0 14:22 pts/0    00:00:00 bash
501        2546  2533  0 14:22 pts/0    00:00:00 bash
501        2562  2546  0 14:24 pts/0    00:00:00 bash
501        2585  2562  1 14:29 pts/0    00:00:00 ps -f
$
```

bash shell程序可使用命令行参数修改shell启动方式。表5-1列举了bash中可用的命令行参数。

表5-1　bash命令行参数

参　　数	描　　述
-c string	从string中读取命令并进行处理
-i	启动一个能够接收用户输入的交互shell
-l	以登录shell的形式启动
-r	启动一个受限shell，用户会被限制在默认目录中
-s	从标准输入中读取命令

可以输入man bash获得关于bash命令的更多帮助信息，了解更多的命令行参数。bash --help命令也会提供一些额外的协助。

可以利用exit命令有条不紊地退出子shell。

```
$ exit
exit
$
$ ps --forest
```

```
  PID TTY          TIME CMD
 1841 pts/0    00:00:00 bash
 2533 pts/0    00:00:00  \_ bash
 2546 pts/0    00:00:00      \_ bash
 2602 pts/0    00:00:00          \_ ps
$
$ exit
exit
$
$ exit
exit
$
$ ps --forest
  PID TTY          TIME CMD
 1841 pts/0    00:00:00 bash
 2604 pts/0    00:00:00  \_ ps
$
```


exit命令不仅能退出子shell，还能用来登出当前的虚拟控制台终端或终端仿真器软件。只需要在父shell中输入exit，就能够从容退出CLI了。

运行shell脚本也能够创建出子shell。在第11章，你将会学习到相关话题的更多知识。

就算是不使用bash shell命令或是运行shell脚本，你也可以生成子shell。一种方法就是使用进程列表。

5.2.1 进程列表

你可以在一行中指定要依次运行的一系列命令。这可以通过命令列表来实现，只需要在命令之间加入分号（;）即可。

```
$ pwd ; ls ; cd /etc ; pwd ; cd ; pwd ; ls
/home/Christine
Desktop    Downloads  Music     Public     Videos
Documents  junk.dat   Pictures  Templates
/etc
/home/Christine
Desktop    Downloads  Music     Public     Videos
Documents  junk.dat   Pictures  Templates
$
```

在上面的例子中，所有的命令依次执行，不存在任何问题。不过这并不是进程列表。命令列表要想成为进程列表，这些命令必须包含在括号里。

```
$ (pwd ; ls ; cd /etc ; pwd ; cd ; pwd ; ls)
/home/Christine
Desktop    Downloads  Music     Public     Videos
Documents  junk.dat   Pictures  Templates
/etc
/home/Christine
Desktop    Downloads  Music     Public     Videos
Documents  junk.dat   Pictures  Templates
$
```

尽管多出来的括号看起来没有什么太大的不同，但起到的效果确是非同寻常。括号的加入使命令列表变成了进程列表，生成了一个子shell来执行对应的命令。

说明 进程列表是一种命令分组（command grouping）。另一种命令分组是将命令放入花括号中，并在命令列表尾部加上分号（;）。语法为`{ command; }`。使用花括号进行命令分组并不会像进程列表那样创建出子shell。

要想知道是否生成了子shell，得借助一个使用了环境变量的命令。（环境变量会在第6章中详述。）这个命令就是`echo $BASH_SUBSHELL`。如果该命令返回`0`，就表明没有子shell。如果返回`1`或者其他更大的数字，就表明存在子shell。

下面的例子中使用了一个命令列表，列表尾部是`echo $BASH_SUBSHELL`。

```
$ pwd ; ls ; cd /etc ; pwd ; cd ; pwd ; ls ; echo $BASH_SUBSHELL
/home/Christine
Desktop    Downloads  Music     Public     Videos
Documents  junk.dat   Pictures  Templates
/etc
/home/Christine
Desktop    Downloads  Music     Public     Videos
Documents  junk.dat   Pictures  Templates
0
```

在命令输出的最后，显示的是数字`0`。这就表明这些命令不是在子shell中运行的。

要是使用进程列表的话，结果就不一样了。在列表最后加入`echo $BASH_SUBSHELL`。

```
$ (pwd ; ls ; cd /etc ; pwd ; cd ; pwd ; ls ; echo $BASH_SUBSHELL)
/home/Christine
Desktop    Downloads  Music     Public     Videos
Documents  junk.dat   Pictures  Templates
/etc
/home/Christine
Desktop    Downloads  Music     Public     Videos
Documents  junk.dat   Pictures  Templates
1
```

这次在命令输入的最后显示出了数字`1`。这表明的确创建了子shell，并用于执行这些命令。

所以说，进程列表就是使用括号包围起来的一组命令，它能够创建出子shell来执行这些命令。你甚至可以在进程列表中嵌套括号来创建子shell的子shell。

```
$ ( pwd ; echo $BASH_SUBSHELL)
/home/Christine
1
$ ( pwd ; (echo $BASH_SUBSHELL))
/home/Christine
2
```

注意，在第一个进程列表中，数字`1`表明了一个子shell，这个结果和预期的一样。但是在第二个进程列表中，在命令`echo $BASH_SUBSHELL`外面又多出了一对括号。这对括号在子shell中产生了另一个子shell来执行命令。因此数字2表明的就是这个子shell。

在shell脚本中，经常使用子shell进行多进程处理。但是采用子shell的成本不菲，会明显拖慢处理速度。在交互式的CLI shell会话中，子shell同样存在问题。它并非真正的多进程处理，因为终端控制着子shell的I/O。

5.2.2 别出心裁的子 shell 用法

在交互式的shell CLI中，还有很多更富有成效的子shell用法。进程列表、协程和管道（第11章会讲到）都利用了子shell。它们都可以有效地在交互式shell中使用。

在交互式shell中，一个高效的子shell用法就是使用后台模式。在讨论如何将后台模式与子shell搭配使用之前，你得先搞明白什么是后台模式。

1. 探索后台模式

在后台模式中运行命令可以在处理命令的同时让出CLI，以供他用。演示后台模式的一个经典命令就是`sleep`。

`sleep`命令接受一个参数，该参数是你希望进程等待（睡眠）的秒数。这个命令在脚本中常用于引入一段时间的暂停。命令`sleep 10`会将会话暂停10秒钟，然后返回shell CLI提示符。

```
$ sleep 10
$
```

要想将命令置入后台模式，可以在命令末尾加上字符`&`。把`sleep`命令置入后台模式可以让我们利用`ps`命令来小窥一番。

```
$ sleep 3000&
[1] 2396
$ ps -f
UID        PID  PPID  C STIME TTY          TIME CMD
christi+  2338  2337  0 10:13 pts/9    00:00:00 -bash
christi+  2396  2338  0 10:17 pts/9    00:00:00 sleep 3000
christi+  2397  2338  0 10:17 pts/9    00:00:00 ps -f
$
```

`sleep`命令会在后台（`&`）睡眠3000秒（50分钟）。当它被置入后台，在shell CLI提示符返回之前，会出现两条信息。第一条信息是显示在方括号中的后台作业（background job）号（`1`）。第二条是后台作业的进程ID（`2396`）。

`ps`命令用来显示各种进程。我们可以注意到命令`sleep 3000`已经被列出来了。在第二列显示的进程ID（PID）和命令进入后台时所显示的PID是一样的，都是`2396`。

除了`ps`命令，你也可以使用`jobs`命令来显示后台作业信息。`jobs`命令可以显示出当前运行在后台模式中的所有用户的进程（作业）。

```
$ jobs
[1]+  Running                 sleep 3000 &
$
```

`jobs`命令在方括号中显示出作业号（`1`）。它还显示了作业的当前状态（`running`）以及对应的命令（sleep 3000 &）。

利用jobs命令的-l（字母L的小写形式）选项，你还能够看到更多的相关信息。除了默认信息之外，-l选项还能够显示出命令的PID。

```
$ jobs -l
[1]+  2396 Running                 sleep 3000 &
$
```

一旦后台作业完成，就会显示出结束状态。

```
[1]+  Done                    sleep 3000 &
$
```

窍门 需要提醒的是：后台作业的结束状态可未必会一直等待到合适的时候才现身。当作业结束状态突然出现在屏幕上的时候，你可别吃惊啊。

后台模式非常方便，它可以让我们在CLI中创建出有实用价值的子shell。

2. 将进程列表置入后台

之前说过，进程列表是运行在子shell中的一条或多条命令。使用包含了sleep命令的进程列表，并显示出变量BASH_SUBSHELL，结果和期望的一样。

```
$ (sleep 2 ; echo $BASH_SUBSHELL ; sleep 2)
1
$
```

在上面的例子中，有一个2秒钟的暂停，显示出的数字1表明只有一个子shell，在返回提示符之前又经历了另一个2秒钟的暂停。没什么大事。

将相同的进程列表置入后台模式会在命令输出上表现出些许不同。

```
$ (sleep 2 ; echo $BASH_SUBSHELL ; sleep 2)&
[2] 2401
$ 1

[2]+  Done                    ( sleep 2; echo $BASH_SUBSHELL; sleep 2 )
$
```

把进程列表置入后台会产生一个作业号和进程ID，然后返回到提示符。不过奇怪的是表明单一级子shell的数字1显示在了提示符的旁边！不要不知所措，只需要按一下回车键，就会得到另一个提示符。

在CLI中运用子shell的创造性方法之一就是将进程列表置入后台模式。你既可以在子shell中进行繁重的处理工作，同时也不会让子shell的I/O受制于终端。

当然了，sleep和echo命令的进程列表只是作为一个示例而已。使用tar（参见第4章）创建备份文件是有效利用后台进程列表的一个更实用的例子。

```
$ (tar -cf Rich.tar /home/rich ; tar -cf My.tar /home/christine)&
[3] 2423
$
```

将进程列表置入后台模式并不是子shell在CLI中仅有的创造性用法。协程就是另一种方法。

3. 协程

协程可以同时做两件事。它在后台生成一个子shell，并在这个子shell中执行命令。

要进行协程处理，得使用coproc命令，还有要在子shell中执行的命令。

```
$ coproc sleep 10
[1] 2544
$
```

除了会创建子shell之外，协程基本上就是将命令置入后台模式。当输入coproc命令及其参数之后，你会发现启用了一个后台作业。屏幕上会显示出后台作业号（1）以及进程ID（2544）。

jobs命令能够显示出协程的处理状态。

```
$ jobs
[1]+  Running                 coproc COPROC sleep 10 &
$
```

在上面的例子中可以看到在子shell中执行的后台命令是coproc COPROC sleep 10。COPROC是coproc命令给进程起的名字。你可以使用命令的扩展语法自己设置这个名字。

```
$ coproc My_Job { sleep 10; }
[1] 2570
$
$ jobs
[1]+  Running                 coproc My_Job { sleep 10; } &
$
```

通过使用扩展语法，协程的名字被设置成My_Job。这里要注意的是，扩展语法写起来有点麻烦。必须确保在第一个花括号（{）和命令名之间有一个空格。还必须保证命令以分号（;）结尾。另外，分号和闭花括号（}）之间也得有一个空格。

说明 协程能够让你尽情发挥想象力，发送或接收来自子shell中进程的信息。只有在拥有多个协程的时候才需要对协程进行命名，因为你得和它们进行通信。否则的话，让coproc命令将其设置成默认的名字COPROC就行了。

你可以发挥才智，将协程与进程列表结合起来产生嵌套的子shell。只需要输入进程列表，然后把命令coproc放在前面就行了。

```
$ coproc ( sleep 10; sleep 2 )
[1] 2574
$
$ jobs
[1]+  Running     coproc COPROC ( sleep 10; sleep 2 ) &
$
$ ps --forest
  PID TTY          TIME CMD
 2483 pts/12   00:00:00 bash
 2574 pts/12   00:00:00  \_ bash
 2575 pts/12   00:00:00  |   \_ sleep
```

```
 2576 pts/12    00:00:00   \_ ps
$
```

记住，生成子shell的成本不低，而且速度还慢。创建嵌套子shell更是火上浇油！

在命令行中使用子shell能够获得灵活性和便利。要想获得这些优势，重要的是理解子shell的行为方式。对于命令也是如此。在下一节中，我们将研究内建命令与外部命令之间的行为差异。

5.3　理解 shell 的内建命令

在学习GNU bash shell期间，你可能听到过“内建命令”这个术语。搞明白shell的内建命令和非内建（外部）命令非常重要。内建命令和非内建命令的操作方式大不相同。

5.3.1　外部命令

外部命令，有时候也被称为文件系统命令，是存在于bash shell之外的程序。它们并不是shell程序的一部分。外部命令程序通常位于/bin、/usr/bin、/sbin或/usr/sbin中。

ps就是一个外部命令。你可以使用which和type命令找到它。

```
$ which ps
/bin/ps
$
$ type -a ps
ps is /bin/ps
$
$ ls -l /bin/ps
-rwxr-xr-x 1 root root 93232 Jan  6 18:32 /bin/ps
$
```

当外部命令执行时，会创建出一个子进程。这种操作被称为衍生（forking）。外部命令ps很方便显示出它的父进程以及自己所对应的衍生子进程。

```
$ ps -f
UID        PID  PPID  C STIME TTY          TIME CMD
christi+  2743  2742  0 17:09 pts/9    00:00:00 -bash
christi+  2801  2743  0 17:16 pts/9    00:00:00 ps -f
$
```

作为外部命令，ps命令执行时会创建出一个子进程。在这里，ps命令的PID是2801，父PID是2743。作为父进程的bash shell的PID是2743。图5-3展示了外部命令执行时的衍生过程。

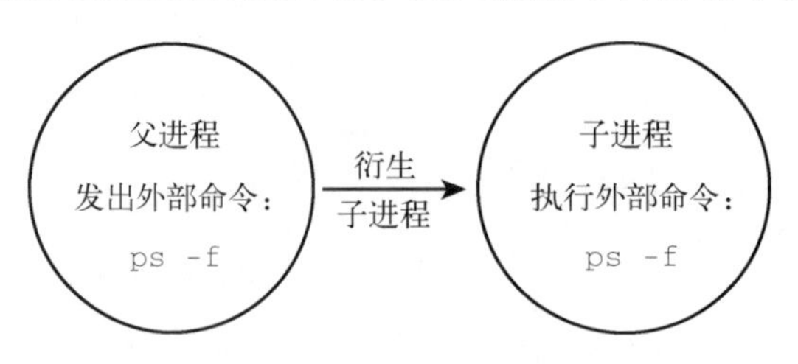

图5-3　外部命令的衍生

当进程必须执行衍生操作时，它需要花费时间和精力来设置新子进程的环境。所以说，外部命令多少还是有代价的。

说明 就算衍生出子进程或是创建了子shell，你仍然可以通过发送信号与其沟通，这一点无论是在命令行还是在脚本编写中都是极其有用的。发送信号（signaling）使得进程间可以通过信号进行通信。信号及其发送会在第16章中讲到。

5.3.2 内建命令

内建命令和外部命令的区别在于前者不需要使用子进程来执行。它们已经和shell编译成了一体，作为shell工具的组成部分存在。不需要借助外部程序文件来运行。

5

cd和exit命令都内建于bash shell。可以利用type命令来了解某个命令是否是内建的。

```
$ type cd
cd is a shell builtin
$
$ type exit
exit is a shell builtin
$
```

因为既不需要通过衍生出子进程来执行，也不需要打开程序文件，内建命令的执行速度要更快，效率也更高。附录A给出了GNU bash shell的内建命令列表。

要注意，有些命令有多种实现。例如echo和pwd既有内建命令也有外部命令。两种实现略有不同。要查看命令的不同实现，使用type命令的-a选项。

```
$ type -a echo
echo is a shell builtin
echo is /bin/echo
$
$ which echo
/bin/echo
$
$ type -a pwd
pwd is a shell builtin
pwd is /bin/pwd
$
$ which pwd
/bin/pwd
$
```

命令type -a显示出了每个命令的两种实现。注意，which命令只显示出了外部命令文件。

窍门 对于有多种实现的命令，如果想要使用其外部命令实现，直接指明对应的文件就可以了。例如，要使用外部命令pwd，可以输入/bin/pwd。

---

1. 使用history命令

一个有用的内建命令是history命令。bash shell会跟踪你用过的命令。你可以唤回这些命令并重新使用。

要查看最近用过的命令列表，可以输入不带选项的history命令。

```
$ history
    1  ps -f
    2  pwd
    3  ls
    4  coproc ( sleep 10; sleep 2 )
    5  jobs
    6  ps --forest
    7  ls
    8  ps -f
    9  pwd
   10  ls -l /bin/ps
   11  history
   12  cd /etc
   13  pwd
   14  ls
   15  cd
   16  type pwd
   17  which pwd
   18  type echo
   19  which echo
   20  type -a pwd
   21  type -a echo
   22  pwd
   23  history
```

在这个例子中，只显示了最近的23条命令。通常历史记录中会保存最近的1000条命令。这个数量可是不少的！

> **窍门**　你可以设置保存在bash历史记录中的命令数。要想实现这一点，你需要修改名为HISTSIZE的环境变量（参见第6章）。

你可以唤回并重用历史列表中最近的命令。这样能够节省时间和击键量。输入!!，然后按回车键就能够唤出刚刚用过的那条命令来使用。

```
$ ps --forest
  PID TTY          TIME CMD
 2089 pts/0    00:00:00 bash
 2744 pts/0    00:00:00  \_ ps
$
$ !!
ps --forest
  PID TTY          TIME CMD
 2089 pts/0    00:00:00 bash
 2745 pts/0    00:00:00  \_ ps
$
```

当输入!!时，bash首先会显示出从shell的历史记录中唤回的命令。然后执行该命令。

命令历史记录被保存在隐藏文件.bash_history中，它位于用户的主目录中。这里要注意的是，bash命令的历史记录是先存放在内存中，当shell退出时才被写入到历史文件中。

```
$ history
[...]
   25  ps --forest
   26  history
   27  ps --forest
   28  history
$
$ cat .bash_history
pwd
ls
history
exit
$
```

注意，当history命令运行时，列出了28条命令。出于简洁性的考虑，上面的例子中只摘取了一部分列表内容。但是文件.bash_history的内容被显示出来时，其中只有4条命令，与history命令的输出并不匹配。

可以在退出shell会话之前强制将命令历史记录写入.bash_history文件。要实现强制写入，需要使用history命令的-a选项。

```
$ history -a
$
$ history
[...]
   25  ps --forest
   26  history
   27  ps --forest
   28  history
   29  ls -a
   30  cat .bash_history
   31  history -a
   32  history
$
$ cat .bash_history
[...]
ps --forest
history
ps --forest
history
ls -a
cat .bash_history
history -a
```

由于两处输出内容都太长，因此都做了删减。注意，history命令和.bash_history文件的输入是一样的，除了最近的那条history命令，因为它是在history -a命令之后出现的。

说明　如果你打开了多个终端会话，仍然可以使用`history -a`命令在打开的会话中向.bash_history文件中添加记录。但是对于其他打开的终端会话，历史记录并不会自动更新。这是因为.bash_history文件只有在打开首个终端会话时才会被读取。要想强制重新读取.bash_history文件，更新终端会话的历史记录，可以使用`history -n`命令。

你可以唤回历史列表中任意一条命令。只需输入惊叹号和命令在历史列表中的编号即可。

```
$ history
[...]
   13  pwd
   14  ls
   15  cd
   16  type pwd
   17  which pwd
   18  type echo
   19  which echo
   20  type -a pwd
   21  type -a echo
[...]
   32  history -a
   33  history
   34  cat .bash_history
   35  history
$
$ !20
type -a pwd
pwd is a shell builtin
pwd is /bin/pwd
$
```

编号为20的命令从命令历史记录中被取出。和执行最近的命令一样，bash shell首先显示出从shell历史记录中唤回的命令，然后执行该命令。

使用bash shell命令历史记录能够大大地节省时间。利用内建的`history`命令能够做到的事情远不止这里所描述的。可以通过输入`man history`来查看`history`命令的bash手册页面。

2. 命令别名

`alias`命令是另一个shell的内建命令。命令别名允许你为常用的命令（及其参数）创建另一个名称，从而将输入量减少到最低。

你所使用的Linux发行版很有可能已经为你设置好了一些常用命令的别名。要查看当前可用的别名，使用`alias`命令以及选项`-p`。

```
$ alias -p
[...]
alias egrep='egrep --color=auto'
alias fgrep='fgrep --color=auto'
alias grep='grep --color=auto'
alias l='ls -CF'
alias la='ls -A'
```

```
alias ll='ls -alF'
alias ls='ls --color=auto'
$
```

注意，在该Ubuntu Linux发行版中，有一个别名取代了标准命令`ls`。它自动加入了`--color`选项，表明终端支持彩色模式的列表。

可以使用`alias`命令创建属于自己的别名。

```
$ alias li='ls -li'
$
$ li
total 36
529581 drwxr-xr-x. 2 Christine Christine 4096 May 19 18:17 Desktop
529585 drwxr-xr-x. 2 Christine Christine 4096 Apr 25 16:59 Documents
529582 drwxr-xr-x. 2 Christine Christine 4096 Apr 25 16:59 Downloads
529586 drwxr-xr-x. 2 Christine Christine 4096 Apr 25 16:59 Music
529587 drwxr-xr-x. 2 Christine Christine 4096 Apr 25 16:59 Pictures
529584 drwxr-xr-x. 2 Christine Christine 4096 Apr 25 16:59 Public
529583 drwxr-xr-x. 2 Christine Christine 4096 Apr 25 16:59 Templates
532891 -rwxrw-r--. 1 Christine Christine   36 May 30 07:21 test.sh
529588 drwxr-xr-x. 2 Christine Christine 4096 Apr 25 16:59 Videos
$
```

在定义好别名之后，你随时都可以在shell中使用它，就算在shell脚本中也没问题。要注意，因为命令别名属于内部命令，一个别名仅在它所被定义的shell进程中才有效。

```
$ alias li='ls -li'
$
$ bash
$
$ li
bash: li: command not found
$
$ exit
exit
$
```

不过好在有办法能够让别名在不同的子shell中都奏效。下一章中就会讲到具体的做法，另外还会介绍环境变量。

5.4 小结

本章讨论了复杂的交互式程序：GNU bash shell。其中包括理解shell进程及其关系，如何生成子shell，以及子shell与父shell的关系。还探究了那些能够创建子进程的命令和不能创建子进程的命令。

当用户登录终端的时候，通常会启动一个默认的交互式shell。系统究竟启动哪个shell，这取决于用户ID配置。一般这个shell都是/bin/bash。默认的系统shell（/bin/sh）用于系统shell脚本，如那些需要在系统启动时运行的脚本。

子shell可以利用bash命令来生成。当使用进程列表或coproc命令时也会产生子shell。将子shell运用在命令行中使得我们能够创造性地高效使用CLI。子shell还可以嵌套，生成子shell的子shell，子shell的子shell的子shell。创建子shell的代价可不低，因为还必须为子shell创建出一个全新的环境。

在最后，我们学习了两种不同类型的命令：内建命令和外部命令。外部命令会创建出一个包含全新环境的子进程，而内建命令则不会。相比之下，外部命令的使用成本更高。内建命令因为不需要创建新环境，所以更高效，不会受到环境变化的影响。

shell、子shell、进程和衍生进程都会受到环境变量的影响。下一章，我们会探究环境变量的影响方式以及如何在不同的上下文中使用环境变量。

第6章

使用Linux环境变量

6

本章内容

- 什么是环境变量
- 创建自己的局部变量
- 删除环境变量
- 默认shell环境变量
- 设置PATH环境变量
- 定位环境文件
- 数组变量

Linux环境变量能帮你提升Linux shell体验。很多程序和脚本都通过环境变量来获取系统信息、存储临时数据和配置信息。在Linux系统上有很多地方可以设置环境变量，了解去哪里设置相应的环境变量很重要。

本章将带你逐步了解Linux环境变量：它们存储在哪里，怎样使用，以及怎样创建自己的环境变量。最后以数组变量的用法作结。

6.1 什么是环境变量

bash shell用一个叫作*环境变量*（environment variable）的特性来存储有关shell会话和工作环境的信息（这也是它们被称作环境变量的原因）。这项特性允许你在内存中存储数据，以便程序或shell中运行的脚本能够轻松访问到它们。这也是存储持久数据的一种简便方法。

在bash shell中，环境变量分为两类：

- 全局变量
- 局部变量

本节将描述以上环境变量，并演示怎么查看和使用它们。

说明 尽管bash shell使用一致的专有环境变量，但不同的Linux发行版经常会添加其自有的环境变量。你在本章中看到的环境变量的例子可能会跟你安装的发行版中看到的结果略微不同。如果遇到本书未讲到的环境变量，可以查看你的Linux发行版上的文档。

6.1.1 全局环境变量

全局环境变量对于shell会话和所有生成的子shell都是可见的。局部变量则只对创建它们的shell可见。这让全局环境变量对那些所创建的子shell需要获取父shell信息的程序来说非常有用。

Linux系统在你开始bash会话时就设置了一些全局环境变量（如想了解此时设置了哪些变量，请参见6.6节）。系统环境变量基本上都是使用全大写字母，以区别于普通用户的环境变量。

要查看全局变量，可以使用env或printenv命令。

```
$ printenv
HOSTNAME=server01.class.edu
SELINUX_ROLE_REQUESTED=
TERM=xterm
SHELL=/bin/bash
HISTSIZE=1000
[...]
HOME=/home/Christine
LOGNAME=Christine
[...]
G_BROKEN_FILENAMES=1
_=/usr/bin/printenv
```

系统为bash shell设置的全局环境变量数目众多，我们不得不在展示的时候进行删减。其中有很多是在登录过程中设置的，另外，你的登录方式也会影响到所设置的环境变量。

要显示个别环境变量的值，可以使用printenv命令，但是不要用env命令。

```
$ printenv HOME
/home/Christine
$
$ env HOME
env: HOME: No such file or directory
$
```

也可以使用echo显示变量的值。在这种情况下引用某个环境变量的时候，必须在变量前面加上一个美元符（$）。

```
$ echo $HOME
/home/Christine
$
```

在echo命令中，在变量名前加上$可不仅仅是要显示变量当前的值。它能够让变量作为命令行参数。

```
$ ls $HOME
```

```
Desktop    Downloads  Music     Public     test.sh
Documents  junk.dat   Pictures  Templates  Videos
$
$ ls /home/Christine
Desktop    Downloads  Music     Public     test.sh
Documents  junk.dat   Pictures  Templates  Videos
$
```

正如前面提到的，全局环境变量可用于进程的所有子shell。

```
$ bash
$
$ ps -f
UID        PID  PPID  C STIME TTY          TIME CMD
501       2017  2016  0 16:00 pts/0    00:00:00 -bash
501       2082  2017  0 16:08 pts/0    00:00:00 bash
501       2095  2082  0 16:08 pts/0    00:00:00 ps -f
$
$ echo $HOME
/home/Christine
$
$ exit
exit
$
```

在这个例子中，用bash命令生成一个子shell后，显示了HOME环境变量的当前值，这个值和父shell中的一模一样，都是/home/Christine。

6.1.2 局部环境变量

顾名思义，局部环境变量只能在定义它们的进程中可见。尽管它们是局部的，但是和全局环境变量一样重要。事实上，Linux系统也默认定义了标准的局部环境变量。不过你也可以定义自己的局部变量，如你所想，这些变量被称为用户定义局部变量。

查看局部环境变量的列表有点复杂。遗憾的是，在Linux系统并没有一个只显示局部环境变量的命令。set命令会显示为某个特定进程设置的所有环境变量，包括局部变量、全局变量以及用户定义变量。

```
$ set
BASH=/bin/bash
[...]
BASH_ALIASES=()
BASH_ARGC=()
BASH_ARGV=()
BASH_CMDS=()
BASH_LINENO=()
BASH_SOURCE=()
[...]
colors=/etc/DIR_COLORS
my_variable='Hello World'
[...]
$
```

可以看到，所有通过printenv命令能看到的全局环境变量都出现在了set命令的输出中。但在set命令的输出中还有其他一些环境变量，即局部环境变量和用户定义变量。

说明　命令env、printenv和set之间的差异很细微。set命令会显示出全局变量、局部变量以及用户定义变量。它还会按照字母顺序对结果进行排序。env和printenv命令同set命令的区别在于前两个命令不会对变量排序，也不会输出局部变量和用户定义变量。在这种情况下，env和printenv的输出是重复的。不过env命令有一个printenv没有的功能，这使得它要更有用一些。

6.2　设置用户定义变量

可以在bash shell中直接设置自己的变量。本节将介绍怎样在交互式shell或shell脚本程序中创建自己的变量并引用它们。

6.2.1　设置局部用户定义变量

一旦启动了bash shell（或者执行一个shell脚本），就能创建在这个shell进程内可见的局部变量了。可以通过等号给环境变量赋值，值可以是数值或字符串。

```
$ echo $my_variable

$ my_variable=Hello
$
$ echo $my_variable
Hello
```

非常简单！现在每次引用my_variable 环境变量的值，只要通过$my_variable引用即可。如果要给变量赋一个含有空格的字符串值，必须单引号来界定字符串的首和尾。

```
$ my_variable=Hello World
-bash: World: command not found
$
$ my_variable="Hello World"
$
$ echo $my_variable
Hello World
$
```

没有引号的话，bash shell会以为下一个词是另一个要执行的命令。注意，你定义的局部环境变量用的是小写字母，而到目前为止你所看到的系统环境变量都是大写字母。

窍门　所有的环境变量名均使用大写字母，这是bash shell的标准惯例。如果是你自己创建的局部变量或是shell脚本，请使用小写字母。变量名区分大小写。在涉及用户定义的局部变量时坚持使用小写字母，这能够避免重新定义系统环境变量可能带来的灾难。

记住，变量名、等号和值之间没有空格，这一点非常重要。如果在赋值表达式中加上了空格，bash shell就会把值当成一个单独的命令：

```
$ my_variable = "Hello World"
-bash: my_variable: command not found
$
```

设置了局部环境变量后，就能在shell进程的任何地方使用它了。但是，如果生成了另外一个shell，它在子shell中就不可用。

```
$ my_variable="Hello World"
$
$ bash
$
$ echo $my_variable

$ exit
exit
$
$ echo $my_variable
Hello World
$
```


在这个例子中生成了一个子shell。在子shell中无法使用用户定义变量my_variable。通过命令echo $my_variable所返回的空行就能够证明这一点。当你退出子shell并回到原来的shell时，这个局部环境变量依然可用。

类似地，如果你在子进程中设置了一个局部变量，那么一旦你退出了子进程，那个局部环境变量就不可用。

```
$ echo $my_child_variable

$ bash
$
$ my_child_variable="Hello Little World"
$
$ echo $my_child_variable
Hello Little World
$
$ exit
exit
$
$ echo $my_child_variable

$
```

当我们回到父shell时，子shell中设置的局部变量就不存在了。可以通过将局部的用户定义变量变成全局变量来改变这种情况。

6.2.2 设置全局环境变量

在设定全局环境变量的进程所创建的子进程中，该变量都是可见的。创建全局环境变量的方法是先创建一个局部环境变量，然后再把它导出到全局环境中。

这个过程通过export命令来完成，变量名前面不需要加$。

```
$ my_variable="I am Global now"
$
$ export my_variable
$
$ echo $my_variable
I am Global now
$
$ bash
$
$ echo $my_variable
I am Global now
$
$ exit
exit
$
$ echo $my_variable
I am Global now
$
```

在定义并导出局部环境变量my_variable后，bash命令启动了一个子shell。在这个子shell中能够正确的显示出变量my_variable的值。该变量能够保留住它的值是因为export命令使其变成了全局环境变量。

修改子shell中全局环境变量并不会影响到父shell中该变量的值。

```
$ my_variable="I am Global now"
$ export my_variable
$
$ echo $my_variable
I am Global now
$
$ bash
$
$ echo $my_variable
I am Global now
$
$ my_variable="Null"
$
$ echo $my_variable
Null
$
$ exit
exit
$
$ echo $my_variable
I am Global now
$
```

在定义并导出变量my_variable后，bash命令启动了一个子shell。在这个子shell中能够正确显示出全局环境变量my_variable的值。子shell随后改变了这个变量的值。但是这种改变仅在子shell中有效，并不会被反映到父shell中。

子shell甚至无法使用export命令改变父shell中全局环境变量的值。

```
$ my_variable="I am Global now"
$ export my_variable
$
$ echo $my_variable
I am Global now
$
$ bash
$
$ echo $my_variable
I am Global now
$
$ my_variable="Null"
$
$ export my_variable
$
$ echo $my_variable
Null
$
$ exit
exit
$
$ echo $my_variable
I am Global now
$
```

尽管子shell重新定义并导出了变量my_variable，但父shell中的my_variable变量依然保留着原先的值。

6.3 删除环境变量

当然，既然可以创建新的环境变量，自然也能删除已经存在的环境变量。可以用unset命令完成这个操作。在unset命令中引用环境变量时，记住不要使用$。

```
$ echo $my_variable
I am Global now
$
$ unset my_variable
$
$ echo $my_variable

$
```

> **窍门** 在涉及环境变量名时，什么时候该使用$，什么时候不该使用$，实在让人摸不着头脑。记住一点就行了：如果要用到变量，使用$；如果要操作变量，不使用$。这条规则的一个例外就是使用printenv显示某个变量的值。

在处理全局环境变量时，事情就有点棘手了。如果你是在子进程中删除了一个全局环境变量，这只对子进程有效。该全局环境变量在父进程中依然可用。

```
$ my_variable="I am Global now"
$
$ export my_variable
$
$ echo $my_variable
I am Global now
$
$ bash
$
$ echo $my_variable
I am Global now
$
$ unset my_variable
$
$ echo $my_variable

$ exit
exit
$
$ echo $my_variable
I am Global now
$
```

和修改变量一样，在子shell中删除全局变量后，你无法将效果反映到父shell中。

6.4　默认的 shell 环境变量

默认情况下，bash shell会用一些特定的环境变量来定义系统环境。这些变量在你的Linux系统上都已经设置好了，只管放心使用。bash shell源自当初的Unix Bourne shell，因此也保留了Unix Bourne shell里定义的那些环境变量。

表6-1列出了bash shell提供的与Unix Bourne shell兼容的环境变量。

表6-1　bash shell支持的Bourne变量

变　量	描　述
CDPATH	冒号分隔的目录列表，作为cd命令的搜索路径
HOME	当前用户的主目录
IFS	shell用来将文本字符串分割成字段的一系列字符
MAIL	当前用户收件箱的文件名（bash shell会检查这个文件，看看有没有新邮件）
MAILPATH	冒号分隔的当前用户收件箱的文件名列表（bash shell会检查列表中的每个文件，看看有没有新邮件）
OPTARG	getopts命令处理的最后一个选项参数值
OPTIND	getopts命令处理的最后一个选项参数的索引号
PATH	shell查找命令的目录列表，由冒号分隔
PS1	shell命令行界面的主提示符
PS2	shell命令行界面的次提示符

除了默认的Bourne的环境变量，bash shell还提供一些自有的变量，如表6-2所示。

表6-2 bash shell环境变量

变 量	描 述
BASH	当前shell实例的全路径名
BASH_ALIASES	含有当前已设置别名的关联数组
BASH_ARGC	含有传入子函数或shell脚本的参数总数的数组变量
BASH_ARCV	含有传入子函数或shell脚本的参数的数组变量
BASH_CMDS	关联数组，包含shell执行过的命令的所在位置
BASH_COMMAND	shell正在执行的命令或马上就执行的命令
BASH_ENV	设置了的话，每个bash脚本会在运行前先尝试运行该变量定义的启动文件
BASH_EXECUTION_STRING	使用bash -c选项传递过来的命令
BASH_LINENO	含有当前执行的shell函数的源代码行号的数组变量
BASH_REMATCH	只读数组，在使用正则表达式的比较运算符=~进行肯定匹配（positive match）时，包含了匹配到的模式和子模式
BASH_SOURCE	含有当前正在执行的shell函数所在源文件名的数组变量
BASH_SUBSHELL	当前子shell环境的嵌套级别（初始值是0）
BASH_VERSINFO	含有当前运行的bash shell的主版本号和次版本号的数组变量
BASH_VERSION	当前运行的bash shell的版本号
BASH_XTRACEFD	若设置成了有效的文件描述符（0、1、2），则'set -x'调试选项生成的跟踪输出可被重定向。通常用来将跟踪输出到一个文件中
BASHOPTS	当前启用的bash shell选项的列表
BASHPID	当前bash进程的PID
COLUMNS	当前bash shell实例所用终端的宽度
COMP_CWORD	COMP_WORDS变量的索引值，后者含有当前光标的位置
COMP_LINE	当前命令行
COMP_POINT	当前光标位置相对于当前命令起始的索引
COMP_KEY	用来调用shell函数补全功能的最后一个键
COMP_TYPE	一个整数值，表示所尝试的补全类型，用以完成shell函数补全
COMP_WORDBREAKS	Readline库中用于单词补全的词分隔字符
COMP_WORDS	含有当前命令行所有单词的数组变量
COMPREPLY	含有由shell函数生成的可能填充代码的数组变量
COPROC	占用未命名的协进程的I/O文件描述符的数组变量
DIRSTACK	含有目录栈当前内容的数组变量
EMACS	设置为't'时，表明emacs shell缓冲区正在工作，而行编辑功能被禁止
ENV	如果设置了该环境变量，在bash shell脚本运行之前会先执行已定义的启动文件（仅用于当bash shell以POSIX模式被调用时）
EUID	当前用户的有效用户ID（数字形式）
FCEDIT	供fc命令使用的默认编辑器
FIGNORE	在进行文件名补全时可以忽略后缀名列表，由冒号分隔
FUNCNAME	当前执行的shell函数的名称

（续）

变　量	描　述
FUNCNEST	当设置成非零值时，表示所允许的最大函数嵌套级数（一旦超出，当前命令即被终止）
GLOBIGNORE	冒号分隔的模式列表，定义了在进行文件名扩展时可以忽略的一组文件名
GROUPS	含有当前用户属组列表的数组变量
histchars	控制历史记录扩展，最多可有3个字符
HISTCMD	当前命令在历史记录中的编号
HISTCONTROL	控制哪些命令留在历史记录列表中
HISTFILE	保存shell历史记录列表的文件名（默认是.bash_history）
HISTFILESIZE	最多在历史文件中存多少行
HISTTIMEFORMAT	如果设置了且非空，就用作格式化字符串，以显示bash历史中每条命令的时间戳
HISTIGNORE	由冒号分隔的模式列表，用来决定历史文件中哪些命令会被忽略
HISTSIZE	最多在历史文件中存多少条命令
HOSTFILE	shell在补全主机名时读取的文件名称
HOSTNAME	当前主机的名称
HOSTTYPE	当前运行bash shell的机器
IGNOREEOF	shell在退出前必须收到连续的EOF字符的数量（如果这个值不存在，默认是1）
INPUTRC	Readline初始化文件名（默认是.inputrc）
LANG	shell的语言环境类别
LC_ALL	定义了一个语言环境类别，能够覆盖LANG变量
LC_COLLATE	设置对字符串排序时用的排序规则
LC_CTYPE	决定如何解释出现在文件名扩展和模式匹配中的字符
LC_MESSAGES	在解释前面带有$的双引号字符串时，该环境变量决定了所采用的语言环境设置
LC_NUMERIC	决定着格式化数字时采用的语言环境设置
LINENO	当前执行的脚本的行号
LINES	定义了终端上可见的行数
MACHTYPE	用“CPU-公司-系统”（CPU-company-system）格式定义的系统类型
MAPFILE	一个数组变量，当mapfile命令未指定数组变量作为参数时，它存储了mapfile所读入的文本
MAILCHECK	shell查看新邮件的频率（以秒为单位，默认值是60）
OLDPWD	shell之前的工作目录
OPTERR	设置为1时，bash shell会显示getopts命令产生的错误
OSTYPE	定义了shell所在的操作系统
PIPESTATUS	含有前台进程的退出状态列表的数组变量
POSIXLY_CORRECT	设置了的话，bash会以POSIX模式启动
PPID	bash shell父进程的PID
PROMPT_COMMAND	设置了的话，在命令行主提示符显示之前会执行这条命令
PROMPT_DIRTRIM	用来定义当启用了\w或\W提示符字符串转义时显示的尾部目录名的数量。被删除的目录名会用一组英文句点替换
PS3	select命令的提示符

（续）

变　量	描　述
PS4	如果使用了bash的-x选项，在命令行之前显示的提示信息
PWD	当前工作目录
RANDOM	返回一个0～32767的随机数（对其的赋值可作为随机数生成器的种子）
READLINE_LINE	当使用bind -x命令时，存储Readline缓冲区的内容
READLINE_POINT	当使用bind -x命令时，表示Readline缓冲区内容插入点的当前位置
REPLY	read命令的默认变量
SECONDS	自从shell启动到现在的秒数（对其赋值将会重置计数器）
SHELL	bash shell的全路径名
SHELLOPTS	已启用bash shell选项列表，列表项之间以冒号分隔
SHLVL	shell的层级；每次启动一个新bash shell，该值增加1
TIMEFORMAT	指定了shell的时间显示格式
TMOUT	select和read命令在没输入的情况下等待多久（以秒为单位）。默认值为0，表示无限长
TMPDIR	目录名，保存bash shell创建的临时文件
UID	当前用户的真实用户ID（数字形式）

你可能已经注意到，不是所有的默认环境变量都会在运行set命令时列出。尽管这些都是默认环境变量，但并不是每一个都必须有一个值。

6.5　设置 PATH 环境变量

当你在shell命令行界面中输入一个外部命令时（参见第5章），shell必须搜索系统来找到对应的程序。PATH环境变量定义了用于进行命令和程序查找的目录。在本书所用的Ubuntu系统中，PATH环境变量的内容是这样的：

```
$ echo $PATH
/usr/local/sbin:/usr/local/bin:/usr/sbin:/usr/bin:
/sbin:/bin:/usr/games:/usr/local/games
$
```

输出中显示了有8个可供shell用来查找命令和程序。PATH中的目录使用冒号分隔。

如果命令或者程序的位置没有包括在PATH变量中，那么如果不使用绝对路径的话，shell是没法找到的。如果shell找不到指定的命令或程序，它会产生一个错误信息：

```
$ myprog
-bash: myprog: command not found
$
```

问题是，应用程序放置可执行文件的目录常常不在PATH环境变量所包含的目录中。解决的办法是保证PATH环境变量包含了所有存放应用程序的目录。

可以把新的搜索目录添加到现有的PATH环境变量中，无需从头定义。PATH中各个目录之间是用冒号分隔的。你只需引用原来的PATH值，然后再给这个字符串添加新目录就行了。可以参考下面的例子。

```
$ echo $PATH
/usr/local/sbin:/usr/local/bin:/usr/sbin:/usr/bin:
/sbin:/bin:/usr/games:/usr/local/games
$
$ PATH=$PATH:/home/christine/Scripts
$
$ echo $PATH
/usr/local/sbin:/usr/local/bin:/usr/sbin:/usr/bin:/sbin:/bin:/usr/
    games:/usr/local/games:/home/christine/Scripts
$
$ myprog
The factorial of 5 is 120.
$
```

将目录加到PATH环境变量之后，你现在就可以在虚拟目录结构中的任何位置执行程序。

```
$ cd /etc
$
$ myprog
The factorial of 5 is 120
$
```

窍门　如果希望子shell也能找到你的程序的位置，一定要记得把修改后的PATH环境变量导出。

程序员通常的办法是将单点符也加入PATH环境变量。该单点符代表当前目录（参见第3章）。

```
$ PATH=$PATH:.
$
$ cd /home/christine/Old_Scripts
$
$ myprog2
The factorial of 6 is 720
$
```

对PATH变量的修改只能持续到退出或重启系统。这种效果并不能一直持续。在下一节中，你会学到如何永久保持环境变量的修改效果。

6.6　定位系统环境变量

环境变量在Linux系统中的用途很多。你现在已经知道如何修改系统环境变量，也知道了如何创建自己的环境变量。接下来的问题是怎样让环境变量的作用持久化。

在你登入Linux系统启动一个bash shell时，默认情况下bash会在几个文件中查找命令。这些文件叫作*启动文件*或*环境文件*。bash检查的启动文件取决于你启动bash shell的方式。启动bash shell有3种方式：

- 登录时作为默认登录shell

- 作为非登录shell的交互式shell
- 作为运行脚本的非交互shell

下面几节介绍了bash shell在不同的方式下启动文件。

6.6.1 登录 shell

当你登录Linux系统时，bash shell会作为登录shell启动。登录shell会从5个不同的启动文件里读取命令：

- /etc/profile
- $HOME/.bash_profile
- $HOME/.bashrc
- $HOME/.bash_login
- $HOME/.profile

/etc/profile文件是系统上默认的bash shell的主启动文件。系统上的每个用户登录时都会执行这个启动文件。

说明 要留意的是有些Linux发行版使用了可拆卸式认证模块（Pluggable Authentication Modules，PAM）。在这种情况下，PAM文件会在bash shell启动之前处理，这些文件中可能会包含环境变量。PAM文件包括/etc/environment文件和$HOME/.pam_environment文件。PAM更多的相关信息可以在http://linux-pam.org中找到。

另外4个启动文件是针对用户的，可根据个人需求定制。我们来仔细看一下各个文件。

1. /etc/profile文件

/etc/profile文件是bash shell默认的的主启动文件。只要你登录了Linux系统，bash就会执行/etc/profile启动文件中的命令。不同的Linux发行版在这个文件里放了不同的命令。在本书所用的Ubuntu Linux系统上，它看起来是这样的：

```
$ cat /etc/profile
# /etc/profile: system-wide .profile file for the Bourne shell (sh(1))
# and Bourne compatible shells (bash(1), ksh(1), ash(1), ...).

if [ "$PS1" ]; then
  if [ "$BASH" ] && [ "$BASH" != "/bin/sh" ]; then
    # The file bash.bashrc already sets the default PS1.
    # PS1='\h:\w\$ '
    if [ -f /etc/bash.bashrc ]; then
      . /etc/bash.bashrc
    fi
  else
    if [ "`id -u`" -eq 0 ]; then
      PS1='# '
    else
```

```
      PS1='$ '
    fi
  fi
fi

# The default umask is now handled by pam_umask.
# See pam_umask(8) and /etc/login.defs.

if [ -d /etc/profile.d ]; then
  for i in /etc/profile.d/*.sh; do
    if [ -r $i ]; then
      . $i
    fi
  done
  unset i
fi
$
```

这个文件中的大部分命令和语法都会在第12章以及后续章节中具体讲到。每个发行版的/etc/profile文件都有不同的设置和命令。例如，在上面所显示的Ubuntu发行版的/etc/profile文件中，涉及了一个叫作/etc/bash.bashrc的文件。这个文件包含了系统环境变量。

但是，在下面显示的CentOS发行版的/etc/profile文件中，并没有出现这个文件。另外要注意的是，该发行版的/etc/profile文件还在内部导出了一些系统环境变量。

```
$ cat /etc/profile
# /etc/profile

# System wide environment and startup programs, for login setup
# Functions and aliases go in /etc/bashrc

# It's NOT a good idea to change this file unless you know what you
# are doing. It's much better to create a custom.sh shell script in
# /etc/profile.d/ to make custom changes to your environment, to
# prevent the need for merging in future updates.

pathmunge () {
    case ":${PATH}:" in
        *:"$1":*)
            ;;
        *)
            if [ "$2" = "after" ] ; then
                PATH=$PATH:$1
            else
                PATH=$1:$PATH
            fi
    esac
}


if [ -x /usr/bin/id ]; then
    if [ -z "$EUID" ]; then
        # ksh workaround
```

```
        EUID=`id -u`
        UID=`id -ru`
    fi
    USER="`id -un`"
    LOGNAME=$USER
    MAIL="/var/spool/mail/$USER"
fi

# Path manipulation
if [ "$EUID" = "0" ]; then
    pathmunge /sbin
    pathmunge /usr/sbin
    pathmunge /usr/local/sbin
else
    pathmunge /usr/local/sbin after
    pathmunge /usr/sbin after
    pathmunge /sbin after
fi

HOSTNAME=`/bin/hostname 2>/dev/null`
HISTSIZE=1000
if [ "$HISTCONTROL" = "ignorespace" ] ; then
    export HISTCONTROL=ignoreboth
else
    export HISTCONTROL=ignoredups
fi

export PATH USER LOGNAME MAIL HOSTNAME HISTSIZE HISTCONTROL

# By default, we want umask to get set. This sets it for login shell
# Current threshold for system reserved uid/gids is 200
# You could check uidgid reservation validity in
# /usr/share/doc/setup-*/uidgid file
if [ $UID -gt 199 ] && [ "`id -gn`" = "`id -un`" ]; then
    umask 002
else
    umask 022
fi

for i in /etc/profile.d/*.sh ; do
    if [ -r "$i" ]; then
        if [ "${-#*i}" != "$-" ]; then
            . "$i"
        else
            . "$i" >/dev/null 2>&1
        fi
    fi
done

unset i
unset -f pathmunge
$
```

这两个发行版的/etc/profile文件都用到了同一个特性：for语句。它用来迭代/etc/profile.d目录下的所有文件。（该语句会在第13章中详述。）这为Linux系统提供了一个放置特定应用程序启动文件的地方，当用户登录时，shell会执行这些文件。在本书所用的Ubuntu Linux系统中，/etc/profile.d目录下包含以下文件：

```
$ ls -l /etc/profile.d
total 12
-rw-r--r-- 1 root root   40 Apr 15 06:26 appmenu-qt5.sh
-rw-r--r-- 1 root root  663 Apr  7 10:10 bash_completion.sh
-rw-r--r-- 1 root root 1947 Nov 22  2013 vte.sh
$
```

在CentOS系统中，/etc/profile.d目录下的文件更多：

```
$ ls -l /etc/profile.d
total 80
-rw-r--r--. 1 root root 1127 Mar  5 07:17 colorls.csh
-rw-r--r--. 1 root root 1143 Mar  5 07:17 colorls.sh
-rw-r--r--. 1 root root   92 Nov 22  2013 cvs.csh
-rw-r--r--. 1 root root   78 Nov 22  2013 cvs.sh
-rw-r--r--. 1 root root  192 Feb 24 09:24 glib2.csh
-rw-r--r--. 1 root root  192 Feb 24 09:24 glib2.sh
-rw-r--r--. 1 root root   58 Nov 22  2013 gnome-ssh-askpass.csh
-rw-r--r--. 1 root root   70 Nov 22  2013 gnome-ssh-askpass.sh
-rwxr-xr-x. 1 root root  373 Sep 23  2009 kde.csh
-rwxr-xr-x. 1 root root  288 Sep 23  2009 kde.sh
-rw-r--r--. 1 root root 1741 Feb 20 05:44 lang.csh
-rw-r--r--. 1 root root 2706 Feb 20 05:44 lang.sh
-rw-r--r--. 1 root root  122 Feb  7  2007 less.csh
-rw-r--r--. 1 root root  108 Feb  7  2007 less.sh
-rw-r--r--. 1 root root  976 Sep 23  2011 qt.csh
-rw-r--r--. 1 root root  912 Sep 23  2011 qt.sh
-rw-r--r--. 1 root root 2142 Mar 13 15:37 udisks-bash-completion.sh
-rw-r--r--. 1 root root   97 Apr  5  2012 vim.csh
-rw-r--r--. 1 root root  269 Apr  5  2012 vim.sh
-rw-r--r--. 1 root root  169 May 20  2009 which2.sh
$
```

不难发现，有些文件与系统中的特定应用有关。大部分应用都会创建两个启动文件：一个供bash shell使用（使用.sh扩展名），一个供c shell使用（使用.csh扩展名）。

lang.csh和lang.sh文件会尝试去判定系统上所采用的默认语言字符集，然后设置对应的LANG环境变量。

2. $HOME目录下的启动文件

剩下的启动文件都起着同一个作用：提供一个用户专属的启动文件来定义该用户所用到的环境变量。大多数Linux发行版只用这四个启动文件中的一到两个：

- $HOME/.bash_profile
- $HOME/.bashrc
- $HOME/.bash_login
- $HOME/.profile

注意，这四个文件都以点号开头，这说明它们是隐藏文件（不会在通常的`ls`命令输出列表中出现）。它们位于用户的HOME目录下，所以每个用户都可以编辑这些文件并添加自己的环境变量，这些环境变量会在每次启动bash shell会话时生效。

说明 Linux发行版在环境文件方面存在的差异非常大。本节中所列出的$HOME下的那些文件并非每个用户都有。例如有些用户可能只有一个$HOME/.bash_profile文件。这很正常。

shell会按照按照下列顺序，运行第一个被找到的文件，余下的则被忽略：

```
$HOME/.bash_profile
$HOME/.bash_login
$HOME/.profile
```

注意，这个列表中并没有$HOME/.bashrc文件。这是因为该文件通常通过其他文件运行的。

窍门 记住，$HOME表示的是某个用户的主目录。它和波浪号（~）的作用一样。

CentOS Linux系统中的.bash_profile文件的内容如下：

```
$ cat $HOME/.bash_profile
# .bash_profile

# Get the aliases and functions
if [ -f ~/.bashrc ]; then
        . ~/.bashrc
fi

# User specific environment and startup programs

PATH=$PATH:$HOME/bin

export PATH
$
```

.bash_profile启动文件会先去检查HOME目录中是不是还有一个叫.bashrc的启动文件。如果有的话，会先执行启动文件里面的命令。

6.6.2 交互式 shell 进程

如果你的bash shell不是登录系统时启动的（比如是在命令行提示符下敲入`bash`时启动），那么你启动的shell叫作*交互式*shell。交互式shell不会像登录shell一样运行，但它依然提供了命令行提示符来输入命令。

如果bash是作为交互式shell启动的，它就不会访问/etc/profile文件，只会检查用户HOME目录中的.bashrc文件。

在本书所用的CentOS Linux系统上，这个文件看起来如下：

```
$ cat .bashrc

# .bashrc
# Source global definitions
if [ -f /etc/bashrc ]; then
        . /etc/bashrc
fi

# User specific aliases and functions
$
```

.bashrc文件有两个作用：一是查看/etc目录下通用的bashrc文件，二是为用户提供一个定制自己的命令别名（参见第5章）和私有脚本函数（将在第17章中讲到）的地方。

6.6.3 非交互式 shell

最后一种shell是非交互式shell。系统执行shell脚本时用的就是这种shell。不同的地方在于它没有命令行提示符。但是当你在系统上运行脚本时，也许希望能够运行一些特定启动的命令。

窍门 脚本能以不同的方式执行。只有其中的某一些方式能够启动子shell。你会在第11章中学习到shell不同的执行方式。

为了处理这种情况，bash shell提供了`BASH_ENV`环境变量。当shell启动一个非交互式shell进程时，它会检查这个环境变量来查看要执行的启动文件。如果有指定的文件，shell会执行该文件里的命令，这通常包括shell脚本变量设置。

在本书所用的CentOS Linux发行版中，这个环境变量在默认情况下并未设置。如果变量未设置，`printenv`命令只会返回CLI提示符：

```
$ printenv BASH_ENV
$
```

在本书所用的Ubuntu发行版中，变量`BASH_ENV`也没有被设置。记住，如果变量未设置，`echo`命令会显示一个空行，然后返回CLI提示符：

```
$ echo $BASH_ENV

$
```

那如果`BASH_ENV`变量没有设置，shell脚本到哪里去获得它们的环境变量呢？别忘了有些shell脚本是通过启动一个子shell来执行的（参见第5章）。子shell可以继承父shell导出过的变量。

举例来说，如果父shell是登录shell，在/etc/profile、/etc/profile.d/*.sh和$HOME/.bashrc文件中设置并导出了变量，用于执行脚本的子shell就能够继承这些变量。

要记住，由父shell设置但并未导出的变量都是局部变量。子shell无法继承局部变量。

对于那些不启动子shell的脚本，变量已经存在于当前shell中了。所以就算没有设置`BASH_ENV`，也可以使用当前shell的局部变量和全局变量。

6.6.4　环境变量持久化

现在你已经了解了各种shell进程以及对应的环境文件，找出永久性环境变量就容易多了。也可以利用这些文件创建自己的永久性全局变量或局部变量。

对全局环境变量来说（Linux系统中所有用户都需要使用的变量），可能更倾向于将新的或修改过的变量设置放在/etc/profile文件中，但这可不是什么好主意。如果你升级了所用的发行版，这个文件也会跟着更新，那你所有定制过的变量设置可就都没有了。

最好是在/etc/profile.d目录中创建一个以.sh结尾的文件。把所有新的或修改过的全局环境变量设置放在这个文件中。

在大多数发行版中，存储个人用户永久性bash shell变量的地方是$HOME/.bashrc文件。这一点适用于所有类型的shell进程。但如果设置了`BASH_ENV`变量，那么记住，除非它指向的是$HOME/.bashrc，否则你应该将非交互式shell的用户变量放在别的地方。

说明　图形化界面组成部分（如GUI客户端）的环境变量可能需要在另外一些配置文件中设置，这和设置bash shell环境变量的地方不一样。

6

想想第5章中讲过的`alias`命令设置就是不能持久的。你可以把自己的`alias`设置放在$HOME/.bashrc启动文件中，使其效果永久化。

6.7　数组变量

环境变量有一个很酷的特性就是，它们可作为数组使用。数组是能够存储多个值的变量。这些值可以单独引用，也可以作为整个数组来引用。

要给某个环境变量设置多个值，可以把值放在括号里，值与值之间用空格分隔。

```
$ mytest=(one two three four five)
$
```

没什么特别的地方。如果你想把数组像普通的环境变量那样显示，你会失望的。

```
$ echo $mytest
one
$
```

只有数组的第一个值显示出来了。要引用一个单独的数组元素，就必须用代表它在数组中位置的数值索引值。索引值要用方括号括起来。

```
$ echo ${mytest[2]}
three
$
```

窍门　环境变量数组的索引值都是从零开始。这通常会带来一些困惑。

要显示整个数组变量，可用星号作为通配符放在索引值的位置。

```
$ echo ${mytest[*]}
one two three four five
$
```

也可以改变某个索引值位置的值。

```
$ mytest[2]=seven
$
$ echo ${mytest[*]}
one two seven four five
$
```

甚至能用unset命令删除数组中的某个值，但是要小心，这可能会有点复杂。看下面的例子。

```
$ unset mytest[2]
$
$ echo ${mytest[*]}
one two four five
$
$ echo ${mytest[2]}

$ echo ${mytest[3]}
four
$
```

这个例子用unset命令删除在索引值为2的位置上的值。显示整个数组时，看起来像是索引里面已经没这个索引了。但当专门显示索引值为2的位置上的值时，就能看到这个位置是空的。

最后，可以在unset命令后跟上数组名来删除整个数组。

```
$ unset mytest
$
$ echo ${mytest[*]}

$
```

有时数组变量会让事情很麻烦，所以在shell脚本编程时并不常用。对其他shell而言，数组变量的可移植性并不好，如果需要在不同的shell环境下从事大量的脚本编写工作，这会带来很多不便。有些bash系统环境变量使用了数组（比如BASH_VERSINFO），但总体上不会太频繁用到。

6.8　小结

本章介绍了Linux的环境变量。全局环境变量可以在对其作出定义的父进程所创建的子进程中使用。局部环境变量只能在定义它们的进程中使用。

Linux系统使用全局环境变量和局部环境变量存储系统环境信息。可以通过shell的命令行界面或者在shell脚本中访问这些信息。bash shell沿用了最初Unix Bourne shell定义的那些系统环境变量，也支持很多新的环境变量。PATH环境变量定义了bash shell在查找可执行命令时的搜索目录。可以修改PATH环境变量来添加自己的搜索目录（甚至是当前目录符号），以方便程序的运行。

也可以创建自用的全局和局部环境变量。一旦创建了环境变量，它在整个shell会话过程中就都是可用的。

bash shell会在启动时执行几个启动文件。这些启动文件包含了环境变量的定义，可用于为每个bash会话设置标准环境变量。每次登录Linux系统，bash shell都会访问/etc/profile启动文件以及3个针对每个用户的本地启动文件：$HOME/.bash_profile、$HOME/.bash_login和$HOME/.profile。用户可以在这些文件中定制自己想要的环境变量和启动脚本。

最后，我们还讨论了环境变量数组。这些环境变量可在单个变量中包含多个值。你可以通过指定索引值来访问其中的单个值，或是通过环境变量数组名来引用所有的值。

下章将会深入介绍Linux文件的权限。对Linux新手来说，这可能是最难懂的。然而要写出优秀的shell脚本，就必须明白文件权限的工作原理以及如何在Linux系统中使用它们。

第7章

理解Linux文件权限

7

本章内容

- ❑ 理解Linux的安全性
- ❑ 解读文件权限
- ❑ 使用Linux组

缺乏安全性的系统不是完整的系统。系统中必须有一套能够保护文件免遭非授权用户浏览或修改的机制。Linux沿用了Unix文件权限的办法，即允许用户和组根据每个文件和目录的安全性设置来访问文件。本章将介绍如何在必要时利用Linux文件安全系统保护和共享数据。

7.1 Linux 的安全性

Linux安全系统的核心是用户账户。每个能进入Linux系统的用户都会被分配唯一的用户账户。用户对系统中各种对象的访问权限取决于他们登录系统时用的账户。

用户权限是通过创建用户时分配的*用户ID*（User ID，通常缩写为UID）来跟踪的。UID是数值，每个用户都有唯一的UID，但在登录系统时用的不是UID，而是*登录名*。登录名是用户用来登录系统的最长八字符的字符串（字符可以是数字或字母），同时会关联一个对应的密码。

Linux系统使用特定的文件和工具来跟踪和管理系统上的用户账户。在我们讨论文件权限之前，先来看一下Linux是怎样处理用户账户的。本节会介绍管理用户账户需要的文件和工具，这样在处理文件权限问题时，你就知道如何使用它们了。

7.1.1 /etc/passwd 文件

Linux系统使用一个专门的文件来将用户的登录名匹配到对应的UID值。这个文件就是/etc/passwd文件，它包含了一些与用户有关的信息。下面是Linux系统上典型的/etc/passwd文件的一个例子。

```
$ cat /etc/passwd
root:x:0:0:root:/root:/bin/bash
```

```
bin:x:1:1:bin:/bin:/sbin/nologin
daemon:x:2:2:daemon:/sbin:/sbin/nologin
adm:x:3:4:adm:/var/adm:/sbin/nologin
lp:x:4:7:lp:/var/spool/lpd:/sbin/nologin
sync:x:5:0:sync:/sbin:/bin/sync
shutdown:x:6:0:shutdown:/sbin:/sbin/shutdown
halt:x:7:0:halt:/sbin:/sbin/halt
mail:x:8:12:mail:/var/spool/mail:/sbin/nologin
news:x:9:13:news:/etc/news:
uucp:x:10:14:uucp:/var/spool/uucp:/sbin/nologin
operator:x:11:0:operator:/root:/sbin/nologin
games:x:12:100:games:/usr/games:/sbin/nologin
gopher:x:13:30:gopher:/var/gopher:/sbin/nologin
ftp:x:14:50:FTP User:/var/ftp:/sbin/nologin
nobody:x:99:99:Nobody:/:/sbin/nologin
rpm:x:37:37::/var/lib/rpm:/sbin/nologin
vcsa:x:69:69:virtual console memory owner:/dev:/sbin/nologin
mailnull:x:47:47::/var/spool/mqueue:/sbin/nologin
smmsp:x:51:51::/var/spool/mqueue:/sbin/nologin
apache:x:48:48:Apache:/var/www:/sbin/nologin
rpc:x:32:32:Rpcbind Daemon:/var/lib/rpcbind:/sbin/nologin
ntp:x:38:38::/etc/ntp:/sbin/nologin
nscd:x:28:28:NSCD Daemon:/:/sbin/nologin
tcpdump:x:72:72::/:/sbin/nologin
dbus:x:81:81:System message bus:/:/sbin/nologin
avahi:x:70:70:Avahi daemon:/:/sbin/nologin
hsqldb:x:96:96::/var/lib/hsqldb:/sbin/nologin
sshd:x:74:74:Privilege-separated SSH:/var/empty/sshd:/sbin/nologin
rpcuser:x:29:29:RPC Service User:/var/lib/nfs:/sbin/nologin
nfsnobody:x:65534:65534:Anonymous NFS User:/var/lib/nfs:/sbin/nologin
haldaemon:x:68:68:HAL daemon:/:/sbin/nologin
xfs:x:43:43:X Font Server:/etc/X11/fs:/sbin/nologin
gdm:x:42:42::/var/gdm:/sbin/nologin
rich:x:500:500:Rich Blum:/home/rich:/bin/bash
mama:x:501:501:Mama:/home/mama:/bin/bash
katie:x:502:502:katie:/home/katie:/bin/bash
jessica:x:503:503:Jessica:/home/jessica:/bin/bash
mysql:x:27:27:MySQL Server:/var/lib/mysql:/bin/bash
$
```

root用户账户是Linux系统的管理员，固定分配给它的UID是`0`。就像上例中显示的，Linux系统会为各种各样的功能创建不同的用户账户，而这些账户并不是真的用户。这些账户叫作*系统账户*，是系统上运行的各种服务进程访问资源用的特殊账户。所有运行在后台的服务都需要用一个系统用户账户登录到Linux系统上。

在安全成为一个大问题之前，这些服务经常会用root账户登录。遗憾的是，如果有非授权的用户攻陷了这些服务中的一个，他立刻就能作为root用户进入系统。为了防止发生这种情况，现在运行在Linux服务器后台的几乎所有的服务都是用自己的账户登录。这样的话，即使有人攻入了某个服务，也无法访问整个系统。

Linux为系统账户预留了500以下的UID值。有些服务甚至要用特定的UID才能正常工作。为

7

普通用户创建账户时，大多数Linux系统会从500开始，将第一个可用UID分配给这个账户（并非所有的Linux发行版都是这样）。

你可能已经注意到/etc/passwd文件中还有很多用户登录名和UID之外的信息。/etc/passwd文件的字段包含了如下信息：

- 登录用户名
- 用户密码
- 用户账户的UID（数字形式）
- 用户账户的组ID（GID）（数字形式）
- 用户账户的文本描述（称为备注字段）
- 用户HOME目录的位置
- 用户的默认shell

/etc/passwd文件中的密码字段都被设置成了*x*，这并不是说所有的用户账户都用相同的密码。在早期的Linux上，/etc/passwd文件里有加密后的用户密码。但鉴于很多程序都需要访问/etc/passwd文件获取用户信息，这就成了一个安全隐患。随着用来破解加密密码的工具的不断演进，用心不良的人开始忙于破解存储在/etc/passwd文件中的密码。Linux开发人员需要重新考虑这个策略。

现在，绝大多数Linux系统都将用户密码保存在另一个单独的文件中（叫作shadow文件，位置在/etc/shadow）。只有特定的程序（比如登录程序）才能访问这个文件。

/etc/passwd是一个标准的文本文件。你可以用任何文本编辑器在/etc/passwd文件里直接手动进行用户管理（比如添加、修改或删除用户账户）。但这样做极其危险。如果/etc/passwd文件出现损坏，系统就无法读取它的内容了，这样会导致用户无法正常登录（即便是root用户）。用标准的Linux用户管理工具去执行这些用户管理功能就会安全许多。

7.1.2　/etc/shadow 文件

/etc/shadow文件对Linux系统密码管理提供了更多的控制。只有root用户才能访问/etc/shadow文件，这让它比起/etc/passwd安全许多。

/etc/shadow文件为系统上的每个用户账户都保存了一条记录。记录就像下面这样：

```
rich:$1$.FfcK0ns$f1UgiyHQ25wrB/hykCn020:11627:0:99999:7:::
```

在/etc/shadow文件的每条记录中都有9个字段：

- 与/etc/passwd文件中的登录名字段对应的登录名
- 加密后的密码
- 自上次修改密码后过去的天数密码（自1970年1月1日开始计算）
- 多少天后才能更改密码
- 多少天后必须更改密码
- 密码过期前提前多少天提醒用户更改密码

- 密码过期后多少天禁用用户账户
- 用户账户被禁用的日期（用自1970年1月1日到当天的天数表示）
- 预留字段给将来使用

使用shadow密码系统后，Linux系统可以更好地控制用户密码。它可以控制用户多久更改一次密码，以及什么时候禁用该用户账户，如果密码未更新的话。

7.1.3 添加新用户

用来向Linux系统添加新用户的主要工具是useradd。这个命令简单快捷，可以一次性创建新用户账户及设置用户HOME目录结构。useradd命令使用系统的默认值以及命令行参数来设置用户账户。系统默认值被设置在/etc/default/useradd文件中。可以使用加入了-D选项的useradd命令查看所用Linux系统中的这些默认值。

```
# /usr/sbin/useradd -D
GROUP=100
HOME=/home
INACTIVE=-1
EXPIRE=
SHELL=/bin/bash
SKEL=/etc/skel
CREATE_MAIL_SPOOL=yes
#
```


说明 一些Linux发行版会把Linux用户和组工具放在/usr/sbin目录下，这个目录可能不在PATH环境变量里。如果你的Linux系统是这样的话，可以将这个目录添加进PATH环境变量，或者用绝对文件路径名来使用这些工具。

在创建新用户时，如果你不在命令行中指定具体的值，useradd命令就会使用-D选项所显示的那些默认值。这个例子列出的默认值如下：

- 新用户会被添加到GID为100的公共组；
- 新用户的HOME目录将会位于/home/loginname；
- 新用户账户密码在过期后不会被禁用；
- 新用户账户未被设置过期日期；
- 新用户账户将bash shell作为默认shell；
- 系统会将/etc/skel目录下的内容复制到用户的HOME目录下；
- 系统为该用户账户在mail目录下创建一个用于接收邮件的文件。

倒数第二个值很有意思。useradd命令允许管理员创建一份默认的HOME目录配置，然后把它作为创建新用户HOME目录的模板。这样就能自动在每个新用户的HOME目录里放置默认的系统文件。在Ubuntu Linux系统上，/etc/skel目录有下列文件：

```
$ ls -al /etc/skel
```

```
total 32
drwxr-xr-x   2 root root  4096 2010-04-29 08:26 .
drwxr-xr-x 135 root root 12288 2010-09-23 18:49 ..
-rw-r--r--   1 root root   220 2010-04-18 21:51 .bash_logout
-rw-r--r--   1 root root  3103 2010-04-18 21:51 .bashrc
-rw-r--r--   1 root root   179 2010-03-26 08:31 examples.desktop
-rw-r--r--   1 root root   675 2010-04-18 21:51 .profile
$
```

根据第6章的内容，你应该能知道这些文件是做什么的。它们是bash shell环境的标准启动文件。系统会自动将这些默认文件复制到你创建的每个用户的HOME目录。

可以用默认系统参数创建一个新用户账户，然后检查一下新用户的HOME目录。

```
# useradd -m test
# ls -al /home/test
total 24
drwxr-xr-x 2 test test 4096 2010-09-23 19:01 .
drwxr-xr-x 4 root root 4096 2010-09-23 19:01 ..
-rw-r--r-- 1 test test  220 2010-04-18 21:51 .bash_logout
-rw-r--r-- 1 test test 3103 2010-04-18 21:51 .bashrc
-rw-r--r-- 1 test test  179 2010-03-26 08:31 examples.desktop
-rw-r--r-- 1 test test  675 2010-04-18 21:51 .profile
#
```

默认情况下，useradd命令不会创建HOME目录，但是-m命令行选项会使其创建HOME目录。你能在此例中看到，useradd命令创建了新HOME目录，并将/etc/skel目录中的文件复制了过来。

说明　运行本章中提到的用户账户管理命令，需要以root用户账户登录或者通过sudo命令以root用户账户身份运行这些命令。

要想在创建用户时改变默认值或默认行为，可以使用命令行参数。表7-1列出了这些参数。

表7-1　useradd命令行参数

参　　数	描　　述
-c *comment*	给新用户添加备注
-d *home_dir*	为主目录指定一个名字（如果不想用登录名作为主目录名的话）
-e *expire_date*	用YYYY-MM-DD格式指定一个账户过期的日期
-f *inactive_days*	指定这个账户密码过期后多少天这个账户被禁用；0表示密码一过期就立即禁用，-1表示禁用这个功能
-g *initial_group*	指定用户登录组的GID或组名
-G *group* ...	指定用户除登录组之外所属的一个或多个附加组
-k	必须和-m一起使用，将/etc/skel目录的内容复制到用户的HOME目录
-m	创建用户的HOME目录
-M	不创建用户的HOME目录（当默认设置里要求创建时才使用这个选项）
-n	创建一个与用户登录名同名的新组

（续）

参　数	描　述
-r	创建系统账户
-p *passwd*	为用户账户指定默认密码
-s *shell*	指定默认的登录shell
-u *uid*	为账户指定唯一的UID

你会发现，在创建新用户账户时使用命令行参数可以更改系统指定的默认值。但如果总需要修改某个值的话，最好还是修改一下系统的默认值。

可以在-D选项后跟上一个指定的值来修改系统默认的新用户设置。这些参数如表7-2所示。

表7-2 useradd更改默认值的参数

参　数	描　述
-b *default_home*	更改默认的创建用户HOME目录的位置
-e *expiration_date*	更改默认的新账户的过期日期
-f *inactive*	更改默认的新用户从密码过期到账户被禁用的天数
-g *group*	更改默认的组名称或GID
-s *shell*	更改默认的登录shell

更改默认值非常简单：

```
# useradd -D -s /bin/tsch
# useradd -D
GROUP=100
HOME=/home
INACTIVE=-1
EXPIRE=
SHELL=/bin/tsch
SKEL=/etc/skel
CREATE_MAIL_SPOOL=yes
#
```

现在，useradd命令会将tsch shell作为所有新建用户的默认登录shell。

7.1.4 删除用户

如果你想从系统中删除用户，userdel可以满足这个需求。默认情况下，userdel命令会只删除/etc/passwd文件中的用户信息，而不会删除系统中属于该账户的任何文件。

如果加上-r参数，userdel会删除用户的HOME目录以及邮件目录。然而，系统上仍可能存有已删除用户的其他文件。这在有些环境中会造成问题。

下面是用userdel命令删除已有用户账户的一个例子。

```
# /usr/sbin/userdel -r test
# ls -al /home/test
ls: cannot access /home/test: No such file or directory
#
```

加了-r参数后，用户先前的那个/home/test目录已经不存在了。

警告 在有大量用户的环境中使用-r参数时要特别小心。你永远不知道用户是否在其HOME目录下存放了其他用户或其他程序要使用的重要文件。记住，在删除用户的HOME目录之前一定要检查清楚！

7.1.5 修改用户

Linux提供了一些不同的工具来修改已有用户账户的信息。表7-3列出了这些工具。

表7-3　用户账户修改工具

命　令	描　述
usermod	修改用户账户的字段，还可以指定主要组以及附加组的所属关系
passwd	修改已有用户的密码
chpasswd	从文件中读取登录名密码对，并更新密码
chage	修改密码的过期日期
chfn	修改用户账户的备注信息
chsh	修改用户账户的默认登录shell

每种工具都提供了特定的功能来修改用户账户信息。下面的几节将具体介绍这些工具。

1. usermod

usermod命令是用户账户修改工具中最强大的一个。它能用来修改/etc/passwd文件中的大部分字段，只需用与想修改的字段对应的命令行参数就可以了。参数大部分跟useradd命令的参数一样（比如，-c修改备注字段，-e修改过期日期，-g修改默认的登录组）。除此之外，还有另外一些可能派上用场的选项。

- -l修改用户账户的登录名。
- -L锁定账户，使用户无法登录。
- -p修改账户的密码。
- -U解除锁定，使用户能够登录。

-L选项尤其实用。它可以将账户锁定，使用户无法登录，同时无需删除账户和用户的数据。要让账户恢复正常，只要用-U选项就行了。

2. passwd和chpasswd

改变用户密码的一个简便方法就是用passwd命令。

```
# passwd test
Changing password for user test.
New UNIX password:
Retype new UNIX password:
passwd: all authentication tokens updated successfully.
#
```

如果只用passwd命令，它会改你自己的密码。系统上的任何用户都能改自己的密码，但只有root用户才有权限改别人的密码。

-e选项能强制用户下次登录时修改密码。你可以先给用户设置一个简单的密码，之后再强制在下次登录时改成他们能记住的更复杂的密码。

如果需要为系统中的大量用户修改密码，chpasswd命令可以事半功倍。chpasswd命令能从标准输入自动读取登录名和密码对（由冒号分割）列表，给密码加密，然后为用户账户设置。你也可以用重定向命令来将含有userid:passwd对的文件重定向给该命令。

```
# chpasswd < users.txt
#
```

3. chsh、chfn和chage

chsh、chfn和chage工具专门用来修改特定的账户信息。chsh命令用来快速修改默认的用户登录shell。使用时必须用shell的全路径名作为参数，不能只用shell名。

```
#  chsh -s /bin/csh test
Changing shell for test.
Shell changed.
#
```

chfn命令提供了在/etc/passwd文件的备注字段中存储信息的标准方法。chfn命令会将用于Unix的finger命令的信息存进备注字段，而不是简单地存入一些随机文本（比如名字或昵称之类的），或是将备注字段留空。finger命令可以非常方便地查看Linux系统上的用户信息。

```
# finger rich
Login: rich                             Name: Rich Blum
Directory: /home/rich                   Shell: /bin/bash
On since Thu Sep 20 18:03 (EDT) on pts/0 from 192.168.1.2
No mail.
No Plan.
#
```

说明 出于安全性考虑，很多Linux系统管理员会在系统上禁用finger命令，不少Linux发行版甚至都没有默认安装该命令。

如果在使用chfn命令时没有参数，它会向你询问要将哪些适合的内容加进备注字段。

```
# chfn test
Changing finger information for test.
Name []: Ima Test
Office []: Director of Technology
Office Phone []: (123)555-1234
Home Phone []: (123)555-9876

Finger information changed.
# finger test
Login: test                             Name: Ima Test
Directory: /home/test                   Shell: /bin/csh
Office: Director of Technology          Office Phone: (123)555-1234
```

```
Home Phone: (123)555-9876
Never logged in.
No mail.
No Plan.
#
```

查看/etc/passwd文件中的记录，你会看到下面这样的结果。

```
# grep test /etc/passwd
test:x:504:504:Ima Test,Director of Technology,(123)555-
1234,(123)555-9876:/home/test:/bin/csh
#
```

所有的指纹信息现在都存在/etc/passwd文件中了。

最后，chage命令用来帮助管理用户账户的有效期。你需要对每个值设置多个参数，如表7-4所示。

表7-4　chage命令参数

参　　数	描　　述
-d	设置上次修改密码到现在的天数
-E	设置密码过期的日期
-I	设置密码过期到锁定账户的天数
-m	设置修改密码之间最少要多少天
-W	设置密码过期前多久开始出现提醒信息

chage命令的日期值可以用下面两种方式中的任意一种：

- YYYY-MM-DD格式的日期
- 代表从1970年1月1日起到该日期天数的数值

chage命令中有个好用的功能是设置账户的过期日期。有了它，你就能创建在特定日期自动过期的临时用户，再也不需要记住删除用户了！过期的账户跟锁定的账户很相似：账户仍然存在，但用户无法用它登录。

7.2　使用Linux组

用户账户在控制单个用户安全性方面很好用，但涉及在共享资源的一组用户时就捉襟见肘了。为了解决这个问题，Linux系统采用了另外一个安全概念——组（group）。

组权限允许多个用户对系统中的对象（比如文件、目录或设备等）共享一组共用的权限。（更多内容会在7.3节中细述。）

Linux发行版在处理默认组的成员关系时略有差异。有些Linux发行版会创建一个组，把所有用户都当作这个组的成员。遇到这种情况要特别小心，因为文件很有可能对其他用户也是可读的。有些发行版会为每个用户创建单独的一个组，这样可以更安全一些。[①]

① 例如，Ubuntu就会为每个用户创建一个单独的与用户账户同名的组。在添加用户前后可用grep命令或tail命令查看/etc/group文件的内容比较（grep USERNAME /etc/group或tail /etc/group）。

每个组都有唯一的GID——跟UID类似，在系统上这是个唯一的数值。除了GID，每个组还有唯一的组名。Linux系统上有一些组工具可以创建和管理你自己的组。本节将细述组信息是如何保存的，以及如何用组工具创建新组和修改已有的组。

7.2.1 /etc/group 文件

与用户账户类似，组信息也保存在系统的一个文件中。/etc/group文件包含系统上用到的每个组的信息。下面是一些来自Linux系统上/etc/group文件中的典型例子。

```
root:x:0:root
bin:x:1:root,bin,daemon
daemon:x:2:root,bin,daemon
sys:x:3:root,bin,adm
adm:x:4:root,adm,daemon
rich:x:500:
mama:x:501:
katie:x:502:
jessica:x:503:
mysql:x:27:
test:x:504:
```

和UID一样，GID在分配时也采用了特定的格式。系统账户用的组通常会分配低于500的GID值，而用户组的GID则会从500开始分配。/etc/group文件有4个字段：

- 组名
- 组密码
- GID
- 属于该组的用户列表

组密码允许非组内成员通过它临时成为该组成员。这个功能并不很普遍，但确实存在。

千万不能通过直接修改/etc/group文件来添加用户到一个组，要用usermod命令（在7.1节中介绍过）。在添加用户到不同的组之前，首先得创建组。

说明 用户账户列表某种意义上有些误导人。你会发现，在列表中，有些组并没有列出用户。这并不是说这些组没有成员。当一个用户在/etc/passwd文件中指定某个组作为默认组时，用户账户不会作为该组成员再出现在/etc/group文件中。多年以来，被这个问题难倒的系统管理员可不是一两个呢。

7.2.2 创建新组

groupadd命令可在系统上创建新组。

```
# /usr/sbin/groupadd shared
# tail /etc/group
haldaemon:x:68:
```

```
xfs:x:43:
gdm:x:42:
rich:x:500:
mama:x:501:
katie:x:502:
jessica:x:503:
mysql:x:27:
test:x:504:
shared:x:505:
#
```

在创建新组时，默认没有用户被分配到该组。groupadd命令没有提供将用户添加到组中的选项，但可以用usermod命令来弥补这一点。

```
# /usr/sbin/usermod -G shared rich
# /usr/sbin/usermod -G shared test
# tail /etc/group
haldaemon:x:68:
xfs:x:43:
gdm:x:42:
rich:x:500:
mama:x:501:
katie:x:502:
jessica:x:503:
mysql:x:27:
test:x:504:
shared:x:505:rich, test
#
```

shared组现在有两个成员：test和rich。usermod命令的-G选项会把这个新组添加到该用户账户的组列表里。

说明 如果更改了已登录系统账户所属的用户组，该用户必须登出系统后再登录，组关系的更改才能生效。

警告 为用户账户分配组时要格外小心。如果加了-g选项，指定的组名会替换掉该账户的默认组。-G选项则将该组添加到用户的属组的列表里，不会影响默认组。

7.2.3　修改组

在/etc/group文件中可以看到，需要修改的组信息并不多。groupmod命令可以修改已有组的GID（加-g选项）或组名（加-n选项）。

```
# /usr/sbin/groupmod -n sharing shared
# tail /etc/group
haldaemon:x:68:
```

```
xfs:x:43:
gdm:x:42:
rich:x:500:
mama:x:501:
katie:x:502:
jessica:x:503:
mysql:x:27:
test:x:504:
sharing:x:505:test,rich
#
```

修改组名时，GID和组成员不会变，只有组名改变。由于所有的安全权限都是基于GID的，你可以随意改变组名而不会影响文件的安全性。

7.3 理解文件权限

现在你已经了解了用户和组，是时候解读ls命令输出时所出现的谜一般的文件权限了。本节将会介绍如何对权限进行分析以及它们的来历。

7.3.1 使用文件权限符

如果你还记得第3章，那应该知道ls命令可以用来查看Linux系统上的文件、目录和设备的权限。


```
$ ls -l
total 68
-rw-rw-r-- 1 rich rich   50 2010-09-13 07:49 file1.gz
-rw-rw-r-- 1 rich rich   23 2010-09-13 07:50 file2
-rw-rw-r-- 1 rich rich   48 2010-09-13 07:56 file3
-rw-rw-r-- 1 rich rich   34 2010-09-13 08:59 file4
-rwxrwxr-x 1 rich rich 4882 2010-09-18 13:58 myprog
-rw-rw-r-- 1 rich rich  237 2010-09-18 13:58 myprog.c
drwxrwxr-x 2 rich rich 4096 2010-09-03 15:12 test1
drwxrwxr-x 2 rich rich 4096 2010-09-03 15:12 test2
$
```

输出结果的第一个字段就是描述文件和目录权限的编码。这个字段的第一个字符代表了对象的类型：

- -代表文件
- d代表目录
- l代表链接
- c代表字符型设备
- b代表块设备
- n代表网络设备

之后有3组三字符的编码。每一组定义了3种访问权限：

- r代表对象是可读的
- w代表对象是可写的

- x代表对象是可执行的

若没有某种权限，在该权限位会出现单破折线。这3组权限分别对应对象的3个安全级别：

- 对象的属主
- 对象的属组
- 系统其他用户

这个概念在图7-1中进行了分解。

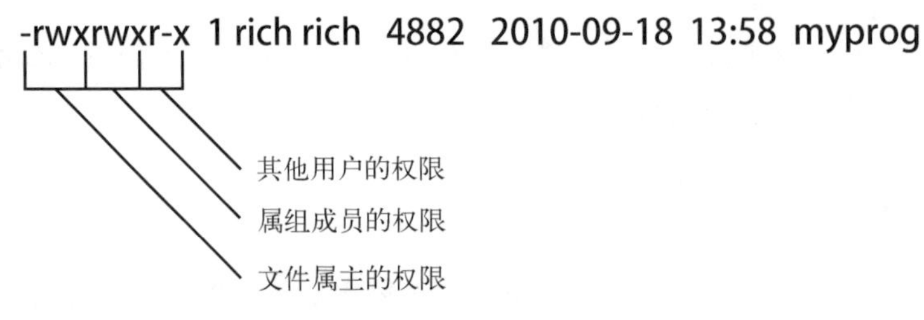

图7-1　Linux文件权限

讨论这个问题的最简单的办法就是找个例子，然后逐个分析文件权限。

```
-rwxrwxr-x 1 rich rich 4882 2010-09-18 13:58 myprog
```

文件myprog有下面3组权限。

- rwx：文件的属主（设为登录名rich）。
- rwx：文件的属组（设为组名rich）。
- r-x：系统上其他人。

这些权限说明登录名为rich的用户可以读取、写入以及执行这个文件（可以看作有全部权限）。类似地，rich组的成员也可以读取、写入和执行这个文件。然而不属于rich组的其他用户只能读取和执行这个文件：w被单破折线取代了，说明这个安全级别没有写入权限。

7.3.2　默认文件权限

你可能会问这些文件权限从何而来，答案是umask。umask命令用来设置所创建文件和目录的默认权限。

```
$ touch newfile
$ ls -al newfile
-rw-r--r--    1 rich     rich            0 Sep 20 19:16 newfile
$
```

touch命令用分配给我的用户账户的默认权限创建了这个文件。umask命令可以显示和设置这个默认权限。

```
$ umask
0022
$
```

遗憾的是，umask命令设置没那么简单明了，想弄明白其工作原理就更混乱了。第一位代表了一项特别的安全特性，叫作粘着位（sticky bit）。这部分内容会在7.5节详述。

后面的3位表示文件或目录对应的umask八进制值。要理解umask是怎么工作的，得先理解八进制模式的安全性设置。

八进制模式的安全性设置先获取这3个rwx权限的值，然后将其转换成3位二进制值，用一个八进制值来表示。在这个二进制表示中，每个位置代表一个二进制位。因此，如果读权限是唯一置位的权限，权限值就是r--，转换成二进制值就是100，代表的八进制值是4。表7-5列出了可能会遇到的组合。

表7-5 Linux文件权限码

权　限	二进制值	八进制值	描　述
---	000	0	没有任何权限
--x	001	1	只有执行权限
-w-	010	2	只有写入权限
-wx	011	3	有写入和执行权限
r--	100	4	只有读取权限
r-x	101	5	有读取和执行权限
rw-	110	6	有读取和写入权限
rwx	111	7	有全部权限

八进制模式先取得权限的八进制值，然后再把这三组安全级别（属主、属组和其他用户）的八进制值顺序列出。因此，八进制模式的值664代表属主和属组成员都有读取和写入的权限，而其他用户都只有读取权限。

了解八进制模式权限是怎么工作的之后，umask值反而更叫人困惑了。我的Linux系统上默认的八进制的umask值是0022，而我所创建的文件的八进制权限却是644，这是如何得来的呢？

umask值只是个掩码。它会屏蔽掉不想授予该安全级别的权限。接下来我们还得再多进行一些八进制运算才能搞明白来龙去脉。

要把umask值从对象的全权限值中减掉。对文件来说，全权限的值是666（所有用户都有读和写的权限）；而对目录来说，则是777（所有用户都有读、写、执行权限）。

所以在上例中，文件一开始的权限是666，减去umask值022之后，剩下的文件权限就成了644。

在大多数Linux发行版中，umask值通常会设置在/etc/profile启动文件中（参见第6章），不过有一些是设置在/etc/login.defs文件中的（如Ubuntu）。可以用umask命令为默认umask设置指定一个新值。

```
$ umask 026
$ touch newfile2
$ ls -l newfile2
-rw-r-----    1 rich     rich            0 Sep 20 19:46 newfile2
$
```

7

在把umask值设成026后，默认的文件权限变成了640，因此新文件现在对组成员来说是只读的，而系统里的其他成员则没有任何权限。

umask值同样会作用在创建目录上。

```
$ mkdir newdir
$ ls -l
drwxr-x--x    2 rich     rich          4096 Sep 20 20:11 newdir/
$
```

由于目录的默认权限是777，umask作用后生成的目录权限不同于生成的文件权限。umask值026会从777中减去，留下来751作为目录权限设置。

7.4　改变安全性设置

如果你已经创建了一个目录或文件，需要改变它的安全性设置，在Linux系统上有一些工具能够完成这项任务。本节将告诉你如何更改文件和目录的已有权限、默认文件属主以及默认属组。

7.4.1　改变权限

chmod命令用来改变文件和目录的安全性设置。该命令的格式如下：

```
chmod options mode file
```

mode参数可以使用八进制模式或符号模式进行安全性设置。八进制模式设置非常直观，直接用期望赋予文件的标准3位八进制权限码即可。

```
$ chmod 760 newfile
$ ls -l newfile
-rwxrw----    1 rich     rich             0 Sep 20 19:16 newfile
$
```

八进制文件权限会自动应用到指定的文件上。符号模式的权限就没这么简单了。

与通常用到的3组三字符权限字符不同，chmod命令采用了另一种方法。下面是在符号模式下指定权限的格式。

```
[ugoa…][[+-=][rwxXstugo…]
```

非常有意义，不是吗？第一组字符定义了权限作用的对象：

- u代表用户
- g代表组
- o代表其他
- a代表上述所有

下一步，后面跟着的符号表示你是想在现有权限基础上增加权限（+），还是在现有权限基础上移除权限（–），或是将权限设置成后面的值（=）。

最后，第三个符号代表作用到设置上的权限。你会发现，这个值要比通常的rwx多。额外的设置有以下几项。

- X：如果对象是目录或者它已有执行权限，赋予执行权限。
- s：运行时重新设置UID或GID。
- t：保留文件或目录。
- u：设置属主权限。
- g：设置属组权限。
- o：设置其他用户权限。

像这样使用这些权限。

```
$ chmod o+r newfile
$ ls -lF newfile
-rwxrw-r--    1 rich     rich            0 Sep 20 19:16 newfile*
$
```

不管其他用户在这一安全级别之前都有什么权限，o+r都给这一级别添加读取权限。

```
$ chmod u-x newfile
$ ls -lF newfile
-rw-rw-r--    1 rich     rich            0 Sep 20 19:16 newfile
$
```

u-x移除了属主已有的执行权限。注意ls命令的-F选项，它能够在具有执行权限的文件名后加一个星号。

options为chmod命令提供了另外一些功能。-R选项可以让权限的改变递归地作用到文件和子目录。你可以使用通配符指定多个文件，然后利用一条命令将权限更改应用到这些文件上。

7.4.2 改变所属关系

有时你需要改变文件的属主，比如有人离职或开发人员创建了一个在产品环境中需要归属在系统账户下的应用。Linux提供了两个命令来实现这个功能：chown命令用来改变文件的属主，chgrp命令用来改变文件的默认属组。

chown命令的格式如下。

```
chown options owner[.group] file
```

可用登录名或UID来指定文件的新属主。

```
# chown dan newfile
# ls -l newfile
-rw-rw-r--    1 dan      rich            0 Sep 20 19:16 newfile
#
```

非常简单。chown命令也支持同时改变文件的属主和属组。

```
# chown dan.shared newfile
# ls -l newfile
-rw-rw-r--    1 dan      shared            0 Sep 20 19:16 newfile
#
```

如果你不嫌麻烦，可以只改变一个目录的默认属组。

```
# chown .rich newfile
# ls -l newfile
-rw-rw-r--    1 dan     rich            0 Sep 20 19:16 newfile
#
```

最后，如果你的Linux系统采用和用户登录名匹配的组名，可以只用一个条目就改变二者。

```
# chown test. newfile
# ls -l newfile
-rw-rw-r--    1 test    test            0 Sep 20 19:16 newfile
#
```

chown命令采用一些不同的选项参数。-R选项配合通配符可以递归地改变子目录和文件的所属关系。-h选项可以改变该文件的所有符号链接文件的所属关系。

说明　只有root用户能够改变文件的属主。任何属主都可以改变文件的属组，但前提是属主必须是原属组和目标属组的成员。

---

chgrp命令可以更改文件或目录的默认属组。

```
$ chgrp shared newfile
$ ls -l newfile
-rw-rw-r--    1 rich    shared          0 Sep 20 19:16 newfile
$
```

用户账户必须是这个文件的属主，除了能够更换属组之外，还得是新组的成员。现在shared组的任意一个成员都可以写这个文件了。这是Linux系统共享文件的一个途径。然而，在系统中给一组用户共享文件也会变得很复杂。下一节会介绍如何实现。

7.5　共享文件

可能你已经猜到了，Linux系统上共享文件的方法是创建组。但在一个完整的共享文件的环境中，事情会复杂得多。

在7.3节中你已经看到，创建新文件时，Linux会用你默认的UID和GID给文件分配权限。想让其他人也能访问文件，要么改变其他用户所在安全组的访问权限，要么就给文件分配一个包含其他用户的新默认属组。

如果你想在大范围环境中创建文档并将文档与人共享，这会很烦琐。幸好有一种简单的方法可以解决这个问题。

Linux还为每个文件和目录存储了3个额外的信息位。

- **设置用户ID（SUID）**：当文件被用户使用时，程序会以文件属主的权限运行。
- **设置组ID（SGID）**：对文件来说，程序会以文件属组的权限运行；对目录来说，目录中创建的新文件会以目录的默认属组作为默认属组。
- **粘着位**：进程结束后文件还驻留（粘着）在内存中。

SGID位对文件共享非常重要。启用SGID位后，你可以强制在一个共享目录下创建的新文件都属于该目录的属组，这个组也就成为了每个用户的属组。

SGID可通过chmod命令设置。它会加到标准3位八进制值之前（组成4位八进制值），或者在符号模式下用符号s。

如果你用的是八进制模式，你需要知道这些位的位置，如表7-6所示。

表7-6　chmod SUID、SGID和粘着位的八进制值

二进制值	八进制值	描　述
000	0	所有位都清零
001	1	粘着位置位
010	2	SGID位置位
011	3	SGID位和粘着位都置位
100	4	SUID位置位
101	5	SUID位和粘着位都置位
110	6	SUID位和SGID位都置位
111	7	所有位都置位

因此，要创建一个共享目录，使目录里的新文件都能沿用目录的属组，只需将该目录的SGID位置位。

```
$ mkdir testdir
$ ls -l
drwxrwxr-x    2 rich     rich         4096 Sep 20 23:12 testdir/
$ chgrp shared testdir
$ chmod g+s testdir
$ ls -l
drwxrwsr-x    2 rich     shared       4096 Sep 20 23:12 testdir/
$ umask 002
$ cd testdir
$ touch testfile
$ ls -l
total 0
-rw-rw-r--    1 rich     shared          0 Sep 20 23:13 testfile
$
```

首先，用mkdir命令来创建希望共享的目录。然后通过chgrp命令将目录的默认属组改为包含所有需要共享文件的用户的组（你必须是该组的成员）。最后，将目录的SGID位置位，以保证目录中新建文件都用shared作为默认属组。

为了让这个环境能正常工作，所有组成员都需把他们的umask值设置成文件对属组成员可写。在前面的例子中，umask改成了002，所以文件对属组是可写的。

做完了这些，组成员就能到共享目录下创建新文件了。跟期望的一样，新文件会沿用目录的属组，而不是用户的默认属组。现在shared组的所有用户都能访问这个文件了。

7.6 小结

本章讨论了管理Linux系统安全性需要知道的一些命令行命令。Linux通过用户ID和组ID来限制对文件、目录以及设备的访问。Linux将用户账户的信息存储在/etc/passwd文件中，将组信息存储在/etc/group文件中。每个用户都会被分配唯一的用户ID，以及在系统中识别用户的文本登录名。组也会被分配唯一的组ID以及组名。组可以包含一个或多个用户以支持对系统资源的共享访问。

有若干命令可以用来管理用户账户和组。useradd命令用来创建新的用户账户，groupadd命令用来创建新的组账户。修改已有用户账户，我们用usermod命令。类似的groupmod命令用来修改组账户信息。

Linux采用复杂的位系统来判定文件和目录的访问权限。每个文件都有三个安全等级：文件的属主、能够访问文件的默认属组以及系统上的其他用户。每个安全等级通过三个访问权限位来定义：读取、写入以及执行，对应于符号rwx。如果某种权限被拒绝，权限对应的符号会用单破折线代替（比如r--代表只读权限）。

这种符号权限通常以八进制值来描述。3位二进制组成一个八进制值，3个八进制值代表了3个安全等级。umask命令用来设置系统中所创建的文件和目录的默认安全设置。系统管理员通常会在/etc/profile文件中设置一个默认的umask值，但你可以随时通过umask命令来修改自己的umask值。

chmod命令用来修改文件和目录的安全设置。只有文件的属主才能改变文件或目录的权限。不过root用户可以改变系统上任意文件或目录的安全设置。chown和chgrp命令可用来改变文件默认的属主和属组。

本章最后讨论了如何使用设置组ID位来创建共享目录。SGID位会强制某个目录下创建的新文件或目录都沿用该父目录的属组，而不是创建这些文件的用户的属组。这可以为系统的用户之间共享文件提供一个简便的途径。

现在你已经了解了文件权限，下面就可以进一步了解如何使用实际的Linux文件系统了。下一章将会介绍如何使用命令行在Linux上创建新的分区，以及如何格式化新分区以使其可用于Linux虚拟目录。

第 8 章

管理文件系统

本章内容
- 文件系统基础
- 日志文件系统与写时复制文件系统
- 文件系统管理
- 逻辑卷布局
- 使用Linux逻辑卷管理器

使用Linux系统时，需要作出的决策之一就是为存储设备选用什么文件系统。大多数Linux发行版在安装时会非常贴心地提供默认的文件系统，大多数入门级用户想都不想就用了默认的那个。

使用默认文件系统未必就不好，但了解一下可用的选择有时也会有所帮助。本章将探讨Linux世界里可选用的不同文件系统，并向你演示如何在命令行上进行创建和管理。

8.1 探索 Linux 文件系统

第3章讨论了Linux如何通过文件系统来在存储设备上存储文件和目录。Linux的文件系统为我们在硬盘中存储的0和1和应用中使用的文件与目录之间搭建起了一座桥梁。

Linux支持多种类型的文件系统管理文件和目录。每种文件系统都在存储设备上实现了虚拟目录结构，仅特性略有不同。本章将带你逐步了解Linux环境中较常用的文件系统的优点和缺陷。

8.1.1 基本的 Linux 文件系统

Linux最初采用的是一种简单的文件系统，它模仿了Unix文件系统的功能。本节讨论了这种文件系统的演进过程。

1. ext文件系统

Linux操作系统中引入的最早的文件系统叫作*扩展文件系统*（extended filesystem，简记为ext）。它为Linux提供了一个基本的类Unix文件系统：使用虚拟目录来操作硬件设备，在物理设备上按定长的块来存储数据。

ext文件系统采用名为*索引节点*的系统来存放虚拟目录中所存储文件的信息。索引节点系统在每个物理设备中创建一个单独的表（称为*索引节点表*）来存储这些文件的信息。存储在虚拟目录中的每一个文件在索引节点表中都有一个条目。ext文件系统名称中的extended部分来自其跟踪的每个文件的额外数据，包括：

- 文件名
- 文件大小
- 文件的属主
- 文件的属组
- 文件的访问权限
- 指向存有文件数据的每个硬盘块的指针

Linux通过唯一的数值（称作*索引节点号*）来引用索引节点表中的每个索引节点，这个值是创建文件时由文件系统分配的。文件系统通过索引节点号而不是文件全名及路径来标识文件。

2. ext2文件系统

最早的ext文件系统有不少限制，比如文件大小不得超过2 GB。在Linux出现后不久，ext文件系统就升级到了第二代扩展文件系统，叫作ext2。

如你所猜测的，ext2文件系统是ext文件系统基本功能的一个扩展，但保持了同样的结构。ext2文件系统扩展了索引节点表的格式来保存系统上每个文件的更多信息。

ext2的索引节点表为文件添加了创建时间值、修改时间值和最后访问时间值来帮助系统管理员追踪文件的访问情况。ext2文件系统还将允许的最大文件大小增加到了2 TB（在ext2的后期版本中增加到了32 TB），以容纳数据库服务器中常见的大文件。

除了扩展索引节点表外，ext2文件系统还改变了文件在数据块中存储的方式。ext文件系统常见的问题是在文件写入到物理设备时，存储数据用的块很容易分散在整个设备中（称作*碎片化*，fragmentation）。数据块的碎片化会降低文件系统的性能，因为需要更长的时间在存储设备中查找特定文件的所有块。

保存文件时，ext2文件系统通过按组分配磁盘块来减轻碎片化。通过将数据块分组，文件系统在读取文件时不需要为了数据块查找整个物理设备。

多年来，ext文件系统一直都是Linux发行版采用的默认文件系统。但它也有一些限制。索引节点表虽然支持文件系统保存有关文件的更多信息，但会对系统造成致命的问题。文件系统每次存储或更新文件，它都要用新信息来更新索引节点表。问题在于这种操作并非总是一气呵成的。

如果计算机系统在存储文件和更新索引节点表之间发生了什么，这二者的内容就不同步了。ext2文件系统由于容易在系统崩溃或断电时损坏而臭名昭著。即使文件数据正常保存到了物理设备上，如果索引节点表记录没完成更新的话，ext2文件系统甚至都不知道那个文件存在！

很快开发人员就开始尝试开发不同的Linux文件系统了。

8.1.2 日志文件系统

日志文件系统为Linux系统增加了一层安全性。它不再使用之前先将数据直接写入存储设备再更新索引节点表的做法，而是先将文件的更改写入到临时文件（称作日志，journal）中。在数据成功写到存储设备和索引节点表之后，再删除对应的日志条目。

如果系统在数据被写入存储设备之前崩溃或断电了，日志文件系统下次会读取日志文件并处理上次留下的未写入的数据。

Linux中有3种广泛使用的日志方法，每种的保护等级都不相同，如表8-1所示。

表8-1 文件系统日志方法

方法	描述
数据模式	索引节点和文件都会被写入日志；丢失数据风险低，但性能差
有序模式	只有索引节点数据会被写入日志，但只有数据成功写入后才删除；在性能和安全性之间取得了良好的折中
回写模式	只有索引节点数据会被写入日志，但不控制文件数据何时写入；丢失数据风险高，但仍比不用日志好

数据模式日志方法是目前为止最安全的数据保护方法，但同时也是最慢的。所有写到存储设备上的数据都必须写两次：第一次写入日志，第二次写入真正的存储设备。这样会导致性能很差，尤其是对要做大量数据写入的系统而言。

这些年来，在Linux上还出现了一些其他日志文件系统。后面几节将会讲述常见的Linux日志文件系统。

1. ext3文件系统

2001年，ext3文件系统被引入Linux内核中，直到最近都是几乎所有Linux发行版默认的文件系统。它采用和ext2文件系统相同的索引节点表结构，但给每个存储设备增加了一个日志文件，以将准备写入存储设备的数据先记入日志。

默认情况下，ext3文件系统用有序模式的日志功能——只将索引节点信息写入日志文件，直到数据块都被成功写入存储设备才删除。你可以在创建文件系统时用简单的一个命令行选项将ext3文件系统的日志方法改成数据模式或回写模式。

虽然ext3文件系统为Linux文件系统添加了基本的日志功能，但它仍然缺少一些功能。例如ext3文件系统无法恢复误删的文件，它没有任何内建的数据压缩功能（虽然有个需单独安装的补丁支持这个功能），ext3文件系统也不支持加密文件。鉴于这些原因，Linux项目的开发人员选择再接再厉，继续改进ext3文件系统。

2. ext4文件系统

扩展ext3文件系统功能的结果是ext4文件系统（你可能也猜出来了）。ext4文件系统在2008年受到Linux内核官方支持，现在已是大多数流行的Linux发行版采用的默认文件系统，比如Ubuntu。

除了支持数据压缩和加密，ext4文件系统还支持一个称作区段（extent）的特性。区段在存储设备上按块分配空间，但在索引节点表中只保存起始块的位置。由于无需列出所有用来存储文件中数据的数据块，它可以在索引节点表中节省一些空间。

ext4还引入了块预分配技术（block preallocation）。如果你想在存储设备上给一个你知道要变大的文件预留空间，ext4文件系统可以为文件分配所有需要用到的块，而不仅仅是那些现在已经用到的块。ext4文件系统用0填满预留的数据块，不会将它们分配给其他文件。

3. Reiser文件系统

2001年，Hans Reiser为Linux创建了第一个称为ReiserFS的日志文件系统。ReiserFS文件系统只支持回写日志模式——只把索引节点表数据写到日志文件。ReiserFS文件系统也因此成为Linux上最快的日志文件系统之一。

有两个有意思的特性被引入了ReiserFS文件系统：一个是你可以在线调整已有文件系统的大小；另一个是被称作尾部压缩（tailpacking）的技术，该技术能将一个文件的数据填进另一个文件的数据块中的空白空间。如果你必须为已有文件系统扩容来容纳更多的数据，在线调整文件系统大小功能非常好用。

4. JFS文件系统

作为可能依然在用的最老的日志文件系统之一，JFS（Journaled File System，日志化文件系统[①]）是IBM在1990年为其Unix衍生版AIX开发的。然而直到第2版，它才被移植到Linux环境中。

说明　IBM官方称JFS文件系统的第2版为JFS2，但大多数Linux系统提到它时都只用JFS。

JFS文件系统采用的是有序日志方法，即只在日志中保存索引节点表数据，直到真正的文件数据被写进存储设备时才删除它。这个方法在ReiserFS的速度和数据模式日志方法的完整性之间的采取的一种折中。

JFS文件系统采用基于区段的文件分配，即为每个写入存储设备的文件分配一组块。这样可以减少存储设备上的碎片。

除了用在IBM Linux上外，JFS文件系统并没有流行起来，但你有可能在同Linux打交道的日子中碰到它。

5. XFS文件系统

XFS日志文件系统是另一种最初用于商业Unix系统而如今走进Linux世界的文件系统。美国硅图公司（SGI）最初在1994年为其商业化的IRIX Unix系统开发了XFS。2002年，它被发布到了适用于Linux环境的版本。

XFS文件系统采用回写模式的日志，在提供了高性能的同时也引入了一定的风险，因为实际数据并未存进日志文件。XFS文件系统还允许在线调整文件系统的大小，这点类似于ReiserFS文件系统，除了XFS文件系统只能扩大不能缩小。

---

① 此处“日志化文件系统”是指Journaled File System这一Journal File System概念的具体实现。为防止读者混淆，后文中都将用JFS缩写代替。

8.1.3 写时复制文件系统

采用了日志式技术，你就必须在安全性和性能之间做出选择。尽管数据模式日志提供了最高的安全性，但是会对性能带来影响，因为索引节点和数据都需要被日志化。如果是回写模式日志，性能倒是可以接受，但安全性就会受到损害。

就文件系统而言，日志式的另一种选择是一种叫作写时复制（copy-on-write，COW）的技术。COW利用快照兼顾了安全性和性能。如果要修改数据，会使用克隆或可写快照。修改过的数据并不会直接覆盖当前数据，而是被放入文件系统中的另一个位置上。即便是数据修改已经完成，之前的旧数据也不会被重写。

COW文件系统已日渐流行，接下来会简要概览其中最流行的两种（Btrf和ZFS）。

1. ZFS文件系统

COW文件系统ZFS是由Sun公司于2005年研发的，用于OpenSolaris操作系统，从2008年起开始向Linux移植，最终在2012年投入Linux产品的使用。

ZFS是一个稳定的文件系统，与Resier4、Btrfs和ext4势均力敌。它最大的弱项就是没有使用GPL许可。自2013年发起的OpenZFS项目有可能改变这种局面。但是，在获得GPL许可之前，ZFS有可能终无法成为Linux默认的文件系统。

2. Btrf文件系统

Btrfs文件系统是COW的新人，也被称为B树文件系统。它是由Oracle公司于2007年开始研发的。Btrfs在Reiser4的诸多特性的基础上改进了可靠性。另一些开发人员最终也加入了开发过程，帮助Btrfs快速成为了最流行的文件系统。究其原因，则要归于它的稳定性、易用性以及能够动态调整已挂载文件系统的大小。OpenSUSE Linux发行版最近将Btrfs作为其默认文件系统。除此之外，该文件系统也出现在了其他Linux发行版中（如RHEL），不过并不是作为默认文件系统。

8.2 操作文件系统

Linux提供了一些不同的工具，我们可以利用它们轻松地在命令行中进行文件系统操作。可使用键盘随心所欲地创建新的文件系统或者修改已有的文件系统。本节将会带你逐步了解命令行下的文件系统交互的命令。

8.2.1 创建分区

一开始，你必须在存储设备上创建分区来容纳文件系统。分区可以是整个硬盘，也可以是部分硬盘，以容纳虚拟目录的一部分。

`fdisk`工具用来帮助管理安装在系统上的任何存储设备上的分区。它是个交互式程序，允许你输入命令来逐步完成硬盘分区操作。

要启动`fdisk`命令，你必须指定要分区的存储设备的设备名，另外还得有超级用户权限。如果在没有对应权限的情况下使用该命令，你会得到类似于下面这种错误提示。

8

```
$ fdisk /dev/sdb

Unable to open /dev/sdb
$
```

说明　有时候，创建新磁盘分区最麻烦的事情就是找出安装在Linux系统中的物理磁盘。Linux采用了一种标准格式来为硬盘分配设备名称，但是你得熟悉这种格式。对于老式的IDE驱动器，Linux使用的是/dev/hdx。其中x表示一个字母，具体是什么要根据驱动器的检测顺序（第一个驱动器是a，第二个驱动器是b，以此类推）。对于较新的SATA驱动器和SCSI驱动器，Linux使用/dev/sdx。其中的x具体是什么也要根据驱动器的检测顺序（和之前一样，第一个驱动器是a，第二个驱动器是b，以此类推）。在格式化分区之前，最好再检查一下是否正确指定了驱动器。

如果你拥有超级用户权限并指定了正确的驱动器，那就可以进入`fdisk`工具的操作界面了。下面展示了该命令在CentOS发行版中的使用情景。

```
$ sudo fdisk /dev/sdb
[sudo] password for Christine:
Device contains neither a valid DOS partition table,
nor Sun, SGI or OSF disklabel
Building a new DOS disklabel with disk identifier 0xd3f759b5.
Changes will remain in memory only
until you decide to write them.
After that, of course, the previous content won't be recoverable.

Warning: invalid flag 0x0000 of partition table 4 will
be corrected by w(rite)

[...]
Command (m for help):
```

窍门　如果这是你第一次给该存储设备分区，`fdisk`会警告你设备上没有分区表。

`fdisk`交互式命令提示符使用单字母命令来告诉`fdisk`做什么。表8-2显示了`fdisk`命令提示符下的可用命令。

表8-2　**fdisk**命令

命　令	描　述
a	设置活动分区标志
b	编辑BSD Unix系统用的磁盘标签
c	设置DOS兼容标志
d	删除分区

（续）

命 令	描 述
l	显示可用的分区类型
m	显示命令选项
n	添加一个新分区
o	创建DOS分区表
p	显示当前分区表
q	退出，不保存更改
s	为Sun Unix系统创建一个新磁盘标签
t	修改分区的系统ID
u	改变使用的存储单位
v	验证分区表
w	将分区表写入磁盘
x	高级功能

尽管看上去很恐怖，但实际上你在日常工作中用到的只有几个基本命令。

对于初学者，可以用p命令将一个存储设备的详细信息显示出来。

```
Command (m for help): p

Disk /dev/sdb: 5368 MB, 5368709120 bytes
255 heads, 63 sectors/track, 652 cylinders
Units = cylinders of 16065 * 512 = 8225280 bytes
Sector size (logical/physical): 512 bytes / 512 bytes
I/O size (minimum/optimal): 512 bytes / 512 bytes
Disk identifier: 0x11747e88

   Device Boot      Start         End      Blocks   Id  System

Command (m for help):
```

输出显示这个存储设备有5368 MB（5 GB）的空间。存储设备明细后的列表说明这个设备上是否已有分区。这个例子中的输出中没有显示任何分区，所以设备还未分区。

下一步，可以使用n命令在该存储设备上创建新的分区。

```
Command (m for help): n
Command action
   e   extended
   p   primary partition (1-4)
p
Partition number (1-4): 1
First cylinder (1-652, default 1): 1
Last cylinder, +cylinders or +size{K,M,G} (1-652, default 652): +2G

Command (m for help):
```

分区可以按主分区（primary partition）或扩展分区（extended partition）创建。主分区可以被文件系统直接格式化，而扩展分区则只能容纳其他主分区[①]。扩展分区出现的原因是每个存储设备上只能有4个分区。可以通过创建多个扩展分区，然后在扩展分区内创建主分区进行扩展。[②]上例中创建了一个主分区，在存储设备上给它分配了分区号1，然后给它分配了2 GB的存储设备空间。你可以再次使用p命令查看结果。

```
Command (m for help): p

Disk /dev/sdb: 5368 MB, 5368709120 bytes
255 heads, 63 sectors/track, 652 cylinders
Units = cylinders of 16065 * 512 = 8225280 bytes
Sector size (logical/physical): 512 bytes / 512 bytes
I/O size (minimum/optimal): 512 bytes / 512 bytes
Disk identifier: 0x029aa6af

   Device Boot      Start         End      Blocks   Id  System
/dev/sdb1               1         262     2104483+  83  Linux

Command (m for help):
```

从输出中现在可以看到，该存储设备上有了一个分区（叫作/dev/sdb1）。Id列定义了Linux怎么对待该分区。fdisk允许创建多种分区类型。使用l命令列出可用的不同类型。默认类型是83，该类型定义了一个Linux文件系统。如果你想为其他文件系统创建一个分区（比如Windows的NTFS分区），只要选择一个不同的分区类型即可。

可以重复上面的过程，将存储设备上剩下的空间分配给另一个Linux分区。创建了想要的分区之后，用w命令将更改保存到存储设备上。

```
Command (m for help): w
The partition table has been altered!

Calling ioctl() to re-read partition table.
Syncing disks.
$
```

存储设备的分区信息被写入分区表中，Linux系统通过ioctl()调用来获知新分区的出现。设置好分区之后，可以使用Linux文件系统对其进行格式化。

窍门　有些发行版和较旧的发行版在生成新分区之后并不会自动提醒Linux系统。如果是这样的话，你要么使用partprob或hdparm命令（参考相应的手册页），要么重启系统，让系统读取更新过的分区表。

---

① 此处说法有误。扩展分区内容纳的应该是“逻辑分区”（logical partition）。可参考https://en.wikipedia.org/wiki/Extended_boot_record及https://technet.microsoft.com/en-us/library/cc976786.aspx。

② 此处正确的说法应是：“可以通过创建一个扩展分区，然后在扩展分区内创建逻辑分区进行扩展。”

8.2.2 创建文件系统

在将数据存储到分区之前，你必须用某种文件系统对其进行格式化，这样Linux才能使用它。每种文件系统类型都用自己的命令行程序来格式化分区。表8-3列出了本章中讨论的不同文件系统所对应的工具。

表8-3 创建文件系统的命令行程序

工　具	用　途
mkefs	创建一个ext文件系统
mke2fs	创建一个ext2文件系统
mkfs.ext3	创建一个ext3文件系统
mkfs.ext4	创建一个ext4文件系统
mkreiserfs	创建一个ReiserFS文件系统
jfs_mkfs	创建一个JFS文件系统
mkfs.xfs	创建一个XFS文件系统
mkfs.zfs	创建一个ZFS文件系统
mkfs.btrfs	创建一个Btrfs文件系统

并非所有文件系统工具都已经默认安装了。要想知道某个文件系统工具是否可用，可以使用type命令。

```
$ type mkfs.ext4
mkfs.ext4 is /sbin/mkfs.ext4
$
$ type mkfs.btrfs
-bash: type: mkfs.btrfs: not found
$
```

据上面这个取自Ubuntu系统的例子显示，mkfs.ext4工具是可用的。而Btrfs工具则不可用。请参阅第9章中有关如何在Linux发行版中安装软件和工具的相关内容。

每个文件系统命令都有很多命令行选项，允许你定制如何在分区上创建文件系统。要查看所有可用的命令行选项，可用man命令来显示该文件系统命令的手册页面（参见第3章）。所有的文件系统命令都允许通过不带选项的简单命令来创建一个默认的文件系统。

```
$ sudo mkfs.ext4 /dev/sdb1
[sudo] password for Christine:
mke2fs 1.41.12 (17-May-2010)
Filesystem label=
OS type: Linux
Block size=4096 (log=2)
Fragment size=4096 (log=2)
Stride=0 blocks, Stripe width=0 blocks
131648 inodes, 526120 blocks
26306 blocks (5.00%) reserved for the super user
First data block=0
Maximum filesystem blocks=541065216
```

```
17 block groups
32768 blocks per group, 32768 fragments per group
7744 inodes per group
Superblock backups stored on blocks:
        32768, 98304, 163840, 229376, 294912

Writing inode tables: done
Creating journal (16384 blocks): done
Writing superblocks and filesystem accounting information: done

This filesystem will be automatically checked every 23 mounts or
180 days, whichever comes first. Use tune2fs -c or -i to override.
$
```

这个新的文件系统采用ext4文件系统类型，这是Linux上的日志文件系统。注意，创建过程中有一步是创建新的日志。

为分区创建了文件系统之后，下一步是将它挂载到虚拟目录下的某个挂载点，这样就可以将数据存储在新文件系统中了。你可以将新文件系统挂载到虚拟目录中需要额外空间的任何位置。

```
$ ls /mnt
$
$ sudo mkdir /mnt/my_partition
$
$ ls -al /mnt/my_partition/
$
$ ls -dF /mnt/my_partition
/mnt/my_partition/
$
$ sudo  mount -t ext4  /dev/sdb1  /mnt/my_partition
$
$ ls -al /mnt/my_partition/
total 24
drwxr-xr-x. 3 root root  4096 Jun 11 09:53 .
drwxr-xr-x. 3 root root  4096 Jun 11 09:58 ..
drwx------. 2 root root 16384 Jun 11 09:53 lost+found
$
```

mkdir命令（参见第3章）在虚拟目录中创建了挂载点，mount命令将新的硬盘分区添加到挂载点。mount命令的-t选项指明了要挂载的文件系统类型（ext4）。现在你可以在新分区中保存新文件和目录了！

说明　这种挂载文件系统的方法只能临时挂载文件系统。当重启Linux系统时，文件系统并不会自动挂载。要强制Linux在启动时自动挂载新的文件系统，可以将其添加到/etc/fstab文件。

现在文件系统已经被挂载了到虚拟目录中，可以投入日常使用了。遗憾的是，在日常使用过程中有可能会出现一些严重的问题，例如文件系统损坏。下一节将演示如何应对这种问题。

8.2.3 文件系统的检查与修复

就算是现代文件系统，碰上突然断电或者某个不规矩的程序在访问文件时锁定了系统，也会出现错误。幸而有一些命令行工具可以帮你将文件系统恢复正常。

每个文件系统都有各自可以和文件系统交互的恢复命令。这可能会让局面变得不太舒服，随着Linux环境中可用的文件系统变多，你也不得不去掌握大量对应的命令。好在有个通用的前端程序，可以决定存储设备上的文件系统并根据要恢复的文件系统调用适合的文件系统恢复命令。

fsck命令能够检查和修复大部分类型的Linux文件系统，包括本章早些时候讨论过的ext、ext2、ext3、ext4、ReiserFS、JFS和XFS。该命令的格式是：

```
fsck options filesystem
```

你可以在命令行上列出多个要检查的文件系统。文件系统可以通过设备名、在虚拟目录中的挂载点以及分配给文件系统的唯一UUID值来引用。

窍门 尽管日志式文件系统的用户需要用到fsck命令，但是COW文件系统的用户是否也得使用该命令还存在争议。实际上，ZFS文件系统甚至都没有提供fsck工具的接口。

fsck命令使用/etc/fstab文件来自动决定正常挂载到系统上的存储设备的文件系统。如果存储设备尚未挂载（比如你刚刚在新的存储设备上创建了个文件系统），你需要用-t命令行选项来指定文件系统类型。表8-4列出了其他可用的命令行选项。

表8-4 fsck的命令行选项

选　项	描　述
-a	如果检测到错误，自动修复文件系统
-A	检查/etc/fstab文件中列出的所有文件系统
-C	给支持进度条功能的文件系统显示一个进度条（只有ext2和ext3）
-N	不进行检查，只显示哪些检查会执行
-r	出现错误时提示
-R	使用-A选项时跳过根文件系统
-s	检查多个文件系统时，依次进行检查
-t	指定要检查的文件系统类型
-T	启动时不显示头部信息
-V	在检查时产生详细输出
-y	检测到错误时自动修复文件系统

你可能注意到了，有些命令行选项是重复的。这是为多个命令实现通用的前端带来的部分问题。有些文件系统修复命令有一些额外的可用选项。如果要做更高级的错误检查，就需要查看这个文件系统修复工具的手册页面来确定是不是有该文件系统专用的扩展选项。

窍门 只能在未挂载的文件系统上运行`fsck`命令。对大多数文件系统来说，你只需卸载文件系统来进行检查，检查完成之后重新挂载就好了。但因为根文件系统含有所有核心的Linux命令和日志文件，所以你无法在处于运行状态的系统上卸载它。

这正是亲手体验Linux LiveCD的好时机！只需用LiveCD启动系统即可，然后在根文件系统上运行`fsck`命令。

到目前为止，本章讲解了如何处理物理存储设备中的文件系统。Linux还有另一些方法可以为文件系统创建逻辑存储设备。下一节将告诉你如何使用逻辑存储设备。

8.3 逻辑卷管理

如果用标准分区在硬盘上创建了文件系统，为已有文件系统添加额外的空间多少是一种痛苦的体验。你只能在同一个物理硬盘的可用空间范围内调整分区大小。如果硬盘上没有地方了，你就必须弄一个更大的硬盘，然后手动将已有的文件系统移动到新的硬盘上。

这时候可以通过将另外一个硬盘上的分区加入已有文件系统，动态地添加存储空间。Linux逻辑卷管理器（logical volume manager，LVM）软件包正好可以用来做这个。它可以让你在无需重建整个文件系统的情况下，轻松地管理磁盘空间。

8.3.1 逻辑卷管理布局

逻辑卷管理的核心在于如何处理安装在系统上的硬盘分区。在逻辑卷管理的世界里，硬盘分区称作物理卷（physical volume，PV）。每个物理卷都会映射到硬盘上特定的物理分区。

多个物理卷集中在一起可以形成一个卷组（volume group，VG）。逻辑卷管理系统将卷组视为一个物理硬盘，但事实上卷组可能是由分布在多个物理硬盘上的多个物理分区组成的。卷组提供了一个创建逻辑分区的平台，而这些逻辑分区则包含了文件系统。

整个结构中的最后一层是逻辑卷（logical volume，LV）。逻辑卷为Linux提供了创建文件系统的分区环境，作用类似于到目前为止我们一直在探讨的Linux中的物理硬盘分区。Linux系统将逻辑卷视为物理分区。

可以使用任意一种标准Linux文件系统来格式化逻辑卷，然后再将它加入Linux虚拟目录中的某个挂载点。

图8-1显示了典型Linux逻辑卷管理环境的基本布局。

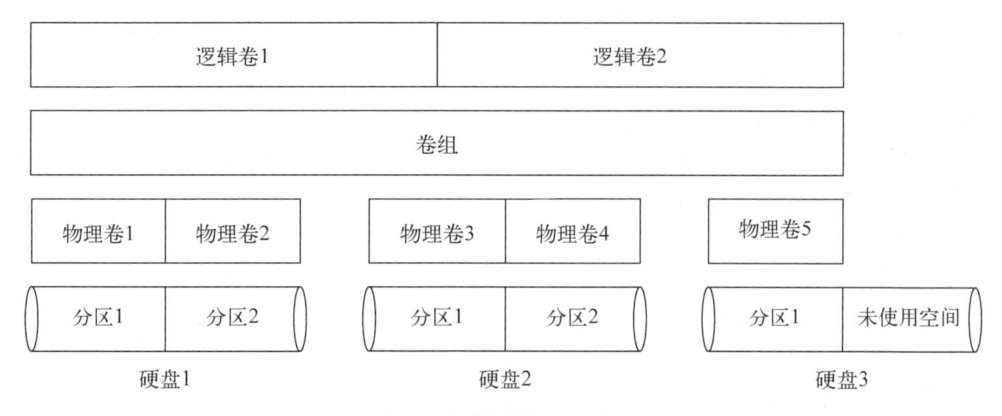

图8-1 逻辑卷管理环境

图8-1中的卷组横跨了三个不同的物理硬盘，覆盖了五个独立的物理分区。在卷组内部有两个独立的逻辑卷。Linux系统将每个逻辑卷视为一个物理分区。每个逻辑卷可以被格式化成ext4文件系统，然后挂载到虚拟目录中某个特定位置。

注意，图8-1中，第三个物理硬盘有一个未使用的分区。通过逻辑卷管理，你随后可以轻松地将这个未使用分区分配到已有卷组：要么用它创建一个新的逻辑卷，要么在需要更多空间时用它来扩展已有的逻辑卷。

类似地，如果你给系统添加了一块硬盘，逻辑卷管理系统允许你将它添加到已有卷组，为某个已有的卷组创建更多空间，或是创建一个可用来挂载的新逻辑卷。这种扩展文件系统的方法要好用得多！

8.3.2 Linux 中的 LVM

Linux LVM是由Heinz Mauelshagen开发的，于1998年发布到了Linux社区。它允许你在Linux上用简单的命令行命令管理一个完整的逻辑卷管理环境。

Linux LVM有两个可用的版本。

- LVM1：最初的LVM包于1998年发布，只能用于Linux内核2.4版本。它仅提供了基本的逻辑卷管理功能。
- LVM2：LVM的更新版本，可用于Linux内核2.6版本。它在标准的LVM1功能外提供了额外的功能。

大部分采用2.6或更高内核版本的现代Linux发行版都提供对LVM2的支持。除了标准的逻辑卷管理功能外，LVM2还提供了另外一些好用的功能。

1. 快照

最初的Linux LVM允许你在逻辑卷在线的状态下将其复制到另一个设备。这个功能叫作快照。在备份由于高可靠性需求而无法锁定的重要数据时，快照功能非常给力。传统的备份方法在将文件复制到备份媒体上时通常要将文件锁定。快照允许你在复制的同时，保证运行关键任务的

Web服务器或数据库服务器继续工作。遗憾的是，LVM1只允许你创建只读快照。一旦创建了快照，就不能再写入东西了。

LVM2允许你创建在线逻辑卷的可读写快照。有了可读写的快照，就可以删除原先的逻辑卷，然后将快照作为替代挂载上。这个功能对快速故障转移或涉及修改数据的程序试验（如果失败，需要恢复修改过的数据）非常有用。

2. 条带化

LVM2提供的另一个引人注目的功能是条带化（striping）。有了条带化，可跨多个物理硬盘创建逻辑卷。当Linux LVM将文件写入逻辑卷时，文件中的数据块会被分散到多个硬盘上。每个后继数据块会被写到下一个硬盘上。

条带化有助于提高硬盘的性能，因为Linux可以将一个文件的多个数据块同时写入多个硬盘，而无需等待单个硬盘移动读写磁头到多个不同位置。这个改进同样适用于读取顺序访问的文件，因为LVM可同时从多个硬盘读取数据。

说明 LVM条带化不同于RAID条带化。LVM条带化不提供用来创建容错环境的校验信息。事实上，LVM条带化会增加文件因硬盘故障而丢失的概率。单个硬盘故障可能会造成多个逻辑卷无法访问。

---

3. 镜像

通过LVM安装文件系统并不意味着文件系统就不会再出问题。和物理分区一样，LVM逻辑卷也容易受到断电和磁盘故障的影响。一旦文件系统损坏，就有可能再也无法恢复。

LVM快照功能提供了一些安慰，你可以随时创建逻辑卷的备份副本，但对有些环境来说可能还不够。对于涉及大量数据变动的系统，比如数据库服务器，自上次快照之后可能要存储成百上千条记录。

这个问题的一个解决办法就是LVM镜像。镜像是一个实时更新的逻辑卷的完整副本。当你创建镜像逻辑卷时，LVM会将原始逻辑卷同步到镜像副本中。根据原始逻辑卷的大小，这可能需要一些时间才能完成。

一旦原始同步完成，LVM会为文件系统的每次写操作执行两次写入——一次写入到主逻辑卷，一次写入到镜像副本。可以想到，这个过程会降低系统的写入性能。就算原始逻辑卷因为某些原因损坏了，你手头也已经有了一个完整的最新副本！

8.3.3　使用 Linux LVM

现在你已经知道Linux LVM可以做什么了，本节将讨论如何创建LVM来帮助组织系统上的硬盘空间。Linux LVM包只提供了命令行程序来创建和管理逻辑卷管理系统中所有组件。有些Linux发行版则包含了命令行命令对应的图形化前端，但为了完全控制你的LVM环境，最好习惯直接使用这些命令。

1. 定义物理卷

创建过程的第一步就是将硬盘上的物理分区转换成Linux LVM使用的物理卷区段。我们的朋友fdisk命令可以帮忙。在创建了基本的Linux分区之后，你需要通过t命令改变分区类型。

```
[...]
Command (m for help): t
Selected partition 1
Hex code (type L to list codes): 8e
Changed system type of partition 1 to 8e (Linux LVM)

Command (m for help): p

Disk /dev/sdb: 5368 MB, 5368709120 bytes
255 heads, 63 sectors/track, 652 cylinders
Units = cylinders of 16065 * 512 = 8225280 bytes
Sector size (logical/physical): 512 bytes / 512 bytes
I/O size (minimum/optimal): 512 bytes / 512 bytes
Disk identifier: 0xa8661341

   Device Boot      Start         End      Blocks   Id  System
/dev/sdb1               1         262     2104483+  8e  Linux LVM

Command (m for help): w
The partition table has been altered!

Calling ioctl() to re-read partition table.
Syncing disks.
$
```


分区类型8e表示这个分区将会被用作Linux LVM系统的一部分，而不是一个直接的文件系统（就像你在前面看到的83类型的分区）。

说明 如果下一步中的pvcreate命令不能正常工作，很可能是因为LVM2软件包没有默认安装。可以使用软件包名lvm2，按照第9章中介绍的软件安装方法安装这个包。

下一步是用分区来创建实际的物理卷。这可以通过pvcreate命令来完成。pvcreate定义了用于物理卷的物理分区。它只是简单地将分区标记成Linux LVM系统中的分区而已。

```
$ sudo pvcreate /dev/sdb1
  dev_is_mpath: failed to get device for 8:17
  Physical volume "/dev/sdb1" successfully created
$
```

说明 别被吓人的消息dev_is_mpath: failed to get device for 8:17或类似的消息唬住了。只要看到了successfully created就没问题。pvcreate命令会检查分区是否为多路（multi-path，mpath）设备。如果不是的话，就会发出上面那段消息。

如果你想查看创建进度的话，可以使用pvdisplay命令来显示已创建的物理卷列表。

```
$ sudo pvdisplay /dev/sdb1
  "/dev/sdb1" is a new physical volume of "2.01 GiB"
  --- NEW Physical volume ---
  PV Name               /dev/sdb1
  VG Name
  PV Size               2.01 GiB
  Allocatable           NO
  PE Size               0
  Total PE              0
  Free PE               0
  Allocated PE          0
  PV UUID               0FIuq2-LBod-IOWt-8VeN-tglm-Q2ik-rGU2w7

$
```

pvdisplay命令显示出/dev/sdb1现在已经被标记为物理卷。注意，输出中的VG Name内容为空，因为物理卷还不属于某个卷组。

2. 创建卷组

下一步是从物理卷中创建一个或多个卷组。究竟要为系统创建多少卷组并没有既定的规则，你可以将所有的可用物理卷加到一个卷组，也可以结合不同的物理卷创建多个卷组。

要从命令行创建卷组，需要使用vgcreate命令。vgcreate命令需要一些命令行参数来定义卷组名以及你用来创建卷组的物理卷名。

```
$ sudo vgcreate Vol1 /dev/sdb1
  Volume group "Vol1" successfully created
$
```

输出结果平淡无奇。如果你想看看新创建的卷组的细节，可用vgdisplay命令。

```
$ sudo vgdisplay Vol1
  --- Volume group ---
  VG Name               Vol1
  System ID
  Format                lvm2
  Metadata Areas        1
  Metadata Sequence No  1
  VG Access             read/write
  VG Status             resizable
  MAX LV                0
  Cur LV                0
  Open LV               0
  Max PV                0
  Cur PV                1
  Act PV                1
  VG Size               2.00 GiB
  PE Size               4.00 MiB
  Total PE              513
  Alloc PE / Size       0 / 0
  Free  PE / Size       513 / 2.00 GiB
  VG UUID               oe4I7e-5RA9-G9ti-ANoI-QKLz-qkX4-58Wj6e
```

```
$
```

这个例子使用/dev/sdb1分区上创建的物理卷，创建了一个名为Vol1的卷组。

创建一个或多个卷组后，就可以创建逻辑卷了。

3. 创建逻辑卷

Linux系统使用逻辑卷来模拟物理分区，并在其中保存文件系统。Linux系统会像处理物理分区一样处理逻辑卷，允许你定义逻辑卷中的文件系统，然后将文件系统挂载到虚拟目录上。

要创建逻辑卷，使用lvcreate命令。虽然你通常不需要在其他Linux LVM命令中使用命令行选项，但lvcreate命令要求至少输入一些选项。表8-5显示了可用的命令行选项。

表8-5　lvcreate的选项

选　项	长选项名	描　述
-c	--chunksize	指定快照逻辑卷的单位大小
-C	--contiguous	设置或重置连续分配策略
-i	--stripes	指定条带数
-I	--stripesize	指定每个条带的大小
-l	--extents	指定分配给新逻辑卷的逻辑区段数，或者要用的逻辑区段的百分比
-L	--size	指定分配给新逻辑卷的硬盘大小
	--minor	指定设备的次设备号
-m	--mirrors	创建逻辑卷镜像
-M	--persistent	让次设备号一直有效
-n	--name	指定新逻辑卷的名称
-p	--permission	为逻辑卷设置读/写权限
-r	--readahead	设置预读扇区数
-R	--regionsize	指定将镜像分成多大的区
-s	snapshot	创建快照逻辑卷
-Z	--zero	将新逻辑卷的前1 KB数据设置为零

虽然命令行选项看起来可能有点吓人，但大多数情况下你用到的只是少数几个选项。

```
$ sudo lvcreate -l 100%FREE -n lvtest Vol1
  Logical volume "lvtest" created
$
```

如果想查看你创建的逻辑卷的详细情况，可用lvdisplay命令。

```
$ sudo lvdisplay Vol1
  --- Logical volume ---
  LV Path                /dev/Vol1/lvtest
  LV Name                lvtest
  VG Name                Vol1
  LV UUID                4W2369-pLXy-jWmb-lIFN-SMNX-xZnN-3KN208
  LV Write Access        read/write
  LV Creation host, time ... -0400
  LV Status              available
```

8

```
  # open                0
  LV Size               2.00 GiB
  Current LE            513
  Segments              1
  Allocation            inherit
  Read ahead sectors    auto
  - currently set to    256
  Block device          253:2

$
```

现在可以看到你刚刚创建的逻辑卷了！注意，卷组名（Vol1）用来标识创建新逻辑卷时要使用的卷组。

-l选项定义了要为逻辑卷指定多少可用的卷组空间。注意，你可以按照卷组空闲空间的百分比来指定这个值。本例中为新逻辑卷使用了所有的空闲空间。

你可以用-l选项来按可用空间的百分比来指定这个大小，或者用-L选项以字节、千字节（KB）、兆字节（MB）或吉字节（GB）为单位来指定实际的大小。-n选项允许你为逻辑卷指定一个名称（在本例中称作lvtest）。

4. 创建文件系统

运行完lvcreate命令之后，逻辑卷就已经产生了，但它还没有文件系统。你必须使用相应的命令行程序来创建所需要的文件系统。

```
$ sudo mkfs.ext4 /dev/Vol1/lvtest
mke2fs 1.41.12 (17-May-2010)
Filesystem label=
OS type: Linux
Block size=4096 (log=2)
Fragment size=4096 (log=2)
Stride=0 blocks, Stripe width=0 blocks
131376 inodes, 525312 blocks
26265 blocks (5.00%) reserved for the super user
First data block=0
Maximum filesystem blocks=541065216
17 block groups
32768 blocks per group, 32768 fragments per group
7728 inodes per group
Superblock backups stored on blocks:
        32768, 98304, 163840, 229376, 294912

Writing inode tables: done
Creating journal (16384 blocks): done
Writing superblocks and filesystem accounting information: done

This filesystem will be automatically checked every 28 mounts or
180 days, whichever comes first.Use tune2fs -c or -i to override.
$
```

在创建了新的文件系统之后，可以用标准Linux mount命令将这个卷挂载到虚拟目录中，就跟它是物理分区一样。唯一的不同是你需要用特殊的路径来标识逻辑卷。

```
$ sudo mount /dev/Vol1/lvtest /mnt/my_partition
$
$ mount
/dev/mapper/vg_server01-lv_root on / type ext4 (rw)
[...]
/dev/mapper/Vol1-lvtest on /mnt/my_partition type ext4 (rw)
$
$ cd /mnt/my_partition
$
$ ls -al
total 24
drwxr-xr-x. 3 root root  4096 Jun 12 10:22 .
drwxr-xr-x. 3 root root  4096 Jun 11 09:58 ..
drwx------. 2 root root 16384 Jun 12 10:22 lost+found
$
```

注意，mkfs.ext4和mount命令中用到的路径都有点奇怪。路径中使用了卷组名和逻辑卷名，而不是物理分区路径。文件系统被挂载之后，就可以访问虚拟目录中的这块新区域了。

5. 修改LVM

Linux LVM的好处在于能够动态修改文件系统，因此最好有工具能够让你实现这些操作。在Linux有一些工具允许你修改现有的逻辑卷管理配置。

如果你无法通过一个很炫的图形化界面来管理你的Linux LVM环境，也不是什么都干不了。在本章中你已经看到了一些Linux LVM命令行程序的实际用法。还有一些其他的命令可以用来管理LVM的设置。表8-6列出了在Linux LVM包中的常见命令。

表8-6 Linux LVM命令

命 令	功 能
vgchange	激活和禁用卷组
vgremove	删除卷组
vgextend	将物理卷加到卷组中
vgreduce	从卷组中删除物理卷
lvextend	增加逻辑卷的大小
lvreduce	减小逻辑卷的大小

通过使用这些命令行程序，就能完全控制你的Linux LVM环境。

> **窍门** 在手动增加或减小逻辑卷的大小时，要特别小心。逻辑卷中的文件系统需要手动修整来处理大小上的改变。大多数文件系统都包含了能够重新格式化文件系统的命令行程序，比如用于ext2、ext3和ext4文件系统的resize2fs程序。

8

8.4 小结

在Linux上使用存储设备需要懂一点文件系统的知识。当工作在Linux系统下时，懂得如何在命令行下创建和处理文件系统能帮上你的忙。本章讨论了如何使用Linux命令行处理文件系统。

Linux系统和Windows的不同之处在于前者支持大量不同的存储文件和目录的方法。每个文件系统方法都有不同的特性，使其适用于不同的场景。另外，每种文件系统都使用不同的命令与存储设备打交道。

在将文件系统安装到存储设备之前，你得先备好设备。fdisk命令用来对存储设备进行分区，以便安装文件系统。在分区存储设备时，必须定义在上面使用什么类型的文件系统。

划分完存储设备分区后，你可以为该分区选用一种文件系统。流行的Linux文件系统包括ext3和ext4。两者都提供了日志文件系统功能，降低它们在Linux系统崩溃时遇到错误或问题的几率。

在存储设备分区上直接创建文件系统的一个限制因素是，如果硬盘空间用完了，你无法轻易地改变文件系统的大小。但Linux支持逻辑卷管理，这是一种跨多个存储设备创建虚拟分区的方法。这种方法允许你轻松地扩展一个已有文件系统，而不用完全重建。Linux LVM包提供了跨多个存储设备创建逻辑卷的命令行命令。

现在你已经了解了核心的Linux命令行命令，差不多是时候开始编写一些shell脚本程序了。但在开始编码前，我们还有另一件事情需要讨论：安装软件。如果你打算写shell脚本，就需要一个环境来完成你的杰作。下一章将讨论如何在不同的Linux环境中从命令行下安装和管理软件包。

第9章 安装软件程序

本章内容

- 安装软件
- 使用Debian包
- 使用Red Hat包

在Linux的早期，安装软件是一件痛苦的事。幸好Linux开发人员已经通过把软件打包成更易于安装的预编译包，我们的生活因此舒坦了一些。但你多少还是得花点功夫安装软件包，尤其是准备从命令行下安装的时候。本章将介绍Linux上能见到的各种包管理系统（package management system，PMS），以及用来进行软件安装、管理和删除的命令行工具。

9.1 包管理基础

在深入了解Linux软件包管理之前，本章将先介绍一些基础知识。各种主流Linux发行版都采用了某种形式的包管理系统来控制软件和库的安装。PMS利用一个数据库来记录各种相关内容：

- Linux系统上已安装了什么软件包；
- 每个包安装了什么文件；
- 每个已安装软件包的版本。

软件包存储在服务器上，可以利用本地Linux系统上的PMS工具通过互联网访问。这些服务器称为仓库（repository）。可以用PMS工具来搜索新的软件包，或者是更新系统上已安装软件包。

软件包通常会依赖其他的包，为了前者能够正常运行，被依赖的包必须提前安装在系统中。PMS工具将会检测这些依赖关系，并在安装需要的包之前先安装好所有额外的软件包。

PMS的不足之处在于目前还没有统一的标准工具。不管你用的是哪个Linux发行版，本书到目前为止所讨论的bash shell命令都能工作，但对于软件包管理可就不一定了。

PMS工具及相关命令在不同的Linux发行版上有很大的不同。Linux中广泛使用的两种主要的PMS基础工具是`dpkg`和`rpm`。

基于Debian的发行版（如Ubuntu和Linux Mint）使用的是`dpkg`命令，这些发行版的PMS工具也是以该命令为基础的。`dpkg`会直接和Linux系统上的PMS交互，用来安装、管理和删除软件包。

基于Red Hat的发行版（如Fedora、openSUSE及Mandriva）使用的是rpm命令，该命令是其PMS的底层基础。类似于dpkg命令，rpm命令能够列出已安装包、安装新包和删除已有软件。

注意，这两个命令是它们各自PMS的核心，并非全部的PMS。许多使用dpkg或rpm命令的Linux发行版都有各自基于这些命令的特定PMS工具，这些工具能够助你事半功倍。随后几节将带你逐步了解主流Linux发行版上的各种PMS工具命令。

9.2　基于 Debian 的系统

dpkg命令是基于Debian系PMS工具的核心。包含在这个PMS中的其他工具有：

- apt-get
- apt-cache
- aptitude

到目前为止，最常用的命令行工具是aptitude，这是有原因的。aptitude工具本质上是apt工具和dpkg的前端。dpkg是软件包管理系统工具，而aptitude则是完整的软件包管理系统。

命令行下使用aptitude命令有助于避免常见的软件安装问题，如软件依赖关系缺失、系统环境不稳定及其他一些不必要的麻烦。本节将会介绍如何在命令行下使用aptitude命令工具。

9.2.1　用 aptitude 管理软件包

Linux系统管理员面对的一个常见任务是确定系统上已经安装了什么软件包。好在aptitude有个很方便的交互式界面可以轻松完成这项任务。

如果使用的Linux发行版中已经安装了aptitude，只需要在shell提示符键入aptitude并按下回车键就行了。紧接着就会进入aptitude的全屏模式，如图9-1所示。

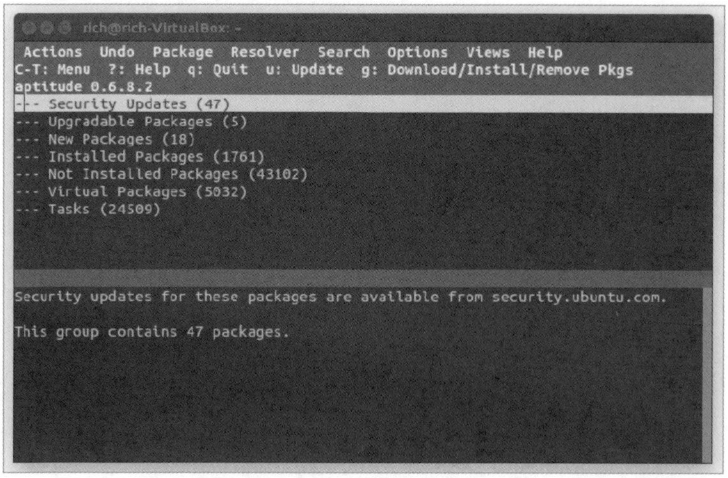

图9-1　aptitude主窗口

可以用方向键在菜单上移动。选择菜单选项Installed Packages来查看已安装了什么软件包。你可以看到几组软件包，比如编辑器等。每组后面的括号里都有个数字，表示这个组包含多少个软件包。

使用方向键高亮显示一个组，按回车键来查看每个软件包分组。你会看到每个单独的软件包名称以及它们的版本号。在软件包上按回车键可以获得更详细的信息，比如软件包的描述、主页、大小和维护人员等。

看完了已安装软件包后，按q键来退出显示。你可以继续用方向键和回车键打开或关闭软件包和它们所在的分组。如果想退出，多按几次q键，直到看到弹出的屏幕提示“Really quit Aptitude?”。

如果你已经知道了系统上的那些软件包，只想快速显示某个特定包的详细信息，就没必要到aptitude的交互式界面。可以在命令行下以单个命令的方式使用aptitude。

```
aptitude show package_name
```

下面的例子显示了包mysql-client的详情。

```
$ aptitude show mysql-client
Package: mysql-client
State: not installed
Version: 5.5.38-0ubuntu0.14.04.1
Priority: optional
Section: database
Maintainer: Ubuntu Developers <ubuntu-devel-discuss@lists.ubuntu.com>
Architecture: all
Uncompressed Size: 129 k
Depends: mysql-client-5.5
Provided by: mysql-client-5.5
Description: MySQL database client (metapackage depending on the latest version)
 This is an empty package that depends on the current "best" version of
 mysql-client (currently mysql-client-5.5), as determined by the MySQL
 maintainers.  Install this package if in doubt about which MySQL version you
 want, as this is the one considered to be in the best shape by the Maintainers.
Homepage: http://dev.mysql.com/

$
```

说明 aptitude show命令显示上面例子中的软件包还没有安装到系统上。它输出的软件包相关的详细信息来自于软件仓库。

无法通过aptitude看到的一个细节是所有跟某个特定软件包相关的所有文件的列表。要得到这个列表，就必须用dpkg命令。

```
dpkg -L package_name
```

下面这个例子是用dpkg列出vim-common软件包所安装的全部文件。

```
$
$ dpkg -L vim-common
```

```
/.
/usr
/usr/bin
/usr/bin/xxd
/usr/bin/helpztags
/usr/lib
/usr/lib/mime
/usr/lib/mime/packages
/usr/lib/mime/packages/vim-common
/usr/share
/usr/share/man
/usr/share/man/ru
/usr/share/man/ru/man1
/usr/share/man/ru/man1/vim.1.gz
/usr/share/man/ru/man1/vimdiff.1.gz
/usr/share/man/ru/man1/xxd.1.gz
/usr/share/man/it
/usr/share/man/it/man1
[...]
$
```

同样可以进行反向操作，查找某个特定文件属于哪个软件包。

```
dpkg --search absolute_file_name
```

注意，在使用的时候必须用绝对文件路径。

```
$
$ dpkg --search /usr/bin/xxd
vim-common: /usr/bin/xxd
$
```

从输出中可以看出/usr/bin/xxd文件是作为vim-common包的一部分被安装的。

9.2.2 用 aptitude 安装软件包

了解了怎样在系统中列出软件包信息之后，本节将带你逐步学习怎样安装软件包。首先，要确定准备安装的软件包名称。怎么才能找到特定的软件包呢？用`aptitude`命令加`search`选项。

```
aptitude search package_name
```

`search`选项的妙处在于你无需在*package_name*周围加通配符。通配符会隐式添加。下面是用`aptitude`来查找wine软件包的例子。

```
$
$ aptitude search wine
p   gnome-wine-icon-theme          - red variation of the GNOME- ...
v   libkwineffects1-api            -
p   libkwineffects1a               - library used by effects...
p   q4wine                         - Qt4 GUI for wine (W.I.N.E)
p   shiki-wine-theme               - red variation of the Shiki- ...
p   wine                           - Microsoft Windows Compatibility ...
p   wine-dev                       - Microsoft Windows Compatibility ...
p   wine-gecko                     - Microsoft Windows Compatibility ...
p   wine1.0                        - Microsoft Windows Compatibility ...
```

```
p   wine1.0-dev                    - Microsoft Windows Compatibility ...
p   wine1.0-gecko                  - Microsoft Windows Compatibility ...
p   wine1.2                        - Microsoft Windows Compatibility ...
p   wine1.2-dbg                    - Microsoft Windows Compatibility ...
p   wine1.2-dev                    - Microsoft Windows Compatibility ...
p   wine1.2-gecko                  - Microsoft Windows Compatibility ...
p   winefish                       - LaTeX Editor based on Bluefish
$
```

注意，在每个包名字之前都有一个p或i。如果看到一个i，说明这个包现在已经安装到了你的系统上了。如果看到一个p或v，说明这个包可用，但还没安装。我们在上面的列表中可以看到系统中尚未安装wine，但是在软件仓库中可以找到这个包。

在系统上用aptitude从软件仓库中安装软件包非常简单。

```
aptitude install package_name
```

一旦通过search选项找到了软件包名称，只要将它通过install选项插入aptitude命令。

```
$
$ sudo aptitude install wine
The following NEW packages will be installed:
  cabextract{a} esound-clients{a} esound-common{a} gnome-exe-thumbnailer
{a}
  icoutils{a} imagemagick{a} libaudio2{a} libaudiofile0{a} libcdt4{a}
  libesd0{a} libgraph4{a} libgvc5{a} libilmbase6{a} libmagickcore3-extra
{a}
  libmpg123-0{a} libnetpbm10{a} libopenal1{a} libopenexr6{a}
  libpathplan4{a} libxdot4{a} netpbm{a} ttf-mscorefonts-installer{a}
  ttf-symbol-replacement{a} winbind{a} wine wine1.2{a} wine1.2-gecko{a}
0 packages upgraded, 27 newly installed, 0 to remove and 0 not upgraded.
Need to get 0B/27.6MB of archives. After unpacking 121MB will be used.
Do you want to continue? [Y/n/?] Y
Preconfiguring packages ...
[...]
All done, no errors.
All fonts downloaded and installed.
Updating fontconfig cache for /usr/share/fonts/truetype/msttcorefonts
Setting up winbind (2:3.5.4~dfsg-1ubuntu7) ...
 * Starting the Winbind daemon winbind
 [ OK ]
Setting up wine (1.2-0ubuntu5) ...
Setting up gnome-exe-thumbnailer (0.6-0ubuntu1) ...
Processing triggers for libc-bin ...
ldconfig deferred processing now taking place

$
```

说明 在上面的例子中，在aptitude命令之前出现了sudo命令。sudo命令允许你以root用户身份运行一个命令。可以用sudo命令进行管理任务，比如安装软件。

要检查安装过程是否正常，只要再次使用search选项就可以了。这次你应该可以看到在wine

软件包出现了i u ，这说明它已经安装好了。

你可能还会注意到这里的另外一些包前面也有i u 。这是因为aptitude自动解析了必要的包依赖关系，并安装了需要的额外的库和软件包。这是许多包管理系统都有的非常好的功能。

9.2.3 用 aptitude 更新软件

尽管aptitude可以帮忙解决安装软件时遇到的问题，但解决有依赖关系的多个包的更新会比较烦琐。要用软件仓库中的新版本妥善地更新系统上所有的软件包，可用safe-upgrade选项。

```
aptitude safe-upgrade
```

注意，这个命令不需要使用软件包名称作为参数。因为safe-upgrade选项会将所有已安装的包更新到软件仓库中的最新版本，更有利于系统稳定。

这里是aptitude safe-upgrade命令的输出示例。

```
$
$ sudo aptitude safe-upgrade
The following packages will be upgraded:
  evolution evolution-common evolution-plugins gsfonts libevolution
  xserver-xorg-video-geode
6 packages upgraded, 0 newly installed, 0 to remove and 0 not upgraded.
Need to get 9,312kB of archives. After unpacking 0B will be used.
Do you want to continue? [Y/n/?] Y
Get:1 http://us.archive.ubuntu.com/ubuntu/ maverick/main
 libevolution i386 2.30.3-1ubuntu4 [2,096kB]
[...]
Preparing to replace xserver-xorg-video-geode 2.11.9-2
(using .../xserver-xorg-video-geode_2.11.9-3_i386.deb) ...
Unpacking replacement xserver-xorg-video-geode ...
Processing triggers for man-db ...
Processing triggers for desktop-file-utils ...
Processing triggers for python-gmenu ...
[...]
Current status: 0 updates [-6].
$
```

还有一些不那么保守的软件升级选项：

- aptitude full-upgrade
- aptitude dist-upgrade

这些选项执行相同的任务，将所有软件包升级到最新版本。它们同safe-upgrade的区别在于，它们不会检查包与包之间的依赖关系。整个包依赖关系问题非常麻烦。如果不是很确定各种包的依赖关系，那还是坚持用safe-upgrade选项吧。

说明 显然，应该定期运行aptitude的safe-upgrade选项来保持系统处于最新状态。这点在安装了一个全新的发行版之后尤其重要。通常在发行版推出最新的完整发布之后，就会跟着出现很多新的安全补丁和更新。

9.2.4 用 aptitude 卸载软件

用aptitude卸载软件包与安装及更新它们一样容易。你要作出的唯一选择就是要不要保留软件数据和配置文件。

要想只删除软件包而不删除数据和配置文件，可以使用aptitude的remove选项。要删除软件包和相关的数据和配置文件，可用purge选项。

```
$ sudo aptitude purge wine
[sudo] password for user:
The following packages will be REMOVED:
  cabextract{u} esound-clients{u} esound-common{u} gnome-exe-thumbnailer
{u}
  icoutils{u} imagemagick{u} libaudio2{u} libaudiofile0{u} libcdt4{u}
  libesd0{u} libgraph4{u} libgvc5{u} libilmbase6{u} libmagickcore3-extra
{u}
  libmpg123-0{u} libnetpbm10{u} libopenal1{u} libopenexr6{u}
  libpathplan4{u} libxdot4{u} netpbm{u} ttf-mscorefonts-installer{u}
  ttf-symbol-replacement{u} winbind{u} wine{p} wine1.2{u} wine1.2-gecko
{u}
0 packages upgraded, 0 newly installed, 27 to remove and 6 not upgraded.
Need to get 0B of archives. After unpacking 121MB will be freed.
Do you want to continue? [Y/n/?] Y
(Reading database ... 120968 files and directories currently installed.)
Removing ttf-mscorefonts-installer ...
[...]
Processing triggers for fontconfig ...
Processing triggers for ureadahead ...
Processing triggers for python-support ...

$
```

要看软件包是否已删除，可以再用aptitude的search选项。如果在软件包名称的前面看到一个c，意味着软件已删除，但配置文件尚未从系统中清除；如果前面是个p的话，说明配置文件也已删除。

9.2.5 aptitude 仓库

aptitude默认的软件仓库位置是在安装Linux发行版时设置的。具体位置存储在文件/etc/apt/sources. list中。

很多情况下，根本不需要添加或删除软件仓库，所以也没必要接触这个文件。但aptitude只会从这些仓库中下载文件。另外，在搜索软件进行安装或更新时，aptitude同样只会检查这些库。如果需要为你的PMS添加一些额外的软件仓库，就在这个文件中设置吧。

窍门 Linux发行版的开发人员下了大工夫，以保证添加到软件仓库的包版本不会互相冲突。通常通过库来升级或安装软件包是最安全的。即使在其他地方有更新的版本，也应该等到该版本出现在你的Linux发行版仓库中的时候再安装。

下面是Ubuntu系统中sources.list文件的例子。

```
$ cat /etc/apt/sources.list
#deb cdrom:[Ubuntu 14.04 LTS _Trusty Tahr_ - Release i386 (20140417)]/
 trusty main restricted

# See http://help.ubuntu.com/community/UpgradeNotes for how to upgrade to
# newer versions of the distribution.
deb http://us.archive.ubuntu.com/ubuntu/ trusty main restricted
deb-src http://us.archive.ubuntu.com/ubuntu/ trusty main restricted

## Major bug fix updates produced after the final release of the
## distribution.
deb http://us.archive.ubuntu.com/ubuntu/ trusty-updates main restricted
deb-src http://us.archive.ubuntu.com/ubuntu/ trusty-updates main restricted

## N.B. software from this repository is ENTIRELY UNSUPPORTED by the Ubuntu
## team. Also, please note that software in universe WILL NOT receive any
## review or updates from the Ubuntu security team.
deb http://us.archive.ubuntu.com/ubuntu/ trusty universe
deb-src http://us.archive.ubuntu.com/ubuntu/ trusty universe
deb http://us.archive.ubuntu.com/ubuntu/ trusty-updates universe
deb-src http://us.archive.ubuntu.com/ubuntu/ trusty-updates universe
[...]
## Uncomment the following two lines to add software from Canonical's
## 'partner' repository.
## This software is not part of Ubuntu, but is offered by Canonical and the
## respective vendors as a service to Ubuntu users.
# deb http://archive.canonical.com/ubuntu trusty partner
# deb-src http://archive.canonical.com/ubuntu trusty partner

## This software is not part of Ubuntu, but is offered by third-party
## developers who want to ship their latest software.
deb http://extras.ubuntu.com/ubuntu trusty main
deb-src http://extras.ubuntu.com/ubuntu trusty main
$
```

首先，我们注意到文件里满是帮助性的注释和警告。使用下面的结构来指定仓库源。

```
deb (or deb-src) address  distribution_name  package_type_list
```

deb或deb-src的值表明了软件包的类型。deb值说明这是一个已编译程序源，而deb-src值则说明这是一个源代码的源。

address条目是软件仓库的Web地址。distribution_name条目是这个特定软件仓库的发行版版本的名称。在这个例子中，发行版名称是trusty。这未必就是说你使用的发行版就是Ubuntu Trusty Tahr，它只是说明这个Linux发行版正在用Ubuntu Trusty Tahr软件仓库！举个例子，在Linux Mint的sources.list文件中，你能看到混用了Linux Mint和Ubuntu的软件仓库。

最后，package_type_list条目可能并不止一个词，它还表明仓库里面有什么类型的包。你可以看到诸如main、restricted、universe和partner这样的值。

当需要给你的source_list文件添加软件仓库时，你可以自己发挥，但一般会带来问题。通常软件仓库网站或各种包开发人员网站上都会有一行文本，你可以直接复制，然后粘贴到sources.list文件中。最好选择较安全的途径并且只复制/粘贴。

aptitude前端界面提供了智能命令行选项来配合基于Debian的dpkg工具。现在是时候了解基于Red Hat的发行版的rpm工具和它的各种前端界面了。

9.3　基于 Red Hat 的系统

和基于Debian的发行版类似，基于Red Hat的系统也有几种不同的可用前端工具。常见的有以下3种。

- yum：在Red Hat和Fedora中使用。
- urpm：在Mandriva中使用。
- zypper：在openSUSE中使用。

这些前端都是基于rpm命令行工具的。下一节会讨论如何用这些基于rpm的工具来管理软件包。重点是在yum上，但也会讲到zypper和urpm。

9.3.1　列出已安装包

要找出系统上已安装的包，可在shell提示符下输入如下命令：

```
yum list installed
```

输出的信息可能会在屏幕上一闪而过，所以最好是将已安装包的列表重定向到一个文件中。可以用more或less命令（或一个GUI编辑器）按照需要查看这个列表。

```
yum list installed > installed_software
```

要列出openSUSE或Mandriva发行版上的已安装包，可参考表9-1中的命令。遗憾的是，Mandriva中采用的urpm工具无法生成当前已安装软件列表。因此，你需要转向底层的rpm工具。

表9-1　如何用zypper和urpm列出已安装软件

版　本	前端工具	命　令
Mandriva	urpm	rpm -qa > installed_software
openSUSE	zypper	zypper search -I > installed_software

yum擅长找出某个特定软件包的详细信息。它能给出关于包的非常详尽的描述，另外你还可以通过一条简单的命令查看包是否已安装。

```
# yum list xterm
Loaded plugins: langpacks, presto, refresh-packagekit
Adding en_US to language list
Available Packages
xterm.i686 253-1.el6
#
# yum list installed xterm
Loaded plugins: refresh-packagekit
```

```
Error: No matching Packages to list
#
```

用urpm和zypper列出详细软件包信息的命令见表9-2。还可用zypper命令的info选项从库中获得一份更详细的包信息。

表9-2　如何用**zypper**和**urpm**查看各种包详细信息

信息类型	前端工具	命　令
包信息	urpm	urpmq -i *package_name*
是否安装	urpm	rpm -q *package_name*
包信息	zypper	zypper search -s *package_name*
是否安装	zypper	同样的命令，注意在Status列查找i

最后，如果需要找出系统上的某个特定文件属于哪个软件包，万能的yum可以做到！只要输入命令：

```
yum provides file_name
```

这里有个查找配置文件/etc/yum.conf归属的例子。

```
#
# yum provides /etc/yum.conf
Loaded plugins: fastestmirror, refresh-packagekit, security
Determining fastest mirrors
 * base: mirror.web-ster.com
 * extras: centos.chi.host-engine.com
 * updates: mirror.umd.edu
yum-3.2.29-40.el6.centos.noarch : RPM package installer/updater/manager
Repo         : base
Matched from:
Filename     : /etc/yum.conf



yum-3.2.29-43.el6.centos.noarch : RPM package installer/updater/manager
Repo         : updates
Matched from:
Filename     : /etc/yum.conf



yum-3.2.29-40.el6.centos.noarch : RPM package installer/updater/manager
Repo         : installed
Matched from:
Other        : Provides-match: /etc/yum.conf



#

#
```

yum会分别查找三个仓库：base、updates和installed。从其中两个仓库中得到的答案都是：该文件是yum软件包提供的！

9.3.2 用 yum 安装软件

用yum安装软件包极其简单。下面这个简单的命令会从仓库中安装软件包、所有它需要的库以及依赖的其他包：

```
yum install package_name
```

下面的例子是安装在第2章中讨论过的xterm包。

```
$ su -
Password:
# yum install xterm
Loaded plugins: fastestmirror, refresh-packagekit, security
Determining fastest mirrors
 * base: mirrors.bluehost.com
 * extras: mirror.5ninesolutions.com
 * updates: mirror.san.fastserv.com
Setting up Install Process
Resolving Dependencies
--> Running transaction check
---> Package xterm.i686 0:253-1.el6 will be installed
--> Finished Dependency Resolution

Dependencies Resolved
[...]
Installed:
  xterm.i686 0:253-1.el6

Complete!
#
```

说明 在上面的例子中，我们在运行yum命令之前使用了su-命令。这个命令允许你切换到root用户。在Linux系统上，#表明你是以root用户身份登录的。应该只有在运行管理性的任务时才临时切换到root用户（比如安装和更新软件）。也可以使用sudo命令。

也可以手动下载rpm安装文件并用yum安装，这叫作本地安装。基本的命令是：

```
yum localinstall package_name.rpm
```

你现在应该能发现yum的优点之一就是它的命令富有逻辑性，而且对用户也友好。

表9-3显示了如何用urpm和zypper安装包。注意，如果不是以root用户身份登录，你会在使用urpm时得到一个“command not found”的错误消息。

9

表9-3 如何用zypper和urpm安装软件

前端工具	命　令
urpm	urpmi package_name
zypper	zypper install package_name

9.3.3 用 yum 更新软件

在大多数Linux发行版上，如果你是在GUI上工作，就会看到一些好看的小通知图标，告诉你需要更新了。在命令行下的话，就得费点事了。

要列出所有已安装包的可用更新，输入如下命令：

```
yum list updates
```

如果这个命令没有输出就太好了，因为它说明你没有任何需要更新的！但如果发现某个特定软件包需要更新，输入如下命令：

```
yum update package_name
```

如果想对更新列表中的所有包进行更新，只要输入如下命令：

```
yum update
```

Mandriva和openSUSE上用来更新软件包的命令列在了表9-4中。在使用urpm时，软件仓库数据库会自动更新，软件包也会更新。

表9-4 如何用zypper和urpm更新软件

前端工具	命　令
urpm	urpmi --auto-update --update
zypper	zypper update

9.3.4 用 yum 卸载软件

yum工具还提供了一种简单的方法来卸载系统中不再想要的应用。和aptitude一样，你需要决定是否保留软件包的数据和配置文件。

只删除软件包而保留配置文件和数据文件，就用如下命令：

```
yum remove package_name
```

要删除软件和它所有的文件，就用erase选项：

```
yum erase package_name
```

在表9-5中不难发现，用urpm和zypper删除软件同样简单。这两个工具的作用类似于yum的erase选项。

表9-5 如何用zypper和urpm卸载软件

前端工具	命 令
urpm	urpme package_name
zypper	zypper remove package_name

有了PMS包的生活尽管安逸了不少，但也不是风平浪静。偶尔也会有一些波澜，好在总有解决的办法。

9.3.5 处理损坏的包依赖关系

有时在安装多个软件包时，某个包的软件依赖关系可能会被另一个包的安装覆盖掉。这叫作损坏的包依赖关系（broken dependency）。

如果系统出现了这个问题，先试试下面的命令：

```
yum clean all
```

然后试着用yum命令的update选项。有时，只要清理了放错位置的文件就可以了。

如果这还解决不了问题，试试下面的命令：

```
yum deplist package_name
```

这个命令显示了所有包的库依赖关系以及什么软件可以提供这些库依赖关系。一旦知道某个包需要的库，你就能安装它们了。下面是确定xterm包依赖关系的例子。

```
# yum deplist xterm

Loaded plugins: fastestmirror, refresh-packagekit, security
Loading mirror speeds from cached hostfile
 * base: mirrors.bluehost.com
 * extras: mirror.5ninesolutions.com
 * updates: mirror.san.fastserv.com
Finding dependencies:
package: xterm.i686 253-1.el6
  dependency: libncurses.so.5
   provider: ncurses-libs.i686 5.7-3.20090208.el6
  dependency: libfontconfig.so.1
   provider: fontconfig.i686 2.8.0-3.el6
  dependency: libXft.so.2
   provider: libXft.i686 2.3.1-2.el6
  dependency: libXt.so.6
   provider: libXt.i686 1.1.3-1.el6
  dependency: libX11.so.6
   provider: libX11.i686 1.5.0-4.el6
  dependency: rtld(GNU_HASH)
   provider: glibc.i686 2.12-1.132.el6
   provider: glibc.i686 2.12-1.132.el6_5.1
   provider: glibc.i686 2.12-1.132.el6_5.2
  dependency: libICE.so.6
   provider: libICE.i686 1.0.6-1.el6
  dependency: libXaw.so.7
```

9

```
   provider: libXaw.i686 1.0.11-2.el6
  dependency: libtinfo.so.5
   provider: ncurses-libs.i686 5.7-3.20090208.el6
  dependency: libutempter.so.0
   provider: libutempter.i686 1.1.5-4.1.el6
  dependency: /bin/sh
   provider: bash.i686 4.1.2-15.el6_4
  dependency: libc.so.6(GLIBC_2.4)
   provider: glibc.i686 2.12-1.132.el6
   provider: glibc.i686 2.12-1.132.el6_5.1
   provider: glibc.i686 2.12-1.132.el6_5.2
  dependency: libXmu.so.6
   provider: libXmu.i686 1.1.1-2.el6
#
```

如果这样仍未解决问题，还有最后一招：

```
yum update --skip-broken
```

--skip-broken选项允许你忽略依赖关系损坏的那个包，继续去更新其他软件包。这可能救不了损坏的包，但至少可以更新系统上的其他包。

表9-6中列出了用urpm和zypper来尝试修复损坏的依赖关系的命令。用zypper时，只有一个命令能够用来验证和修复损坏的依赖关系。用urpm时，如果clean选项不工作，你可以跳过更新那些有问题的包。要这么做的话，就必须将有问题包的名字添加到文件/etc/urpmi/skip.list。

表9-6　用zypper和urpm修复损坏的依赖关系

前端工具	命　　令
urpm	urpmi -clean
Zipper	zypper verify

9.3.6　yum 软件仓库

类似于aptitude系统，yum也是在安装发行版的时候设置的软件仓库。这些预设的仓库就能很好地满足你的大部分需求。但如果需要从其他仓库安装软件，有些事情你得知道。

窍门　聪明的系统管理员会坚持使用通过审核的仓库。通过审核的仓库是指该发行版官方网站上指定的库。如果你添加了未通过审核的库，就失去了稳定性方面的保证，可能陷入损坏的依赖关系惨剧中。

要想知道你现在正从哪些仓库中获取软件，输入如下命令：

```
yum repolist
```

如果仓库中没有需要的软件，你可以编辑一下配置文件。yum的仓库定义文件位于/etc/yum.repos.d。你需要添加正确的URL，并获得必要的加密密钥。

像rpmfusion.org这种优秀的仓库站点会列出必要的使用步骤。有时这些仓库网站会提供一个可下载的rpm文件，可以用`yum localinstall`命令进行安装。这个rpm文件在安装过程会为你完成所有的仓库设置工作。现在方便多了！

`urpm`称它的仓库为媒体。查看`urpm`媒体和`zypper`仓库的命令列在了表9-7中。注意，用这两个前端工具时不需要编辑配置文件。只需要输入命令就可以添加媒体或仓库。

表9-7 zypper和urpm的库

动 作	前端工具	命 令
显示仓库	urpm	urpmq --list-media
添加仓库	urpm	urpmi.addmedia path_name
显示仓库	zypper	zypper repos
添加仓库	zypper	zypper addrepo path_name

基于Debian的和基于Red Hat的系统都使用包管理系统来简化管理软件的过程。现在我们就要离开包管理系统的世界，看看稍微麻烦一点的：直接从源码安装。

9.4 从源码安装

第4章中讨论了tarball包——如何通过`tar`命令行命令进行创建和解包。在好用的`rpm`和`dpkg`工具出现之前，管理员必须知道如何从tarball来解包和安装软件。

如果你经常在开源软件环境中工作，就很可能会遇到打包成tarball形式的软件。本节就带你逐步了解这种软件的解包与安装过程。

在这个例子中用到了软件包sysstat。sysstat提供了各种系统监测工具，非常好用。

首先需要将sysstat的tarball下载到你的Linux系统上。通常能在各种Linux网站上找到sysstat包，但最好是直接到程序的官方站点下载（http://sebastien.godard. pagesperso-orange.fr/）。

单击Download（下载）链接，就会转入文件下载页面。本书编写时的最新版本是11.1.1，发行文件名是sysstat-11.1.1.tar.gz。

将文件下载到你的Linux系统上，然后解包。要解包一个软件的tarball，用标准的`tar`命令。

```
#
# tar -zxvf sysstat-11.1.1.tar.gz
sysstat-11.1.1/
sysstat-11.1.1/cifsiostat.c
sysstat-11.1.1/FAQ
sysstat-11.1.1/ioconf.h
sysstat-11.1.1/rd_stats.h
sysstat-11.1.1/COPYING
sysstat-11.1.1/common.h
sysstat-11.1.1/sysconfig.in
sysstat-11.1.1/mpstat.h
sysstat-11.1.1/rndr_stats.h
[...]
```

9

```
sysstat-11.1.1/activity.c
sysstat-11.1.1/sar.c
sysstat-11.1.1/iostat.c
sysstat-11.1.1/rd_sensors.c
sysstat-11.1.1/prealloc.in
sysstat-11.1.1/sa2.in
#

#
```

现在，tarball已经完成了解包，所有文件都已顺利放到了一个叫sysstat-11.1.1的目录中，你可以跳到那个目录下继续了。

首先，用cd命令进入这个新目录中，然后列出这个目录的内容。

```
$ cd sysstat-11.1.1
$ ls
activity.c     iconfig                prealloc.in    sa.h
build          INSTALL                pr_stats.c     sar.c
CHANGES        ioconf.c               pr_stats.h     sa_wrap.c
cifsiostat.c   ioconf.h               rd_sensors.c   sysconfig.in
cifsiostat.h   iostat.c               rd_sensors.h   sysstat-11.1.1.lsm
common.c       iostat.h               rd_stats.c     sysstat-11.1.1.spec
common.h       json_stats.c           rd_stats.h     sysstat.in
configure      json_stats.h           README         sysstat.ioconf
configure.in   Makefile.in            rndr_stats.c   sysstat.service.in
contrib        man                    rndr_stats.h   sysstat.sysconfig.in
COPYING        mpstat.c               sa1.in         version.in
count.c        mpstat.h               sa2.in         xml
count.h        nfsiostat-sysstat.c    sa_common.c    xml_stats.c
CREDITS        nfsiostat-sysstat.h    sadc.c         xml_stats.h
cron           nls                    sadf.c
FAQ            pidstat.c              sadf.h
format.c       pidstat.h              sadf_misc.c
$
```

在这个目录的列表中，应该能看到README或AAAREADME文件。读这个文件非常重要。该文件中包含了软件安装所需要的操作。

按照README文件中的建议，下一步是为系统配置sysstat。它会检查你的Linux系统，确保它拥有合适的编译器能够编译源代码，另外还要具备正确的库依赖关系。

```
# ./configure

Check programs:
.
checking for gcc... gcc
checking whether the C compiler works... yes
checking for C compiler default output file name... a.out
[...]
checking for ANSI C header files... (cached) yes
checking for dirent.h that defines DIR... yes
checking for library containing opendir... none required
checking ctype.h usability... yes
```

```
checking ctype.h presence... yes
checking for ctype.h... yes
checking errno.h usability... yes
checking errno.h presence... yes
checking for errno.h... yes
[...]
Check library functions:
.
checking for strchr... yes
checking for strcspn... yes
checking for strspn... yes
checking for strstr... yes
checking for sensors support... yes
checking for sensors_get_detected_chips in -lsensors... no
checking for sensors lib... no
.
Check system services:
.
checking for special C compiler options needed for large files... no
checking for _FILE_OFFSET_BITS value needed for large files... 64
.
Check configuration:
[...]
Now create files:
[...]
config.status: creating Makefile

   Sysstat version:            11.1.1
   Installation prefix:        /usr/local
   rc directory:               /etc/rc.d
   Init directory:             /etc/rc.d/init.d
   Systemd unit dir:
   Configuration directory:      /etc/sysconfig
   Man pages directory:          ${datarootdir}/man
   Compiler:              gcc
   Compiler flags:        -g -O2

#
```

如果哪里有错了，在configure步骤中会显示一条错误消息说明缺失了什么东西。如果你所用的Linux发行版中没有安装GNU C编译器，那只会得到一条错误信息。对于其他问题，你会看到好几条消息，说明安装了什么，没有安装什么。

下一步就是用make命令来构建各种二进制文件。make命令会编译源码，然后链接器会为这个包创建最终的可执行文件。和configure命令一样，make命令会在编译和链接所有的源码文件的过程中产生大量的输出。

```
# make
-gcc -o sadc.o -c -g -O2 -Wall -Wstrict-prototypes -pipe -O2
 -DSA_DIR=\"/var/log/sa\" -DSADC_PATH=\"/usr/local/lib/sa/sadc\"
 -DUSE_NLS -DPACKAGE=\"sysstat\"
 -DLOCALEDIR=\"/usr/local/share/locale\" sadc.c
gcc -o act_sadc.o -c -g -O2 -Wall -Wstrict-prototypes -pipe -O2
```

```
 -DSOURCE_SADC  -DSA_DIR=\"/var/log/sa\"
 -DSADC_PATH=\"/usr/local/lib/sa/sadc\"
 -DUSE_NLS -DPACKAGE=\"sysstat\"
 -DLOCALEDIR=\"/usr/local/share/locale\" activity.c
[...]
#
```

make步骤结束时，可运行的sysstat软件程序就会出现在目录下！但是从那个目录下运行程序有些不便。你会想将它安装到Linux系统中常用的位置上。要这样的话，就必须以root用户身份登录（或者用sudo命令，如果你的Linux发行版偏好这个的话），然后用make命令的install选项。

```
# make install
mkdir -p /usr/local/share/man/man1
mkdir -p /usr/local/share/man/man5
mkdir -p /usr/local/share/man/man8
rm -f /usr/local/share/man/man8/sa1.8*
install -m 644 -g man man/sa1.8 /usr/local/share/man/man8
rm -f /usr/local/share/man/man8/sa2.8*
install -m 644 -g man man/sa2.8 /usr/local/share/man/man8
rm -f /usr/local/share/man/man8/sadc.8*
[...]
install -m 644 -g man man/sadc.8 /usr/local/share/man/man8
install -m 644 FAQ /usr/local/share/doc/sysstat-11.1.1
install -m 644 *.lsm /usr/local/share/doc/sysstat-11.1.1
#
```

现在，sysstat包已经安装在系统上了！虽然不像使用PMS安装那样简单，但是通过tarball安装软件也没那么难。

9.5　小结

本章讨论了如何用软件包管理系统（PMS）在命令行下安装、更新或删除软件。虽然大部分Linux发行版都使用漂亮的GUI工具进行软件包管理，但是你也可以在命令行下完成同样的工作。

基于Debian的Linux发行版使用dpkg工具作为命令行与PMS的接口。dpkg工具的一个前端是aptitude，它提供了处理dpkg格式软件包的简单命令行选项。

基于Red Hat的Linux发行版都以rpm工具为基础，但在命令行下采用了不同的前端工具。Red Hat和Fedora用yum安装和管理软件包。openSUSE发行版采用zypper来管理软件，而Mandriva发行版则采用urpm。

本章讨论了如何安装仅以源代码tarball形式发布的软件包。tar命令可以从tarball中解包出源代码文件，然后使用configure和make命令从源代码中构建出最终的可执行程序。

下章将讲述Linux发行版中可用的编辑器。如果你已经准备好开始编写shell脚本，那么了解哪些编辑器可用将会助你一臂之力。

第 10 章

使用编辑器

本章内容

- vim编辑器
- nano编辑器
- emacs编辑器
- KWrite编辑器
- Kate编辑器
- GNOME编辑器

在开启shell脚本编程生涯之前，你必须知道Linux中至少一款文本编辑器的用法。对文本编辑器的功能（如查找、剪切和粘贴）了解越多，编写shell脚本的速度就越快。本章将讨论在Linux中能见到的主要文本编辑器。

可供选择的编辑器不止一种。很多人都找到了拥有他们所喜爱特性的编辑器，并成为了这款编辑器的死忠粉丝。本章仅对Linux世界中部分编辑器展开了讨论。

10.1 vim 编辑器

vi编辑器是Unix系统最初的编辑器。它使用控制台图形模式来模拟文本编辑窗口，允许查看文件中的行、在文件中移动、插入、编辑和替换文本。

尽管它可能是世界上最复杂的编辑器（至少讨厌它的人是这么认为的），但其拥有的大量特性使其成为Unix管理员多年来的支柱性工具。

在GNU项目将vi编辑器移植到开源世界时，他们决定对其作一些改进。由于它不再是以前Unix中的那个原始的vi编辑器了，开发人员也就将它重命名为vi improved，或vim。

本节将会带你逐步了解使用vim编辑器编辑文本shell脚本文件的基础知识。

10.1.1 检查 vim 软件包

在开始研究vim编辑器之前，最好先搞明白你所用的Linux系统是哪种vim软件包。在有些发行版中安装的是完整的vim，另外还有一个`vi`命令的别名，就像下面所显示的CentOS发行版中的那样。

```
$ alias vi
alias vi='vim'
$
$ which vim
/usr/bin/vim
$
$ ls -l /usr/bin/vim
-rwxr-xr-x. 1 root root 1967072 Apr  5  2012 /usr/bin/vim
$
```

注意，上面的程序文件长列表中并没有显示出任何的链接文件（有关链接文件的详细内容请参见第3章）。如果vim程序被设置了链接，它可能会被链接到一个功能较弱的编辑器。所以最好还是检查一下链接文件。

在其他发行版中，你会发现各种各式各样的vim编辑器。要注意的是，在Ubuntu发行版中不仅没有vi命令的别名，而且/usr/bin/vi程序属于一系列文件链接中的一环。

```
$ alias vi
-bash: alias: vi: not found
$
$ which vi
/usr/bin/vi
$
$ ls -l /usr/bin/vi
lrwxrwxrwx 1 root root 20 Apr 22 12:39
/usr/bin/vi -> /etc/alternatives/vi
$
$ ls -l /etc/alternatives/vi
lrwxrwxrwx 1 root root 17 Apr 22 12:33
/etc/alternatives/vi -> /usr/bin/vim.tiny
$
$ ls -l /usr/bin/vim.tiny
-rwxr-xr-x 1 root root 884360 Jan  2 14:40
/usr/bin/vim.tiny
$
$ readlink -f /usr/bin/vi
/usr/bin/vim.tiny
```

因此，当输入vi命令时，执行的是程序/usr/bin/vim.tiny。vim.tiny只提供少量的vim编辑器功能。如果特别需要vim编辑器，而且使用的又是Ubuntu，那至少应该安装一个基础版本的vim包。

说明　在上面的例子中，其实用不着非得连续使用ls -l命令来查找一系列链接文件的最终目标，只需要使用readlink -f命令就可以了。它能够立刻找出链接文件的最后一环。

第9章已经详细讲解了软件安装。在Ubuntu发行版中安装基础版的vim包非常简单。

```
$ sudo apt-get install vim
[...]
The following extra packages will be installed:
```

```
  vim-runtime
Suggested packages:
  ctags vim-doc vim-scripts
The following NEW packages will be installed:
  vim vim-runtime
[...]
$
$ readlink -f /usr/bin/vi
/usr/bin/vim.basic
$
```

基础版的vim现在安装好了，/usr/bin/vi的文件链接会自动更改成指向/usr/bin/vim.basic。以后再输入vi命令的时候，使用的就是基础版的vim编辑器了。

10.1.2 vim 基础

vim编辑器在内存缓冲区中处理数据。只要键入vim命令（或vi，如果这个别名或链接文件存在的话）和要编辑的文件的名字就可以启动vim编辑器：

```
$ vim myprog.c
```

如在启动vim时未指定文件名，或者这个文件不存在，vim会开辟一段新的缓冲区域来编辑。如果你在命令行下指定了一个已有文件的名字，vim会将文件的整个内容都读到一块缓冲区域来准备编辑，如图10-1所示。

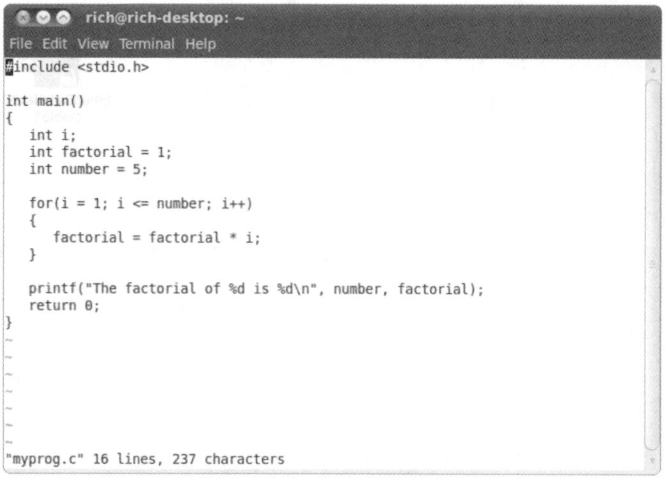

```
rich@rich-desktop: ~
File Edit View Terminal Help
#include <stdio.h>

int main()
{
   int i;
   int factorial = 1;
   int number = 5;

   for(i = 1; i <= number; i++)
   {
      factorial = factorial * i;
   }

   printf("The factorial of %d is %d\n", number, factorial);
   return 0;
}
~
~
~
~
~
~
~
"myprog.c" 16 lines, 237 characters
```

图10-1 vim的主窗口

vim编辑器会检测会话终端的类型（参见第2章），并用全屏模式将整个控制台窗口作为编辑器区域。

最初的vim编辑窗口显示了文件的内容（如果有内容的话），并在窗口的底部显示了一条消息行。如果文件内容并未占据整个屏幕，vim会在非文件内容行放置一个波浪线（如图10-1所示）。

底部的消息行根据文件的状态以及vim安装时的默认设置显示了所编辑文件的信息。如果文件是新建的，会出现消息[New File]。

vim编辑器有两种操作模式：

- 普通模式
- 插入模式

当你刚打开要编辑的文件时（或新建一个文件时），vim编辑器会进入普通模式。在普通模式中，vim编辑器会将按键解释成命令（本章后面会讨论更多）。

在插入模式下，vim会将你在当前光标位置输入的每个键都插入到缓冲区。按下i键就可以进入插入模式。要退出插入模式回到普通模式，按下键盘上的退出键（ESC键，也就是Escape键）就可以了。

在普通模式中，可以用方向键在文本区域移动光标（只要vim能正确识别你的终端类型）。如果你恰巧在一个古怪的没有定义方向键的终端连接上，也不是完全没有希望。vim中有用来移动光标的命令。

- `h`：左移一个字符。
- `j`：下移一行（文本中的下一行）。
- `k`：上移一行（文本中的上一行）。
- `l`：右移一个字符。

在大的文本文件中一行一行地来回移动会特别麻烦，幸而vim提供了一些能够提高移动速度的命令。

- `PageDown`（或Ctrl+F）：下翻一屏。
- `PageUp`（或Ctrl+B）：上翻一屏。
- `G`：移到缓冲区的最后一行。
- *num* `G`：移动到缓冲区中的第*num*行。
- `gg`：移到缓冲区的第一行。

vim编辑器在普通模式下有个特别的功能叫命令行模式。命令行模式提供了一个交互式命令行，可以输入额外的命令来控制vim的行为。要进入命令行模式，在普通模式下按下冒号键。光标会移动到消息行，然后出现冒号，等待输入命令。

在命令行模式下有几个命令可以将缓冲区的数据保存到文件中并退出vim。

- `q`：如果未修改缓冲区数据，退出。
- `q!`：取消所有对缓冲区数据的修改并退出。
- `w` *filename*：将文件保存到另一个文件中。
- `wq`：将缓冲区数据保存到文件中并退出。

了解了这些基本的vim命令后，你可能就理解为什么有人会痛恨vim编辑器了。要想发挥出vim的全部威力，你必须知道大量晦涩的命令。不过只要了解了一些基本的vim命令，无论是什么环境，你都能快速在命令行下直接修改文件。一旦适应了敲入命令，在命令行下将数据和编辑命令一起输入就跟第二天性一样自然，再回过头使用鼠标反倒觉得奇怪了。

10.1.3 编辑数据

在插入模式下，你可以向缓冲区插入数据。然而有时将数据输入到缓冲区中后，你需要再对其进行添加或删除。在普通模式下，vim编辑器提供了一些命令来编辑缓冲区中的数据。表10-1列出了一些常用的vim编辑命令。

表10-1 vim编辑命令

命　令	描　述
`x`	删除当前光标所在位置的字符
`dd`	删除当前光标所在行
`dw`	删除当前光标所在位置的单词
`d$`	删除当前光标所在位置至行尾的内容
`J`	删除当前光标所在行行尾的换行符（拼接行）
`u`	撤销前一编辑命令
`a`	在当前光标后追加数据
`A`	在当前光标所在行行尾追加数据
`r` *char*	用*char*替换当前光标所在位置的单个字符
`R` *text*	用*text*覆盖当前光标所在位置的数据，直到按下ESC键

有些编辑命令允许使用数字修饰符来指定重复该命令多少次。比如，命令`2x`会删除从光标当前位置开始的两个字符，命令`5dd`会删除从光标当前所在行开始的5行。

说明 在vim编辑器的普通模式下使用退格键（Backspace键）和删除键（Delete键）时要留心。vim编辑器通常会将删除键识别成`x`命令的功能，删除当前光标所在位置的字符。vim编辑器在普通模式下通常不识别退格键。

10.1.4 复制和粘贴

现代编辑器的标准功能之一是剪切或复制数据，然后粘贴在文本的其他地方。vim编辑器也可以这么做。

剪切和粘贴相对容易一些。你已经看到表10-1中用来从缓冲区中删除数据的命令。但vim在删除数据时，实际上会将数据保存在单独的一个寄存器中。可以用`p`命令取回数据。

举例来说，可以用`dd`命令删除一行文本，然后把光标移动到缓冲区的某个要放置该行文本的位置，然后用`p`命令。该命令会将文本插入到当前光标所在行之后。可以将它和任何删除文本的命令一起搭配使用。

复制文本则要稍微复杂点。vim中复制命令是`y`（代表yank）。可以在`y`后面使用和`d`命令相同的第二字符（`yw`表示复制一个单词，`y$`表示复制到行尾）。在复制文本后，把光标移动到你想放置文本的地方，输入p命令。复制的文本就会出现在该位置。

复制的复杂之处在于，由于不会影响到你复制的文本，你没法知道到底发生了什么。你无法确定到底复制了什么东西，直到将它粘贴到其他地方才能明白。但vim还有另外一个功能来解决这个问题。

可视模式会在你移动光标时高亮显示文本。可以用可视模式选取要复制的文本。要进入可视模式，应移动光标到要开始复制的位置，并按下v键。你会注意到光标所在位置的文本已经被高亮显示了。下一步，移动光标来覆盖你想要复制的文本（甚至可以向下移动几行来复制更多行的文本）。在移动光标时，vim会高亮显示复制区域的文本。在覆盖了要复制的文本后，按y键来激活复制命令。现在寄存器中已经有了要复制的文本，移动光标到你要放置的位置，使用p命令来粘贴。

10.1.5　查找和替换

可以使用vim查找命令来轻松查找缓冲区中的数据。要输入一个查找字符串，就按下斜线（/）键。光标会跑到消息行，然后vim会显示出斜线。在输入你要查找的文本后，按下回车键。vim编辑器会采用以下三种回应中的一种。

- 如果要查找的文本出现在光标当前位置之后，则光标会跳到该文本出现的第一个位置。
- 如果要查找的文本未在光标当前位置之后出现，则光标会绕过文件末尾，出现在该文本所在的第一个位置（并用一条消息指明）。
- 输出一条错误消息，说明在文件中没有找到要查找的文本。

要继续查找同一个单词，按下斜线键，然后按回车键。或者使用n键，表示下一个（next）。

替换命令允许你快速用另一个单词来替换文本中的某个单词。必须进入命令行模式才能使用替换命令。替换命令的格式是：

```
:s/old/new/
```

vim编辑器会跳到old第一次出现的地方，并用new来替换。可以对替换命令作一些修改来替换多处文本。

- :s/old/new/g：一行命令替换所有old。
- :*n*,*m*s/old/new/g：替换行号n和m之间所有old。
- :%s/old/new/g：替换整个文件中的所有old。
- :%s/old/new/gc：替换整个文件中的所有old，但在每次出现时提示。

如你所见，对一个命令行文本编辑器而言，vim包含了不少高级功能。由于每个Linux发行版都会包含它，所以应该至少了解一下vim编辑器的一些基本用法。这样一来，不管所处的环境如何，你总能编辑脚本。

10.2 nano 编辑器

vim是一款复杂的编辑器，功能强大，而nano就简单多了。作为一款简单易用的控制台模式文本编辑器，nano很适合对此类编辑器有需求的用户。对Linux命令行新手来说，它用起来也很不错。

nano文本编辑器是Unix系统的Pico编辑器的克隆版。尽管Pico也是一款简单轻便的文本编辑器，但是它并没有采用GPL许可协议。nano文本编辑器不仅采用了GPL许可协议，而且还加入了GNU项目。

大多数Linux发行版默认都安装了nano文本编辑器。和这款编辑器有关的一切都很简单。要在命令行下使用nano打开文件，可以这样：

```
$ nano myprog.c
```

如果启动nano的时候没有指定文件名，或者指定的文件不存在，nano会开辟一段新的缓冲区进行编辑。如果你在命令行中指定了一个已有的文件，nano会将该文件的全部内容读入缓冲区，以备编辑，如图10-2所示。

```
  GNU nano 2.0.9                File: myprog.c

#include <stdio.h>

int main()
{
    int i;
    int factorial = 1;
    int number = 5;

    for(i=1; i <= number; i++)
    {
        factorial = factorial * i;
    }

    printf("The factorial of %d is %d\n", number, factorial);
    return 0;
}

                            [ Read 16 lines ]
^G Get Help   ^O WriteOut   ^R Read File  ^Y Prev Page  ^K Cut Text   ^C Cur Pos
^X Exit       ^J Justify    ^W Where Is   ^V Next Page  ^U UnCut Text ^T To Spell
```

图10-2 nano的主窗口

注意，在nano编辑器窗口的底部显示了各种命令以及简要的描述。这些命令是nano的控制命令。脱字符（^）表示Ctrl键。因此，^X表示的就是组合键Ctrl+X。

窍门 尽管nano控制命令在列出组合键的时候使用的是大写字母，但是在使用的时候，大小写字母都没有问题。

把所有的基本命令都放在眼前实在是太棒了。再也不用去记哪些控制命令能干哪些事情了。表10-2列出了多种nano的控制命令。

表10-2 nano控制命令

命令	描述
CTRL+C	显示光标在文本编辑缓冲区中的位置
CTRL+G	显示nano的主帮助窗口
CTRL+J	调整当前文本段落
CTRL+K	剪切文本行，并将其保存在剪切缓冲区
CTRL+O	将当前文本编辑缓冲区的内容写入文件
CTRL+R	将文件读入当前文本编辑缓冲区
CTRL+T	启动可用的拼写检查器
CTRL+U	将剪切缓冲区中的内容放入当前行
CTRL+V	翻动到文本编辑缓冲区中的下一页内容
CTRL+W	在文本编辑缓冲区中搜索单词或短语
CTRL+X	关闭当前文本编辑缓冲区，退出nano，返回shell
CTRL+Y	翻动到文本编辑缓冲区中的上一页内容

表10-2中列出的控制命令都是你必不可少的。如果除此之外还需要更强大的控制功能，nano也能满足你。在nano文本编辑器中输入Ctrl+G会显示出主帮助窗口，其中包含了更多的控制命令。

说明 如果你输入Ctrl+T命令使用nano的拼写检查器的时候得到了错误消息`Spell checking failed: Error invoking 'Spell'`，下面是一些解决方法。利用第9章中学到的知识，在你使用的Linux发行版中安装拼写检查器软件包aspell。

如果aspell没能解决问题，以超级用户的身份编辑/etc/nanorc文件（使用你喜欢的文本编辑器）。找到文件的最后一行`# set speller "aspell -x -c"`，删除行首的字符`#`。保存并退出。

另外一些强大的功能可以通过命令行获得。可以使用命令行选项来控制nano编辑器的特性，例如编辑之前创建备份文件。输入`man nano`来了解nano的这些命令行启动选项。

作为控制台模式文本编辑器，vim和nano为你在强大和简洁之间提供了一种选择。不过两者都无法提供图形化编辑功能。有一些文本编辑器可以存在于两种模式中（控制台模式和图形化模式），下节将一探究竟。

10.3 emacs编辑器

emacs编辑器是一款极其流行的编辑器，甚至比Unix出现的都早。开发人员对它爱不释手，于是就将其移植到了Unix环境中，现在也移植到了Linux环境中。跟vi很像，emacs编辑器一开始也是作为控制台编辑器，但如今已经迁移到了图形化世界。

emacs编辑器仍然提供最早的命令行模式编辑器，但现在也能使用图形化窗口在图形化环境中编辑文本。在从命令行启动emacs编辑器时，编辑器会判断是否有可用的图形化会话，以便启动图形模式。如果没有，它会以控制台模式启动。

本节将介绍控制台模式和图形模式的emacs编辑器，这样你就知道如何使用任意一种了。

10.3.1 检查 emacs 软件包

很多发行版默认并没有安装emacs。你可以像下面这样使用which和/或yum list命令检查一下自己所用的基于Red Hat的发行版。

```
$ which emacs
/usr/bin/which: no emacs in (/usr/lib64/qt-3.3
/bin:/usr/local/bin:/bin:/usr/bin:/usr/local/sbin:
/usr/sbin:/sbin:/home/Christine/bin)
$
$ yum list emacs
[...]
Available Packages
emacs.x86_64                1:23.1-25.el6                base
```

emacs编辑器软件包目前并没有安装在CentOS发行版中。不过，还是可以把它安装上的（关于如何显示已安装软件的更多讨论，请参见第9章）。

对于基于Debian的发行版，可以使用which和/或apt-cache show命令来检查emacs编辑器软件包的安装情况，在Ubuntu发行版中的演示如下。

```
$ which emacs
$
$ sudo apt-cache show emacs
Package: emacs
Priority: optional
Section: editors
Installed-Size: 25
[...]
Description-en: GNU Emacs editor (metapackage)
 GNU Emacs is the extensible self-documenting text editor.
 This is a metapackage that will always depend on the latest
 recommended Emacs release.
Description-md5: 21fb7da111336097a2378959f6d6e6a8
Bugs: https://bugs.launchpad.net/ubuntu/+filebug
Origin: Ubuntu
Supported: 5y
$
```

which命令的执行方式在这里有点不一样。当它没有找到已安装的命令时，直接返回的就是bash shell提示符。在演示所用的Ubuntu发行版中，emacs编辑器软件包是选装的，但也可以进行安装。下面显示了在Ubuntu上安装emacs编辑器。

```
$ sudo apt-get install emacs
```

```
Reading package lists... Done
Building dependency tree
Reading state information... Done
The following extra packages will be installed:
[...]
Install emacsen-common for emacs24
emacsen-common: Handling install of emacsen flavor emacs24
Wrote /etc/emacs24/site-start.d/00debian-vars.elc
Wrote /usr/share/emacs24/site-lisp/debian-startup.elc
Setting up emacs (45.0ubuntu1) ...
Processing triggers for libc-bin (2.19-0ubuntu6) ...
$
$ which emacs
/usr/bin/emacs
$
```

现在再使用which命令的话，它就会显示出emacs程序的位置。这说明该Ubuntu发行版已经可以使用emacs编辑器了。

就CentOS发行版而言，可以使用yum安装命令来安装emacs编辑器。

```
$ sudo yum install emacs
[sudo] password for Christine:
[...]
Setting up Install Process
Resolving Dependencies
[...]
Installed:
  emacs.x86_64 1:23.1-25.el6

Dependency Installed:
  emacs-common.x86_64 1:23.1-25.el6
  libotf.x86_64 0:0.9.9-3.1.el6
  m17n-db-datafiles.noarch 0:1.5.5-1.1.el6

Complete!
$
$ which emacs
/usr/bin/emacs
$
$ yum list emacs
[...]
Installed Packages
emacs.x86_64              1:23.1-25.el6              @base
$
```

将emacs编辑器成功安装到你的Linux发行版之后，就可以开始学习它的各种功能了。我们先从控制台中的使用开始吧。

10.3.2 在控制台中使用 emacs

控制台模式版本的emacs要使用大量按键命令来执行编辑功能。emacs编辑器使用包括控制键

（PC键盘上的Ctrl键）和Meta键的按键组合。在大多数终端仿真器中，Meta键被映射到了Alt键。emacs官方文档将Ctrl键缩写为C-，而Meta键缩写为M-。所以，如果你要输入Ctrl+x组合键，文档会显示成C-x。为了避免冲突，本章将会沿用这种写法。

1. emacs基础

要在命令行用emacs编辑文件，输入：

```
$ emacs myprog.c
```

随emacs控制台模式窗口一起出现的是一段简短的介绍以及帮助界面。不要紧张，只要按下任意键，emacs会将文件加载到工作缓冲区并显示文本，如图10-3所示。

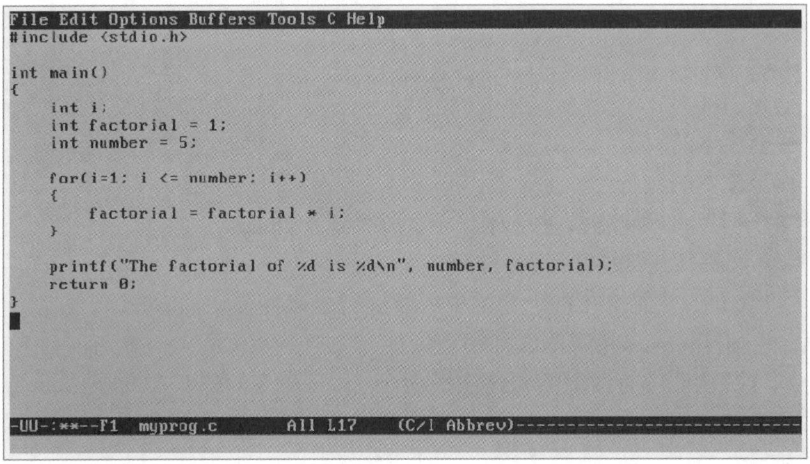

```
File Edit Options Buffers Tools C Help
#include <stdio.h>

int main()
{
    int i;
    int factorial = 1;
    int number = 5;

    for(i=1; i <= number; i++)
    {
        factorial = factorial * i;
    }

    printf("The factorial of %d is %d\n", number, factorial);
    return 0;
}

-UU-:**--F1  myprog.c       All L17    (C/l Abbrev)------------------------
```

图10-3 用控制台模式的emacs编辑器编辑文件

你会注意到，在控制台模式窗口的顶部出现的是一个典型的菜单栏。遗憾的是，这个菜单栏无法在控制台模式中使用，只能用于图形模式。

说明 如果你在图形化桌面环境下使用emacs，本节中介绍的一些命令的效果会和描述的不太一样。要想在图形化桌面环境中使用控制台模式的emacs，可以使用`emacs -nw`命令。如果你想使用emacs的图形化特性，请阅读10.3.3节。

和vim编辑器的不同之处在于：使用vim时，你必须不停地从插入模式中进出，从而在输入命令和插入文本之间切换；而emacs编辑器只有一个模式。如果你输入可打印字符，emacs就将它插入到光标当前位置；如果你输入一个命令，emacs就执行命令。

如果emacs正确地检测到了你的终端仿真器，可以使用方向键和PageUp以及PageDown键在缓冲区域移动光标。如果未能正确检测，有一些命令可用来移动光标。

- `C-p`：上移一行（文本中的前一行）。

- C-b：左移一字符。
- C-f：右移一字符。
- C-n：下移一行（文本中的下一行）。

还有一些命令能够让光标在文本中进行较长距离的跳跃。

- M-f：右移到下个单词。
- M-b：左移到上个单词。
- C-a：移至行首。
- C-e：移至行尾。
- M-a：移至当前句首。
- M-e：移至当前句尾。
- M-v：上翻一屏。
- C-v：下翻一屏。
- M-<：移至文本的首行。
- M->：移至文本的尾行。

还有几个命令可以将编辑器缓冲区保存至文件并退出emacs。

- C-x C-s：保存当前缓冲区到文件。
- C-z：退出emacs并保持在这个会话中继续运行，以便你切回。
- C-x C-c：退出emacs并停止该程序。

你会注意到这些功能中有两个需要两次键命令。C-x命令叫作扩展命令（extend command）。这为我们提供了另外一组命令。

2. 编辑数据

emacs编辑器在插入和删除缓冲区中的文本时非常强大。要插入文本，只需将光标移动到想插入文本的位置就可以开始输入了。要想删除文本，emacs使用退格键删除光标当前所在位置之前的字符，使用删除键来删除光标当前位置之后的字符。

emacs编辑器还有剪切[①]文本的命令。删除文本和剪切文本的差别在于：当你剪切文本时，emacs会将其放在一个临时区域，你可以取回（参见接下来的一小节）；而删除的文本则会永远消失。

有几个命令可用来剪切缓冲区中的文本。

- M-Backspace：剪切光标当前所在位置之前的单词。
- M-d：剪切光标当前所在位置之后的单词。
- C-k：剪切光标当前所在位置至行尾的文本。
- M-k：剪切光标当前所在位置至句尾的文本。

emacs编辑器还包括了一种独特的块剪切（mass-killing）的方法。移动光标到待剪切区域的起始位置并按下C-@或C-Spacebar键，然后移动光标到待剪切区域的结束位置并按下C-w命令键。这两个位置之间的文本都将被剪切。

---

① 英文为kill，emacs专有的说法。

如果你在剪切文本时不巧弄错了，使用C-/命令就能撤销剪切命令，返回到剪切前的状态。

3. 复制和粘贴

你已经看到了如何从emacs缓冲区域剪切数据，现在该看看如何将它粘贴到其他地方了。遗憾的是，如果你用过vim编辑器，那么emacs编辑器的用法可能会让你犯晕。

不巧的是，粘贴数据在emacs中也叫yanking。而在vim编辑器中，yanking指的是复制。如果你恰好要用两种编辑器，这可就难记了。

当你用剪切命令剪切了某个数据后，将光标移动到你要粘贴数据的位置，用C-y来粘贴。这会将文本从临时区域取出并将其粘贴在光标所在的位置。C-y命令会取出最后一个剪切命令存下的文本。如果你执行了多个剪切命令，可以用M-y命令来循环选择它们。

要复制文本，只需将它粘贴到剪切它的地方然后移动到新的位置并再使用一次C-y命令即可。如果需要，你可以粘贴文本任意多次。

4. 查找和替换

在emacs编辑器中查找文本可用C-s和C-r命令。C-s命令是在会从缓冲区域中从光标当前位置到缓冲区尾部执行前向查找，而C-r命令会是从在缓冲区域中从光标从当前所在位置到缓冲区头部执行后向查找。

当输入C-s和C-r两者中的任意一个时，底行会出现一个提示，询问要查找的文本。emacs可以执行两种类型的查找。

在渐进式（incremental）查找中，emacs编辑器在你键入单词时以实时方式执行文本查找。当键入第一个字母时，它会高亮显示缓冲区中所有该字母出现的地方。当键入第二个字母时，它会高亮显示文本中所有出现这两个字母组合的地方。如此往复，直到输入完要查找的文本。

在非渐进式（non-incremental）查找中，在C-s或C-r命令后按下回车键。这会将查询锁定在底行区域，允许你在查找前输入完整的待查找文本。

要用新字符串来替换一个已有文本字符串，就必须用M-x命令。这个命令需要一个文本命令和参数。

该文本命令是replace-string。输入该命令并按下回车键，emacs会询问要替换的已有字符串。输入之后，再按一次回车键，emacs会询问用来替换的新字符串。

5. 在emacs中使用缓冲区

emacs编辑器可以使用多个缓冲区同时编辑多个文件。你可以把文件加载到一个缓冲区中，编辑时在多个缓冲区中切换。

当你处于emacs中时，可以使用C-x C-f组合键将新的文件加载到缓冲区。这是emacs的查找文件模式。它会把你带到窗口的底行，允许你输入要开始编辑的文件名。如果不知道文件的名称或位置，可以按下回车键。它会在编辑窗口启动一个文件浏览器，如图10-4所示。

你可以在这里浏览到要编辑的文件。要进入上一级目录，移动到双点条目并按下回车键。要进入下一级目录，移动到该目录条目并按下回车键。如果找到了要编辑的文件，按下回车键，emacs会自动将它加载到新的缓冲区域。

```
File Edit Options Buffers Tools Operate Mark Regexp Immediate Subdir Help
  /home/Christine:
  total used in directory 216 available 23213848
  drwx------. 31 Christine Christine   4096 Jun 20 10:38 .
  drwxr-xr-x.  4 root      root        4096 Apr 25 16:56 ..
  drwxrwxr-x.  3 Christine Christine   4096 May 12 14:53 .abrt
  -rw-------.  1 Christine Christine  10450 Jun 19 15:54 .bash_history
  -rw-r--r--.  1 Christine Christine     18 Jul 18  2013 .bash_logout
  -rw-r--r--.  1 Christine Christine    176 Jul 18  2013 .bash_profile
  -rw-r--r--.  1 Christine Christine    124 Jul 18  2013 .bashrc
  drwxr-xr-x.  3 Christine Christine   4096 Jun 18 12:22 .cache
  drwxr-xr-x.  7 Christine Christine   4096 May 14 08:12 .config
  drwx------.  3 Christine Christine   4096 Apr 25 16:59 .dbus
  drwxr-xr-x.  2 Christine Christine   4096 May 19 18:17 Desktop
  -rw-r--r--.  1 Christine Christine     25 Jun 19 12:22 .dmrc
  drwxr-xr-x.  2 Christine Christine   4096 Apr 25 16:59 Documents
  drwxr-xr-x.  2 Christine Christine   4096 Apr 25 16:59 Downloads
  drwxrwxr-x.  3 Christine Christine   4096 Jun 17 16:48 .emacs.d
  -rw-------.  1 Christine Christine     16 Apr 25 16:59 .esd_auth
  -rwxrw-r--.  1 Christine Christine    152 Jun 18 09:50 factorial.sh
  drwx------.  4 Christine Christine   4096 Jun 19 12:22 .gconf
  drwx------.  2 Christine Christine   4096 Jun 19 12:23 .gconfd
  drwxr-xr-x.  6 Christine Christine   4096 Jun 17 17:06 .gnome2
-UUU:%%--F1  ~              Top L5     (Dired by name)-------------------
```

图10-4　emacs查找文件模式浏览器

你可以按下`C-x C-b`扩展命令组合来列出工作缓冲区。emacs编辑器会拆分编辑器窗口，在底部窗口显示一个缓冲区列表。除了主要的编辑缓冲区，emacs还提供了另外两个缓冲区：

- 草稿区域，称为*scatch*；
- 消息区域，称为*Messages*。

草稿区域允许输入LISP编程命令以及个人笔记。消息区域则显示在操作期间由emacs生成的消息。如果在使用emacs时出现了任何错误，它们会显示在消息区域中。

有两种方式可在窗口中切换到不同的缓冲区域。

- `C-x o`：切换到缓冲区列表窗口。用方向键移动到你想要的缓冲区域并按下回车键。
- `C-x b`：输入你要切换到的缓冲区域的名字。

当选择切换到缓冲区列表窗口的选项时，emacs会在新的窗口区域打开缓冲区。emacs编辑器允许在单个会话中打开多个窗口。接下来的一节将讨论如何在emacs中管理多个窗口。

6. 在控制台模式的emacs中使用窗口

控制台模式的emacs编辑器要比图形化窗口早出现了好多年。即便在当时，emacs也是出类拔萃的，因为它可以支持在主窗口中打开多个编辑窗口。

可以用下面两个命令将emacs编辑窗口拆分成多个窗口。

- `C-x 2`：将窗口水平拆分成两个窗口。
- `C-x 3`：将窗口竖向拆分成两个窗口。

要从一个窗口移动到另一个，可用`C-x o`命令。注意，在创建一个新窗口时，emacs会在新窗口中使用原始窗口的缓冲区域。一旦移动到了新窗口，你可以在新窗口中用`C-x C-f`命令来加载一个新文件，或者用其中一个命令切换到一个不同的缓冲区域。

要关闭窗口，移动到该窗口并用`C-x 0`（数字0）命令；如果你想关掉除了你所在窗口之外的所有窗口，用`C-x 1`（数字1）命令。

10.3.3 在 GUI 环境中使用 emacs

如果在GUI环境中使用emacs（比如Unity或GNOME桌面），它会以图形模式启动，如图10-5所示。

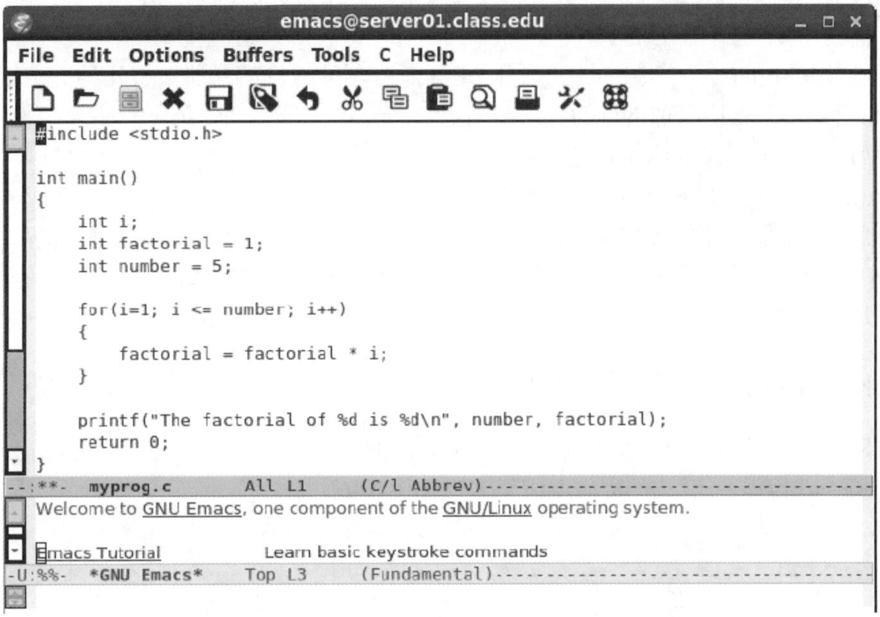

图10-5 emacs图形化窗口

如果你已经在控制台模式下用过emacs，应该非常熟悉图形模式。所有的键命令都以菜单项的形式存在。emacs菜单栏包括下列菜单项。

- File：允许你在窗口中打开文件、创建新窗口、关闭窗口、保存缓冲区和打印缓冲区。
- Edit：允许你将选择的文本剪切并复制到剪贴板，将剪贴板的内容粘贴到光标当前所在位置，以及查找文本和替换文本。
- Options：提供许多emacs功能设定，如高亮显示、自动换行、光标类型和字体设置。
- Buffers：列出当前可用的缓冲区，可以让你在缓冲区域间轻松切换。
- Tools：提供对emacs高级功能的访问，比如命令行界面访问、拼写检查、文件内容比较（称为diff）、发送电子邮件消息、日历以及计算器。
- Help：提供emacs的在线手册，以获取特定emacs功能的帮助。

除了普通的emacs图形化菜单项外，针对编辑器缓冲区中特定的文件类型，通常还会有一个独立的菜单项。图10-5中打开一个C程序，所以emacs提供了一个C菜单项，允许用户进行相关的高级设置，例如C语法高亮、编译、运行以及命令行代码调试。

图形化的emacs窗口是古老的控制台程序向图形化世界迁移的一个例子。现在许多Linux发行版都提供了图形化桌面（甚至在不需要它们的服务器上），图形化编辑器也越来越司空见惯。流行的Linux桌面环境（如KDE和GNOME）都提供了针对各自环境的图形化文本编辑器，本章接下来将介绍。

10.4　KDE 系编辑器

如果你所用的Linux发行版中采用的是KDE桌面（参见第1章），那么有几种文本编辑器可供选择。KDE项目官方支持两种流行的文本编辑器。

- KWrite：单屏幕文本编辑程序。
- Kate：功能全面的多窗口文本编辑程序。

这两个编辑器都是图形化文本编辑器，含有许多高级功能。Kate编辑器提供了更高级的功能，以及标准文本编辑器中不常见的细致之处。本节将分别介绍这两种编辑器，并演示一些可用来帮你编写shell脚本的功能。

10.4.1　KWrite 编辑器

KDE环境的基本编辑器是KWrite。它提供了简单的文字处理类型的文本编辑功能，还支持代码语法高亮显示和编辑。默认的KWrite编辑窗口如图10-6所示。

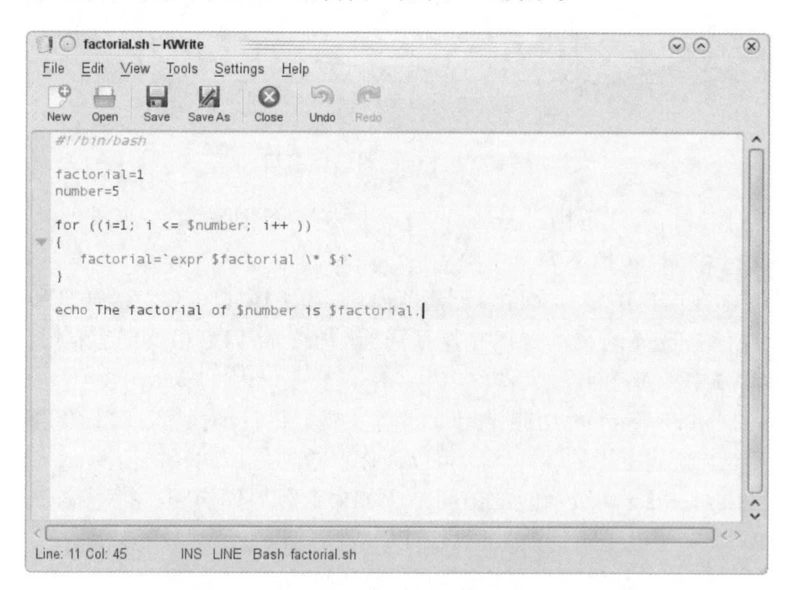

图10-6　编辑shell脚本程序时的默认KWrite窗口

尽管可能没法在图10-6中看出来，但KWrite编辑器确实可以识别好几种类型的编程语言，并采用代码着色来标识常量、函数和注释。另外要注意，在`for`循环处有个图标连接起了开始和结束的花括号。这叫作折叠标记（folding marker）。点击这个图标就可以将函数折叠成一行。这是处理大型应用时非常好的一个功能。

KWrite编辑窗口用鼠标和方向键提供了完整的剪切和粘贴功能。跟在文字处理器中一样，你可以高亮显示并剪切文本区域中任意位置的文本，并将其粘贴到其他地方。

要用KWrite编辑文件，你可以从桌面上的KDE菜单系统中选择KWrite（一些Linux发行版甚至为其创建了一个面板按钮）或从命令行下启动：

```
$ kwrite factorial.sh
```

kwrite命令有以下几个命令行参数可用来定制它如何启动。

- --stdin：让KWrite从标准输入设备中而非文件中读取数据。
- --encoding：为文件指字符编码类型。
- --line：指定编辑器窗口中开始的文件行号。
- --column：指定编辑器窗口中开始的文件列号。

KWrite编辑器在编辑器窗口的顶部提供了菜单栏和工具栏，允许你选择KWrite编辑器的功能以及修改其配置设置。

菜单栏含有下面的条目。

- File：加载、保存、打印以及导出文件中的文本。
- Edit：操作缓冲区中的文本。
- View：管理如何在编辑器窗口中显示文本。
- Bookmarks：处理返回文本中特定位置的指针（这个选项可能要在配置中启用）。
- Tools：包含操作文本的特定功能。
- Settings：配置编辑器处理文本的方式。
- Help：获取编辑器和命令的有关信息。

Edit菜单提供了你需要的所有文本编辑命令。你不需要记住像密码一般的键命令（顺便提一下，KWrite也支持），只要在Edit菜单项中选取条目即可，如表10-3所示。

表10-3 KWrite Edit菜单条目

条 目	描 述
Undo	取消最后一个动作或操作
Redo	取消最后一个撤销动作
Cut	删除选择的文本并将其放入剪贴板
Copy	将选择的文本复制到剪贴板
Paste	在光标当前所在位置插入剪贴板的当前内容
Select All	选择编辑器中的所有文本
Deselect	取消选择当前选定的文本
Overwrite Mode	从插入模式切换到改写模式；在改写模式中，文本会被新输入的文本覆盖，而不是仅插入新文本
Find	产生一个查找文本对话框，允许你定制文本查找
Find Next	在缓冲区中向前重复上一个查找操作

（续）

条　目	描　述
Find Previous	在缓冲区中向后重复上一个查找操作
Replace	产生一个替换文本对话框，允许你定制文本查找和替换
Find Selected	查找选定文本下一次出现的地方
Find Selected Backwards	查找选定文本上一次出现的地方
Go to Line	产生一个Go to（跳到）对话框，允许你输入一个行号。光标会移到指定行

Find功能有两种模式：普通模式执行简单的文本搜索和加强搜索。替换模式可以进行必要的高级查找和替换。可以用Find区域的绿色箭头切换这两种模式，如图10-7所示。

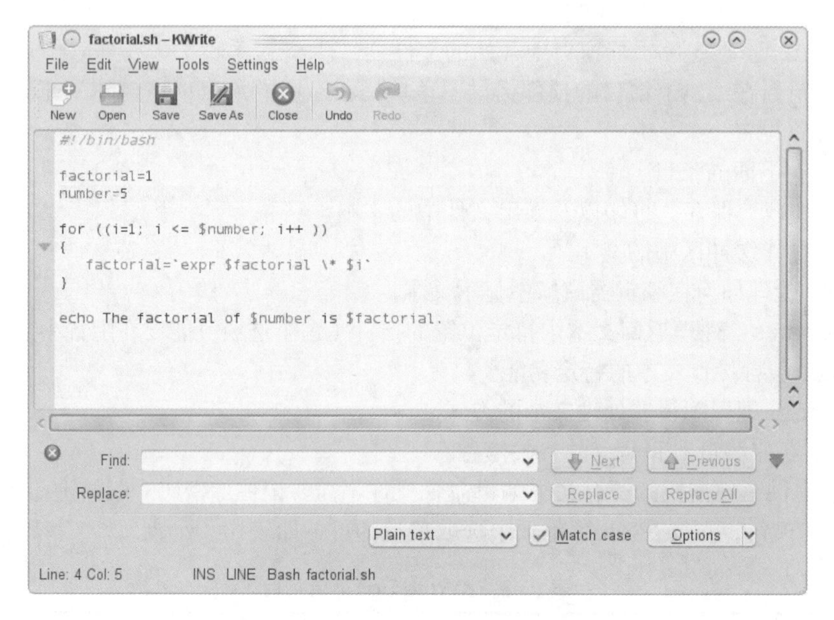

图10-7　KWrite Find部分

Find的加强模式不仅可以搜索单词，还可以使用正则表达式进行查找（参见第20章）。还有其他一些选项也可用于定制查找，比如是否在查找时忽略大小写，是全词匹配还是部分文本匹配。

Tools菜单提供了一些处理缓冲区文本时很有用的功能。表10-4列出了KWrite中可用的工具。

表10-4　KWrite工具

工　具	描　述
Read Only Mode	锁定文本，这样在编辑器中就无法作任何修改
Encoding	设定文本采用的字符集编码
Spelling	从文本的开始进行拼写检查
Spelling (from cursor)	从光标当前所在位置开始进行拼写检查

（续）

工 具	描 述
Spellcheck Selection	仅在选定的文本区域中进行拼写检查
Indent	增加一级段落缩进
Unindent	减少一级段落缩进
Clean Identation	将所有段落缩进重置
Align	强制当前行或选定行回到默认的缩进设置
Uppercase	将选定的文本或光标当前所在位置的字符设为大写
Lowercase	将选定的文本或光标当前所在位置的字符设为小写
Capitalize	大写选定文本的首字母或当前光标所在位置的单词的首字母
Join Lines	合并选定的行，或合并光标当前所在行及下一行
Word Wrap Document	启用文本自动换行。若文本行长度超过了编辑器窗口边界，该行在下一行继续

这么一个简单的文本编辑器拥有的工具可不少！

Settings菜单包括了配置编辑器对话框，如图10-8所示。

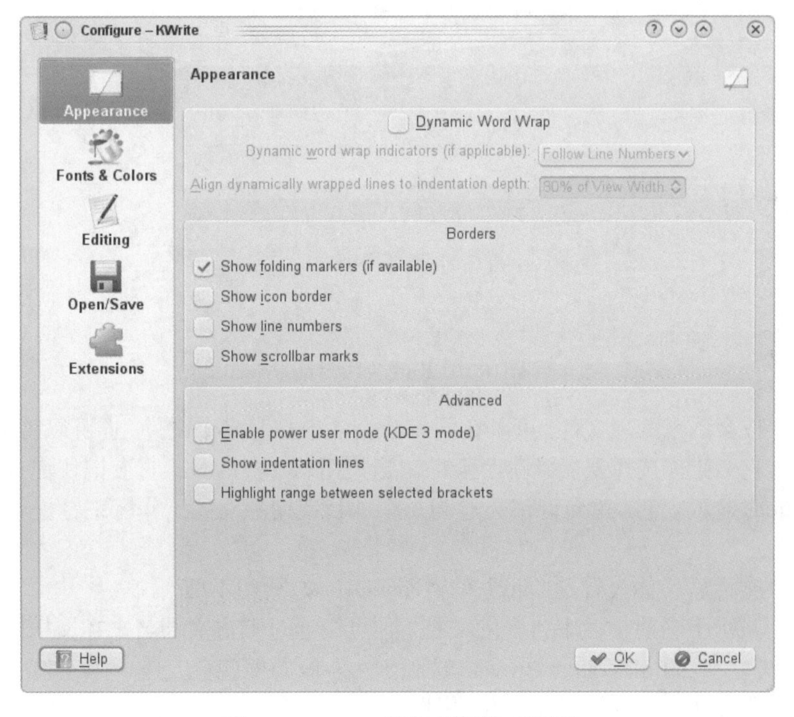

图10-8 KWrite配置编辑器对话框

配置对话框在左侧用图标来让你选择要配置的KWrite功能。当你选择一个图标时，对话框右侧就显示该功能的配置设置。

Appearance功能允许你设定多种特性来控制文本如何在文本编辑器窗口中显示。可以在此启用自动换行、行号（对程序员非常有用）以及折叠标记。在Font & Colors功能中，你可以为编辑器定制完整的色彩方案，决定在程序代码中不同的内容使用什么颜色。

10.4.2　Kate 编辑器

Kate编辑器是KDE项目的旗舰编辑器。它采用和KWrite同样的文本编辑器（所以两者大部分功能相同），但却又融合了大量其他的特性。

窍门　如果你发现Kate编辑器并没有安装在所用的KDE桌面环境中，那你可以毫不费力地把它安装上（参见第9章）。包含Kate的软件包的名字是kdesdk。

当从KDE菜单系统中启动Kate编辑器时，你首先会发现编辑器并未启动！相反，你会看到一个对话框，如图10-9所示。

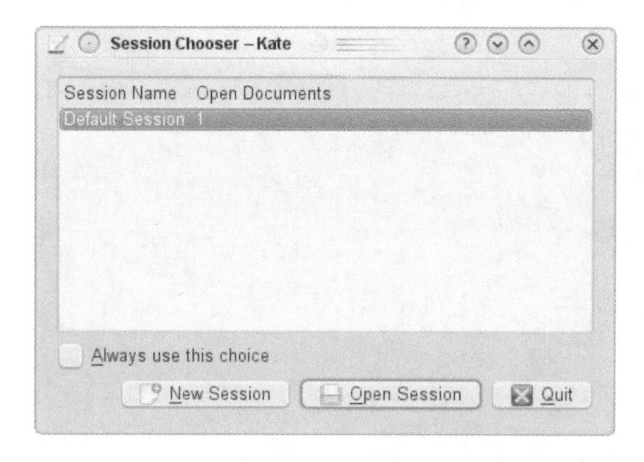

图10-9　Kate会话对话框

Kate编辑器按会话来处理文件。可以在同一个会话中打开多个文件，也可以将多个会话保存。在启动Kate时，它会让你选择恢复到哪个会话。当关闭Kate会话时，它会记住你打开的文档，并在下次启动Kate时显示它们。这允许你通过为每个项目使用独立的工作区来轻松管理多个项目的文件。

在选择一个会话后，你会看到Kate主编辑器窗口，如图10-10所示。

左侧的框中显示了当前会话中打开的文档。你可以通过点击文档名来在文档间切换。要编辑一个新文件，单击左侧的Filesystem Browser选项卡。左侧的框就会变成一个完整的图形化文件系统浏览器，允许你在图形界面中浏览定位文件。

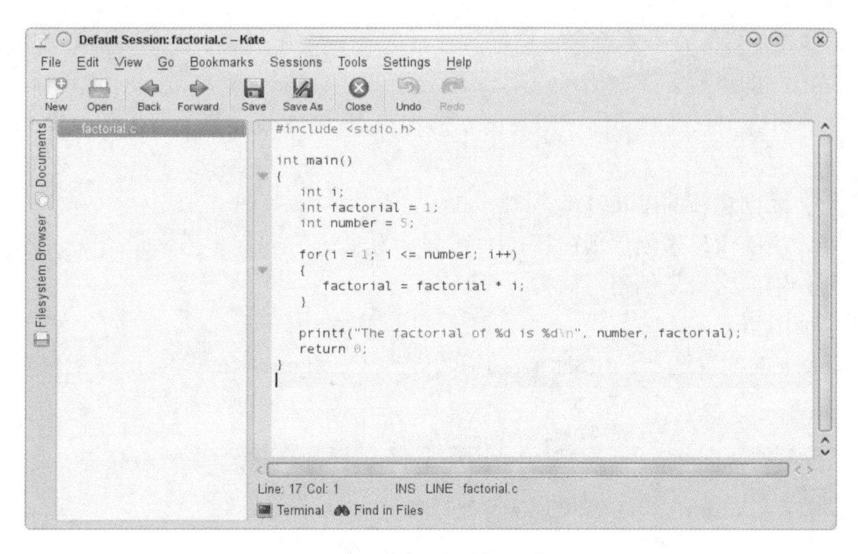

图10-10　Kate主编辑器窗口

Kate编辑器的一个很好的功能是内建终端窗口，如图10-11所示。

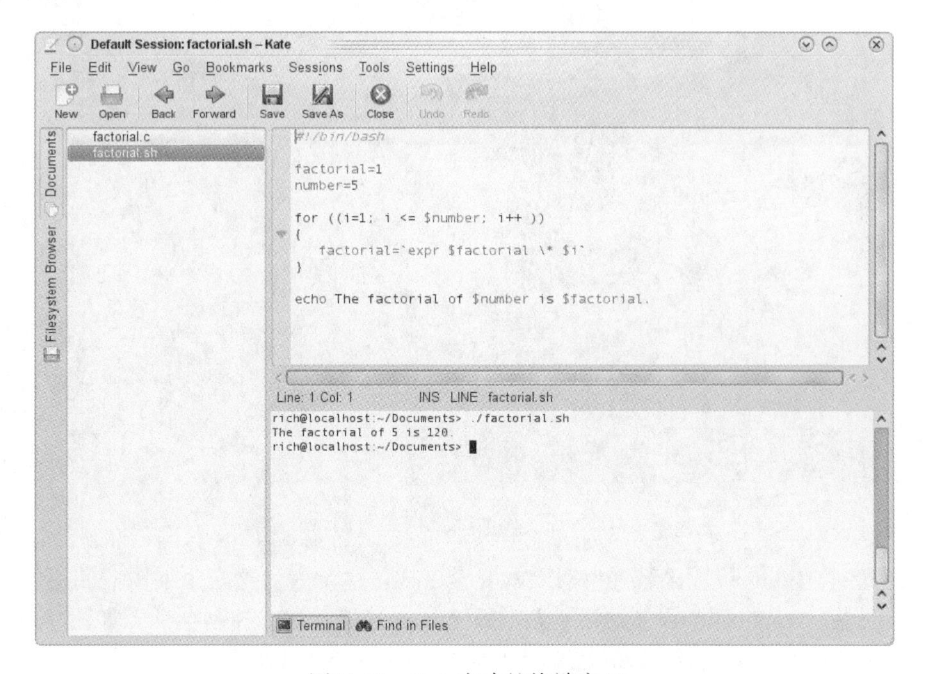

图10-11　Kate内建的终端窗口

文本编辑器窗口底部的Terminal选项卡可以启动Kate内建的终端仿真器（采用KDE Konsole终端仿真器）。这个功能可以将当前编辑窗口水平划分，创建了一个新窗口供Konsole运行。现在无需离开编辑器就能输入命令行命令、启动程序或是检查系统设置。要想关掉终端窗口，在命令行提示下输入`exit`即可。

就像从终端功能中看到的那样，Kate也支持多窗口。Window菜单项（View菜单）提供相关选项：

- 用当前会话创建新的Kate窗口；
- 垂直划分当前窗口来创建新窗口；
- 水平划分当前窗口来创建新窗口；
- 关闭当前窗口。

要设置Kate中的配置选项，在Settings菜单下选择Configure Kate就会出现配置对话框，如图10-12所示。

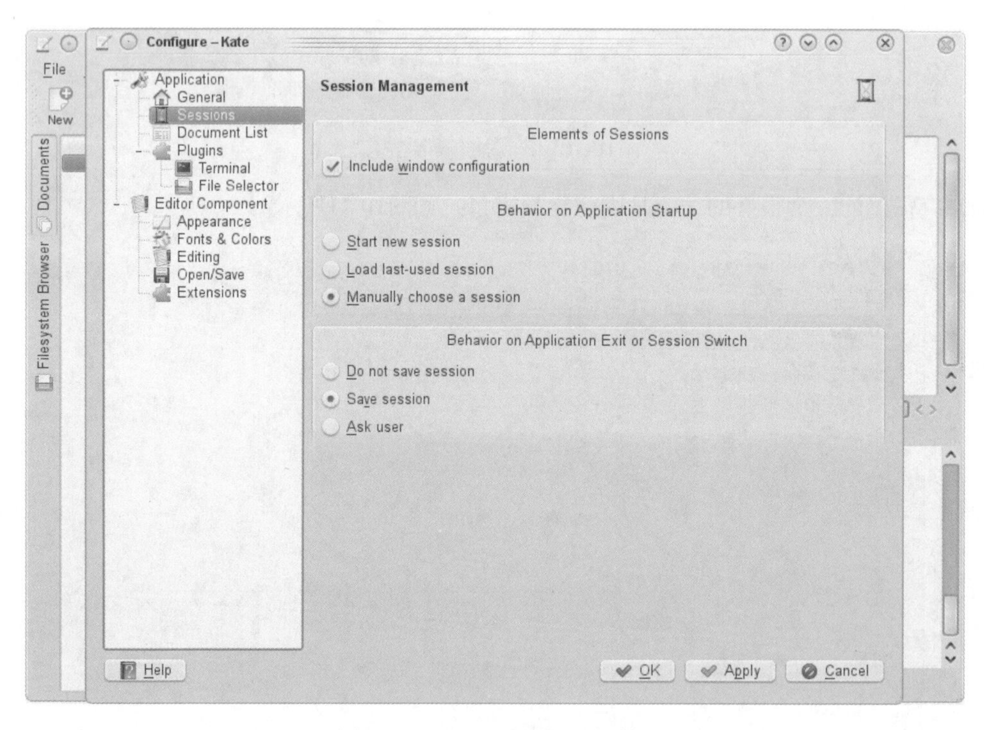

图10-12　Kate配置设置对话框

你会注意到，Editor设置区域和KWrite的完全一样。这是因为这两个编辑器使用的是相同的文本编辑器引擎。Application设置区域允许你配置Kate功能，比如控制会话（如图10-12所示）、文档列表以及文件系统浏览器。Kate还支持外部插件应用，可以在这里激活。

10.5　GNOME 编辑器

如果你使用的Linux系统采用的是GNOME或Unity桌面环境，也会有一个可用的图形化文本编辑器。gedit文本编辑器是一个基本的文本编辑器，有一些出于兴趣加进去的高级功能。本节将带你逐步了解gedit的功能并演示如何使用它来进行shell脚本编程。

10.5.1　启动 gedit

大多数GNOME桌面环境都将gedit放在Accessories面板菜单条目中。对于Unity桌面环境，进入Dash ➪ Search，然后输入`gedit`。如果在菜单系统中找不到gedit，可以从命令行下启动：

```
$ gedit factorial.sh myprog.c
```

当启动gedit打开多个文件时，它会将所有的文件都加载到不同的缓冲区，并在主编辑器窗口中使用标签化窗口来显示每个文件，如图10-13所示。

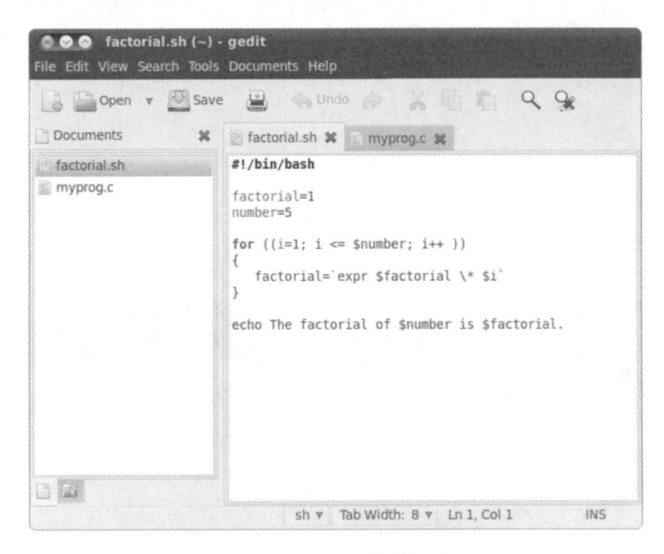

图10-13　gedit主编辑器窗口

gedit主编辑器窗口中左侧框显示了当前在编辑的文档。如果gedit启动时没有显示左侧框，可以按F9键或从View菜单中启用Side Pane。

说明　gedit选项在不同桌面环境中的菜单位置可能和上图中略有不同。也许还会有额外的选项。可以查询所用发行版中gedit的Help菜单以获得更多帮助。

右侧显示了含有缓冲区文本的标签化窗口。如果将鼠标在每个标签上晃动几下，就会出现一个对话框，显示文件的全路径名、MIME类型以及它所采用的字符集编码。

10.5.2　基本的 gedit 功能

除了编辑器窗口，gedit采用菜单栏和工具栏来设置功能和配置设置。工具栏提供了到菜单栏条目的快捷方式。以下是可用的菜单栏条目。

- File：处理新文件、保存已有文件以及打印文件。
- Edit：在工作缓冲区域操作文本并设定编辑器偏好设置。
- View：设定显示在窗口中的编辑器功能以及文本的高亮显示模式。
- Search：在工作缓冲区域查找和替换文本。
- Tools：访问安装在gedit上的插件工具。
- Documents：管理缓冲区中打开的文件。
- Help：访问完整的gedit手册。

这里没什么特别的地方。Edit菜单含有标准的剪切、复制和粘贴功能，而且还有一个非常贴心的功能，即允许你轻而易举地在文本中使用几种不同格式输入时间日期。Search菜单提供了标准的查找功能，它会生成一个供你输入要查找文本的对话框，还能选择使用哪一种查找功能（区分大小写、全字匹配和查找方向）。它还提供了实时模式的渐进式查找，可以在你输入单词字母的同时进行查找。

10.5.3　设定偏好设置

Edit菜单包含了一个Preferences菜单项，它会产生gedit Preferences对话框，如图10-14所示。

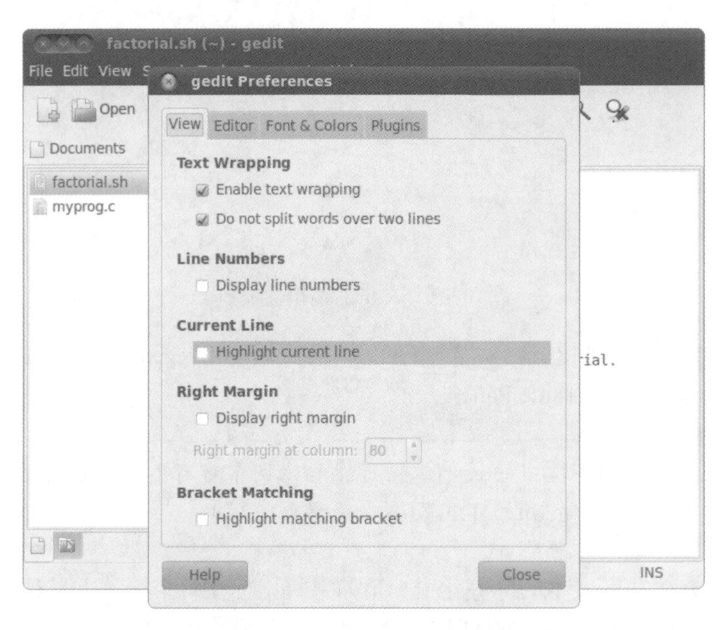

图10-14　gedit Preferences对话框

这里是你定制gedit编辑器操作的地方。Preferences对话框包含5个标签化区域，用于设定编辑器的功能和行为。

1.设置View偏好

View选项卡提供了gedit如何在编辑器窗口中显示文本的选项。

- Text Wrapping：决定如何处理编辑器中的长行。Enable text wrapping选项会将长行自动换到编辑器中的下行。Do Not Split Words Over Two Lines选项禁止在长单词中自动插入连字符，以防它们被分隔在两行中。
- Line Numbers：在编辑器窗口的左边界显示行号。
- Current Line：高亮显示光标当前所在行，使得你能轻松找到光标位置。
- Right Margin：启用右边界，可以让你在编辑器窗口中设置多少列。默认值是80列。
- Bracket Matching：开启了的话，高亮显示代码中的括号对，可以方便地匹配在`if-then`语句中、`for`和`while`循环中以及其他涉及括号的代码中的括号。

行号和括号匹配功能为程序员提供了文本编辑器中不常见的排错环境。

2. 设置Editor偏好

Editor选项卡可以用来设置gedit编辑器如何处理标签和缩进以及如何保存文件。

- Tab Stops：设定按下制表符时跳过的空白数，默认值是8。这个功能还包括一个复选框，允许在选定时插入空格来填充制表符跳过的空白。
- Automatic Indentation：开启了的话，让gedit在文本中自动为段落和代码元素（比如`if-then`语句和循环）缩进。
- File Saving：提供保存文件的两个功能——在编辑窗口中打开文件时是否创建备份，以及是否按照预设的时间间隔自动保存文件。

自动保存功能可保证你对文件做出的更改能够被定时保存，从而避免系统崩溃或断电造成的灾难性后果。

3. 设置Font & Colors偏好

Font & Colors选项卡允许你配置（意料之中）两个条目。

- Font：允许你选用默认字体，或从对话框中选用定制的字体和字体大小。
- Color Scheme：允许你选择用于文本、背景、选定文本以及选定内容的默认色彩方案，或为每个类型选用一种自定义色彩。

gedit默认的色彩通常与选定的标准GNOME桌面主题一致。可更改这些色彩来匹配桌面主题。

4. 管理插件

Plugins选项卡可以控制gedit中使用的插件。插件是一种独立的程序，可以和gedit结合以提供额外的功能。

gedit有一些可用的插件，但默认并没有全部安装。表10-5介绍了当前安装在gedit上的插件。

已启用的插件会在它们名字边上的复选框里显示一个对号。一些插件（比如External Tool）也在你选用它们后提供了额外的配置功能。它允许你设定快捷键来启动终端、指定gedit的输出显示在哪里以及启动shell会话的命令。

表10-5　gedit插件

插 件 名	描 述
Change Case	改变选定文本的大小写
Document Statistics	报告单词、行、字符和非空字符的数量
External Tools	在编辑器中提供一个shell环境来执行命令和脚本
File Browser Pane	提供了一个简易的文件浏览器，让选择要编辑的文件简单些
Indent Lines	为选中的行设置缩进或取消缩进
Insert Date/Time	在光标当前位置插入当前日期和时间（可以选择多种格式）
Modelines	在编辑器窗口底部显示类emacs的消息行
Python Console	在编辑器窗口底部提供一个用来输入Python语言命令的交互式控制台
Quick Open	直接在gedit编辑窗口中打开文件
Snippets	允许你存储常用的文本段以方便在文本中取回使用
Sort	快速排序整个文件或选定文本
Spell Checker	为文本文件提供词典式拼写检查
Tag List	提供一个可轻松输入到文本中的常用字符串列表

遗憾的是，并非所有插件都安装在gedit菜单栏的同一个地方。一些插件会出现在Tools菜单栏（比如Spell Checker和External Tools插件），而另一些则出现在Edit菜单栏（比如Change Case和Insert Date/Time插件）。

本章讲述了一些Linux中可用的文本编辑器。如果觉得这些文本编辑器都不合意，也可以选择别的。Linux中的文本编辑器多得很，如geany、Eclipse、jed、Bluefish及leafpad，这些只是其中的一小部分。当踏上bash shell脚本编写旅程之时，这些文本编辑器都能够助你一臂之力。

10.6　小结

在创建shell脚本时，你需要某种类型的文本编辑器。在Linux环境下，有一些流行的文本编辑器。Unix世界中最流行的编辑器vi已作为vim编辑器移植到了Linux中。vim编辑器采用基本的全屏图形模式，提供了简单的控制台文本编辑功能。vim编辑器还具备很多高级编辑器功能，比如文本查找和替换。

另一个从Unix世界移植到Linux中的编辑器是nano文本编辑器。vim编辑器非常复杂，而nano编辑器却十分简单，它能够在控制台模式下快速地编辑文本。

另一个流行的Unix编辑器emacs也已步入了Linux的世界。Linux版本的emacs包括控制台模式和图形模式，这使其成为连接新旧世界的一座桥梁。emacs编辑器提供了多个缓冲区，允许你同时编辑多个文件。

KDE项目创建了两款可用于KDE桌面的编辑器。KWrite编辑器是一个简单的编辑器，除了基本的文本编辑功能之外，还提供了一些高级功能，比如程序代码的高亮显示、行编号和代码折叠。Kate编辑器为程序员提供了更多的高级功能。Kate中一个很棒的功能就是内建的终端窗口。你可以在Kate编辑器中直接打开一个命令行界面会话，再也不用专门打开单独的终端仿真器窗口了。Kate编辑器还允许你打开多个文件，为每个打开的文件提供了不同的窗口。

GNOME项目也为程序员提供了一个简单的文本编辑器。gedit编辑器是一个基本的文本编辑器，同时还提供了一些高级功能，例如代码语法高亮显示和行编号，但它的设计初衷是作为一款精简的编辑器使用。为了丰富gedit编辑器的功能，开发人员开发了插件，扩展了gedit的已有功能。目前的插件包括一个拼写检查器、一个终端仿真器和一个文件浏览器。

使用Linux命令行所需的背景知识到此就算介绍完毕了。本书的下一部分将会深入shell编程的世界。下章将从演示如何创建shell脚本文件和如何在Linux系统上运行脚本开始。另外还会介绍shell脚本的基础知识，使你可以通过将多条命令放入可执行的脚本中来创建简单的程序。

Part 2 第二部分

shell 脚本编程基础

本部分内容

- 第 11 章　构建基本脚本
- 第 12 章　使用结构化命令
- 第 13 章　更多的结构化命令
- 第 14 章　处理用户输入
- 第 15 章　呈现数据
- 第 16 章　控制脚本

第 11 章

构建基本脚本

本章内容

- 使用多个命令
- 创建脚本文件
- 显示消息
- 使用变量
- 输入输出重定向
- 管道
- 数学运算
- 退出脚本

现在我们已经知道了Linux系统和命令行的基础知识，是时候开始编程了。本章讨论编写shell脚本的基础知识。在开始编写自己的shell脚本大作前，你必须了解这些基本概念。

11.1 使用多个命令

到目前为止，你已经了解了如何使用shell的命令行界面提示符来输入命令和查看命令的结果。shell脚本的关键在于输入多个命令并处理每个命令的结果，甚至需要将一个命令的结果传给另一个命令。shell可以让你将多个命令串起来，一次执行完成。如果要两个命令一起运行，可以把它们放在同一行中，彼此间用分号隔开。

```
$ date ; who
Mon Feb 21 15:36:09 EST 2014
Christine tty2         2014-02-21 15:26
Samantha tty3         2014-02-21 15:26
Timothy  tty1         2014-02-21 15:26
user     tty7         2014-02-19 14:03 (:0)
user     pts/0        2014-02-21 15:21 (:0.0)

$
```

恭喜，你刚刚已经写好了一个脚本。这个简单的脚本只用到了两个bash shell命令。date命令先运行，显示了当前日期和时间，后面紧跟着who命令的输出，显示当前是谁登录到了系统上。使用这种办法就能将任意多个命令串连在一起使用了，只要不超过最大命令行字符数255就行。

这种技术对于小型脚本尚可，但它有一个很大的缺陷：每次运行之前，你都必须在命令提示符下输入整个命令。可以将这些命令组合成一个简单的文本文件，这样就不需要在命令行中手动输入了。在需要运行这些命令时，只用运行这个文本文件就行了。

11.2 创建shell脚本文件

要将shell命令放到文本文件中，首先需要用文本编辑器（参见第10章）来创建一个文件，然后将命令输入到文件中。

在创建shell脚本文件时，必须在文件的第一行指定要使用的shell。其格式为：

```
#!/bin/bash
```

在通常的shell脚本中，井号（#）用作注释行。shell并不会处理shell脚本中的注释行。然而，shell脚本文件的第一行是个例外，#后面的惊叹号会告诉shell用哪个shell来运行脚本（是的，你可以使用bash shell，同时还可以使用另一个shell来运行你的脚本）。

在指定了shell之后，就可以在文件的每一行中输入命令，然后加一个回车符。之前提到过，注释可用#添加。例如：

```
#!/bin/bash
# This script displays the date and who's logged on
date
who
```

这就是脚本的所有内容了。可以根据需要，使用分号将两个命令放在一行上，但在shell脚本中，你可以在独立的行中书写命令。shell会按根据命令在文件中出现的顺序进行处理。

还有，要注意另有一行也以#开头，并添加了一个注释。shell不会解释以#开头的行（除了以#!开头的第一行）。留下注释来说明脚本做了什么，这种方法非常好。当两年后回过来再看这个脚本时，你还可以很容易回忆起做过什么。

将这个脚本保存在名为test1的文件中，基本就好了。在运行新脚本前，还要做其他一些事。

现在运行脚本，结果可能会叫你有点失望。

```
$ test1
bash: test1: command not found
$
```

你要跨过的第一个障碍是让bash shell能找到你的脚本文件。如第6章所述，shell会通过PATH环境变量来查找命令。快速查看一下PATH环境变量就可以弄清问题所在。

```
$ echo $PATH
/usr/kerberos/sbin:/usr/kerberos/bin:/usr/local/bin:/usr/bin
:/bin:/usr/local/sbin:/usr/sbin:/sbin:/home/user/bin $
```

PATH环境变量被设置成只在一组目录中查找命令。要让shell找到test1脚本，只需采取以下两种作法之一：

- 将shell脚本文件所处的目录添加到PATH环境变量中；
- 在提示符中用绝对或相对文件路径来引用shell脚本文件。

窍门　有些Linux发行版将$HOME/bin目录添加进了PATH环境变量。它在每个用户的HOME目录下提供了一个存放文件的地方，shell可以在那里查找要执行的命令。

在这个例子中，我们将用第二种方式将脚本文件的确切位置告诉shell。记住，为了引用当前目录下的文件，可以在shell中使用单点操作符。

```
$ ./test1
bash: ./test1: Permission denied
$
```

现在shell找到了脚本文件，但还有一个问题。shell指明了你还没有执行文件的权限。快速查看一下文件权限就能找到问题所在。

```
$ ls -l test1
-rw-rw-r--    1 user     user           73 Sep 24 19:56 test1
$
```

在创建test1文件时，umask的值决定了新文件的默认权限设置。由于umask变量在Ubuntu中被设成了022（参见第7章），所以系统创建的文件只有文件属主和属组才有读/写权限。

下一步是通过chmod命令（参见第7章）赋予文件属主执行文件的权限。

```
$ chmod u+x test1
$ ./test1
Mon Feb 21 15:38:19 EST 2014
Christine tty2         2014-02-21 15:26
Samantha tty3         2014-02-21 15:26
Timothy  tty1         2014-02-21 15:26
user     tty7         2014-02-19 14:03 (:0)
user     pts/0        2014-02-21 15:21 (:0.0) $
```

成功了！现在万事俱备，只待执行新的shell脚本文件了。

11.3　显示消息

大多数shell命令都会产生自己的输出，这些输出会显示在脚本所运行的控制台显示器上。很多时候，你可能想要添加自己的文本消息来告诉脚本用户脚本正在做什么。可以通过echo命令来实现这一点。如果在echo命令后面加上了一个字符串，该命令就能显示出这个文本字符串。

```
$ echo This is a test
This is a test
$
```

注意，默认情况下，不需要使用引号将要显示的文本字符串划定出来。但有时在字符串中出现引号的话就比较麻烦了。

```
$ echo Let's see if this'll work
Lets see if thisll work
$
```

echo命令可用单引号或双引号来划定文本字符串。如果在字符串中用到了它们，你需要在文本中使用其中一种引号，而用另外一种来将字符串划定起来。

```
$ echo "This is a test to see if you're paying attention"
This is a test to see if you're paying attention
$ echo 'Rich says "scripting is easy".'
Rich says "scripting is easy".
$
```

所有的引号都可以正常输出了。

可以将echo语句添加到shell脚本中任何需要显示额外信息的地方。

```
$ cat test1
#!/bin/bash
# This script displays the date and who's logged on
echo  The time and date are:
date
echo "Let's see who's logged into the system:"
who
$
```

当运行这个脚本时，它会产生如下输出。

```
$ ./test1
The time and date are:
Mon Feb 21 15:41:13 EST 2014
Let's see who's logged into the system:
Christine tty2        2014-02-21 15:26
Samantha tty3        2014-02-21 15:26
Timothy  tty1        2014-02-21 15:26
user     tty7        2014-02-19 14:03 (:0)
user     pts/0       2014-02-21 15:21 (:0.0)
$
```

很好，但如果想把文本字符串和命令输出显示在同一行中，该怎么办呢？可以用echo语句的-n参数。只要将第一个echo语句改成这样就行：

```
echo -n "The time and date are: "
```

你需要在字符串的两侧使用引号，保证要显示的字符串尾部有一个空格。命令输出将会在紧接着字符串结束的地方出现。现在的输出会是这样：

```
$ ./test1
The time and date are: Mon Feb 21 15:42:23 EST 2014
Let's see who's logged into the system:
Christine tty2        2014-02-21 15:26
Samantha tty3        2014-02-21 15:26
Timothy  tty1        2014-02-21 15:26
user     tty7        2014-02-19 14:03 (:0)
```

```
user     pts/0        2014-02-21 15:21 (:0.0)
$
```

完美！echo命令是shell脚本中与用户交互的重要工具。你会发现在很多地方都能用到它，尤其是需要显示脚本中变量的值的时候。我们下面继续了解这个。

11.4　使用变量

运行shell脚本中的单个命令自然有用，但这有其自身的限制。通常你会需要在shell命令使用其他数据来处理信息。这可以通过变量来实现。变量允许你临时性地将信息存储在shell脚本中，以便和脚本中的其他命令一起使用。本节将介绍如何在shell脚本中使用变量。

11.4.1　环境变量

你已经看到过Linux的一种变量在实际中的应用。第6章介绍了Linux系统的环境变量。也可以在脚本中访问这些值。

shell维护着一组环境变量，用来记录特定的系统信息。比如系统的名称、登录到系统上的用户名、用户的系统ID（也称为UID）、用户的默认主目录以及shell查找程序的搜索路径。可以用set命令来显示一份完整的当前环境变量列表。

```
$ set
BASH=/bin/bash
[...]
HOME=/home/Samantha
HOSTNAME=localhost.localdomain
HOSTTYPE=i386
IFS=$' \t\n'
IMSETTINGS_INTEGRATE_DESKTOP=yes
IMSETTINGS_MODULE=none
LANG=en_US.utf8
LESSOPEN='|/usr/bin/lesspipe.sh %s'
LINES=24
LOGNAME=Samantha
[...]
```

在脚本中，你可以在环境变量名称之前加上美元符（$）来使用这些环境变量。下面的脚本演示了这种用法。

```
$ cat test2
#!/bin/bash
# display user information from the system.
echo "User info for userid: $USER"
echo UID: $UID
echo HOME: $HOME
$
```

$USER、$UID和$HOME环境变量用来显示已登录用户的有关信息。脚本输出如下：

```
$chmod u+x test2
```

```
$ ./test2
User info for userid: Samantha
UID: 1001
HOME: /home/Samantha
$
```

注意，echo命令中的环境变量会在脚本运行时替换成当前值。另外，在第一个字符串中可以将$USER系统变量放置到双引号中，而shell依然能够知道我们的意图。但采用这种方法也有一个问题。看看下面这个例子会怎么样。

```
$ echo "The cost of the item is $15"
The cost of the item is 5
```

显然这不是我们想要的。只要脚本在引号中出现美元符，它就会以为你在引用一个变量。在这个例子中，脚本会尝试显示变量$1（但并未定义），再显示数字5。要显示美元符，你必须在它前面放置一个反斜线。

```
$ echo "The cost of the item is \$15"
The cost of the item is $15
```

看起来好多了。反斜线允许shell脚本将美元符解读为实际的美元符，而不是变量。下一节将会介绍如何在脚本中创建自己的变量。

说明 你可能还见过通过${variable}形式引用的变量。变量名两侧额外的花括号通常用来帮助识别美元符后的变量名。

11.4.2 用户变量

除了环境变量，shell脚本还允许在脚本中定义和使用自己的变量。定义变量允许临时存储数据并在整个脚本中使用，从而使shell脚本看起来更像一个真正的计算机程序。

用户变量可以是任何由字母、数字或下划线组成的文本字符串，长度不超过20个。用户变量区分大小写，所以变量Var1和变量var1是不同的。这个小规矩经常让脚本编程初学者感到头疼。

使用等号将值赋给用户变量。在变量、等号和值之间不能出现空格（另一个困扰初学者的用法）。这里有一些给用户变量赋值的例子。

```
var1=10
var2=-57
var3=testing
var4="still more testing"
```

shell脚本会自动决定变量值的数据类型。在脚本的整个生命周期里，shell脚本中定义的变量会一直保持着它们的值，但在shell脚本结束时会被删除掉。

与系统变量类似，用户变量可通过美元符引用。

```
$ cat test3
#!/bin/bash
```

```
# testing variables
days=10
guest="Katie"
echo "$guest checked in $days days ago"
days=5
guest="Jessica"
echo "$guest checked in $days days ago"
$
```

运行脚本会有如下输出。

```
$ chmod u+x test3
$ ./test3
Katie checked in 10 days ago
Jessica checked in 5 days ago
$
```

变量每次被引用时，都会输出当前赋给它的值。重要的是要记住，引用一个变量值时需要使用美元符，而引用变量来对其进行赋值时则不要使用美元符。通过一个例子你就能明白我的意思。

```
$ cat test4
#!/bin/bash
# assigning a variable value to another variable

value1=10
value2=$value1
echo The resulting value is $value2
$
```

在赋值语句中使用value1变量的值时，仍然必须用美元符。这段代码产生如下输出。

```
$ chmod u+x test4
$ ./test4
The resulting value is 10
$
```

要是忘了用美元符，使得value2的赋值行变成了这样：

```
value2=value1
```

那你会得到如下输出：

```
$ ./test4
The resulting value is value1
$
```

没有美元符，shell会将变量名解释成普通的文本字符串，通常这并不是你想要的结果。

11.4.3　命令替换

shell脚本中最有用的特性之一就是可以从命令输出中提取信息，并将其赋给变量。把输出赋给变量之后，就可以随意在脚本中使用了。这个特性在处理脚本数据时尤为方便。

有两种方法可以将命令输出赋给变量：

- 反引号字符（`）

❑ $()格式

要注意反引号字符，这可不是用于字符串的那个普通的单引号字符。由于在shell脚本之外很少用到，你可能甚至都不知道在键盘什么地方能找到这个字符。但你必须慢慢熟悉它，因为这是许多shell脚本中的重要组件。提示：在美式键盘上，它通常和波浪线（~）位于同一键位。

命令替换允许你将shell命令的输出赋给变量。尽管这看起来并不那么重要，但它却是脚本编程中的一个主要组成部分。

要么用一对反引号把整个命令行命令围起来：

```
testing=`date`
```

要么使用$()格式：

```
testing=$(date)
```

shell会运行命令替换符号中的命令，并将其输出赋给变量testing。注意，赋值等号和命令替换字符之间没有空格。这里有个使用普通的shell命令输出创建变量的例子。

```
$ cat test5
#!/bin/bash
testing=$(date)
echo "The date and time are: " $testing
$
```

变量testing获得了date命令的输出，然后使用echo语句显示出它的值。运行这个shell脚本生成如下输出。

```
$ chmod u+x test5
$ ./test5
The date and time are:  Mon Jan 31 20:23:25 EDT 2014
$
```

这个例子毫无吸引人的地方（也可以干脆将该命令放在echo语句中），但只要将命令的输出放到了变量里，你就可以想干什么就干什么了。

下面这个例子很常见，它在脚本中通过命令替换获得当前日期并用它来生成唯一文件名。

```
#!/bin/bash
# copy the /usr/bin directory listing to a log file
today=$(date +%y%m%d)
ls /usr/bin -al > log.$today
```

today变量是被赋予格式化后的date命令的输出。这是提取日期信息来生成日志文件名常用的一种技术。+%y%m%d格式告诉date命令将日期显示为两位数的年月日的组合。

```
$ date +%y%m%d
140131
$
```

这个脚本将日期值赋给一个变量，之后再将其作为文件名的一部分。文件自身含有目录列表的重定向输出（将在11.5节详细讨论）。运行该脚本之后，应该能在目录中看到一个新文件。

```
-rw-r--r--    1 user     user         769 Jan 31 10:15 log.140131
```

目录中出现的日志文件采用$today变量的值作为文件名的一部分。日志文件的内容是/usr/bin目录内容的列表输出。如果脚本在明天运行，日志文件名会是log.140201，就这样为新的一天创建一个新文件。

警告　命令替换会创建一个子shell来运行对应的命令。子shell（subshell）是由运行该脚本的shell所创建出来的一个独立的子shell（child shell）。正因如此，由该子shell所执行命令是无法使用脚本中所创建的变量的。

在命令行提示符下使用路径./运行命令的话，也会创建出子shell；要是运行命令的时候不加入路径，就不会创建子shell。如果你使用的是内建的shell命令，并不会涉及子shell。在命令行提示符下运行脚本时一定要留心！

11.5　重定向输入和输出

有些时候你想要保存某个命令的输出而不仅仅只是让它显示在显示器上。bash shell提供了几个操作符，可以将命令的输出重定向到另一个位置（比如文件）。重定向可以用于输入，也可以用于输出，可以将文件重定向到命令输入。本节介绍了如何在shell脚本中使用重定向。

11.5.1　输出重定向

最基本的重定向将命令的输出发送到一个文件中。bash shell用大于号（>）来完成这项功能：

```
command > outputfile
```

之前显示器上出现的命令输出会被保存到指定的输出文件中。

```
$ date > test6
$ ls -l test6
-rw-r--r--    1 user     user           29 Feb 10 17:56 test6
$ cat test6
Thu Feb 10 17:56:58 EDT 2014
$
```

重定向操作符创建了一个文件test6（通过默认的umask设置），并将date命令的输出重定向到该文件中。如果输出文件已经存在了，重定向操作符会用新的文件数据覆盖已有文件。

```
$ who > test6
$ cat test6
user     pts/0    Feb 10 17:55
$
```

现在test6文件的内容就是who命令的输出。

有时，你可能并不想覆盖文件原有内容，而是想要将命令的输出追加到已有文件中，比如你正在创建一个记录系统上某个操作的日志文件。在这种情况下，可以用双大于号（>>）来追加数据。

```
$ date >> test6
$ cat test6
user     pts/0     Feb 10 17:55
Thu Feb 10 18:02:14 EDT 2014
$
```

test6文件仍然包含早些时候who命令的数据，现在又加上了来自date命令的输出。

11.5.2　输入重定向

输入重定向和输出重定向正好相反。输入重定向将文件的内容重定向到命令，而非将命令的输出重定向到文件。

输入重定向符号是小于号（<）：

```
command < inputfile
```

一个简单的记忆方法就是：在命令行上，命令总是在左侧，而重定向符号“指向”数据流动的方向。小于号说明数据正在从输入文件流向命令。

这里有个和wc命令一起使用输入重定向的例子。

```
$ wc < test6
      2      11      60
$
```

wc命令可以对对数据中的文本进行计数。默认情况下，它会输出3个值：

- 文本的行数
- 文本的词数
- 文本的字节数

通过将文本文件重定向到wc命令，你立刻就可以得到文件中的行、词和字节的计数。这个例子说明test6文件有2行、11个单词以及60字节。

还有另外一种输入重定向的方法，称为*内联输入重定向*（inline input redirection）。这种方法无需使用文件进行重定向，只需要在命令行中指定用于输入重定向的数据就可以了。乍看一眼，这可能有点奇怪，但有些应用会用到这种方式（参见11.7节）。

内联输入重定向符号是远小于号（<<）。除了这个符号，你必须指定一个文本标记来划分输入数据的开始和结尾。任何字符串都可作为文本标记，但在数据的开始和结尾文本标记必须一致。

```
command << marker
data
marker
```

在命令行上使用内联输入重定向时，shell会用PS2环境变量中定义的次提示符（参见第6章）来提示输入数据。下面是它的使用情况。

```
$ wc << EOF
> test string 1
> test string 2
> test string 3
> EOF
```

```
      3       9      42
$
```

次提示符会持续提示，以获取更多的输入数据，直到你输入了作为文本标记的那个字符串。wc命令会对内联输入重定向提供的数据进行行、词和字节计数。

11.6 管道

有时需要将一个命令的输出作为另一个命令的输入。这可以用重定向来实现，只是有些笨拙。

```
$ rpm -qa > rpm.list
$ sort < rpm.list
abrt-1.1.14-1.fc14.i686
abrt-addon-ccpp-1.1.14-1.fc14.i686
abrt-addon-kerneloops-1.1.14-1.fc14.i686
abrt-addon-python-1.1.14-1.fc14.i686
abrt-desktop-1.1.14-1.fc14.i686
abrt-gui-1.1.14-1.fc14.i686
abrt-libs-1.1.14-1.fc14.i686
abrt-plugin-bugzilla-1.1.14-1.fc14.i686
abrt-plugin-logger-1.1.14-1.fc14.i686
abrt-plugin-runapp-1.1.14-1.fc14.i686
acl-2.2.49-8.fc14.i686

[...]
```

rpm命令通过Red Hat包管理系统（RPM）对系统（比如上例中的Fedora系统）上安装的软件包进行管理。配合-qa选项使用时，它会生成已安装包的列表，但这个列表并不会遵循某种特定的顺序。如果你在查找某个或某组特定的包，想在rpm命令的输出中找到就比较困难了。

通过标准输出重定向，rpm命令的输出被重定向到了文件 rpm.list。命令完成后，rpm.list保存着系统中所有已安装的软件包列表。接下来，输入重定向将rpm.list文件的内容发送给sort命令，该命令按字母顺序对软件包名称进行排序。

这种方法的确管用，但仍然是一种比较繁琐的信息生成方式。我们用不着将命令输出重定向到文件中，可以将其直接重定向到另一个命令。这个过程叫作*管道连接*（piping）。

和命令替换所用的反引号（`）一样，管道符号在shell编程之外也很少用到。该符号由两个竖线构成，一个在另一个上面。然而管道符号的印刷体通常看起来更像是单个竖线（|）。在美式键盘上，它通常和反斜线（\）位于同一个键。管道被放在命令之间，将一个命令的输出重定向到另一个命令中：

```
command1 | command2
```

不要以为由管道串起的两个命令会依次执行。Linux系统实际上会同时运行这两个命令，在系统内部将它们连接起来。在第一个命令产生输出的同时，输出会被立即送给第二个命令。数据传输不会用到任何中间文件或缓冲区。

现在，可以利用管道将rpm命令的输出送入sort命令来产生结果。

```
$ rpm -qa | sort
abrt-1.1.14-1.fc14.i686
abrt-addon-ccpp-1.1.14-1.fc14.i686
abrt-addon-kerneloops-1.1.14-1.fc14.i686
abrt-addon-python-1.1.14-1.fc14.i686
abrt-desktop-1.1.14-1.fc14.i686
abrt-gui-1.1.14-1.fc14.i686
abrt-libs-1.1.14-1.fc14.i686
abrt-plugin-bugzilla-1.1.14-1.fc14.i686
abrt-plugin-logger-1.1.14-1.fc14.i686
abrt-plugin-runapp-1.1.14-1.fc14.i686
acl-2.2.49-8.fc14.i686

[...]
```

除非你的眼神特别好，否则可能根本来不及看清楚命令的输出。由于管道操作是实时运行的，所以只要rpm命令一输出数据，sort命令就会立即对其进行排序。等到rpm命令输出完数据，sort命令就已经将数据排好序并显示在了显示器上。

可以在一条命令中使用任意多条管道。可以持续地将命令的输出通过管道传给其他命令来细化操作。

在这个例子中，sort命令的输出会一闪而过，所以可以用一条文本分页命令（例如less或more）来强行将输出按屏显示。

```
$ rpm -qa | sort | more
```

这行命令序列会先执行rpm命令，将它的输出通过管道传给sort命令，然后再将sort的输出通过管道传给more命令来显示，在显示完一屏信息后停下来。这样你就可以在继续处理前停下来阅读显示器上显示的信息，如图11-1所示。

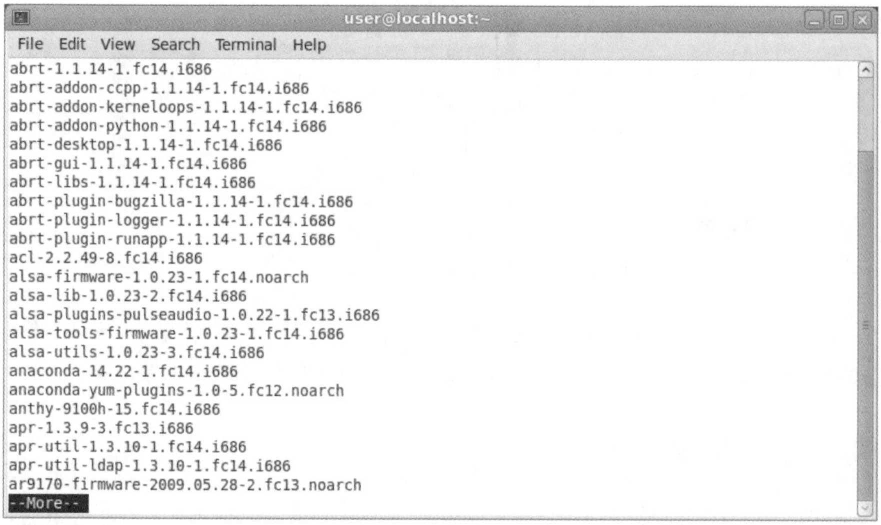

```
user@localhost:~
File Edit View Search Terminal Help
abrt-1.1.14-1.fc14.i686
abrt-addon-ccpp-1.1.14-1.fc14.i686
abrt-addon-kerneloops-1.1.14-1.fc14.i686
abrt-addon-python-1.1.14-1.fc14.i686
abrt-desktop-1.1.14-1.fc14.i686
abrt-gui-1.1.14-1.fc14.i686
abrt-libs-1.1.14-1.fc14.i686
abrt-plugin-bugzilla-1.1.14-1.fc14.i686
abrt-plugin-logger-1.1.14-1.fc14.i686
abrt-plugin-runapp-1.1.14-1.fc14.i686
acl-2.2.49-8.fc14.i686
alsa-firmware-1.0.23-1.fc14.noarch
alsa-lib-1.0.23-2.fc14.i686
alsa-plugins-pulseaudio-1.0.22-1.fc13.i686
alsa-tools-firmware-1.0.23-1.fc14.i686
alsa-utils-1.0.23-3.fc14.i686
anaconda-14.22-1.fc14.i686
anaconda-yum-plugins-1.0-5.fc12.noarch
anthy-9100h-15.fc14.i686
apr-1.3.9-3.fc13.i686
apr-util-1.3.10-1.fc14.i686
apr-util-ldap-1.3.10-1.fc14.i686
ar9170-firmware-2009.05.28-2.fc13.noarch
--More--
```

图11-1 通过管道将数据发送给more命令

如果想要更别致点，也可以搭配使用重定向和管道来将输出保存到文件中。

```
$ rpm -qa | sort > rpm.list
$ more rpm.list
abrt-1.1.14-1.fc14.i686
abrt-addon-ccpp-1.1.14-1.fc14.i686
abrt-addon-kerneloops-1.1.14-1.fc14.i686
abrt-addon-python-1.1.14-1.fc14.i686
abrt-desktop-1.1.14-1.fc14.i686
abrt-gui-1.1.14-1.fc14.i686
abrt-libs-1.1.14-1.fc14.i686
abrt-plugin-bugzilla-1.1.14-1.fc14.i686
abrt-plugin-logger-1.1.14-1.fc14.i686
abrt-plugin-runapp-1.1.14-1.fc14.i686
acl-2.2.49-8.fc14.i686
[...]
```

不出所料，rpm.list文件中的数据现在已经排好序了。

到目前为止，管道最流行的用法之一是将命令产生的大量输出通过管道传送给more命令。这对ls命令来说尤为常见，如图11-2所示。

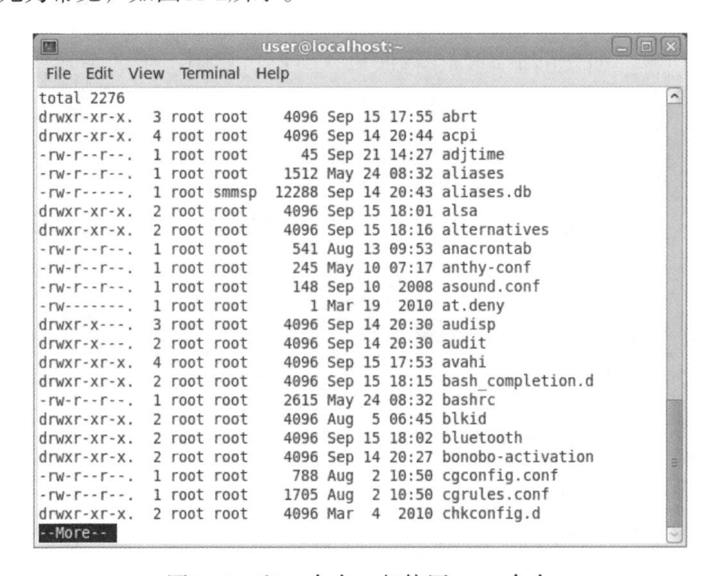

图11-2　和ls命令一起使用more命令

ls -l命令产生了目录中所有文件的长列表。对包含大量文件的目录来说，这个列表会相当长。通过将输出管道连接到more命令，可以强制输出在一屏数据显示后停下来。

11.7　执行数学运算

另一个对任何编程语言都很重要的特性是操作数字的能力。遗憾的是，对shell脚本来说，这个处理过程会比较麻烦。在shell脚本中有两种途径来进行数学运算。

11.7.1 expr 命令

最开始，Bourne shell提供了一个特别的命令用来处理数学表达式。expr命令允许在命令行上处理数学表达式，但是特别笨拙。

```
$ expr 1 + 5
6
```

expr命令能够识别少数的数学和字符串操作符，见表11-1。

表11-1 expr命令操作符

操 作 符	描 述
ARG1 | ARG2	如果ARG1既不是null也不是零值，返回ARG1；否则返回ARG2
ARG1 & ARG2	如果没有参数是null或零值，返回ARG1；否则返回0
ARG1 < ARG2	如果ARG1小于ARG2，返回1；否则返回0
ARG1 <= ARG2	如果ARG1小于或等于ARG2，返回1；否则返回0
ARG1 = ARG2	如果ARG1等于ARG2，返回1；否则返回0
ARG1 != ARG2	如果ARG1不等于ARG2，返回1；否则返回0
ARG1 >= ARG2	如果ARG1大于或等于ARG2，返回1；否则返回0
ARG1 > ARG2	如果ARG1大于ARG2，返回1；否则返回0
ARG1 + ARG2	返回ARG1和ARG2的算术运算和
ARG1 - ARG2	返回ARG1和ARG2的算术运算差
ARG1 * ARG2	返回ARG1和ARG2的算术乘积
ARG1 / ARG2	返回ARG1被ARG2除的算术商
ARG1 % ARG2	返回ARG1被ARG2除的算术余数
STRING : REGEXP	如果REGEXP匹配到了STRING中的某个模式，返回该模式匹配
match STRING REGEXP	如果REGEXP匹配到了STRING中的某个模式，返回该模式匹配
substr STRING POS LENGTH	返回起始位置为POS（从1开始计数）、长度为LENGTH个字符的子字符串
index STRING CHARS	返回在STRING中找到CHARS字符串的位置；否则，返回0
length STRING	返回字符串STRING的数值长度
+ TOKEN	将TOKEN解释成字符串，即使是个关键字
(EXPRESSION)	返回EXPRESSION的值

尽管标准操作符在expr命令中工作得很好，但在脚本或命令行上使用它们时仍有问题出现。许多expr命令操作符在shell中另有含义（比如星号）。当它们出现在expr命令中时，会得到一些诡异的结果。

```
$ expr 5 * 2
expr: syntax error
$
```

要解决这个问题，对于那些容易被shell错误解释的字符，在它们传入expr命令之前，需要使用shell的转义字符（反斜线）将其标出来。

```
$ expr 5 \* 2
```

11

```
10
$
```

现在，麻烦才刚刚开始！在shell脚本中使用expr命令也同样复杂：

```
$ cat test6
#!/bin/bash
# An example of using the expr command
var1=10
var2=20
var3=$(expr $var2 / $var1)
echo The result is $var3
```

要将一个数学算式的结果赋给一个变量，需要使用命令替换来获取expr命令的输出：

```
$ chmod u+x test6
$ ./test6
The result is 2
$
```

幸好bash shell有一个针对处理数学运算符的改进，你将会在下一节中看到。

11.7.2　使用方括号

bash shell为了保持跟Bourne shell的兼容而包含了expr命令，但它同样也提供了一种更简单的方法来执行数学表达式。在bash中，在将一个数学运算结果赋给某个变量时，可以用美元符和方括号（`$[ operation ]`）将数学表达式围起来。

```
$ var1=$[1 + 5]
$ echo $var1
6
$ var2=$[$var1 * 2]
$ echo $var2
12
$
```

用方括号执行shell数学运算比用expr命令方便很多。这种技术也适用于shell脚本。

```
$ cat test7
#!/bin/bash
var1=100
var2=50
var3=45
var4=$[$var1 * ($var2 - $var3)]
echo The final result is $var4
$
```

运行这个脚本会得到如下输出。

```
$ chmod u+x test7
$ ./test7
The final result is 500
$
```

同样，注意在使用方括号来计算公式时，不用担心shell会误解乘号或其他符号。shell知道它不是通配符，因为它在方括号内。

在bash shell脚本中进行算术运算会有一个主要的限制。请看下例：

```
$ cat test8
#!/bin/bash
var1=100
var2=45
var3=$[$var1 / $var2]
echo The final result is $var3
$
```

现在，运行一下，看看会发生什么：

```
$ chmod u+x test8
$ ./test8
The final result is 2
$
```

bash shell数学运算符只支持整数运算。若要进行任何实际的数学计算，这是一个巨大的限制。

> **说明**　z shell（zsh）提供了完整的浮点数算术操作。如果需要在shell脚本中进行浮点数运算，可以考虑看看z shell（将在第23章中讨论）。

11.7.3　浮点解决方案

有几种解决方案能够克服bash中数学运算的整数限制。最常见的方案是用内建的bash计算器，叫作bc。

1. bc的基本用法

bash计算器实际上是一种编程语言，它允许在命令行中输入浮点表达式，然后解释并计算该表达式，最后返回结果。bash计算器能够识别：

- 数字（整数和浮点数）
- 变量（简单变量和数组）
- 注释（以#或C语言中的/* */开始的行）
- 表达式
- 编程语句（例如if-then语句）
- 函数

可以在shell提示符下通过bc命令访问bash计算器：

```
$ bc
bc 1.06.95
Copyright 1991-1994, 1997, 1998, 2000, 2004, 2006 Free Software Foundation, Inc.
This is free software with ABSOLUTELY NO WARRANTY.
For details type 'warranty'.
12 * 5.4
64.8
```

```
3.156 * (3 + 5)
25.248
quit
$
```

这个例子一开始输入了表达式12 * 5.4。bash计算器返回了计算结果。随后每个输入到计算器的表达式都会被求值并显示出结果。要退出bash计算器，你必须输入quit。

浮点运算是由内建变量scale控制的。必须将这个值设置为你希望在计算结果中保留的小数位数，否则无法得到期望的结果。

```
$ bc -q
3.44 / 5
0
scale=4
3.44 / 5
.6880
quit
$
```

scale变量的默认值是0。在scale值被设置前，bash计算器的计算结果不包含小数位。在将其值设置成4后，bash计算器显示的结果包含四位小数。-q命令行选项可以不显示bash计算器冗长的欢迎信息。

除了普通数字，bash计算器还能支持变量。

```
$ bc -q
var1=10
var1 * 4
40
var2 = var1 / 5
print var2
2
quit
$
```

变量一旦被定义，你就可以在整个bash计算器会话中使用该变量了。print语句允许你打印变量和数字。

2. 在脚本中使用bc

现在你可能想问bash计算器是如何在shell脚本中帮助处理浮点运算的。还记得命令替换吗？是的，可以用命令替换运行bc命令，并将输出赋给一个变量。基本格式如下：

```
variable=$(echo "options; expression" | bc)
```

第一部分options允许你设置变量。如果你需要不止一个变量，可以用分号将其分开。expression参数定义了通过bc执行的数学表达式。这里有个在脚本中这么做的例子。

```
$ cat test9
#!/bin/bash
var1=$(echo "scale=4; 3.44 / 5" | bc)
echo The answer is $var1
$
```

这个例子将scale变量设置成了四位小数，并在expression部分指定了特定的运算。运行这个脚本会产生如下输出。

```
$ chmod u+x test9
$ ./test9
The answer is .6880
$
```

太好了！现在你不会再只能用数字作为表达式值了。也可以用shell脚本中定义好的变量。

```
$ cat test10
#!/bin/bash
var1=100
var2=45
var3=$(echo "scale=4; $var1 / $var2" | bc)
echo The answer for this is $var3
$
```

脚本定义了两个变量，它们都可以用在expression部分，然后发送给bc命令。别忘了用美元符表示的是变量的值而不是变量自身。这个脚本的输出如下。

```
$ ./test10
The answer for this is 2.2222
$
```

当然，一旦变量被赋值，那个变量也可以用于其他运算。

```
$ cat test11
#!/bin/bash
var1=20
var2=3.14159
var3=$(echo "scale=4; $var1 * $var1" | bc)
var4=$(echo "scale=4; $var3 * $var2" | bc)
echo The final result is $var4
$
```

这个方法适用于较短的运算，但有时你会涉及更多的数字。如果需要进行大量运算，在一个命令行中列出多个表达式就会有点麻烦。

有一个方法可以解决这个问题。bc命令能识别输入重定向，允许你将一个文件重定向到bc命令来处理。但这同样会叫人头疼，因为你还得将表达式存放到文件中。

最好的办法是使用内联输入重定向，它允许你直接在命令行中重定向数据。在shell脚本中，你可以将输出赋给一个变量。

```
variable=$(bc << EOF
options
statements
expressions
EOF
)
```

EOF文本字符串标识了内联重定向数据的起止。记住，仍然需要命令替换符号将bc命令的输出赋给变量。

现在可以将所有bash计算器涉及的部分都放到同一个脚本文件的不同行。下面是在脚本中使用这种技术的例子。

```
$ cat test12
#!/bin/bash

var1=10.46
var2=43.67
var3=33.2
var4=71

var5=$(bc << EOF
scale = 4
a1 = ( $var1 * $var2)
b1 = ($var3 * $var4)
a1 + b1
EOF
)

echo The final answer for this mess is $var5
$
```

将选项和表达式放在脚本的不同行中可以让处理过程变得更清晰，提高易读性。EOF字符串标识了重定向给bc命令的数据的起止。当然，必须用命令替换符号标识出用来给变量赋值的命令。

你还会注意到，在这个例子中，你可以在bash计算器中赋值给变量。这一点很重要：在bash计算器中创建的变量只在bash计算器中有效，不能在shell脚本中使用。

11.8　退出脚本

迄今为止所有的示例脚本中，我们都是突然停下来的。运行完最后一条命令时，脚本就结束了。其实还有另外一种更优雅的方法可以为脚本划上一个句号。

shell中运行的每个命令都使用*退出状态码*（exit status）告诉shell它已经运行完毕。退出状态码是一个0～255的整数值，在命令结束运行时由命令传给shell。可以捕获这个值并在脚本中使用。

11.8.1　查看退出状态码

Linux提供了一个专门的变量$?来保存上个已执行命令的退出状态码。对于需要进行检查的命令，必须在其运行完毕后立刻查看或使用$?变量。它的值会变成由shell所执行的最后一条命令的退出状态码。

```
$ date
Sat Jan 15 10:01:30 EDT 2014
$ echo $?
0
$
```

按照惯例，一个成功结束的命令的退出状态码是0。如果一个命令结束时有错误，退出状态码就是一个正数值。

```
$ asdfg
-bash: asdfg: command not found
$ echo $?
127
$
```

无效命令会返回一个退出状态码127。Linux错误退出状态码没有什么标准可循，但有一些可用的参考，如表11-2所示。

表11-2　Linux退出状态码

状　态　码	描　　述
0	命令成功结束
1	一般性未知错误
2	不适合的shell命令
126	命令不可执行
127	没找到命令
128	无效的退出参数
128+x	与Linux信号x相关的严重错误
130	通过Ctrl+C终止的命令
255	正常范围之外的退出状态码

退出状态码126表明用户没有执行命令的正确权限。

```
$ ./myprog.c
-bash: ./myprog.c: Permission denied
$ echo $?
126
$
```

另一个会碰到的常见错误是给某个命令提供了无效参数。

```
$ date %t
date: invalid date '%t'
$ echo $?
1
$
```

这会产生一般性的退出状态码1，表明在命令中发生了未知错误。

11.8.2　exit 命令

默认情况下，shell脚本会以脚本中的最后一个命令的退出状态码退出。

```
$ ./test6
The result is 2
$ echo $?
0
$
```

你可以改变这种默认行为，返回自己的退出状态码。exit命令允许你在脚本结束时指定一个退出状态码。

```
$ cat test13
#!/bin/bash
# testing the exit status
var1=10
var2=30
var3=$[$var1 + $var2]
echo The answer is $var3
exit 5
$
```

当查看脚本的退出码时，你会得到作为参数传给exit命令的值。

```
$ chmod u+x test13
$ ./test13
The answer is 40
$ echo $?
5
$
```

也可以在exit命令的参数中使用变量。

```
$ cat test14
#!/bin/bash
# testing the exit status
var1=10
var2=30
var3=$[$var1 + $var2]
exit $var3
$
```

当你运行这个命令时，它会产生如下退出状态。

```
$ chmod u+x test14
$ ./test14
$ echo $?
40
$
```

你要注意这个功能，因为退出状态码最大只能是255。看下面例子中会怎样。

```
$ cat test14b
#!/bin/bash
# testing the exit status
var1=10
var2=30
var3=$[$var1 * $var2]
echo The value is $var3
exit $var3
$
```

现在运行它的话，会得到如下输出。

```
$ ./test14b
```

```
The value is 300
$ echo $?
44
$
```

退出状态码被缩减到了0 ~ 255的区间。shell通过模运算得到这个结果。一个值的模就是被除后的余数。最终的结果是指定的数值除以256后得到的余数。在这个例子中，指定的值是300（返回值），余数是44，因此这个余数就成了最后的状态退出码。

在第12章中，你会了解到如何用if-then语句来检查某个命令返回的错误状态，以便知道命令是否成功。

11.9 小结

bash shell脚本允许你将多个命令串起来放进脚本中。创建脚本的最基本的方式是将命令行中的多个命令通过分号分开来。shell会按顺序逐个执行命令，在显示器上显示每个命令的输出。

你也可以创建一个shell脚本文件，将多个命令放进同一个文件，让shell依次执行。shell脚本文件必须定义用于运行脚本的shell。这个可以通过#!符号在脚本文件的第一行指定，后面跟上shell的完整路径。

在shell脚本内，你可以通过在变量前使用美元符来引用环境变量。也可以定义自己的变量以便在脚本内使用，并对其赋值，甚至还可以通过反引号或$()捕获的某个命令的输出。在脚本中可以通过在变量名前放置一个美元符来使用变量的值。

bash shell允许你更改命令的标准输入和输出，将其重定向到其他地方。你可以通过大于号将命令输出从显示器屏幕重定向到一个文件中。也可以通过双大于号将输出数据追加到已有文件。小于号用来将输入重定向到命令。你可以将文件内容重定向到某个命令。

Linux管道命令（断条符号）允许你将命令的输出直接重定向到另一个命令的输入。Linux系统能够同时运行这两条命令，将第一个命令的输出发送给第二个命令的输入，不需要借助任何重定向文件。

bash shell提供了多种方式在shell脚本中执行数学操作。expr命令是一种进行整数运算的简便方法。在bash shell中，你也可以通过将美元符号放在由方括号包围的表达式之前来执行基本的数学运算。为了执行浮点运算，你需要利用bc计算器命令，将内联数据重定向到输入，然后将输出存储到用户变量中。

最后，本章讨论了如何在shell脚本中使用退出状态码。shell中运行的每个命令都会产生一个退出状态码。退出状态码是一个0 ~ 255的整数值，表明命令是否成功执行；如果没有成功，可能的原因是什么。退出状态码0表明命令成功执行了。你可以在shell脚本中用exit命令来声明一个脚本完成时的退出状态码。

到目前为止，脚本中的命令都是按照有序的方式一个接着一个处理的。在下章中，你将学习如何用一些逻辑流程控制来更改命令的执行次序。

第12章

使用结构化命令

12

本章内容

- 使用if-then语句
- 嵌套if语句
- test命令
- 复合条件测试
- 使用双方括号和双括号
- case命令

在第11章给出的那些shell脚本里，shell按照命令在脚本中出现的顺序依次进行处理。对顺序操作来说，这已经足够了，因为在这种操作环境下，你想要的就是所有的命令按照正确的顺序执行。然而，并非所有程序都如此操作。

许多程序要求对shell脚本中的命令施加一些逻辑流程控制。有一类命令会根据条件使脚本跳过某些命令。这样的命令通常称为结构化命令（structured command）。

结构化命令允许你改变程序执行的顺序。在bash shell中有不少结构化命令，我们会逐个研究。本章来看一下if-then和case语句。

12.1 使用 if-then 语句

最基本的结构化命令就是if-then语句。if-then语句有如下格式。

```
if command
then
    commands
fi
```

如果你在用其他编程语言的if-then语句，这种形式可能会让你有点困惑。在其他编程语言中，if语句之后的对象是一个等式，这个等式的求值结果为TRUE或FALSE。但bash shell的if语句并不是这么做的。

bash shell的if语句会运行if后面的那个命令。如果该命令的退出状态码（参见第11章）是0（该命令成功运行），位于then部分的命令就会被执行。如果该命令的退出状态码是其他值，then

部分的命令就不会被执行，bash shell会继续执行脚本中的下一个命令。fi语句用来表示if-then语句到此结束。

这里有个简单的例子可解释这个概念。

```
$ cat test1.sh
#!/bin/bash
# testing the if statement
if pwd
then
    echo "It worked"
fi
$
```

这个脚本在if行采用了pwd命令。如果命令成功结束，echo语句就会显示该文本字符串。在命令行运行该脚本时，会得到如下结果。

```
$ ./test1.sh
/home/Christine
It worked
$
```

shell执行了if行中的pwd命令。由于退出状态码是0，它就又执行了then部分的echo语句。

下面是另外一个例子。

```
$ cat test2.sh
#!/bin/bash
# testing a bad command
if IamNotaCommand
then
   echo "It worked"
fi
echo "We are outside the if statement"
$
$ ./test2.sh
./test2.sh: line 3: IamNotaCommand: command not found
We are outside the if statement
$
```

在这个例子中，我们在if语句行故意放了一个不能工作的命令。由于这是个错误的命令，所以它会产生一个非零的退出状态码，且bash shell会跳过then部分的echo语句。还要注意，运行if语句中的那个错误命令所生成的错误消息依然会显示在脚本的输出中。有时你可能不想看到错误信息。第15章将会讨论如何避免这种情况。

说明 你可能在有些脚本中看到过if-then语句的另一种形式：

```
if command; then
 commands
fi
```

通过把分号放在待求值的命令尾部，就可以将then语句放在同一行上了，这样看起来更像其他编程语言中的if-then语句。

12

在then部分，你可以使用不止一条命令。可以像在脚本中的其他地方一样在这里列出多条命令。bash shell会将这些命令当成一个块，如果if语句行的命令的退出状态值为0，所有的命令都会被执行；如果if语句行的命令的退出状态不为0，所有的命令都会被跳过。

```
$ cat test3.sh
#!/bin/bash
# testing multiple commands in the then section
#
testuser=Christine
#
if grep $testuser /etc/passwd
then
   echo "This is my first command"
   echo "This is my second command"
   echo "I can even put in other commands besides echo:"
   ls -a /home/$testuser/.b*
fi
$
```

if语句行使用grep命令在/etc/passwd文件中查找某个用户名当前是否在系统上使用。如果有用户使用了那个登录名，脚本会显示一些文本信息并列出该用户HOME目录的bash文件。

```
$ ./test3.sh
Christine:x:501:501:Christine B:/home/Christine:/bin/bash
This is my first command
This is my second command
I can even put in other commands besides echo:
/home/Christine/.bash_history  /home/Christine/.bash_profile
/home/Christine/.bash_logout   /home/Christine/.bashrc
$
```

但是，如果将testuser变量设置成一个系统上不存在的用户，则什么都不会显示。

```
$ cat test3.sh
#!/bin/bash
# testing multiple commands in the then section
#
testuser=NoSuchUser
#
if grep $testuser /etc/passwd
then
   echo "This is my first command"
   echo "This is my second command"
   echo "I can even put in other commands besides echo:"
   ls -a /home/$testuser/.b*
fi
$
$ ./test3.sh
$
```

看起来也没什么新鲜的。如果在这里显示的一些消息可说明这个用户名在系统中未找到，这样可能就会显得更友好。是的，可以用if-then语句的另外一个特性来做到这一点。

12.2 if-then-else 语句

在if-then语句中，不管命令是否成功执行，你都只有一种选择。如果命令返回一个非零退出状态码，bash shell会继续执行脚本中的下一条命令。在这种情况下，如果能够执行另一组命令就好了。这正是if-then-else语句的作用。

if-then-else语句在语句中提供了另外一组命令。

```
if command
then
   commands
else
   commands
fi
```

当if语句中的命令返回退出状态码0时，then部分中的命令会被执行，这跟普通的if-then语句一样。当if语句中的命令返回非零退出状态码时，bash shell会执行else部分中的命令。

现在可以复制并修改测试脚本来加入else部分。

```
$ cp test3.sh test4.sh
$
$ nano test4.sh
$
$ cat test4.sh
#!/bin/bash
# testing the else section
#
testuser=NoSuchUser
#
if grep $testuser /etc/passwd
then
   echo "The bash files for user $testuser are:"
   ls -a /home/$testuser/.b*
   echo
else
   echo "The user $testuser does not exist on this system."
   echo
fi
$
$ ./test4.sh
The user NoSuchUser does not exist on this system.

$
```


这样就更友好了。跟then部分一样，else部分可以包含多条命令。fi语句说明else部分结束了。

12.3 嵌套 if

有时你需要检查脚本代码中的多种条件。对此，可以使用嵌套的if-then语句。

要检查/etc/passwd文件中是否存在某个用户名以及该用户的目录是否尚在，可以使用嵌套的if-then语句。嵌套的if-then语句位于主if-then-else语句的else代码块中。

```
$ ls -d /home/NoSuchUser/
/home/NoSuchUser/
$
$ cat test5.sh
#!/bin/bash
# Testing nested ifs
#
testuser=NoSuchUser
#
if grep $testuser /etc/passwd
then
   echo "The user $testuser exists on this system."
else
   echo "The user $testuser does not exist on this system."
   if ls -d /home/$testuser/
   then
      echo "However, $testuser has a directory."
   fi
fi
$
$ ./test5.sh
The user NoSuchUser does not exist on this system.
/home/NoSuchUser/
However, NoSuchUser has a directory.
$
```

这个脚本准确无误地发现，尽管登录名已经从/etc/passwd中删除了，但是该用户的目录仍然存在。在脚本中使用这种嵌套if-then语句的问题在于代码不易阅读，很难理清逻辑流程。

可以使用else部分的另一种形式：elif。这样就不用再书写多个if-then语句了。elif使用另一个if-then语句延续else部分。

```
if command1
then
   commands
elif command2
then
    more commands
fi
```

elif语句行提供了另一个要测试的命令，这类似于原始的if语句行。如果elif后命令的退出状态码是0，则bash会执行第二个then语句部分的命令。使用这种嵌套方法，代码更清晰，逻辑更易懂。

```
$ cat test5.sh
#!/bin/bash
# Testing nested ifs - use elif
#
testuser=NoSuchUser
#
```

```
if grep $testuser /etc/passwd
then
   echo "The user $testuser exists on this system."
#
elif ls -d /home/$testuser
then
   echo "The user $testuser does not exist on this system."
   echo "However, $testuser has a directory."
#
fi
$
$ ./test5.sh
/home/NoSuchUser
The user NoSuchUser does not exist on this system.
However, NoSuchUser has a directory.
$
```

甚至可以更进一步，让脚本检查拥有目录的不存在用户以及没有拥有目录的不存在用户。这可以通过在嵌套elif中加入一个else语句来实现。

```
$ cat test5.sh
#!/bin/bash
# Testing nested ifs - use elif & else
#
testuser=NoSuchUser
#
if grep $testuser /etc/passwd
then
   echo "The user $testuser exists on this system."
#
elif ls -d /home/$testuser
then
   echo "The user $testuser does not exist on this system."
   echo "However, $testuser has a directory."
#
else
   echo "The user $testuser does not exist on this system."
   echo "And, $testuser does not have a directory."
fi
$
$ ./test5.sh
/home/NoSuchUser
The user NoSuchUser does not exist on this system.
However, NoSuchUser has a directory.
$
$ sudo rmdir /home/NoSuchUser
[sudo] password for Christine:
$
$ ./test5.sh
ls: cannot access /home/NoSuchUser: No such file or directory
The user NoSuchUser does not exist on this system.
And, NoSuchUser does not have a directory.
$
```

在/home/NoSuchUser目录被删除之前，这个测试脚本执行的是elif语句，返回零值的退出状态。因此elif的then代码块中的语句得以执行。删除了/home/NoSuchUser目录之后，elif语句返回的是非零值的退出状态。这使得elif块中的else代码块得以执行。

窍门 记住，在elif语句中，紧跟其后的else语句属于elif代码块。它们并不属于之前的if-then代码块。

可以继续将多个elif语句串起来，形成一个大的if-then-elif嵌套组合。

```
if command1
then
    command set 1
elif command2
then
   command set 2
elif command3
then
   command set 3
elif command4
then
   command set 4
fi
```

每块命令都会根据命令是否会返回退出状态码0来执行。记住，bash shell会依次执行if语句，只有第一个返回退出状态码0的语句中的then部分会被执行。

尽管使用了elif语句的代码看起来更清晰，但是脚本的逻辑仍然会让人犯晕。在12.7节，你会看到如何使用case命令代替if-then语句的大量嵌套。

12.4　test 命令

到目前为止，在if语句中看到的都是普通shell命令。你可能想问，if-then语句是否能测试命令退出状态码之外的条件。

答案是不能。但在bash shell中有个好用的工具可以帮你通过if-then语句测试其他条件。

test命令提供了在if-then语句中测试不同条件的途径。如果test命令中列出的条件成立，test命令就会退出并返回退出状态码0。这样if-then语句就与其他编程语言中的if-then语句以类似的方式工作了。如果条件不成立，test命令就会退出并返回非零的退出状态码，这使得if-then语句不会再被执行。

test命令的格式非常简单。

```
test condition
```

*condition*是test命令要测试的一系列参数和值。当用在if-then语句中时，test命令看起来是这样的。

```
if test condition
then
   commands
fi
```

如果不写test命令的*condition*部分，它会以非零的退出状态码退出，并执行else语句块。

```
$ cat test6.sh
#!/bin/bash
# Testing the test command
#
if test
then
   echo "No expression returns a True"
else
   echo "No expression returns a False"
fi
$
$ ./test6.sh
No expression returns a False
$
```

当你加入一个条件时，test命令会测试该条件。例如，可以使用test命令确定变量中是否有内容。这只需要一个简单的条件表达式。

```
$ cat test6.sh
#!/bin/bash
# Testing the test command
#
my_variable="Full"
#
if test $my_variable
then
   echo "The $my_variable expression returns a True"
#
else
   echo "The $my_variable expression returns a False"
fi
$
$ ./test6.sh
The Full expression returns a True
$
```

变量my_variable中包含有内容（Full），因此当test命令测试条件时，返回的退出状态为0。这使得then语句块中的语句得以执行。

如你所料，如果该变量中没有包含内容，就会出现相反的情况。

```
$ cat test6.sh
#!/bin/bash
# Testing the test command
#
my_variable=""
#
if test $my_variable
```

```
then
   echo "The $my_variable expression returns a True"
#
else
   echo "The $my_variable expression returns a False"
fi
$
$ ./test6.sh
The  expression returns a False
$
```

bash shell提供了另一种条件测试方法，无需在if-then语句中声明test命令。

```
if [ condition ]
then
   commands
fi
```

方括号定义了测试条件。注意，第一个方括号之后和第二个方括号之前必须加上一个空格，否则就会报错。

test命令可以判断三类条件：

- 数值比较
- 字符串比较
- 文件比较

后续章节将会介绍如何在if-then语句中使用这些条件测试。

12.4.1　数值比较

使用test命令最常见的情形是对两个数值进行比较。表12-1列出了测试两个值时可用的条件参数。

表12-1　test命令的数值比较功能

比　较	描　述
n1 -eq n2	检查n1是否与n2相等
n1 -ge n2	检查n1是否大于或等于n2
n1 -gt n2	检查n1是否大于n2
n1 -le n2	检查n1是否小于或等于n2
n1 -lt n2	检查n1是否小于n2
n1 -ne n2	检查n1是否不等于n2

数值条件测试可以用在数字和变量上。这里有个例子。

```
$ cat numeric_test.sh
#!/bin/bash
# Using numeric test evaluations
#
```

```
value1=10
value2=11
#
if [ $value1 -gt 5 ]
then
    echo "The test value $value1 is greater than 5"
fi
#
if [ $value1 -eq $value2 ]
then
    echo "The values are equal"
else
    echo "The values are different"
fi
#
$
```

第一个条件测试：

```
if [ $value1 -gt 5 ]
```

测试变量value1的值是否大于5。第二个条件测试：

```
if [ $value1 -eq $value2 ]
```

测试变量value1的值是否和变量value2的值相等。两个数值条件测试的结果和预想一致。

```
$ ./numeric_test.sh
The test value 10 is greater than 5
The values are different
$
```

但是涉及浮点值时，数值条件测试会有一个限制。

```
$ cat floating_point_test.sh
#!/bin/bash
# Using floating point numbers in test evaluations
#
value1=5.555
#
echo "The test value is $value1"
#
if [ $value1 -gt 5 ]
then
    echo "The test value $value1 is greater than 5"
fi
#
$ ./floating_point_test.sh
The test value is 5.555
./floating_point_test.sh: line 8:
[: 5.555: integer expression expected
$
```

此例，变量value1中存储的是浮点值。接着，脚本对这个值进行了测试。显然这里出错了。记住，bash shell只能处理整数。如果你只是要通过echo语句来显示这个结果，那没问题。

但是，在基于数字的函数中就不行了，例如我们的数值测试条件。最后一行就说明我们不能在test命令中使用浮点值。

12.4.2　字符串比较

条件测试还允许比较字符串值。比较字符串比较烦琐，你马上就会看到。表12-2列出了可用的字符串比较功能。

表12-2　字符串比较测试

比　较	描　述
str1 = str2	检查str1是否和str2相同
str1 != str2	检查str1是否和str2不同
str1 < str2	检查str1是否比str2小
str1 > str2	检查str1是否比str2大
-n str1	检查str1的长度是否非0
-z str1	检查str1的长度是否为0

下面几节将会详细介绍不同的字符串比较功能。

1. 字符串相等性

字符串的相等和不等条件不言自明，很容易看出两个字符串值是否相同。

```
$ cat test7.sh
#!/bin/bash
# testing string equality
testuser=rich
#
if [ $USER = $testuser ]
then
   echo "Welcome $testuser"
fi
$
$ ./test7.sh
Welcome rich
$
```

字符串不等条件也可以判断两个字符串是否有相同的值。

```
$ cat test8.sh
#!/bin/bash
# testing string equality
testuser=baduser
#
if [ $USER != $testuser ]
then
   echo "This is not $testuser"
else
   echo "Welcome $testuser"
```

```
fi
$
$ ./test8.sh
This is not baduser
$
```

记住，在比较字符串的相等性时，比较测试会将所有的标点和大小写情况都考虑在内。

2. 字符串顺序

要测试一个字符串是否比另一个字符串大就是麻烦的开始。当要开始使用测试条件的大于或小于功能时，就会出现两个经常困扰shell程序员的问题：

- 大于号和小于号必须转义，否则shell会把它们当作重定向符号，把字符串值当作文件名；
- 大于和小于顺序和`sort`命令所采用的不同。

在编写脚本时，第一条可能会导致一个不易察觉的严重问题。下面的例子展示了shell脚本编程初学者时常碰到的问题。

```
$ cat badtest.sh
#!/bin/bash
# mis-using string comparisons
#
val1=baseball
val2=hockey
#
if [ $val1 > $val2 ]
then
   echo "$val1 is greater than $val2"
else
   echo "$val1 is less than $val2"
fi
$
$ ./badtest.sh
baseball is greater than hockey
$ ls -l hockey
-rw-r--r--    1 rich     rich            0 Sep 30 19:08 hockey
$
```

这个脚本中只用了大于号，没有出现错误，但结果是错的。脚本把大于号解释成了输出重定向（参见第15章）。因此，它创建了一个名为hockey的文件。由于重定向的顺利完成，`test`命令返回了退出状态码`0`，`if`语句便以为所有命令都成功结束了。

要解决这个问题，就需要正确转义大于号。


```
$ cat test9.sh
#!/bin/bash
# mis-using string comparisons
#
val1=baseball
val2=hockey
#
if [ $val1 \> $val2 ]
```

```
then
  echo "$val1 is greater than $val2"
else
   echo "$val1 is less than $val2"
fi
$
$ ./test9.sh
baseball is less than hockey
$
```

现在的答案已经符合预期的了。

第二个问题更细微，除非你经常处理大小写字母，否则几乎遇不到。sort命令处理大写字母的方法刚好跟test命令相反。让我们在脚本中测试一下这个特性。

```
$ cat test9b.sh
#!/bin/bash
# testing string sort order
val1=Testing
val2=testing
#
if [ $val1 \> $val2 ]
then
   echo "$val1 is greater than $val2"
else
   echo "$val1 is less than $val2"
fi
$
$ ./test9b.sh
Testing is less than testing
$
$ sort testfile
testing
Testing
$
```

在比较测试中，大写字母被认为是小于小写字母的。但sort命令恰好相反。当你将同样的字符串放进文件中并用sort命令排序时，小写字母会先出现。这是由各个命令使用的排序技术不同造成的。

比较测试中使用的是标准的ASCII顺序，根据每个字符的ASCII数值来决定排序结果。sort命令使用的是系统的本地化语言设置中定义的排序顺序。对于英语，本地化设置指定了在排序顺序中小写字母出现在大写字母前。

说明　test命令和测试表达式使用标准的数学比较符号来表示字符串比较，而用文本代码来表示数值比较。这个细微的特性被很多程序员理解反了。如果你对数值使用了数学运算符号，shell会将它们当成字符串值，可能无法得到正确的结果。

---

3. 字符串大小

-n和-z可以检查一个变量是否含有数据。

```
$ cat test10.sh
#!/bin/bash
# testing string length
val1=testing
val2=''
#
if [ -n $val1 ]
then
   echo "The string '$val1' is not empty"
else
   echo "The string '$val1' is empty"
fi
#
if [ -z $val2 ]
then
   echo "The string '$val2' is empty"
else
   echo "The string '$val2' is not empty"
fi
#
if [ -z $val3 ]
then
   echo "The string '$val3' is empty"
else
   echo "The string '$val3' is not empty"
fi
$
$ ./test10.sh
The string 'testing' is not empty
The string '' is empty
The string '' is empty
$
```

这个例子创建了两个字符串变量。val1变量包含了一个字符串，val2变量包含的是一个空字符串。后续的比较如下：

```
if [ -n $val1 ]
```

判断val1变量是否长度非0，而它的长度正好非0，所以then部分被执行了。

```
if [ -z $var2 ]
```

判断val2变量是否长度为0，而它正好长度为0，所以then部分被执行了。

```
if [ -z $val3 ]
```

判断val3变量是否长度为0。这个变量并未在shell脚本中定义过，所以它的字符串长度仍然为0，尽管它未被定义过。

12

窍门　空的和未初始化的变量会对shell脚本测试造成灾难性的影响。如果不是很确定一个变量的内容，最好在将其用于数值或字符串比较之前先通过-n或-z来测试一下变量是否含有值。

12.4.3 文件比较

最后一类比较测试很有可能是shell编程中最为强大、也是用得最多的比较形式。它允许你测试Linux文件系统上文件和目录的状态。表12-3列出了这些比较。

表12-3　test命令的文件比较功能

比　较	描　述
-d file	检查file是否存在并是一个目录
-e file	检查file是否存在
-f file	检查file是否存在并是一个文件
-r file	检查file是否存在并可读
-s file	检查file是否存在并非空
-w file	检查file是否存在并可写
-x file	检查file是否存在并可执行
-O file	检查file是否存在并属当前用户所有
-G file	检查file是否存在并且默认组与当前用户相同
file1 -nt file2	检查file1是否比file2新
file1 -ot file2	检查file1是否比file2旧

这些测试条件使你能够在shell脚本中检查文件系统中的文件。它们经常出现在需要进行文件访问的脚本中。鉴于其使用广泛，我们来逐个看看。

1. 检查目录

-d测试会检查指定的目录是否存在于系统中。如果你打算将文件写入目录或是准备切换到某个目录中，先进行测试总是件好事情。

```
$ cat test11.sh
#!/bin/bash
# Look before you leap
#
jump_directory=/home/arthur
#
if [ -d $jump_directory ]
then
   echo "The $jump_directory directory exists"
   cd $jump_directory
   ls
else
   echo "The $jump_directory directory does not exist"
fi
#
```

```
$
$ ./test11.sh
The /home/arthur directory does not exist
$
```

示例代码中使用了-d测试条件来检查jump_directory变量中的目录是否存在：若存在，就使用cd命令切换到该目录并列出目录中的内容；若不存在，脚本就输出一条警告信息，然后退出。

2. 检查对象是否存在

-e比较允许你的脚本代码在使用文件或目录前先检查它们是否存在。

```
$ cat test12.sh
#!/bin/bash
# Check if either a directory or file exists
#
location=$HOME
file_name="sentinel"
#
if [ -e $location ]
then  #Directory does exist
   echo "OK on the $location directory."
   echo "Now checking on the file, $file_name."
   #
   if [ -e $location/$file_name ]
   then #File does exist
       echo "OK on the filename"
       echo "Updating Current Date..."
       date >> $location/$file_name
   #
   else #File does not exist
       echo "File does not exist"
       echo "Nothing to update"
   fi
#
else   #Directory does not exist
   echo "The $location directory does not exist."
   echo "Nothing to update"
fi
#
$
$ ./test12.sh
OK on the /home/Christine directory.
Now checking on the file, sentinel.
File does not exist
Nothing to update
$
$ touch sentinel
$
$ ./test12.sh
OK on the /home/Christine directory.
Now checking on the file, sentinel.
OK on the filename
Updating Current Date...
$
```

第一次检查用-e比较来判断用户是否有$HOME目录。如果有，接下来的-e比较会检查sentinel文件是否存在于$HOME目录中。如果不存在，shell脚本就会提示该文件不存在，不需要进行更新。

为确保更新操作能够正常进行，我们创建了sentinel文件，然后重新运行这个shell脚本。这一次在进行条件测试时，$HOME和sentinel文件都存在，因此当前日期和时间就被追加到了文件中。

3. 检查文件

-e比较可用于文件和目录。要确定指定对象为文件，必须用-f比较。

```
$ cat test13.sh
#!/bin/bash
# Check if either a directory or file exists
#
item_name=$HOME
echo
echo "The item being checked: $item_name"
echo
#
if [ -e $item_name ]
then  #Item does exist
   echo "The item, $item_name, does exist."
   echo "But is it a file?"
   echo
   #
   if [ -f $item_name ]
   then #Item is a file
       echo "Yes, $item_name is a file."
   #
   else #Item is not a file
       echo "No, $item_name is not a file."
   fi
#
else   #Item does not exist
   echo "The item, $item_name, does not exist."
   echo "Nothing to update"
fi
#
$ ./test13.sh

The item being checked: /home/Christine

The item, /home/Christine, does exist.
But is it a file?

No, /home/Christine is not a file.
$
```

这一小段脚本进行了大量的检查！它首先使用-e比较测试$HOME是否存在。如果存在，继续用-f来测试它是不是一个文件。如果它不是文件（当然不会是了），就会显示一条消息，表明这不是一个文件。

我们对变量`item_name`作了一个小小的修改，将目录$HOME替换成文件$HOME/sentinel，结果就不一样了。

```
$ nano test13.sh
$
$ cat test13.sh
#!/bin/bash
# Check if either a directory or file exists
#
item_name=$HOME/sentinel
[...]
$
$ ./test13.sh

The item being checked: /home/Christine/sentinel

The item, /home/Christine/sentinel, does exist.
But is it a file?

Yes, /home/Christine/sentinel is a file.
$
```

这里只列出了脚本test13.sh的部分代码，因为只改变了脚本变量`item_name`的值。当运行这个脚本时，对$HOME/sentinel进行的`-f`测试所返回的退出状态码为`0`，`then`语句得以执行，然后输出消息：`Yes, /home/Christine/sentinel is a file`。

4. 检查是否可读

在尝试从文件中读取数据之前，最好先测试一下文件是否可读。可以使用`-r`比较测试。

```
$ cat test14.sh
#!/bin/bash
# testing if you can read a file
pwfile=/etc/shadow
#
# first, test if the file exists, and is a file
if [ -f $pwfile ]
then
   # now test if you can read it
   if [ -r $pwfile ]
   then
      tail $pwfile
   else
      echo "Sorry, I am unable to read the $pwfile file"
   fi
else
   echo "Sorry, the file $pwfile does not exist"
fi
$
$ ./test14.sh
Sorry, I am unable to read the /etc/shadow file
$
```

/etc/shadow文件含有系统用户加密后的密码，所以它对系统上的普通用户来说是不可读的。-r比较确定该文件不允许进行读取，因此测试失败，bash shell执行了if-then语句的else部分。

5. 检查空文件

应该用-s比较来检查文件是否为空，尤其是在不想删除非空文件的时候。要留心的是，当-s比较成功时，说明文件中有数据。

```
$ cat test15.sh
#!/bin/bash
# Testing if a file is empty
#
file_name=$HOME/sentinel
#
if [ -f $file_name ]
then
   if [ -s $file_name ]
   then
      echo "The $file_name file exists and has data in it."
      echo "Will not remove this file."
#
   else
      echo "The $file_name file exists, but is empty."
      echo "Deleting empty file..."
      rm $file_name
   fi
else
   echo "File, $file_name, does not exist."
fi
#
$ ls -l $HOME/sentinel
-rw-rw-r--. 1 Christine Christine 29 Jun 25 05:32 /home/Christine/sentinel
$
$ ./test15.sh
The /home/Christine/sentinel file exists and has data in it.
Will not remove this file.
$
```

-f比较测试首先测试文件是否存在。如果存在，由-s比较来判断该文件是否为空。空文件会被删除。可以从ls -l的输出中看出sentinel并不是空文件，因此脚本并不会删除它。

6. 检查是否可写

-w比较会判断你对文件是否有可写权限。脚本test16.sh只是脚本test13.sh的修改版。现在不单检查item_name是否存在、是否为文件，还会检查该文件是否有写入权限。

```
$ cat test16.sh
#!/bin/bash
# Check if a file is writable.
#
item_name=$HOME/sentinel
echo
echo "The item being checked: $item_name"
echo
```

```
[...]
        echo "Yes, $item_name is a file."
        echo "But is it writable?"
        echo
        #
        if [ -w $item_name ]
        then #Item is writable
             echo "Writing current time to $item_name"
             date +%H%M >> $item_name
        #
        else #Item is not writable
             echo "Unable to write to $item_name"
        fi
   #
   else #Item is not a file
        echo "No, $item_name is not a file."
   fi
[...]
$
$ ls -l sentinel
-rw-rw-r--. 1 Christine Christine 0 Jun 27 05:38 sentinel
$
$ ./test16.sh

The item being checked: /home/Christine/sentinel

The item, /home/Christine/sentinel, does exist.
But is it a file?

Yes, /home/Christine/sentinel is a file.
But is it writable?

Writing current time to /home/Christine/sentinel
$
$ cat sentinel
0543
$
```

变量item_name被设置成$HOME/sentinel，该文件允许用户进行写入（有关文件权限的更多信息，请参见第7章）。因此当脚本运行时，-w测试表达式会返回零退出状态，然后执行then代码块，将时间戳写入文件sentinel中。

如果使用chmod关闭文件sentinel的用户 写入权限，-w测试表达式会返回非零的退出状态码，时间戳不会被写入文件。

```
$ chmod u-w sentinel
$
$ ls -l sentinel
-r--rw-r--. 1 Christine Christine 5 Jun 27 05:43 sentinel
$
$ ./test16.sh

The item being checked: /home/Christine/sentinel
```

```
The item, /home/Christine/sentinel, does exist.
But is it a file?

Yes, /home/Christine/sentinel is a file.
But is it writable?

Unable to write to /home/Christine/sentinel
$
```

chmod命令可用来为读者再次回授写入权限。这会使得写入测试表达式返回退出状态码0，并允许一次针对文件的写入尝试。

7. 检查文件是否可以执行

-x比较是判断特定文件是否有执行权限的一个简单方法。虽然可能大多数命令用不到它，但如果你要在shell脚本中运行大量脚本，它就能发挥作用。

```
$ cat test17.sh
#!/bin/bash
# testing file execution
#
if [ -x test16.sh ]
then
   echo "You can run the script: "
   ./test16.sh
else
   echo "Sorry, you are unable to execute the script"
fi
$
$ ./test17.sh
You can run the script:
[...]
$
$ chmod u-x test16.sh
$
$ ./test17.sh
Sorry, you are unable to execute the script
$
```

这段示例shell脚本用-x比较来测试是否有权限执行test16.sh脚本。如果有权限，它会运行这个脚本。在首次成功运行test16.sh脚本后，更改文件的权限。这次，-x比较失败了，因为你已经没有test16.sh脚本的执行权限了。

8. 检查所属关系

-O比较可以测试出你是否是文件的属主。

```
$ cat test18.sh
#!/bin/bash
# check file ownership
#
if [ -O /etc/passwd ]
then
   echo "You are the owner of the /etc/passwd file"
```

```
else
   echo "Sorry, you are not the owner of the /etc/passwd file"
fi
$
$ ./test18.sh
Sorry, you are not the owner of the /etc/passwd file
$
```

这段脚本用`-O`比较来测试运行该脚本的用户是否是/etc/passwd文件的属主。这个脚本是运行在普通用户账户下的，所以测试失败了。

9. 检查默认属组关系

`-G`比较会检查文件的默认组，如果它匹配了用户的默认组，则测试成功。由于`-G`比较只会检查默认组而非用户所属的所有组，这会叫人有点困惑。这里有个例子。

```
$ cat test19.sh
#!/bin/bash
# check file group test
#
if [ -G $HOME/testing ]
then
   echo "You are in the same group as the file"
else
   echo "The file is not owned by your group"
fi
$
$ ls -l $HOME/testing
-rw-rw-r-- 1 rich rich 58 2014-07-30 15:51 /home/rich/testing
$
$ ./test19.sh
You are in the same group as the file
$
$ chgrp sharing $HOME/testing
$
$ ./test19
The file is not owned by your group
$
```

第一次运行脚本时，$HOME/testing文件属于`rich`组，所以通过了`-G`比较。接下来，组被改成了`sharing`组，用户也是其中的一员。但是，`-G`比较失败了，因为它只比较默认组，不会去比较其他的组。

10. 检查文件日期

最后一组方法用来对两个文件的创建日期进行比较。这在编写软件安装脚本时非常有用。有时候，你不会愿意安装一个比系统上已有文件还要旧的文件。

`-nt`比较会判定一个文件是否比另一个文件新。如果文件较新，那意味着它的文件创建日期更近。`-ot`比较会判定一个文件是否比另一个文件旧。如果文件较旧，意味着它的创建日期更早。

```
$ cat test20.sh
#!/bin/bash
```

```
# testing file dates
#
if [ test19.sh -nt test18.sh ]
then
   echo "The test19 file is newer than test18"
else
   echo "The test18 file is newer than test19"
fi
if [ test17.sh -ot test19.sh ]
then
  echo "The test17 file is older than the test19 file"
fi
$
$ ./test20.sh
The test19 file is newer than test18
The test17 file is older than the test19 file
$
$ ls -l test17.sh test18.sh test19.sh
-rwxrw-r-- 1 rich rich 167 2014-07-30 16:31 test17.sh
-rwxrw-r-- 1 rich rich 185 2014-07-30 17:46 test18.sh
-rwxrw-r-- 1 rich rich 167 2014-07-30 17:50 test19.sh
$
```

用于比较文件路径是相对你运行该脚本的目录而言的。如果你要检查的文件已经移走，就会出现问题。另一个问题是，这些比较都不会先检查文件是否存在。试试这个测试。

```
$ cat test21.sh
#!/bin/bash
# testing file dates
#
if [ badfile1 -nt badfile2 ]
then
   echo "The badfile1 file is newer than badfile2"
else
   echo "The badfile2 file is newer than badfile1"
fi
$
$ ./test21.sh
The badfile2 file is newer than badfile1
$
```

这个小例子演示了如果文件不存在，-nt比较会返回一个错误的结果。在你尝试使用-nt或-ot比较文件之前，必须先确认文件是存在的。

12.5　复合条件测试

if-then语句允许你使用布尔逻辑来组合测试。有两种布尔运算符可用：

- [condition1] && [condition2]
- [condition1] || [condition2]

第一种布尔运算使用AND布尔运算符来组合两个条件。要让then部分的命令执行，两个条件都必须满足。

窍门 布尔逻辑是一种能够将可能的返回值简化为TRUE或FALSE的方法。

第二种布尔运算使用OR布尔运算符来组合两个条件。如果任意条件为TRUE，then部分的命令就会执行。

下例展示了AND布尔运算符的使用。

```
$ cat test22.sh
#!/bin/bash
# testing compound comparisons
#
if [ -d $HOME ] && [ -w $HOME/testing ]
then
   echo "The file exists and you can write to it"
else
   echo "I cannot write to the file"
fi
$
$ ./test22.sh
I cannot write to the file
$
$ touch $HOME/testing
$
$ ./test22.sh
The file exists and you can write to it
$
```

使用AND布尔运算符时，两个比较都必须满足。第一个比较会检查用户的$HOME目录是否存在。第二个比较会检查在用户的$HOME目录是否有个叫testing的文件，以及用户是否有该文件的写入权限。如果两个比较中的一个失败了，if语句就会失败，shell就会执行else部分的命令。如果两个比较都通过了，则if语句通过，shell会执行then部分的命令。

12.6 if-then 的高级特性

bash shell提供了两项可在if-then语句中使用的高级特性：

- 用于数学表达式的双括号
- 用于高级字符串处理功能的双方括号

后面几节将会详细描述每一种特性。

12.6.1 使用双括号

双括号命令允许你在比较过程中使用高级数学表达式。test命令只能在比较中使用简单的算术操作。双括号命令提供了更多的数学符号，这些符号对于用过其他编程语言的程序员而言并不陌生。双括号命令的格式如下：

```
(( expression ))
```

*expression*可以是任意的数学赋值或比较表达式。除了test命令使用的标准数学运算符，表12-4列出了双括号命令中会用到的其他运算符。

表12-4　双括号命令符号

符　号	描　述
val++	后增
val--	后减
++val	先增
--val	先减
!	逻辑求反
~	位求反
**	幂运算
<<	左位移
>>	右位移
&	位布尔和
|	位布尔或
&&	逻辑和
||	逻辑或

可以在if语句中用双括号命令，也可以在脚本中的普通命令里使用来赋值。

```
$ cat test23.sh
#!/bin/bash
# using double parenthesis
#
val1=10
#
if (( $val1 ** 2 > 90 ))
then
   (( val2 = $val1 ** 2 ))
   echo "The square of $val1 is $val2"
fi
$
$ ./test23.sh
The square of 10 is 100
$
```

注意，不需要将双括号中表达式里的大于号转义。这是双括号命令提供的另一个高级特性。

12.6.2　使用双方括号

双方括号命令提供了针对字符串比较的高级特性。双方括号命令的格式如下：

```
[[ expression ]]
```

双方括号里的*expression*使用了test命令中采用的标准字符串比较。但它提供了test命令未提供的另一个特性——模式匹配（pattern matching）。

说明　双方括号在bash shell中工作良好。不过要小心，不是所有的shell都支持双方括号。

在模式匹配中，可以定义一个正则表达式（将在第20章中详细讨论）来匹配字符串值。

```
$ cat test24.sh
#!/bin/bash
# using pattern matching
#
if [[ $USER == r* ]]
then
   echo "Hello $USER"
else
   echo "Sorry, I do not know you"
fi
$
$ ./test24.sh
Hello rich
$
```

在上面的脚本中，我们使用了双等号（==）。双等号将右边的字符串（r*）视为一个模式，并应用模式匹配规则。双方括号命令$USER环境变量进行匹配，看它是否以字母r开头。如果是的话，比较通过，shell会执行then部分的命令。

12.7　case 命令

你会经常发现自己在尝试计算一个变量的值，在一组可能的值中寻找特定值。在这种情形下，你不得不写出很长的if-then-else语句，就像下面这样。

```
$ cat test25.sh
#!/bin/bash
# looking for a possible value
#
if [ $USER = "rich" ]
then
   echo "Welcome $USER"
   echo "Please enjoy your visit"
elif [ $USER = "barbara" ]
then
   echo "Welcome $USER"
   echo "Please enjoy your visit"
elif [ $USER = "testing" ]
then
   echo "Special testing account"
elif [ $USER = "jessica" ]
then
   echo "Do not forget to logout when you're done"
```

12

```
else
   echo "Sorry, you are not allowed here"
fi
$
$ ./test25.sh
Welcome rich
Please enjoy your visit
$
```

elif语句继续if-then检查，为比较变量寻找特定的值。

有了case命令，就不需要再写出所有的elif语句来不停地检查同一个变量的值了。case命令会采用列表格式来检查单个变量的多个值。

```
case variable in
pattern1 | pattern2) commands1;;
pattern3) commands2;;
*) default commands;;
esac
```

case命令会将指定的变量与不同模式进行比较。如果变量和模式是匹配的，那么shell会执行为该模式指定的命令。可以通过竖线操作符在一行中分隔出多个模式模式。星号会捕获所有与已知模式不匹配的值。这里有个将if-then-else程序转换成用case命令的例子。

```
$ cat test26.sh
#!/bin/bash
# using the case command
#
case $USER in
rich | barbara)
   echo "Welcome, $USER"
   echo "Please enjoy your visit";;
testing)
  echo "Special testing account";;
jessica)
   echo "Do not forget to log off when you're done";;
*)
   echo "Sorry, you are not allowed here";;
esac
$
$ ./test26.sh
Welcome, rich
Please enjoy your visit
$
```

case命令提供了一个更清晰的方法来为变量每个可能的值指定不同的选项。

12.8　小结

结构化命令允许你改变shell脚本的正常执行流。最基本的结构化命令是if-then语句。该语句允许你执行一个命令并根据该命令的输出来执行其他命令。

也可以扩展if-then语句，加入一组当指定命令失败后由bash shell执行的命令。仅在测试命令返回非零退出状态码时，if-then-else语句才允许执行命令。

也可以将if-then-else语句通过elif语句连接起来。elif等同于使用else if语句，会在测试命令失败时提供额外的检查。

在很多脚本中，你可能希望测试一种条件而不是一个命令，比如数值、字符串内容、文件或目录的状态。test命令为你提供了测试这些条件的简单方法。如果条件为TRUE，test命令会为if-then语句产生退出状态码0。如果条件为FALSE，test命令会为if-then语句产生一个非零的退出状态码。

方括号是与test命令同义的特殊bash命令。可以在if-then语句中将测试条件放在方括号中来测试数值、字符串和文件条件。

双括号使用另一种操作符进行高级数学运算。双方括号命令允许高级字符串模式匹配运算。

最后，本章讨论了case命令。该命令是执行多个if-then-else命令的简便方式，它会参照一个值列表来检查单个变量的值。

下一章会继续讨论结构化命令，介绍shell的循环命令。for和while命令允许你创建循环在一段时间内重复执行一些命令。

第 13 章

更多的结构化命令

13

本章内容
- for循环语句
- until迭代语句使用while语句
- 循环
- 重定向循环的输出

在上一章里，你看到了如何通过检查命令的输出和变量的值来改变shell脚本程序的流程。本章会继续介绍能够控制shell脚本流程的结构化命令。你会了解如何重复一些过程和命令，也就是循环执行一组命令直至达到了某个特定条件。本章将会讨论和演示bash shell的循环命令for、while和until。

13.1 for 命令

重复执行一系列命令在编程中很常见。通常你需要重复一组命令直至达到某个特定条件，比如处理某个目录下的所有文件、系统上的所有用户或是某个文本文件中的所有行。

bash shell提供了for命令，允许你创建一个遍历一系列值的循环。每次迭代都使用其中一个值来执行已定义好的一组命令。下面是bash shell中for命令的基本格式。

```
for var in list
do
    commands
done
```

在list参数中，你需要提供迭代中要用到的一系列值。可以通过几种不同的方法指定列表中的值。

在每次迭代中，变量var会包含列表中的当前值。第一次迭代会使用列表中的第一个值，第二次迭代使用第二个值，以此类推，直到列表中的所有值都过一遍。

在do和done语句之间输入的命令可以是一条或多条标准的bash shell命令。在这些命令中，$var变量包含着这次迭代对应的当前列表项中的值。

说明 只要你愿意，也可以将do语句和for语句放在同一行，但必须用分号将其同列表中的值分开：for var in list; do。

前面提过有几种不同的方式来指定列表中的值，下面几节将会介绍各种方式。

13.1.1 读取列表中的值

for命令最基本的用法就是遍历for命令自身所定义的一系列值。

```
$ cat test1
#!/bin/bash
# basic for command

for test in Alabama Alaska Arizona Arkansas California Colorado
do
    echo The next state is $test
done
$ ./test1
The next state is Alabama
The next state is Alaska
The next state is Arizona
The next state is Arkansas
The next state is California
The next state is Colorado
$
```

每次for命令遍历值列表，它都会将列表中的下个值赋给$test变量。$test变量可以像for命令语句中的其他脚本变量一样使用。在最后一次迭代后，$test变量的值会在shell脚本的剩余部分一直保持有效。它会一直保持最后一次迭代的值（除非你修改了它）。

```
$ cat test1b
#!/bin/bash
# testing the for variable after the looping

for test in Alabama Alaska Arizona Arkansas California Colorado
do
   echo "The next state is $test"
done
echo "The last state we visited was $test"
test=Connecticut
echo "Wait, now we're visiting $test"
$ ./test1b
The next state is Alabama
The next state is Alaska
The next state is Arizona
The next state is Arkansas
The next state is California
The next state is Colorado
The last state we visited was Colorado
Wait, now we're visiting Connecticut
$
```

$test变量保持了其值，也允许我们修改它的值，并在for命令循环之外跟其他变量一样使用。

13.1.2　读取列表中的复杂值

事情并不会总像你在for循环中看到的那么简单。有时会遇到难处理的数据。下面是给shell脚本程序员带来麻烦的典型例子。

```
$ cat badtest1
#!/bin/bash
# another example of how not to use the for command

for test in I don't know if this'll work
do
    echo "word:$test"
done
$ ./badtest1
word:I
word:dont know if thisll
word:work
$
```

真麻烦。shell看到了列表值中的单引号并尝试使用它们来定义一个单独的数据值，这真是把事情搞得一团糟。

有两种办法可解决这个问题：

- 使用转义字符（反斜线）来将单引号转义；
- 使用双引号来定义用到单引号的值。

这两种解决方法并没有什么出奇之处，但都能解决这个问题。

```
$ cat test2
#!/bin/bash
# another example of how not to use the for command

for test in I don\'t know if "this'll" work
do
    echo "word:$test"
done
$ ./test2
word:I
word:don't
word:know
word:if
word:this'll
word:work
$
```

在第一个有问题的地方添加了反斜线字符来转义don't中的单引号。在第二个有问题的地方将this'll用双引号圈起来。两种方法都能正常辨别出这个值。

你可能遇到的另一个问题是有多个词的值。记住，for循环假定每个值都是用空格分割的。如果有包含空格的数据值，你就陷入麻烦了。

```
$ cat badtest2
#!/bin/bash
# another example of how not to use the for command

for test in Nevada New Hampshire New Mexico New York North Carolina
do
    echo "Now going to $test"
done
$ ./badtest1
Now going to Nevada
Now going to New
Now going to Hampshire
Now going to New
Now going to Mexico
Now going to New
Now going to York
Now going to North
Now going to Carolina
$
```

这不是我们想要的结果。for命令用空格来划分列表中的每个值。如果在单独的数据值中有空格，就必须用双引号将这些值圈起来。

```
$ cat test3
#!/bin/bash
# an example of how to properly define values

for test in Nevada "New Hampshire" "New Mexico" "New York"
do
    echo "Now going to $test"
done
$ ./test3
Now going to Nevada
Now going to New Hampshire
Now going to New Mexico
Now going to New York
$
```

现在for命令可以正确区分不同值了。另外要注意的是，在某个值两边使用双引号时，shell并不会将双引号当成值的一部分。

13.1.3 从变量读取列表

通常shell脚本遇到的情况是，你将一系列值都集中存储在了一个变量中，然后需要遍历变量中的整个列表。也可以通过for命令完成这个任务。

```
$ cat test4
#!/bin/bash
# using a variable to hold the list

list="Alabama Alaska Arizona Arkansas Colorado"
list=$list" Connecticut"
```

```
for state in $list
do
    echo "Have you ever visited $state?"
done
$ ./test4
Have you ever visited Alabama?
Have you ever visited Alaska?
Have you ever visited Arizona?
Have you ever visited Arkansas?
Have you ever visited Colorado?
Have you ever visited Connecticut?
$
```

$list变量包含了用于迭代的标准文本值列表。注意，代码还是用了另一个赋值语句向$list变量包含的已有列表中添加（或者说是拼接）了一个值。这是向变量中存储的已有文本字符串尾部添加文本的一个常用方法。

13.1.4　从命令读取值

生成列表中所需值的另外一个途径就是使用命令的输出。可以用命令替换来执行任何能产生输出的命令，然后在for命令中使用该命令的输出。

```
$ cat test5
#!/bin/bash
# reading values from a file

file="states"

for state in $(cat $file)
do
    echo "Visit beautiful $state"
done
$ cat states
Alabama
Alaska
Arizona
Arkansas
Colorado
Connecticut
Delaware
Florida
Georgia
$ ./test5
Visit beautiful Alabama
Visit beautiful Alaska
Visit beautiful Arizona
Visit beautiful Arkansas
Visit beautiful Colorado
Visit beautiful Connecticut
Visit beautiful Delaware
Visit beautiful Florida
```

```
Visit beautiful Georgia
$
```

这个例子在命令替换中使用了cat命令来输出文件states的内容。你会注意到states文件中每一行有一个值，而不是通过空格分隔的。for命令仍然以每次一行的方式遍历了cat命令的输出，假定每个值都是在单独的一行上。但这并没有解决数据中有空格的问题。如果你列出了一个名字中有空格的值，for命令仍然会将每个单词当作单独的值。这是有原因的，下一节我们将会了解。

说明 test5的代码范例将文件名赋给变量，文件名中没有加入路径。这要求文件和脚本位于同一个目录中。如果不是的话，你需要使用全路径名（不管是绝对路径还是相对路径）来引用文件位置。

13.1.5 更改字段分隔符

造成这个问题的原因是特殊的环境变量IFS，叫作内部字段分隔符（internal field separator）。IFS环境变量定义了bash shell用作字段分隔符的一系列字符。默认情况下，bash shell会将下列字符当作字段分隔符：

- 空格
- 制表符
- 换行符

如果bash shell在数据中看到了这些字符中的任意一个，它就会假定这表明了列表中一个新数据字段的开始。在处理可能含有空格的数据（比如文件名）时，这会非常麻烦，就像你在上一个脚本示例中看到的。

要解决这个问题，可以在shell脚本中临时更改IFS环境变量的值来限制被bash shell当作字段分隔符的字符。例如，如果你想修改IFS的值，使其只能识别换行符，那就必须这么做：

```
IFS=$'\n'
```

将这个语句加入到脚本中，告诉bash shell在数据值中忽略空格和制表符。对前一个脚本使用这种方法，将获得如下输出。

```
$ cat test5b
#!/bin/bash
# reading values from a file

file="states"

IFS=$'\n'
for state in $(cat $file)
do
    echo "Visit beautiful $state"
done
$ ./test5b
```

```
Visit beautiful Alabama
Visit beautiful Alaska
Visit beautiful Arizona
Visit beautiful Arkansas
Visit beautiful Colorado
Visit beautiful Connecticut
Visit beautiful Delaware
Visit beautiful Florida
Visit beautiful Georgia
Visit beautiful New York
Visit beautiful New Hampshire
Visit beautiful North Carolina
$
```

现在，shell脚本就能够使用列表中含有空格的值了。

警告 在处理代码量较大的脚本时，可能在一个地方需要修改IFS的值，然后忽略这次修改，在脚本的其他地方继续沿用IFS的默认值。一个可参考的安全实践是在改变IFS之前保存原来的IFS值，之后再恢复它。

这种技术可以这样实现：

```
IFS.OLD=$IFS
IFS=$'\n'
<在代码中使用新的IFS值>
IFS=$IFS.OLD
```

这就保证了在脚本的后续操作中使用的是IFS的默认值。

还有其他一些IFS环境变量的绝妙用法。假定你要遍历一个文件中用冒号分隔的值（比如在/etc/passwd文件中）。你要做的就是将IFS的值设为冒号。

```
IFS=:
```

如果要指定多个IFS字符，只要将它们在赋值行串起来就行。

```
IFS=$'\n':;"
```

这个赋值会将换行符、冒号、分号和双引号作为字段分隔符。如何使用IFS字符解析数据没有任何限制。

13.1.6　用通配符读取目录

最后，可以用for命令来自动遍历目录中的文件。进行此操作时，必须在文件名或路径名中使用通配符。它会强制shell使用*文件扩展匹配*。文件扩展匹配是生成匹配指定通配符的文件名或路径名的过程。

如果不知道所有的文件名，这个特性在处理目录中的文件时就非常好用。

```
$ cat test6
#!/bin/bash
```

```
# iterate through all the files in a directory

for file in /home/rich/test/*
do

    if [ -d "$file" ]
    then
       echo "$file is a directory"
    elif [ -f "$file" ]
    then
       echo "$file is a file"
    fi
done
$ ./test6
/home/rich/test/dir1 is a directory
/home/rich/test/myprog.c is a file
/home/rich/test/myprog is a file
/home/rich/test/myscript is a file
/home/rich/test/newdir is a directory
/home/rich/test/newfile is a file
/home/rich/test/newfile2 is a file
/home/rich/test/testdir is a directory
/home/rich/test/testing is a file
/home/rich/test/testprog is a file
/home/rich/test/testprog.c is a file
$
```

for命令会遍历/home/rich/test/*输出的结果。该代码用test命令测试了每个条目（使用方括号方法），以查看它是目录（通过-d参数）还是文件（通过-f参数）（参见第12章）。

注意，我们在这个例子的if语句中做了一些不同的处理：

```
if [ -d "$file" ]
```

在Linux中，目录名和文件名中包含空格当然是合法的。要适应这种情况，应该将$file变量用双引号圈起来。如果不这么做，遇到含有空格的目录名或文件名时就会有错误产生。

```
./test6: line 6: [: too many arguments
./test6: line 9: [: too many arguments
```

在test命令中，bash shell会将额外的单词当作参数，进而造成错误。

也可以在for命令中列出多个目录通配符，将目录查找和列表合并进同一个for语句。

```
$ cat test7
#!/bin/bash
# iterating through multiple directories

for file in /home/rich/.b* /home/rich/badtest
do
    if [ -d "$file" ]
    then
       echo "$file is a directory"
    elif [ -f "$file" ]
    then
       echo "$file is a file"
```

```
    else
      echo "$file doesn't exist"
    fi
done
$ ./test7
/home/rich/.backup.timestamp is a file
/home/rich/.bash_history is a file
/home/rich/.bash_logout is a file
/home/rich/.bash_profile is a file
/home/rich/.bashrc is a file
/home/rich/badtest doesn't exist
$
```

for语句首先使用了文件扩展匹配来遍历通配符生成的文件列表，然后它会遍历列表中的下一个文件。可以将任意多的通配符放进列表中。

警告　注意，你可以在数据列表中放入任何东西。即使文件或目录不存在，for语句也会尝试处理列表中的内容。在处理文件或目录时，这可能会是个问题。你无法知道你正在尝试遍历的目录是否存在：在处理之前测试一下文件或目录总是好的。

13.2　C 语言风格的 for 命令

如果你从事过C语言编程，可能会对bash shell中for命令的工作方式有点惊奇。在C语言中，for循环通常定义一个变量，然后这个变量会在每次迭代时自动改变。通常程序员会将这个变量用作计数器，并在每次迭代中让计数器增一或减一。bash的for命令也提供了这个功能。本节将会告诉你如何在bash shell脚本中使用C语言风格的for命令。

13.2.1　C 语言的 for 命令

C语言的for命令有一个用来指明变量的特定方法，一个必须保持成立才能继续迭代的条件，以及另一个在每个迭代中改变变量的方法。当指定的条件不成立时，for循环就会停止。条件等式通过标准的数学符号定义。比如，考虑下面的C语言代码：

```
for (i = 0; i < 10; i++)
{
    printf("The next number is %d\n", i);
}
```

这段代码产生了一个简单的迭代循环，其中变量i作为计数器。第一部分将一个默认值赋给该变量。中间的部分定义了循环重复的条件。当定义的条件不成立时，for循环就停止迭代。最后一部分定义了迭代的过程。在每次迭代之后，最后一部分中定义的表达式会被执行。在本例中，i变量会在每次迭代后增一。

bash shell也支持一种for循环，它看起来跟C语言风格的for循环类似，但有一些细微的不同，其中包括一些让shell脚本程序员困惑的东西。以下是bash中C语言风格的for循环的基本格式。

```
for (( variable assignment ; condition ; iteration process ))
```

C语言风格的for循环的格式会让bash shell脚本程序员摸不着头脑，因为它使用了C语言风格的变量引用方式而不是shell风格的变量引用方式。C语言风格的for命令看起来如下。

```
for (( a = 1; a < 10; a++ ))
```

注意，有些部分并没有遵循bash shell标准的for命令：

- 变量赋值可以有空格；
- 条件中的变量不以美元符开头；
- 迭代过程的算式未用expr命令格式。

shell开发人员创建了这种格式以更贴切地模仿C语言风格的for命令。这虽然对C语言程序员来说很好，但也会把专家级的shell程序员弄得一头雾水。在脚本中使用C语言风格的for循环时要小心。

以下例子是在bash shell程序中使用C语言风格的for命令。

```
$ cat test8
#!/bin/bash
# testing the C-style for loop

for (( i=1; i <= 10; i++ ))
do
   echo "The next number is $i"
done
$ ./test8
The next number is 1
The next number is 2
The next number is 3
The next number is 4
The next number is 5
The next number is 6
The next number is 7
The next number is 8
The next number is 9
The next number is 10
$
```

for循环通过定义好的变量（本例中是变量i）来迭代执行这些命令。在每次迭代中，$i变量包含了for循环中赋予的值。在每次迭代后，循环的迭代过程会作用在变量上，在本例中，变量增一。

13.2.2　使用多个变量

C语言风格的for命令也允许为迭代使用多个变量。循环会单独处理每个变量，你可以为每个变量定义不同的迭代过程。尽管可以使用多个变量，但你只能在for循环中定义一种条件。

```
$ cat test9
```

```
#!/bin/bash
# multiple variables

for (( a=1, b=10; a <= 10; a++, b-- ))
do
    echo "$a - $b"
done
$ ./test9
1 - 10
2 - 9
3 - 8
4 - 7
5 - 6
6 - 5
7 - 4
8 - 3
9 - 2
10 - 1
$
```

变量a和b分别用不同的值来初始化并且定义了不同的迭代过程。循环的每次迭代在增加变量a的同时减小了变量b。

13.3　while 命令

while命令某种意义上是if-then语句和for循环的混杂体。while命令允许定义一个要测试的命令，然后循环执行一组命令，只要定义的测试命令返回的是退出状态码0。它会在每次迭代的一开始测试test命令。在test命令返回非零退出状态码时，while命令会停止执行那组命令。

13.3.1　while 的基本格式

while命令的格式是：

```
while test command
do
  other commands
done
```

while命令中定义的test *command*和if-then语句（参见第12章）中的格式一模一样。可以使用任何普通的bash shell命令，或者用test命令进行条件测试，比如测试变量值。

while命令的关键在于所指定的test *command*的退出状态码必须随着循环中运行的命令而改变。如果退出状态码不发生变化，while循环就将一直不停地进行下去。

最常见的test *command*的用法是用方括号来检查循环命令中用到的shell变量的值。

```
$ cat test10
#!/bin/bash
# while command test

var1=10
```

```
while [ $var1 -gt 0 ]
do
    echo $var1
    var1=$[ $var1 - 1 ]
done
$ ./test10
10
9
8
7
6
5
4
3
2
1
$
```

while命令定义了每次迭代时检查的测试条件：

```
while [ $var1 -gt 0 ]
```

只要测试条件成立，while命令就会不停地循环执行定义好的命令。在这些命令中，测试条件中用到的变量必须修改，否则就会陷入无限循环。在本例中，我们用shell算术来将变量值减一：

```
var1=$[ $var1 - 1 ]
```

while循环会在测试条件不再成立时停止。

13.3.2 使用多个测试命令

while命令允许你在while语句行定义多个测试命令。只有最后一个测试命令的退出状态码会被用来决定什么时候结束循环。如果你不够小心，可能会导致一些有意思的结果。下面的例子将说明这一点。

```
$ cat test11
#!/bin/bash
# testing a multicommand while loop

var1=10

while echo $var1
       [ $var1 -ge 0 ]
do
    echo "This is inside the loop"
    var1=$[ $var1 - 1 ]
done
$ ./test11
10
This is inside the loop
9
This is inside the loop
8
```

```
This is inside the loop
7
This is inside the loop
6
This is inside the loop
5
This is inside the loop
4
This is inside the loop
3
This is inside the loop
2
This is inside the loop
1
This is inside the loop
0
This is inside the loop
-1
$
```

请仔细观察本例中做了什么。while语句中定义了两个测试命令。

```
while echo $var1
      [ $var1 -ge 0 ]
```

第一个测试简单地显示了var1变量的当前值。第二个测试用方括号来判断var1变量的值。在循环内部，echo语句会显示一条简单的消息，说明循环被执行了。注意当你运行本例时输出是如何结束的。

```
This is inside the loop
-1
$
```

while循环会在var1变量等于0时执行echo语句，然后将var1变量的值减一。接下来再次执行测试命令，用于下一次迭代。echo测试命令被执行并显示了var变量的值（现在小于0了）。直到shell执行test测试命令，while循环才会停止。

这说明在含有多个命令的while语句中，在每次迭代中所有的测试命令都会被执行，包括测试命令失败的最后一次迭代。要留心这种用法。另一处要留意的是该如何指定多个测试命令。注意，每个测试命令都出现在单独的一行上。

13.4　until 命令

until命令和while命令工作的方式完全相反。until命令要求你指定一个通常返回非零退出状态码的测试命令。只有测试命令的退出状态码不为0，bash shell才会执行循环中列出的命令。一旦测试命令返回了退出状态码0，循环就结束了。

和你想的一样，until命令的格式如下。

```
until test commands
do
```

```
    other commands
done
```

和while命令类似，你可以在until命令语句中放入多个测试命令。只有最后一个命令的退出状态码决定了bash shell是否执行已定义的other commands。

下面是使用until命令的一个例子。

```
$ cat test12
#!/bin/bash
# using the until command

var1=100

until [ $var1 -eq 0 ]
do
    echo $var1
    var1=$[ $var1 - 25 ]
done
$ ./test12
100
75
50
25
$
```

本例中会测试var1变量来决定until循环何时停止。只要该变量的值等于0，until命令就会停止循环。同while命令一样，在until命令中使用多个测试命令时要注意。

```
$ cat test13
#!/bin/bash
# using the until command

var1=100

until echo $var1
       [ $var1 -eq 0 ]
do
    echo Inside the loop: $var1
    var1=$[ $var1 - 25 ]
done
$ ./test13
100
Inside the loop: 100
75
Inside the loop: 75
50
Inside the loop: 50
25
Inside the loop: 25
0
$
```

shell会执行指定的多个测试命令，只有在最后一个命令成立时停止。

13.5　嵌套循环

循环语句可以在循环内使用任意类型的命令，包括其他循环命令。这种循环叫作*嵌套循环*（nested loop）。注意，在使用嵌套循环时，你是在迭代中使用迭代，与命令运行的次数是乘积关系。不注意这点的话，有可能会在脚本中造成问题。

这里有个在for循环中嵌套for循环的简单例子。

```
$ cat test14
#!/bin/bash
# nesting for loops

for (( a = 1; a <= 3; a++ ))
do
    echo "Starting loop $a:"
    for (( b = 1; b <= 3; b++ ))
    do
       echo "   Inside loop: $b"
    done
done
$ ./test14
Starting loop 1:
    Inside loop: 1
    Inside loop: 2
    Inside loop: 3
Starting loop 2:
    Inside loop: 1
    Inside loop: 2
    Inside loop: 3
Starting loop 3:
    Inside loop: 1
    Inside loop: 2
    Inside loop: 3
$
```

这个被嵌套的循环（也称为*内部循环*，inner loop）会在外部循环的每次迭代中遍历一次它所有的值。注意，两个循环的do和done命令没有任何差别。bash shell知道当第一个done命令执行时是指内部循环而非外部循环。

在混用循环命令时也一样，比如在while循环内部放置一个for循环。

```
$ cat test15
#!/bin/bash
# placing a for loop inside a while loop

var1=5

while [ $var1 -ge 0 ]
do
    echo "Outer loop: $var1"
    for (( var2 = 1; var2 < 3; var2++ ))
    do
```

```
        var3=$[ $var1 * $var2 ]
        echo "  Inner loop: $var1 * $var2 = $var3"
    done
    var1=$[ $var1 - 1 ]
done
$ ./test15
Outer loop: 5
   Inner loop: 5 * 1 = 5
   Inner loop: 5 * 2 = 10
Outer loop: 4
   Inner loop: 4 * 1 = 4
   Inner loop: 4 * 2 = 8
Outer loop: 3
   Inner loop: 3 * 1 = 3
   Inner loop: 3 * 2 = 6
Outer loop: 2
   Inner loop: 2 * 1 = 2
   Inner loop: 2 * 2 = 4
Outer loop: 1
   Inner loop: 1 * 1 = 1
   Inner loop: 1 * 2 = 2
Outer loop: 0
   Inner loop: 0 * 1 = 0
   Inner loop: 0 * 2 = 0
$
```

同样，shell能够区分开内部`for`循环和外部`while`循环各自的`do`和`done`命令。

如果真的想挑战脑力，可以混用`until`和`while`循环。

```
$ cat test16
#!/bin/bash
# using until and while loops

var1=3

until [ $var1 -eq 0 ]
do
    echo "Outer loop: $var1"
    var2=1
    while [ $var2 -lt 5 ]
    do
       var3=$(echo "scale=4; $var1 / $var2" | bc)
       echo "   Inner loop: $var1 / $var2 = $var3"
       var2=$[ $var2 + 1 ]
    done
    var1=$[ $var1 - 1 ]
done
$ ./test16
Outer loop: 3
    Inner loop: 3 / 1 = 3.0000
    Inner loop: 3 / 2 = 1.5000
    Inner loop: 3 / 3 = 1.0000
    Inner loop: 3 / 4 = .7500
Outer loop: 2
```

```
        Inner loop: 2 / 1 = 2.0000
        Inner loop: 2 / 2 = 1.0000
        Inner loop: 2 / 3 = .6666
        Inner loop: 2 / 4 = .5000
    Outer loop: 1
        Inner loop: 1 / 1 = 1.0000
        Inner loop: 1 / 2 = .5000
        Inner loop: 1 / 3 = .3333
        Inner loop: 1 / 4 = .2500
    $
```

外部的until循环以值3开始，并继续执行到值等于0。内部while循环以值1开始并一直执行，只要值小于5。每个循环都必须改变在测试条件中用到的值，否则循环就会无止尽进行下去。

13.6　循环处理文件数据

通常必须遍历存储在文件中的数据。这要求结合已经讲过的两种技术：

- 使用嵌套循环
- 修改IFS环境变量

通过修改IFS环境变量，就能强制for命令将文件中的每行都当成单独的一个条目来处理，即便数据中有空格也是如此。一旦从文件中提取出了单独的行，可能需要再次利用循环来提取行中的数据。

典型的例子是处理/etc/passwd文件中的数据。这要求你逐行遍历/etc/passwd文件，并将IFS变量的值改成冒号，这样就能分隔开每行中的各个数据段了。

```
#!/bin/bash
# changing the IFS value

IFS.OLD=$IFS
IFS=$'\n'
for entry in $(cat /etc/passwd)
do
    echo "Values in $entry -"
    IFS=:
    for value in $entry
    do
       echo "   $value"
    done
done
$
```

这个脚本使用了两个不同的IFS值来解析数据。第一个IFS值解析出/etc/passwd文件中的单独的行。内部for循环接着将IFS的值修改为冒号，允许你从/etc/passwd的行中解析出单独的值。

在运行这个脚本时，你会得到如下输出。

```
Values in rich:x:501:501:Rich Blum:/home/rich:/bin/bash -
   rich
   x
```

```
    501
    501
    Rich Blum
    /home/rich
    /bin/bash
 Values in katie:x:502:502:Katie Blum:/home/katie:/bin/bash -
    katie
    x
    506
    509
    Katie Blum
    /home/katie
    /bin/bash
```

内部循环会解析出/etc/passwd每行中的各个值。这种方法在处理外部导入电子表格所采用的逗号分隔的数据时也很方便。

13.7 控制循环

你可能会想，一旦启动了循环，就必须苦等到循环完成所有的迭代。并不是这样的。有两个命令能帮我们控制循环内部的情况：

- break命令
- continue命令

每个命令在如何控制循环的执行方面有不同的用法。下面几节将介绍如何使用这些命令来控制循环。

13.7.1 break 命令

break命令是退出循环的一个简单方法。可以用break命令来退出任意类型的循环，包括while和until循环。

有几种情况可以使用break命令，本节将介绍这些方法。

1. 跳出单个循环

在shell执行break命令时，它会尝试跳出当前正在执行的循环。

```
$ cat test17
#!/bin/bash
# breaking out of a for loop

for var1 in 1 2 3 4 5 6 7 8 9 10
do
   if [ $var1 -eq 5 ]
   then
      break
   fi
   echo "Iteration number: $var1"
done
echo "The for loop is completed"
```

```
$ ./test17
Iteration number: 1
Iteration number: 2
Iteration number: 3
Iteration number: 4
The for loop is completed
$
```

for循环通常都会遍历列表中指定的所有值。但当满足if-then的条件时，shell会执行break命令，停止for循环。

这种方法同样适用于while和until循环。

```
$ cat test18
#!/bin/bash
# breaking out of a while loop

var1=1

while [ $var1 -lt 10 ]
do
   if [ $var1 -eq 5 ]
   then
      break
   fi
   echo "Iteration: $var1"
   var1=$[ $var1 + 1 ]
done
echo "The while loop is completed"
$ ./test18
Iteration: 1
Iteration: 2
Iteration: 3
Iteration: 4
The while loop is completed
$
```

while循环会在if-then的条件满足时执行break命令，终止。

2. 跳出内部循环

在处理多个循环时，break命令会自动终止你所在的最内层的循环。

```
$ cat test19
#!/bin/bash
# breaking out of an inner loop

for (( a = 1; a < 4; a++ ))
do
   echo "Outer loop: $a"
   for (( b = 1; b < 100; b++ ))
   do
      if [ $b -eq 5 ]
      then
         break
      fi
```

```
      echo "   Inner loop: $b"
   done
done
$ ./test19
Outer loop: 1
   Inner loop: 1
   Inner loop: 2
   Inner loop: 3
   Inner loop: 4
Outer loop: 2
   Inner loop: 1
   Inner loop: 2
   Inner loop: 3
   Inner loop: 4
Outer loop: 3
   Inner loop: 1
   Inner loop: 2
   Inner loop: 3
   Inner loop: 4
$
```

内部循环里的for语句指明当变量b等于100时停止迭代。但内部循环的if-then语句指明当变量b的值等于5时执行break命令。注意，即使内部循环通过break命令终止了，外部循环依然继续执行。

3. 跳出外部循环

有时你在内部循环，但需要停止外部循环。break命令接受单个命令行参数值：

```
break n
```

其中*n*指定了要跳出的循环层级。默认情况下，*n*为1，表明跳出的是当前的循环。如果你将*n*设为2，break命令就会停止下一级的外部循环。

```
$ cat test20
#!/bin/bash
# breaking out of an outer loop

for (( a = 1; a < 4; a++ ))
do
   echo "Outer loop: $a"
   for (( b = 1; b < 100; b++ ))
   do
      if [ $b -gt 4 ]
      then
         break 2
      fi
      echo "   Inner loop: $b"
   done
done
$ ./test20
Outer loop: 1
   Inner loop: 1
   Inner loop: 2
   Inner loop: 3
```

```
   Inner loop: 4
$
```

注意，当shell执行了break命令后，外部循环就停止了。

13.7.2　continue 命令

continue命令可以提前中止某次循环中的命令，但并不会完全终止整个循环。可以在循环内部设置shell不执行命令的条件。这里有个在for循环中使用continue命令的简单例子。

```
$ cat test21
#!/bin/bash
# using the continue command

for (( var1 = 1; var1 < 15; var1++ ))
do
   if [ $var1 -gt 5 ] && [ $var1 -lt 10 ]
   then
      continue
   fi
   echo "Iteration number: $var1"
done
$ ./test21
Iteration number: 1
Iteration number: 2
Iteration number: 3
Iteration number: 4
Iteration number: 5
Iteration number: 10
Iteration number: 11
Iteration number: 12
Iteration number: 13
Iteration number: 14
$
```

当if-then语句的条件被满足时（值大于5且小于10），shell会执行continue命令，跳过此次循环中剩余的命令，但整个循环还会继续。当if-then的条件不再被满足时，一切又回到正轨。

也可以在while和until循环中使用continue命令，但要特别小心。记住，当shell执行continue命令时，它会跳过剩余的命令。如果你在其中某个条件里对测试条件变量进行增值，问题就会出现。

```
$ cat badtest3
#!/bin/bash
# improperly using the continue command in a while loop

var1=0

while echo "while iteration: $var1"
      [ $var1 -lt 15 ]
do
   if [ $var1 -gt 5 ] && [ $var1 -lt 10 ]
   then
```

```
      continue
   fi
   echo "   Inside iteration number: $var1"
   var1=$[ $var1 + 1 ]
done
$ ./badtest3 | more
while iteration: 0
   Inside iteration number: 0
while iteration: 1
   Inside iteration number: 1
while iteration: 2
   Inside iteration number: 2
while iteration: 3
   Inside iteration number: 3
while iteration: 4
   Inside iteration number: 4
while iteration: 5
   Inside iteration number: 5
while iteration: 6
while iteration: 6
while iteration: 6
while iteration: 6
while iteration: 6
while iteration: 6
while iteration: 6
while iteration: 6
while iteration: 6
while iteration: 6
while iteration: 6
$
```

你得确保将脚本的输出重定向到了more命令，这样才能停止输出。在if-then的条件成立之前，所有一切看起来都很正常，然后shell执行了continue命令。当shell执行continue命令时，它跳过了while循环中余下的命令。不幸的是，被跳过的部分正是$var1计数变量增值的地方，而这个变量又被用于while测试命令中。这意味着这个变量的值不会再变化了，从前面连续的输出显示中你也可以看出来。

和break命令一样，continue命令也允许通过命令行参数指定要继续执行哪一级循环：

```
continue n
```

其中*n*定义了要继续的循环层级。下面是继续外部for循环的一个例子。

```
$ cat test22
#!/bin/bash
# continuing an outer loop

for (( a = 1; a <= 5; a++ ))
do
   echo "Iteration $a:"
   for (( b = 1; b < 3; b++ ))
   do
      if [ $a -gt 2 ] && [ $a -lt 4 ]
      then
```

```
            continue 2
         fi
         var3=$[ $a * $b ]
         echo "   The result of $a * $b is $var3"
      done
   done
$ ./test22
Iteration 1:
   The result of 1 * 1 is 1
   The result of 1 * 2 is 2
Iteration 2:
   The result of 2 * 1 is 2
   The result of 2 * 2 is 4
Iteration 3:
Iteration 4:
   The result of 4 * 1 is 4
   The result of 4 * 2 is 8
Iteration 5:
   The result of 5 * 1 is 5
   The result of 5 * 2 is 10
$
```

其中的if-then语句：

```
if [ $a -gt 2 ] && [ $a -lt 4 ]
      then
         continue 2
      fi
```

此处用continue命令来停止处理循环内的命令，但会继续处理外部循环。注意，值为3的那次迭代并没有处理任何内部循环语句，因为尽管continue命令停止了处理过程，但外部循环依然会继续。

13.8　处理循环的输出

最后，在shell脚本中，你可以对循环的输出使用管道或进行重定向。这可以通过在done命令之后添加一个处理命令来实现。

```
for file in /home/rich/*
 do
   if [ -d "$file" ]
   then
      echo "$file is a directory"
   elif
      echo "$file is a file"
   fi
done > output.txt
```

shell会将for命令的结果重定向到文件output.txt中，而不是显示在屏幕上。

考虑下面将for命令的输出重定向到文件的例子。

```
$ cat test23
#!/bin/bash
```

```
# redirecting the for output to a file

for (( a = 1; a < 10; a++ ))
do
   echo "The number is $a"
done > test23.txt
echo "The command is finished."
$ ./test23
The command is finished.
$ cat test23.txt
The number is 1
The number is 2
The number is 3
The number is 4
The number is 5
The number is 6
The number is 7
The number is 8
The number is 9
$
```

shell创建了文件test23.txt并将for命令的输出重定向到这个文件。shell在for命令之后正常显示了echo语句。

这种方法同样适用于将循环的结果管接给另一个命令。

```
$ cat test24
#!/bin/bash
# piping a loop to another command

for state in "North Dakota" Connecticut Illinois Alabama Tennessee
do
   echo "$state is the next place to go"
done | sort
echo "This completes our travels"
$ ./test24
Alabama is the next place to go
Connecticut is the next place to go
Illinois is the next place to go
North Dakota is the next place to go
Tennessee is the next place to go
This completes our travels
$
```

state值并没有在for命令列表中以特定次序列出。for命令的输出传给了sort命令，该命令会改变for命令输出结果的顺序。运行这个脚本实际上说明了结果已经在脚本内部排好序了。

13.9 实例

现在你已经看到了shell脚本中各种循环的使用方法，来看一些实际应用的例子吧。循环是对系统数据进行迭代的常用方法，无论是目录中的文件还是文件中的数据。下面的一些例子演示了如何使用简单的循环来处理数据。

13.9.1 查找可执行文件

当你从命令行中运行一个程序的时候，Linux系统会搜索一系列目录来查找对应的文件。这些目录被定义在环境变量PATH中。如果你想找出系统中有哪些可执行文件可供使用，只需要扫描PATH环境变量中所有的目录就行了。如果要徒手查找的话，就得花点时间了。不过我们可以编写一个小小的脚本，轻而易举地搞定这件事。

首先是创建一个for循环，对环境变量PATH中的目录进行迭代。处理的时候别忘了设置IFS分隔符。

```
IFS=:
for folder in $PATH
do
```

现在你已经将各个目录存放在了变量$folder中，可以使用另一个for循环来迭代特定目录中的所有文件。

```
for file in $folder/*
do
```

最后一步是检查各个文件是否具有可执行权限，你可以使用if-then测试功能来实现。

```
if [ -x $file ]
then
   echo "   $file"
fi
```

好了，搞定了！将这些代码片段组合成脚本就行了。

```
$ cat test25
#!/bin/bash
# finding files in the PATH

IFS=:
for folder in $PATH
do
   echo "$folder:"
   for file in $folder/*
   do
      if [ -x $file ]
      then
         echo "   $file"
      fi
   done
done
$
```

运行这段代码时，你会得到一个可以在命令行中使用的可执行文件的列表。

```
$ ./test25 | more
/usr/local/bin:
/usr/bin:
   /usr/bin/Mail
   /usr/bin/Thunar
   /usr/bin/X
```

```
/usr/bin/Xorg
/usr/bin/[
/usr/bin/a2p
/usr/bin/abiword
/usr/bin/ac
/usr/bin/activation-client
/usr/bin/addr2line
...
```

输出显示了在环境变量PATH所包含的所有目录中找到的全部可执行文件，数量真是不少！

13.9.2 创建多个用户账户

shell脚本的目标是让系统管理员过得更轻松。如果你碰巧工作在一个拥有大量用户的环境中，最烦人的工作之一就是创建新用户账户。好在可以使用while循环来降低工作的难度。

你不用为每个需要创建的新用户账户手动输入useradd命令，而是可以将需要添加的新用户账户放在一个文本文件中，然后创建一个简单的脚本进行处理。这个文本文件的格式如下：

```
userid,user name
```

第一个条目是你为新用户账户所选用的用户ID。第二个条目是用户的全名。两个值之间使用逗号分隔，这样就形成了一种名为逗号分隔值的文件格式（或者是.csv）。这种文件格式在电子表格中极其常见，所以你可以轻松地在电子表格程序中创建用户账户列表，然后将其保存成.csv格式，以备shell脚本读取及处理。

要读取文件中的数据，得用上一点shell脚本编程技巧。我们将IFS分隔符设置成逗号，并将其放入while语句的条件测试部分。然后使用read命令读取文件中的各行。实现代码如下：

```
while IFS=',' read -r userid name
```

read命令会自动读取.csv文本文件的下一行内容，所以不需要专门再写一个循环来处理。当read命令返回FALSE时（也就是读取完整个文件时），while命令就会退出。妙极了！

要想把数据从文件中送入while命令，只需在while命令尾部使用一个重定向符就可以了。

将各部分处理过程写成脚本如下。

```
$ cat test26
#!/bin/bash
# process new user accounts

input="users.csv"
while IFS=',' read -r userid name
do
  echo "adding $userid"
  useradd -c "$name" -m $userid
done < "$input"
$
```

$input变量指向数据文件，并且该变量被作为while命令的重定向数据。users.csv文件内容如下。

```
$ cat users.csv
rich,Richard Blum
christine,Christine Bresnahan
barbara,Barbara Blum
tim,Timothy Bresnahan
$
```

必须作为root用户才能运行这个脚本，因为useradd命令需要root权限。

```
# ./test26
adding rich
adding christine
adding barbara
adding tim
#
```

来看一眼/etc/passwd文件，你会发现账户已经创建好了。

```
# tail /etc/passwd
rich:x:1001:1001:Richard Blum:/home/rich:/bin/bash
christine:x:1002:1002:Christine Bresnahan:/home/christine:/bin/bash
barbara:x:1003:1003:Barbara Blum:/home/barbara:/bin/bash
tim:x:1004:1004:Timothy Bresnahan:/home/tim:/bin/bash
#
```

恭喜，你已经在添加用户账户这项任务上给自己省出了大量时间！

13.10　小结

循环是编程的一部分。bash shell提供了三种可用于脚本中的循环命令。

for命令允许你遍历一系列的值，不管是在命令行里提供好的、包含在变量中的还是通过文件扩展匹配获得的文件名和目录名。

while命令使用普通命令或测试命令提供了基于命令条件的循环。只有在命令（或条件）产生退出状态码0时，while循环才会继续迭代指定的一组命令。

until命令也提供了迭代命令的一种方法，但它的迭代是建立在命令（或条件）产生非零退出状态码的基础上。这个特性允许你设置一个迭代结束前都必须满足的条件。

可以在shell脚本中对循环进行组合，生成多层循环。bash shell提供了continue和break命令，允许你根据循环内的不同值改变循环的正常流程。

bash shell还允许使用标准的命令重定向和管道来改变循环的输出。你可以使用重定向来将循环的输出重定向到一个文件或是另一个命令。这就为控制shell脚本执行提供了丰富的功能。

下一章将会讨论如何和shell脚本用户交互。shell脚本通常并不完全是自成一体的。它们需要在运行时被提供某些外部数据。下一章将讨论各种可用来向shell脚本提供实时数据的方法。

第 14 章

处理用户输入

本章内容

- 传递参数
- 跟踪参数
- 移动变量
- 处理选项
- 将选项标准化
- 获得用户输入

到目前为止，你已经看到了如何编写脚本，处理数据、变量和Linux系统上的文件。有时，你编写的脚本还得能够与使用者进行交互。bash shell提供了一些不同的方法来从用户处获得数据，包括命令行参数（添加在命令后的数据）、命令行选项（可修改命令行为的单个字母）以及直接从键盘读取输入的能力。本章将会讨论如何在你的bash shell脚本运用这些方法来从脚本用户处获得数据。

14.1 命令行参数

向shell脚本传递数据的最基本方法是使用命令行参数。命令行参数允许在运行脚本时向命令行添加数据。

```
$ ./addem 10 30
```

本例向脚本addem传递了两个命令行参数（10和30）。脚本会通过特殊的变量来处理命令行参数。后面几节将会介绍如何在bash shell脚本中使用命令行参数。

14.1.1 读取参数

bash shell会将一些称为*位置参数*（positional parameter）的特殊变量分配给输入到命令行中的所有参数。这也包括shell所执行的脚本名称。位置参数变量是标准的数字：$0是程序名，$1是第一个参数，$2是第二个参数，依次类推，直到第九个参数$9。

下面是在shell脚本中使用单个命令行参数的简单例子。

```
$ cat test1.sh
#!/bin/bash
# using one command line parameter
#
factorial=1
for (( number = 1; number <= $1 ; number++ ))
do
   factorial=$[ $factorial * $number ]
done
echo The factorial of $1 is $factorial
$
$ ./test1.sh 5
The factorial of 5 is 120
$
```

可以在shell脚本中像使用其他变量一样使用`$1`变量。shell脚本会自动将命令行参数的值分配给变量，不需要你作任何处理。

如果需要输入更多的命令行参数，则每个参数都必须用空格分开。

```
$ cat test2.sh
#!/bin/bash
# testing two command line parameters
#
total=$[ $1 * $2 ]
echo The first parameter is $1.
echo The second parameter is $2.
echo The total value is $total.
$
$ ./test2.sh 2 5
The first parameter is 2.
The second parameter is 5.
The total value is 10.
$
```

shell会将每个参数分配给对应的变量。

在前面的例子中，用到的命令行参数都是数值。也可以在命令行上用文本字符串。

```
$ cat test3.sh
#!/bin/bash
# testing string parameters
#
echo Hello $1, glad to meet you.
$
$ ./test3.sh Rich
Hello Rich, glad to meet you.
$
```

shell将输入到命令行的字符串值传给脚本。但碰到含有空格的文本字符串时就会出现问题：

```
$ ./test3.sh Rich Blum
Hello Rich, glad to meet you.
$
```

记住，每个参数都是用空格分隔的，所以shell会将空格当成两个值的分隔符。要在参数值中包含空格，必须要用引号（单引号或双引号均可）。

```
$ ./test3.sh 'Rich Blum'
Hello Rich Blum, glad to meet you.
$
$ ./test3.sh "Rich Blum"
Hello Rich Blum, glad to meet you.
$
```

说明　将文本字符串作为参数传递时，引号并非数据的一部分。它们只是表明数据的起止位置。

如果脚本需要的命令行参数不止9个，你仍然可以处理，但是需要稍微修改一下变量名。在第9个变量之后，你必须在变量数字周围加上花括号，比如`${10}`。下面是一个这样的例子。

```
$ cat test4.sh
#!/bin/bash
# handling lots of parameters
#
total=$[ ${10} * ${11} ]
echo The tenth parameter is ${10}
echo The eleventh parameter is ${11}
echo The total is $total
$
$ ./test4.sh 1 2 3 4 5 6 7 8 9 10 11 12
The tenth parameter is 10
The eleventh parameter is 11
The total is 110
$
```

这项技术允许你根据需要向脚本添加任意多的命令行参数。

14.1.2　读取脚本名

可以用`$0`参数获取shell在命令行启动的脚本名。这在编写多功能工具时很方便。

```
$ cat test5.sh
#!/bin/bash
# Testing the $0 parameter
#
echo The zero parameter is set to: $0
#
$
$ bash test5.sh
The zero parameter is set to: test5.sh
$
```

但是这里存在一个潜在的问题。如果使用另一个命令来运行shell脚本，命令会和脚本名混在一起，出现在`$0`参数中。

```
$ ./test5.sh
The zero parameter is set to: ./test5.sh
$
```

这还不是唯一的问题。当传给$0变量的实际字符串不仅仅是脚本名，而是完整的脚本路径时，变量$0就会使用整个路径。

```
$ bash /home/Christine/test5.sh
The zero parameter is set to: /home/Christine/test5.sh
$
```

如果你要编写一个根据脚本名来执行不同功能的脚本，就得做点额外工作。你得把脚本的运行路径给剥离掉。另外，还要删除与脚本名混杂在一起的命令。

幸好有个方便的小命令可以帮到我们。basename命令会返回不包含路径的脚本名。

```
$ cat test5b.sh
#!/bin/bash
# Using basename with the $0 parameter
#
name=$(basename $0)
echo
echo The script name is: $name
#
$ bash /home/Christine/test5b.sh

The script name is: test5b.sh
$
$ ./test5b.sh

The script name is: test5b.sh
$
```

现在好多了。可以用这种方法来编写基于脚本名执行不同功能的脚本。这里有个简单的例子。

```
$ cat test6.sh
#!/bin/bash
# Testing a Multi-function script
#
name=$(basename $0)
#
if [ $name = "addem" ]
then
   total=$[ $1 + $2 ]
#
elif [ $name = "multem" ]
then
   total=$[ $1 * $2 ]
fi
#
echo
echo The calculated value is $total
#
$
$ cp test6.sh addem
```

```
$ chmod u+x addem
$
$ ln -s test6.sh multem
$
$ ls -l *em
-rwxrw-r--. 1 Christine Christine 224 Jun 30 23:50 addem
lrwxrwxrwx. 1 Christine Christine   8 Jun 30 23:50 multem -> test6.sh
$
$ ./addem 2 5

The calculated value is 7
$
$ ./multem 2 5

The calculated value is 10
$
```

本例从test6.sh脚本中创建了两个不同的文件名：一个通过复制文件创建（addem），另一个通过链接（参见第3章）创建（multem）。在两种情况下都会先获得脚本的基本名称，然后根据该值执行相应的功能。

14.1.3　测试参数

在shell脚本中使用命令行参数时要小心些。如果脚本不加参数运行，可能会出问题。

```
$ ./addem 2
./addem: line 8: 2 +  : syntax error: operand expected (error
 token is " ")
The calculated value is
$
```

当脚本认为参数变量中会有数据而实际上并没有时，脚本很有可能会产生错误消息。这种写脚本的方法并不可取。在使用参数前一定要检查其中是否存在数据。

```
$ cat test7.sh
#!/bin/bash
# testing parameters before use
#
if [ -n "$1" ]
then
   echo Hello $1, glad to meet you.
else
   echo "Sorry, you did not identify yourself. "
fi
$
$ ./test7.sh Rich
Hello Rich, glad to meet you.
$
$ ./test7.sh
Sorry, you did not identify yourself.
$
```

在本例中，使用了-n测试来检查命令行参数$1中是否有数据。在下一节中，你会看到还有另一种检查命令行参数的方法。

14.2　特殊参数变量

在bash shell中有些特殊变量，它们会记录命令行参数。本节将会介绍这些变量及其用法。

14.2.1　参数统计

如在上一节中看到的，在脚本中使用命令行参数之前应该检查一下命令行参数。对于使用多个命令行参数的脚本来说，这有点麻烦。

你可以统计一下命令行中输入了多少个参数，无需测试每个参数。bash shell为此提供了一个特殊变量。

特殊变量$#含有脚本运行时携带的命令行参数的个数。可以在脚本中任何地方使用这个特殊变量，就跟普通变量一样。

```
$ cat test8.sh
#!/bin/bash
# getting the number of parameters
#
echo There were $# parameters supplied.
$
$ ./test8.sh
There were 0 parameters supplied.
$
$ ./test8.sh 1 2 3 4 5
There were 5 parameters supplied.
$
$ ./test8.sh 1 2 3 4 5 6 7 8 9 10
There were 10 parameters supplied.
$
$ ./test8.sh "Rich Blum"
There were 1 parameters supplied.
$
```

现在你就能在使用参数前测试参数的总数了。

```
$ cat test9.sh
#!/bin/bash
# Testing parameters
#
if [ $# -ne 2 ]
then
   echo
   echo Usage: test9.sh a b
   echo
else
   total=$[ $1 + $2 ]
   echo
```

```
   echo The total is $total
   echo
fi
#
$
$ bash test9.sh

Usage: test9.sh a b

$ bash test9.sh 10

Usage: test9.sh a b

$ bash test9.sh 10 15

The total is 25

$
```

if-then语句用-ne测试命令行参数数量。如果参数数量不对，会显示一条错误消息告知脚本的正确用法。

这个变量还提供了一个简便方法来获取命令行中最后一个参数，完全不需要知道实际上到底用了多少个参数。不过要实现这一点，得稍微多花点工夫。

如果你仔细考虑过，可能会觉得既然$#变量含有参数的总数，那么变量${$#}就代表了最后一个命令行参数变量。试试看会发生什么。

```
$ cat badtest1.sh
#!/bin/bash
# testing grabbing last parameter
#
echo The last parameter was ${$#}
$
$ ./badtest1.sh 10
The last parameter was 15354
$
```

怎么了？显然，出了点问题。它表明你不能在花括号内使用美元符。必须将美元符换成感叹号。很奇怪，但的确管用。

```
$ cat test10.sh
#!/bin/bash
# Grabbing the last parameter
#
params=$#
echo
echo The last parameter is $params
echo The last parameter is ${!#}
echo
#
$
$ bash test10.sh 1 2 3 4 5
```

```
The last parameter is 5
The last parameter is 5

$
$ bash test10.sh

The last parameter is 0
The last parameter is test10.sh

$
```

太好了。这个测试将$#变量的值赋给了变量params，然后也按特殊命令行参数变量的格式使用了该变量。两种方法都没问题。重要的是要注意，当命令行上没有任何参数时，$#的值为0，params变量的值也一样，但${!#}变量会返回命令行用到的脚本名。

14.2.2　抓取所有的数据

有时候需要抓取命令行上提供的所有参数。这时候不需要先用$#变量来判断命令行上有多少参数，然后再进行遍历，你可以使用一组其他的特殊变量来解决这个问题。

$*和$@变量可以用来轻松访问所有的参数。这两个变量都能够在单个变量中存储所有的命令行参数。

$*变量会将命令行上提供的所有参数当作一个单词保存。这个单词包含了命令行中出现的每一个参数值。基本上$*变量会将这些参数视为一个整体，而不是多个个体。

另一方面，$@变量会将命令行上提供的所有参数当作同一字符串中的多个独立的单词。这样你就能够遍历所有的参数值，得到每个参数。这通常通过for命令完成。

这两个变量的工作方式不太容易理解。看个例子，你就能理解二者之间的区别了。

```
$ cat test11.sh
#!/bin/bash
# testing $* and $@
#
echo
echo "Using the \$* method: $*"
echo
echo "Using the \$@ method: $@"
$
$ ./test11.sh rich barbara katie jessica

Using the $* method: rich barbara katie jessica

Using the $@ method: rich barbara katie jessica
$
```

注意，从表面上看，两个变量产生的是同样的输出，都显示出了所有命令行参数。

下面的例子给出了二者的差异。

```
$ cat test12.sh
#!/bin/bash
```

```
# testing $* and $@
#
echo
count=1
#
for param in "$*"
do
   echo "\$* Parameter #$count = $param"
   count=$[ $count + 1 ]
done
#
echo
count=1
#
for param in "$@"
do
   echo "\$@ Parameter #$count = $param"
   count=$[ $count + 1 ]
done
$
$ ./test12.sh rich barbara katie jessica

$* Parameter #1 = rich barbara katie jessica

$@ Parameter #1 = rich
$@ Parameter #2 = barbara
$@ Parameter #3 = katie
$@ Parameter #4 = jessica
$
```

现在清楚多了。通过使用`for`命令遍历这两个特殊变量，你能看到它们是如何不同地处理命令行参数的。`$*`变量会将所有参数当成单个参数，而`$@`变量会单独处理每个参数。这是遍历命令行参数的一个绝妙方法。

14.3 移动变量

bash shell工具箱中另一件工具是`shift`命令。bash shell的`shift`命令能够用来操作命令行参数。跟字面上的意思一样，`shift`命令会根据它们的相对位置来移动命令行参数。

在使用`shift`命令时，默认情况下它会将每个参数变量向左移动一个位置。所以，变量`$3`的值会移到`$2`中，变量`$2`的值会移到`$1`中，而变量`$1`的值则会被删除（注意，变量`$0`的值，也就是程序名，不会改变）。

这是遍历命令行参数的另一个好方法，尤其是在你不知道到底有多少参数时。你可以只操作第一个参数，移动参数，然后继续操作第一个参数。

这里有个例子来解释它是如何工作的。

```
$ cat test13.sh
#!/bin/bash
# demonstrating the shift command
```

```
echo
count=1
while [ -n "$1" ]
do
   echo "Parameter #$count = $1"
   count=$[ $count + 1 ]
   shift
done
$
$ ./test13.sh rich barbara katie jessica

Parameter #1 = rich
Parameter #2 = barbara
Parameter #3 = katie
Parameter #4 = jessica
$
```

这个脚本通过测试第一个参数值的长度执行了一个while循环。当第一个参数的长度为零时，循环结束。测试完第一个参数后，shift命令会将所有参数的位置移动一个位置。

窍门　使用shift命令的时候要小心。如果某个参数被移出，它的值就被丢弃了，无法再恢复。

另外，你也可以一次性移动多个位置，只需要给shift命令提供一个参数，指明要移动的位置数就行了。

```
$ cat test14.sh
#!/bin/bash
# demonstrating a multi-position shift
#
echo
echo "The original parameters: $*"
shift 2
echo "Here's the new first parameter: $1"
$
$ ./test14.sh 1 2 3 4 5

The original parameters: 1 2 3 4 5
Here's the new first parameter: 3
$
```

通过使用shift命令的参数，就可以轻松地跳过不需要的参数。

14.4　处理选项

如果你认真读过本书前面的所有内容，应该就见过了一些同时提供了参数和选项的bash命令。选项是跟在单破折线后面的单个字母，它能改变命令的行为。本节将会介绍3种在脚本中处理选项的方法。

14.4.1 查找选项

表面上看，命令行选项也没什么特殊的。在命令行上，它们紧跟在脚本名之后，就跟命令行参数一样。实际上，如果愿意，你可以像处理命令行参数一样处理命令行选项。

1. 处理简单选项

在前面的test13.sh脚本中，你看到了如何使用shift命令来依次处理脚本程序携带的命令行参数。你也可以用同样的方法来处理命令行选项。

在提取每个单独参数时，用case语句（参见第12章）来判断某个参数是否为选项。

```
$ cat test15.sh
#!/bin/bash
# extracting command line options as parameters
#
echo
while [ -n "$1" ]
do
   case "$1" in
     -a) echo "Found the -a option" ;;
     -b) echo "Found the -b option" ;;
     -c) echo "Found the -c option" ;;
      *) echo "$1 is not an option" ;;
   esac
   shift
done
$
$ ./test15.sh -a -b -c -d

Found the -a option
Found the -b option
Found the -c option
-d is not an option
$
```

case语句会检查每个参数是不是有效选项。如果是的话，就运行对应case语句中的命令。不管选项按什么顺序出现在命令行上，这种方法都适用。

```
$ ./test15.sh -d -c -a

-d is not an option
Found the -c option
Found the -a option
$
```

case语句在命令行参数中找到一个选项，就处理一个选项。如果命令行上还提供了其他参数，你可以在case语句的通用情况处理部分中处理。

2. 分离参数和选项

你会经常遇到想在shell脚本中同时使用选项和参数的情况。Linux中处理这个问题的标准方式是用特殊字符来将二者分开，该字符会告诉脚本何时选项结束以及普通参数何时开始。

对Linux来说，这个特殊字符是双破折线（--）。shell会用双破折线来表明选项列表结束。在双破折线之后，脚本就可以放心地将剩下的命令行参数当作参数，而不是选项来处理了。

要检查双破折线，只要在case语句中加一项就行了。

```
$ cat test16.sh
#!/bin/bash
# extracting options and parameters
echo
while [ -n "$1" ]
do
   case "$1" in
      -a) echo "Found the -a option" ;;
      -b) echo "Found the -b option";;
      -c) echo "Found the -c option" ;;
      --) shift
          break ;;
       *) echo "$1 is not an option";;
   esac
   shift
done
#
count=1
for param in $@
do
   echo "Parameter #$count: $param"
   count=$[ $count + 1 ]
done
$
```

在遇到双破折线时，脚本用break命令来跳出while循环。由于过早地跳出了循环，我们需要再加一条shift命令来将双破折线移出参数变量。

对于第一个测试，试试用一组普通的选项和参数来运行这个脚本。

```
$ ./test16.sh -c -a -b test1 test2 test3

Found the -c option
Found the -a option
Found the -b option
test1 is not an option
test2 is not an option
test3 is not an option
$
```

结果说明在处理时脚本认为所有的命令行参数都是选项。接下来，进行同样的测试，只是这次会用双破折线来将命令行上的选项和参数划分开来。

```
$ ./test16.sh -c -a -b -- test1 test2 test3

Found the -c option
Found the -a option
Found the -b option
Parameter #1: test1
```

```
Parameter #2: test2
Parameter #3: test3
$
```

当脚本遇到双破折线时，它会停止处理选项，并将剩下的参数都当作命令行参数。

3. 处理带值的选项

有些选项会带上一个额外的参数值。在这种情况下，命令行看起来像下面这样。

```
$ ./testing.sh -a test1 -b -c -d test2
```

当命令行选项要求额外的参数时，脚本必须能检测到并正确处理。下面是如何处理的例子。

```
$ cat test17.sh
#!/bin/bash
# extracting command line options and values
echo
while [ -n "$1" ]
do
   case "$1" in
      -a) echo "Found the -a option";;
      -b) param="$2"
          echo "Found the -b option, with parameter value $param"
          shift ;;
      -c) echo "Found the -c option";;
      --) shift
          break ;;
       *) echo "$1 is not an option";;
   esac
   shift
done
#
count=1
for param in "$@"
do
   echo "Parameter #$count: $param"
   count=$[ $count + 1 ]
done
$
$ ./test17.sh -a -b test1 -d

Found the -a option
Found the -b option, with parameter value test1
-d is not an option
$
```

在这个例子中，case语句定义了三个它要处理的选项。-b选项还需要一个额外的参数值。由于要处理的参数是$1，额外的参数值就应该位于$2（因为所有的参数在处理完之后都会被移出）。只要将参数值从$2变量中提取出来就可以了。当然，因为这个选项占用了两个参数位，所以你还需要使用shift命令多移动一个位置。

只用这些基本的特性，整个过程就能正常工作，不管按什么顺序放置选项（但要记住包含每个选项相应的选项参数）。

```
$ ./test17.sh -b test1 -a -d
Found the -b option, with parameter value test1
Found the -a option
-d is not an option
$
```

现在shell脚本中已经有了处理命令行选项的基本能力，但还有一些限制。比如，如果你想将多个选项放进一个参数中时，它就不能工作了。

```
$ ./test17.sh -ac
-ac is not an option
$
```

在Linux中，合并选项是一个很常见的用法，而且如果脚本想要对用户更友好一些，也要给用户提供这种特性。幸好，有另外一种处理选项的方法能够帮忙。

14.4.2　使用 getopt 命令

getopt命令是一个在处理命令行选项和参数时非常方便的工具。它能够识别命令行参数，从而在脚本中解析它们时更方便。

1. 命令的格式

getopt命令可以接受一系列任意形式的命令行选项和参数，并自动将它们转换成适当的格式。它的命令格式如下：

```
getopt optstring parameters
```

optstring是这个过程的关键所在。它定义了命令行有效的选项字母，还定义了哪些选项字母需要参数值。

首先，在optstring中列出你要在脚本中用到的每个命令行选项字母。然后，在每个需要参数值的选项字母后加一个冒号。getopt命令会基于你定义的optstring解析提供的参数。

窍门　getopt命令有一个更高级的版本叫作getopts（注意这是复数形式）。getopts命令会在本章随后部分讲到。因为这两个命令的拼写几乎一模一样，所以很容易搞混。一定要小心！

下面是个getopt如何工作的简单例子。

```
$ getopt ab:cd -a -b test1 -cd test2 test3
 -a -b test1 -c -d -- test2 test3
$
```

optstring定义了四个有效选项字母：a、b、c和d。冒号（:）被放在了字母b后面，因为b选项需要一个参数值。当getopt命令运行时，它会检查提供的参数列表（-a -b test1 -cd test2 test3），并基于提供的optstring进行解析。注意，它会自动将-cd选项分成两个单独的选项，并插入双破折线来分隔行中的额外参数。

如果指定了一个不在optstring中的选项，默认情况下，getopt命令会产生一条错误消息。

```
$ getopt ab:cd -a -b test1 -cde test2 test3
getopt: invalid option -- e
 -a -b test1 -c -d -- test2 test3
$
```

如果想忽略这条错误消息，可以在命令后加-q选项。

```
$ getopt -q ab:cd -a -b test1 -cde test2 test3
 -a -b 'test1' -c -d -- 'test2' 'test3'
$
```

注意，getopt命令选项必须出现在optstring之前。现在应该可以在脚本中使用此命令处理命令行选项了。

2. 在脚本中使用getopt

可以在脚本中使用getopt来格式化脚本所携带的任何命令行选项或参数，但用起来略微复杂。

方法是用getopt命令生成的格式化后的版本来替换已有的命令行选项和参数。用set命令能够做到。

在第6章中，你就已经见过set命令了。set命令能够处理shell中的各种变量。

set命令的选项之一是双破折线（--），它会将命令行参数替换成set命令的命令行值。

然后，该方法会将原始脚本的命令行参数传给getopt命令，之后再将getopt命令的输出传给set命令，用getopt格式化后的命令行参数来替换原始的命令行参数，看起来如下所示。

```
set -- $(getopt -q ab:cd "$@")
```

现在原始的命令行参数变量的值会被getopt命令的输出替换，而getopt已经为我们格式化好了命令行参数。

利用该方法，现在就可以写出能帮我们处理命令行参数的脚本。

```
$ cat test18.sh
#!/bin/bash
# Extract command line options & values with getopt
#
set -- $(getopt -q ab:cd "$@")
#
echo
while [ -n "$1" ]
do
   case "$1" in
   -a) echo "Found the -a option" ;;
   -b) param="$2"
       echo "Found the -b option, with parameter value $param"
       shift ;;
   -c) echo "Found the -c option" ;;
   --) shift
       break ;;
    *) echo "$1 is not an option";;
   esac
```

```
   shift
done
#
count=1
for param in "$@"
do
   echo "Parameter #$count: $param"
   count=$[ $count + 1 ]
done
#
$
```

你会注意到它跟脚本test17.sh一样，唯一不同的是加入了getopt命令来帮助格式化命令行参数。

现在如果运行带有复杂选项的脚本，就可以看出效果更好了。

```
$ ./test18.sh -ac

Found the -a option
Found the -c option
$
```

当然，之前的功能照样没有问题。

```
$ ./test18.sh -a -b test1 -cd test2 test3 test4

Found the -a option
Found the -b option, with parameter value 'test1'
Found the -c option
Parameter #1: 'test2'
Parameter #2: 'test3'
Parameter #3: 'test4'
$
```

现在看起来相当不错了。但是，在getopt命令中仍然隐藏着一个小问题。看看这个例子。

```
$ ./test18.sh -a -b test1 -cd "test2 test3" test4

Found the -a option
Found the -b option, with parameter value 'test1'
Found the -c option
Parameter #1: 'test2
Parameter #2: test3'
Parameter #3: 'test4'
$
```

getopt命令并不擅长处理带空格和引号的参数值。它会将空格当作参数分隔符，而不是根据双引号将二者当作一个参数。幸而还有另外一个办法能解决这个问题。

14.4.3　使用更高级的 getopts

getopts命令（注意是复数）内建于bash shell。它跟近亲getopt看起来很像，但多了一些扩展功能。

与getopt不同，前者将命令行上选项和参数处理后只生成一个输出，而getopts命令能够和已有的shell参数变量配合默契。

每次调用它时，它一次只处理命令行上检测到的一个参数。处理完所有的参数后，它会退出并返回一个大于0的退出状态码。这让它非常适合用解析命令行所有参数的循环中。

getopts命令的格式如下：

```
getopts optstring variable
```

optstring值类似于getopt命令中的那个。有效的选项字母都会列在optstring中，如果选项字母要求有个参数值，就加一个冒号。要去掉错误消息的话，可以在optstring之前加一个冒号。getopts命令将当前参数保存在命令行中定义的variable中。

getopts命令会用到两个环境变量。如果选项需要跟一个参数值，OPTARG环境变量就会保存这个值。OPTIND环境变量保存了参数列表中getopts正在处理的参数位置。这样你就能在处理完选项之后继续处理其他命令行参数了。

让我们看个使用getopts命令的简单例子。

```
$ cat test19.sh
#!/bin/bash
# simple demonstration of the getopts command
#
echo
while getopts :ab:c opt
do
   case "$opt" in
      a) echo "Found the -a option" ;;
      b) echo "Found the -b option, with value $OPTARG";;
      c) echo "Found the -c option" ;;
      *) echo "Unknown option: $opt";;
   esac
done
$
$ ./test19.sh -ab test1 -c

Found the -a option
Found the -b option, with value test1
Found the -c option
$
```

while语句定义了getopts命令，指明了要查找哪些命令行选项，以及每次迭代中存储它们的变量名（opt）。

你会注意到在本例中case语句的用法有些不同。getopts命令解析命令行选项时会移除开头的单破折线，所以在case定义中不用单破折线。

getopts命令有几个好用的功能。对新手来说，可以在参数值中包含空格。

```
$ ./test19.sh -b "test1 test2" -a

Found the -b option, with value test1 test2
Found the -a option
$
```

另一个好用的功能是将选项字母和参数值放在一起使用，而不用加空格。

```
$ ./test19.sh -abtest1

Found the -a option
Found the -b option, with value test1
$
```

getopts命令能够从-b选项中正确解析出test1值。除此之外，getopts还能够将命令行上找到的所有未定义的选项统一输出成问号。

```
$ ./test19.sh -d

Unknown option: ?
$
$ ./test19.sh -acde

Found the -a option
Found the -c option
Unknown option: ?
Unknown option: ?
$
```

optstring中未定义的选项字母会以问号形式发送给代码。

getopts命令知道何时停止处理选项，并将参数留给你处理。在getopts处理每个选项时，它会将OPTIND环境变量值增一。在getopts完成处理时，你可以使用shift命令和OPTIND值来移动参数。

```
$ cat test20.sh
#!/bin/bash
# Processing options & parameters with getopts
#
echo
while getopts :ab:cd opt
do
   case "$opt" in
   a) echo "Found the -a option"  ;;
   b) echo "Found the -b option, with value $OPTARG" ;;
   c) echo "Found the -c option"  ;;
   d) echo "Found the -d option"  ;;
   *) echo "Unknown option: $opt" ;;
   esac
done
#
shift $[ $OPTIND - 1 ]
#
echo
count=1
for param in "$@"
do
   echo "Parameter $count: $param"
   count=$[ $count + 1 ]
done
```

```
#
$
$ ./test20.sh -a -b test1 -d test2 test3 test4

Found the -a option
Found the -b option, with value test1
Found the -d option

Parameter 1: test2
Parameter 2: test3
Parameter 3: test4
$
```

现在你就拥有了一个能在所有shell脚本中使用的全功能命令行选项和参数处理工具。

14.5 将选项标准化

在创建shell脚本时，显然可以控制具体怎么做。你完全可以决定用哪些字母选项以及它们的用法。

但有些字母选项在Linux世界里已经拥有了某种程度的标准含义。如果你能在shell脚本中支持这些选项，脚本看起来能更友好一些。

表14-1显示了Linux中用到的一些命令行选项的常用含义。

表14-1 常用的Linux命令选项

选项	描述
-a	显示所有对象
-c	生成一个计数
-d	指定一个目录
-e	扩展一个对象
-f	指定读入数据的文件
-h	显示命令的帮助信息
-i	忽略文本大小写
-l	产生输出的长格式版本
-n	使用非交互模式（批处理）
-o	将所有输出重定向到的指定的输出文件
-q	以安静模式运行
-r	递归地处理目录和文件
-s	以安静模式运行
-v	生成详细输出
-x	排除某个对象
-y	对所有问题回答yes

通过学习本书时遇到的各种bash命令，你大概已经知道这些选项中大部分的含义了。如果你的选项也采用同样的含义，这样用户在使用你的脚本时就不用去查手册了。

14.6 获得用户输入

尽管命令行选项和参数是从脚本用户处获得输入的一种重要方式，但有时脚本的交互性还需要更强一些。比如你想要在脚本运行时问个问题，并等待运行脚本的人来回答。bash shell为此提供了read命令。

14.6.1 基本的读取

read命令从标准输入（键盘）或另一个文件描述符中接受输入。在收到输入后，read命令会将数据放进一个变量。下面是read命令的最简单用法。

```
$ cat test21.sh
#!/bin/bash
# testing the read command
#
echo -n "Enter your name: "
read name
echo "Hello $name, welcome to my program. "
#
$
$ ./test21.sh
Enter your name: Rich Blum
Hello Rich Blum, welcome to my program.
$
```

相当简单。注意，生成提示的echo命令使用了-n选项。该选项不会在字符串末尾输出换行符，允许脚本用户紧跟其后输入数据，而不是下一行。这让脚本看起来更像表单。

实际上，read命令包含了-p选项，允许你直接在read命令行指定提示符。

```
$ cat test22.sh
#!/bin/bash
# testing the read -p option
#
read -p "Please enter your age: " age
days=$[ $age * 365 ]
echo "That makes you over $days days old! "
#
$
$ ./test22.sh
Please enter your age: 10
That makes you over 3650 days old!
$
```

你会注意到，在第一个例子中当有名字输入时，read命令会将姓和名保存在同一个变量中。read命令会将提示符后输入的所有数据分配给单个变量，要么你就指定多个变量。输入的每个数据值都会分配给变量列表中的下一个变量。如果变量数量不够，剩下的数据就全部分配给最后一个变量。

```
$ cat test23.sh
#!/bin/bash
```

```
# entering multiple variables
#
read -p "Enter your name: " first last
echo "Checking data for $last, $first…"
$
$ ./test23.sh
Enter your name: Rich Blum
Checking data for Blum, Rich...
$
```

也可以在read命令行中不指定变量。如果是这样，read命令会将它收到的任何数据都放进特殊环境变量REPLY中。

```
$ cat test24.sh
#!/bin/bash
# Testing the REPLY Environment variable
#
read -p "Enter your name: "
echo
echo Hello $REPLY, welcome to my program.
#
$
$ ./test24.sh
Enter your name: Christine

Hello Christine, welcome to my program.
$
```

REPLY环境变量会保存输入的所有数据，可以在shell脚本中像其他变量一样使用。

14.6.2 超时

使用read命令时要当心。脚本很可能会一直苦等着脚本用户的输入。如果不管是否有数据输入，脚本都必须继续执行，你可以用-t选项来指定一个计时器。-t选项指定了read命令等待输入的秒数。当计时器过期后，read命令会返回一个非零退出状态码。

```
$ cat test25.sh
#!/bin/bash
# timing the data entry
#
if read -t 5 -p "Please enter your name: " name
then
   echo "Hello $name, welcome to my script"
else
   echo
   echo "Sorry, too slow! "
fi
$
$ ./test25.sh
Please enter your name: Rich
Hello Rich, welcome to my script
$
```

```
$ ./test25.sh
Please enter your name:
Sorry, too slow!
$
```

如果计时器过期，read命令会以非零退出状态码退出，可以使用如if-then语句或while循环这种标准的结构化语句来理清所发生的具体情况。在本例中，计时器过期时，if语句不成立，shell会执行else部分的命令。

也可以不对输入过程计时，而是让read命令来统计输入的字符数。当输入的字符达到预设的字符数时，就自动退出，将输入的数据赋给变量。

```
$ cat test26.sh
#!/bin/bash
# getting just one character of input
#
read -n1 -p "Do you want to continue [Y/N]? " answer
case $answer in
Y | y) echo
       echo "fine, continue on…";;
N | n) echo
       echo OK, goodbye
       exit;;
esac
echo "This is the end of the script"
$
$ ./test26.sh
Do you want to continue [Y/N]? Y
fine, continue on…
This is the end of the script
$
$ ./test26.sh
Do you want to continue [Y/N]? n
OK, goodbye
$
```

本例中将-n选项和值1一起使用，告诉read命令在接受单个字符后退出。只要按下单个字符回答后，read命令就会接受输入并将它传给变量，无需按回车键。

14.6.3 隐藏方式读取

有时你需要从脚本用户处得到输入，但又在屏幕上显示输入信息。其中典型的例子就是输入的密码，但除此之外还有很多其他需要隐藏的数据类型。

-s选项可以避免在read命令中输入的数据出现在显示器上（实际上，数据会被显示，只是read命令会将文本颜色设成跟背景色一样）。这里有个在脚本中使用-s选项的例子。

```
$ cat test27.sh
#!/bin/bash
# hiding input data from the monitor
#
read -s -p "Enter your password: " pass
```

```
echo
echo "Is your password really $pass? "
$
$ ./test27.sh
Enter your password:
Is your password really T3st1ng?
$
```

输入提示符输入的数据不会出现在屏幕上，但会赋给变量，以便在脚本中使用。

14.6.4 从文件中读取

最后，也可以用read命令来读取Linux系统上文件里保存的数据。每次调用read命令，它都会从文件中读取一行文本。当文件中再没有内容时，read命令会退出并返回非零退出状态码。

其中最难的部分是将文件中的数据传给read命令。最常见的方法是对文件使用cat命令，将结果通过管道直接传给含有read命令的while命令。下面的例子说明怎么处理。

```
$ cat test28.sh
#!/bin/bash
# reading data from a file
#
count=1
cat test | while read line
do
   echo "Line $count: $line"
   count=$[ $count + 1]
done
echo "Finished processing the file"
$
$ cat test
The quick brown dog jumps over the lazy fox.
This is a test, this is only a test.
O Romeo, Romeo! Wherefore art thou Romeo?
$
$ ./test28.sh
Line 1: The quick brown dog jumps over the lazy fox.
Line 2: This is a test, this is only a test.
Line 3: O Romeo, Romeo! Wherefore art thou Romeo?
Finished processing the file
$
```

while循环会持续通过read命令处理文件中的行，直到read命令以非零退出状态码退出。

14.7 小结

本章描述了3种不同的方法来从脚本用户处获得数据。命令行参数允许用户运行脚本时直接从命令行输入数据。脚本通过位置参数来取回命令行参数并将它们赋给变量。

shift命令通过对位置参数进行轮转的方式来操作命令行参数。就算不知道有多少个参数，这个命令也可以让你轻松遍历参数。

有三个特殊变量可以用来处理命令行参数。shell会将$#变量设为命令行输入的参数总数。$*变量会将所有参数保存为一个字符串。$@变量将所有变量都保存为单独的词。这些变量在处理长参数列表时非常有用。

除了参数外，脚本用户还可以用命令行选项来给脚本传递信息。命令行选项是前面带有单破折线的单个字母。可以给不同的选项赋值，从而改变脚本的行为。

bash shell提供了三种方式来处理命令行选项。

第一种方式是将它们像命令行参数一样处理。可以利用位置参数变量来遍历选项，在每个选项出现在命令行上时处理它。

另一种处理命令行选项的方式是用getopt命令。该命令会将命令行选项和参数转换成可以在脚本中处理的标准格式。getopt命令允许你指定将哪些字母识别成选项以及哪些选项需要额外的参数值。getopt命令会处理标准的命令行参数并按正确顺序输出选项和参数。

处理命令行选项的最后一种方法是通过getopts命令（注意是复数）。getopts命令提供了处理命令行参数的高级功能。它支持多值的参数，能够识别脚本未定义的选项。

从脚本用户处获得数据的一种交互方法是read命令。read命令支持脚本向用户提问并等待。read命令会将脚本用户输入的数据赋给一个或多个变量，你在脚本中可以使用它们。

read命令有一些选项支持定制脚本的输入数据，比如隐藏输入数据选项、超时选项以及要求输入特定数目字符的选项。

下一章，我们会进一步看到bash shell脚本如何输出数据。到目前为止，你已经学习了如何在屏幕上显示数据，以及如何将数据重定向给文件。接下来，我们会探索一些其他方法，不但可以将数据导向特定位置，还可以将特定类型的数据导向特定位置。这可以让你的脚本看起来更专业！

第 15 章

呈现数据

15

本章内容

- 再探重定向
- 标准输入和输出
- 报告错误
- 丢弃数据
- 创建日志文件

到目前为止，本书中出现的脚本都是通过将数据打印在屏幕上或将数据重定向到文件中来显示信息。第11章中演示了如何将命令的输出重定向到文件中。本章将会展开这个主题，演示如何将脚本的输出重定向到Linux系统的不同位置。

15.1 理解输入和输出

至此你已经知道了两种显示脚本输出的方法：

- 在显示器屏幕上显示输出
- 将输出重定向到文件中

这两种方法要么将数据输出全部显示，要么什么都不显示。但有时将一部分数据在显示器上显示，另一部分数据保存到文件中也是不错的。对此，了解Linux如何处理输入输出能够帮助你就能将脚本输出放到正确位置。

下面几节会介绍如何用标准的Linux输入和输出系统来将脚本输出导向特定位置。

15.1.1 标准文件描述符

Linux系统将每个对象当作文件处理。这包括输入和输出进程。Linux用文件描述符（`file descriptor`）来标识每个文件对象。文件描述符是一个非负整数，可以唯一标识会话中打开的文件。每个进程一次最多可以有九个文件描述符。出于特殊目的，bash shell保留了前三个文件描述符（`0`、`1`和`2`），见表15-1。

表15-1　Linux的标准文件描述符

文件描述符	缩　写	描　述
0	STDIN	标准输入
1	STDOUT	标准输出
2	STDERR	标准错误

这三个特殊文件描述符会处理脚本的输入和输出。shell用它们将shell默认的输入和输出导向到相应的位置。下面几节将会进一步介绍这些标准文件描述符。

1. STDIN

STDIN文件描述符代表shell的标准输入。对终端界面来说，标准输入是键盘。shell从STDIN文件描述符对应的键盘获得输入，在用户输入时处理每个字符。

在使用输入重定向符号（<）时，Linux会用重定向指定的文件来替换标准输入文件描述符。它会读取文件并提取数据，就如同它是键盘上键入的。

许多bash命令能接受STDIN的输入，尤其是没有在命令行上指定文件的话。下面是个用cat命令处理STDIN输入的数据的例子。

```
$ cat
this is a test
this is a test
this is a second test.
this is a second test.
```

当在命令行上只输入cat命令时，它会从STDIN接受输入。输入一行，cat命令就会显示出一行。

但你也可以通过STDIN重定向符号强制cat命令接受来自另一个非STDIN文件的输入。

```
$ cat < testfile
This is the first line.
This is the second line.
This is the third line.
$
```

现在cat命令会用testfile文件中的行作为输入。你可以使用这种技术将数据输入到任何能从STDIN接受数据的shell命令中。

2. STDOUT

STDOUT文件描述符代表shell的标准输出。在终端界面上，标准输出就是终端显示器。shell的所有输出（包括shell中运行的程序和脚本）会被定向到标准输出中，也就是显示器。

默认情况下，大多数bash命令会将输出导向STDOUT文件描述符。如第11章中所述，你可以用输出重定向来改变。

```
$ ls -l > test2
$ cat test2
total 20
-rw-rw-r-- 1 rich rich 53 2014-10-16 11:30 test
-rw-rw-r-- 1 rich rich  0 2014-10-16 11:32 test2
```

```
-rw-rw-r-- 1 rich rich 73 2014-10-16 11:23 testfile
$
```

通过输出重定向符号，通常会显示到显示器的所有输出会被shell重定向到指定的重定向文件。

你也可以将数据追加到某个文件。这可以用>>符号来完成。

```
$ who >> test2
$ cat test2
total 20
-rw-rw-r-- 1 rich rich 53 2014-10-16 11:30 test
-rw-rw-r-- 1 rich rich  0 2014-10-16 11:32 test2
-rw-rw-r-- 1 rich rich 73 2014-10-16 11:23 testfile
rich     pts/0        2014-10-17 15:34 (192.168.1.2)
$
```

who命令生成的输出会被追加到test2文件中已有数据的后面。

但是，如果你对脚本使用了标准输出重定向，你会遇到一个问题。下面的例子说明了可能会出现什么情况。

```
$ ls -al badfile > test3
ls: cannot access badfile: No such file or directory
$ cat test3
$
```

当命令生成错误消息时，shell并未将错误消息重定向到输出重定向文件。shell创建了输出重定向文件，但错误消息却显示在了显示器屏幕上。注意，在显示test3文件的内容时并没有任何错误。test3文件创建成功了，只是里面是空的。

shell对于错误消息的处理是跟普通输出分开的。如果你创建了在后台模式下运行的shell脚本，通常你必须依赖发送到日志文件的输出消息。用这种方法的话，如果出现了错误信息，这些信息是不会出现在日志文件中的。你需要换种方法来处理。

3. STDERR

shell通过特殊的STDERR文件描述符来处理错误消息。STDERR文件描述符代表shell的标准错误输出。shell或shell中运行的程序和脚本出错时生成的错误消息都会发送到这个位置。

默认情况下，STDERR文件描述符会和STDOUT文件描述符指向同样的地方（尽管分配给它们的文件描述符值不同）。也就是说，默认情况下，错误消息也会输出到显示器输出中。

但从上面的例子可以看出，STDERR并不会随着STDOUT的重定向而发生改变。使用脚本时，你常常会想改变这种行为，尤其是当你希望将错误消息保存到日志文件中的时候。

15.1.2 重定向错误

你已经知道如何用重定向符号来重定向STDOUT数据。重定向STDERR数据也没太大差别，只要在使用重定向符号时定义STDERR文件描述符就可以了。有几种办法实现方法。

1. 只重定向错误

你在表15-1中已经看到，STDERR文件描述符被设成2。可以选择只重定向错误消息，将该文件描述符值放在重定向符号前。该值必须紧紧地放在重定向符号前，否则不会工作。

```
$ ls -al badfile 2> test4
$ cat test4
ls: cannot access badfile: No such file or directory
$
```

现在运行该命令，错误消息不会出现在屏幕上了。该命令生成的任何错误消息都会保存在输出文件中。用这种方法，shell会只重定向错误消息，而非普通数据。这里是另一个将STDOUT和STDERR消息混杂在同一输出中的例子。

```
$ ls -al test badtest test2 2> test5
-rw-rw-r-- 1 rich rich 158 2014-10-16 11:32 test2
$ cat test5
ls: cannot access test: No such file or directory
ls: cannot access badtest: No such file or directory
$
```

ls命令的正常STDOUT输出仍然会发送到默认的STDOUT文件描述符，也就是显示器。由于该命令将文件描述符2的输出（STDERR）重定向到了一个输出文件，shell会将生成的所有错误消息直接发送到指定的重定向文件中。

2. 重定向错误和数据

如果想重定向错误和正常输出，必须用两个重定向符号。需要在符号前面放上待重定向数据所对应的文件描述符，然后指向用于保存数据的输出文件。

```
$ ls -al test test2 test3 badtest 2> test6 1> test7
$ cat test6
ls: cannot access test: No such file or directory
ls: cannot access badtest: No such file or directory
$ cat test7
-rw-rw-r-- 1 rich rich 158 2014-10-16 11:32 test2
-rw-rw-r-- 1 rich rich   0 2014-10-16 11:33 test3
$
```

shell利用1>符号将ls命令的正常输出重定向到了test7文件，而这些输出本该是进入STDOUT的。所有本该输出到STDERR的错误消息通过2>符号被重定向到了test6文件。

可以用这种方法将脚本的正常输出和脚本生成的错误消息分离开来。这样就可以轻松地识别出错误信息，再不用在成千上万行正常输出数据中翻腾了。

另外，如果愿意，也可以将STDERR和STDOUT的输出重定向到同一个输出文件。为此bash shell提供了特殊的重定向符号&>。

```
$ ls -al test test2 test3 badtest &> test7
$ cat test7
ls: cannot access test: No such file or directory
ls: cannot access badtest: No such file or directory
-rw-rw-r-- 1 rich rich 158 2014-10-16 11:32 test2
-rw-rw-r-- 1 rich rich   0 2014-10-16 11:33 test3
$
```

当使用&>符时，命令生成的所有输出都会发送到同一位置，包括数据和错误。你会注意到其中一条错误消息出现的位置和预想中的不一样。badtest文件（列出的最后一个文件）的这条错误消息出现在输出文件中的第二行。为了避免错误信息散落在输出文件中，相较于标准输出，bash

shell自动赋予了错误消息更高的优先级。这样你能够集中浏览错误信息了。

15.2 在脚本中重定向输出

可以在脚本中用STDOUT和STDERR文件描述符以在多个位置生成输出，只要简单地重定向相应的文件描述符就行了。有两种方法来在脚本中重定向输出：

- ❑ 临时重定向行输出
- ❑ 永久重定向脚本中的所有命令

15.2.1 临时重定向

如果有意在脚本中生成错误消息，可以将单独的一行输出重定向到STDERR。你所需要做的是使用输出重定向符来将输出信息重定向到STDERR文件描述符。在重定向到文件描述符时，你必须在文件描述符数字之前加一个&：

```
echo "This is an error message" >&2
```

这行会在脚本的STDERR文件描述符所指向的位置显示文本，而不是通常的STDOUT。下面这个例子就利用了这项功能。

```
$ cat test8
#!/bin/bash
# testing STDERR messages

echo "This is an error" >&2
echo "This is normal output"
$
```

如果像平常一样运行这个脚本，你可能看不出什么区别。

```
$ ./test8
This is an error
This is normal output
$
```

记住，默认情况下，Linux会将STDERR导向STDOUT。但是，如果你在运行脚本时重定向了STDERR，脚本中所有导向STDERR的文本都会被重定向。

```
$ ./test8 2> test9
This is normal output
$ cat test9
This is an error
$
```

太好了！通过STDOUT显示的文本显示在了屏幕上，而发送给STDERR的echo语句的文本则被重定向到了输出文件。

这个方法非常适合在脚本中生成错误消息。如果有人用了你的脚本，他们可以像上面的例子中那样轻松地通过STDERR文件描述符重定向错误消息。

15.2.2　永久重定向

如果脚本中有大量数据需要重定向，那重定向每个echo语句就会很烦琐。取而代之，你可以用exec命令告诉shell在脚本执行期间重定向某个特定文件描述符。

```
$ cat test10
#!/bin/bash
# redirecting all output to a file
exec 1>testout

echo "This is a test of redirecting all output"
echo "from a script to another file."
echo "without having to redirect every individual line"
$ ./test10
$ cat testout
This is a test of redirecting all output
from a script to another file.
without having to redirect every individual line
$
```

exec命令会启动一个新shell并将STDOUT文件描述符重定向到文件。脚本中发给STDOUT的所有输出会被重定向到文件。

可以在脚本执行过程中重定向STDOUT。

```
$ cat test11
#!/bin/bash
# redirecting output to different locations

exec 2>testerror

echo "This is the start of the script"
echo "now redirecting all output to another location"

exec 1>testout

echo "This output should go to the testout file"
echo "but this should go to the testerror file" >&2
$
$ ./test11
This is the start of the script
now redirecting all output to another location
$ cat testout
This output should go to the testout file
$ cat testerror
but this should go to the testerror file
$
```

这个脚本用exec命令来将发给STDERR的输出重定向到文件testerror。接下来，脚本用echo语句向STDOUT显示了几行文本。随后再次使用exec命令来将STDOUT重定向到testout文件。注意，尽管STDOUT被重定向了，但你仍然可以将echo语句的输出发给STDERR，在本例中还是重定向到testerror文件。

当你只想将脚本的部分输出重定向到其他位置时（如错误日志），这个特性用起来非常方便。不过这样做的话，会碰到一个问题。

一旦重定向了STDOUT或STDERR，就很难再将它们重定向回原来的位置。如果你需要在重定向中来回切换的话，有个办法可以用。15.4节将会讨论该方法以及如何在脚本中使用。

15.3　在脚本中重定向输入

你可以使用与脚本中重定向STDOUT和STDERR相同的方法来将STDIN从键盘重定向到其他位置。exec命令允许你将STDIN重定向到Linux系统上的文件中：

```
exec 0< testfile
```

这个命令会告诉shell它应该从文件testfile中获得输入，而不是STDIN。这个重定向只要在脚本需要输入时就会作用。下面是该用法的实例。

```
$ cat test12
#!/bin/bash
# redirecting file input

exec 0< testfile
count=1

while read line
do
   echo "Line #$count: $line"
   count=$[ $count + 1 ]
done
$ ./test12
Line #1: This is the first line.
Line #2: This is the second line.
Line #3: This is the third line.
$
```

第14章介绍了如何使用read命令读取用户在键盘上输入的数据。将STDIN重定向到文件后，当read命令试图从STDIN读入数据时，它会到文件去取数据，而不是键盘。

这是在脚本中从待处理的文件中读取数据的绝妙办法。Linux系统管理员的一项日常任务就是从日志文件中读取数据并处理。这是完成该任务最简单的办法。

15.4　创建自己的重定向

在脚本中重定向输入和输出时，并不局限于这3个默认的文件描述符。我曾提到过，在shell中最多可以有9个打开的文件描述符。其他6个从3~8的文件描述符均可用作输入或输出重定向。你可以将这些文件描述符中的任意一个分配给文件，然后在脚本中使用它们。本节将介绍如何在脚本中使用其他文件描述符。

15.4.1　创建输出文件描述符

可以用exec命令来给输出分配文件描述符。和标准的文件描述符一样，一旦将另一个文件描述符分配给一个文件，这个重定向就会一直有效，直到你重新分配。这里有个在脚本中使用其他文件描述符的简单例子。

```
$ cat test13
#!/bin/bash
# using an alternative file descriptor

exec 3>test13out

echo "This should display on the monitor"
echo "and this should be stored in the file" >&3
echo "Then this should be back on the monitor"
$ ./test13
This should display on the monitor
Then this should be back on the monitor
$ cat test13out
and this should be stored in the file
$
```

这个脚本用exec命令将文件描述符3重定向到另一个文件。当脚本执行echo语句时，输出内容会像预想中那样显示在STDOUT上。但你重定向到文件描述符3的那行echo语句的输出却进入了另一个文件。这样你就可以在显示器上保持正常的输出，而将特定信息重定向到文件中（比如日志文件）。

也可以不用创建新文件，而是使用exec命令来将输出追加到现有文件中。

```
exec 3>>test13out
```

现在输出会被追加到test13out文件，而不是创建一个新文件。

15.4.2　重定向文件描述符

现在介绍怎么恢复已重定向的文件描述符。你可以分配另外一个文件描述符给标准文件描述符，反之亦然。这意味着你可以将STDOUT的原来位置重定向到另一个文件描述符，然后再利用该文件描述符重定向回STDOUT。听起来可能有点复杂，但实际上相当直接。这个简单的例子能帮你理清楚。

```
$ cat test14
#!/bin/bash
# storing STDOUT, then coming back to it

exec 3>&1
exec 1>test14out

echo "This should store in the output file"
echo "along with this line."
```

```
exec 1>&3

echo "Now things should be back to normal"
$
$ ./test14
Now things should be back to normal
$ cat test14out
This should store in the output file
along with this line.
$
```

这个例子有点叫人抓狂，来一段一段地看。首先，脚本将文件描述符3重定向到文件描述符1的当前位置，也就是STDOUT。这意味着任何发送给文件描述符3的输出都将出现在显示器上。

第二个exec命令将STDOUT重定向到文件，shell现在会将发送给STDOUT的输出直接重定向到输出文件中。但是，文件描述符3仍然指向STDOUT原来的位置，也就是显示器。如果此时将输出数据发送给文件描述符3，它仍然会出现在显示器上，尽管STDOUT已经被重定向了。

在向STDOUT（现在指向一个文件）发送一些输出之后，脚本将STDOUT重定向到文件描述符3的当前位置（现在仍然是显示器）。这意味着现在STDOUT又指向了它原来的位置：显示器。

这个方法可能有点叫人困惑，但这是一种在脚本中临时重定向输出，然后恢复默认输出设置的常用方法。

15.4.3 创建输入文件描述符

可以用和重定向输出文件描述符同样的办法重定向输入文件描述符。在重定向到文件之前，先将STDIN文件描述符保存到另外一个文件描述符，然后在读取完文件之后再将STDIN恢复到它原来的位置。

```
$ cat test15
#!/bin/bash
# redirecting input file descriptors

exec 6<&0

exec 0< testfile

count=1
while read line
do
   echo "Line #$count: $line"
   count=$[ $count + 1 ]
done
exec 0<&6
read -p "Are you done now? " answer
case $answer in
Y|y) echo "Goodbye";;
N|n) echo "Sorry, this is the end.";;
esac
$ ./test15
```

```
Line #1: This is the first line.
Line #2: This is the second line.
Line #3: This is the third line.
Are you done now? y
Goodbye
$
```

在这个例子中，文件描述符6用来保存STDIN的位置。然后脚本将STDIN重定向到一个文件。read命令的所有输入都来自重定向后的STDIN（也就是输入文件）。

在读取了所有行之后，脚本会将STDIN重定向到文件描述符6，从而将STDIN恢复到原先的位置。该脚本用了另外一个read命令来测试STDIN是否恢复正常了。这次它会等待键盘的输入。

15.4.4　创建读写文件描述符

尽管看起来可能会很奇怪，但是你也可以打开单个文件描述符来作为输入和输出。可以用同一个文件描述符对同一个文件进行读写。

不过用这种方法时，你要特别小心。由于你是对同一个文件进行数据读写，shell会维护一个内部指针，指明在文件中的当前位置。任何读或写都会从文件指针上次的位置开始。如果不够小心，它会产生一些令人瞠目的结果。看看下面这个例子。

```
$ cat test16
#!/bin/bash
# testing input/output file descriptor

exec 3<> testfile
read line <&3
echo "Read: $line"
echo "This is a test line" >&3
$ cat testfile
This is the first line.
This is the second line.
This is the third line.
$ ./test16
Read: This is the first line.
$ cat testfile
This is the first line.
This is a test line
ine.
This is the third line.
$
```

这个例子用了exec命令将文件描述符3分配给文件testfile以进行文件读写。接下来，它通过分配好的文件描述符，使用read命令读取文件中的第一行，然后将这一行显示在STDOUT上。最后，它用echo语句将一行数据写入由同一个文件描述符打开的文件中。

在运行脚本时，一开始还算正常。输出内容表明脚本读取了testfile文件中的第一行。但如果你在脚本运行完毕后，查看testfile文件内容的话，你会发现写入文件中的数据覆盖了已有的数据。

当脚本向文件中写入数据时，它会从文件指针所处的位置开始。read命令读取了第一行数据，所以它使得文件指针指向了第二行数据的第一个字符。在echo语句将数据输出到文件时，它会将数据放在文件指针的当前位置，覆盖了该位置的已有数据。

15.4.5 关闭文件描述符

如果你创建了新的输入或输出文件描述符，shell会在脚本退出时自动关闭它们。然而在有些情况下，你需要在脚本结束前手动关闭文件描述符。

要关闭文件描述符，将它重定向到特殊符号&-。脚本中看起来如下：

```
exec 3>&-
```

该语句会关闭文件描述符3，不再在脚本中使用它。这里有个例子来说明当你尝试使用已关闭的文件描述符时会怎样。

```
$ cat badtest
#!/bin/bash
# testing closing file descriptors

exec 3> test17file

echo "This is a test line of data" >&3

exec 3>&-

echo "This won't work" >&3
$ ./badtest
./badtest: 3: Bad file descriptor
$
```

一旦关闭了文件描述符，就不能在脚本中向它写入任何数据，否则shell会生成错误消息。

在关闭文件描述符时还要注意另一件事。如果随后你在脚本中打开了同一个输出文件，shell会用一个新文件来替换已有文件。这意味着如果你输出数据，它就会覆盖已有文件。考虑下面这个问题的例子。

```
$ cat test17
#!/bin/bash
# testing closing file descriptors

exec 3> test17file
echo "This is a test line of data" >&3
exec 3>&-

cat test17file

exec 3> test17file
echo "This'll be bad" >&3
$ ./test17
This is a test line of data
$ cat test17file
This'll be bad
$
```

在向test17file文件发送一个数据字符串并关闭该文件描述符之后，脚本用了cat命令来显示文件的内容。到目前为止，一切都还好。下一步，脚本重新打开了该输出文件并向它发送了另一个数据字符串。当显示该输出文件的内容时，你所能看到的只有第二个数据字符串。shell覆盖了原来的输出文件。

15.5　列出打开的文件描述符

你能用的文件描述符只有9个，你可能会觉得这没什么复杂的。但有时要记住哪个文件描述符被重定向到了哪里很难。为了帮助你理清条理，bash shell提供了lsof命令。

lsof命令会列出整个Linux系统打开的所有文件描述符。这是个有争议的功能，因为它会向非系统管理员用户提供Linux系统的信息。鉴于此，许多Linux系统隐藏了该命令，这样用户就不会一不小心就发现了。

在很多Linux系统中（如Fedora），lsof命令位于/usr/sbin目录。要想以普通用户账户来运行它，必须通过全路径名来引用：

```
$ /usr/sbin/lsof
```

该命令会产生大量的输出。它会显示当前Linux系统上打开的每个文件的有关信息。这包括后台运行的所有进程以及登录到系统的任何用户。

有大量的命令行选项和参数可以用来帮助过滤lsof的输出。最常用的有-p和-d，前者允许指定进程ID（PID），后者允许指定要显示的文件描述符编号。

要想知道进程的当前PID，可以用特殊环境变量$$（shell会将它设为当前PID）。-a选项用来对其他两个选项的结果执行布尔AND运算，这会产生如下输出。

```
$ /usr/sbin/lsof -a -p $$ -d 0,1,2
COMMAND  PID USER   FD   TYPE DEVICE SIZE NODE NAME
bash    3344 rich   0u   CHR  136,0          2 /dev/pts/0
bash    3344 rich   1u   CHR  136,0          2 /dev/pts/0
bash    3344 rich   2u   CHR  136,0          2 /dev/pts/0
$
```

上例显示了当前进程（bash shell）的默认文件描述符（0、1和2）。lsof的默认输出中有7列信息，见表15-2。

表15-2　lsof的默认输出

列	描　述
COMMAND	正在运行的命令名的前9个字符
PID	进程的PID
USER	进程属主的登录名
FD	文件描述符号以及访问类型（r代表读，w代表写，u代表读写）
TYPE	文件的类型（CHR代表字符型，BLK代表块型，DIR代表目录，REG代表常规文件）
DEVICE	设备的设备号（主设备号和从设备号）

（续）

列	描 述
SIZE	如果有的话，表示文件的大小
NODE	本地文件的节点号
NAME	文件名

与STDIN、STDOUT和STDERR关联的文件类型是字符型。因为STDIN、STDOUT和STDERR文件描述符都指向终端，所以输出文件的名称就是终端的设备名。所有3种标准文件都支持读和写（尽管向STDIN写数据以及从STDOUT读数据看起来有点奇怪）。

现在看一下在打开了多个替代性文件描述符的脚本中使用lsof命令的结果。

```
$ cat test18
#!/bin/bash
# testing lsof with file descriptors

exec 3> test18file1
exec 6> test18file2
exec 7< testfile

/usr/sbin/lsof -a -p $$ -d0,1,2,3,6,7
$ ./test18
COMMAND  PID USER   FD   TYPE DEVICE SIZE   NODE NAME
test18  3594 rich    0u   CHR  136,0           2 /dev/pts/0
test18  3594 rich    1u   CHR  136,0           2 /dev/pts/0
test18  3594 rich    2u   CHR  136,0           2 /dev/pts/0
18  3594 rich    3w   REG  253,0    0 360712 /home/rich/test18file1
18  3594 rich    6w   REG  253,0    0 360715 /home/rich/test18file2
18  3594 rich    7r   REG  253,0   73 360717 /home/rich/testfile
$
```

该脚本创建了3个替代性文件描述符，两个作为输出（3和6），一个作为输入（7）。在脚本运行lsof命令时，可以在输出中看到新的文件描述符。我们去掉了输出中的第一部分，这样你就能看到文件名的结果了。文件名显示了文件描述符所使用的文件的完整路径名。它将每个文件都显示成REG类型的，这说明它们是文件系统中的常规文件。

15.6 阻止命令输出

有时候，你可能不想显示脚本的输出。这在将脚本作为后台进程运行时很常见（参见第16章）。如果在运行在后台的脚本出现错误消息，shell会通过电子邮件将它们发给进程的属主。这会很麻烦，尤其是当运行会生成很多烦琐的小错误的脚本时。

要解决这个问题，可以将STDERR重定向到一个叫作null文件的特殊文件。null文件跟它的名字很像，文件里什么都没有。shell输出到null文件的任何数据都不会保存，全部都被丢掉了。

在Linux系统上null文件的标准位置是/dev/null。你重定向到该位置的任何数据都会被丢掉，不会显示。

```
$ ls -al > /dev/null
$ cat /dev/null
$
```

这是避免出现错误消息，也无需保存它们的一个常用方法。

```
$ ls -al badfile test16 2> /dev/null
-rwxr--r--    1 rich     rich          135 Oct 29 19:57 test16*
$
```

也可以在输入重定向中将/dev/null作为输入文件。由于/dev/null文件不含有任何内容，程序员通常用它来快速清除现有文件中的数据，而不用先删除文件再重新创建。

```
$ cat testfile
This is the first line.
This is the second line.
This is the third line.
$ cat /dev/null > testfile
$ cat testfile
$
```

文件testfile仍然存在系统上，但现在它是空文件。这是清除日志文件的一个常用方法，因为日志文件必须时刻准备等待应用程序操作。

15.7　创建临时文件

Linux系统有特殊的目录，专供临时文件使用。Linux使用/tmp目录来存放不需要永久保留的文件。大多数Linux发行版配置了系统在启动时自动删除/tmp目录的所有文件。

系统上的任何用户账户都有权限在读写/tmp目录中的文件。这个特性为你提供了一种创建临时文件的简单方法，而且还不用操心清理工作。

有个特殊命令可以用来创建临时文件。mktemp命令可以在/tmp目录中创建一个唯一的临时文件。shell会创建这个文件，但不用默认的umask值（参见第7章）。它会将文件的读和写权限分配给文件的属主，并将你设成文件的属主。一旦创建了文件，你就在脚本中有了完整的读写权限，但其他人没法访问它（当然，root用户除外）。

15.7.1　创建本地临时文件

默认情况下，mktemp会在本地目录中创建一个文件。要用mktemp命令在本地目录中创建一个临时文件，你只要指定一个文件名模板就行了。模板可以包含任意文本文件名，在文件名末尾加上6个X就行了。

```
$ mktemp testing.XXXXXX
$ ls -al testing*
-rw-------   1 rich     rich       0 Oct 17 21:30 testing.UfIi13
$
```

mktemp命令会用6个字符码替换这6个X，从而保证文件名在目录中是唯一的。你可以创建多个临时文件，它可以保证每个文件都是唯一的。

```
$ mktemp testing.XXXXXX
testing.1DRLuV
$ mktemp testing.XXXXXX
testing.lVBtkW
$ mktemp testing.XXXXXX
testing.PgqNKG
$ ls -l testing*
-rw-------    1 rich     rich      0 Oct 17 21:57 testing.1DRLuV
-rw-------    1 rich     rich      0 Oct 17 21:57 testing.PgqNKG
-rw-------    1 rich     rich      0 Oct 17 21:30 testing.UfIi13
-rw-------    1 rich     rich      0 Oct 17 21:57 testing.lVBtkW
$
```

如你所看到的，mktemp命令的输出正是它所创建的文件的名字。在脚本中使用mktemp命令时，可能要将文件名保存到变量中，这样就能在后面的脚本中引用了。

```
$ cat test19
#!/bin/bash
# creating and using a temp file

tempfile=$(mktemp test19.XXXXXX)

exec 3>$tempfile

echo "This script writes to temp file $tempfile"

echo "This is the first line" >&3
echo "This is the second line." >&3
echo "This is the last line." >&3
exec 3>&-

echo "Done creating temp file. The contents are:"
cat $tempfile
rm -f $tempfile 2> /dev/null
$ ./test19
This script writes to temp file test19.vCHoya
Done creating temp file. The contents are:
This is the first line
This is the second line.
This is the last line.
$ ls -al test19*
-rwxr--r--    1 rich     rich          356 Oct 29 22:03 test19*
$
```

这个脚本用mktemp命令来创建临时文件并将文件名赋给$tempfile变量。接着将这个临时文件作为文件描述符3的输出重定向文件。在将临时文件名显示在STDOUT之后，向临时文件中写入了几行文本，然后关闭了文件描述符。最后，显示出临时文件的内容，并用rm命令将其删除。

15.7.2 在/tmp 目录创建临时文件

-t选项会强制mktemp命令来在系统的临时目录来创建该文件。在用这个特性时，mktemp命令会返回用来创建临时文件的全路径，而不是只有文件名。

```
$ mktemp -t test.XXXXXX
/tmp/test.xG3374
$ ls -al /tmp/test*
-rw------- 1 rich rich 0 2014-10-29 18:41 /tmp/test.xG3374
$
```

由于mktemp命令返回了全路径名，你可以在Linux系统上的任何目录下引用该临时文件，不管临时目录在哪里。

```
$ cat test20
#!/bin/bash
# creating a temp file in /tmp

tempfile=$(mktemp -t tmp.XXXXXX)

echo "This is a test file." > $tempfile
echo "This is the second line of the test." >> $tempfile

echo "The temp file is located at: $tempfile"
cat $tempfile
rm -f $tempfile
$ ./test20
The temp file is located at: /tmp/tmp.Ma3390
This is a test file.
This is the second line of the test.
$
```

在mktemp创建临时文件时，它会将全路径名返回给变量。这样你就能在任何命令中使用该值来引用临时文件了。

15.7.3　创建临时目录

-d选项告诉mktemp命令来创建一个临时目录而不是临时文件。这样你就能用该目录进行任何需要的操作了，比如创建其他的临时文件。

```
$ cat test21
#!/bin/bash
# using a temporary directory

tempdir=$(mktemp -d dir.XXXXXX)
cd $tempdir
tempfile1=$(mktemp temp.XXXXXX)
tempfile2=$(mktemp temp.XXXXXX)
exec 7> $tempfile1
exec 8> $tempfile2

echo "Sending data to directory $tempdir"
echo "This is a test line of data for $tempfile1" >&7
echo "This is a test line of data for $tempfile2" >&8
$ ./test21
Sending data to directory dir.ouT8S8
$ ls -al
```

```
total 72
drwxr-xr-x    3 rich     rich         4096 Oct 17 22:20 ./
drwxr-xr-x    9 rich     rich         4096 Oct 17 09:44 ../
drwx------    2 rich     rich         4096 Oct 17 22:20 dir.ouT8S8/
-rwxr--r--    1 rich     rich          338 Oct 17 22:20 test21*
$ cd dir.ouT8S8
[dir.ouT8S8]$ ls -al
total 16
drwx------    2 rich     rich         4096 Oct 17 22:20 ./
drwxr-xr-x    3 rich     rich         4096 Oct 17 22:20 ../
-rw-------    1 rich     rich           44 Oct 17 22:20 temp.N5F3O6
-rw-------    1 rich     rich           44 Oct 17 22:20 temp.SQslb7
[dir.ouT8S8]$ cat temp.N5F3O6
This is a test line of data for temp.N5F3O6
[dir.ouT8S8]$ cat temp.SQslb7
This is a test line of data for temp.SQslb7
[dir.ouT8S8]$
```

这段脚本在当前目录创建了一个目录，然后它用cd命令进入该目录，并创建了两个临时文件。之后这两个临时文件被分配给文件描述符，用来存储脚本的输出。

15.8 记录消息

将输出同时发送到显示器和日志文件，这种做法有时候能够派上用场。你不用将输出重定向两次，只要用特殊的tee命令就行。

tee命令相当于管道的一个T型接头。它将从STDIN过来的数据同时发往两处。一处是STDOUT，另一处是tee命令行所指定的文件名：

```
tee filename
```

由于tee会重定向来自STDIN的数据，你可以用它配合管道命令来重定向命令输出。

```
$ date | tee testfile
Sun Oct 19 18:56:21 EDT 2014
$ cat testfile
Sun Oct 19 18:56:21 EDT 2014
$
```

输出出现在了STDOUT中，同时也写入了指定的文件中。注意，默认情况下，tee命令会在每次使用时覆盖输出文件内容。

```
$ who | tee testfile
rich     pts/0        2014-10-17 18:41 (192.168.1.2)
$ cat testfile
rich     pts/0        2014-10-17 18:41 (192.168.1.2)
$
```

如果你想将数据追加到文件中，必须用-a选项。

```
$ date | tee -a testfile
Sun Oct 19 18:58:05 EDT 2014
$ cat testfile
rich     pts/0        2014-10-17 18:41 (192.168.1.2)
```

```
Sun Oct 19 18:58:05 EDT 2014
$
```

利用这个方法，既能将数据保存在文件中，也能将数据显示在屏幕上。

```
$ cat test22
#!/bin/bash
# using the tee command for logging

tempfile=test22file

echo "This is the start of the test" | tee $tempfile
echo "This is the second line of the test" | tee -a $tempfile
echo "This is the end of the test" | tee -a $tempfile
$ ./test22
This is the start of the test
This is the second line of the test
This is the end of the test
$ cat test22file
This is the start of the test
This is the second line of the test
This is the end of the test
$
```

现在你就可以在为用户显示输出的同时再永久保存一份输出内容了。

15.9　实例

文件重定向常见于脚本需要读入文件和输出文件时。这个样例脚本两件事都做了。它读取.csv格式的数据文件，输出SQL INSERT语句来将数据插入数据库（参见第25章）。

shell脚本使用命令行参数指定待读取的.csv文件。.csv格式用于从电子表格中导出数据，所以你可以把数据库数据放入电子表格中，把电子表格保存成.csv格式，读取文件，然后创建INSERT语句将数据插入MySQL数据库。

脚本内容如下。

```
$cat test23
#!/bin/bash
# read file and create INSERT statements for MySQL

outfile='members.sql'
IFS=','
while read lname fname address city state zip
do
   cat >> $outfile << EOF
   INSERT INTO members (lname,fname,address,city,state,zip) VALUES
('$lname', '$fname', '$address', '$city', '$state', '$zip');
EOF
done < ${1}
$
```

这个脚本很短小，这都要感谢有了文件重定向！脚本中出现了三处重定向操作。while循环使用read语句（参见第14章）从数据文件中读取文本。注意在done语句中出现的重定向符号：

```
done < ${1}
```

当运行程序test23时，$1代表第一个命令行参数。它指明了待读取数据的文件。read语句会使用IFS字符解析读入的文本，我们在这里将IFS指定为逗号。

脚本中另外两处重定向操作出现在同一条语句中：

```
cat >> $outfile << EOF
```

这条语句中包含一个输出追加重定向（双大于号）和一个输入追加重定向（双小于号）。输出重定向将cat命令的输出追加到由$outfile变量指定的文件中。cat命令的输入不再取自标准输入，而是被重定向到脚本中存储的数据。EOF符号标记了追加到文件中的数据的起止。

```
INSERT INTO members (lname,fname,address,city,state,zip) VALUES
('$lname', '$fname', '$address', '$city', '$state', '$zip');
```

上面的文本生成了一个标准的SQL INSERT语句。注意，其中的数据会由变量来替换，变量中内容则是由read语句存入的。

所以基本上while循环一次读取一行数据，将这些值放入INSERT语句模板中，然后将结果输出到输出文件中。

在这个例子中，使用以下输入数据文件。

```
$ cat members.csv
Blum,Richard,123 Main St.,Chicago,IL,60601
Blum,Barbara,123 Main St.,Chicago,IL,60601
Bresnahan,Christine,456 Oak Ave.,Columbus,OH,43201
Bresnahan,Timothy,456 Oak Ave.,Columbus,OH,43201
$
```

运行脚本时，显示器上不会出现任何输出：

```
$ ./test23 members.csv
$
```

但是在members.sql输出文件中，你会看到如下输出内容。

```
$ cat members.sql
   INSERT INTO members (lname,fname,address,city,state,zip) VALUES ('Blum',
 'Richard', '123 Main St.', 'Chicago', 'IL', '60601');
   INSERT INTO members (lname,fname,address,city,state,zip) VALUES ('Blum',
 'Barbara', '123 Main St.', 'Chicago', 'IL', '60601');
   INSERT INTO members (lname,fname,address,city,state,zip) VALUES ('Bresnahan',
 'Christine', '456 Oak Ave.', 'Columbus', 'OH', '43201');
   INSERT INTO members (lname,fname,address,city,state,zip) VALUES ('Bresnahan',
 'Timothy', '456 Oak Ave.', 'Columbus', 'OH', '43201');
$
```

结果和我们预想的一样！现在可以将members.sql文件导入MySQL数据表中了（参见第25章）。

15.10　小结

在创建脚本时，理解了bash shell如何处理输入和输出会给你带来很多方便。你可以改变脚本获取数据以及显示数据的方式，从而在任何环境中定制脚本。脚本的输入/输出都可以从标准输入（STDIN）/标准输出（STDOUT）重定向到系统中的任意文件。除了STDOUT，你可以通过重定向STDERR输出来重定向由脚本产生的错误消息。这可以通过重定向与STDERR输出关联的文件描述符（也就是文件描述符2）来实现。可以将STDERR输出和STDOUT输出到同一个文件中，也可以输出到完全不同的文件中。这样就可以将脚本的正常消息同错误消息分离开。

bash shell允许在脚本中创建自己的文件描述符。你可以创建文件描述符3~9，并将它们分配给要用到的任何输出文件。一旦创建了文件描述符，你就可以利用标准的重定向符号将任意命令的输出重定向到那里。

bash shell也允许将输入重定向到一个文件描述符，这给出了一种将文件数据读入到脚本中的简便途径。你可以用lsof命令来显示shell中在用的文件描述符。

Linux系统提供了一个特殊的文件（称为/dev/null）来重定向不需要的输出。Linux系统会删掉任何重定向到/dev/null文件的东西。你也可以通过将/dev/null文件的内容重定向到一个文件中来产生空文件。

mktemp命令是bash shell中一个很方便的特性，可以轻松地创建临时文件和目录。只需要给mktemp命令指定一个模板，它就能在每次调用时基于该文件模板的格式创建一个唯一的文件。也可以在Linux系统的/tmp目录创建临时文件和目录，系统启动时会清空这个特殊位置中的内容。

tee命令便于将输出同时发送给标准输出和日志文件。这样就可以在显示器上显示脚本的消息的同时，又能将它们保存在日志文件中。

在第16章中，你将了解如何控制和运行脚本。除了直接从命令行中运行之外，Linux还提供了另外几种不同的方法来运行脚本。你还将了解如何在特定时间运行脚本，以及在脚本运行时如何暂停。

第 16 章

控制脚本

16

本章内容

- 处理信号
- 以后台模式运行脚本
- 禁止挂起
- 作业控制
- 修改脚本优先级
- 脚本执行自动化

当开始构建高级脚本时，你大概会问如何在Linux系统上运行和控制它们。在本书中，到目前为止，我们运行脚本的唯一方式就是以实时模式在命令行界面上直接运行。这并不是Linux上运行脚本的唯一方式。有不少方法可以用来运行shell脚本。另外还有一些选项能够用于控制脚本。这些控制方法包括向脚本发送信号、修改脚本的优先级以及在脚本运行时切换到运行模式。本章将会对逐一介绍这些方法。

16.1 处理信号

Linux利用信号与运行在系统中的进程进行通信。第4章介绍了不同的Linux信号以及Linux如何用这些信号来停止、启动、终止进程。可以通过对脚本进行编程，使其在收到特定信号时执行某些命令，从而控制shell脚本的操作。

16.1.1 重温 Linux 信号

Linux系统和应用程序可以生成超过30个信号。表16-1列出了在Linux编程时会遇到的最常见的Linux系统信号。

表16-1 Linux信号

信　号	值	描　述
1	SIGHUP	挂起进程
2	SIGINT	终止进程

（续）

信　号	值	描　述
3	SIGQUIT	停止进程
9	SIGKILL	无条件终止进程
15	SIGTERM	尽可能终止进程
17	SIGSTOP	无条件停止进程，但不是终止进程
18	SIGTSTP	停止或暂停进程，但不终止进程
19	SIGCONT	继续运行停止的进程

默认情况下，bash shell会忽略收到的任何`SIGQUIT (3)`和`SIGTERM (15)`信号（正因为这样，交互式shell才不会被意外终止）。但是bash shell会处理收到的`SIGHUP (1)`和`SIGINT (2)`信号。

如果bash shell收到了`SIGHUP`信号，比如当你要离开一个交互式shell，它就会退出。但在退出之前，它会将`SIGHUP`信号传给所有由该shell所启动的进程（包括正在运行的shell脚本）。

通过`SIGINT`信号，可以中断shell。Linux内核会停止为shell分配CPU处理时间。这种情况发生时，shell会将`SIGINT`信号传给所有由它所启动的进程，以此告知出现的状况。

你可能也注意到了，shell会将这些信号传给shell脚本程序来处理。而shell脚本的默认行为是忽略这些信号。它们可能会不利于脚本的运行。要避免这种情况，你可以脚本中加入识别信号的代码，并执行命令来处理信号。

16.1.2　生成信号

bash shell允许用键盘上的组合键生成两种基本的Linux信号。这个特性在需要停止或暂停失控程序时非常方便。

1. 中断进程

Ctrl+C组合键会生成`SIGINT`信号，并将其发送给当前在shell中运行的所有进程。可以运行一条需要很长时间才能完成的命令，然后按下Ctrl+C组合键来测试它。

```
$ sleep 100
^C
$
```

Ctrl+C组合键会发送`SIGINT`信号，停止shell中当前运行的进程。`sleep`命令会使得shell暂停指定的秒数，命令提示符直到计时器超时才会返回。在超时前按下Ctrl+C组合键，就可以提前终止`sleep`命令。

2. 暂停进程

你可以在进程运行期间暂停进程，而无需终止它。尽管有时这可能会比较危险（比如，脚本打开了一个关键的系统文件的文件锁），但通常它可以在不终止进程的情况下使你能够深入脚本内部一窥究竟。

Ctrl+Z组合键会生成一个`SIGTSTP`信号，停止shell中运行的任何进程。停止（stopping）进程跟终止（terminating）进程不同：停止进程会让程序继续保留在内存中，并能从上次停止的位置继续运行。在16.4节中，你会了解如何重启一个已经停止的进程。

当用Ctrl+Z组合键时，shell会通知你进程已经被停止了。

```
$ sleep 100
^Z
[1]+  Stopped                 sleep 100
$
```

方括号中的数字是shell分配的作业号（job number）。shell将shell中运行的每个进程称为作业，并为每个作业分配唯一的作业号。它会给第一个作业分配作业号1，第二个作业号2，以此类推。

如果你的shell会话中有一个已停止的作业，在退出shell时，bash会提醒你。

```
$ sleep 100
^Z
[1]+  Stopped                 sleep 100
$ exit
exit
There are stopped jobs.
$
```

可以用ps命令来查看已停止的作业。

```
$ sleep 100
^Z
[1]+  Stopped                 sleep 100
$
$ ps -l
F S UID   PID  PPID  C PRI  NI ADDR SZ WCHAN  TTY        TIME CMD
0 S 501  2431  2430  0  80   0 - 27118 wait   pts/0 00:00:00 bash
0 T 501  2456  2431  0  80   0 - 25227 signal pts/0 00:00:00 sleep
0 R 501  2458  2431  0  80   0 - 27034 -      pts/0 00:00:00 ps
$
```

在S列中（进程状态），ps命令将已停止作业的状态为显示为T。这说明命令要么被跟踪，要么被停止了。

如果在有已停止作业存在的情况下，你仍旧想退出shell，只要再输入一遍exit命令就行了。shell会退出，终止已停止作业。或者，既然你已经知道了已停止作业的PID，就可以用kill命令来发送一个SIGKILL信号来终止它。

```
$ kill -9 2456
$
[1]+  Killed                  sleep 100
$
```

在终止作业时，最开始你不会得到任何回应。但下次如果你做了能够产生shell提示符的操作（比如按回车键），你就会看到一条消息，显示作业已经被终止了。每当shell产生一个提示符时，它就会显示shell中状态发生改变的作业的状态。在你终止一个作业后，下次强制shell生成一个提示符时，shell会显示一条消息，说明作业在运行时被终止了。

16.1.3　捕获信号

也可以不忽略信号，在信号出现时捕获它们并执行其他命令。trap命令允许你来指定shell脚本要监看并从shell中拦截的Linux信号。如果脚本收到了trap命令中列出的信号，该信号不再由shell处理，而是交由本地处理。

trap命令的格式是：

```
trap commands signals
```

非常简单！在trap命令行上，你只要列出想要shell执行的命令，以及一组用空格分开的待捕获的信号。你可以用数值或Linux信号名来指定信号。

这里有个简单例子，展示了如何使用trap命令来忽略SIGINT信号，并控制脚本的行为。

```
$ cat test1.sh
#!/bin/bash
# Testing signal trapping
#
trap "echo ' Sorry! I have trapped Ctrl-C'" SIGINT
#
echo This is a test script
#
count=1
while [ $count -le 10 ]
do
   echo "Loop #$count"
   sleep 1
   count=$[ $count + 1 ]
done
#
echo "This is the end of the test script"
#
```

本例中用到的trap命令会在每次检测到SIGINT信号时显示一行简单的文本消息。捕获这些信号会阻止用户用bash shell组合键Ctrl+C来停止程序。

```
$ ./test1.sh
This is a test script
Loop #1
Loop #2
Loop #3
Loop #4
Loop #5
^C Sorry! I have trapped Ctrl-C
Loop #6
Loop #7
Loop #8
^C Sorry! I have trapped Ctrl-C
Loop #9
Loop #10
This is the end of the test script
$
```

每次使用Ctrl+C组合键，脚本都会执行trap命令中指定的echo语句，而不是处理该信号并允许shell停止该脚本。

16.1.4 捕获脚本退出

除了在shell脚本中捕获信号，你也可以在shell脚本退出时进行捕获。这是在shell完成任务时执行命令的一种简便方法。

要捕获shell脚本的退出，只要在trap命令后加上EXIT信号就行。

```
$ cat test2.sh
#!/bin/bash
# Trapping the script exit
#
trap "echo Goodbye..." EXIT
#
count=1
while [ $count -le 5 ]
do
   echo "Loop #$count"
   sleep 1
   count=$[ $count + 1 ]
done
#
$
$ ./test2.sh
Loop #1
Loop #2
Loop #3
Loop #4
Loop #5
Goodbye...
$
```

当脚本运行到正常的退出位置时，捕获就被触发了，shell会执行在trap命令行指定的命令。如果提前退出脚本，同样能够捕获到EXIT。

```
$ ./test2.sh
Loop #1
Loop #2
Loop #3
^CGoodbye...

$
```

因为SIGINT信号并没有出现在trap命令的捕获列表中，当按下Ctrl+C组合键发送SIGINT信号时，脚本就退出了。但在脚本退出前捕获到了EXIT，于是shell执行了trap命令。

16.1.5 修改或移除捕获

要想在脚本中的不同位置进行不同的捕获处理，只需重新使用带有新选项的trap命令。

```
$ cat test3.sh
#!/bin/bash
# Modifying a set trap
#
trap "echo ' Sorry... Ctrl-C is trapped.'" SIGINT
#
count=1
while [ $count -le 5 ]
do
   echo "Loop #$count"
   sleep 1
   count=$[ $count + 1 ]
done
#
trap "echo ' I modified the trap!'" SIGINT
#
count=1
while [ $count -le 5 ]
do
   echo "Second Loop #$count"
   sleep 1
   count=$[ $count + 1 ]
done
#
$
```

修改了信号捕获之后，脚本处理信号的方式就会发生变化。但如果一个信号是在捕获被修改前接收到的，那么脚本仍然会根据最初的trap命令进行处理。

```
$ ./test3.sh
Loop #1
Loop #2
Loop #3
^C Sorry... Ctrl-C is trapped.
Loop #4
Loop #5
Second Loop #1
Second Loop #2
^C I modified the trap!
Second Loop #3
Second Loop #4
Second Loop #5
$
```

也可以删除已设置好的捕获。只需要在trap命令与希望恢复默认行为的信号列表之间加上两个破折号就行了。

```
$ cat test3b.sh
#!/bin/bash
# Removing a set trap
#
trap "echo ' Sorry... Ctrl-C is trapped.'" SIGINT
#
count=1
```

```
while [ $count -le 5 ]
do
   echo "Loop #$count"
   sleep 1
   count=$[ $count + 1 ]
done
#
# Remove the trap
trap -- SIGINT
echo "I just removed the trap"
#
count=1
while [ $count -le 5 ]
do
   echo "Second Loop #$count"
   sleep 1
   count=$[ $count + 1 ]
done
#
$ ./test3b.sh
Loop #1
Loop #2
Loop #3
Loop #4
Loop #5
I just removed the trap
Second Loop #1
Second Loop #2
Second Loop #3
^C
$
```


窍门 也可以在trap命令后使用单破折号来恢复信号的默认行为。单破折号和双破折号都可以正常发挥作用。

移除信号捕获后，脚本按照默认行为来处理SIGINT信号，也就是终止脚本运行。但如果信号是在捕获被移除前接收到的，那么脚本会按照原先trap命令中的设置进行处理。

```
$ ./test3b.sh
Loop #1
Loop #2
Loop #3
^C Sorry... Ctrl-C is trapped.
Loop #4
Loop #5
I just removed the trap
Second Loop #1
Second Loop #2
^C
$
```

在本例中，第一个Ctrl+C组合键用于提前终止脚本。因为信号在捕获被移除前已经接收到了，脚本会照旧执行trap中指定的命令。捕获随后被移除，再按Ctrl+C就能够提前终止脚本了。

16.2　以后台模式运行脚本

直接在命令行界面运行shell脚本有时不怎么方便。一些脚本可能要执行很长一段时间，而你可能不想在命令行界面一直干等着。当脚本在运行时，你没法在终端会话里做别的事情。幸好有个简单的方法可以解决。

在用ps命令时，会看到运行在Linux系统上的一系列不同进程。显然，所有这些进程都不是运行在你的终端显示器上的。这样的现象被称为在后台（background）运行进程。在后台模式中，进程运行时不会和终端会话上的STDIN、STDOUT以及STDERR关联（参见第15章）。

也可以在shell脚本中试试这个特性，允许它们在后台运行而不用占用终端会话。下面几节将会介绍如何在Linux系统上以后台模式运行脚本。

16.2.1　后台运行脚本

以后台模式运行shell脚本非常简单。只要在命令后加个&符就行了。

```
$ cat test4.sh
#!/bin/bash
# Test running in the background
#
count=1
while [ $count -le 10 ]
do
   sleep 1
   count=$[ $count + 1 ]
done
#
$
$ ./test4.sh &
[1] 3231
$
```

当&符放到命令后时，它会将命令和bash shell分离开来，将命令作为系统中的一个独立的后台进程运行。显示的第一行是：

```
[1] 3231
```

方括号中的数字是shell分配给后台进程的作业号。下一个数是Linux系统分配给进程的进程ID（PID）。Linux系统上运行的每个进程都必须有一个唯一的PID。

一旦系统显示了这些内容，新的命令行界面提示符就出现了。你可以回到shell，而你所执行的命令正在以后台模式安全的运行。这时，你可以在提示符输入新的命令

当后台进程结束时，它会在终端上显示出一条消息：

```
[1]   Done                    ./test4.sh
```

这表明了作业的作业号以及作业状态（Done），还有用于启动作业的命令。

注意，当后台进程运行时，它仍然会使用终端显示器来显示STDOUT和STDERR消息。

```
$ cat test5.sh
#!/bin/bash
# Test running in the background with output
#
echo "Start the test script"
count=1
while [ $count -le 5 ]
do
   echo "Loop #$count"
   sleep 5
   count=$[ $count + 1 ]
done
#
echo "Test script is complete"
#
$
$ ./test5.sh &
[1] 3275
$ Start the test script
Loop #1
Loop #2
Loop #3
Loop #4
Loop #5
Test script is complete

[1]   Done                    ./test5.sh
$
```


你会注意到在上面的例子中，脚本test5.sh的输出与shell提示符混杂在了一起，这也是为什么Start the test script会出现在提示符旁边的原因。

在显示输出的同时，你仍然可以运行命令。

```
$ ./test5.sh &
[1] 3319
$ Start the test script
Loop #1
Loop #2
Loop #3
ls myprog*
myprog  myprog.c
$ Loop #4
Loop #5
Test script is complete

[1]+  Done                    ./test5.sh
$$
```

当脚本test5.sh运行在后台模式时，我们输入了命令ls myprog*。脚本输出、输入的命令以及命令输出全都混在了一起。真是让人头昏脑胀！最好是将后台运行的脚本的STDOUT和STDERR

进行重定向，避免这种杂乱的输出。

16.2.2 运行多个后台作业

可以在命令行提示符下同时启动多个后台作业。

```
$ ./test6.sh &
[1] 3568
$ This is Test Script #1

$ ./test7.sh &
[2] 3570
$ This is Test Script #2

$ ./test8.sh &
[3] 3573
$ And...another Test script

$ ./test9.sh &
[4] 3576
$ Then...there was one more test script

$
```

每次启动新作业时，Linux系统都会为其分配一个新的作业号和PID。通过ps命令，可以看到所有脚本处于运行状态。

```
$ ps
  PID TTY          TIME CMD
 2431 pts/0    00:00:00 bash
 3568 pts/0    00:00:00 test6.sh
 3570 pts/0    00:00:00 test7.sh
 3573 pts/0    00:00:00 test8.sh
 3574 pts/0    00:00:00 sleep
 3575 pts/0    00:00:00 sleep
 3576 pts/0    00:00:00 test9.sh
 3577 pts/0    00:00:00 sleep
 3578 pts/0    00:00:00 sleep
 3579 pts/0    00:00:00 ps
$
```

在终端会话中使用后台进程时一定要小心。注意，在ps命令的输出中，每一个后台进程都和终端会话（pts/0）终端联系在一起。如果终端会话退出，那么后台进程也会随之退出。

说明 本章之前曾经提到过当你要退出终端会话时，要是存在被停止的进程，会出现警告信息。但如果使用了后台进程，只有某些终端仿真器会在你退出终端会话前提醒你还有后台作业在运行。

如果希望运行在后台模式的脚本在登出控制台后能够继续运行，需要借助于别的手段。下一节中我们会讨论怎么来实现。

16.3 在非控制台下运行脚本

有时你会想在终端会话中启动shell脚本，然后让脚本一直以后台模式运行到结束，即使你退出了终端会话。这可以用nohup命令来实现。

nohup命令运行了另外一个命令来阻断所有发送给该进程的SIGHUP信号。这会在退出终端会话时阻止进程退出。

nohup命令的格式如下：

```
$ nohup ./test1.sh &
[1] 3856
$ nohup: ignoring input and appending output to 'nohup.out'

$
```

和普通后台进程一样，shell会给命令分配一个作业号，Linux系统会为其分配一个PID号。区别在于，当你使用nohup命令时，如果关闭该会话，脚本会忽略终端会话发过来的SIGHUP信号。

由于nohup命令会解除终端与进程的关联，进程也就不再同STDOUT和STDERR联系在一起。为了保存该命令产生的输出，nohup命令会自动将STDOUT和STDERR的消息重定向到一个名为nohup.out的文件中。

说明 如果使用nohup运行了另一个命令，该命令的输出会被追加到已有的nohup.out文件中。当运行位于同一个目录中的多个命令时一定要当心，因为所有的输出都会被发送到同一个nohup.out文件中，结果会让人摸不清头脑。

---

nohup.out文件包含了通常会发送到终端显示器上的所有输出。在进程完成运行后，你可以查看nohup.out文件中的输出结果。

```
$ cat nohup.out
This is a test script
Loop 1
Loop 2
Loop 3
Loop 4
Loop 5
Loop 6
Loop 7
Loop 8
Loop 9
Loop 10
This is the end of the test script
$
```

输出会出现在nohup.out文件中，就跟进程在命令行下运行时一样。

16.4 作业控制

在本章的前面部分，你已经知道了如何用组合键停止shell中正在运行的作业。在作业停止后，Linux系统会让你选择是终止还是重启。你可以用kill命令终止该进程。要重启停止的进程需要向其发送一个SIGCONT信号。

启动、停止、终止以及恢复作业的这些功能统称为*作业控制*。通过作业控制，就能完全控制shell环境中所有进程的运行方式了。本节将介绍用于查看和控制在shell中运行的作业的命令。

16.4.1 查看作业

作业控制中的关键命令是jobs命令。jobs命令允许查看shell当前正在处理的作业。

```
$ cat test10.sh
#!/bin/bash
# Test job control
#
echo "Script Process ID: $$"
#
count=1
while [ $count -le 10 ]
do
   echo "Loop #$count"
   sleep 10
   count=$[ $count + 1 ]
done
#
echo "End of script..."
#
$
```

脚本用$$变量来显示Linux系统分配给该脚本的PID，然后进入循环，每次迭代都休眠10秒。可以从命令行中启动脚本，然后使用Ctrl+Z组合键来停止脚本。

```
$ ./test10.sh
Script Process ID: 1897
Loop #1
Loop #2
^Z
[1]+  Stopped                 ./test10.sh
$
```

还是使用同样的脚本，利用&将另外一个作业作为后台进程启动。出于简化的目的，脚本的输出被重定向到文件中，避免出现在屏幕上。

```
$ ./test10.sh > test10.out &
[2] 1917
$
```

jobs命令可以查看分配给shell的作业。jobs命令会显示这两个已停止/运行中的作业，以及它们的作业号和作业中使用的命令。

```
$ jobs
[1]+  Stopped                 ./test10.sh
[2]-  Running                 ./test10.sh > test10.out &
$
```

要想查看作业的PID，可以在jobs命令中加入-l选项（小写的L）。

```
$ jobs -l
[1]+  1897 Stopped                 ./test10.sh
[2]-  1917 Running                 ./test10.sh > test10.out &
$
```

jobs命令使用一些不同的命令行参数，见表16-2。

表16-2　jobs命令参数

参　数	描　述
-l	列出进程的PID以及作业号
-n	只列出上次shell发出的通知后改变了状态的作业
-p	只列出作业的PID
-r	只列出运行中的作业
-s	只列出已停止的作业

你可能注意到了jobs命令输出中的加号和减号。带加号的作业会被当做默认作业。在使用作业控制命令时，如果未在命令行指定任何作业号，该作业会被当成作业控制命令的操作对象。

当前的默认作业完成处理后，带减号的作业成为下一个默认作业。任何时候都只有一个带加号的作业和一个带减号的作业，不管shell中有多少个正在运行的作业。

下面例子说明了队列中的下一个作业在默认作业移除时是如何成为默认作业的。有3个独立的进程在后台被启动。jobs命令显示出了这些进程、进程的PID及其状态。注意，默认进程（带有加号的那个）是最后启动的那个进程，也就是3号作业。

```
$ ./test10.sh > test10a.out &
[1] 1950
$ ./test10.sh > test10b.out &
[2] 1952
$ ./test10.sh > test10c.out &
[3] 1955
$
$ jobs -l
[1]   1950 Running                 ./test10.sh > test10a.out &
[2]-  1952 Running                 ./test10.sh > test10b.out &
[3]+  1955 Running                 ./test10.sh > test10c.out &
$
```

我们调用了kill命令向默认进程发送了一个SIGHUP信号，终止了该作业。在接下来的jobs命令输出中，先前带有减号的作业成了现在的默认作业，减号也变成了加号。

```
$ kill 1955
$
[3]+  Terminated              ./test10.sh > test10c.out
$
```

```
$ jobs -l
[1]-  1950 Running                 ./test10.sh > test10a.out &
[2]+  1952 Running                 ./test10.sh > test10b.out &
$
$ kill 1952
$
[2]+  Terminated              ./test10.sh > test10b.out
$
$ jobs -l
[1]+  1950 Running                 ./test10.sh > test10a.out &
$
```

尽管将一个后台作业更改为默认进程很有趣，但这并不意味着有用。下一节，你将学习在不用PID或作业号的情况下，使用命令和默认进程交互。

16.4.2 重启停止的作业

在bash作业控制中，可以将已停止的作业作为后台进程或前台进程重启。前台进程会接管你当前工作的终端，所以在使用该功能时要小心了。

要以后台模式重启一个作业，可用bg命令加上作业号。

```
$ ./test11.sh
^Z
[1]+  Stopped                 ./test11.sh
$
$ bg
[1]+ ./test11.sh &
$
$ jobs
[1]+  Running                 ./test11.sh &
$
```

因为该作业是默认作业（从加号可以看出），只需要使用bg命令就可以将其以后台模式重启。注意，当作业被转入后台模式时，并不会列出其PID。

如果有多个作业，你得在bg命令后加上作业号。

```
$ ./test11.sh
^Z
[1]+  Stopped                 ./test11.sh
$
$ ./test12.sh
^Z
[2]+  Stopped                 ./test12.sh
$
$ bg 2
[2]+ ./test12.sh &
$
$ jobs
[1]+  Stopped                 ./test11.sh
[2]-  Running                 ./test12.sh &
$
```

命令bg 2用于将第二个作业置于后台模式。注意，当使用jobs命令时，它列出了作业及其状态，即便是默认作业当前并未处于后台模式。

要以前台模式重启作业，可用带有作业号的fg命令。

```
$ fg 2
./test12.sh
This is the script's end...
$
```

由于作业是以前台模式运行的，直到该作业完成后，命令行界面的提示符才会出现。

16.5 调整谦让度

在多任务操作系统中（Linux就是），内核负责将CPU时间分配给系统上运行的每个进程。调度优先级（scheduling priority）是内核分配给进程的CPU时间（相对于其他进程）。在Linux系统中，由shell启动的所有进程的调度优先级默认都是相同的。

调度优先级是个整数值，从–20（最高优先级）到+19（最低优先级）。默认情况下，bash shell以优先级0来启动所有进程。

窍门 最低值–20是最高优先级，而最高值19是最低优先级，这太容易记混了。只要记住那句俗语“好人难做”就行了。越是“好”或高的值，获得CPU时间的机会越低。

有时你想要改变一个shell脚本的优先级。不管是降低它的优先级（这样它就不会从占用其他进程过多的处理能力），还是给予它更高的优先级（这样它就能获得更多的处理时间），你都可以通过nice命令做到。

16.5.1 nice 命令

nice命令允许你设置命令启动时的调度优先级。要让命令以更低的优先级运行，只要用nice的-n命令行来指定新的优先级级别。

```
$ nice -n 10 ./test4.sh > test4.out &
[1] 4973
$
$ ps -p 4973 -o pid,ppid,ni,cmd
  PID  PPID  NI CMD
 4973  4721  10 /bin/bash ./test4.sh
$
```

注意，必须将nice命令和要启动的命令放在同一行中。ps命令的输出验证了谦让度值（NI列）已经被调整到了10。

nice命令会让脚本以更低的优先级运行。但如果想提高某个命令的优先级，你可能会吃惊。

```
$ nice -n -10 ./test4.sh > test4.out &
[1] 4985
$ nice: cannot set niceness: Permission denied
```

```
[1]+  Done                    nice -n -10 ./test4.sh > test4.out
$
```

nice命令阻止普通系统用户来提高命令的优先级。注意，指定的作业的确运行了，但是试图使用nice命令提高其优先级的操作却失败了。

nice命令的-n选项并不是必须的，只需要在破折号后面跟上优先级就行了。

```
$ nice -10 ./test4.sh > test4.out &
[1] 4993
$
$ ps -p 4993 -o pid,ppid,ni,cmd
  PID  PPID  NI CMD
 4993  4721  10 /bin/bash ./test4.sh
$
```

16.5.2 renice 命令

有时你想改变系统上已运行命令的优先级。这正是renice命令可以做到的。它允许你指定运行进程的PID来改变它的优先级。

```
$ ./test11.sh &
[1] 5055
$
$ ps -p 5055 -o pid,ppid,ni,cmd
  PID  PPID  NI CMD
 5055  4721   0 /bin/bash ./test11.sh
$
$ renice -n 10 -p 5055
5055: old priority 0, new priority 10
$
$ ps -p 5055 -o pid,ppid,ni,cmd
  PID  PPID  NI CMD
 5055  4721  10 /bin/bash ./test11.sh
$
```

renice命令会自动更新当前运行进程的调度优先级。和nice命令一样，renice命令也有一些限制：

- 只能对属于你的进程执行renice；
- 只能通过renice降低进程的优先级；
- root用户可以通过renice来任意调整进程的优先级。

如果想完全控制运行进程，必须以root账户身份登录或使用sudo命令。

16.6 定时运行作业

当你开始使用脚本时，可能会想要在某个预设时间运行脚本，这通常是在你不在场的时候。Linux系统提供了多个在预选时间运行脚本的方法：at命令和cron表。每个方法都使用不同的技术来安排脚本的运行时间和频率。接下来会依次介绍这些方法。

16.6.1 用 at 命令来计划执行作业

at命令允许指定Linux系统何时运行脚本。at命令会将作业提交到队列中，指定shell何时运行该作业。at的守护进程atd会以后台模式运行，检查作业队列来运行作业。大多数Linux发行版会在启动时运行此守护进程。

atd守护进程会检查系统上的一个特殊目录（通常位于/var/spool/at）来获取用at命令提交的作业。默认情况下，atd守护进程会每60秒检查一下这个目录。有作业时，atd守护进程会检查作业设置运行的时间。如果时间跟当前时间匹配，atd守护进程就会运行此作业。

后面几节会介绍如何用at命令提交要运行的作业以及如何管理这些作业。

1. at命令的格式

at命令的基本格式非常简单：

```
at [-f filename] time
```

默认情况下，at命令会将STDIN的输入放到队列中。你可以用-f参数来指定用于读取命令（脚本文件）的文件名。

time参数指定了Linux系统何时运行该作业。如果你指定的时间已经错过，at命令会在第二天的那个时间运行指定的作业。

在如何指定时间这个问题上，你可以非常灵活。at命令能识别多种不同的时间格式。

- 标准的小时和分钟格式，比如10:15。
- AM/PM指示符，比如10:15 PM。
- 特定可命名时间，比如now、noon、midnight或者teatime（4 PM）。

除了指定运行作业的时间，也可以通过不同的日期格式指定特定的日期。

- 标准日期格式，比如MMDDYY、MM/DD/YY或DD.MM.YY。
- 文本日期，比如Jul 4或Dec 25，加不加年份均可。
- 你也可以指定时间增量。
  - 当前时间+25 min
  - 明天10:15 PM
  - 10:15+7天

在你使用at命令时，该作业会被提交到作业队列（job queue）。作业队列会保存通过at命令提交的待处理的作业。针对不同优先级，存在26种不同的作业队列。作业队列通常用小写字母a~z和大写字母A~Z来指代。

说明 在几年前，也可以使用batch命令在指定时间执行某个脚本。batch命令很特别，你可以安排脚本在系统处于低负载时运行。但现在batch命令只不过是一个脚本而已（/usr/bin/batch），它会调用at命令并将作业提交到b队列中。

作业队列的字母排序越高，作业运行的优先级就越低（更高的nice值）。默认情况下，at的

作业会被提交到a作业队列。如果想以更高优先级运行作业，可以用-q参数指定不同的队列字母。

2. 获取作业的输出

当作业在Linux系统上运行时，显示器并不会关联到该作业。取而代之的是，Linux系统会将提交该作业的用户的电子邮件地址作为STDOUT和STDERR。任何发到STDOUT或STDERR的输出都会通过邮件系统发送给该用户。

这里有个在CentOS发行版中使用at命令安排作业执行的例子。

```
$ cat test13.sh
#!/bin/bash
# Test using at command
#
echo "This script ran at $(date +%B%d,%T)"
echo
sleep 5
echo "This is the script's end..."
#
$ at -f test13.sh now
job 7 at 2015-07-14 12:38
$
```

at命令会显示分配给作业的作业号以及为作业安排的运行时间。-f选项指明使用哪个脚本文件，now指示at命令立刻执行该脚本。

使用e-mail作为at命令的输出极其不便。at命令利用sendmail应用程序来发送邮件。如果你的系统中没有安装sendmail，那就无法获得任何输出！因此在使用at命令时，最好在脚本中对STDOUT和STDERR进行重定向（参见第15章），如下例所示。

```
$ cat test13b.sh
#!/bin/bash
# Test using at command
#
echo "This script ran at $(date +%B%d,%T)" > test13b.out
echo >> test13b.out
sleep 5
echo "This is the script's end..." >> test13b.out
#
$
$ at -M -f test13b.sh now
job 8 at 2015-07-14 12:48
$
$ cat test13b.out
This script ran at July14,12:48:18

This is the script's end...
$
```

如果不想在at命令中使用邮件或重定向，最好加上-M选项来屏蔽作业产生的输出信息。

3. 列出等待的作业

atq命令可以查看系统中有哪些作业在等待。

```
$ at -M -f test13b.sh teatime
job 17 at 2015-07-14 16:00
$
$ at -M -f test13b.sh tomorrow
job 18 at 2015-07-15 13:03
$
$ at -M -f test13b.sh 13:30
job 19 at 2015-07-14 13:30
$
$ at -M -f test13b.sh now
job 20 at 2015-07-14 13:03
$
$ atq
20      2015-07-14 13:03 = Christine
18      2015-07-15 13:03 a Christine
17      2015-07-14 16:00 a Christine
19      2015-07-14 13:30 a Christine
$
```

作业列表中显示了作业号、系统运行该作业的日期和时间及其所在的作业队列。

4. 删除作业

一旦知道了哪些作业在作业队列中等待，就能用atrm命令来删除等待中的作业。

```
$ atq
18      2015-07-15 13:03 a Christine
17      2015-07-14 16:00 a Christine
19      2015-07-14 13:30 a Christine
$
$ atrm 18
$
$ atq
17      2015-07-14 16:00 a Christine
19      2015-07-14 13:30 a Christine
$
```

只要指定想要删除的作业号就行了。只能删除你提交的作业，不能删除其他人的。

16.6.2 安排需要定期执行的脚本

用at命令在预设时间安排脚本执行非常好用，但如果你需要脚本在每天的同一时间运行或是每周一次、每月一次呢？用不着再使用at不断提交作业了，你可以利用Linux系统的另一个功能。

Linux系统使用cron程序来安排要定期执行的作业。cron程序会在后台运行并检查一个特殊的表（被称作cron时间表），以获知已安排执行的作业。

1. cron时间表

cron时间表采用一种特别的格式来指定作业何时运行。其格式如下：

```
min hour dayofmonth month dayofweek command
```

cron时间表允许你用特定值、取值范围（比如1~5）或者是通配符（星号）来指定条目。例如，如果想在每天的10:15运行一个命令，可以用cron时间表条目：

```
15 10 * * * command
```

在dayofmonth、month以及dayofweek字段中使用了通配符，表明cron会在每个月每天的10:15执行该命令。要指定在每周一4:15 PM运行的命令，可以用下面的条目：

```
15 16 * * 1 command
```

可以用三字符的文本值（mon、tue、wed、thu、fri、sat、sun）或数值（0为周日，6为周六）来指定dayofweek表项。

这里还有另外一个例子：在每个月的第一天中午12点执行命令。可以用下面的格式：

```
00 12 1 * * command
```

dayofmonth表项指定月份中的日期值（1~31）。

说明　聪明的读者可能会问如何设置一个在每个月的最后一天执行的命令，因为你无法设置dayofmonth的值来涵盖所有的月份。这个问题困扰着Linux和Unix程序员，也激发了不少解决办法。常用的方法是加一条使用date命令的if-then语句来检查明天的日期是不是01：

```
00 12 * * * if [`date +%d -d tomorrow` = 01 ] ; then ; command
```

它会在每天中午12点来检查是不是当月的最后一天，如果是，cron将会运行该命令。

命令列表必须指定要运行的命令或脚本的全路径名。你可以像在普通的命令行中那样，添加任何想要的命令行参数和重定向符号。

```
15 10 * * * /home/rich/test4.sh > test4out
```

cron程序会用提交作业的用户账户运行该脚本。因此，你必须有访问该命令和命令中指定的输出文件的权限。

2. 构建cron时间表

每个系统用户（包括root用户）都可以用自己的cron时间表来运行安排好的任务。Linux提供了crontab命令来处理cron时间表。要列出已有的cron时间表，可以用-l选项。

```
$ crontab -l
no crontab for rich
$
```

默认情况下，用户的cron时间表文件并不存在。要为cron时间表添加条目，可以用-e选项。在添加条目时，crontab命令会启用一个文本编辑器（参见第10章），使用已有的cron时间表作为文件内容（或者是一个空文件，如果时间表不存在的话）。

3. 浏览cron目录

如果你创建的脚本对精确的执行时间要求不高，用预配置的cron脚本目录会更方便。有4个基本目录：hourly、daily、monthly和weekly。

```
$ ls /etc/cron.*ly
/etc/cron.daily:
cups        makewhatis.cron  prelink          tmpwatch
```

```
logrotate  mlocate.cron     readahead.cron

/etc/cron.hourly:
0anacron

/etc/cron.monthly:
readahead-monthly.cron

/etc/cron.weekly:
$
```

因此，如果脚本需要每天运行一次，只要将脚本复制到daily目录，cron就会每天执行它。

4. anacron程序

cron程序的唯一问题是它假定Linux系统是7 × 24小时运行的。除非将Linux当成服务器环境来运行，否则此假设未必成立。

如果某个作业在cron时间表中安排运行的时间已到，但这时候Linux系统处于关机状态，那么这个作业就不会被运行。当系统开机时，cron程序不会再去运行那些错过的作业。要解决这个问题，许多Linux发行版还包含了anacron程序。

如果anacron知道某个作业错过了执行时间，它会尽快运行该作业。这意味着如果Linux系统关机了几天，当它再次开机时，原定在关机期间运行的作业会自动运行。

这个功能常用于进行常规日志维护的脚本。如果系统在脚本应该运行的时间刚好关机，日志文件就不会被整理，可能会变很大。通过anacron，至少可以保证系统每次启动时整理日志文件。

anacron程序只会处理位于cron目录的程序，比如/etc/cron.monthly。它用时间戳来决定作业是否在正确的计划间隔内运行了。每个cron目录都有个时间戳文件，该文件位于/var/spool/anacron。

```
$ sudo cat /var/spool/anacron/cron.monthly
20150626
$
```

anacron程序使用自己的时间表（通常位于/etc/anacrontab）来检查作业目录。

```
$ sudo cat /etc/anacrontab
# /etc/anacrontab: configuration file for anacron

# See anacron(8) and anacrontab(5) for details.

SHELL=/bin/sh
PATH=/sbin:/bin:/usr/sbin:/usr/bin
MAILTO=root
# the maximal random delay added to the base delay of the jobs
RANDOM_DELAY=45
# the jobs will be started during the following hours only
START_HOURS_RANGE=3-22

#period in days   delay in minutes   job-identifier   command
1       5       cron.daily              nice run-parts /etc/cron.daily
```

```
7        25      cron.weekly            nice run-parts /etc/cron.weekly
@monthly 45      cron.monthly           nice run-parts /etc/cron.monthly
$
```

anacron时间表的基本格式和cron时间表略有不同：

```
period delay identifier command
```

period条目定义了作业多久运行一次，以天为单位。anacron程序用此条目来检查作业的时间戳文件。delay条目会指定系统启动后anacron程序需要等待多少分钟再开始运行错过的脚本。command条目包含了run-parts程序和一个cron脚本目录名。run-parts程序负责运行目录中传给它的任何脚本。

注意，anacron不会运行位于/etc/cron.hourly的脚本。这是因为anacron程序不会处理执行时间需求小于一天的脚本。

identifier条目是一种特别的非空字符串，如cron-weekly。它用于唯一标识日志消息和错误邮件中的作业。

16.6.3 使用新 shell 启动脚本

如果每次运行脚本的时候都能够启动一个新的bash shell（即便只是某个用户启动了一个bash shell），将会非常的方便。有时候，你希望为shell会话设置某些shell功能，或者只是为了确保已经设置了某个文件。

回想一下当用户登入bash shell时需要运行的启动文件（参见第6章）。另外别忘了，不是所有的发行版中都包含这些启动文件。基本上，依照下列顺序所找到的第一个文件会被运行，其余的文件会被忽略：

- $HOME/.bash_profile
- $HOME/.bash_login
- $HOME/.profile

因此，应该将需要在登录时运行的脚本放在上面第一个文件中。

每次启动一个新shell时，bash shell都会运行.bashrc文件。可以这样来验证：在主目录下的.bashrc文件中加入一条简单的echo语句，然后启动一个新shell。

```
$ cat .bashrc
# .bashrc

# Source global definitions
if [ -f /etc/bashrc ]; then
        . /etc/bashrc
fi

# User specific aliases and functions
echo "I'm in a new shell!"
$
$ bash
I'm in a new shell!
```

```
$
$ exit
exit
$
```


.bashrc文件通常也是通过某个bash启动文件来运行的。因为.bashrc文件会运行两次：一次是当你登入bash shell时，另一次是当你启动一个bash shell时。如果你需要一个脚本在两个时刻都得以运行，可以把这个脚本放进该文件中。

16.7 小结

Linux系统允许利用信号来控制shell脚本。bash shell接受信号，并将它们传给运行在该shell进程中的所有进程。Linux信号允许轻松地终止一个失控进程或临时暂停一个长时间运行的进程。

可以在脚本中用trap语句来捕获信号并执行特定命令。这个功能提供了一种简单的方法来控制用户是否可以在脚本运行时中断脚本。

默认情况下，当你在终端会话shell中运行脚本时，交互式shell会挂起，直到脚本运行完。可以在命令名后加一个&符号来让脚本或命令以后台模式运行。当你在后台模式运行命令或脚本时，交互式shell会返回，允许你继续输入其他命令。任何通过这种方法运行的后台进程仍会绑定到该终端会话。如果退出了终端会话，后台进程也会退出。

可以用nohup命令阻止这种情况发生。该命令会拦截任何发给某个命令来停止其运行的信号（比如当你退出终端会话时）。这样就可以让脚本继续在后台运行，即便是你已经退出了终端会话。

当你将进程置入后台时，仍然可以控制它的运行。jobs命令可以查看该shell会话启动的进程。只要知道后台进程的作业号，就可以用kill命令向该进程发送Linux信号，或者用fg命令将该进程带回到该shell会话的前台。你可以用Ctrl+Z组合键挂起正在运行的前台进程，然后用bg命令将其置入后台模式。

nice命令和renice命令可以调整进程的优先级。通过降低进程的优先级，你可以让给该进程分配更少的CPU时间。当运行需要消耗大量CPU时间的长期进程时，这一功能非常方便。

除了控制处于运行状态的进程，你还可以决定进程在系统上的启动时间。不用直接在命令行界面的提示符上运行脚本，你可以安排在另一个时间运行该进程。有几种不同的实现途径。at命令允许你在预设的时间运行脚本。cron程序提供了定期运行脚本的接口。

最后，Linux系统提供了脚本文件，可以让你的脚本在用户启动一个新的bash shell时运行。与此类似，位于每个用户主目录中的启动文件（如.bashrc）提供了一个位置来存放新shell启动时需要运行的脚本和命令。

下一章将学习如何编写脚本函数。脚本函数可以让你只编写一次代码，就能在脚本的不同位置中多次使用。

Part 3 第三部分

高级 shell 脚本编程

本部分内容

- 第 17 章　创建函数
- 第 18 章　图形化桌面环境中的脚本编程
- 第 19 章　初识 sed 和 gawk
- 第 20 章　正则表达式
- 第 21 章　sed 进阶
- 第 22 章　gawk 进阶
- 第 23 章　使用其他 shell

第 17 章

创建函数

本章内容

- ❑ 基本的脚本函数
- ❑ 返回值
- ❑ 在函数中使用变量
- ❑ 数组变量和函数
- ❑ 函数递归
- ❑ 创建库
- ❑ 在命令行上使用函数

在编写shell脚本时，你经常会发现在多个地方使用了同一段代码。如果只是一小段代码，一般也无关紧要。但要在shell脚本中多次重写大块代码段就太累人了。bash shell提供的用户自定义函数功能可以解决这个问题。可以将shell脚本代码放进函数中封装起来，这样就能在脚本中的任何地方多次使用它了。本章将会带你逐步了解如何创建自己的shell脚本函数，并演示如何在shell脚本应用中使用它们。

17.1 基本的脚本函数

在开始编写较复杂的shell脚本时，你会发现自己重复使用了部分能够执行特定任务的代码。这些代码有时很简单，比如显示一条文本消息，或者从脚本用户那里获得一个答案；有时则会比较复杂，需要作为大型处理过程中的一部分被多次使用。

在后一类情况下，在脚本中一遍又一遍地编写同样的代码会很烦人。如果能只写一次，随后在脚本中可多次引用这部分代码就好了。

bash shell提供了这种功能。*函数*是一个脚本代码块，你可以为其命名并在代码中任何位置重用。要在脚本中使用该代码块时，只要使用所起的函数名就行了（这个过程称为*调用函数*）。本节将会介绍如何在shell脚本中创建和使用函数。

17.1.1 创建函数

有两种格式可以用来在bash shell脚本中创建函数。第一种格式采用关键字`function`，后跟分配给该代码块的函数名。

```
function name {
    commands
}
```

*name*属性定义了赋予函数的唯一名称。脚本中定义的每个函数都必须有一个唯一的名称。

*commands*是构成函数的一条或多条bash shell命令。在调用该函数时，bash shell会按命令在函数中出现的顺序依次执行，就像在普通脚本中一样。

在bash shell脚本中定义函数的第二种格式更接近于其他编程语言中定义函数的方式。

```
name() {
commands
}
```

函数名后的空括号表明正在定义的是一个函数。这种格式的命名规则和之前定义shell脚本函数的格式一样。

17.1.2 使用函数

要在脚本中使用函数，只需要像其他shell命令一样，在行中指定函数名就行了。

```
$ cat test1
#!/bin/bash
# using a function in a script

function func1 {
   echo "This is an example of a function"
}

count=1
while [ $count -le 5 ]
do
   func1
   count=$[ $count + 1 ]
done

echo "This is the end of the loop"
func1
echo "Now this is the end of the script"
$
$ ./test1
This is an example of a function
This is an example of a function
This is an example of a function
This is an example of a function
This is an example of a function
This is the end of the loop
```

```
This is an example of a function
Now this is the end of the script
$
```

每次引用函数名func1时，bash shell会找到func1函数的定义并执行你在那里定义的命令。

函数定义不一定非得是shell脚本中首先要做的事，但一定要小心。如果在函数被定义前使用函数，你会收到一条错误消息。

```
$ cat test2
#!/bin/bash
# using a function located in the middle of a script

count=1
echo "This line comes before the function definition"

function func1 {
   echo "This is an example of a function"
}

while [ $count -le 5 ]
do
   func1
   count=$[ $count + 1 ]
done
echo "This is the end of the loop"
func2
echo "Now this is the end of the script"

function func2 {
   echo "This is an example of a function"
}
$
$ ./test2
This line comes before the function definition
This is an example of a function
This is an example of a function
This is an example of a function
This is an example of a function
This is an example of a function
This is the end of the loop
./test2: func2: command not found
Now this is the end of the script
$
```

第一个函数func1的定义出现在脚本中的几条语句之后，这当然没任何问题。当func1函数在脚本中被使用时，shell知道去哪里找它。

然而，脚本试图在func2函数被定义之前使用它。由于func2函数还没有定义，脚本运行函数调用处时，产生了一条错误消息。

你也必须注意函数名。记住，函数名必须是唯一的，否则也会有问题。如果你重定义了函数，新定义会覆盖原来函数的定义，这一切不会产生任何错误消息。

```
$ cat test3
#!/bin/bash
# testing using a duplicate function name

function func1 {
echo "This is the first definition of the function name"
}

func1

function func1 {
   echo "This is a repeat of the same function name"
}

func1
echo "This is the end of the script"
$
$ ./test3
This is the first definition of the function name
This is a repeat of the same function name
This is the end of the script
$
```

func1函数最初的定义工作正常，但重新定义该函数后，后续的函数调用都会使用第二个定义。

17.2 返回值

bash shell会把函数当作一个小型脚本，运行结束时会返回一个退出状态码（参见第11章）。有3种不同的方法来为函数生成退出状态码。

17.2.1 默认退出状态码

默认情况下，函数的退出状态码是函数中最后一条命令返回的退出状态码。在函数执行结束后，可以用标准变量$?来确定函数的退出状态码。

```
$ cat test4
#!/bin/bash
# testing the exit status of a function

func1() {
   echo "trying to display a non-existent file"
   ls -l badfile
}

echo "testing the function: "
func1
echo "The exit status is: $?"
$
$ ./test4
```

```
testing the function:
trying to display a non-existent file
ls: badfile: No such file or directory
The exit status is: 1
$
```

函数的退出状态码是1，这是因为函数中的最后一条命令没有成功运行。但你无法知道函数中其他命令中是否成功运行。看下面的例子。

```
$ cat test4b
#!/bin/bash
# testing the exit status of a function

func1() {
   ls -l badfile
   echo "This was a test of a bad command"
}

echo "testing the function:"
func1
echo "The exit status is: $?"
$
$ ./test4b
testing the function:
ls: badfile: No such file or directory
This was a test of a bad command
The exit status is: 0
$
```

这次，由于函数最后一条语句echo运行成功，该函数的退出状态码就是0，尽管其中有一条命令并没有正常运行。使用函数的默认退出状态码是很危险的。幸运的是，有几种办法可以解决这个问题。

17.2.2　使用 return 命令

bash shell使用return命令来退出函数并返回特定的退出状态码。return命令允许指定一个整数值来定义函数的退出状态码，从而提供了一种简单的途径来编程设定函数退出状态码。

```
$ cat test5
#!/bin/bash
# using the return command in a function

function dbl {
   read -p "Enter a value: " value
   echo "doubling the value"
   return $[ $value * 2 ]
}

dbl
echo "The new value is $?"
$
```

dbl函数会将$value变量中用户输入的值翻倍，然后用return命令返回结果。脚本用$?变量显示了该值。

但当用这种方法从函数中返回值时，要小心了。记住下面两条技巧来避免问题：

- 记住，函数一结束就取返回值；
- 记住，退出状态码必须是0~255。

如果在用$?变量提取函数返回值之前执行了其他命令，函数的返回值就会丢失。记住，$?变量会返回执行的最后一条命令的退出状态码。

第二个问题界定了返回值的取值范围。由于退出状态码必须小于256，函数的结果必须生成一个小于256的整数值。任何大于256的值都会产生一个错误值。

```
$ ./test5
Enter a value: 200
doubling the value
The new value is 1
$
```

要返回较大的整数值或者字符串值的话，你就不能用这种返回值的方法了。我们在下一节中将会介绍另一种方法。

17.2.3 使用函数输出

正如可以将命令的输出保存到shell变量中一样，你也可以对函数的输出采用同样的处理办法。可以用这种技术来获得任何类型的函数输出，并将其保存到变量中：

```
result=`dbl`
```

这个命令会将dbl函数的输出赋给$result变量。下面是在脚本中使用这种方法的例子。

```
$ cat test5b
#!/bin/bash
# using the echo to return a value

function dbl {
   read -p "Enter a value: " value
   echo $[ $value * 2 ]
}

result=$(dbl)
echo "The new value is $result"
$
$ ./test5b
Enter a value: 200
The new value is 400
$
$ ./test5b
Enter a value: 1000
The new value is 2000
$
```

新函数会用echo语句来显示计算的结果。该脚本会获取dbl函数的输出，而不是查看退出状态码。

这个例子中演示了一个不易察觉的技巧。你会注意到dbl函数实际上输出了两条消息。read命令输出了一条简短的消息来向用户询问输入值。bash shell脚本非常聪明，并不将其作为STDOUT输出的一部分，并且忽略掉它。如果你用echo语句生成这条消息来向用户查询，那么它会与输出值一起被读进shell变量中。

说明　通过这种技术，你还可以返回浮点值和字符串值。这使它成为一种获取函数返回值的强大方法。

17.3　在函数中使用变量

你可能已经注意到，在17.2.3节的test5例子中，我们在函数里用了一个叫作$value的变量来保存处理后的值。在函数中使用变量时，你需要注意它们的定义方式以及处理方式。这是shell脚本中常见错误的根源。本节将会介绍一些处理shell脚本函数内外变量的方法。

17.3.1　向函数传递参数

我们在17.2节中提到过，bash shell会将函数当作小型脚本来对待。这意味着你可以像普通脚本那样向函数传递参数（参见第14章）。

函数可以使用标准的参数环境变量来表示命令行上传给函数的参数。例如，函数名会在$0变量中定义，函数命令行上的任何参数都会通过$1、$2等定义。也可以用特殊变量$#来判断传给函数的参数数目。

在脚本中指定函数时，必须将参数和函数放在同一行，像这样：

```
func1 $value1 10
```

然后函数可以用参数环境变量来获得参数值。这里有个使用此方法向函数传值的例子。

```
$ cat test6
#!/bin/bash
# passing parameters to a function

function addem {
   if [ $# -eq 0 ] || [ $# -gt 2 ]
   then
      echo -1
   elif [ $# -eq 1 ]
   then
      echo $[ $1 + $1 ]
   else
      echo $[ $1 + $2 ]
   fi
```

```
}

echo -n "Adding 10 and 15: "
value=$(addem 10 15)
echo $value
echo -n "Let's try adding just one number: "
value=$(addem 10)
echo $value
echo -n "Now trying adding no numbers: "
value=$(addem)
echo $value
echo -n "Finally, try adding three numbers: "
value=$(addem 10 15 20)
echo $value
$
$ ./test6
Adding 10 and 15: 25
Let's try adding just one number: 20
Now trying adding no numbers: -1
Finally, try adding three numbers: -1
$
```


text6脚本中的addem函数首先会检查脚本传给它的参数数目。如果没有任何参数，或者参数多于两个，addem会返回值-1。如果只有一个参数，addem会将参数与自身相加。如果有两个参数，addem会将它们进行相加。

由于函数使用特殊参数环境变量作为自己的参数值，因此它无法直接获取脚本在命令行中的参数值。下面的例子将会运行失败。

```
$ cat badtest1
#!/bin/bash
# trying to access script parameters inside a function

function badfunc1 {
   echo $[ $1 * $2 ]
}

if [ $# -eq 2 ]
then
   value=$(badfunc1)
   echo "The result is $value"
else
   echo "Usage: badtest1 a b"
fi
$
$ ./badtest1
Usage: badtest1 a b
$ ./badtest1 10 15
./badtest1: *  : syntax error: operand expected (error token is "*
")
The result is
$
```

尽管函数也使用了$1和$2变量，但它们和脚本主体中的$1和$2变量并不相同。要在函数中使用这些值，必须在调用函数时手动将它们传过去。

```
$ cat test7
#!/bin/bash
# trying to access script parameters inside a function

function func7 {
   echo $[ $1 * $2 ]
}

if [ $# -eq 2 ]
then
   value=$(func7 $1 $2)
   echo "The result is $value"
else
   echo "Usage: badtest1 a b"
fi
$
$ ./test7
Usage: badtest1 a b
$ ./test7 10 15
The result is 150
$
```

通过将$1和$2变量传给函数，它们就能跟其他变量一样供函数使用了。

17.3.2　在函数中处理变量

给shell脚本程序员带来麻烦的原因之一就是变量的作用域。作用域是变量可见的区域。函数中定义的变量与普通变量的作用域不同。也就是说，对脚本的其他部分而言，它们是隐藏的。

函数使用两种类型的变量：

- 全局变量
- 局部变量

下面几节将会介绍这两种类型的变量在函数中的用法。

1. 全局变量

*全局变量*是在shell脚本中任何地方都有效的变量。如果你在脚本的主体部分定义了一个全局变量，那么可以在函数内读取它的值。类似地，如果你在函数内定义了一个全局变量，可以在脚本的主体部分读取它的值。

默认情况下，你在脚本中定义的任何变量都是全局变量。在函数外定义的变量可在函数内正常访问。

```
$ cat test8
#!/bin/bash
# using a global variable to pass a value

function dbl {
```

```
   value=$[ $value * 2 ]
}

read -p "Enter a value: " value
dbl
echo "The new value is: $value"
$
$ ./test8
Enter a value: 450
The new value is: 900
$
```

`$value`变量在函数外定义并被赋值。当`dbl`函数被调用时，该变量及其值在函数中都依然有效。如果变量在函数内被赋予了新值，那么在脚本中引用该变量时，新值也依然有效。

但这其实很危险，尤其是如果你想在不同的shell脚本中使用函数的话。它要求你清清楚楚地知道函数中具体使用了哪些变量，包括那些用来计算非返回值的变量。这里有个例子可说明事情是如何搞砸的。

```
$ cat badtest2
#!/bin/bash
# demonstrating a bad use of variables

function func1 {
   temp=$[ $value + 5 ]
   result=$[ $temp * 2 ]
}

temp=4
value=6

func1
echo "The result is $result"
if [ $temp -gt $value ]
then
   echo "temp is larger"
else
   echo "temp is smaller"
fi
$
$ ./badtest2
The result is 22
temp is larger
$
```

由于函数中用到了`$temp`变量，它的值在脚本中使用时受到了影响，产生了意想不到的后果。有个简单的办法可以在函数中解决这个问题，下节将会介绍。

2. 局部变量

无需在函数中使用全局变量，函数内部使用的任何变量都可以被声明成局部变量。要实现这一点，只要在变量声明的前面加上`local`关键字就可以了。

```
local temp
```

也可以在变量赋值语句中使用local关键字：

```
local temp=$[ $value + 5 ]
```

local关键字保证了变量只局限在该函数中。如果脚本中在该函数之外有同样名字的变量，那么shell将会保持这两个变量的值是分离的。现在你就能很轻松地将函数变量和脚本变量隔离开了，只共享需要共享的变量。

```
$ cat test9
#!/bin/bash
# demonstrating the local keyword

function func1 {
   local temp=$[ $value + 5 ]
   result=$[ $temp * 2 ]
}

temp=4
value=6

func1
echo "The result is $result"
if [ $temp -gt $value ]
then
   echo "temp is larger"
else
   echo "temp is smaller"
fi
$
$ ./test9
The result is 22
temp is smaller
$
```

现在，在func1函数中使用$temp变量时，并不会影响在脚本主体中赋给$temp变量的值。

17.4　数组变量和函数

第6章讨论了使用数组来在单个变量中保存多个值的高级用法。在函数中使用数组变量值有点麻烦，而且还需要一些特殊考虑。本节将会介绍一种方法来解决这个问题。

17.4.1　向函数传数组参数

向脚本函数传递数组变量的方法会有点不好理解。将数组变量当作单个参数传递的话，它不会起作用。

```
$ cat badtest3
#!/bin/bash
# trying to pass an array variable
```

```
function testit {
   echo "The parameters are: $@"
   thisarray=$1
   echo "The received array is ${thisarray[*]}"
}

myarray=(1 2 3 4 5)
echo "The original array is: ${myarray[*]}"
testit $myarray
$
$ ./badtest3
The original array is: 1 2 3 4 5
The parameters are: 1
The received array is 1
$
```

如果你试图将该数组变量作为函数参数，函数只会取数组变量的第一个值。

要解决这个问题，你必须将该数组变量的值分解成单个的值，然后将这些值作为函数参数使用。在函数内部，可以将所有的参数重新组合成一个新的变量。下面是个具体的例子。

```
$ cat test10
#!/bin/bash
# array variable to function test

function testit {
   local newarray
   newarray=(`echo "$@"`)
   echo "The new array value is: ${newarray[*]}"
}

myarray=(1 2 3 4 5)
echo "The original array is ${myarray[*]}"
testit ${myarray[*]}
$
$ ./test10
The original array is 1 2 3 4 5
The new array value is: 1 2 3 4 5
$
```

该脚本用$myarray变量来保存所有的数组元素，然后将它们都放在函数的命令行上。该函数随后从命令行参数中重建数组变量。在函数内部，数组仍然可以像其他数组一样使用。

```
$ cat test11
#!/bin/bash
# adding values in an array

function addarray {
   local sum=0
   local newarray
   newarray=($(echo "$@"))
   for value in ${newarray[*]}
   do
      sum=$[ $sum + $value ]
```

```
   done
   echo $sum
}

myarray=(1 2 3 4 5)
echo "The original array is: ${myarray[*]}"
arg1=$(echo ${myarray[*]})
result=$(addarray $arg1)
echo "The result is $result"
$
$ ./test11
The original array is: 1 2 3 4 5
The result is 15
$
```

addarray函数会遍历所有的数组元素，将它们累加在一起。你可以在myarray数组变量中放置任意多的值，addarry函数会将它们都加起来。

17.4.2　从函数返回数组

从函数里向shell脚本传回数组变量也用类似的方法。函数用echo语句来按正确顺序输出单个数组值，然后脚本再将它们重新放进一个新的数组变量中。

```
$ cat test12
#!/bin/bash
# returning an array value

function arraydblr {
   local origarray
   local newarray
   local elements
   local i
   origarray=($(echo "$@"))
   newarray=($(echo "$@"))
   elements=$[ $# - 1 ]
   for (( i = 0; i <= $elements; i++ ))
   {
      newarray[$i]=$[ ${origarray[$i]} * 2 ]
   }
   echo ${newarray[*]}
}

myarray=(1 2 3 4 5)
echo "The original array is: ${myarray[*]}"
arg1=$(echo ${myarray[*]})
result=($(arraydblr $arg1))
echo "The new array is: ${result[*]}"
$
$ ./test12
The original array is: 1 2 3 4 5
The new array is: 2 4 6 8 10
```

该脚本用$arg1变量将数组值传给arraydblr函数。arraydblr函数将该数组重组到新的数组变量中，生成该输出数组变量的一个副本。然后对数据元素进行遍历，将每个元素值翻倍，并将结果存入函数中该数组变量的副本。

arraydblr函数使用echo语句来输出每个数组元素的值。脚本用arraydblr函数的输出来重新生成一个新的数组变量。

17.5　函数递归

局部函数变量的一个特性是*自成体系*。除了从脚本命令行处获得的变量，自成体系的函数不需要使用任何外部资源。

这个特性使得函数可以*递归地*调用，也就是说，函数可以调用自己来得到结果。通常递归函数都有一个最终可以迭代到的基准值。许多高级数学算法用递归对复杂的方程进行逐级规约，直到基准值定义的那级。

递归算法的经典例子是计算阶乘。一个数的阶乘是该数之前的所有数乘以该数的值。因此，要计算5的阶乘，可以执行如下方程：

```
5! = 1 * 2 * 3 * 4 * 5 = 120
```

使用递归，方程可以简化成以下形式：

```
x! = x * (x-1)!
```

也就是说，x的阶乘等于x乘以$x-1$的阶乘。这可以用简单的递归脚本表达为：

```
function factorial {
   if [ $1 -eq 1 ]
   then
      echo 1
   else
      local temp=$[ $1 - 1 ]
      local result='factorial $temp'
      echo $[ $result * $1 ]
   fi
}
```

阶乘函数用它自己来计算阶乘的值：

```
$ cat test13
#!/bin/bash
# using recursion

function factorial {
   if [ $1 -eq 1 ]
   then
      echo 1
   else
      local temp=$[ $1 - 1 ]
      local result=$(factorial $temp)
      echo $[ $result * $1 ]
   fi
```

```
}

read -p "Enter value: " value
result=$(factorial $value)
echo "The factorial of $value is: $result"
$
$ ./test13
Enter value: 5
The factorial of 5 is: 120
$
```

使用阶乘函数很容易。创建了这样的函数后，你可能想把它用在其他脚本中。接下来，我们来看看如何有效地利用函数。

17.6　创建库

使用函数可以在脚本中省去一些输入工作，这一点是显而易见的。但如果你碰巧要在多个脚本中使用同一段代码呢？显然，为了使用一次而在每个脚本中都定义同样的函数太过麻烦。

有个方法能解决这个问题！bash shell允许创建函数库文件，然后在多个脚本中引用该库文件。

这个过程的第一步是创建一个包含脚本中所需函数的公用库文件。这里有个叫作myfuncs的库文件，它定义了3个简单的函数。

```
$ cat myfuncs
# my script functions

function addem {
   echo $[ $1 + $2 ]
}

function multem {
   echo $[ $1 * $2 ]
}

function divem {
   if [ $2 -ne 0 ]
   then
      echo $[ $1 / $2 ]
   else
      echo -1
   fi
}
$
```

下一步是在用到这些函数的脚本文件中包含myfuncs库文件。从这里开始，事情就变复杂了。

问题出在shell函数的作用域上。和环境变量一样，shell函数仅在定义它的shell会话内有效。如果你在shell命令行界面的提示符下运行myfuncs shell脚本，shell会创建一个新的shell并在其中运行这个脚本。它会为那个新shell定义这三个函数，但当你运行另外一个要用到这些函数的脚本时，它们是无法使用的。

这同样适用于脚本。如果你尝试像普通脚本文件那样运行库文件，函数并不会出现在脚本中。

```
$ cat badtest4
#!/bin/bash
# using a library file the wrong way
./myfuncs

result=$(addem 10 15)
echo "The result is $result"
$
$ ./badtest4
./badtest4: addem: command not found
The result is
$
```

使用函数库的关键在于source命令。source命令会在当前shell上下文中执行命令，而不是创建一个新shell。可以用source命令来在shell脚本中运行库文件脚本。这样脚本就可以使用库中的函数了。

source命令有个快捷的别名，称作点操作符（dot operator）。要在shell脚本中运行myfuncs库文件，只需添加下面这行：

```
. ./myfuncs
```

这个例子假定myfuncs库文件和shell脚本位于同一目录。如果不是，你需要使用相应路径访问该文件。这里有个用myfuncs库文件创建脚本的例子。

```
$ cat test14
#!/bin/bash
# using functions defined in a library file
. ./myfuncs

value1=10
value2=5
result1=$(addem $value1 $value2)
result2=$(multem $value1 $value2)
result3=$(divem $value1 $value2)
echo "The result of adding them is: $result1"
echo "The result of multiplying them is: $result2"
echo "The result of dividing them is: $result3"
$
$ ./test14
The result of adding them is: 15
The result of multiplying them is: 50
The result of dividing them is: 2
$
```

该脚本成功地使用了myfuncs库文件中定义的函数。

17.7 在命令行上使用函数

可以用脚本函数来执行一些十分复杂的操作。有时也很有必要在命令行界面的提示符下直接使用这些函数。

和在shell脚本中将脚本函数当命令使用一样，在命令行界面中你也可以这样做。这个功能很不错，因为一旦在shell中定义了函数，你就可以在整个系统中使用它了，无需担心脚本是不是在PATH环境变量里。重点在于让shell能够识别这些函数。有几种方法可以实现。

17.7.1　在命令行上创建函数

因为shell会解释用户输入的命令，所以可以在命令行上直接定义一个函数。有两种方法。

一种方法是采用单行方式定义函数。

```
$ function divem { echo $[ $1 / $2 ];  }
$ divem 100 5
20
$
```

当在命令行上定义函数时，你必须记得在每个命令后面加个分号，这样shell就能知道在哪里是命令的起止了。

```
$ function doubleit { read -p "Enter value: " value; echo $[
 $value * 2 ]; }
$
$ doubleit
Enter value: 20
40
$
```

另一种方法是采用多行方式来定义函数。在定义时，bash shell会使用次提示符来提示输入更多命令。用这种方法，你不用在每条命令的末尾放一个分号，只要按下回车键就行。

```
$ function multem {
> echo $[ $1 * $2 ]
> }
$ multem 2 5
10
$
```

在函数的尾部使用花括号，shell就会知道你已经完成了函数的定义。

警告　在命令行上创建函数时要特别小心。如果你给函数起了个跟内建命令或另一个命令相同的名字，函数将会覆盖原来的命令。

17.7.2　在.bashrc文件中定义函数

在命令行上直接定义shell函数的明显缺点是退出shell时，函数就消失了。对于复杂的函数来说，这可是个麻烦事。

一个非常简单的方法是将函数定义在一个特定的位置，这个位置在每次启动一个新shell的时候，都会由shell重新载入。

最佳地点就是.bashrc文件。bash shell在每次启动时都会在主目录下查找这个文件，不管是交互式shell还是从现有shell中启动的新shell。

1. 直接定义函数

可以直接在主目录下的.bashrc文件中定义函数。许多Linux发行版已经在.bashrc文件中定义了一些东西，所以注意不要误删了。把你写的函数放在文件末尾就行了。这里有个例子。

```
$ cat .bashrc
# .bashrc

# Source global definitions
if [ -r /etc/bashrc ]; then
        . /etc/bashrc
fi

function addem {
   echo $[ $1 + $2 ]
}
$
```

该函数会在下次启动新bash shell时生效。随后你就能在系统上任意地方使用这个函数了。

2. 读取函数文件

只要是在shell脚本中，都可以用source命令（或者它的别名点操作符）将库文件中的函数添加到你的.bashrc脚本中。

```
$ cat .bashrc
# .bashrc

# Source global definitions
if [ -r /etc/bashrc ]; then
        . /etc/bashrc
fi

. /home/rich/libraries/myfuncs
$
```

要确保库文件的路径名正确，以便bash shell能够找到该文件。下次启动shell时，库中的所有函数都可在命令行界面下使用了。

```
$ addem 10 5
15
$ multem 10 5
50
$ divem 10 5
2
$
```

更好的是，shell还会将定义好的函数传给子shell进程，这样一来，这些函数就自动能够用于该shell会话中的任何shell脚本了。你可以写个脚本，试试在不定义或使用source的情况下，直接使用这些函数。

```
$ cat test15
#!/bin/bash
```

```
# using a function defined in the .bashrc file

value1=10
value2=5
result1=$(addem $value1 $value2)
result2=$(multem $value1 $value2)
result3=$(divem $value1 $value2)
echo "The result of adding them is: $result1"
echo "The result of multiplying them is: $result2"
echo "The result of dividing them is: $result3"
$
$ ./test15
The result of adding them is: 15
The result of multiplying them is: 50
The result of dividing them is: 2
$
```

甚至都不用对库文件使用source，这些函数就可以完美地运行在shell脚本中。

17.8　实例

函数的应用绝不仅限于创建自己的函数自娱自乐。在开源世界中，共享代码才是关键，而这一点同样适用于脚本函数。你可以下载大量各式各样的函数，并将其用于自己的应用程序中。

本节介绍了如何下载、安装、使用GNU shtool shell脚本函数库。shtool库提供了一些简单的shell脚本函数，可以用来完成日常的shell功能，例如处理临时文件和目录或者格式化输出显示。

17.8.1　下载及安装

首先是将GNU shtool库下载并安装到你的系统中，这样你才能在自己的shell脚本中使用这些库函数。要完成这项工作，可以使用FTP客户端或者图像化桌面中的浏览器。shtool软件包的下载地址是：

```
ftp://ftp.gnu.org/gnu/shtool/shtool-2.0.8.tar.gz
```

将文件shtool-2.0.8.tar.gz下载到下载目录中。然后你可以使用命令行工具cp或是Linux发行版中的图形化文件管理器（如Ubuntu中的Nautius）将文件复制到主目录中。

完成复制操作后，使用tar命令提取文件。

```
tar -zxvf shtool-2.0.8.tar.gz
```

该命令会将打包文件中的内容提取到shtool-2.0.8目录中。接下来就可以构建shell脚本库文件了。

17.8.2　构建库

shtool文件必须针对特定的Linux环境进行配置。配置工作必须使用标准的configure和make命令，这两个命令常用于C编程环境。要构建库文件，只要输入：

```
$ ./configure
$ make
```

configure命令会检查构建shtool库文件所必需的软件。一旦发现了所需的工具，它会使用工具路径修改配置文件。

make命令负责构建shtool库文件。最终的结果（shtool）是一个完整的库软件包。你也可以使用make命令测试这个库文件。


```
$ make test
Running test suite:
echo...........ok
mdate..........ok
table..........ok
prop...........ok
move...........ok
install........ok
mkdir..........ok
mkln...........ok
mkshadow.......ok
fixperm........ok
rotate.........ok
tarball........ok
subst..........ok
platform.......ok
arx............ok
slo............ok
scpp...........ok
version........ok
path...........ok
OK: passed: 19/19
$
```

测试模式会测试shtool库中所有的函数。如果全部通过测试，就可以将库安装到Linux系统中的公用位置，这样所有的脚本就都能够使用这个库了。要完成安装，需要使用make命令的install选项。不过你得以root用户的身份运行该命令。

```
$ su
Password:
# make install
./shtool mkdir -f -p -m 755 /usr/local
./shtool mkdir -f -p -m 755 /usr/local/bin
./shtool mkdir -f -p -m 755 /usr/local/share/man/man1
./shtool mkdir -f -p -m 755 /usr/local/share/aclocal
./shtool mkdir -f -p -m 755 /usr/local/share/shtool
...
./shtool install -c -m 644 sh.version /usr/local/share/shtool/sh.version
./shtool install -c -m 644 sh.path /usr/local/share/shtool/sh.path
#
```

现在就能在自己的shell脚本中使用这些函数了。

17.8.3　shtool 库函数

shtool库提供了大量方便的、可用于shell脚本的函数。表17-1列出了库中可用的函数。

表17-1　shtool库函数

函　数	描　述
Arx	创建归档文件（包含一些扩展功能）
Echo	显示字符串，并提供了一些扩展构件
fixperm	改变目录树中的文件权限
install	安装脚本或文件
mdate	显示文件或目录的修改时间
mkdir	创建一个或更多目录
Mkln	使用相对路径创建链接
mkshadow	创建一棵阴影树
move	带有替换功能的文件移动
Path	处理程序路径
platform	显示平台标识
Prop	显示一个带有动画效果的进度条
rotate	转置日志文件
Scpp	共享的C预处理器
Slo	根据库的类别，分离链接器选项
Subst	使用sed的替换操作
Table	以表格的形式显示由字段分隔（field-separated）的数据
tarball	从文件和目录中创建tar文件
version	创建版本信息文件

每个shtool函数都包含大量的选项和参数，你可以利用它们改变函数的工作方式。下面是shtool函数的使用格式：

```
shtool [options] [function [options] [args]]
```

17.8.4　使用库

可以在命令行或自己的shell脚本中直接使用shtool函数。下面是一个在shell脚本中使用platform函数的例子。

```
$ cat test16
#!/bin/bash

shtool platform
$ ./test16
Ubuntu 14.04 (iX86)
$
```

platform函数会返回Linux发行版以及系统所使用的CPU硬件的相关信息。我喜欢的一个函数prop函数。它可以使用\、|、/和-字符创建一个旋转的进度条。这是一个非常漂亮的工具，可以告诉shell脚本用户目前正在进行一些后台处理工作。

要使用prop函数，只需要将希望监看的输出管接到shtool脚本就行了。

```
$ ls -al /usr/bin | shtool prop -p "waiting..."
waiting...
$
```


prop函数会在处理过程中不停地变换进度条字符。在本例中，输出信息来自于ls命令。你能看到多少进度条取决于CPU能以多快的速度列出/usr/bin中的文件！-p选项允许你定制输出文本，这段文本会出现在进度条字符之前。好了，尽情享受吧！

17.9 小结

shell脚本函数允许你将脚本中多处用到的代码放到一个地方。可以创建一个包含该代码块的函数，然后在脚本中通过函数名来引用这块代码，而不用一次次地重写那段代码。bash shell只要看到函数名，就会自动跳到对应的函数代码块处。

甚至可以创建能返回值的函数。这样你的函数就能够同脚本进行交互，返回数字和字符串数据。脚本函数可以用函数中最后一条命令的退出状态码或return命令来返回数值。return命令可以基于函数的结果，通过编程的方式将函数的退出状态码设为特定值。

函数也可以用标准的echo语句来返回值。可以跟其他shell命令一样用反引号来获取输出的数据。这样你就能从函数中返回任意类型的数据了（包括字符串和浮点数）。

可以在函数中使用shell变量，对其赋值以及从中取值。这样你就能将任何类型的数据从主体脚本程序的脚本函数中传入传出。函数也支持定义只能在函数内部访问的局部变量。局部变量使得用户可以创建自成体系的函数，这样就不会影响到shell脚本主体中变量或处理过程了。

函数也可以调用包括它自身在内的其他函数。函数的自调用行为称为递归。递归函数通常有个作为函数终结条件的基准值。函数在调用自身的同时会不停地减少参数值，直到达到基准值。

如果需要在shell脚本中使用大量函数，可以创建脚本函数库文件。库文件可以用source命令（或该命令的别名）在任何shell脚本文件中引用，这也称为sourcing。shell不会运行库文件，但会使这些函数在运行该脚本的shell中生效。可以用同样的方法创建在普通shell命令行上使用的函数。你可以直接在命令行上定义函数，或者将它们加到.bashrc文件中，这样每次启动新的shell会话时就可以使用这些函数了。这是一种创建实用工具的简便方法，不管PATH环境变量设置成什么，都可以直接拿来使用。

下一章将会介绍脚本中文本图形的使用。在现代化图形界面普及的今天，只有普通的文本界面有时是不够的。bash shell提供了一些轻松的方法来将简单的图形功能加入到你的脚本中。

第18章

图形化桌面环境中的脚本编程

本章内容

- ❑ 创建文本菜单
- ❑ 创建文本窗口部件
- ❑ 添加X Window图形

多年来，shell脚本一直都被认为是枯燥乏味的。但如果你准备在图形化环境中运行脚本时，就未必如此了。有很多与脚本用户交互的方式并不依赖`read`和`echo`语句。本章将会深入介绍一些可以让交互式脚本更友好的方法，这样它们看起来就不那么古板了。

18.1 创建文本菜单

创建交互式shell脚本最常用的方法是使用菜单。提供各种选项可以帮助脚本用户了解脚本能做什么和不能做什么。

通常菜单脚本会清空显示区域，然后显示可用的选项列表。用户可以按下与每个选项关联的字母或数字来选择选项。图18-1显示了一个示例菜单的布局。

shell脚本菜单的核心是`case`命令（参见第12章）。`case`命令会根据用户在菜单上的选择来执行特定命令。

后面几节将会带你逐步了解创建基于菜单的shell脚本的步骤。

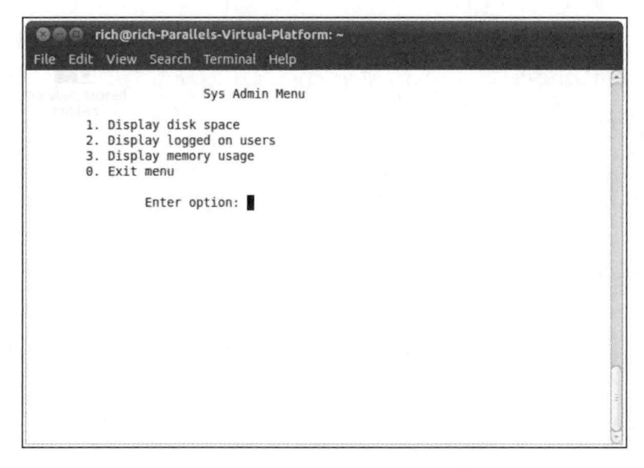

图18-1 在shell脚本中显示菜单

18.1.1 创建菜单布局

创建菜单的第一步显然是决定在菜单上显示哪些元素以及想要显示的布局方式。

在创建菜单前，通常要先清空显示器上已有的内容。这样就能在干净的、没有干扰的环境中显示菜单了。

clear命令用当前终端会话的terminfo数据（参见第2章）来清理出现在屏幕上的文本。运行clear命令之后，可以用echo命令来显示菜单元素。

默认情况下，echo命令只显示可打印文本字符。在创建菜单项时，非可打印字符通常也很有用，比如制表符和换行符。要在echo命令中包含这些字符，必须用-e选项。因此，命令如下：

```
echo -e "1.\tDisplay disk space"
```

会生成如下输出行：

```
1.        Display disk space
```

这极大地方便了菜单项布局的格式化。只需要几个echo命令，就能创建一个看上去还行的菜单。

```
clear
echo
echo -e "\t\t\tSys Admin Menu\n"
echo -e "\t1. Display disk space"
echo -e "\t2. Display logged on users"
echo -e "\t3. Display memory usage"
echo -e "\t0. Exit menu\n\n"
echo -en "\t\tEnter option: "
```

最后一行的-en选项会去掉末尾的换行符。这让菜单看上去更专业一些，光标会一直在行尾等待用户的输入。

创建菜单的最后一步是获取用户输入。这步用read命令（参见第14章）。因为我们期望只有单字符输入，所以在read命令中用了-n选项来限制只读取一个字符。这样用户只需要输入一个数字，也不用按回车键：

```
read -n 1 option
```

接下来，你需要创建自己的菜单函数。

18.1.2　创建菜单函数

shell脚本菜单选项作为一组独立的函数实现起来更为容易。这样你就能创建出简洁、准确、容易理解的case命令。

要做到这一点，你要为每个菜单选项创建独立的shell函数。创建shell菜单脚本的第一步是决定你希望脚本执行哪些功能，然后将这些功能以函数的形式放在代码中。

通常我们会为还没有实现的函数先创建一个*桩函数*（stub function）。桩函数是一个空函数，或者只有一个echo语句，说明最终这里里需要什么内容。

```
function diskspace {
   clear
   echo "This is where the diskspace commands will go"
 }
```

这允许你的菜单在你实现某个函数时仍然能正常操作。你不需要写出所有函数之后才能让菜单投入使用。函数从clear命令开始。这样你就能在一个干净的屏幕上执行该函数，不会受到原先菜单的干扰。

还有一点有助于制作shell脚本菜单，那就是将菜单布局本身作为一个函数来创建。

```
function menu {
   clear
   echo
   echo -e "\t\t\tSys Admin Menu\n"
   echo -e "\t1. Display disk space"
   echo -e "\t2. Display logged on users"
   echo -e "\t3. Display memory usage"
   echo -e "\t0. Exit program\n\n"
   echo -en "\t\tEnter option: "
   read -n 1 option
}
```

这样一来，任何时候你都能调用menu函数来重现菜单。

18.1.3　添加菜单逻辑

现在你已经建好了菜单布局和函数，只需要创建程序逻辑将二者结合起来就行了。前面提到过，这需要用到case命令。

case命令应该根据菜单中输入的字符来调用相应的函数。用默认的case命令字符（星号）

来处理所有不正确的菜单项是种不错的做法。

下面的代码展示了典型菜单中case命令的用法。

```
menu
case $option in
0)
   break ;;
1)
   diskspace ;;
2)
   whoseon ;;
3)
   memusage ;;
*)
   clear
   echo "Sorry, wrong selection";;
esac
```

这段代码首先用menu函数清空屏幕并显示菜单。menu函数中的read命令会一直等待，直到用户在键盘上键入了字符。然后，case命令就会接管余下的处理过程。case命令会基于返回的字符调用相应的函数。在函数运行结束后，case命令退出。

18.1.4 整合 shell 脚本菜单

现在你已经看到了构成shell脚本菜单的各个部分，让我们将它们组合在一起，看看彼此之间是如何协作的。这里是一个完整的菜单脚本的例子。

```
$ cat menu1
#!/bin/bash
# simple script menu

function diskspace {
   clear
   df -k
}

function whoseon {
   clear
   who
}

function memusage {
   clear
   cat /proc/meminfo
}

function menu {
   clear
   echo
   echo -e "\t\t\tSys Admin Menu\n"
   echo -e "\t1. Display disk space"
```

```
    echo -e "\t2. Display logged on users"
    echo -e "\t3. Display memory usage"
    echo -e "\t0. Exit program\n\n"
    echo -en "\t\tEnter option: "
    read -n 1 option
}

while [ 1 ]
do
    menu
    case $option in
    0)
        break ;;
    1)
        diskspace ;;
    2)
        whoseon ;;
    3)
        memusage ;;
    *)
        clear
        echo "Sorry, wrong selection";;
    esac
    echo -en "\n\n\t\t\tHit any key to continue"
    read -n 1 line
done
clear
$
```

这个菜单创建了三个函数，利用常见的命令提取Linux系统的管理信息。它使用while循环来一直菜单，除非用户选择了选项0，这时，它会用break命令来跳出while循环。

可以用这个模板创建任何shell脚本菜单界面。它提供了一种跟用户交互的简单途径。

18.1.5　使用 select 命令

你可能已经注意到，创建文本菜单的一半工夫都花在了建立菜单布局和获取用户输入。bash shell提供了一个很容易上手的小工具，帮助我们自动完成这些工作。

select命令只需要一条命令就可以创建出菜单，然后获取输入的答案并自动处理。select命令的格式如下。

```
select variable in list
do
    commands
done
```

list参数是由空格分隔的文本选项列表，这些列表构成了整个菜单。select命令会将每个列表项显示成一个带编号的选项，然后为选项显示一个由PS3环境变量定义的特殊提示符。

这里有一个select命令的简单示例。

```
$ cat smenu1
```

```
#!/bin/bash
# using select in the menu

function diskspace {
   clear
   df -k
}

function whoseon {
   clear
   who
}

function memusage {
   clear
   cat /proc/meminfo
}

PS3="Enter option: "
select option in "Display disk space" "Display logged on users"
"Display memory usage" "Exit program"
do
   case $option in
   "Exit program")
         break ;;
   "Display disk space")
         diskspace ;;
   "Display logged on users")
         whoseon ;;
   "Display memory usage")
         memusage ;;
   *)
         clear
         echo "Sorry, wrong selection";;
   esac
done
clear
$
```

select语句中的所有内容必须作为一行出现。这可以从行接续字符中看出。运行这个程序时，它会自动生成如下菜单。

```
$ ./smenu1
1) Display disk space        3) Display memory usage
2) Display logged on users   4) Exit program
Enter option:
```

在使用select命令时，记住，存储在变量中的结果值是整个文本字符串而不是跟菜单选项相关联的数字。文本字符串值才是你要在case语句中进行比较的内容。

18.2 制作窗口

使用文本菜单没错,但在我们的交互脚本中仍然欠缺很多东西,尤其是相比图形化窗口而言。幸运的是，开源界有些足智多谋的人已经帮我们做好了。

dialog包最早是由Savio Lam创建的一个小巧的工具，现在由Thomas E. Dickey维护。该包能够用ANSI转义控制字符在文本环境中创建标准的窗口对话框。你可以轻而易举地将这些对话框融入自己的shell脚本中，借此与用户进行交互。本节将会介绍dialog包并演示如何在shell脚本中使用它。

说明　并非在所有的Linux发行版中都会默认安装dialog包。即使未安装，鉴于它的流行程度，你也几乎总能在软件库中找到它。参考你的Linux发行版的文档来了解如何下载dialog包。在Ubuntu Linux发行版中，下面的命令行命令用来安装它：

```
sudo apt-get install dialog
```

这条命令将会为你的系统安装dialog包以及需要的库。

18.2.1 dialog 包

`dialog`命令使用命令行参数来决定生成哪种窗口部件（widget）。部件是dialog包中窗口元素类型的术语。dialog包现在支持表18-1中的部件类型。

表18-1　dialog部件

部　件	描　述
`calendar`	提供选择日期的日历
`checklist`	显示多个选项（其中每个选项都能打开或关闭）
`form`	构建一个带有标签以及文本字段（可以填写内容）的表单
`fselect`	提供一个文件选择窗口来浏览选择文件
`gauge`	显示完成的百分比进度条
`infobox`	显示一条消息，但不用等待回应
`inputbox`	提供一个输入文本用的文本表单
`inputmenu`	提供一个可编辑的菜单
`menu`	显示可选择的一系列选项
`msgbox`	显示一条消息，并要求用户选择OK按钮
`pause`	显示一个进度条来显示暂定期间的状态
`passwordbox`	显示一个文本框，但会隐藏输入的文本
`passwordform`	显示一个带标签和隐藏文本字段的表单
`radiolist`	提供一组菜单选项，但只能选择其中一个
`tailbox`	用tail命令在滚动窗口中显示文件的内容

（续）

部　件	描　述
tailboxbg	跟tailbox一样，但是在后台模式中运行
textbox	在滚动窗口中显示文件的内容
timebox	提供一个选择小时、分钟和秒数的窗口
yesno	提供一条带有Yes和No按钮的简单消息

正如在表18-1中看到的，我们可以选择很多不同的部件。只用多花一点工夫，就可以让脚本看起来更专业。

要在命令行上指定某个特定的部件，需使用双破折线格式。

```
dialog --widget parameters
```

其中*widget*是表18-1中的部件名，*parameters*定义了部件窗口的大小以及部件需要的文本。

每个dialog部件都提供了两种形式的输出：

- 使用STDERR
- 使用退出状态码

可以通过dialog命令的退出状态码来确定用户选择的按钮。如果选择了Yes或OK按钮，dialog命令会返回退出状态码0。如果选择了Cancel或No按钮，dialog命令会返回退出状态码1。可以用标准的$?变量来确定dialog部件中具体选择了哪个按钮。

如果部件返回了数据，比如菜单选择，那么dialog命令会将数据发送到STDERR。可以用标准的bash shell方法来将STDERR输出重定向到另一个文件或文件描述符中。

```
dialog --inputbox "Enter your age:" 10 20 2>age.txt
```

这个命令会将文本框中输入的文本重定向到age.txt文件中。

后面几节将会看到一些shell脚本中频繁用到的dialog部件。

1. msgbox部件

msgbox部件是对话框中最常见的类型。它会在窗口中显示一条简单的消息，直到用户单击OK按钮后才消失。使用msgbox部件时要用下面的格式。

```
dialog --msgbox text height width
```

*text*参数是你想在窗口中显示的字符串。dialog命令会根据由*height*和*width*参数创建的窗口的大小来自动换行。如果想在窗口顶部放一个标题，也可以用--title参数，后接作为标题的文本。这里有个使用msgbox部件的例子。

```
$ dialog --title Testing --msgbox "This is a test" 10 20
```

在输入这条命令后，消息框会显示在你所用的终端仿真器会话的屏幕上，如图18-2所示。

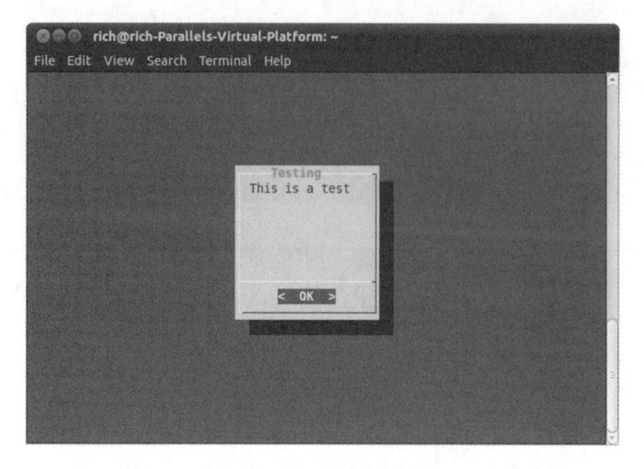

图18-2　在dialog命令中使用msgbox

如果你的终端仿真器支持鼠标，可以单击OK按钮来关闭对话框。也可以用键盘命令来模拟单击动作——按下回车键。

2. yesno部件

yesno部件进一步扩展了msgbox部件的功能，允许用户对窗口中显示的问题选择yes或no。它会在窗口底部生成两个按钮：一个是Yes，一个是No。用户可以用鼠标、制表符键或者键盘方向键来切换按钮。要选择按钮的话，用户可以按下空格键或者回车键。

这里有个使用yesno部件的例子。

```
$ dialog --title "Please answer" --yesno "Is this thing on?" 10 20
$ echo $?
1
$
```

这会产生如图18-3所示的部件。

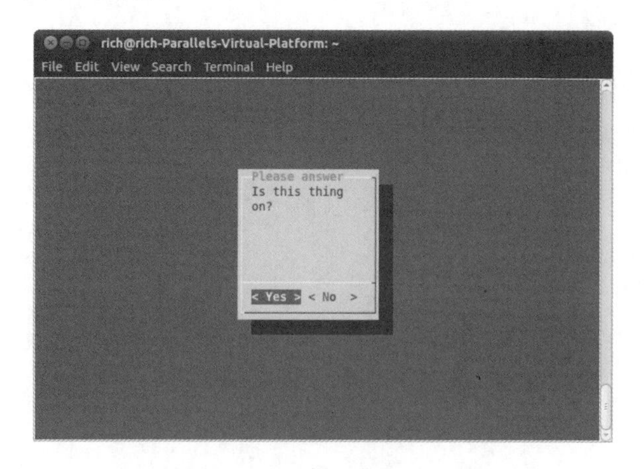

图18-3　在dialog命令中使用yesno部件

dialog命令的退出状态码会根据用户选择的按钮来设置。如果用户选择了No按钮，退出状态码是1；如果选择了Yes按钮，退出状态码就是0。

3. inputbox部件

inputbox部件为用户提供了一个简单的文本框区域来输入文本字符串。dialog命令会将文本字符串的值发给STDERR。你必须重定向STDERR来获取用户输入。图18-4显示了inputbox部件的外形。

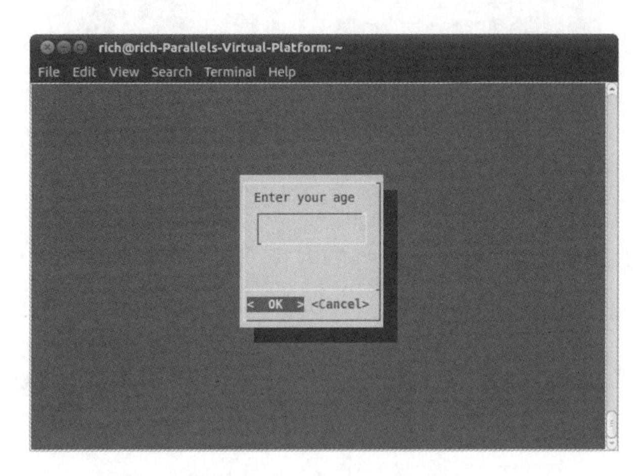

图18-4 inputbux部件

如图18-4所示，inputbox提供了两个按钮：OK和Cancel。如果选择了OK按钮，命令的退出状态码就是0；反之，退出状态码就会是1。

```
$ dialog --inputbox "Enter your age:" 10 20 2>age.txt
$ echo $?
0
$ cat age.txt
12$
```

你会注意到，在使用cat命令显示文本文件的内容时，该值后面并没有换行符。这让你能够轻松地将文件内容重定向到shell脚本中的变量里，以提取用户输入的字符串。

4. textbox部件

textbox部件是在窗口中显示大量信息的极佳办法。它会生成一个滚动窗口来显示由参数所指定的文件中的文本。

```
$ dialog --textbox /etc/passwd 15 45
```

/etc/passwd文件的内容会显示在可滚动的文本窗口中，如图18-5所示。

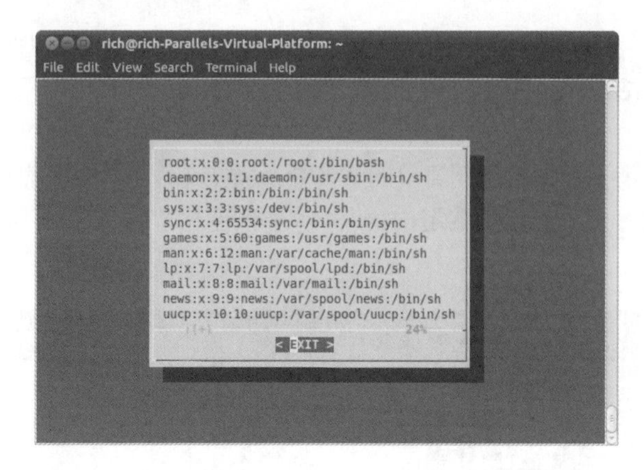

图18-5　textbox部件

可以用方向键来左右或上下滚动显示文件的内容。窗口底部的行会显示当前查看的文本处于文件中的哪个位置（百分比）。文本框只包含一个用来选择退出部件的Exit按钮。

5. menu部件

menu部件允许你来创建我们之前所制作的文本菜单的窗口版本。只要为每个选项提供一个选择标号和文本就行了。

```
$ dialog --menu "Sys Admin Menu" 20 30 10 1 "Display disk space"
2 "Display users" 3 "Display memory usage" 4 "Exit" 2> test.txt
```

第一个参数定义了菜单的标题，之后的两个参数定义了菜单窗口的高和宽，而第四个参数则定义了在窗口中一次显示的菜单项总数。如果有更多的选项，可以用方向键来滚动显示它们。

在这些参数后面，你必须添加菜单项对。第一个元素是用来选择菜单项的标号。每个标号对每个菜单项都应该是唯一的，可以通过在键盘上按下对应的键来选择。第二个元素是菜单中使用的文本。图18-6展示了由示例命令生成的菜单。

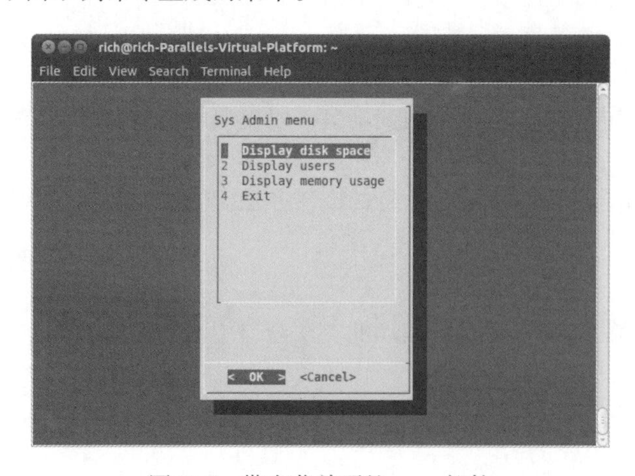

图18-6　带有菜单项的menu部件

如果用户通过按下标号对应的键选择了某个菜单项，该菜单项会高亮显示但不会被选定。直到用户用鼠标或回车键选择了OK按钮时，选项才会最终选定。dialog命令会将选定的菜单项文本发送到STDERR。可以根据需要重定向STDERR。

6. fselect部件

dialog命令提供了几个非常炫的内置部件。fselect部件在处理文件名时非常方便。不用强制用户键入文件名，你就可以用fselect部件来浏览文件的位置并选择文件，如图18-7所示。

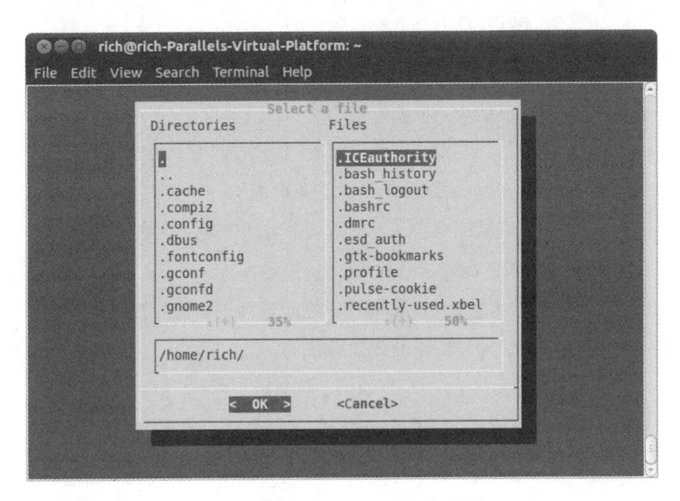

图18-7　fselect部件

fselect部件的格式如下。

```
$ dialog --title "Select a file" --fselect $HOME/ 10 50 2>file.txt
```

fselect选项后的第一个参数是窗口中使用的起始目录位置。fselect部件窗口由左侧的目录列表、右侧的文件列表（显示了选定目录下的所有文件）和含有当前选定的文件或目录的简单文本框组成。可以手动在文本框键入文件名，或者用目录和文件列表来选定（使用空格键选择文件，将其加入文本框中）。

18.2.2　dialog 选项

除了标准部件，还可以在dialog命令中定制很多不同的选项。你已经看过了–title选项的用法。它允许你设置出现在窗口顶部的部件标题。

另外还有许多其他的选项可以让你全面定制窗口外观和操作。表18-2显示了dialog命令中可用的选项。

表18-2　dialog命令选项

选　项	描　述
--add-widget	继续下个对话框，直到按下Esc或Cancel按钮
--aspect *ratio*	指定窗口宽度和高度的宽高比
--backtitle *title*	指定显示在屏幕顶部背景上的标题
--begin *x y*	指定窗口左上角的起始位置
--cancel-label *label*	指定Cancel按钮的替代标签
--clear	用默认的对话背景色来清空屏幕内容
--colors	在对话文本中嵌入ANSI色彩编码
--cr-wrap	在对话文本中允许使用换行符并强制换行
--create-rc *file*	将示例配置文件的内容复制到指定的*file*文件中①
--defaultno	将yes/no对话框的默认答案设为No
--default-item *string*	设定复选列表、表单或菜单对话中的默认项
--exit-label *label*	指定Exit按钮的替代标签
--extra-button	在OK按钮和Cancel按钮之间显示一个额外按钮
--extra-label *label*	指定额外按钮的替代标签
--help	显示dialog命令的帮助信息
--help-button	在OK按钮和Cancel按钮后显示一个Help按钮
--help-label *label*	指定Help按钮的替代标签
--help-status	当选定Help按钮后，在帮助信息后写入多选列表、单选列表或表单信息
--ignore	忽略dialog不能识别的选项
--input-fd *fd*	指定STDIN之外的另一个文件描述符
--insecure	在password部件中键入内容时显示星号
--item-help	为多选列表、单选列表或菜单中的每个标号在屏幕的底部添加一个帮助栏
--keep-window	不要清除屏幕上显示过的部件
--max-input *size*	指定输入的最大字符串长度。默认为2048
--nocancel	隐藏Cancel按钮
--no-collapse	不要将对话文本中的制表符转换成空格
--no-kill	将tailboxbg对话放到后台，并禁止该进程的SIGHUP信号
--no-label *label*	为No按钮指定替代标签
--no-shadow	不要显示对话窗口的阴影效果
--ok-label *label*	指定OK按钮的替代标签

① dialog命令支持运行时配置。该命令会根据配置文件模板创建一份配置文件。dialog启动时会先去检查是否设置了DIALOGRC环境变量，该变量会保存配置文件名信息。如果未设置该变量或未找到该文件，它会将$HOME/.dialogrc作为配置文件。如果这个文件还不存在的话，就尝试查找编译时指定的GLOBALRC文件，也就是/etc/dialogrc。如果这个文件也不存在的话，就用编译时的默认值。

（续）

选　项	描　述
--output-fd *fd*	指定除STDERR之外的另一个输出文件描述符
--print-maxsize	将对话窗口的最大尺寸打印到输出中
--print-size	将每个对话窗口的大小打印到输出中
--print-version	将dialog的版本号打印到输出中
--separate-output	一次一行地输出checklist部件的结果，不使用引号
--separator *string*	指定用于分隔部件输出的字符串
--separate-widget *string*	指定用于分隔部件输出的字符串
--shadow	在每个窗口的右下角绘制阴影
--single-quoted	需要时对多选列表的输出采用单引号
--sleep *sec*	在处理完对话窗口之后延迟指定的秒数
--stderr	将输出发送到STDERR（默认行为）
--stdout	将输出发送到STDOUT
--tab-correct	将制表符转换成空格
--tab-len *n*	指定一个制表符占用的空格数（默认为8）
--timeout *sec*	指定无用户输入时，*sec*秒后退出并返回错误代码
--title *title*	指定对话窗口的标题
--trim	从对话文本中删除前导空格和换行符
--visit-items	修改对话窗口中制表符的停留位置，使其包括选项列表
--yes-label *label*	为Yes按钮指定替代标签

--backtitle选项是为脚本中的菜单创建公共标题的简便办法。如果你为每个对话窗口都指定了该选项，那么它在你的应用中就会保持一致，这样会让脚本看起来更专业。

由表18-2可知，可以重写对话窗口中的任意按钮标签。该特性允许你创建任何需要的窗口。

18.2.3 在脚本中使用 dialog 命令

在脚本中使用dialog命令不过就是动动手的事。你必须记住两件事：

- 如果有Cancel或No按钮，检查dialog命令的退出状态码；
- 重定向STDERR来获得输出值。

如果遵循了这两个规则，立刻就能够拥有具备专业范儿的交互式脚本。这里有一个例子，它使用dialog部件来生成我们之前所创建的系统管理菜单。

```
$ cat menu3
#!/bin/bash
# using dialog to create a menu

temp=$(mktemp -t test.XXXXXX)
```

```
temp2=$(mktemp -t test2.XXXXXX)

function diskspace {
   df -k > $temp
   dialog --textbox $temp 20 60
}

function whoseon {
   who > $temp
   dialog --textbox $temp 20 50
}

function memusage {
   cat /proc/meminfo > $temp
   dialog --textbox $temp 20 50
}

while [ 1 ]
do
dialog --menu "Sys Admin Menu" 20 30 10 1 "Display disk space" 2
"Display users" 3 "Display memory usage" 0 "Exit" 2> $temp2
if [ $? -cq 1 ]
then
   break
fi

selection=$(cat $temp2)

case $selection in
1)
   diskspace ;;
2)
   whoseon ;;
3)
   memusage ;;
0)
   break ;;
*)
   dialog --msgbox "Sorry, invalid selection" 10 30
esac
done
rm -f $temp 2> /dev/null
rm -f $temp2 2> /dev/null
$
```

这段脚本用`while`循环和一个真值常量创建了个无限循环来显示菜单对话。这意味着，执行完每个函数之后，脚本都会返回继续显示菜单。

由于`menu`对话包含了一个Cancel按钮，脚本会检查`dialog`命令的退出状态码，以防用户按下Cancel按钮退出。因为它是在`while`循环中，所以退出该菜单就跟用`break`命令跳出`while`循环一样简单。

脚本用`mktemp`命令创建两个临时文件来保存`dialog`命令的数据。第一个临时文件$temp用来保存df和meminfo命令的输出，这样就能在textbox对话中显示它们了（如图18-8所示）。第二个临时文件$temp2用来保存在主菜单对话中选定的值。

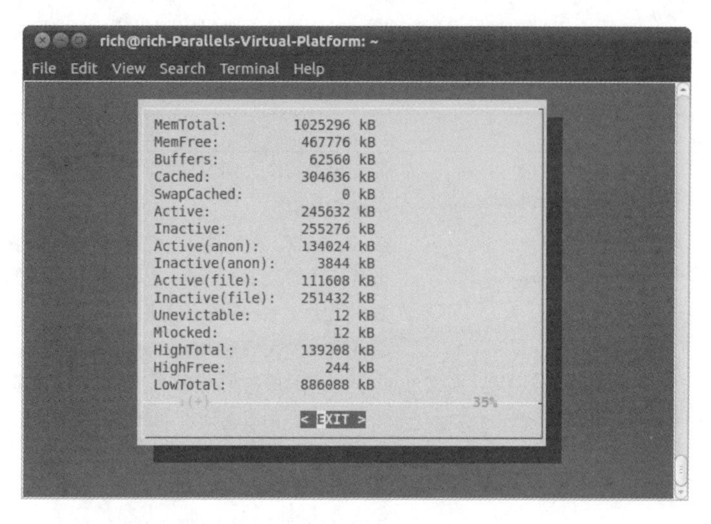

图18-8 用textbox对话选项显示的meminfo命令输出

现在，这看起来像是可以给别人展示的真正的应用程序了。

18.3 使用图形

如果想给交互脚本加入更多的图形元素，你可以再进一步。KDE和GNOME桌面环境（参见第1章）都扩展了dialog命令的思路，包含了可以在各自环境下生成X Window图形化部件的命令。

本节将描述kdialog和zenity包，它们各自为KDE和GNOME桌面提供了图形化窗口部件。

18.3.1 KDE 环境

KDE图形化环境默认包含kdialog包。kdialog包使用kdialog命令在KDE桌面上生成类似于dialog式部件的标准窗口。生成的窗口能跟其他KDE应用窗口很好地融合，不会造成不协调的感觉。这样你就可以直接在shell脚本中创建能够和Windows相媲美的用户界面了。

说明 你的Linux发行版使用KDE桌面并不代表它就默认安装了kdialog包。你可能需要从发行版的软件仓库中手动安装。

---

1. kdialog部件

就像dialog命令，kdialog命令使用命令行选项来指定具体使用哪种类型的窗口部件。下面是kdialog命令的格式。

```
kdialog display-options window-options arguments
```

window-options选项允许指定使用哪种类型的窗口部件。可用的选项如表18-3所示。

表18-3　kdialog窗口选项

选　　项	描　　述
--checklist *title [tag item status]*	带有状态的多选列表菜单，可以表明选项是否被选定
--error *text*	错误消息框
--inputbox ***text*** [*init*]	输入文本框。可以用*init*值来指定默认值
--menu ***title*** [*tag item*]	带有标题的菜单选择框，以及用tag标识的选项列表
--msgbox *text*	显示指定文本的简单消息框
--password *text*	隐藏用户输入的密码输入文本框
--radiolist *title [tag item status]*	带有状态的单选列表菜单，可以表明选项是否被选定
--separate-output	为多选列表和单选列表菜单返回按行分开的选项
--sorry *text*	“对不起”消息框
--textbox *file [width] [height]*	显示*file*的内容的文本框，可以指定*width*和*height*
--title *title*	为对话窗口的TitleBar区域指定一个标题
--warningyesno *text*	带有Yes和No按钮的警告消息框
--warningcontinuecancel *text*	带有Continue和Cancel按钮的警告消息框
--warningyesnocancel *text*	带有Yes、No和Cancel按钮的警告消息框
--yesno *text*	带有Yes和No按钮的提问框
--yesnocancel *text*	带有Yes、No和Cancel按钮的提问框

表18-3中列出了所有的标准窗口对话框类型。但在使用kdialog窗口部件时，它看起来更像是KDE桌面上的一个独立窗口，而不是在终端仿真器会话中的。

checklist和radiolist部件允许你在列表中定义单独的选项以及它们默认是否选定。

```
$kdialog --checklist "Items I need" 1 "Toothbrush" on 2 "Toothpaste"
  off 3 "Hair brush" on 4 "Deodorant" off 5 "Slippers" off
```

最终的多选列表窗口如图18-9所示。

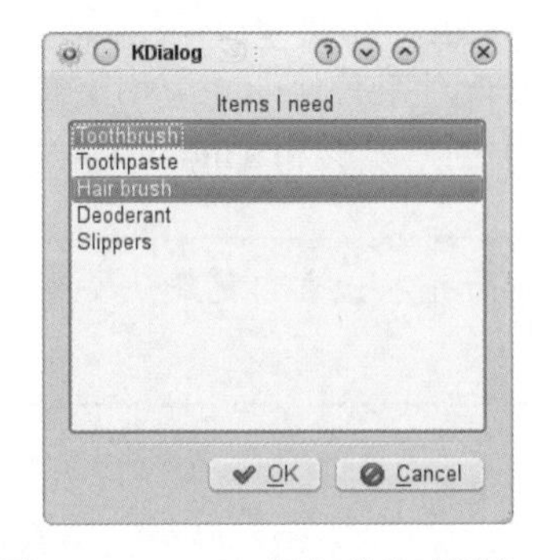

图18-9　kdialog多选列表对话窗口

指定为on的选项会在多选列表中高亮显示。要选择或取消选择多选列表中的某个选项，只要单击它就行了。如果选择了OK按钮，kdialog就会将标号值发到STDOUT上。

```
"1" "3"
$
```

当按下回车键时，kdialog窗口就和选定选项一起出现了。当单击OK或Cancel按钮时，kdialog命令会将每个标号作为一个字符串值返回到STDOUT（这些就是你在输出中看到的"1"和"3"）。脚本必须能解析结果值并将它们和原始值匹配起来。

2. 使用kdialog

可以在shell脚本中使用kdialog窗口部件，方法类似于dialog部件。最大的不同是kdialog窗口部件用STDOUT来输出值，而不是STDERR。

下面这个脚本将之前创建的系统管理菜单转换成KDE应用。

```
$ cat menu4
#!/bin/bash
# using kdialog to create a menu

temp=$(mktemp -t temp.XXXXXX)
temp2=$(mktemp -t temp2.XXXXXX)

function diskspace {
   df -k > $temp
   kdialog --textbox $temp 1000 10
}

function whoseon {
   who > $temp
   kdialog --textbox $temp 500 10
}

function memusage {
   cat /proc/meminfo > $temp
   kdialog --textbox $temp 300 500
}

while [ 1 ]
do
kdialog --menu "Sys Admin Menu" "1" "Display diskspace" "2" "Display
users" "3" "Display memory usage" "0" "Exit" > $temp2
if [ $? -eq 1 ]
then
   break
fi

selection=$(cat $temp2)

case $selection in
1)
   diskspace ;;
2)
```

18

```
   whoseon ;;
3)
   memusage ;;
0)
   break ;;
*)
   kdialog --msgbox "Sorry, invalid selection"
esac
done
$
```

使用kdialog命令和dialog命令在脚本中并无太大区别。生成的主菜单如图18-10所示。

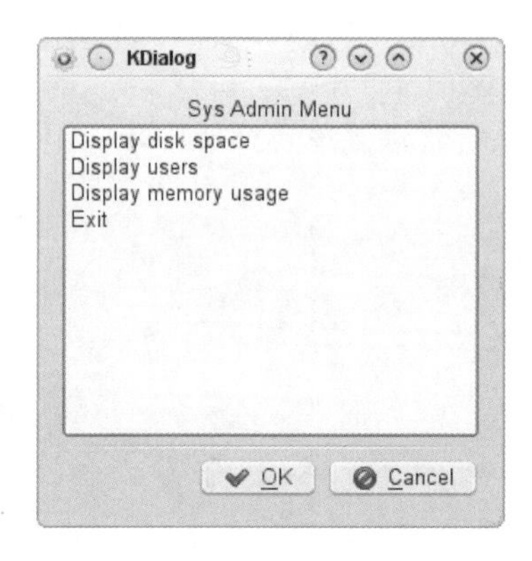

图18-10　采用kdialog的系统管理菜单脚本

这个简单shell脚本看起来挺像真正的KDE应用！你的交互式脚本已经没有什么操作局限了。

18.3.2　GNOME 环境

GNOME图形化环境支持两种流行的可生成标准窗口的包：

- gdialog
- zenity

到目前为止，zenity是大多数GNOME桌面Linux发行版上最常见的包（在Ubuntu和Fedora上默认安装）。本节将会介绍zenity的功能并演示如何在脚本中使用它。

1. zenity部件

如你所期望的，zenity允许用命令行选项创建不同的窗口部件。表18-4列出了zenity能够生成的不同部件。

表18-4　zenity窗口部件

选　　项	描　　述
`--calendar`	显示一整月日历
`--entry`	显示文本输入对话窗口
`--error`	显示错误消息对话窗口

（续）

选　项	描　述
`--file-selection`	显示完整的路径名和文件名对话窗口
`--info`	显示信息对话窗口
`--list`	显示多选列表或单选列表对话窗口
`--notification`	显示通知图标
`--progress`	显示进度条对话窗口
`--question`	显示yes/no对话窗口
`--scale`	显示可调整大小的窗口
`--text-info`	显示含有文本的文本框
`--warning`	显示警告对话窗口

zenity命令行程序与kdialog和dialog程序的工作方式有些不同。许多部件类型都用另外的命令行选项定义，而不是作为某个选项的参数。

zenity命令能够提供一些非常酷的高级对话窗口。calendar选项会产生一个整月的日历，如图18-11所示。

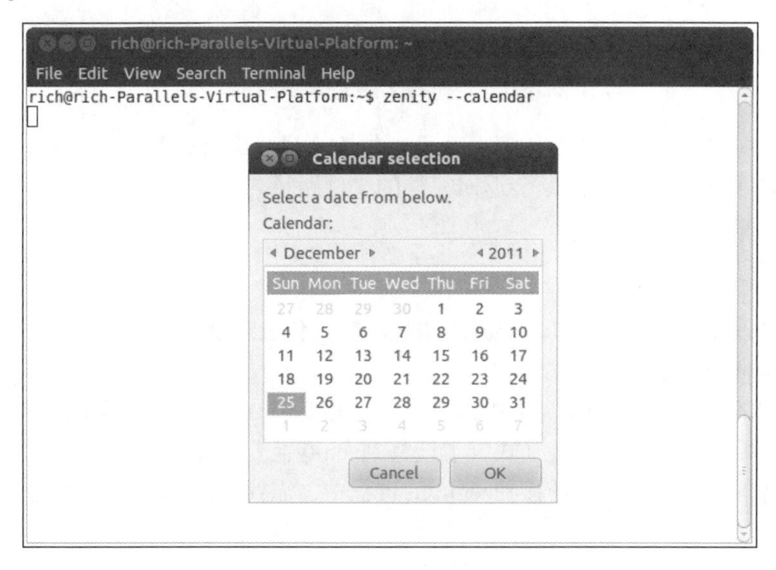

图18-11　zenity日历对话窗口

当在日历中选择了日期时，zenity命令会将值返回到STDOUT中，就和kdialog一样。

```
$ zenity  --calendar
12/25/2011
$
```

zenity中另一个很酷的窗口是文件选择选项，如图18-12所示。

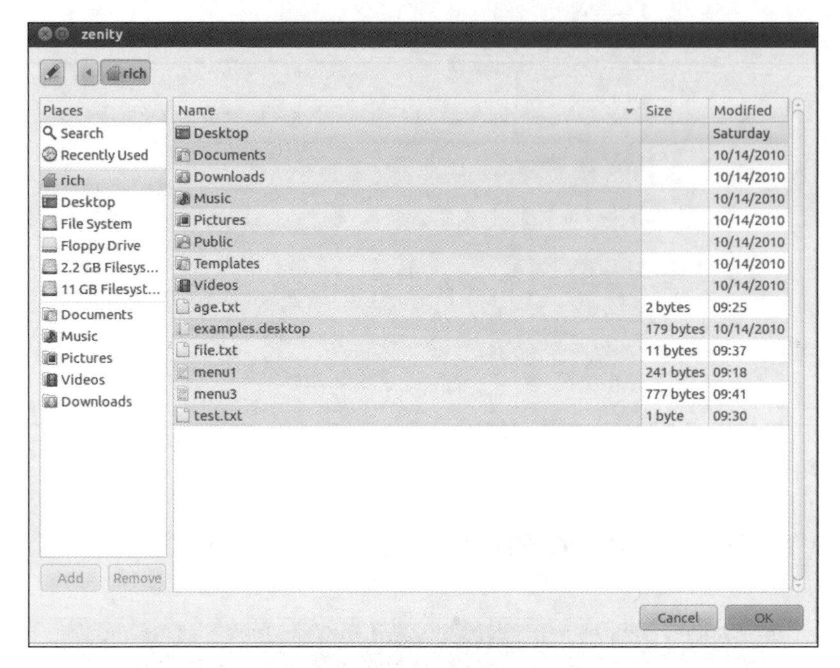

图18-12　zenity文件选择对话窗口

可以用对话窗口来浏览系统上任意一个目录位置（只要你有查看该目录的权限），并选择文件。当你选定文件时，zenity命令会返回完整的文件路径名。

```
$ zenity --file-selection
/home/ubuntu/menu5
$
```

有了这种可以任意发挥的工具，创建shell脚本就没什么限制了。

2. 在脚本中使用zenity

如你所期望的，zenity在shell脚本中表现良好。但是，zenity没有沿袭dialog和kdialog中所采用的选项惯例，因此，将已有的交互式脚本迁移到zenity上要花点工夫。

在将系统管理菜单从kdialog迁移到zenity的过程中，需要对部件定义做大量的工作。

```
$cat menu5
#!/bin/bash
# using zenity to create a menu

temp=$(mktemp -t temp.XXXXXX)
temp2=$(mktemp -t temp2.XXXXXX)

function diskspace {
   df -k > $temp
   zenity --text-info --title "Disk space" --filename=$temp
--width 750 --height 10
}
```

```
function whoseon {
   who > $temp
   zenity --text-info --title "Logged in users" --filename=$temp
--width 500 --height 10
}

function memusage {
   cat /proc/meminfo > $temp
   zenity --text-info --title "Memory usage" --filename=$temp
--width 300 --height 500
}

while [ 1 ]
do
zenity --list --radiolist --title "Sys Admin Menu" --column "Select"
--column "Menu Item" FALSE "Display diskspace" FALSE "Display users"
FALSE "Display memory usage" FALSE "Exit" > $temp2
if [ $? -eq 1 ]
then
   break
fi

selection=$(cat $temp2)
case $selection in
"Display disk space")
   diskspace ;;
"Display users")
   whoseon ;;
"Display memory usage")
   memusage ;;
Exit)
   break ;;
*)
   zenity --info "Sorry, invalid selection"
esac
done
$
```

由于zenity并不支持菜单对话窗口，我们改用单选列表窗口来作为主菜单，如图18-13所示。

该单选列表用了两列，每列都有一个标题：第一列包含用于选择的单选按钮，第二列是选项文本。单选列表也不用选项里的标号。当选定一个选项时，该选项的所有文本都会返回到STDOUT。这会让case命令的内容丰富一些。必须在case中使用选项的全文本。如果文本中有任何空格，你需要给文本加上引号。

使用zenity包，你可以给GNOME桌面上的交互式shell脚本带来一种Windows式的体验。

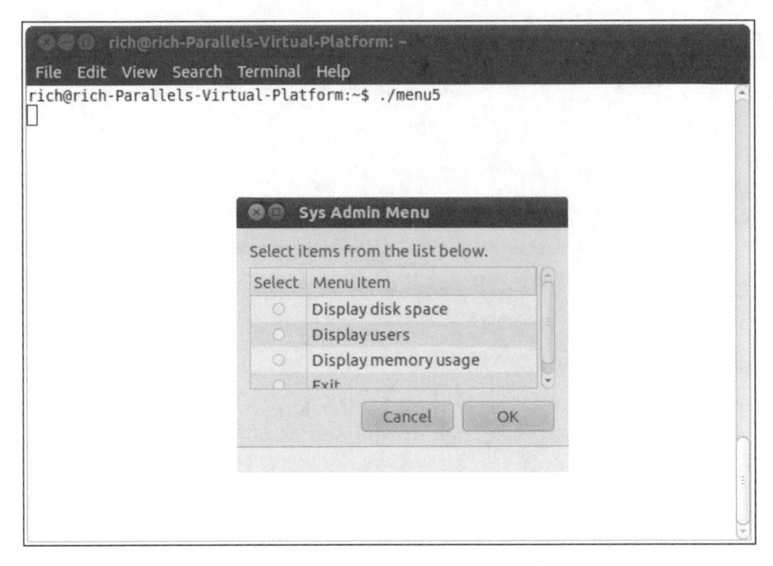

图18-13　采用zenity的系统管理菜单

18.4　小结

交互式shell脚本因枯燥乏味而声名狼藉。在多数Linux系统中，可以通过一些技术手段和工具改变这种状况。首先，可以用case命令和shell脚本函数为你的交互式脚本创建菜单系统。

case命令允许你用标准的echo命令来绘制菜单，然后用read命令来读取用户输入。之后case命令会选择根据输入值来选择对应的shell脚本函数。

dialog程序提供了一些预建的文本部件，可以在基于文本的终端仿真器上生成类窗口对象。你可以用dialog程序创建对话框来显示文本、输入文本以及选择文件和日期。这会让你的脚本生动许多。

如果是在图形化X Window环境中运行shell脚本，你可以在交互脚本中采用更多的工具。对KDE桌面来说，有kdialog程序。该程序提供了简单命令来为所有基本窗口功能创建窗口部件。对GNOME桌面来说，有gdialog和zenity程序。每个程序都提供了能像真正的窗口应用一样融入GNOME桌面的窗口部件。

下一章将深入讲解文本数据文件的编辑和处理。通常shell脚本最大的用途就在于解析和显示文本文件中的数据，比如日志文件和错误文件。Linux环境包含了两个非常有用的工具：sed和gawk，两者都能够在shell脚本中处理文本数据。下一章将介绍这些工具并演示它们的基本用法。

第 19 章

初识sed和gawk

本章内容

- ❑ 学习sed编辑器
- ❑ gawk编辑器入门
- ❑ sed编辑器基础

到目前为止， shell脚本最常见的一个用途就是处理文本文件。检查日志文件、读取配置文件、处理数据元素，shell脚本可以帮助我们将文本文件中各种数据的日常处理任务自动化。但仅靠shell脚本命令来处理文本文件的内容有点勉为其难。如果想在shell脚本中处理任何类型的数据，你得熟悉Linux中的sed和gawk工具。这两个工具能够极大简化需要进行的数据处理任务。

19.1 文本处理

第10章演示了如何用Linux环境中的编辑器程序来编辑文本文件。这些编辑器可以让你用简单命令或鼠标单击来轻松地处理文本文件中的文本。

但有时候，你会发现需要自动处理文本文件，可你又不想动用全副武装的交互式文本编辑器。在这种情况下，有个能够轻松实现自动格式化、插入、修改或删除文本元素的简单命令行编辑器就方便多了。

Linux系统提供了两个常见的具备上述功能的工具。本节将会介绍Linux世界中最广泛使用的两个命令行编辑器：sed和gawk。

19.1.1 sed 编辑器

sed编辑器被称作*流编辑器*（stream editor），和普通的交互式文本编辑器恰好相反。在交互式文本编辑器中（比如vim），你可以用键盘命令来交互式地插入、删除或替换数据中的文本。流编辑器则会在编辑器处理数据之前基于预先提供的一组规则来编辑数据流。

sed编辑器可以根据命令来处理数据流中的数据，这些命令要么从命令行中输入，要么存储在一个命令文本文件中。sed编辑器会执行下列操作。

(1) 一次从输入中读取一行数据。

(2) 根据所提供的编辑器命令匹配数据。

(3) 按照命令修改流中的数据。

(4) 将新的数据输出到STDOUT。

在流编辑器将所有命令与一行数据匹配完毕后，它会读取下一行数据并重复这个过程。在流编辑器处理完流中的所有数据行后，它就会终止。

由于命令是按顺序逐行给出的，sed编辑器只需对数据流进行一遍处理就可以完成编辑操作。这使得sed编辑器要比交互式编辑器快得多，你可以快速完成对数据的自动修改。

sed命令的格式如下。

```
sed options script file
```

选项允许你修改sed命令的行为，可以使用的选项已在表19-1中列出。

表19-1　sed命令选项

选　项	描　述
-e script	在处理输入时，将script中指定的命令添加到已有的命令中
-f file	在处理输入时，将file中指定的命令添加到已有的命令中
-n	不产生命令输出，使用print命令来完成输出

script参数指定了应用于流数据上的单个命令。如果需要用多个命令，要么使用-e选项在命令行中指定，要么使用-f选项在单独的文件中指定。有大量的命令可用来处理数据。我们将会在本章后面介绍一些sed编辑器的基本命令，然后在第21章中会看到另外一些高级命令。

1. 在命令行定义编辑器命令

默认情况下，sed编辑器会将指定的命令应用到STDIN输入流上。这样你可以直接将数据通过管道输入sed编辑器处理。这里有个简单的示例。

```
$ echo "This is a test" | sed 's/test/big test/'
This is a big test
$
```

这个例子在sed编辑器中使用了s命令。s命令会用斜线间指定的第二个文本字符串来替换第一个文本字符串模式。在本例中是big test替换了test。

在运行这个例子时，结果应该立即就会显示出来。这就是使用sed编辑器的强大之处。你可以同时对数据做出多处修改，而所消耗的时间却只够一些交互式编辑器启动而已。

当然，这个简单的测试只是修改了一行数据。不过就算编辑整个文件，处理速度也相差无几。

```
$ cat data1.txt
The quick brown fox jumps over the lazy dog.
The quick brown fox jumps over the lazy dog.
The quick brown fox jumps over the lazy dog.
The quick brown fox jumps over the lazy dog.
$
$ sed 's/dog/cat/' data1.txt
```

```
The quick brown fox jumps over the lazy cat.
The quick brown fox jumps over the lazy cat.
The quick brown fox jumps over the lazy cat.
The quick brown fox jumps over the lazy cat.
$
```

sed命令几乎瞬间就执行完并返回数据。在处理每行数据的同时，结果也显示出来了。可以在sed编辑器处理完整个文件之前就开始观察结果。

重要的是，要记住，sed编辑器并不会修改文本文件的数据。它只会将修改后的数据发送到STDOUT。如果你查看原来的文本文件，它仍然保留着原始数据。

```
$ cat data1.txt
The quick brown fox jumps over the lazy dog.
The quick brown fox jumps over the lazy dog.
The quick brown fox jumps over the lazy dog.
The quick brown fox jumps over the lazy dog.
$
```


2. 在命令行使用多个编辑器命令

要在sed命令行上执行多个命令时，只要用-e选项就可以了。

```
$ sed -e 's/brown/green/; s/dog/cat/' data1.txt
The quick green fox jumps over the lazy cat.
The quick green fox jumps over the lazy cat.
The quick green fox jumps over the lazy cat.
The quick green fox jumps over the lazy cat.
$
```

两个命令都作用到文件中的每行数据上。命令之间必须用分号隔开，并且在命令末尾和分号之间不能有空格。

如果不想用分号，也可以用bash shell中的次提示符来分隔命令。只要输入第一个单引号标示出sed程序脚本的起始（sed编辑器命令列表），bash会继续提示你输入更多命令，直到输入了标示结束的单引号。

```
$ sed -e '
> s/brown/green/
> s/fox/elephant/
> s/dog/cat/' data1.txt
The quick green elephant jumps over the lazy cat.
The quick green elephant jumps over the lazy cat.
The quick green elephant jumps over the lazy cat.
The quick green elephant jumps over the lazy cat.
$
```

必须记住，要在封尾单引号所在行结束命令。bash shell一旦发现了封尾的单引号，就会执行命令。开始后，sed命令就会将你指定的每条命令应用到文本文件中的每一行上。

3. 从文件中读取编辑器命令

最后，如果有大量要处理的sed命令，那么将它们放进一个单独的文件中通常会更方便一些。可以在sed命令中用-f选项来指定文件。

```
$ cat script1.sed
s/brown/green/
s/fox/elephant/
s/dog/cat/
$
$ sed -f script1.sed data1.txt
The quick green elephant jumps over the lazy cat.
The quick green elephant jumps over the lazy cat.
The quick green elephant jumps over the lazy cat.
The quick green elephant jumps over the lazy cat.
$
```

在这种情况下，不用在每条命令后面放一个分号。sed编辑器知道每行都是一条单独的命令。跟在命令行输入命令一样，sed编辑器会从指定文件中读取命令，并将它们应用到数据文件中的每一行上。

窍门 我们很容易就会把sed编辑器脚本文件与bash shell脚本文件搞混。为了避免这种情况，可以使用.sed作为sed脚本文件的扩展名。

19.2节将继续介绍另外一些便于处理数据的sed编辑器命令。在这之前，我们先快速了解一下其他的Linux数据编辑器。

19.1.2 gawk 程序

虽然sed编辑器是非常方便自动修改文本文件的工具，但其也有自身的限制。通常你需要一个用来处理文件中的数据的更高级工具，它能提供一个类编程环境来修改和重新组织文件中的数据。这正是gawk能够做到的。

说明 在所有的发行版中都没有默认安装gawk程序。如果你所用的Linux发行版中没有包含gawk，请参考第9章中的内容来安装gawk包。

---

gawk程序是Unix中的原始awk程序的GNU版本。gawk程序让流编辑迈上了一个新的台阶，它提供了一种编程语言而不只是编辑器命令。在gawk编程语言中，你可以做下面的事情：

- 定义变量来保存数据；
- 使用算术和字符串操作符来处理数据；
- 使用结构化编程概念（比如`if-then`语句和循环）来为数据处理增加处理逻辑；
- 通过提取数据文件中的数据元素，将其重新排列或格式化，生成格式化报告。

gawk程序的报告生成能力通常用来从大文本文件中提取数据元素，并将它们格式化成可读的报告。其中最完美的例子是格式化日志文件。在日志文件中找出错误行会很难，gawk程序可以让你从日志文件中过滤出需要的数据元素，然后你可以将其格式化，使得重要的数据更易于阅读。

1. gawk命令格式

gawk程序的基本格式如下：

```
gawk options program file
```

表19-2显示了gawk程序的可用选项。

表19-2　gawk选项

选　项	描　述
-F fs	指定行中划分数据字段的字段分隔符
-f file	从指定的文件中读取程序
-v var=value	定义gawk程序中的一个变量及其默认值
-mf N	指定要处理的数据文件中的最大字段数
-mr N	指定数据文件中的最大数据行数
-W keyword	指定gawk的兼容模式或警告等级

命令行选项提供了一个简单的途径来定制gawk程序中的功能。我们会在探索gawk时进一步了解这些选项。

gawk的强大之处在于程序脚本。可以写脚本来读取文本行的数据，然后处理并显示数据，创建任何类型的输出报告。

2. 从命令行读取程序脚本

gawk程序脚本用一对花括号来定义。你必须将脚本命令放到两个花括号（{}）中。如果你错误地使用了圆括号来包含gawk脚本，就会得到一条类似于下面的错误提示。

```
$ gawk '(print "Hello World!"}'
gawk: (print "Hello World!"}
gawk:  ^ syntax error
```

由于gawk命令行假定脚本是单个文本字符串，你还必须将脚本放到单引号中。下面的例子在命令行上指定了一个简单的gawk程序脚本：

```
$ gawk '{print "Hello World!"}'
```

这个程序脚本定义了一个命令：print命令。这个命令名副其实：它会将文本打印到STDOUT。如果尝试运行这个命令，你可能会有些失望，因为什么都不会发生。原因在于没有在命令行上指定文件名，所以gawk程序会从STDIN接收数据。在运行这个程序时，它会一直等待从STDIN输入的文本。

如果你输入一行文本并按下回车键，gawk会对这行文本运行一遍程序脚本。跟sed编辑器一样，gawk程序会针对数据流中的每行文本执行程序脚本。由于程序脚本被设为显示一行固定的文本字符串，因此不管你在数据流中输入什么文本，都会得到同样的文本输出。

```
$ gawk '{print "Hello World!"}'
This is a test
Hello World!
hello
```

```
Hello World!
This is another test
Hello World!
```

要终止这个gawk程序，你必须表明数据流已经结束了。bash shell提供了一个组合键来生成EOF（End-of-File）字符。Ctrl+D组合键会在bash中产生一个EOF字符。这个组合键能够终止该gawk程序并返回到命令行界面提示符下。

3. 使用数据字段变量

gawk的主要特性之一是其处理文本文件中数据的能力。它会自动给一行中的每个数据元素分配一个变量。默认情况下，gawk会将如下变量分配给它在文本行中发现的数据字段：

- $0代表整个文本行；
- $1代表文本行中的第1个数据字段；
- $2代表文本行中的第2个数据字段；
- $n代表文本行中的第*n*个数据字段。

在文本行中，每个数据字段都是通过字段分隔符划分的。gawk在读取一行文本时，会用预定义的字段分隔符划分每个数据字段。gawk中默认的字段分隔符是任意的空白字符（例如空格或制表符）。

在下面的例子中，gawk程序读取文本文件，只显示第1个数据字段的值。

```
$ cat data2.txt
One line of test text.
Two lines of test text.
Three lines of test text.
$
$ gawk '{print $1}' data2.txt
One
Two
Three
$
```

该程序用$1字段变量来仅显示每行文本的第1个数据字段。

如果你要读取采用了其他字段分隔符的文件，可以用-F选项指定。

```
$ gawk -F: '{print $1}' /etc/passwd
root
bin
daemon
adm
lp
sync
shutdown
halt
mail
[...]
```

这个简短的程序显示了系统中密码文件的第1个数据字段。由于/etc/passwd文件用冒号来分隔数字字段，因而如果要划分开每个数据元素，则必须在gawk选项中将冒号指定为字段分隔符。

4. 在程序脚本中使用多个命令

如果一种编程语言只能执行一条命令，那么它不会有太大用处。gawk编程语言允许你将多条命令组合成一个正常的程序。要在命令行上的程序脚本中使用多条命令，只要在命令之间放个分号即可。

```
$ echo "My name is Rich" | gawk '{$4="Christine"; print $0}'
My name is Christine
$
```

第一条命令会给字段变量$4赋值。第二条命令会打印整个数据字段。注意， gawk程序在输出中已经将原文本中的第四个数据字段替换成了新值。

也可以用次提示符一次一行地输入程序脚本命令。

```
$ gawk '{
> $4="Christine"
> print $0}'
My name is Rich
My name is Christine
$
```

在你用了表示起始的单引号后，bash shell会使用次提示符来提示你输入更多数据。你可以每次在每行加一条命令，直到输入了结尾的单引号。因为没有在命令行中指定文件名，gawk程序会从STDIN中获得数据。当运行这个程序的时候，它会等着读取来自STDIN的文本。要退出程序，只需按下Ctrl+D组合键来表明数据结束。

5. 从文件中读取程序

跟sed编辑器一样，gawk编辑器允许将程序存储到文件中，然后再在命令行中引用。

```
$ cat script2.gawk
{print $1 "'s home directory is " $6}
$
$ gawk -F: -f script2.gawk /etc/passwd
root's home directory is /root
bin's home directory is /bin
daemon's home directory is /sbin
adm's home directory is /var/adm
lp's home directory is /var/spool/lpd
[...]
Christine's home directory is /home/Christine
Samantha's home directory is /home/Samantha
Timothy's home directory is /home/Timothy
$
```

script2.gawk程序脚本会再次使用print命令打印/etc/passwd文件的主目录数据字段（字段变量$6），以及userid数据字段（字段变量$1）。

可以在程序文件中指定多条命令。要这么做的话，只要一条命令放一行即可，不需要用分号。

```
$ cat script3.gawk
{
text = "'s home directory is "
print $1 text $6
```

```
}
$
$ gawk -F: -f script3.gawk /etc/passwd
root's home directory is /root
bin's home directory is /bin
daemon's home directory is /sbin
adm's home directory is /var/adm
lp's home directory is /var/spool/lpd
[...]
Christine's home directory is /home/Christine
Samantha's home directory is /home/Samantha
Timothy's home directory is /home/Timothy
$
```

script3.gawk程序脚本定义了一个变量来保存print命令中用到的文本字符串。注意，gawk程序在引用变量值时并未像shell脚本一样使用美元符。

6. 在处理数据前运行脚本

gawk还允许指定程序脚本何时运行。默认情况下，gawk会从输入中读取一行文本，然后针对该行的数据执行程序脚本。有时可能需要在处理数据前运行脚本，比如为报告创建标题。BEGIN关键字就是用来做这个的。它会强制gawk在读取数据前执行BEGIN关键字后指定的程序脚本。

```
$ gawk 'BEGIN {print "Hello World!"}'
Hello World!
$
```

这次print命令会在读取数据前显示文本。但在它显示了文本后，它会快速退出，不等待任何数据。如果想使用正常的程序脚本中处理数据，必须用另一个脚本区域来定义程序。

```
$ cat data3.txt
Line 1
Line 2
Line 3
$
$ gawk 'BEGIN {print "The data3 File Contents:"}
> {print $0}' data3.txt
The data3 File Contents:
Line 1
Line 2
Line 3
$
```

在gawk执行了BEGIN脚本后，它会用第二段脚本来处理文件数据。这么做时要小心，两段脚本仍然被认为是gawk命令行中的一个文本字符串。你需要相应地加上单引号。

7. 在处理数据后运行脚本

与BEGIN关键字类似，END关键字允许你指定一个程序脚本，gawk会在读完数据后执行它。

```
$ gawk 'BEGIN {print "The data3 File Contents:"}
> {print $0}
> END {print "End of File"}' data3.txt
The data3 File Contents:
Line 1
```

```
Line 2
Line 3
End of File
$
```

当gawk程序打印完文件内容后，它会执行END脚本中的命令。这是在处理完所有正常数据后给报告添加页脚的最佳方法。

可以将所有这些内容放到一起组成一个漂亮的小程序脚本文件，用它从一个简单的数据文件中创建一份完整的报告。

```
$ cat script4.gawk
BEGIN {
print "The latest list of users and shells"
print " UserID \t Shell"
print "-------- \t -------"
FS=":"
}

{
print $1 "      \t "  $7
}

END {
print "This concludes the listing"
}
$
```

这个脚本用BEGIN脚本来为报告创建标题。它还定义了一个叫作FS的特殊变量。这是定义字段分隔符的另一种方法。这样你就不用依靠脚本用户在命令行选项中定义字段分隔符了。

下面是这个gawk程序脚本的输出（有部分删节）。

```
$ gawk -f script4.gawk /etc/passwd
The latest list of users and shells
 UserID          Shell
--------         -------
root             /bin/bash
bin              /sbin/nologin
daemon           /sbin/nologin
[...]
Christine        /bin/bash
mysql            /bin/bash
Samantha         /bin/bash
Timothy          /bin/bash
This concludes the listing
$
```

与预想的一样，BEGIN脚本创建了标题，程序脚本处理特定数据文件（/etc/passwd）中的信息，END脚本生成页脚。

这个简单的脚本让你小试了一把gawk的强大威力。第22章介绍了另外一些编写gawk脚本时的简单原则，以及一些可用于gawk程序脚本中的高级编程概念。学会了它们之后，就算是面对最晦涩的数据文件，你也能够创建出专业范儿的报告。

19.2　sed 编辑器基础

成功使用sed编辑器的关键在于掌握其各式各样的命令和格式，它们能够帮助你定制文本编辑行为。本节将介绍一些可以集成到脚本中基本命令和功能。

19.2.1　更多的替换选项

你已经懂得了如何用s命令（substitute）来在行中替换文本。这个命令还有另外一些选项能让事情变得更为简单。

1. 替换标记

关于替换命令如何替换字符串中所匹配的模式需要注意一点。看看下面这个例子中会出现什么情况。

```
$ cat data4.txt
This is a test of the test script.
This is the second test of the test script.
$
$ sed 's/test/trial/' data4.txt
This is a trial of the test script.
This is the second trial of the test script.
$
```

替换命令在替换多行中的文本时能正常工作，但默认情况下它只替换每行中出现的第一处。要让替换命令能够替换一行中不同地方出现的文本必须使用*替换标记*（substitution flag）。替换标记会在替换命令字符串之后设置。

```
s/pattern/replacement/flags
```

有4种可用的替换标记：

- 数字，表明新文本将替换第几处模式匹配的地方；
- g，表明新文本将会替换所有匹配的文本；
- p，表明原先行的内容要打印出来；
- w *file*，将替换的结果写到文件中。

在第一类替换中，可以指定sed编辑器用新文本替换第几处模式匹配的地方。

```
$ sed 's/test/trial/2' data4.txt
This is a test of the trial script.
This is the second test of the trial script.
$
```

将替换标记指定为2的结果就是：sed编辑器只替换每行中第二次出现的匹配模式。g替换标记使你能替换文本中匹配模式所匹配的每处地方。

```
$ sed 's/test/trial/g' data4.txt
This is a trial of the trial script.
This is the second trial of the trial script.
$
```

p替换标记会打印与替换命令中指定的模式匹配的行。这通常会和sed的-n选项一起使用。

```
$ cat data5.txt
This is a test line.
This is a different line.
$
$ sed -n 's/test/trial/p' data5.txt
This is a trial line.
$
```

-n选项将禁止sed编辑器输出。但p替换标记会输出修改过的行。将二者配合使用的效果就是只输出被替换命令修改过的行。

w替换标记会产生同样的输出，不过会将输出保存到指定文件中。

```
$ sed 's/test/trial/w test.txt' data5.txt
This is a trial line.
This is a different line.
$
$ cat test.txt
This is a trial line.
$
```


sed编辑器的正常输出是在STDOUT中，而只有那些包含匹配模式的行才会保存在指定的输出文件中。

2. 替换字符

有时你会在文本字符串中遇到一些不太方便在替换模式中使用的字符。Linux中一个常见的例子就是正斜线（/）。

替换文件中的路径名会比较麻烦。比如，如果想用C shell替换/etc/passwd文件中的bash shell，必须这么做：

```
$ sed 's/\/bin\/bash/\/bin\/csh/' /etc/passwd
```

由于正斜线通常用作字符串分隔符，因而如果它出现在了模式文本中的话，必须用反斜线来转义。这通常会带来一些困惑和错误。

要解决这个问题，sed编辑器允许选择其他字符来作为替换命令中的字符串分隔符：

```
$ sed 's!/bin/bash!/bin/csh!' /etc/passwd
```

在这个例子中，感叹号被用作字符串分隔符，这样路径名就更容易阅读和理解了。

19.2.2 使用地址

默认情况下，在sed编辑器中使用的命令会作用于文本数据的所有行。如果只想将命令作用于特定行或某些行，则必须用行寻址（line addressing）。

在sed编辑器中有两种形式的行寻址：

- 以数字形式表示行区间
- 用文本模式来过滤出行

两种形式都使用相同的格式来指定地址：

```
[address]command
```

也可以将特定地址的多个命令分组：

```
address {
    command1
    command2
    command3
}
```

sed编辑器会将指定的每条命令作用到匹配指定地址的行上。本节将会演示如何在sed编辑器脚本中使用两种寻址方法。

1. 数字方式的行寻址

当使用数字方式的行寻址时，可以用行在文本流中的行位置来引用。sed编辑器会将文本流中的第一行编号为1，然后继续按顺序为接下来的行分配行号。

在命令中指定的地址可以是单个行号，或是用起始行号、逗号以及结尾行号指定的一定区间范围内的行。这里有个sed命令作用到指定行号的例子。

```
$ sed '2s/dog/cat/' data1.txt
The quick brown fox jumps over the lazy dog
The quick brown fox jumps over the lazy cat
The quick brown fox jumps over the lazy dog
The quick brown fox jumps over the lazy dog
$
```

sed编辑器只修改地址指定的第二行的文本。这里有另一个例子，这次使用了行地址区间。

```
$ sed '2,3s/dog/cat/' data1.txt
The quick brown fox jumps over the lazy dog
The quick brown fox jumps over the lazy cat
The quick brown fox jumps over the lazy cat
The quick brown fox jumps over the lazy dog
$
```

如果想将命令作用到文本中从某行开始的所有行，可以用特殊地址——美元符。

```
$ sed '2,$s/dog/cat/' data1.txt
The quick brown fox jumps over the lazy dog
The quick brown fox jumps over the lazy cat
The quick brown fox jumps over the lazy cat
The quick brown fox jumps over the lazy cat
$
```

可能你并不知道文本中到底有多少行数据，因此美元符用起来通常很方便。

2. 使用文本模式过滤器

另一种限制命令作用到哪些行上的方法会稍稍复杂一些。sed编辑器允许指定文本模式来过滤出命令要作用的行。格式如下：

```
/pattern/command
```

必须用正斜线将要指定的*pattern*封起来。sed编辑器会将该命令作用到包含指定文本模式的行上。

举个例子，如果你想只修改用户Samantha的默认shell，可以使用sed命令。

```
$ grep Samantha /etc/passwd
Samantha:x:502:502::/home/Samantha:/bin/bash
$
$ sed '/Samantha/s/bash/csh/' /etc/passwd
root:x:0:0:root:/root:/bin/bash
bin:x:1:1:bin:/bin:/sbin/nologin
[...]
Christine:x:501:501:Christine B:/home/Christine:/bin/bash
Samantha:x:502:502::/home/Samantha:/bin/csh
Timothy:x:503:503::/home/Timothy:/bin/bash
$
```

该命令只作用到匹配文本模式的行上。虽然使用固定文本模式能帮你过滤出特定的值，就跟上面这个用户名的例子一样，但其作用难免有限。sed编辑器在文本模式中采用了一种称为正则表达式（regular expression）的特性来帮助你创建匹配效果更好的模式。

19

正则表达式允许创建高级文本模式匹配表达式来匹配各种数据。这些表达式结合了一系列通配符、特殊字符以及固定文本字符来生成能够匹配几乎任何形式文本的简练模式。正则表达式是shell脚本编程中令人心生退意的部分之一，第20章将会详细介绍相关内容。

3. 命令组合

如果需要在单行上执行多条命令，可以用花括号将多条命令组合在一起。sed编辑器会处理地址行处列出的每条命令。

```
$ sed '2{
> s/fox/elephant/
> s/dog/cat/
> }' data1.txt
The quick brown fox jumps over the lazy dog.
The quick brown elephant jumps over the lazy cat.
The quick brown fox jumps over the lazy dog.
The quick brown fox jumps over the lazy dog.
$
```

两条命令都会作用到该地址上。当然，也可以在一组命令前指定一个地址区间。

```
$ sed '3,${
> s/brown/green/
> s/lazy/active/
> }' data1.txt
The quick brown fox jumps over the lazy dog.
The quick brown fox jumps over the lazy dog.
The quick green fox jumps over the active dog.
The quick green fox jumps over the active dog.
$
```

sed编辑器会将所有命令作用到该地址区间内的所有行上。

19.2.3 删除行

文本替换命令不是sed编辑器唯一的命令。如果需要删除文本流中的特定行，可以用删除命令。

删除命令d名副其实，它会删除匹配指定寻址模式的所有行。使用该命令时要特别小心，如果你忘记加入寻址模式的话，流中的所有文本行都会被删除。

```
$ cat data1.txt
The quick brown fox jumps over the lazy dog
The quick brown fox jumps over the lazy dog
The quick brown fox jumps over the lazy dog
The quick brown fox jumps over the lazy dog
$
$ sed 'd' data1.txt
$
```

当和指定地址一起使用时，删除命令显然能发挥出最大的功用。可以从数据流中删除特定的文本行，通过行号指定：

```
$ cat data6.txt
This is line number 1.
This is line number 2.
This is line number 3.
This is line number 4.
$
$ sed '3d' data6.txt
This is line number 1.
This is line number 2.
This is line number 4.
$
```

或者通过特定行区间指定：

```
$ sed '2,3d' data6.txt
This is line number 1.
This is line number 4.
$
```

或者通过特殊的文件结尾字符：

```
$ sed '3,$d' data6.txt
This is line number 1.
This is line number 2.
$
```

sed编辑器的模式匹配特性也适用于删除命令。

```
$ sed '/number 1/d' data6.txt
This is line number 2.
This is line number 3.
This is line number 4.
$
```

sed编辑器会删掉包含匹配指定模式的行。

说明 记住，sed编辑器不会修改原始文件。你删除的行只是从sed编辑器的输出中消失了。原始文件仍然包含那些“删掉的”行。

也可以使用两个文本模式来删除某个区间内的行，但这么做时要小心。你指定的第一个模式会“打开”行删除功能，第二个模式会“关闭”行删除功能。sed编辑器会删除两个指定行之间的所有行（包括指定的行）。

```
$ sed '/1/,/3/d' data6.txt
This is line number 4.
$
```

除此之外，你要特别小心，因为只要sed编辑器在数据流中匹配到了开始模式，删除功能就会打开。这可能会导致意外的结果。

```
$ cat data7.txt
This is line number 1.
This is line number 2.
This is line number 3.
This is line number 4.
This is line number 1 again.
This is text you want to keep.
This is the last line in the file.
$
$ sed '/1/,/3/d' data7.txt
This is line number 4.
$
```

第二个出现数字“1”的行再次触发了删除命令，因为没有找到停止模式，所以就将数据流中的剩余行全部删除了。当然，如果你指定了一个从未在文本中出现的停止模式，显然会出现另外一个问题。

```
$ sed '/1/,/5/d' data7.txt
$
```

因为删除功能在匹配到第一个模式的时候打开了，但一直没匹配到结束模式，所以整个数据流都被删掉了。

19.2.4　插入和附加文本

如你所期望的，跟其他编辑器类似，sed编辑器允许向数据流插入和附加文本行。两个操作的区别可能比较让人费解：

- 插入（insert）命令（i）会在指定行前增加一个新行；
- 附加（append）命令（a）会在指定行后增加一个新行。

这两条命令的费解之处在于它们的格式。它们不能在单个命令行上使用。你必须指定是要将行插入还是附加到另一行。格式如下：

```
sed '[address]command\
```

19

```
new line'
```

*new line*中的文本将会出现在sed编辑器输出中你指定的位置。记住，当使用插入命令时，文本会出现在数据流文本的前面。

```
$ echo "Test Line 2" | sed 'i\Test Line 1'
Test Line 1
Test Line 2
$
```

当使用附加命令时，文本会出现在数据流文本的后面。

```
$ echo "Test Line 2" | sed 'a\Test Line 1'
Test Line 2
Test Line 1
$
```

在命令行界面提示符上使用sed编辑器时，你会看到次提示符来提醒输入新的行数据。你必须在该行完成sed编辑器命令。一旦你输入了结尾的单引号，bash shell就会执行该命令。

```
$ echo "Test Line 2" | sed 'i\
> Test Line 1'
Test Line 1
Test Line 2
$
```

这样能够给数据流中的文本前面或后面添加文本，但如果要向数据流内部添加文本呢？

要向数据流行内部插入或附加数据，你必须用寻址来告诉sed编辑器你想让数据出现在什么位置。可以在用这些命令时只指定一个行地址。可以匹配一个数字行号或文本模式，但不能用地址区间。这合乎逻辑，因为你只能将文本插入或附加到单个行的前面或后面，而不是行区间的前面或后面。

下面的例子是将一个新行插入到数据流第三行前。

```
$ sed '3i\
> This is an inserted line.' data6.txt
This is line number 1.
This is line number 2.
This is an inserted line.
This is line number 3.
This is line number 4.
$
```

下面的例子是将一个新行附加到数据流中第三行后。

```
$ sed '3a\
> This is an appended line.' data6.txt
This is line number 1.
This is line number 2.
This is line number 3.
This is an appended line.
This is line number 4.
$
```

它使用与插入命令相同的过程，只是将新文本行放到了指定的行号后面。如果你有一个多行数据流，想要将新行附加到数据流的末尾，只要用代表数据最后一行的美元符就可以了。

```
$ sed '$a\
> This is a new line of text.' data6.txt
This is line number 1.
This is line number 2.
This is line number 3.
This is line number 4.
This is a new line of text.
$
```

同样的方法也适用于要在数据流起始位置增加一个新行。只要在第一行之前插入新行即可。

要插入或附加多行文本，就必须对要插入或附加的新文本中的每一行使用反斜线，直到最后一行。


```
$ sed '1i\
> This is one line of new text.\
> This is another line of new text.' data6.txt
This is one line of new text.
This is another line of new text.
This is line number 1.
This is line number 2.
This is line number 3.
This is line number 4.
$
```

指定的两行都会被添加到数据流中。

19.2.5 修改行

修改（change）命令允许修改数据流中整行文本的内容。它跟插入和附加命令的工作机制一样，你必须在sed命令中单独指定新行。

```
$ sed '3c\
> This is a changed line of text.' data6.txt
This is line number 1.
This is line number 2.
This is a changed line of text.
This is line number 4.
$
```

在这个例子中，sed编辑器会修改第三行中的文本。也可以用文本模式来寻址。

```
$ sed '/number 3/c\
> This is a changed line of text.' data6.txt
This is line number 1.
This is line number 2.
This is a changed line of text.
This is line number 4.
$
```

文本模式修改命令会修改它匹配的数据流中的任意文本行。

```
$ cat data8.txt
This is line number 1.
This is line number 2.
This is line number 3.
This is line number 4.
This is line number 1 again.
This is yet another line.
This is the last line in the file.
$
$ sed '/number 1/c\
> This is a changed line of text.' data8.txt
This is a changed line of text.
This is line number 2.
This is line number 3.
This is line number 4.
This is a changed line of text.
This is yet another line.
This is the last line in the file.
$
```

你可以在修改命令中使用地址区间，但结果未必如愿。

```
$ sed '2,3c\
> This is a new line of text.' data6.txt
This is line number 1.
This is a new line of text.
This is line number 4.
$
```

sed编辑器会用这一行文本来替换数据流中的两行文本，而不是逐一修改这两行文本。

19.2.6 转换命令

转换（transform）命令（y）是唯一可以处理单个字符的sed编辑器命令。转换命令格式如下。

```
[address]y/inchars/outchars/
```

转换命令会对inchars和outchars值进行一对一的映射。inchars中的第一个字符会被转换为outchars中的第一个字符，第二个字符会被转换成outchars中的第二个字符。这个映射过程会一直持续到处理完指定字符。如果inchars和outchars的长度不同，则sed编辑器会产生一条错误消息。

这里有个使用转换命令的简单例子。

```
$ sed 'y/123/789/' data8.txt
This is line number 7.
This is line number 8.
This is line number 9.
This is line number 4.
This is line number 7 again.
This is yet another line.
This is the last line in the file.
$
```

如你在输出中看到的，inchars模式中指定字符的每个实例都会被替换成outchars模式中相同位置的那个字符。

转换命令是一个全局命令，也就是说，它会文本行中找到的所有指定字符自动进行转换，而不会考虑它们出现的位置。

```
$ echo "This 1 is a test of 1 try." | sed 'y/123/456/'
This 4 is a test of 4 try.
$
```

sed编辑器转换了在文本行中匹配到的字符1的两个实例。你无法限定只转换在特定地方出现的字符。

19.2.7 回顾打印

19.2.1节介绍了如何使用p标记和替换命令显示sed编辑器修改过的行。另外有3个命令也能用来打印数据流中的信息：

- p命令用来打印文本行；
- 等号（=）命令用来打印行号；
- l（小写的L）命令用来列出行。

接下来的几节将会介绍这3个sed编辑器的打印命令。

1. 打印行

跟替换命令中的p标记类似，p命令可以打印sed编辑器输出中的一行。如果只用这个命令，也没什么特别的。

```
$ echo "this is a test" | sed 'p'
this is a test
this is a test
$
```

它所做的就是打印已有的数据文本。打印命令最常见的用法是打印包含匹配文本模式的行。

```
$ cat data6.txt
This is line number 1.
This is line number 2.
This is line number 3.
This is line number 4.
$
$ sed -n '/number 3/p' data6.txt
This is line number 3.
$
```

在命令行上用-n选项，你可以禁止输出其他行，只打印包含匹配文本模式的行。

也可以用它来快速打印数据流中的某些行。

```
$ sed -n '2,3p' data6.txt
This is line number 2.
This is line number 3.
$
```

如果需要在修改之前查看行，也可以使用打印命令，比如与替换或修改命令一起使用。可以创建一个脚本在修改行之前显示该行。

```
$ sed -n '/3/{
> p
> s/line/test/p
> }' data6.txt
This is line number 3.
This is test number 3.
$
```

sed编辑器命令会查找包含数字3的行，然后执行两条命令。首先，脚本用p命令来打印出原始行；然后它用s命令替换文本，并用p标记打印出替换结果。输出同时显示了原来的行文本和新的行文本。

2. 打印行号

等号命令会打印行在数据流中的当前行号。行号由数据流中的换行符决定。每次数据流中出现一个换行符，sed编辑器会认为一行文本结束了。

```
$ cat data1.txt
The quick brown fox jumps over the lazy dog.
The quick brown fox jumps over the lazy dog.
The quick brown fox jumps over the lazy dog.
The quick brown fox jumps over the lazy dog.
$
$ sed '=' data1.txt
1
The quick brown fox jumps over the lazy dog.
2
The quick brown fox jumps over the lazy dog.
3
The quick brown fox jumps over the lazy dog.
4
The quick brown fox jumps over the lazy dog.
$
```

sed编辑器在实际的文本行出现前打印了行号。如果你要在数据流中查找特定文本模式的话，等号命令用起来非常方便。

```
$ sed -n '/number 4/{
> =
> p
> }' data6.txt
4
This is line number 4.
$
```

利用-n选项，你就能让sed编辑器只显示包含匹配文本模式的行的行号和文本。

3. 列出行

列出（list）命令（l）可以打印数据流中的文本和不可打印的ASCII字符。任何不可打印字符要么在其八进制值前加一个反斜线，要么使用标准C风格的命名法（用于常见的不可打印字符），比如\t，来代表制表符。

```
$ cat data9.txt
This    line    contains        tabs.
$
$ sed -n 'l' data9.txt
This\tline\tcontains\ttabs.$
$
```

制表符的位置使用\t来显示。行尾的美元符表示换行符。如果数据流包含了转义字符，列出命令会在必要时候用八进制码来显示。

```
$ cat data10.txt
This line contains an escape character.
$
$ sed -n 'l' data10.txt
This line contains an escape character. \a$
$
```


data10.txt文本文件包含了一个转义控制码来产生铃声。当用cat命令来显示文本文件时，你看不到转义控制码，只能听到声音（如果你的音箱打开的话）。但是，利用列出命令，你就能显示出所使用的转义控制码。

19.2.8 使用 sed 处理文件

替换命令包含一些可以用于文件的标记。还有一些sed编辑器命令也可以实现同样的目标，不需要非得替换文本。

1. 写入文件

w命令用来向文件写入行。该命令的格式如下：

```
[address]w filename
```

*filename*可以使用相对路径或绝对路径，但不管是哪种，运行sed编辑器的用户都必须有文件的写权限。地址可以是sed中支持的任意类型的寻址方式，例如单个行号、文本模式、行区间或文本模式。

下面的例子是将数据流中的前两行打印到一个文本文件中。

```
$ sed '1,2w test.txt' data6.txt
This is line number 1.
This is line number 2.
This is line number 3.
This is line number 4.
$
$ cat test.txt
This is line number 1.
This is line number 2.
$
```

当然，如果你不想让行显示到STDOUT上，你可以用sed命令的-n选项。

如果要根据一些公用的文本值从主文件中创建一份数据文件，比如下面的邮件列表中的，那么w命令会非常好用。

```
$ cat data11.txt
Blum, R         Browncoat
McGuiness, A    Alliance
Bresnahan, C    Browncoat
Harken, C       Alliance
$
$ sed -n '/Browncoat/w Browncoats.txt' data11.txt
$
$ cat Browncoats.txt
Blum, R         Browncoat
Bresnahan, C    Browncoat
$
```

sed编辑器会只将包含文本模式的数据行写入目标文件。

2. 从文件读取数据

你已经了解了如何在sed命令行上向数据流中插入或附加文本。读取（read）命令（r）允许你将一个独立文件中的数据插入到数据流中。

读取命令的格式如下：

```
[address]r filename
```

filename参数指定了数据文件的绝对路径或相对路径。你在读取命令中使用地址区间，只能指定单独一个行号或文本模式地址。sed编辑器会将文件中的文本插入到指定地址后。

```
$ cat data12.txt
This is an added line.
This is the second added line.
$
$ sed '3r data12.txt' data6.txt
This is line number 1.
This is line number 2.
This is line number 3.
This is an added line.
This is the second added line.
This is line number 4.
$
```

sed编辑器会将数据文件中的所有文本行都插入到数据流中。同样的方法在使用文本模式地址时也适用。

```
$ sed '/number 2/r data12.txt' data6.txt
This is line number 1.
This is line number 2.
This is an added line.
This is the second added line.
This is line number 3.
This is line number 4.
$
```

如果你要在数据流的末尾添加文本，只需用美元符地址符就行了。

```
$ sed '$r data12.txt' data6.txt
This is line number 1.
This is line number 2.
This is line number 3.
This is line number 4.
This is an added line.
This is the second added line.
$
```

读取命令的另一个很酷的用法是和删除命令配合使用：利用另一个文件中的数据来替换文件中的占位文本。举例来说，假定你有一份套用信件保存在文本文件中：

```
$ cat notice.std
Would the following people:
LIST
please report to the ship's captain.
$
```


套用信件将通用占位文本LIST放在人物名单的位置。要在占位文本后插入名单，只需读取命令就行了。但这样的话，占位文本仍然会留在输出中。要删除占位文本的话，你可以用删除命令。结果如下：

```
$ sed '/LIST/{
> r data11.txt
> d
> }' notice.std
Would the following people:
Blum, R       Browncoat
McGuiness, A  Alliance
Bresnahan, C  Browncoat
Harken, C     Alliance
please report to the ship's captain.
$
```

现在占位文本已经被替换成了数据文件中的名单。

19.3 小结

虽然shell脚本本身完成很多事情，但单凭shell脚本通常很难处理数据。Linux提供了两个方便的工具来帮助处理文本数据。作为一款流编辑器，sed编辑器能在读取数据时快速地自动处理数据。必须给sed编辑器提供用于处理数据的编辑命令。

gawk程序是一个来自GNU组织的工具，它模仿并扩展了Unix中awk程序的功能。gawk程序内建了编程语言，可用来编写处理数据的脚本。你可以用gawk程序从大型数据文件中提取数据元素，并将它们按照需要的格式输出。这非常便于处理大型日志文件以及从数据文件中生成定制报表。

使用sed和gawk程序的关键在于了解如何使用正则表达式。正则表达式是为提取和处理文本文件中数据创建定制过滤器的关键。下一章将会深入经常被人们误解的正则表达式世界，并演示如何构建正则表达式来操作各种类型的数据。

第 20 章

正则表达式

20

本章内容

- 定义正则表达式
- 正则表达式基础
- 扩展正则表达式
- 创建正则表达式

在shell脚本中成功运用sed编辑器和gawk程序的关键在于熟练使用正则表达式。这可不是件简单的事，从大量数据中过滤出特定数据可能会（而且经常会）很复杂。本章将介绍如何在sed编辑器和gawk程序中创建正则表达式来过滤出需要的数据。

20.1 什么是正则表达式

理解正则表达式的第一步在于弄清它们到底是什么。本节将会解释什么是正则表达式并介绍Linux如何使用正则表达式。

20.1.1 定义

正则表达式是你所定义的*模式模板*（pattern template），Linux工具可以用它来过滤文本。Linux工具（比如sed编辑器或gawk程序）能够在处理数据时使用正则表达式对数据进行模式匹配。如果数据匹配模式，它就会被接受并进一步处理；如果数据不匹配模式，它就会被滤掉。图20-1描述了这个过程。

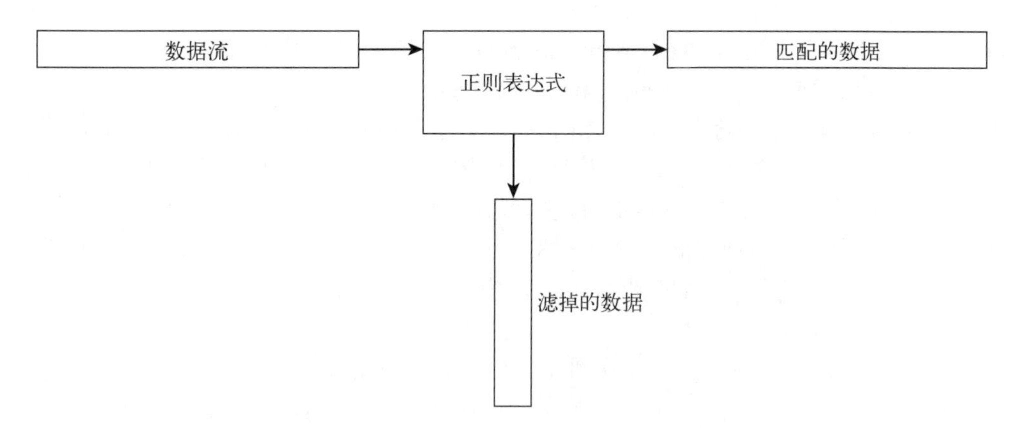

图20-1 使用正则表达式模式匹配数据

正则表达式模式利用通配符来描述数据流中的一个或多个字符。Linux中有很多场景都可以使用通配符来描述不确定的数据。你已经看到过在Linux的`ls`命令中使用通配符列出文件和目录的例子（参见第3章）。

星号通配符允许你只列出满足特定条件的文件，例如：

```
$ ls -al da*
-rw-r--r--    1 rich     rich          45 Nov 26 12:42 data
-rw-r--r--    1 rich     rich          25 Dec  4 12:40 data.tst
-rw-r--r--    1 rich     rich         180 Nov 26 12:42 data1
-rw-r--r--    1 rich     rich          45 Nov 26 12:44 data2
-rw-r--r--    1 rich     rich          73 Nov 27 12:31 data3
-rw-r--r--    1 rich     rich          79 Nov 28 14:01 data4
-rw-r--r--    1 rich     rich         187 Dec  4 09:45 datatest
$
```

`da*`参数会让`ls`命令只列出名字以da开头的文件。文件名中da之后可以有任意多个字符（包括什么也没有）。`ls`命令会读取目录中所有文件的信息，但只显示跟通配符匹配的文件的信息。

正则表达式通配符模式的工作原理与之类似。正则表达式模式含有文本或特殊字符，为sed编辑器和gawk程序定义了一个匹配数据时采用的模板。可以在正则表达式中使用不同的特殊字符来定义特定的数据过滤模式。

20.1.2 正则表达式的类型

使用正则表达式最大的问题在于有不止一种类型的正则表达式。Linux中的不同应用程序可能会用不同类型的正则表达式。这其中包括编程语言（Java、Perl和Python）、Linux实用工具（比如sed编辑器、gawk程序和grep工具）以及主流应用（比如MySQL和PostgreSQL数据库服务器）。

正则表达式是通过*正则表达式引擎*（regular expression engine）实现的。正则表达式引擎是一套底层软件，负责解释正则表达式模式并使用这些模式进行文本匹配。

在Linux中，有两种流行的正则表达式引擎：

- POSIX基础正则表达式（basic regular expression，BRE）引擎
- POSIX扩展正则表达式（extended regular expression，ERE）引擎

大多数Linux工具都至少符合POSIX BRE引擎规范，能够识别该规范定义的所有模式符号。遗憾的是，有些工具（比如sed编辑器）只符合了BRE引擎规范的子集。这是出于速度方面的考虑导致的，因为sed编辑器希望能尽可能快地处理数据流中的文本。

POSIX ERE引擎通常出现在依赖正则表达式进行文本过滤的编程语言中。它为常见模式提供了高级模式符号和特殊符号，比如匹配数字、单词以及按字母排序的字符。gawk程序用ERE引擎来处理它的正则表达式模式。

由于实现正则表达式的方法太多，很难用一个简洁的描述来涵盖所有可能的正则表达式。后续几节将会讨论最常见的正则表达式，并演示如何在sed编辑器和gawk程序中使用它们。

20.2　定义 BRE 模式

最基本的BRE模式是匹配数据流中的文本字符。本节将会演示如何在正则表达式中定义文本以及会得到什么样的结果。

20.2.1　纯文本

第18章演示了如何在sed编辑器和gawk程序中用标准文本字符串来过滤数据。通过下面的例子来复习一下。

```
$ echo "This is a test" | sed -n '/test/p'
This is a test
$ echo "This is a test" | sed -n '/trial/p'
$
$ echo "This is a test" | gawk '/test/{print $0}'
This is a test
$ echo "This is a test" | gawk '/trial/{print $0}'
$
```

第一个模式定义了一个单词test。sed编辑器和gawk程序脚本用它们各自的`print`命令打印出匹配该正则表达式模式的所有行。由于`echo`语句在文本字符串中包含了单词test，数据流文本能够匹配所定义的正则表达式模式，因此sed编辑器显示了该行。

第二个模式也定义了一个单词，这次是trial。因为`echo`语句文本字符串没包含该单词，所以正则表达式模式没有匹配，因此sed编辑器和gawk程序都没打印该行。

你可能注意到了，正则表达式并不关心模式在数据流中的位置。它也不关心模式出现了多少次。一旦正则表达式匹配了文本字符串中任意位置上的模式，它就会将该字符串传回Linux工具。

关键在于将正则表达式模式匹配到数据流文本上。重要的是记住正则表达式对匹配的模式非常挑剔。第一条原则就是：正则表达式模式都区分大小写。这意味着它们只会匹配大小写也相符的模式。

```
$ echo "This is a test" | sed -n '/this/p'
```

```
$
$ echo "This is a test" | sed -n '/This/p'
This is a test
$
```

第一次尝试没能匹配成功，因为this在字符串中并不都是小写，而第二次尝试在模式中使用大写字母，所以能正常工作。

在正则表达式中，你不用写出整个单词。只要定义的文本出现在数据流中，正则表达式就能够匹配。

```
$ echo "The books are expensive" | sed -n '/book/p'
The books are expensive
$
```

尽管数据流中的文本是books，但数据中含有正则表达式book，因此正则表达式模式跟数据匹配。当然，反之正则表达式就不成立了。

```
$ echo "The book is expensive" | sed -n '/books/p'
$
```

完整的正则表达式文本并未在数据流中出现，因此匹配失败，sed编辑器不会显示任何文本。

你也不用局限于在正则表达式中只用单个文本单词，可以在正则表达式中使用空格和数字。

```
$ echo "This is line number 1" | sed -n '/ber 1/p'
This is line number 1
$
```

在正则表达式中，空格和其他的字符并没有什么区别。

```
$ echo "This is line number1" | sed -n '/ber 1/p'
$
```

如果你在正则表达式中定义了空格，那么它必须出现在数据流中。甚至可以创建匹配多个连续空格的正则表达式模式。

```
$ cat data1
This is a normal line of text.
This is  a line with too many spaces.
$ sed -n '/  /p' data1
This is  a line with too many spaces.
$
```

单词间有两个空格的行匹配正则表达式模式。这是用来查看文本文件中空格问题的好办法。

20.2.2 特殊字符

在正则表达式模式中使用文本字符时，有些事情值得注意。在正则表达式中定义文本字符时有一些特例。有些字符在正则表达式中有特别的含义。如果要在文本模式中使用这些字符，结果会超出你的意料。

正则表达式识别的特殊字符包括：

```
.*[]^${}\+?|()
```

随着本章内容的继续，你会了解到这些特殊字符在正则表达式中有何用处。不过现在只要记住不能在文本模式中单独使用这些字符就行了。

如果要用某个特殊字符作为文本字符，就必须转义。在转义特殊字符时，你需要在它前面加一个特殊字符来告诉正则表达式引擎应该将接下来的字符当作普通的文本字符。这个特殊字符就是反斜线（\）。

举个例子，如果要查找文本中的美元符，只要在它前面加个反斜线。

```
$ cat data2
The cost is $4.00
$ sed -n '/\$/p' data2
The cost is $4.00
$
```

由于反斜线是特殊字符，如果要在正则表达式模式中使用它，你必须对其转义，这样就产生了两个反斜线。

```
$ echo "\ is a special character" | sed -n '/\\/p'
\ is a special character
$
```

最终，尽管正斜线不是正则表达式的特殊字符，但如果它出现在sed编辑器或gawk程序的正则表达式中，你就会得到一个错误。

```
$ echo "3 / 2" | sed -n '///p'
sed: -e expression #1, char 2: No previous regular expression
$
```

要使用正斜线，也需要进行转义。

```
$ echo "3 / 2" | sed -n '/\//p'
3 / 2
$
```

现在sed编辑器能正确解释正则表达式模式了，一切都很顺利。

20.2.3 锚字符

如20.2.1节所述，默认情况下，当指定一个正则表达式模式时，只要模式出现在数据流中的任何地方，它就能匹配。有两个特殊字符可以用来将模式锁定在数据流中的行首或行尾。

1. 锁定在行首

脱字符（^）定义从数据流中文本行的行首开始的模式。如果模式出现在行首之外的位置，正则表达式模式则无法匹配。

要用脱字符，就必须将它放在正则表达式中指定的模式前面。

```
$ echo "The book store" | sed -n '/^book/p'
$
$ echo "Books are great" | sed -n '/^Book/p'
Books are great
$
```

脱字符会在每个由换行符决定的新数据行的行首检查模式。

```
$ cat data3
This is a test line.
this is another test line.
A line that tests this feature.
Yet more testing of this
$ sed -n '/^this/p' data3
this is another test line.
$
```

只要模式出现在新行的行首，脱字符就能够发现它。

如果你将脱字符放到模式开头之外的其他位置，那么它就跟普通字符一样，不再是特殊字符了：

```
$ echo "This ^ is a test" | sed -n '/s ^/p'
This ^ is a test
$
```

由于脱字符出现在正则表达式模式的尾部，sed编辑器会将它当作普通字符来匹配。

说明　如果指定正则表达式模式时只用了脱字符，就不需要用反斜线来转义。但如果你在模式中先指定了脱字符，随后还有其他一些文本，那么你必须在脱字符前用转义字符。

---

2. 锁定在行尾

跟在行首查找模式相反的就是在行尾查找。特殊字符美元符（$）定义了行尾锚点。将这个特殊字符放在文本模式之后来指明数据行必须以该文本模式结尾。

```
$ echo "This is a good book" | sed -n '/book$/p'
This is a good book
$ echo "This book is good" | sed -n '/book$/p'
$
```

使用结尾文本模式的问题在于你必须要留意到底要查找什么。

```
$ echo "There are a lot of good books" | sed -n '/book$/p'
$
```

将行尾的单词book改成复数形式，就意味着它不再匹配正则表达式模式了，尽管book仍然在数据流中。要想匹配，文本模式必须是行的最后一部分。

3. 组合锚点

在一些常见情况下，可以在同一行中将行首锚点和行尾锚点组合在一起使用。在第一种情况中，假定你要查找只含有特定文本模式的数据行。

```
$ cat data4
this is a test of using both anchors
I said this is a test
this is a test
I'm sure this is a test.
$ sed -n '/^this is a test$/p' data4
this is a test
$
```

sed编辑器忽略了那些不单单包含指定的文本的行。

第二种情况乍一看可能有些怪异，但极其有用。将两个锚点直接组合在一起，之间不加任何文本，这样过滤出数据流中的空白行。考虑下面这个例子。

```
$ cat data5
This is one test line.

This is another test line.
$ sed '/^$/d' data5
This is one test line.
This is another test line.
$
```

定义的正则表达式模式会查找行首和行尾之间什么都没有的那些行。由于空白行在两个换行符之间没有文本，刚好匹配了正则表达式模式。sed编辑器用删除命令d来删除匹配该正则表达式模式的行，因此删除了文本中的所有空白行。这是从文档中删除空白行的有效方法。

20.2.4　点号字符

特殊字符点号用来匹配除换行符之外的任意单个字符。它必须匹配一个字符，如果在点号字符的位置没有字符，那么模式就不成立。

来看一些在正则表达式模式中使用点号字符的例子。

```
$ cat data6
This is a test of a line.
The cat is sleeping.
That is a very nice hat.
This test is at line four.
at ten o'clock we'll go home.
$ sed -n '/.at/p' data6
The cat is sleeping.
That is a very nice hat.
This test is at line four.
$
```

你应该能够明白为什么第一行无法匹配，而第二行和第三行就可以。第四行有点复杂。注意，我们匹配了at，但在at前面并没有任何字符来匹配点号字符。其实是有的！在正则表达式中，空格也是字符，因此at前面的空格刚好匹配了该模式。第五行证明了这点，将at放在行首就不会匹配该模式了。

20.2.5　字符组

点号特殊字符在匹配某个字符位置上的任意字符时很有用。但如果你想要限定待匹配的具体字符呢？在正则表达式中，这称为字符组（character class）。

可以定义用来匹配文本模式中某个位置的一组字符。如果字符组中的某个字符出现在了数据流中，那它就匹配了该模式。

使用方括号来定义一个字符组。方括号中包含所有你希望出现在该字符组中的字符。然后你可以在模式中使用整个组，就跟使用其他通配符一样。这需要一点时间来适应，但一旦你适应了，效果可是令人惊叹的。

下面是个创建字符组的例子。

```
$ sed -n '/[ch]at/p' data6
The cat is sleeping.
That is a very nice hat.
$
```

这里用到的数据文件和点号特殊字符例子中的一样，但得到的结果却不一样。这次我们成功滤掉了只包含单词at的行。匹配这个模式的单词只有cat和hat。还要注意以at开头的行也没有匹配。字符组中必须有个字符来匹配相应的位置。

在不太确定某个字符的大小写时，字符组会非常有用。

```
$ echo "Yes" | sed -n '/[Yy]es/p'
Yes
$ echo "yes" | sed -n '/[Yy]es/p'
yes
$
```


可以在单个表达式中用多个字符组。

```
$ echo "Yes" | sed -n '/[Yy][Ee][Ss]/p'
Yes
$ echo "yEs" | sed -n '/[Yy][Ee][Ss]/p'
yEs
$ echo "yeS" | sed -n '/[Yy][Ee][Ss]/p'
yeS
$
```

正则表达式使用了3个字符组来涵盖了3个字符位置含有大小写的情况。

字符组不必只含有字母，也可以在其中使用数字。

```
$ cat data7
This line doesn't contain a number.
This line has 1 number on it.
This line a number 2 on it.
This line has a number 4 on it.
$ sed -n '/[0123]/p' data7
This line has 1 number on it.
This line a number 2 on it.
$
```

这个正则表达式模式匹配了任意含有数字0、1、2或3的行。含有其他数字以及不含有数字的行都会被忽略掉。

可以将字符组组合在一起，以检查数字是否具备正确的格式，比如电话号码和邮编。但当你尝试匹配某种特定格式时，必须小心。这里有个匹配邮编出错的例子。

```
$ cat data8
60633
```

```
46201
223001
4353
22203
$ sed -n '
>/[0123456789][0123456789][0123456789][0123456789][0123456789]/p
>' data8
60633
46201
223001
22203
$
```

这个结果出乎意料。它成功过滤掉了不可能是邮编的那些过短的数字，因为最后一个字符组没有字符可匹配。但它也通过了那个六位数，尽管我们只定义了5个字符组。

记住，正则表达式模式可见于数据流中文本的任何位置。经常有匹配模式的字符之外的其他字符。如果要确保只匹配五位数，就必须将匹配的字符和其他字符分开，要么用空格，要么像这个例子中这样，指明它们就在行首和行尾。

```
$ sed -n '
> /^[0123456789][0123456789][0123456789][0123456789][0123456789]$/p
> ' data8
60633
46201
22203
$
```

现在好多了！本章随后会看到如何进一步进行简化。

字符组的一个极其常见的用法是解析拼错的单词，比如用户表单输入的数据。你可以创建正则表达式来接受数据中常见的拼写错误。

```
$ cat data9
I need to have some maintenence done on my car.
I'll pay that in a seperate invoice.
After I pay for the maintenance my car will be as good as new.
$ sed -n '
/maint[ea]n[ae]nce/p
/sep[ea]r[ea]te/p
' data9
I need to have some maintenence done on my car.
I'll pay that in a seperate invoice.
After I pay for the maintenance my car will be as good as new.
$
```

本例中的两个sed打印命令利用正则表达式字符组来帮助找到文本中拼错的单词maintenance和separate。同样的正则表达式模式也能匹配正确拼写的maintenance。

20.2.6　排除型字符组

在正则表达式模式中，也可以反转字符组的作用。可以寻找组中没有的字符，而不是去寻找组中含有的字符。要这么做的话，只要在字符组的开头加个脱字符。

```
$ sed -n '/[^ch]at/p' data6
This test is at line four.
$
```

通过排除型字符组，正则表达式模式会匹配c或h之外的任何字符以及文本模式。由于空格字符属于这个范围，它通过了模式匹配。但即使是排除，字符组仍然必须匹配一个字符，所以以at开头的行仍然未能匹配模式。

20.2.7 区间

你可能注意到了，我之前演示邮编的例子的时候，必须在每个字符组中列出所有可能的数字，这实在有点麻烦。好在有一种便捷的方法可以让人免受这番劳苦。可以用单破折线符号在字符组中表示字符区间。只需要指定区间的第一个字符、单破折线以及区间的最后一个字符就行了。根据Linux系统采用的字符集（参见第2章），正则表达式会包括此区间内的任意字符。

现在你可以通过指定数字区间来简化邮编的例子。


```
$ sed -n '/^[0-9][0-9][0-9][0-9][0-9]$/p' data8
60633
46201
45902
$
```

这样可是节省了不少的键盘输入！每个字符组都会匹配0~9的任意数字。如果字母出现在数据中的任何位置，这个模式都将不成立。

```
$ echo "a8392" | sed -n '/^[0-9][0-9][0-9][0-9][0-9]$/p'
$
$ echo "1839a" | sed -n '/^[0-9][0-9][0-9][0-9][0-9]$/p'
$
$ echo "18a92" | sed -n '/^[0-9][0-9][0-9][0-9][0-9]$/p'
$
```

同样的方法也适用于字母。

```
$ sed -n '/[c-h]at/p' data6
The cat is sleeping.
That is a very nice hat.
$
```

新的模式[c-h]at匹配了首字母在字母c和字母h之间的单词。这种情况下，只含有单词at的行将无法匹配该模式。

还可以在单个字符组指定多个不连续的区间。

```
$ sed -n '/[a-ch-m]at/p' data6
The cat is sleeping.
That is a very nice hat.
$
```

该字符组允许区间a~c、h~m中的字母出现在at文本前，但不允许出现d~g的字母。

```
$ echo "I'm getting too fat." | sed -n '/[a-ch-m]at/p'
$
```

该模式不匹配fat文本，因为它没在指定的区间。

20.2.8　特殊的字符组

除了定义自己的字符组外，BRE还包含了一些特殊的字符组，可用来匹配特定类型的字符。表20-1介绍了可用的BRE特殊的字符组。

表20-1　BRE特殊字符组

组	描　述
[[:alpha:]]	匹配任意字母字符，不管是大写还是小写
[[:alnum:]]	匹配任意字母数字字符0~9、A~Z或a~z
[[:blank:]]	匹配空格或制表符
[[:digit:]]	匹配0~9之间的数字
[[:lower:]]	匹配小写字母字符a~z
[[:print:]]	匹配任意可打印字符
[[:punct:]]	匹配标点符号
[[:space:]]	匹配任意空白字符：空格、制表符、NL、FF、VT和CR
[[:upper:]]	匹配任意大写字母字符A~Z

可以在正则表达式模式中将特殊字符组像普通字符组一样使用。

```
$ echo "abc" | sed -n '/[[:digit:]]/p'
$
$ echo "abc" | sed -n '/[[:alpha:]]/p'
abc
$ echo "abc123" | sed -n '/[[:digit:]]/p'
abc123
$ echo "This is, a test" | sed -n '/[[:punct:]]/p'
This is, a test
$ echo "This is a test" | sed -n '/[[:punct:]]/p'
$
```

使用特殊字符组可以很方便地定义区间。可以用[[:digit:]]来代替区间[0-9]。

20.2.9　星号

在字符后面放置星号表明该字符必须在匹配模式的文本中出现0次或多次。

```
$ echo "ik" | sed -n '/ie*k/p'
ik
$ echo "iek" | sed -n '/ie*k/p'
iek
$ echo "ieek" | sed -n '/ie*k/p'
ieek
$ echo "ieeek" | sed -n '/ie*k/p'
```

```
ieeek
$ echo "ieeeek" | sed -n '/ie*k/p'
ieeeek
$
```

这个模式符号广泛用于处理有常见拼写错误或在不同语言中有拼写变化的单词。举个例子，如果需要写个可能用在美式或英式英语中的脚本，可以这么写：

```
$ echo "I'm getting a color TV" | sed -n '/colou*r/p'
I'm getting a color TV
$ echo "I'm getting a colour TV" | sed -n '/colou*r/p'
I'm getting a colour TV
$
```

模式中的u*表明字母u可能出现或不出现在匹配模式的文本中。类似地，如果你知道一个单词经常被拼错，你可以用星号来允许这种错误。

```
$ echo "I ate a potatoe with my lunch." | sed -n '/potatoe*/p'
I ate a potatoe with my lunch.
$ echo "I ate a potato with my lunch." | sed -n '/potatoe*/p'
I ate a potato with my lunch.
$
```


在可能出现的额外字母后面放个星号将允许接受拼错的单词。

另一个方便的特性是将点号特殊字符和星号特殊字符组合起来。这个组合能够匹配任意数量的任意字符。它通常用在数据流中两个可能相邻或不相邻的文本字符串之间。

```
$ echo "this is a regular pattern expression" | sed -n '
> /regular.*expression/p'
this is a regular pattern expression
$
```

可以使用这个模式轻松查找可能出现在数据流中文本行内任意位置的多个单词。

星号还能用在字符组上。它允许指定可能在文本中出现多次的字符组或字符区间。

```
$ echo "bt" | sed -n '/b[ae]*t/p'
bt
$ echo "bat" | sed -n '/b[ae]*t/p'
bat
$ echo "bet" | sed -n '/b[ae]*t/p'
bet
$ echo "btt" | sed -n '/b[ae]*t/p'
btt
$
$ echo "baat" | sed -n '/b[ae]*t/p'
baat
$ echo "baaeeet" | sed -n '/b[ae]*t/p'
baaeeet
$ echo "baeeaeeat" | sed -n '/b[ae]*t/p'
baeeaeeat
$ echo "baakeeet" | sed -n '/b[ae]*t/p'
$
```

只要a和e字符以任何组合形式出现在b和t字符之间（就算完全不出现也行），模式就能够匹配。如果出现了字符组之外的字符，该模式匹配就会不成立。

20.3 扩展正则表达式

POSIX ERE模式包括了一些可供Linux应用和工具使用的额外符号。gawk程序能够识别ERE模式，但sed编辑器不能。

> **警告** 记住，sed编辑器和gawk程序的正则表达式引擎之间是有区别的。gawk程序可以使用大多数扩展正则表达式模式符号，并且能提供一些额外过滤功能，而这些功能都是sed编辑器所不具备的。但正因为如此，gawk程序在处理数据流时通常才比较慢。

本节将介绍可用在gawk程序脚本中的较常见的ERE模式符号。

20.3.1 问号

问号类似于星号，不过有点细微的不同。问号表明前面的字符可以出现0次或1次，但只限于此。它不会匹配多次出现的字符。

```
$ echo "bt" | gawk '/be?t/{print $0}'
bt
$ echo "bet" | gawk '/be?t/{print $0}'
bet
$ echo "beet" | gawk '/be?t/{print $0}'
$
$ echo "beeet" | gawk '/be?t/{print $0}'
$
```

如果字符e并未在文本中出现，或者它只在文本中出现了1次，那么模式会匹配。

与星号一样，你可以将问号和字符组一起使用。

```
$ echo "bt" | gawk '/b[ae]?t/{print $0}'
bt
$ echo "bat" | gawk '/b[ae]?t/{print $0}'
bat
$ echo "bot" | gawk '/b[ae]?t/{print $0}'
$
$ echo "bet" | gawk '/b[ae]?t/{print $0}'
bet
$ echo "baet" | gawk '/b[ae]?t/{print $0}'
$
$ echo "beat" | gawk '/b[ae]?t/{print $0}'
$
$ echo "beet" | gawk '/b[ae]?t/{print $0}'
$
```

如果字符组中的字符出现了0次或1次，模式匹配就成立。但如果两个字符都出现了，或者其中一个字符出现了2次，模式匹配就不成立。

20.3.2 加号

加号是类似于星号的另一个模式符号，但跟问号也有不同。加号表明前面的字符可以出现1次或多次，但必须至少出现1次。如果该字符没有出现，那么模式就不会匹配。

```
$ echo "beeet" | gawk '/be+t/{print $0}'
beeet
$ echo "beet" | gawk '/be+t/{print $0}'
beet
$ echo "bet" | gawk '/be+t/{print $0}'
bet
$ echo "bt" | gawk '/be+t/{print $0}'
$
```

如果字符e没有出现，模式匹配就不成立。加号同样适用于字符组，与星号和问号的使用方式相同。

```
$ echo "bt" | gawk '/b[ae]+t/{print $0}'
$
$ echo "bat" | gawk '/b[ae]+t/{print $0}'
bat
$ echo "bet" | gawk '/b[ae]+t/{print $0}'
bet
$ echo "beat" | gawk '/b[ae]+t/{print $0}'
beat
$ echo "beet" | gawk '/b[ae]+t/{print $0}'
beet
$ echo "beeat" | gawk '/b[ae]+t/{print $0}'
beeat
$
```

这次如果字符组中定义的任一字符出现了，文本就会匹配指定的模式。

20.3.3 使用花括号

ERE中的花括号允许你为可重复的正则表达式指定一个上限。这通常称为间隔（interval）。可以用两种格式来指定区间。

- m：正则表达式准确出现m次。
- m, n：正则表达式至少出现m次，至多n次。

这个特性可以精确调整字符或字符集在模式中具体出现的次数。

警告　默认情况下，gawk程序不会识别正则表达式间隔。必须指定gawk程序的`--re- interval`命令行选项才能识别正则表达式间隔。

这里有个使用简单的单值间隔的例子。

```
$ echo "bt" | gawk --re-interval '/be{1}t/{print $0}'
$
```

```
$ echo "bet" | gawk --re-interval '/be{1}t/{print $0}'
bet
$ echo "beet" | gawk --re-interval '/be{1}t/{print $0}'
$
```

通过指定间隔为1，限定了该字符在匹配模式的字符串中出现的次数。如果该字符出现多次，模式匹配就不成立。

很多时候，同时指定下限和上限也很方便。

```
$ echo "bt" | gawk --re-interval '/be{1,2}t/{print $0}'
$
$ echo "bet" | gawk --re-interval '/be{1,2}t/{print $0}'
bet
$ echo "beet" | gawk --re-interval '/be{1,2}t/{print $0}'
beet
$ echo "beeet" | gawk --re-interval '/be{1,2}t/{print $0}'
$
```

在这个例子中，字符e可以出现1次或2次，这样模式就能匹配；否则，模式无法匹配。

间隔模式匹配同样适用于字符组。

```
$ echo "bt" | gawk --re-interval '/b[ae]{1,2}t/{print $0}'
$
$ echo "bat" | gawk --re-interval '/b[ae]{1,2}t/{print $0}'
bat
$ echo "bet" | gawk --re-interval '/b[ae]{1,2}t/{print $0}'
bet
$ echo "beat" | gawk --re-interval '/b[ae]{1,2}t/{print $0}'
beat
$ echo "beet" | gawk --re-interval '/b[ae]{1,2}t/{print $0}'
beet
$ echo "beeat" | gawk --re-interval '/b[ae]{1,2}t/{print $0}'
$
$ echo "baeet" | gawk --re-interval '/b[ae]{1,2}t/{print $0}'
$
$ echo "baeaet" | gawk --re-interval '/b[ae]{1,2}t/{print $0}'
$
```

如果字母a或e在文本模式中只出现了1~2次，则正则表达式模式匹配；否则，模式匹配失败。

20.3.4　管道符号

管道符号允许你在检查数据流时，用逻辑OR方式指定正则表达式引擎要用的两个或多个模式。如果任何一个模式匹配了数据流文本，文本就通过测试。如果没有模式匹配，则数据流文本匹配失败。

使用管道符号的格式如下：

```
expr1|expr2|...
```

这里有个例子。

```
$ echo "The cat is asleep" | gawk '/cat|dog/{print $0}'
```

```
The cat is asleep
$ echo "The dog is asleep" | gawk '/cat|dog/{print $0}'
The dog is asleep
$ echo "The sheep is asleep" | gawk '/cat|dog/{print $0}'
$
```

这个例子会在数据流中查找正则表达式cat或dog。正则表达式和管道符号之间不能有空格，否则它们也会被认为是正则表达式模式的一部分。

管道符号两侧的正则表达式可以采用任何正则表达式模式（包括字符组）来定义文本。

```
$ echo "He has a hat." | gawk '/[ch]at|dog/{print $0}'
He has a hat.
$
```

这个例子会匹配数据流文本中的cat、hat或dog。

20.3.5 表达式分组

正则表达式模式也可以用圆括号进行分组。当你将正则表达式模式分组时，该组会被视为一个标准字符。可以像对普通字符一样给该组使用特殊字符。举个例子：

```
$ echo "Sat" | gawk '/Sat(urday)?/{print $0}'
Sat
$ echo "Saturday" | gawk '/Sat(urday)?/{print $0}'
Saturday
$
```

结尾的urday分组以及问号，使得模式能够匹配完整的Saturday或缩写Sat。

将分组和管道符号一起使用来创建可能的模式匹配组是很常见的做法。

```
$ echo "cat" | gawk '/(c|b)a(b|t)/{print $0}'
cat
$ echo "cab" | gawk '/(c|b)a(b|t)/{print $0}'
cab
$ echo "bat" | gawk '/(c|b)a(b|t)/{print $0}'
bat
$ echo "bab" | gawk '/(c|b)a(b|t)/{print $0}'
bab
$ echo "tab" | gawk '/(c|b)a(b|t)/{print $0}'
$
$ echo "tac" | gawk '/(c|b)a(b|t)/{print $0}'
$
```

模式(c|b)a(b|t)会匹配第一组中字母的任意组合以及第二组中字母的任意组合。

20.4 正则表达式实战

现在你已经了解了使用正则表达式模式的规则和一些简单的例子，该把理论用于实践了。随后几节将会演示shell脚本中常见的一些正则表达式例子。

20.4.1　目录文件计数

让我们先看一个shell脚本，它会对PATH环境变量中定义的目录里的可执行文件进行计数。要这么做的话，首先你得将PATH变量解析成单独的目录名。第6章介绍过如何显示PATH环境变量。

```
$ echo $PATH
/usr/local/sbin:/usr/local/bin:/usr/sbin:/usr/bin:/sbin:/bin:/usr/games:/usr/
local/games
$
```

根据Linux系统上应用程序所处的位置，PATH环境变量会有所不同。关键是要意识到PATH中的每个路径由冒号分隔。要获取可在脚本中使用的目录列表，就必须用空格来替换冒号。现在你会发现sed编辑器用一条简单表达式就能完成替换工作。

```
$ echo $PATH | sed 's/:/ /g'
/usr/local/sbin /usr/local/bin /usr/sbin /usr/bin /sbin /bin
/usr/games /usr/local/games
$
```

分离出目录之后，你就可以使用标准for语句中（参见第13章）来遍历每个目录。

```
mypath=$(echo $PATH | sed 's/:/ /g')
for directory in $mypath
do
...
done
```

一旦获得了单个目录，就可以用ls命令来列出每个目录中的文件，并用另一个for语句来遍历每个文件，为文件计数器增值。

这个脚本的最终版本如下。

```
$ cat countfiles
#!/bin/bash
# count number of files in your PATH
mypath=$(echo $PATH | sed 's/:/ /g')
count=0
for directory in $mypath
do
   check=$(ls $directory)
   for item in $check
   do
         count=$[ $count + 1 ]
  done
  echo "$directory - $count"
  count=0
done
$ ./countfiles /usr/local/sbin - 0
/usr/local/bin - 2
/usr/sbin - 213
/usr/bin - 1427
/sbin - 186
/bin - 152
/usr/games - 5
```

```
/usr/local/games - 0
$
```

现在我们开始体会到正则表达式背后的强大之处了！

20.4.2 验证电话号码

前面的例子演示了在处理数据时，如何将简单的正则表达式和sed配合使用来替换数据流中的字符。正则表达式通常用于验证数据，确保脚本中数据格式的正确性。

一个常见的数据验证应用就是检查电话号码。数据输入表单通常会要求填入电话号码，而用户输入格式错误的电话号码是常有的事。在美国，电话号码有几种常见的形式：

```
(123)456-7890
(123) 456-7890
123-456-7890
123.456.7890
```

这样用户在表单中输入的电话号码就有4种可能。正则表达式必须足够强大，才能处理每一种情况。

在构建正则表达式时，最好从左手边开始，然后构建用来匹配可能遇到的字符的模式。在这个例子中，电话号码中可能有也可能没有左圆括号。这可以用如下模式来匹配：

```
^\(?
```

脱字符用来表明数据的开始。由于左圆括号是个特殊字符，因此必须将它转义成普通字符。问号表明左圆括号可能出现，也可能不出现。

紧接着就是3位区号。在美国，区号以数字2开始（没有以数字0或1开始的区号），最大可到9。要匹配区号，可以用如下模式。

```
[2-9][0-9]{2}
```

这要求第一个字符是2~9的数字，后跟任意两位数字。在区号后面，收尾的右圆括号可能存在，也可能不存在。

```
\)?
```

在区号后，存在如下可能：有一个空格，没有空格，有一条单破折线或一个点。你可以对它们使用管道符号，并用圆括号进行分组。

```
(| |-|\.)
```

第一个管道符号紧跟在左圆括号后，用来匹配没有空格的情形。你必须将点字符转义，否则它会被解释成可匹配任意字符。

紧接着是3位电话交换机号码。这里没什么需要特别注意的。

```
[0-9]{3}
```

在电话交换机号码之后，你必须匹配一个空格、一条单破折线或一个点（这次不用考虑匹配没有空格的情况，因为在电话交换机号码和其余号码间必须有至少一个空格）。

20

```
( |-|\.)
```

最后，必须在字符串尾部匹配4位本地电话分机号。

```
[0-9]{4}$
```

完整的模式如下。

```
^\(?[2-9][0-9]{2}\)?(| |-|\.)[0-9]{3}( |-|\.)[0-9]{4}$
```

你可以在gawk程序中用这个正则表达式模式来过滤掉不符合格式的电话号码。现在你只需要在gawk程序中创建一个使用该正则表达式的简单脚本,然后用这个脚本来过滤你的电话薄。记住，在gawk程序中使用正则表达式间隔时，必须使用--re-interval命令行选项，否则就没法得到正确的结果。

脚本如下。

```
$ cat isphone
#!/bin/bash
# script to filter out bad phone numbers
gawk --re-interval '/^\(?[2-9][0-9]{2}\)?(| |-|\¬
[0-9]{3}( |-|\.)[0-9]{4}/{print $0}'
$
```

虽然从上面的清单中看不出来，但是shell脚本中的gawk命令是单独在一行上的。可以将电话号码重定向到脚本来处理。

```
$ echo "317-555-1234" | ./isphone
317-555-1234
$ echo "000-555-1234" | ./isphone
$ echo "312 555-1234" | ./isphone
312 555-1234
$
```

或者也可以将含有电话号码的整个文件重定向到脚本来过滤掉无效的号码。

```
$ cat phonelist
000-000-0000
123-456-7890
212-555-1234
(317)555-1234
(202) 555-9876
33523
1234567890
234.123.4567
$ cat phonelist | ./isphone
212-555-1234
(317)555-1234
(202) 555-9876
234.123.4567
$
```

只有匹配该正则表达式模式的有效电话号码才会出现。

20.4.3 解析邮件地址

如今这个时代，电子邮件地址已经成为一种重要的通信方式。验证邮件地址成为脚本程序员的一个不小的挑战，因为邮件地址的形式实在是千奇百怪。邮件地址的基本格式为：

```
username@hostname
```

*username*值可用字母数字字符以及以下特殊字符：

- 点号
- 单破折线
- 加号
- 下划线

在有效的邮件用户名中，这些字符可能以任意组合形式出现。邮件地址的*hostname*部分由一个或多个域名和一个服务器名组成。服务器名和域名也必须遵照严格的命名规则，只允许字母数字字符以及以下特殊字符：

- 点号
- 下划线

服务器名和域名都用点分隔，先指定服务器名，紧接着指定子域名，最后是后面不带点号的顶级域名。

顶级域名的数量在过去十分有限，正则表达式模式编写者会尝试将它们都加到验证模式中。然而遗憾的是，随着互联网的发展，可用的顶级域名也增多了。这种方法已经不再可行。

从左侧开始构建这个正则表达式模式。我们知道，用户名中可以有多个有效字符。这个相当容易。

```
^([a-zA-Z0-9_\-\.\+]+)@
```

这个分组指定了用户名中允许的字符，加号表明必须有至少一个字符。下一个字符很明显是@，没什么意外的。

hostname模式使用同样的方法来匹配服务器名和子域名。

```
([a-zA-Z0-9_\-\.]+)
```

这个模式可以匹配文本。

```
server
server.subdomain
server.subdomain.subdomain
```

对于顶级域名，有一些特殊的规则。顶级域名只能是字母字符，必须不少于二个字符（国家或地区代码中使用），并且长度上不得超过五个字符。下面就是顶级域名用的正则表达式模式。

```
\.([a-zA-Z]{2,5})$
```

将整个模式放在一起会生成如下模式。

```
^([a-zA-Z0-9_\-\.\+]+)@([a-zA-Z0-9_\-\.]+)\.([a-zA-Z]{2,5})$
```

这个模式会从数据列表中过滤掉那些格式不正确的邮件地址。现在可以创建脚本来实现这个正则表达式了。

```
$ echo "rich@here.now" | ./isemail
rich@here.now
$ echo "rich@here.now." | ./isemail
$
$ echo "rich@here.n" | ./isemail
$
$ echo "rich@here-now" | ./isemail
$
$ echo "rich.blum@here.now" | ./isemail
rich.blum@here.now
$ echo "rich_blum@here.now" | ./isemail
rich_blum@here.now
$ echo "rich/blum@here.now" | ./isemail
$
$ echo "rich#blum@here.now" | ./isemail
$
$ echo "rich*blum@here.now" | ./isemail
$
```

20.5 小结

如果你在shell脚本中处理数据文件，就必须熟悉正则表达式。正则表达式在Linux实用工具、编程语言以及采用了正则表达式引擎的应用程序中均有实现。在Linux中有一些不同的正则表达式引擎。最流行的两种是POSIX基础正则表达式（BRE）引擎和POSIX扩展正则表达式（ERE）引擎。sed编辑器基本符合BRE引擎，而gawk程序则使用了ERE引擎中的大多数特性。

正则表达式定义了用来过滤数据流中文本的模式模板。模式由标准文本字符和特殊字符的组成。正则表达式引擎用特殊字符来匹配一系列单个或多个字符，这类似于其他应用程序中通配符的工作方式。

通过结合字符和特殊字符，你能够定义出匹配大多数数据类型的模式。然后你可以用sed编辑器或gawk程序从大型数据流中过滤特定数据，或者验证从其他数据输入应用程序收到的数据。

下一章将会更深入地使用sed编辑器来进行高级文本处理。sed编辑器中的许多高级功能让它在处理大型数据流和过滤数据时非常有用。

第 21 章

sed进阶

21

本章内容

- 多行命令
- 保持空间
- 排除命令
- 改变流
- 模式替代
- 在脚本中使用sed
- 创建sed实用程序

第19章介绍了如何用sed编辑器的基本功能来处理数据流中的文本。sed编辑器的基础命令能满足大多数日常文本编辑需求。本章将会介绍sed编辑器提供的更多高级特性。这些功能你未必会经常用到，但当需要时，知道这些功能的存在以及如何使用肯定是件好事。

21.1 多行命令

在使用sed编辑器的基础命令时，你可能注意到了一个局限。所有的sed编辑器命令都是针对单行数据执行操作的。在sed编辑器读取数据流时，它会基于换行符的位置将数据分成行。sed编辑器根据定义好的脚本命令一次处理一行数据，然后移到下一行重复这个过程。

有时需要对跨多行的数据执行特定操作。如果要查找或替换一个短语，就更是如此了。

举个例子，如果你正在数据中查找短语`Linux System Administrators Group`，它很有可能出现在两行中，每行各包含其中一部分短语。如果用普通的sed编辑器命令来处理文本，就不可能发现这种被分开的短语。

幸运的是，sed编辑器的设计人员已经考虑到了这种情况，并设计了对应的解决方案。sed编辑器包含了三个可用来处理多行文本的特殊命令。

- `N`：将数据流中的下一行加进来创建一个多行组（multiline group）来处理。
- `D`：删除多行组中的一行。
- `P`：打印多行组中的一行。

后面几节将会进一步讲解这些多行命令并向你演示如何在脚本中使用它们。

21.1.1　next 命令

在讲解多行next命令之前，首先需要看一下单行版本的next命令是如何工作的，然后就比较容易理解多行版本的next命令是如何操作的了。

1. 单行的next命令

小写的n命令会告诉sed编辑器移动到数据流中的下一文本行，而不用重新回到命令的最开始再执行一遍。记住，通常sed编辑器在移动到数据流中的下一文本行之前，会在当前行上执行完所有定义好的命令。单行next命令改变了这个流程。

这听起来可能有些复杂，没错，有时确实是。在这个例子中，你有个数据文件，共有5行内容，其中的两行是空的。目标是删除首行之后的空白行，而留下最后一行之前的空白行。如果写一个删掉空白行的sed脚本，你会删掉两个空白行。

```
$ cat data1.txt
This is the header line.

This is a data line.

This is the last line.
$
$ sed '/^$/d' data1.txt
This is the header line.
This is a data line.
This is the last line.
$
```

由于要删除的行是空行，没有任何能够标示这种行的文本可供查找。解决办法是用n命令。在这个例子中，脚本要查找含有单词header的那一行。找到之后，n命令会让sed编辑器移动到文本的下一行，也就是那个空行。

```
$ sed '/header/{n ; d}' data1.txt
This is the header line.
This is a data line.

This is the last line.
$
```

这时，sed编辑器会继续执行命令列表，该命令列表使用d命令来删除空白行。sed编辑器执行完命令脚本后，会从数据流中读取下一行文本，并从头开始执行命令脚本。因为sed编辑器再也找不到包含单词header的行了。所以也不会有其他行会被删掉。

2. 合并文本行

了解了单行版的next命令，现在来看看多行版的。单行next命令会将数据流中的下一文本行移动到sed编辑器的工作空间（称为模式空间）。多行版本的next命令（用大写N）会将下一文本行添加到模式空间中已有的文本后。

这样的作用是将数据流中的两个文本行合并到同一个模式空间中。文本行仍然用换行符分隔，但sed编辑器现在会将两行文本当成一行来处理。

下面的例子演示了N命令的工作方式。

```
$ cat data2.txt
This is the header line.
This is the first data line.
This is the second data line.
This is the last line.
$
$ sed '/first/{ N ; s/\n/ / }' data2.txt
This is the header line.
This is the first data line. This is the second data line.
This is the last line.
$
```

sed编辑器脚本查找含有单词first的那行文本。找到该行后，它会用N命令将下一行合并到那行，然后用替换命令s将换行符替换成空格。结果是，文本文件中的两行在sed编辑器的输出中成了一行。

如果要在数据文件中查找一个可能会分散在两行中的文本短语的话，这是个很实用的应用程序。这里有个例子。

```
$ cat data3.txt
On Tuesday, the Linux System
Administrator's group meeting will be held.
All System Administrators should attend.
Thank you for your attendance.
$
$ sed 'N ; s/System Administrator/Desktop User/' data3.txt
On Tuesday, the Linux System
Administrator's group meeting will be held.
All Desktop Users should attend.
Thank you for your attendance.
$
```

替换命令会在文本文件中查找特定的双词短语System Administrator。如果短语在一行中的话，事情很好处理，替换命令可以直接替换文本。但如果短语分散在两行中的话，替换命令就没法识别匹配的模式了。

这时N命令就可以派上用场了。

```
$ sed 'N ; s/System.Administrator/Desktop User/' data3.txt
On Tuesday, the Linux Desktop User's group meeting will be held.
All Desktop Users should attend.
Thank you for your attendance.
$
```

用N命令将发现第一个单词的那行和下一行合并后，即使短语内出现了换行，你仍然可以找到它。

注意，替换命令在System和Administrator之间用了通配符模式(.)来匹配空格和换行符这两种情况。但当它匹配了换行符时，它就从字符串中删掉了换行符，导致两行合并成一行。这可能不是你想要的。

要解决这个问题，可以在sed编辑器脚本中用两个替换命令：一个用来匹配短语出现在多行中的情况，一个用来匹配短语出现在单行中的情况。

```
$ sed 'N
> s/System\nAdministrator/Desktop\nUser/
> s/System Administrator/Desktop User/
> ' data3.txt
On Tuesday, the Linux Desktop
User's group meeting will be held.
All Desktop Users should attend.
Thank you for your attendance.
$
```

第一个替换命令专门在两个检索词之间寻找换行符，并将其纳入替换字符串。这样你就能在新文本的同样位置添加换行符了。

但这个脚本中仍有个小问题。这个脚本总是在执行sed编辑器命令前将下一行文本读入到模式空间。当它到了最后一行文本时，就没有下一行可读了，所以N命令会叫sed编辑器停止。如果要匹配的文本正好在数据流的最后一行上，命令就不会发现要匹配的数据。

```
$ cat data4.txt
On Tuesday, the Linux System
Administrator's group meeting will be held.
All System Administrators should attend.
$
$ sed 'N
> s/System\nAdministrator/Desktop\nUser/
> s/System Administrator/Desktop User/
> ' data4.txt
On Tuesday, the Linux Desktop
User's group meeting will be held.
All System Administrators should attend.
$
```

由于System Administrator文本出现在了数据流中的最后一行，N命令会错过它，因为没有其他行可读入到模式空间跟这行合并。你可以轻松地解决这个问题——将单行命令放到N命令前面，并将多行命令放到N命令后面，像这样：

```
$ sed '
> s/System Administrator/Desktop User/
> N
> s/System\nAdministrator/Desktop\nUser/
> ' data4.txt
On Tuesday, the Linux Desktop
User's group meeting will be held.
All Desktop Users should attend.
$
```

现在，查找单行中短语的替换命令在数据流的最后一行也能正常工作，多行替换命令则会负责短语出现在数据流中间的情况。

21.1.2 多行删除命令

第19章介绍了单行删除命令（d）。sed编辑器用它来删除模式空间中的当前行。但和N命令一起使用时，使用单行删除命令就要小心了。

```
$ sed 'N ; /System\nAdministrator/d' data4.txt
All System Administrators should attend.
$
```

删除命令会在不同的行中查找单词System和Administrator，然后在模式空间中将两行都删掉。这未必是你想要的结果。

sed编辑器提供了多行删除命令D，它只删除模式空间中的第一行。该命令会删除到换行符（含换行符）为止的所有字符。

```
$ sed 'N ; /System\nAdministrator/D' data4.txt
Administrator's group meeting will be held.
All System Administrators should attend.
$
```

文本的第二行被N命令加到了模式空间，但仍然完好。如果需要删掉目标数据字符串所在行的前一文本行，它能派得上用场。

这里有个例子，它会删除数据流中出现在第一行前的空白行。

```
$ cat data5.txt

This is the header line.
This is a data line.

This is the last line.
$
$ sed '/^$/{N ; /header/D}' data5.txt
This is the header line.
This is a data line.

This is the last line.
$
```

sed编辑器脚本会查找空白行，然后用N命令来将下一文本行添加到模式空间。如果新的模式空间内容含有单词header，则D命令会删除模式空间中的第一行。如果不结合使用N命令和D命令，就不可能在不删除其他空白行的情况下只删除第一个空白行。

21.1.3 多行打印命令

现在，你可能已经了解了单行和多行版本命令间的差异。多行打印命令（P）沿用了同样的方法。它只打印多行模式空间中的第一行。这包括模式空间中直到换行符为止的所有字符。当你用-n选项来阻止脚本输出时，它和显示文本的单行p命令的用法大同小异。

```
$ sed -n 'N ; /System\nAdministrator/P' data3.txt
On Tuesday, the Linux System
$
```

当多行匹配出现时，P命令只会打印模式空间中的第一行。多行P命令的强大之处在和N命令及D命令组合使用时才能显现出来。

D命令的独特之处在于强制sed编辑器返回到脚本的起始处，对同一模式空间中的内容重新执行这些命令（它不会从数据流中读取新的文本行）。在命令脚本中加入N命令，你就能单步扫过整个模式空间，将多行一起匹配。

接下来，使用P命令打印出第一行，然后用D命令删除第一行并绕回到脚本的起始处。一旦返回，N命令会读取下一行文本并重新开始这个过程。这个循环会一直继续下去，直到数据流结束。

21.2　保持空间

模式空间（pattern space）是一块活跃的缓冲区，在sed编辑器执行命令时它会保存待检查的文本。但它并不是sed编辑器保存文本的唯一空间。

sed编辑器有另一块称作保持空间（hold space）的缓冲区域。在处理模式空间中的某些行时，可以用保持空间来临时保存一些行。有5条命令可用来操作保持空间，见表21-1。

表21-1　sed编辑器的保持空间命令

命　　令	描　　述
h	将模式空间复制到保持空间
H	将模式空间附加到保持空间
g	将保持空间复制到模式空间
G	将保持空间附加到模式空间
x	交换模式空间和保持空间的内容

这些命令用来将文本从模式空间复制到保持空间。这可以清空模式空间来加载其他要处理的字符串。

通常，在使用h或H命令将字符串移动到保持空间后，最终还要用g、G或x命令将保存的字符串移回模式空间（否则，你就不用在一开始考虑保存它们了）。

由于有两个缓冲区域，弄明白哪行文本在哪个缓冲区域有时会比较麻烦。这里有个简短的例子演示了如何用h和g命令来将数据在sed编辑器缓冲空间之间移动。

```
$ cat data2.txt
This is the header line.
This is the first data line.
This is the second data line.
This is the last line.
$
$ sed -n '/first/ {h ; p ; n ; p ; g ; p }' data2.txt
```

```
This is the first data line.
This is the second data line.
This is the first data line.
$
```

我们来一步一步看上面这个代码例子：

(1) sed脚本在地址中用正则表达式来过滤出含有单词first的行；

(2) 当含有单词first的行出现时，h命令将该行放到保持空间；

(3) p命令打印模式空间也就是第一个数据行的内容；

(4) n命令提取数据流中的下一行（This is the second data line），并将它放到模式空间；

(5) p命令打印模式空间的内容，现在是第二个数据行；

(6) g命令将保持空间的内容（This is the first data line）放回模式空间，替换当前文本；

(7) p命令打印模式空间的当前内容，现在变回第一个数据行了。

通过使用保持空间来回移动文本行，你可以强制输出中第一个数据行出现在第二个数据行后面。如果丢掉了第一个p命令，你可以以相反的顺序输出这两行。

```
$ sed -n '/first/ {h ; n ; p ; g ; p }' data2.txt
This is the second data line.
This is the first data line.
$
```

这是个有用的开端。你可以用这种方法来创建一个sed脚本将整个文件的文本行反转！但要那么做的话，你需要了解sed编辑器的排除特性，也就是下节的内容。

21.3 排除命令

第19章演示了sed编辑器如何将命令应用到数据流中的每一个文本行或是由单个地址或地址区间特别指定的多行。你也可以配置命令使其不要作用到数据流中的特定地址或地址区间。

感叹号命令（!）用来排除（negate）命令，也就是让原本会起作用的命令不起作用。下面的例子演示了这一特性。

```
$ sed -n '/header/!p' data2.txt
This is the first data line.
This is the second data line.
This is the last line.
$
```

普通p命令只打印data2文件中包含单词header的那行。加了感叹号之后，情况就相反了：除了包含单词header那一行外，文件中其他所有的行都被打印出来了。

感叹号在有些应用中用起来很方便。本章之前的21.1.1节演示了一种情况：sed编辑器无法处理数据流中最后一行文本，因为之后再没有其他行了。可以用感叹号来解决这个问题。

```
$ sed 'N;
```

```
> s/System\nAdministrator/Desktop\nUser/
> s/System Administrator/Desktop User/
> ' data4.txt
On Tuesday, the Linux Desktop
User's group meeting will be held.
All System Administrators should attend.
$
$ sed '$!N;
> s/System\nAdministrator/Desktop\nUser/
> s/System Administrator/Desktop User/
> ' data4.txt
On Tuesday, the Linux Desktop
User's group meeting will be held.
All Desktop Users should attend.
$
```

这个例子演示了如何配合使用感叹号与N命令以及与美元符特殊地址。美元符表示数据流中的最后一行文本，所以当sed编辑器到了最后一行时，它没有执行N命令，但它对所有其他行都执行了这个命令。

使用这种方法，你可以反转数据流中文本行的顺序。要实现这个效果（先显示最后一行，最后显示第一行），你得利用保持空间做一些特别的铺垫工作。

你得像这样使用模式空间：

(1) 在模式空间中放置一行；

(2) 将模式空间中的行放到保持空间中；

(3) 在模式空间中放入下一行；

(4) 将保持空间附加到模式空间后；

(5) 将模式空间中的所有内容都放到保持空间中；

(6)重复执行第(3)~(5)步，直到所有行都反序放到了保持空间中；

(7) 提取并打印行。

图21-1详细描述了这个过程。

在使用这种方法时，你不想在处理时打印行。这意味着要使用sed的-n命令行选项。下一步是决定如何将保持空间文本附加到模式空间文本后面。这可以用G命令完成。唯一的问题是你不想将保持空间附加到要处理的第一行文本后面。这可以用感叹号命令轻松解决：

```
1!G
```

下一步就是将新的模式空间（含有已反转的行）放到保持空间。这也非常简单，只要用h命令就行。

将模式空间中的整个数据流都反转了之后，你要做的就是打印结果。当到达数据流中的最后一行时，你就知道已经得到了模式空间的整个数据流。打印结果要用下面的命令：

```
$p
```

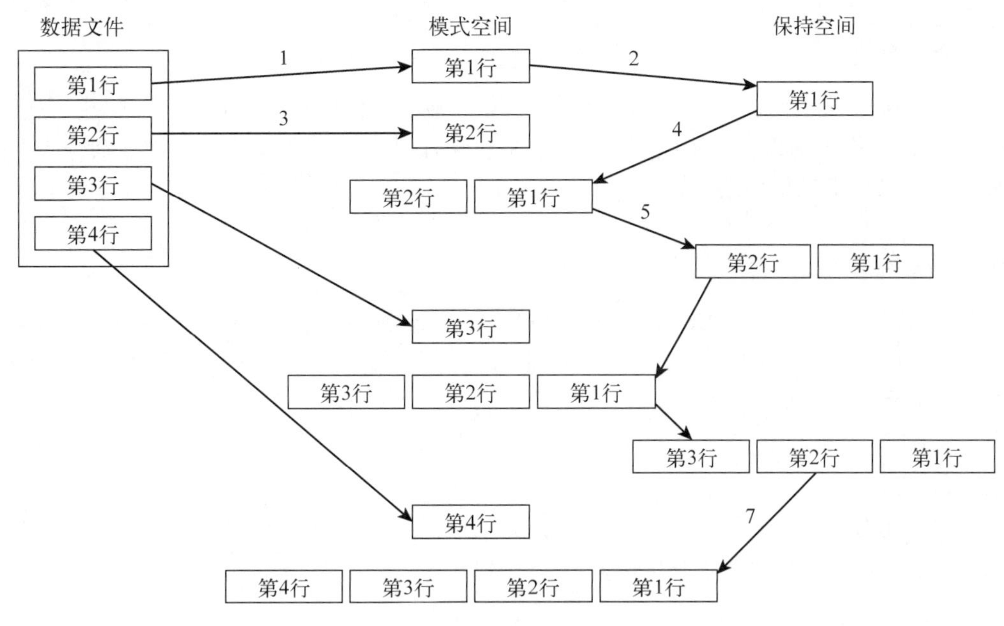

图21-1　使用保持空间来反转文本文件中行的顺序

这些都是你创建可以反转行的sed编辑器脚本所需的操作步骤。现在可以运行一下试试：

```
$ cat data2.txt
This is the header line.
This is the first data line.
This is the second data line.
This is the last line.
$
$ sed -n '{1!G ; h ; $p }' data2.txt
This is the last line.
This is the second data line.
This is the first data line.
This is the header line.
$
```

sed编辑器脚本的执行和预期的一样。脚本输出反转了文本文件中原来的行。这展示了在sed脚本中使用保持空间的强大之处。它提供了一种在脚本输出中控制行顺序的简单办法。

说明　可能你想说，有个Linux命令已经有反转文本文件的功能了。tac命令会倒序显示一个文本文件。你也许已经注意到了，这个命令的名字很巧妙，它执行的正好是与cat命令相反的功能。

21.4 改变流

通常，sed编辑器会从脚本的顶部开始，一直执行到脚本的结尾（D命令是个例外，它会强制sed编辑器返回到脚本的顶部，而不读取新的行）。sed编辑器提供了一个方法来改变命令脚本的执行流程，其结果与结构化编程类似。

21.4.1 分支

在前面一节中，你了解了如何用感叹号命令来排除作用在某行上的命令。sed编辑器提供了一种方法，可以基于地址、地址模式或地址区间排除一整块命令。这允许你只对数据流中的特定行执行一组命令。

分支（branch）命令b的格式如下：

```
[address]b [label]
```

address参数决定了哪些行的数据会触发分支命令。label参数定义了要跳转到的位置。如果没有加label参数，跳转命令会跳转到脚本的结尾。

```
$ cat data2.txt
This is the header line.
This is the first data line.
This is the second data line.
This is the last line.
$
$ sed '{2,3b ; s/This is/Is this/ ; s/line./test?/}' data2.txt
Is this the header test?
This is the first data line.
This is the second data line.
Is this the last test?
$
```

分支命令在数据流中的第2行和第3行处跳过了两个替换命令。

要是不想直接跳到脚本的结尾，可以为分支命令定义一个要跳转到的标签。标签以冒号开始，最多可以是7个字符长度。

```
:label2
```

要指定标签，将它加到b命令后即可。使用标签允许你跳过地址匹配处的命令，但仍然执行脚本中的其他命令。

```
$ sed '{/first/b jump1 ; s/This is the/No jump on/
> :jump1
> s/This is the/Jump here on/}' data2.txt
No jump on header line
Jump here on first data line
No jump on second data line
No jump on last line
$
```

跳转命令指定如果文本行中出现了first，程序应该跳到标签为jump1的脚本行。如果分支命令的模式没有匹配，sed编辑器会继续执行脚本中的命令，包括分支标签后的命令（因此，所有的替换命令都会在不匹配分支模式的行上执行）。

如果某行匹配了分支模式， sed编辑器就会跳转到带有分支标签的那行。因此，只有最后一个替换命令会执行。

这个例子演示了跳转到sed脚本后面的标签上。也可以跳转到脚本中靠前面的标签上，这样就达到了循环的效果。

```
$ echo "This, is, a, test, to, remove, commas." | sed -n '{
> :start
> s/,//1p
> b start
> }'
This is, a, test, to, remove, commas.
This is a, test, to, remove, commas.
This is a test, to, remove, commas.
This is a test to, remove, commas.
This is a test to remove, commas.
This is a test to remove commas.
^C
$
```

脚本的每次迭代都会删除文本中的第一个逗号，并打印字符串。这个脚本有个问题：它永远不会结束。这就形成了一个无穷循环，不停地查找逗号，直到使用Ctrl+C组合键发送一个信号，手动停止这个脚本。

要防止这个问题，可以为分支命令指定一个地址模式来查找。如果没有模式，跳转就应该结束。

```
$ echo "This, is, a, test, to, remove, commas." | sed -n '{
> :start
> s/,//1p
> /,/b start
> }'
This is, a, test, to, remove, commas.
This is a, test, to, remove, commas.
This is a test, to, remove, commas.
This is a test to, remove, commas.
This is a test to remove, commas.
This is a test to remove commas.
$
```

现在分支命令只会在行中有逗号的情况下跳转。在最后一个逗号被删除后，分支命令不会再执行，脚本也就能正常停止了。

21.4.2 测试

类似于分支命令，测试（`test`）命令（`t`）也可以用来改变sed编辑器脚本的执行流程。测试命令会根据替换命令的结果跳转到某个标签，而不是根据地址进行跳转。

如果替换命令成功匹配并替换了一个模式，测试命令就会跳转到指定的标签。如果替换命令未能匹配指定的模式，测试命令就不会跳转。

测试命令使用与分支命令相同的格式。

```
[address]t [label]
```

跟分支命令一样，在没有指定标签的情况下，如果测试成功，sed会跳转到脚本的结尾。

测试命令提供了对数据流中的文本执行基本的`if-then`语句的一个低成本办法。举个例子，如果已经做了一个替换，不需要再做另一个替换，那么测试命令能帮上忙。

```
$ sed '{
> s/first/matched/
> t
> s/This is the/No match on/
> }' data2.txt
No match on header line
This is the matched data line
No match on second data line
No match on last line
$
```

第一个替换命令会查找模式文本`first`。如果匹配了行中的模式，它就会替换文本，而且测试命令会跳过后面的替换命令。如果第一个替换命令未能匹配模式，第二个替换命令就会被执行。

有了测试命令，你就能结束之前用分支命令形成的无限循环。

```
$ echo "This, is, a, test, to, remove, commas. " | sed -n '{
> :start
> s/,//1p
> t start
> }'
This is, a, test, to, remove, commas.
This is a, test, to, remove, commas.
This is a test, to, remove, commas.
This is a test to, remove, commas.
This is a test to remove, commas.
This is a test to remove commas.
$
```

当无需替换时，测试命令不会跳转而是继续执行剩下的脚本。

21.5　模式替代

你已经知道了如何在`sed`命令中使用模式来替代数据流中的文本。然而在使用通配符时，很难知道到底哪些文本会匹配模式。

举个例子，假如你想在行中匹配的单词两边上放上引号。如果你只是要匹配模式中的一个单词，那就非常简单。

```
$ echo "The cat sleeps in his hat." | sed 's/cat/"cat"/'
The "cat" sleeps in his hat.
$
```

但如果你在模式中用通配符（.）来匹配多个单词呢？

```
$ echo "The cat sleeps in his hat." | sed 's/.at/".at"/g'
The ".at" sleeps in his ".at".
$
```

模式字符串用点号通配符来匹配at前面的一个字母。遗憾的是，用于替代的字符串无法匹配已匹配单词中的通配符字符。

21.5.1 &符号

sed编辑器提供了一个解决办法。&符号可以用来代表替换命令中的匹配的模式。不管模式匹配的是什么样的文本，你都可以在替代模式中使用&符号来使用这段文本。这样就可以操作模式所匹配到的任何单词了。

```
$ echo "The cat sleeps in his hat." | sed 's/.at/"&"/g'
The "cat" sleeps in his "hat".
$
```

当模式匹配了单词cat，`"cat"`就会出现在了替换后的单词里。当它匹配了单词hat，`"hat"`就出现在了替换后的单词中。

21.5.2 替代单独的单词

&符号会提取匹配替换命令中指定模式的整个字符串。有时你只想提取这个字符串的一部分。当然可以这么做，只是要稍微花点心思而已。

sed编辑器用圆括号来定义替换模式中的子模式。你可以在替代模式中使用特殊字符来引用每个子模式。替代字符由反斜线和数字组成。数字表明子模式的位置。sed编辑器会给第一个子模式分配字符`\1`，给第二个子模式分配字符`\2`，依此类推。

警告 当在替换命令中使用圆括号时，必须用转义字符将它们标示为分组字符而不是普通的圆括号。这跟转义其他特殊字符正好相反。

来看一个在sed编辑器脚本中使用这个特性的例子。

```
$ echo "The System Administrator manual" | sed '
> s/\(System\) Administrator/\1 User/'
The System User manual
$
```

这个替换命令用一对圆括号将单词System括起来，将其标示为一个子模式。然后它在替代模式中使用`\1`来提取第一个匹配的子模式。这没什么特别的，但在处理通配符模式时却特别有用。

如果需要用一个单词来替换一个短语，而这个单词刚好是该短语的子字符串，但那个子字符串碰巧使用了通配符，这时使用子模式会方便很多。

```
$ echo "That furry cat is pretty" | sed 's/furry \(.at\)/\1/'
That cat is pretty
$
$ echo "That furry hat is pretty" | sed 's/furry \(.at\)/\1/'
That hat is pretty
$
```

在这种情况下，你不能用&符号，因为它会替换整个匹配的模式。子模式提供了答案，允许你选择将模式中的某部分作为替代模式。

当需要在两个或多个子模式间插入文本时，这个特性尤其有用。这里有个脚本，它使用子模式在大数字中插入逗号。

```
$ echo "1234567" | sed '{
> :start
> s/\(.*[0-9]\)\([0-9]\{3\}\)/\1,\2/
> t start
> }'
1,234,567
$
```

这个脚本将匹配模式分成了两部分。

```
.*[0-9]
[0-9]{3}
```

这个模式会查找两个子模式。第一个子模式是以数字结尾的任意长度的字符。第二个子模式是若干组三位数字（关于如何在正则表达式中使用花括号的内容可参考第20章）。如果这个模式在文本中找到了，替代文本会在两个子模式之间加一个逗号，每个子模式都会通过其位置来标示。这个脚本使用测试命令来遍历这个数字，直到放置好所有的逗号。

21.6　在脚本中使用 sed

现在你已经认识了sed编辑器的各个部分，是时候将它们综合运用在shell脚本中了。本节将会演示一些你应该知道的特性，在脚本中使用sed编辑器时会用得着它们。

21.6.1　使用包装脚本

你可能已经注意到，实现sed编辑器脚本的过程很烦琐，尤其是脚本很长的话。可以将sed编辑器命令放到shell包装脚本（wrapper）中，不用每次使用时都重新键入整个脚本。包装脚本充当着sed编辑器脚本和命令行之间的中间人角色。

在shell脚本中，可以将普通的shell变量及参数和sed编辑器脚本一起使用。这里有个将命令行参数变量作为sed脚本输入的例子。

```
$ cat reverse.sh
#!/bin/bash
# Shell wrapper for sed editor script.
#               to reverse text file lines.
```

```
#
sed -n '{ 1!G ; h ; $p }' $1
#
$
```

名为reverse的shell脚本用sed编辑器脚本来反转数据流中的文本行。它使用shell参数`$1`从命令行中提取第一个参数，这正是需要进行反转的文件名。

```
$ ./reverse.sh data2.txt
This is the last line.
This is the second data line.
This is the first data line.
This is the header line.
$
```

现在你能在任何文件上轻松使用这个sed编辑器脚本，再不用每次都在命令行上重新输入了。

21.6.2 重定向 sed 的输出

默认情况下，sed编辑器会将脚本的结果输出到`STDOUT`上。你可以在shell脚本中使用各种标准方法对sed编辑器的输出进行重定向。

可以在脚本中用`$()`将sed编辑器命令的输出重定向到一个变量中，以备后用。下面的例子使用sed脚本来向数值计算结果添加逗号。


```
$ cat fact.sh
#!/bin/bash
# Add commas to number in factorial answer
#
factorial=1
counter=1
number=$1
#
while [ $counter -le $number ]
do
   factorial=$[ $factorial * $counter ]
   counter=$[ $counter + 1 ]
done
#
result=$(echo $factorial | sed '{
:start
s/\(.*[0-9]\)\([0-9]\{3\}\)/\1,\2/
t start
}')
#
echo "The result is $result"
#
$
$ ./fact.sh 20
The result is 2,432,902,008,176,640,000
$
```

在使用普通的阶乘计算脚本后，脚本的结果会被作为sed编辑器脚本的输入，它会给结果加上逗号。然后echo语句使用这个值产生最终结果。

21.7　创建 sed 实用工具

如同在本章前面的那些简短例子中看到的，可以使用sed编辑器进行大量很酷的数据格式化工作。本节展示了一些方便趁手、众所周知的sed编辑器脚本，可以帮助我们进行常见的数据处理工作。

21.7.1　加倍行间距

首先，让我们看一个向文本文件的行间插入空白行的简单sed脚本。

```
$ sed 'G' data2.txt
This is the header line.

This is the first data line.

This is the second data line.

This is the last line.

$
```

看起来相当简单！这个技巧的关键在于保持空间的默认值。记住，G命令会简单地将保持空间内容附加到模式空间内容后。当启动sed编辑器时，保持空间只有一个空行。将它附加到已有行后面，你就在已有行后面创建了一个空白行。

你可能已经注意到了，这个脚本在数据流的最后一行后面也加了一个空白行，使得文件的末尾也产生了一个空白行。如果你不想要这个空白行，可以用排除符号（!）和尾行符号（$）来确保脚本不会将空白行加到数据流的最后一行后面。

```
$ sed '$!G' data2.txt
This is the header line.

This is the first data line.

This is the second data line.

This is the last line.
$
```

现在看起来好一些了。只要该行不是最后一行，G命令就会附加保持空间内容。当sed编辑器到了最后一行时，它会跳过G命令。

21.7.2　对可能含有空白行的文件加倍行间距

再进一步探索上面的例子：如果文本文件已经有一些空白行，但你想给所有行加倍行间距要怎么办呢？如果用前面的脚本，有些区域会有太多的空白行，因为每个已有的空白行也会被加倍。

```
$ cat data6.txt
This is line one.
This is line two.

This is line three.
This is line four.
$
$ sed '$!G' data6.txt
This is line one.

This is line two.




This is line three.

This is line four.
$
```

现在，在原来空白行的位置有了三个空白行。这个问题的解决办法是，首先删除数据流中的所有空白行，然后用G命令在所有行后插入新的空白行。要删除已有的空白行，需要将d命令和一个匹配空白行的模式一起使用。

```
/^$/d
```

这个模式使用了行首符号（^）和行尾符号（$）。将这个模式加到脚本中会生成想要的结果。


```
$ sed '/^$/d ; $!G' data6.txt
This is line one.

This is line two.

This is line three.

This is line four.
$
```

完美！和预期的结果一模一样。

21.7.3 给文件中的行编号

第19章演示了如何用等号来显示数据流中行的行号。

```
$ sed '=' data2.txt
1
This is the header line.
2
This is the first data line.
3
This is the second data line.
4
This is the last line.
$
```

这可能有点难看，因为行号是在数据流中实际行的上方。比较好的解决办法是将行号和文本放在同一行。

你已经知道如何用N命令合并行，在sed脚本中使用这个命令应该不难。这个工具的技巧在于不能将两个命令放到同一个脚本中。

在获得了等号命令的输出之后，你可以通过管道将输出传给另一个sed编辑器脚本，它会使用N命令来合并这两行。还需要用替换命令将换行符更换成空格或制表符。最终的解决办法看起来如下。

```
$ sed '=' data2.txt | sed 'N; s/\n/ /'
1 This is the header line.
2 This is the first data line.
3 This is the second data line.
4 This is the last line.
$
```

现在看起来好多了。在查看错误消息的行号时，这是一个很好用的小工具。

有些bash shell命令也可以添加行号，但它们会另外加入一些东西（有可能是不需要的间隔）。

```
$ nl data2.txt
     1  This is the header line.
     2  This is the first data line.
     3  This is the second data line.
     4  This is the last line.
$
$ cat -n data2.txt
     1  This is the header line.
     2  This is the first data line.
     3  This is the second data line.
     4  This is the last line.
$
```

21.7.4　打印末尾行

到目前为止，你已经知道如何用p命令来打印数据流中所有的或者是匹配某个特定模式的行。如果只需处理一个长输出（比如日志文件）中的末尾几行，要怎么办呢？

美元符代表数据流中最后一行，所以只显示最后一行很容易。

```
$ sed -n '$p' data2.txt
This is the last line.
$
```

那么，如何用美元符来显示数据流末尾的若干行呢？答案是创建**滚动窗口**。

滚动窗口是检验模式空间中文本行块的常用方法，它使用N命令将这些块合并起来。N命令将下一行文本附加到模式空间中已有文本行后面。一旦你在模式空间有了一个10行的文本块，你可以用美元符来检查你是否已经处于数据流的尾部。如果不在，就继续向模式空间增加行，同时删除原来的行（记住，D命令会删除模式空间的第一行）。

通过循环N命令和D命令，你在向模式空间的文本行块增加新行的同时也删除了旧行。分支命令非常适合这个循环。要结束循环，只要识别出最后一行并用q命令退出就可以了。

最终的sed编辑器脚本看起来如下。

```
$ cat data7.txt
This is line 1.
This is line 2.
This is line 3.
This is line 4.
This is line 5.
This is line 6.
This is line 7.
This is line 8.
This is line 9.
This is line 10.
This is line 11.
This is line 12.
This is line 13.
This is line 14.
This is line 15.
$
$ sed '{
> :start
> $q ; N ; 11,$D
> b start
> }' data7.txt
This is line 6.
This is line 7.
This is line 8.
This is line 9.
This is line 10.
This is line 11.
This is line 12.
This is line 13.
This is line 14.
This is line 15.
$
```

这个脚本会首先检查这行是不是数据流中最后一行。如果是，退出（quit）命令会停止循环。N命令会将下一行附加到模式空间中当前行之后。如果当前行在第10行后面，11,$D命令会删除模式空间中的第一行。这就会在模式空间中创建出滑动窗口效果。因此，这个sed程序脚本只会显示出data7.txt文件最后10行。

21.7.5 删除行

另一个有用的sed编辑器工具是删除数据流中不需要的空白行。删除数据流中的所有空白行很容易，但要选择性地删除空白行则需要一点创造力。本节将会给出一些简短的sed编辑器脚本，它们可以用来帮助删除数据中不需要的空白行。

1. 删除连续的空白行

数据文件中出现多余的空白行会非常让人讨厌。通常，数据文件中都会有空白行，但有时由于数据行的缺失，会产生过多的空白行（就像之前加倍行间距例子中所见到的那样）。

删除连续空白行的最简单办法是用地址区间来检查数据流。第19章介绍了如何在地址中使用区间，包括如何在地址区间中加入模式。sed编辑器会对所有匹配指定地址区间的行执行该命令。

删除连续空白行的关键在于创建包含一个非空白行和一个空白行的地址区间。如果sed编辑器遇到了这个区间，它不会删除行。但对于不匹配这个区间的行（两个或更多的空白行），它会删除这些行。

下面是完成这个操作的脚本。

```
/./,/^$/!d
```

区间是`/./`到`/^$/`。区间的开始地址会匹配任何含有至少一个字符的行。区间的结束地址会匹配一个空行。在这个区间内的行不会被删除。

下面是实际的脚本。

```
$ cat data8.txt
This is line one.


This is line two.

This is line three.



This is line four.
$
$ sed '/./,/^$/!d' data8.txt
This is line one.

This is line two.

This is line three.

This is line four.
$
```

无论文件的数据行之间出现了多少空白行，在输出中只会在行间保留一个空白行。

2. 删除开头的空白行

数据文件开头有多个空白行时也很烦人。通常，在将数据从文本文件导入到数据库时，空白行会产生一些空项，涉及这些数据的计算都得作废。

删除数据流顶部的空白行不难。下面是完成这个功能的脚本。

```
/./,$!d
```

这个脚本用地址区间来决定哪些行要删掉。这个区间从含有字符的行开始，一直到数据流结束。在这个区间内的任何行都不会从输出中删除。这意味着含有字符的第一行之前的任何行都会删除。

来看看这个简单的脚本。

```
$ cat data9.txt


This is line one.

This is line two.
$
$ sed '/./,$!d' data9.txt
This is line one.

This is line two.
$
```

测试文件在数据行之前有两个空白行。这个脚本成功地删除了开头的两个空白行，保留了数据中的空白行。

3. 删除结尾的空白行

很遗憾，删除结尾的空白行并不像删除开头的空白行那么容易。就跟打印数据流的结尾一样，删除数据流结尾的空白行也需要花点心思，利用循环来实现。

在开始讨论前，先看看脚本是什么样的。

```
sed '{
:start
/^\n*$/{$d; N; b start }
}'
```

可能乍一看有点奇怪。注意，在正常脚本的花括号里还有花括号。这允许你在整个命令脚本中将一些命令分组。该命令组会被应用在指定的地址模式上。地址模式能够匹配只含有一个换行符的行。如果找到了这样的行，而且还是最后一行，删除命令会删掉它。如果不是最后一行，N命令会将下一行附加到它后面，分支命令会跳到循环起始位置重新开始。

下面是实际的脚本。

```
$ cat data10.txt
This is the first line.
This is the second line.




$ sed '{
> :start
> /^\n*$/{$d ; N ; b start }
> }' data10.txt
This is the first line.
This is the second line.
$
```

这个脚本成功删除了文本文件结尾的空白行。

21.7.6　删除 HTML 标签

现如今，从网站下载文本并将其保存或用作应用程序的数据并不罕见。但当你从网站下载文本时，有时其中也包含了用于数据格式化的HTML标签。如果你只是查看数据，这会是个问题。

标准的HTML Web页面包含一些不同类型的HTML标签，标明了正确显示页面信息所需要的格式化功能。这里有个HTML文件的例子。

```
$ cat data11.txt
<html>
<head>
<title>This is the page title</title>
</head>
<body>
<p>
This is the <b>first</b> line in the Web page.
This should provide some <i>useful</i>
information to use in our sed script.
</body>
</html>
$
```

HTML标签由小于号和大于号来识别。大多数HTML标签都是成对出现的：一个起始标签（比如`<b>`用来加粗），以及另一个结束标签（比如`</b>`用来结束加粗）。

但如果不够小心的话，删除HTML标签可能会带来问题。乍一看，你可能认为删除HTML标签的办法就是查找以小于号（<）开头、大于号（>）结尾且其中有数据的文本字符串：

```
s/<.*>//g
```

很遗憾，这个命令会出现一些意料之外的结果。

```
$ sed 's/<.*>//g' data11.txt






This is the  line in the Web page.
This should provide some
information to use in our sed script.


$
```

注意，标题文本以及加粗和倾斜的文本都不见了。sed编辑器将这个脚本忠实地理解为小于号和大于号之间的任何文本，且包括其他的小于号和大于号。每次文本出现在HTML标签中（比如`<b>first</b>`），这个sed脚本都会删掉整个文本。

这个问题的解决办法是让sed编辑器忽略掉任何嵌入到原始标签中的大于号。要这么做的话，你可以创建一个字符组来排除大于号。脚本改为：

```
s/<[^>]*>//g
```

这个脚本现在能够正常工作了，它会显示你要在Web页面HTML代码里看到的数据。

```
$ sed 's/<[^>]*>//g' data11.txt


This is the page title




This is the first line in the Web page.
This should provide some useful
information to use in our sed script.


$
```

现在好一些了。要想看起来更清晰一些，可以加一条删除命令来删除多余的空白行。

```
$ sed 's/<[^>]*>//g ; /^$/d' data11.txt
This is the page title
This is the first line in the Web page.
This should provide some useful
information to use in our sed script.
$
```

现在紧凑多了，只有你想要看的数据。

21.8　小结

sed编辑器提供了一些高级特性，允许你处理跨多行的文本模式。本章介绍了如何使用next命令来提取数据流中的下一行，并将它放到模式空间中。只要在模式空间中，就可以执行复杂的替换命令来替换跨行的短语。

多行删除命令允许在模式空间含有两行或更多行时删除第一行文本。这是遍历数据流中多行文本的简便办法。类似地，多行打印命令允许在模式空间含有两行或更多行时只打印第一行文本。你可以综合运用多行命令来遍历数据流，并创建多行替换系统。

紧接着，本章讲述了保持空间。保持空间允许在处理多行文本时先将某些文本行搁置在一边。你可以在任何时间取回保持空间的内容来替换模式空间的文本，或将其附加到模式空间文本后。可以使用保持空间对数据流排序，反转文本行在数据中出现的顺序。

本章还讨论了sed编辑器的流控制命令。你可以使用分支命令改变脚本中sed编辑器命令正常的处理流程，创建循环或在特定条件下跳过某些命令。测试命令为sed编辑器命令脚本提供了if-then类型的语句。测试命令只在前面的替换命令成功完成替换的情况下才会跳转。

本章最后讨论了如何在shell脚本中使用sed脚本。对大型sed脚本来说，常用的方法是将脚本放到shell包装脚本中。可以在sed脚本中使用命令行参数变量来传递shell命令行的值。这为在命令行上甚至在其他脚本中直接使用sed编辑器脚本提供了一个简便的途径。

接下来我们将会深入gawk世界。gawk程序支持许多高阶编程语言特性。只用gawk就可创建一些相当复杂的数据处理及报表程序。下一章会介绍gawk的各种语言特性，并演示如何用它们从简单数据中生成漂亮的报表。

第 22 章

gawk进阶

22

本章内容

- 再探gawk
- 在gawk程序中使用变量
- 使用结构化命令
- 格式化打印
- 使用函数

第19章介绍了gawk程序，并演示了用它从原始数据文件生成格式化报表的基本方法。本章将进一步深入了解如何定制gawk。gawk是一门功能丰富的编程语言，你可以通过它所提供的各种特性来编写高级程序处理数据。如果你在接触shell脚本前用过其他编程语言，那么gawk会让你感到十分亲切。在本章，你将会了解如何使用gawk编程语言来编写程序，处理可能遇到的各种数据格式化任务。

22.1 使用变量

所有编程语言共有的一个重要特性是使用变量来存取值。gawk编程语言支持两种不同类型的变量：

- 内建变量
- 自定义变量

gawk有一些内建变量。这些变量存放用来处理数据文件中的数据字段和记录的信息。你也可以在gawk程序里创建你自己的变量。下面几节将带你逐步了解如何在gawk程序里使用变量。

22.1.1 内建变量

gawk程序使用内建变量来引用程序数据里的一些特殊功能。本节将介绍gawk程序中可用的内建变量并演示如何使用它们。

1. 字段和记录分隔符变量

第19章演示了gawk中的一种内建变量类型——*数据字段变量*。数据字段变量允许你使用美元符号（$）和字段在该记录中的位置值来引用记录对应的字段。因此，要引用记录中的第一个数据字段，就用变量$1；要引用第二个字段，就用$2，依次类推。

数据字段是由字段分隔符来划定的。默认情况下，字段分隔符是一个空白字符，也就是空格符或者制表符。第19章讲了如何在命令行下使用命令行参数-F或者在gawk程序中使用特殊的内建变量FS来更改字段分隔符。

内建变量FS是一组内建变量中的一个，这组变量用于控制gawk如何处理输入输出数据中的字段和记录。表22-1列出了这些内建变量。

表22-1　gawk数据字段和记录变量

变　　量	描　　述
FIELDWIDTHS	由空格分隔的一列数字，定义了每个数据字段确切宽度
FS	输入字段分隔符
RS	输入记录分隔符
OFS	输出字段分隔符
ORS	输出记录分隔符

变量FS和OFS定义了gawk如何处理数据流中的数据字段。你已经知道了如何使用变量FS来定义记录中的字段分隔符。变量OFS具备相同的功能，只不过是用在print命令的输出上。

默认情况下，gawk将OFS设成一个空格，所以如果你用命令：

```
print $1,$2,$3
```

会看到如下输出：

```
field1 field2 field3
```

在下面的例子里，你能看到这点。

```
$ cat data1
data11,data12,data13,data14,data15
data21,data22,data23,data24,data25
data31,data32,data33,data34,data35
$ gawk 'BEGIN{FS=","} {print $1,$2,$3}' data1
data11 data12 data13
data21 data22 data23
data31 data32 data33
$
```

print命令会自动将OFS变量的值放置在输出中的每个字段间。通过设置OFS变量，可以在输出中使用任意字符串来分隔字段。

```
$ gawk 'BEGIN{FS=","; OFS="-"} {print $1,$2,$3}' data1
data11-data12-data13
data21-data22-data23
data31-data32-data33
$ gawk 'BEGIN{FS=","; OFS="--"} {print $1,$2,$3}' data1
data11--data12--data13
```

```
data21--data22--data23
data31--data32--data33
$ gawk 'BEGIN{FS=","; OFS="<-->"} {print $1,$2,$3}' data1
data11<-->data12<-->data13
data21<-->data22<-->data23
data31<-->data32<-->data33
$
```

FIELDWIDTHS变量允许你不依靠字段分隔符来读取记录。在一些应用程序中，数据并没有使用字段分隔符，而是被放置在了记录中的特定列。这种情况下，必须设定FIELDWIDTHS变量来匹配数据在记录中的位置。

一旦设置了FIELDWIDTH变量，gawk就会忽略FS变量，并根据提供的字段宽度来计算字段。下面是个采用字段宽度而非字段分隔符的例子。

```
$ cat data1b
1005.3247596.37
115-2.349194.00
05810.1298100.1
$ gawk 'BEGIN{FIELDWIDTHS="3 5 2 5"}{print $1,$2,$3,$4}' data1b
100 5.324 75 96.37
115 -2.34 91 94.00
058 10.12 98 100.1
$
```

FIELDWIDTHS变量定义了四个字段，gawk依此来解析数据记录。每个记录中的数字串会根据已定义好的字段长度来分割。

警告 一定要记住，一旦设定了FIELDWIDTHS变量的值，就不能再改变了。这种方法并不适用于变长的字段。

变量RS和ORS定义了gawk程序如何处理数据流中的记录。默认情况下，gawk将RS和ORS设为换行符。默认的RS值表明，输入数据流中的每行新文本就是一条新纪录。

有时，你会在数据流中碰到占据多行的字段。典型的例子是包含地址和电话号码的数据，其中地址和电话号码各占一行。

```
Riley Mullen
123 Main Street
Chicago, IL 60601
(312)555-1234
```

如果你用默认的FS和RS变量值来读取这组数据，gawk就会把每行作为一条单独的记录来读取，并将记录中的空格当作字段分隔符。这可不是你希望看到的。

要解决这个问题，只需把FS变量设置成换行符。这就表明数据流中的每行都是一个单独的字段，每行上的所有数据都属于同一个字段。但现在令你头疼的是无从判断一个新的数据行从何开始。

对于这一问题，可以把RS变量设置成空字符串，然后在数据记录间留一个空白行。gawk会把每个空白行当作一个记录分隔符。

下面的例子使用了这种方法。

```
$ cat data2
Riley Mullen
123 Main Street
Chicago, IL  60601
(312)555-1234

Frank Williams
456 Oak Street
Indianapolis, IN  46201
(317)555-9876

Haley Snell
4231 Elm Street
Detroit, MI 48201
(313)555-4938
$ gawk 'BEGIN{FS="\n"; RS=""} {print $1,$4}' data2
Riley Mullen (312)555-1234
Frank Williams (317)555-9876
Haley Snell (313)555-4938
$
```

太好了，现在gawk把文件中的每行都当成一个字段，把空白行当作记录分隔符。

2. 数据变量

除了字段和记录分隔符变量外，gawk还提供了其他一些内建变量来帮助你了解数据发生了什么变化，并提取shell环境的信息。表22-2列出了gawk中的其他内建变量。

表22-2　更多的gawk内建变量

变　　量	描　　述
ARGC	当前命令行参数个数
ARGIND	当前文件在ARGV中的位置
ARGV	包含命令行参数的数组
CONVFMT	数字的转换格式（参见printf语句），默认值为%.6 g
ENVIRON	当前shell环境变量及其值组成的关联数组
ERRNO	当读取或关闭输入文件发生错误时的系统错误号
FILENAME	用作gawk输入数据的数据文件的文件名
FNR	当前数据文件中的数据行数
IGNORECASE	设成非零值时，忽略gawk命令中出现的字符串的字符大小写
NF	数据文件中的字段总数
NR	已处理的输入记录数
OFMT	数字的输出格式，默认值为%.6 g
RLENGTH	由match函数所匹配的子字符串的长度
RSTART	由match函数所匹配的子字符串的起始位置

你应该能从上面的列表中认出一些shell脚本编程中的变量。ARGC和ARGV变量允许从shell中获得命令行参数的总数以及它们的值。但这可能有点麻烦，因为gawk并不会将程序脚本当成命令行参数的一部分。

```
$ gawk 'BEGIN{print ARGC,ARGV[1]}' data1
2 data1
$
```

ARGC变量表明命令行上有两个参数。这包括gawk命令和data1参数（记住，程序脚本并不算参数）。ARGV数组从索引0开始，代表的是命令。第一个数组值是gawk命令后的第一个命令行参数。

说明 跟shell变量不同，在脚本中引用gawk变量时，变量名前不加美元符。

ENVIRON变量看起来可能有点陌生。它使用关联数组来提取shell环境变量。关联数组用文本作为数组的索引值，而不是数值。

数组索引中的文本是shell环境变量名，而数组的值则是shell环境变量的值。下面有个例子。

```
$ gawk '
> BEGIN{
> print ENVIRON["HOME"]
> print ENVIRON["PATH"]
> }'
/home/rich
/usr/local/bin:/bin:/usr/bin:/usr/X11R6/bin
$
```


ENVIRON["HOME"]变量从shell中提取了HOME环境变量的值。类似地，ENVIRON["PATH"]提取了PATH环境变量的值。可以用这种方法来从shell中提取任何环境变量的值，以供gawk程序使用。

当要在gawk程序中跟踪数据字段和记录时，变量FNR、NF和NR用起来就非常方便。有时你并不知道记录中到底有多少个数据字段。NF变量可以让你在不知道具体位置的情况下指定记录中的最后一个数据字段。

```
$ gawk 'BEGIN{FS=":"; OFS=":"} {print $1,$NF}' /etc/passwd
rich:/bin/bash
testy:/bin/csh
mark:/bin/bash
dan:/bin/bash
mike:/bin/bash
test:/bin/bash
$
```

NF变量含有数据文件中最后一个数据字段的数字值。可以在它前面加个美元符将其用作字段变量。

FNR和NR变量虽然类似，但又略有不同。FNR变量含有当前数据文件中已处理过的记录数，NR变量则含有已处理过的记录总数。让我们看几个例子来了解一下这个差别。

```
$ gawk 'BEGIN{FS=","}{print $1,"FNR="FNR}' data1 data1
data11 FNR=1
data21 FNR=2
data31 FNR=3
data11 FNR=1
data21 FNR=2
data31 FNR=3
$
```

在这个例子中，gawk程序的命令行定义了两个输入文件（两次指定的是同样的输入文件）。这个脚本会打印第一个数据字段的值和FNR变量的当前值。注意，当gawk程序处理第二个数据文件时，FNR值被设回了1。

现在，让我们加上NR变量看看会输出什么。

```
$ gawk '
> BEGIN {FS=","}
> {print $1,"FNR="FNR,"NR="NR}
> END{print "There were",NR,"records processed"}' data1 data1
data11 FNR=1 NR=1
data21 FNR=2 NR=2
data31 FNR=3 NR=3
data11 FNR=1 NR=4
data21 FNR=2 NR=5
data31 FNR=3 NR=6
There were 6 records processed
$
```

FNR变量的值在gawk处理第二个数据文件时被重置了，而NR变量则在处理第二个数据文件时继续计数。结果就是：如果只使用一个数据文件作为输入，FNR和NR的值是相同的；如果使用多个数据文件作为输入，FNR的值会在处理每个数据文件时被重置，而NR的值则会继续计数直到处理完所有的数据文件。

说明　在使用gawk时你可能会注意到，gawk脚本通常会比shell脚本中的其他部分还要大一些。为了简单起见，在本章的例子中，我们利用shell的多行特性直接在命令行上运行了gawk脚本。在shell脚本中使用gawk时，应该将不同的gawk命令放到不同的行，这样会比较容易阅读和理解，不要在shell脚本中将所有的命令都塞到同一行。还有，如果你发现在不同的shell脚本中用到了同样的gawk脚本，记着将这段gawk脚本放到一个单独的文件中，并用-f参数来在shell脚本中引用它（参见第19章）。

22.1.2　自定义变量

跟其他典型的编程语言一样，gawk允许你定义自己的变量在程序代码中使用。gawk自定义变量名可以是任意数目的字母、数字和下划线，但不能以数字开头。重要的是，要记住gawk变量名区分大小写。

1. 在脚本中给变量赋值

在gawk程序中给变量赋值跟在shell脚本中赋值类似，都用赋值语句。

```
$ gawk '
> BEGIN{
> testing="This is a test"
> print testing
> }'
This is a test
$
```

print语句的输出是testing变量的当前值。跟shell脚本变量一样，gawk变量可以保存数值或文本值。

```
$ gawk '
> BEGIN{
> testing="This is a test"
> print testing
> testing=45
> print testing
> }'
This is a test
45
$
```

在这个例子中，testing变量的值从文本值变成了数值。

赋值语句还可以包含数学算式来处理数字值。

```
$ gawk 'BEGIN{x=4; x= x * 2 + 3; print x}'
11
$
```


如你在这个例子中看到的，gawk编程语言包含了用来处理数字值的标准算数操作符。其中包括求余符号（%）和幂运算符号（^或**）。

2. 在命令行上给变量赋值

也可以用gawk命令行来给程序中的变量赋值。这允许你在正常的代码之外赋值，即时改变变量的值。下面的例子使用命令行变量来显示文件中特定数据字段。

```
$ cat script1
BEGIN{FS=","}
{print $n}
$ gawk -f script1 n=2 data1
data12
data22
data32
$ gawk -f script1 n=3 data1
data13
data23
data33
$
```

这个特性可以让你在不改变脚本代码的情况下就能够改变脚本的行为。第一个例子显示了文件的第二个数据字段，第二个例子显示了第三个数据字段，只要在命令行上设置n变量的值就行。

使用命令行参数来定义变量值会有一个问题。在你设置了变量后，这个值在代码的BEGIN部分不可用。

```
$ cat script2
BEGIN{print "The starting value is",n; FS=","}
{print $n}
$ gawk -f script2 n=3 data1
The starting value is
data13
data23
data33
$
```

可以用-v命令行参数来解决这个问题。它允许你在BEGIN代码之前设定变量。在命令行上，-v命令行参数必须放在脚本代码之前。

```
$ gawk -v n=3 -f script2 data1
The starting value is 3
data13
data23
data33
$
```

现在在BEGIN代码部分中的变量n的值已经是命令行上设定的那个值了。

22.2　处理数组

为了在单个变量中存储多个值，许多编程语言都提供数组。gawk编程语言使用关联数组提供数组功能。

关联数组跟数字数组不同之处在于它的索引值可以是任意文本字符串。你不需要用连续的数字来标识数组中的数据元素。相反，关联数组用各种字符串来引用值。每个索引字符串都必须能够唯一地标识出赋给它的数据元素。如果你熟悉其他编程语言的话，就知道这跟散列表和字典是同一个概念。

后面几节将会带你逐步熟悉gawk程序中关联数组的用法。

22.2.1　定义数组变量

可以用标准赋值语句来定义数组变量。数组变量赋值的格式如下：

```
var[index] = element
```

其中*var*是变量名，*index*是关联数组的索引值，*element*是数据元素值。下面是一些gawk中数组变量的例子。

```
capital["Illinois"] = "Springfield"
capital["Indiana"] = "Indianapolis"
capital["Ohio"] = "Columbus"
```

在引用数组变量时，必须包含索引值来提取相应的数据元素值。

```
$ gawk 'BEGIN{
> capital["Illinois"] = "Springfield"
> print capital["Illinois"]
> }'
Springfield
$
```

在引用数组变量时，会得到数据元素的值。数据元素值是数字值时也一样。

```
$ gawk 'BEGIN{
> var[1] = 34
> var[2] = 3
> total = var[1] + var[2]
> print total
> }'
37
$
```

正如你在该例子中看到的，可以像使用gawk程序中的其他变量一样使用数组变量。

22.2.2 遍历数组变量

关联数组变量的问题在于你可能无法知晓索引值是什么。跟使用连续数字作为索引值的数字数组不同，关联数组的索引可以是任何东西。

如果要在gawk中遍历一个关联数组，可以用`for`语句的一种特殊形式。

```
for (var in array)
{
  statements
}
```

这个`for`语句会在每次循环时将关联数组`array`的下一个索引值赋给变量*`var`*，然后执行一遍*`statements`*。重要的是记住这个变量中存储的是索引值而不是数组元素值。可以将这个变量用作数组的索引，轻松地取出数据元素值。

```
$ gawk 'BEGIN{
> var["a"] = 1
> var["g"] = 2
> var["m"] = 3
> var["u"] = 4
> for (test in var)
> {
>    print "Index:",test," - Value:",var[test]
> }
> }'
Index: u  - Value: 4
Index: m  - Value: 3
Index: a  - Value: 1
Index: g  - Value: 2
$
```

注意，索引值不会按任何特定顺序返回，但它们都能够指向对应的数据元素值。明白这点很重要，因为你不能指望着返回的值都是有固定的顺序，只能保证索引值和数据值是对应的。

22.2.3　删除数组变量

从关联数组中删除数组索引要用一个特殊的命令。

```
delete array[index]
```

删除命令会从数组中删除关联索引值和相关的数据元素值。

```
$ gawk 'BEGIN{
> var["a"] = 1
> var["g"] = 2
> for (test in var)
> {
>    print "Index:",test," - Value:",var[test]
> }
> delete var["g"]
> print "---"
> for (test in var)
>    print "Index:",test," - Value:",var[test]
> }'
Index: a  - Value: 1
Index: g  - Value: 2
---
Index: a  - Value: 1
$
```

一旦从关联数组中删除了索引值，你就没法再用它来提取元素值。

22.3　使用模式

gawk程序支持多种类型的匹配模式来过滤数据记录，这一点跟sed编辑器大同小异。第19章已经介绍了两种特殊的模式在实践中的应用。BEGIN和END关键字是用来在读取数据流之前或之后执行命令的特殊模式。类似地，你可以创建其他模式在数据流中出现匹配数据时执行一些命令。

本节将会演示如何在gawk脚本中用匹配模式来限定程序脚本作用在哪些记录上。

22.3.1　正则表达式

第20章介绍了如何将正则表达式用作匹配模式。可以用基础正则表达式（BRE）或扩展正则表达式（ERE）来选择程序脚本作用在数据流中的哪些行上。

在使用正则表达式时，正则表达式必须出现在它要控制的程序脚本的左花括号前。

```
$ gawk 'BEGIN{FS=","} /11/{print $1}' data1
data11
$
```

正则表达式/11/匹配了数据字段中含有字符串11的记录。gawk程序会用正则表达式对记录中所有的数据字段进行匹配，包括字段分隔符。

```
$ gawk 'BEGIN{FS=","} /,d/{print $1}' data1
data11
data21
data31
$
```

这个例子使用正则表达式匹配了用作字段分隔符的逗号。这也并不总是件好事。它可能会造成如下问题：当试图匹配某个数据字段中的特定数据时，这些数据又出现在其他数据字段中。如果需要用正则表达式匹配某个特定的数据实例，应该使用匹配操作符。

22.3.2 匹配操作符

匹配操作符（matching operator）允许将正则表达式限定在记录中的特定数据字段。匹配操作符是波浪线（~）。可以指定匹配操作符、数据字段变量以及要匹配的正则表达式。

```
$1 ~ /^data/
```

$1变量代表记录中的第一个数据字段。这个表达式会过滤出第一个字段以文本data开头的所有记录。下面是在gawk程序脚本中使用匹配操作符的例子。

```
$ gawk 'BEGIN{FS=","} $2 ~ /^data2/{print $0}' data1
data21,data22,data23,data24,data25
$
```

匹配操作符会用正则表达式/^data2/来比较第二个数据字段，该正则表达式指明字符串要以文本data2开头。

这可是件强大的工具，gawk程序脚本中经常用它在数据文件中搜索特定的数据元素。

```
$ gawk -F: '$1 ~ /rich/{print $1,$NF}' /etc/passwd
rich /bin/bash
$
```

这个例子会在第一个数据字段中查找文本rich。如果在记录中找到了这个模式，它会打印该记录的第一个和最后一个数据字段值。

你也可以用!符号来排除正则表达式的匹配。

```
$1 !~ /expression/
```

如果记录中没有找到匹配正则表达式的文本，程序脚本就会作用到记录数据。

```
$ gawk -F: '$1 !~ /rich/{print $1,$NF}' /etc/passwd
root /bin/bash
daemon /bin/sh
bin /bin/sh
sys /bin/sh
--- output truncated ---
$
```

在这个例子中，gawk程序脚本会打印/etc/passwd文件中与用户ID rich不匹配的用户ID和登录shell。

22.3.3　数学表达式

除了正则表达式，你也可以在匹配模式中用数学表达式。这个功能在匹配数据字段中的数字值时非常方便。举个例子，如果你想显示所有属于root用户组（组ID为0）的系统用户，可以用这个脚本。

```
$ gawk -F: '$4 == 0{print $1}' /etc/passwd
root
sync
shutdown
halt
operator
$
```

这段脚本会查看第四个数据字段含有值0的记录。在这个Linux系统中，有五个用户账户属于root用户组。

可以使用任何常见的数学比较表达式。

- x == y：值*x*等于*y*。
- x <= y：值*x*小于等于*y*。
- x < y：值*x*小于*y*。
- x >= y：值*x*大于等于*y*。
- x > y：值*x*大于*y*。

也可以对文本数据使用表达式，但必须小心。跟正则表达式不同，表达式必须完全匹配。数据必须跟模式严格匹配。

```
$ gawk -F, '$1 == "data"{print $1}' data1
$
$ gawk -F, '$1 == "data11"{print $1}' data1
data11
$
```

第一个测试没有匹配任何记录，因为第一个数据字段的值不在任何记录中。第二个测试用值data11匹配了一条记录。

22.4　结构化命令

gawk编程语言支持常见的结构化编程命令。本节将会介绍这些命令，并演示如何在gawk编程环境中使用它们。

22.4.1　if 语句

gawk编程语言支持标准的if-then-else格式的if语句。你必须为if语句定义一个求值的条件，并将其用圆括号括起来。如果条件求值为TRUE，紧跟在if语句后的语句会执行。如果条件求值为FALSE，这条语句就会被跳过。可以用这种格式：

```
if (condition)
   statement1
```

也可以将它放在一行上，像这样：

```
if (condition) statement1
```

下面这个简单的例子演示了这种格式的。

```
$ cat data4
10
5
13
50
34
$ gawk '{if ($1 > 20) print $1}' data4
50
34
$
```

并不复杂。如果需要在if语句中执行多条语句，就必须用花括号将它们括起来。

```
$ gawk '{
> if ($1 > 20)
> {
>   x = $1 * 2
>   print x
> }
> }' data4
100
68
$
```


注意，不能弄混if语句的花括号和用来表示程序脚本开始和结束的花括号。如果弄混了，gawk程序能够发现丢失了花括号，并产生一条错误消息。

```
$ gawk '{
> if ($1 > 20)
> {
>    x = $1 * 2
>    print x
> }' data4
gawk: cmd. line:6: }
gawk: cmd. line:6:  ^ unexpected newline or end of string
$
```

gawk的if语句也支持else子句，允许在if语句条件不成立的情况下执行一条或多条语句。这里有个使用else子句的例子。

```
$ gawk '{
> if ($1 > 20)
> {
>    x = $1 * 2
>    print x
> } else
> {
```

```
>    x = $1 / 2
>    print x
> }}' data4
5
2.5
6.5
100
68
$
```

可以在单行上使用else子句，但必须在if语句部分之后使用分号。

```
if (condition) statement1; else statement2
```

以下是上一个例子的单行格式版本。

```
$ gawk '{if ($1 > 20) print $1 * 2; else print $1 / 2}' data4
5
2.5
6.5
100
68
$
```

这个格式更紧凑，但也更难理解。

22.4.2 while 语句

while语句为gawk程序提供了一个基本的循环功能。下面是while语句的格式。

```
while (condition)
{
  statements
}
```

while循环允许遍历一组数据，并检查迭代的结束条件。如果在计算中必须使用每条记录中的多个数据值，这个功能能帮得上忙。

```
$ cat data5
130 120 135
160 113 140
145 170 215
$ gawk '{
> total = 0
> i = 1
> while (i < 4)
> {
>    total += $i
>    i++
> }
> avg = total / 3
> print "Average:",avg
> }' data5
Average: 128.333
Average: 137.667
```

```
Average: 176.667
$
```

while语句会遍历记录中的数据字段，将每个值都加到total变量上，并将计数器变量i增值。当计数器值等于4时，while的条件变成了FALSE，循环结束，然后执行脚本中的下一条语句。这条语句会计算并打印出平均值。这个过程会在数据文件中的每条记录上不断重复。

gawk编程语言支持在while循环中使用break语句和continue语句，允许你从循环中跳出。

```
$ gawk '{
> total = 0
> i = 1
> while (i < 4)
> {
>    total += $i
>    if (i == 2)
>       break
>    i++
> }
> avg = total / 2
> print "The average of the first two data elements is:",avg
> }' data5
The average of the first two data elements is: 125
The average of the first two data elements is: 136.5
The average of the first two data elements is: 157.5
$
```

break语句用来在i变量的值为2时从while循环中跳出。

22.4.3 do-while 语句

do-while语句类似于while语句，但会在检查条件语句之前执行命令。下面是do-while语句的格式。

```
do
{
  statements
} while (condition)
```

这种格式保证了语句会在条件被求值之前至少执行一次。当需要在求值条件前执行语句时，这个特性非常方便。

```
$ gawk '{
> total = 0
> i = 1
> do
> {
>    total += $i
>    i++
> } while (total < 150)
> print total }' data5
250
160
```

```
315
$
```

这个脚本会读取每条记录的数据字段并将它们加在一起，直到累加结果达到150。如果第一个数据字段大于150（就像在第二条记录中看到的那样），则脚本会保证在条件被求值前至少读取第一个数据字段的内容。

22.4.4 for 语句

for语句是许多编程语言执行循环的常见方法。gawk编程语言支持C风格的for循环。

```
for( variable assignment; condition; iteration process)
```

将多个功能合并到一个语句有助于简化循环。

```
$ gawk '{
> total = 0
> for (i = 1; i < 4; i++)
> {
>    total += $i
> }
> avg = total / 3
> print "Average:",avg
> }' data5
Average: 128.333
Average: 137.667
Average: 176.667
$
```

定义了for循环中的迭代计数器，你就不用担心要像使用while语句一样自己负责给计数器增值了。

22.5 格式化打印

你可能已经注意到了print语句在gawk如何显示数据上并未提供多少控制。你能做的只是控制输出字段分隔符（OFS）。如果要创建详尽的报表，通常需要为数据选择特定的格式和位置。

解决办法是使用格式化打印命令，叫作printf。如果你熟悉C语言编程的话，gawk中的printf命令用法也是一样，允许指定具体如何显示数据的指令。

下面是printf命令的格式：

```
printf "format string", var1, var2 . . .
```

format string是格式化输出的关键。它会用文本元素和格式化指定符来具体指定如何呈现格式化输出。格式化指定符是一种特殊的代码，会指明显示什么类型的变量以及如何显示。gawk程序会将每个格式化指定符作为占位符，供命令中的变量使用。第一个格式化指定符对应列出的第一个变量，第二个对应第二个变量，依此类推。

格式化指定符采用如下格式：

```
%[modifier]control-letter
```

其中control-letter是一个单字符代码，用于指明显示什么类型的数据，而modifier则定义了可选的格式化特性。表22-3列出了可用在格式化指定符中的控制字母。

表22-3 格式化指定符的控制字母

控制字母	描 述
c	将一个数作为ASCII字符显示
d	显示一个整数值
i	显示一个整数值（跟d一样）
e	用科学计数法显示一个数
f	显示一个浮点值
g	用科学计数法或浮点数显示（选择较短的格式）
o	显示一个八进制值
s	显示一个文本字符串
x	显示一个十六进制值
X	显示一个十六进制值，但用大写字母A~F

因此，如果你需要显示一个字符串变量，可以用格式化指定符%s。如果你需要显示一个整数值，可以用%d或%i（%d是十进制数的C风格显示方式）。如果你要用科学计数法显示很大的值，就用%e格式化指定符。


```
$ gawk 'BEGIN{
> x = 10 * 100
> printf "The answer is: %e\n", x
> }'
The answer is: 1.000000e+03
$
```

除了控制字母外，还有3种修饰符可以用来进一步控制输出。

- width：指定了输出字段最小宽度的数字值。如果输出短于这个值，printf会将文本右对齐，并用空格进行填充。如果输出比指定的宽度还要长，则按照实际的长度输出。
- prec：这是一个数字值，指定了浮点数中小数点后面位数，或者文本字符串中显示的最大字符数。
- -（减号）：指明在向格式化空间中放入数据时采用左对齐而不是右对齐。

在使用printf语句时，你可以完全控制输出样式。举个例子，在22.1.1节，我们用print命令来显示数据行中的数据字段。

```
$ gawk 'BEGIN{FS="\n"; RS=""} {print $1,$4}' data2
Riley Mullen (312)555-1234
Frank Williams (317)555-9876
Haley Snell (313)555-4938
$
```

可以用printf命令来帮助格式化输出，使得输出信息看起来更美观。首先，让我们将print命令转换成printf命令，看看会怎样。

```
$ gawk 'BEGIN{FS="\n"; RS=""} {printf "%s %s\n", $1, $4}' data2
Riley Mullen (312)555-1234
Frank Williams (317)555-9876
Haley Snell (313)555-4938
$
```

它会产生跟print命令相同的输出。printf命令用%s格式化指定符来作为这两个字符串值的占位符。

注意，你需要在printf命令的末尾手动添加换行符来生成新行。没添加的话，printf命令会继续在同一行打印后续输出。

如果需要用几个单独的printf命令在同一行上打印多个输出，这就会非常有用。

```
$ gawk 'BEGIN{FS=","} {printf "%s ", $1} END{printf "\n"}' data1
data11 data21 data31
$
```

每个printf的输出都会出现在同一行上。为了终止该行，END部分打印了一个换行符。

下一步，用修饰符来格式化第一个字符串值。

```
$ gawk 'BEGIN{FS="\n"; RS=""} {printf "%16s  %s\n", $1, $4}' data2
   Riley Mullen  (312)555-1234
 Frank Williams  (317)555-9876
    Haley Snell  (313)555-4938
$
```

通过添加一个值为16的修饰符,我们强制第一个字符串的输出宽度为16个字符。默认情况下，printf命令使用右对齐来将数据放到格式化空间中。要改成左对齐，只需给修饰符加一个减号即可。

```
$ gawk 'BEGIN{FS="\n"; RS=""} {printf "%-16s  %s\n", $1, $4}' data2
Riley Mullen      (312)555-1234
Frank Williams    (317)555-9876
Haley Snell       (313)555-4938
$
```

现在看起来专业多了！

printf命令在处理浮点值时也非常方便。通过为变量指定一个格式，你可以让输出看起来更统一。

```
$ gawk '{
> total = 0
> for (i = 1; i < 4; i++)
> {
>    total += $i
> }
> avg = total / 3
> printf "Average: %5.1f\n",avg
> }' data5
```

```
Average: 128.3
Average: 137.7
Average: 176.7
$
```

可以使用%5.1f格式指定符来强制printf命令将浮点值近似到小数点后一位。

22.6 内建函数

gawk编程语言提供了不少内置函数，可进行一些常见的数学、字符串以及时间函数运算。你可以在gawk程序中利用这些函数来减少脚本中的编码工作。本节将 会带你逐步熟悉gawk中的各种内建函数。

22.6.1 数学函数

如果你有过其他语言的编程经验，可能就会很熟悉在代码中使用内建函数来进行一些常见的数学运算。gawk编程语言不会让那些寻求高级数学功能的程序员失望。

表22-4列出了gawk中内建的数学函数。

表22-4 gawk数学函数

函　　数	描　　述
atan2(x, y)	x/y的反正切，x和y以弧度为单位
cos(x)	x的余弦，x以弧度为单位
exp(x)	x的指数函数
int(x)	x的整数部分，取靠近零一侧的值
log(x)	x的自然对数
rand( )	比0大比1小的随机浮点值
sin(x)	x的正弦，x以弧度为单位
sqrt(x)	x的平方根
srand(x)	为计算随机数指定一个种子值

虽然数学函数的数量并不多，但gawk提供了标准数学运算中要用到的一些基本元素。int()函数会生成一个值的整数部分，但它并不会四舍五入取近似值。它的做法更像其他编程语言中的floor函数。它会生成该值和0之间最接近该值的整数。

这意味着int()函数在值为5.6时返回5，在值为-5.6时则返回-5。

rand()函数非常适合创建随机数，但你需要用点技巧才能得到有意义的值。rand()函数会返回一个随机数，但这个随机数只在0和1之间（不包括0或1）。要得到更大的数，就需要放大返回值。

产生较大整数随机数的常见方法是用rand()函数和int()函数创建一个算法。

```
x = int(10 * rand())
```

这会返回一个0 ~ 9（包括0和9）的随机整数值。只要为你的程序用上限值替换掉等式中的10就可以了。

在使用一些数学函数时要小心，因为gawk语言对于它能够处理的数值有一个限定区间。如果超出了这个区间，就会得到一条错误消息。

```
$ gawk 'BEGIN{x=exp(100); print x}'
26881171418161356094253400435962903554686976
$ gawk 'BEGIN{x=exp(1000); print x}'
gawk: warning: exp argument 1000 is out of range
inf
$
```

第一个例子会计算e的100次幂，虽然数值很大，但尚在系统的区间内。第二个例子尝试计算e的1000次幂，已经超出了系统的数值区间，所以就生成了一条错误消息。

除了标准数学函数外，gawk还支持一些按位操作数据的函数。

- and(*v1*, *v2*)：执行值*v1*和*v2*的按位与运算。
- compl(*val*)：执行*val*的补运算。
- lshift(*val*, *count*)：将值val左移count位。
- or(*v1*, *v2*)：执行值*v1*和*v2*的按位或运算。
- rshift(*val*, *count*)：将值*val*右移count位。
- xor(*v1*, *v2*)：执行值*v1*和*v2*的按位异或运算。

位操作函数在处理数据中的二进制值时非常有用。

22.6.2　字符串函数

gawk编程语言还提供了一些可用来处理字符串值的函数，如表22-5所示。

表22-5　gawk字符串函数

函　数	描　述
asort(*s* [,*d*])	将数组*s*按数据元素值排序。索引值会被替换成表示新的排序顺序的连续数字。另外，如果指定了*d*，则排序后的数组会存储在数组*d*中
asorti(*s* [,*d*])	将数组*s*按索引值排序。生成的数组会将索引值作为数据元素值，用连续数字索引来表明排序顺序。另外如果指定了*d*，排序后的数组会存储在数组*d*中
gensub(*r*, *s*, *h* [, *t*])	查找变量$0或目标字符串*t*（如果提供了的话）来匹配正则表达式*r*。如果*h*是一个以*g*或*G*开头的字符串，就用*s*替换掉匹配的文本。如果*h*是一个数字，它表示要替换掉第*h*处*r*匹配的地方
gsub(*r*, *s* [,*t*])	查找变量$0或目标字符串*t*（如果提供了的话）来匹配正则表达式*r*。如果找到了，就全部替换成字符串*s*
index(*s*, *t*)	返回字符串*t*在字符串*s*中的索引值，如果没找到的话返回0
length([*s*])	返回字符串*s*的长度；如果没有指定的话，返回$0的长度
match(*s*, *r* [,*a*])	返回字符串*s*中正则表达式*r*出现位置的索引。如果指定了数组*a*，它会存储*s*中匹配正则表达式的那部分

（续）

函 数	描 述
split(*s*, *a* [,*r*])	将*s*用FS字符或正则表达式*r*（如果指定了的话）分开放到数组*a*中。返回字段的总数
sprintf(*format*, *variables*)	用提供的*format*和*variables*返回一个类似于printf输出的字符串
sub(*r*, *s* [,*t*])	在变量$0或目标字符串*t*中查找正则表达式r的匹配。如果找到了，就用字符串*s*替换掉第一处匹配
substr(*s*, *i* [,*n*])	返回*s*中从索引值*i*开始的*n*个字符组成的子字符串。如果未提供*n*，则返回*s*剩下的部分
tolower(*s*)	将*s*中的所有字符转换成小写
toupper(*s*)	将*s*中的所有字符转换成大写

一些字符串函数的作用相对来说显而易见。

```
$ gawk 'BEGIN{x = "testing"; print toupper(x); print length(x) }'
TESTING
7
$
```

但一些字符串函数的用法相当复杂。asort和asorti函数是新加入的gawk函数，允许你基于数据元素值（asort）或索引值（asorti）对数组变量进行排序。这里有个使用asort的例子。

```
$ gawk 'BEGIN{
> var["a"] = 1
> var["g"] = 2
> var["m"] = 3
> var["u"] = 4
> asort(var, test)
> for (i in test)
>     print "Index:",i," - value:",test[i]
> }'
Index: 4  - value: 4
Index: 1  - value: 1
Index: 2  - value: 2
Index: 3  - value: 3
$
```

新数组test含有排序后的原数组的数据元素，但索引值现在变为表明正确顺序的数字值了。

split函数是将数据字段放到数组中以供进一步处理的好办法。

```
$ gawk 'BEGIN{ FS=","}{
> split($0, var)
> print var[1], var[5]
> }' data1
data11 data15
data21 data25
data31 data35
$
```

新数组使用连续数字作为数组索引，从含有第一个数据字段的索引值1开始。

22.6.3　时间函数

gawk编程语言包含一些函数来帮助处理时间值，如表22-6所示。

表22-6　gawk的时间函数

函　　数	描　　述
`mktime(`*datespec*`)`	将一个按YYYY MM DD HH MM SS [DST]格式指定的日期转换成时间戳值[①]
`strftime(`*format* `[,`*timestamp*`])`	将当前时间的时间戳或timestamp（如果提供了的话）转化格式化日期（采用shell函数`date()`的格式）
`systime( )`	返回当前时间的时间戳

时间函数常用来处理日志文件，而日志文件则常含有需要进行比较的日期。通过将日期的文本表示形式转换成epoch时间（自1970-01-01 00:00:00 UTC到现在的秒数），可以轻松地比较日期。

下面是在gawk程序中使用时间函数的例子。

```
$ gawk 'BEGIN{
> date = systime()
> day = strftime("%A, %B %d, %Y", date)
> print day
> }'
Friday, December 26, 2014
$
```

该例用`systime`函数从系统获取当前的epoch时间戳，然后用`strftime`函数将它转换成用户可读的格式，转换过程中使用了shell命令`date`的日期格式化字符。

22.7　自定义函数

除了gawk中的内建函数，还可以在gawk程序中创建自定义函数。本节将会介绍如何在gawk程序中定义和使用自定义函数。

22.7.1　定义函数

要定义自己的函数，必须用`function`关键字。

```
function name([variables])
{
   statements
}
```

函数名必须能够唯一标识函数。可以在调用的gawk程序中传给这个函数一个或多个变量。

---

① 这里时间戳是指自1970-01-01 00:00:00 UTC到现在，以秒为单位的计数，通常称为epoch time。`systime()`函数的返回值也是这种形式。

```
function printthird()
{
   print $3
}
```

这个函数会打印记录中的第三个数据字段。

函数还能用return语句返回值：

```
return value
```

值可以是变量，或者是最终能计算出值的算式：

```
function myrand(limit)
{
   return int(limit * rand())
}
```

你可以将函数的返回值赋给gawk程序中的一个变量：

```
x = myrand(100)
```

这个变量包含函数的返回值。

22.7.2　使用自定义函数

在定义函数时，它必须出现在所有代码块之前（包括BEGIN代码块）。乍一看可能有点怪异，但它有助于将函数代码与gawk程序的其他部分分开。

```
$ gawk '
> function myprint()
> {
>     printf "%-16s - %s\n", $1, $4
> }
> BEGIN{FS="\n"; RS=""}
> {
>     myprint()
> }' data2
Riley Mullen     - (312)555-1234
Frank Williams   - (317)555-9876
Haley Snell      - (313)555-4938
$
```

这个函数定义了myprint()函数，它会格式化记录中的第一个和第四个数据字段以供打印输出。gawk程序然后用该函数显示出数据文件中的数据。

一旦定义了函数，你就能在程序的代码中随意使用。在涉及很大的代码量时，这会省去许多工作。

22.7.3　创建函数库

显而易见，每次使用函数都要重写一遍并不美妙。不过，gawk提供了一种途径来将多个函数放到一个库文件中，这样你就能在所有的gawk程序中使用了。

首先，你需要创建一个存储所有gawk函数的文件。

```
$ cat funclib
function myprint()
{
  printf "%-16s - %s\n", $1, $4
}
function myrand(limit)
{
  return int(limit * rand())
}
function printthird()
{
  print $3
}
$
```

funclib文件含有三个函数定义。需要使用-f命令行参数来使用它们。很遗憾，不能将-f命令行参数和内联gawk脚本放到一起使用，不过可以在同一个命令行中使用多个-f参数。

因此，要使用库，只要创建一个含有你的gawk程序的文件，然后在命令行上同时指定库文件和程序文件就行了。

```
$ cat script4
BEGIN{ FS="\n"; RS=""}
{
    myprint()
}
$ gawk -f funclib -f script4 data2
Riley Mullen     - (312)555-1234
Frank Williams   - (317)555-9876
Haley Snell      - (313)555-4938
$
```

你要做的是当需要使用库中定义的函数时，将funclib文件加到你的gawk命令行上就可以了。

22.8　实例

如果需要处理数据文件中的数据值，例如表格化销售数据或者是计算保龄球得分，gawk的一些高级特性就能派上用场。处理数据文件时，关键是要先把相关的记录放在一起，然后对相关数据执行必要的计算。

举例来说，我们手边有一个数据文件，其中包含了两支队伍（每队两名选手）的保龄球比赛得分情况。

```
$ cat scores.txt
Rich Blum,team1,100,115,95
Barbara Blum,team1,110,115,100
Christine Bresnahan,team2,120,115,118
Tim Bresnahan,team2,125,112,116
$
```

每位选手都有三场比赛的成绩，这些成绩都保存在数据文件中，每位选手由位于第二列的队名来标识。下面的脚本对每队的成绩进行了排序，并计算了总分和平均分。

```
$ cat bowling.sh
#!/bin/bash

for team in $(gawk -F, '{print $2}' scores.txt | uniq)
do
   gawk -v team=$team 'BEGIN{FS=","; total=0}
   {
      if ($2==team)
      {
         total += $3 + $4 + $5;
      }
   }
   END {
      avg = total / 6;
      print "Total for", team, "is", total, ",the average is",avg
   }' scores.txt
done
$
```

for循环中的第一条语句过滤出数据文件中的队名，然后使用uniq命令返回不重复的队名。for循环再对每个队进行迭代。

for循环内部的gawk语句进行计算操作。对于每一条记录，首先确定队名是否和正在进行循环的队名相符。这是通过利用gawk的-v选项来实现的，该选项允许我们在gawk程序中传递shell变量。如果队名相符，代码会对数据记录中的三场比赛得分求和，然后将每条记录的值再相加，只要数据记录属于同一队。

在循环迭代的结尾处，gawk代码会显示出总分以及平均分。输出结果如下。

```
$ ./bowling.sh
Total for team1 is 635, the average is 105.833
Total for team2 is 706, the average is 117.667
$
```

现在你就拥有了一件趁手的工具来计算保龄球锦标赛成绩了。你要做的就是将每位选手的成绩记录在文本文件中，然后运行这个脚本！

22.9　小结

本章带你逐步了解了gawk编程语言的高级特性。每种编程语言都要使用变量，gawk也不例外。gawk编程语言包含了一些内建变量，可以用来引用特定的数据字段值，获取数据文件中处理过的数据字段和记录数目信息。也可以自定义一些变量在脚本中使用。

gawk编程语言还提供了许多你期望编程语言该有的标准结构化命令。可以用if-then逻辑、while和do-while以及for循环轻松地创建强大的程序。这些命令都允许你改变gawk程序脚本的处理流程来遍历数据字段的值，创建出详细的数据报表。

如果要定制报告的输出，printf命令会是一个强大的工具。它允许指定具体的格式来显示gawk程序脚本的数据。你可以轻松地创建格式化报表，将数据元素一丝不差地放到正确的位置上。

最后，本章讨论了gawk编程语言的许多内建函数，并介绍了如何创建自定义函数。gawk程序有许多有用的函数可处理数学问题（比如标准的平方根运算、对数运算以及三角函数）。另外还有若干字符串相关的函数，这使得从较大字符串中提取子字符串变得很简单。

你并不仅仅只能使用gawk程序的内建函数。如果你正在写一个要用到大量特定算法的应用程序，那你可以创建自定义函数来处理这些算法，然后在代码中使用这些函数。也可以创建一个含有所有你要在gawk程序中用到的函数的库文件，以节省时间和精力。

下一章会稍微换个方向，转而介绍你可能会遇到的其他一些shell环境。虽然bash shell是Linux中最常用的shell，但它并不是唯一的shell。了解一点其他shell以及它们与bash shell的区别总归是有好处的。

第 23 章

使用其他shell

23

本章内容

- 理解dash shell
- dash shell脚本编程
- zsh shell介绍
- zsh脚本编程

虽然bash shell是Linux发行版中最广泛使用的shell，但它并不是唯一的选择。现在你已经了解了标准的Linux bash shell，知道了能用它做什么，是时候看看Linux世界中的其他一些shell了。本章将会介绍另外两个你可能会碰到的shell，以及它们与bash shell有什么区别。

23.1　什么是 dash shell

Debian的dash shell的历史很有趣。它是ash shell的直系后代，而ash shell则是Unix系统上原来的Bourne shell的简化版本（参见第1章）。Kenneth Almquist为Unix系统开发了一个Bourne shell的简化版本，并将它命名为Almquist shell，缩写为ash。ash shell最早的版本体积极小、速度奇快，但缺乏许多高级功能，比如命令行编辑或命令使用记录功能，这使它很难用作交互式shell。

NetBSD Unix操作系统移植了ash shell，直到今天依然将它用作默认shell。NetBSD开发人员对ash shell进行了定制，增加了一些新的功能，使它更接近Bourne shell。新功能包括使用emacs和vi编辑器命令进行命令行编辑，利用历史命令来查看先前输入的命令。ash shell的这个版本也被FreeBSD操作系统用作默认登录shell。

Debian Linux发行版创建了它自己的ash shell版本（称作Debian ash，或dash）以供自用。dash复制了ash shell的NetBSD版本的大多数功能，提供了一些高级命令行编辑能力。

但令人不解的是，实际上dash shell在许多基于Debian的Linux发行版中并不是默认的shell。由于bash shell在Linux中的流行，大多数基于Debian的Linux发行版将bash shell用作普通登录shell，而只将dash shell作为安装脚本的快速启动shell，用于安装发行版文件。

流行的Ubuntu发行版是例外。这经常让shell脚本程序员摸不清头脑，给Linux环境中运行shell脚本带来了很多问题。Ubuntu Linux发行版将bash shell用作默认的交互shell，但将dash shell用作默认的/bin/sh shell。这个“特性”着实让shell脚本程序员一头雾水。

如第11章所述，每个shell脚本的起始行都必须声明脚本所用的shell。在bash shell脚本中，我们一直用下面的行。

```
#!/bin/bash
```

它会告诉shell使用位于/bin/bash的shell程序来执行脚本。在Unix世界中，默认shell一直是/bin/sh。许多熟悉Unix环境的shell脚本程序员会将这种用法带到他们的Linux shell脚本中。

```
#!/bin/sh
```

在大多数Linux发行版上，/bin/sh文件是链接到shell程序/bin/bash的一个符号链接（参见第3章）。这样你就可以在无需修改的情况下，轻松地将为Unix Bourne shell设计的shell脚本移植到Linux环境中。

很遗憾，Ubuntu Linux发行版将/bin/sh文件链接到了shell程序/bin/dash。由于dash shell只含有原来Bourne shell中的一部分命令，这可能会（而且经常会）让有些shell脚本无法正确工作。

下一节将带你逐步了解dash shell的基础知识以及它跟bash shell的区别。如果你编写的bash shell脚本可能要在Ubuntu环境中运行，了解这些内容就尤其重要。

23.2　dash shell 的特性

尽管bash shell和dash shell都以Bourne shell为样板，但它们还是有一些差别的。在深入了解shell脚本编程特性之前，本节将会带你了解Debian dash shell的一些特性，以便让你熟悉dash shell的工作方式。

23.2.1　dash 命令行参数

dash shell使用命令行参数来控制其行为。表23-1列出了命令行参数，并介绍了每个参数的用途。

表23-1　dash命令行参数

参　数	描　述
-a	导出分配给shell的所有变量
-c	从特定命令字符串中读取命令
-e	如果是非交互式shell的话，在有未经测试的命令失败时立即退出
-f	显示路径名通配符
-n	如果是非交互式shell的话，读取命令但不执行它们
-u	在尝试展开一个未设置的变量时，将错误消息写出到STDERR
-v	在读取输入时将输入写出到STDERR
-x	在执行命令时将每个命令写出到STDERR
-I	在交互式模式下，忽略输入中的EOF字符

（续）

参 数	描 述
-i	强制shell运行在交互式模式下
-m	启用作业控制（在交互式模式下默认开启）
-s	从STDIN读取命令（在没有指定文件参数时的默认行为）
-E	启用emacs命令行编辑器
-V	启用vi命令行编辑器

除了原先的ash shell的命令行参数外，Debian还加入了另外一些命令行参数。-E和-V命令行参数会启用dash shell特有的命令行编辑功能。

-E命令行参数允许使用emacs编辑器命令进行命令行文本编辑（参见第10章）。你可以使用所有的emacs命令来处理一行中的文本，其中会用到Ctrl和Meta组合键。

-V命令行参数允许使用vi编辑器命令进行命令行文本编辑（参见第10章）。这个功能允许用Esc键在普通模式和vi编辑器模式之间切换。当你在vi模式中时，可以用标准的vi编辑器命令（例如，x删除一个字符，i插入文本）。完成命令行编辑后，必须再次按下Esc键退出vi编辑器模式。

23.2.2 dash 环境变量

dash shell用相当多的默认环境变量来记录信息，你也可以创建自己的环境变量。本节将会介绍环境变量以及dash如何处理它们。

1. 默认环境变量

dash环境变量跟bash环境变量很像（参见第6章）。这绝非偶然。别忘了dash shell和bash shell都是Bourne shell的扩展版，两者都吸收了很多Bourne shell的特性。不过，由于dash的目标是简洁，因此它的环境变量比bash shell少多了。在dash shell环境中编写脚本时要记住这点。

dash shell用set命令来显示环境变量。

```
$set
COLORTERM=''
DESKTOP_SESSION='default'
DISPLAY=':0.0'
DM_CONTROL='/var/run/xdmctl'
GS_LIB='/home/atest/.fonts'
HOME='/home/atest'
IFS='
'
KDEROOTHOME='/root/.kde'
KDE_FULL_SESSION='true'
KDE_MULTIHEAD='false'
KONSOLE_DCOP='DCOPRef(konsole-5293,konsole)'
KONSOLE_DCOP_SESSION='DCOPRef(konsole-5293,session-1)'
LANG='en_US'
LANGUAGE='en'
LC_ALL='en_US'
```

```
LOGNAME='atest'
OPTIND='1'
PATH='/usr/local/sbin:/usr/local/bin:/usr/sbin:/usr/bin:/sbin:/bin'
PPID='5293'
PS1='$ '
PS2='> '
PS4='+ '
PWD='/home/atest'
SESSION_MANAGER='local/testbox:/tmp/.ICE-unix/5051'
SHELL='/bin/dash'
SHLVL='1'
TERM='xterm'
USER='atest'
XCURSOR_THEME='default'
_='ash'
$
```

这和你的默认dash shell环境很可能会不一样，因为不同的Linux发行版在登录时分配的默认环境变量不同。

2. 位置参数

除了默认环境变量，dash shell还给命令行上定义的参数分配了特殊变量。下面是dash shell中用到的位置参数变量。

- `$0`：shell的名称。
- `$n`：第*n*个位置参数。
- `$*`：含有所有参数内容的单个值，由`IFS`环境变量中的第一个字符分隔；没定义`IFS`的话，由空格分隔。
- `$@`：将所有的命令行参数展开为多个参数。
- `$#`：位置参数的总数。
- `$?`：最近一个命令的退出状态码。
- `$-`：当前选项标记。
- `$$`：当前shell的进程ID（PID）。
- `$!`：最近一个后台命令的PID。

所有dash的位置参数都类似于bash shell中的位置参数。可以在shell脚本中使用位置参数，就和bash shell中的用法一样。

3. 用户自定义的环境变量

dash shell还允许定义自己的环境变量。与bash一样，你可以在命令行上用赋值语句来定义新的环境变量。

```
$ testing=10 ; export testing
$ echo $testing
10
$
```

如果不用`export`命令，用户自定义的环境变量就只在当前shell或进程中可见。

警告 dash变量和bash变量之间有一个巨大的差异。dash shell不支持数组。这个小特性给高级shell脚本开发人员带来了各种问题。

23.2.3 dash 内建命令

跟bash shell一样，dash shell含有一组它能识别的内建命令。你可以在命令行界面上直接使用这些命令，或者将其放到shell脚本中。表23-2列出了dash shell的内建命令。

表23-2 dash shell内建命令

命　令	描　述
`alias`	创建代表文本字符串的别名字符串
`bg`	以后台模式继续执行指定的作业
`cd`	切换到指定的目录
`echo`	显示文本字符串和环境变量
`eval`	将所有参数用空格连起来[①]
`exec`	用指定命令替换shell进程
`exit`	终止shell进程
`export`	导出指定的环境变量，供子shell使用
`fg`	以前台模式继续执行指定的作业
`getopts`	从参数列表中中提取选项和参数
`hash`	维护并提取最近执行的命令及其位置的哈希表
`pwd`	显示当前工作目录
`read`	从`STDIN`读取一行并将其赋给一个变量
`readonly`	从`STDIN`读取一行并赋给一个只读变量
`printf`	用格式化字符串显示文本和变量
`set`	列出或设置选项标记和环境变量
`shift`	按指定的次数移动位置参数
`test`	测试一个表达式，成立的话返回`0`，不成立的话返回`1`
`times`	显示当前shell和所有shell进程的累计用户时间和系统时间
`trap`	在shell收到某个指定信号时解析并执行命令
`type`	解释指定的名称并显示结果（别名、内建、命令或关键字）
`ulimit`	查询或设置进程限制
`umask`	设置文件和目录的默认权限
`unalias`	删除指定的别名

① 这条命令的重点在于将所有参数用空格连接起来之后，它会重新解析并执行这条命令。

（续）

命　令	描　述
unset	从导出的变量中删除指定的变量或选项标记
wait	等待指定的作业完成，然后返回退出状态码

你可能在bash shell中已经认识了上面的所有内建命令。dash shell支持许多和bash shell一样的内建命令。你会注意到其中没有操作命令历史记录或目录栈的命令。dash shell不支持这些特性。

23.3　dash 脚本编程

很遗憾，dash shell不能识别bash shell的所有脚本编程功能。为bash环境编写的脚本在dash shell中通常会运行失败，这给shell脚本程序员带来了很多痛苦。本节将介绍一些值得留意的差别，以便你的shell脚本能够在dash shell环境中正常运行。

23.3.1　创建 dash 脚本

到此你可能已经猜到了，为dash shell编写脚本和为bash shell编写脚本非常类似。一定要在脚本中指定要用哪个shell，保证脚本是用正确的shell运行的。

可以在shell脚本的第一行指定：

```
#!/bin/dash
```

还可以在这行指定shell命令行参数，23.2.1节介绍了这些参数。

23.3.2　不能使用的功能

很遗憾，由于dash shell只是Bourne shell功能的一个子集， bash shell脚本中的有些功能没法在dash shell中使用。这些通常被称作bash主义（bashism）。本节将简单总结你在bash shell脚本中习惯使用但在dash shell环境中没法工作的bash shell功能。

1. 算术运算

第11章介绍了三种在bash shell脚本中进行数学运算的方法。

- 使用expr命令：expr operation。
- 使用方括号：$[operation]。
- 使用双圆括号：$((operation))。

dash shell支持expr命令和双圆括号方法，但不支持方括号方法。如果有大量采用方括号形式的数学运算的话，这可能是个问题。

在dash shell脚本中执行算术运算的正确格式是用双圆括号方法。

```
$ cat test5b
#!/bin/dash
# testing mathematical operations
```

```
value1=10
value2=15

value3=$(( $value1 * $value2 ))
echo "The answer is $value3"
$ ./test5b
The answer is 150
$
```

现在shell可以正确执行这个计算了。

2. test命令

虽然dash shell支持test命令，但你必须注意它的用法。bash shell版本的test命令与dash shell版本的略有不同。

bash shell的test命令允许你使用双等号（==）来测试两个字符串是否相等。这是为了照顾习惯在其他编程语言中使用这种格式的程序员而加上去的。

但是，dash shell中的test命令不能识别用作文本比较的==符号，只能识别=符号。如果你在bash脚本中使用了==符号，就得将文本比较符号改成单个的等号。

```
$ cat test7
#!/bin/dash
# testing the = comparison

test1=abcdef
test2=abcdef

if [ $test1 = $test2 ]
then
   echo "They're the same!"
else
   echo "They're different"
fi
$ ./test7
They're the same!
$
```

仅这点bash主义就足以让shell程序员折腾几个小时了。

3. function命令

第17章演示了如何在shell脚本中定义自己的函数。bash shell支持两种定义函数的方法：

- 使用function()语句
- 只使用函数名

dash shell不支持function语句。在dash shell中，你必须用函数名和圆括号定义函数。

如果你编写的脚本可能会用在dash环境中，就必须使用函数名来定义函数，决不能使用function()语句。

```
$ cat test10
#!/bin/dash
# testing functions
```

23

```
func1() {
   echo "This is an example of a function"
}

count=1
while [ $count -le 5 ]
do
   func1
   count=$(( $count + 1 ))
done
echo "This is the end of the loop"
func1
echo "This is the end of the script"
$ ./test10
This is an example of a function
This is an example of a function
This is an example of a function
This is an example of a function
This is an example of a function
This is the end of the loop
This is an example of a function
This is the end of the script
$
```

现在dash shell能够识别脚本中定义的函数并能在脚本中使用它了。

23.4 zsh shell

你可能会碰到的另一个流行的shell是Z shell（称作zsh）。zsh shell是由Paul Falstad开发的一个开源Unix shell。它汲取了所有现有shell的设计理念并增加了许多独到的功能，为程序员创建了一个无所不能的高级shell。

下面是zsh shell的一些独特的功能：

- 改进的shell选项处理
- shell兼容性模式
- 可加载模块

在这些功能中，可加载模块是shell设计中最先进的功能。你在bash和dash shell中已经看到过了，每种shell都包含一组内建命令，这些命令无需借助外部工具程序就可以使用。内建命令的好处在于执行速度快。shell不必在运行命令前先加载一个工具程序。内建命令已经在内存中了，随时可用。

zsh shell提供了一组核心内建命令，并提供了添加额外命令模块（command module）的能力。每个命令模块都为特定场景提供了另外一组内建命令，比如网络支持和高级数学功能。可以只添加你觉得有用的模块。

这个功能提供了一个极佳的方式：在需要较小shell体积和较少命令时限制zsh shell的体积，在需要更快执行速度时增加可用的内建命令数量。

23.5 zsh shell 的组成

本节将带你逐步了解zsh shell的基础知识，介绍可用的内建命令（或可以通过安装模块添加的命令）以及命令行参数和环境变量。

23.5.1 shell 选项

大多数shell采用命令行参数来定义shell的行为。zsh shell使用了一些命令行参数来定义shell的操作，但大多数情况下它用选项来定制shell的行为。你可以在命令行上或在shell中用set命令设置shell选项。

表23-3列出了zsh shell可用的命令行参数。

表23-3 zsh shell命令行参数

参　数	描　述
-c	只执行指定的命令，然后退出
-i	作为交互式shell启动，提供一个命令行交互提示符
-s	强制shell从STDIN读取命令
-o	指定命令行选项

虽然这看起来像是一小组命令行参数，但-o参数有些容易让人误解。它允许你设置shell选项来定义shell的功能。到目前为止，zsh shell是所有shell中可定制性最强的。你可以更改很多shell环境的特性。不同的选项可以分成以下几大类。

- **更改目录**：该选项用于控制cd命令和dirs命令如何处理目录更改。
- **补全**：该选项用于控制命令补全功能。
- **扩展和扩展匹配**：该选项用于控制命令中文件扩展。
- **历史记录**：该选项用于控制命令历史记录。
- **初始化**：该选项用于控制shell在启动时如何处理变量和启动文件。
- **输入输出**：该选项用于控制命令处理。
- **作业控制**：该选项用于控制shell如何处理作业和启动作业。
- **提示**：该选项用于控制shell如何处理命令行提示符。
- **脚本和函数**：该选项用于控制shell如何处理shell脚本和定义函数。
- **shell仿真**：该选项允许设置zsh shell来模拟其他类型shell行为。
- **shell状态**：该选项用于定义启动哪种shell的选项。
- **zle**：该选项用于控制zsh行编辑器功能。
- **选项别名**：可以用作其他选项别名的特殊选项。

既然有这么多种不同种类的shell选项，那你可以想象zsh shell实际上能够支持多少种选项。

23

23.5.2　内建命令

zsh shell的独到之处在于它允许扩展shell中的内建命令。这为许多不同的应用程序提供了大量的快速工具。

本节将会介绍核心内建命令以及在写作本书时可用的各种模块。

1. 核心内建命令

zsh shell的核心包括一些你在其他shell中已经见到过的基本内建命令。表23-4列出了可用的内建命令。

表23-4　zsh核心内建命令

命　　令	描　　述
alias	为命令和参数定义一个替代性名称
autoload	将shell函数预加载到内存中以便快速访问
bg	以后台模式执行一个作业
bindkey	将组合键和命令绑定到一起
builtin	执行指定的内建命令而不是同样名称的可执行文件
bye	跟exit相同
cd	切换当前工作目录
chdir	切换当前工作目录
command	将指定命令当作外部文件执行而不是函数或内建命令
declare	设置变量的数据类型（同typeset）
dirs	显示目录栈的内容
disable	临时禁用指定的散列表元素
disown	从作业表中移除指定的作业
echo	显示变量和文本
emulate	用zsh来模拟另一个shell，比如Bourne、Korn或C shell
enable	使能指定的散列表元素
eval	在当前shell进程中执行指定的命令和参数
exec	执行指定的命令和参数来替换当前shell进程
exit	退出shell并返回指定的退出状态码。如果没有指定，使用最后一条命令的退出状态码
export	允许在子shell进程中使用指定的环境变量名及其值
false	返回退出状态码1
fc	从历史记录中选择某范围内的命令
fg	以前台模式执行指定的作业
float	将指定变量设为保存浮点值的变量
functions	将指定名称设为函数
getln	从缓冲栈中读取下一个值并将其放到指定变量中

（续）

命　令	描　述
getopts	提取命令行参数中的下一个有效选项并将它放到指定变量中
hash	直接修改命令哈希表的内容
history	列出历史记录文件中的命令
integer	将指定变量设为整数类型
jobs	列出指定作业的信息，或分配给shell进程的所有作业
kill	向指定进程或作业发送信号（默认为SIGTERM）
let	执行算术运算并将结果赋给一个变量
limit	设置或显示资源限制
local	为指定变量设置数据属性
log	显示受watch参数[①]影响的当前登录到系统上的所有用户
logout	同exit，但只在shell是登录shell时有效
popd	从目录栈中删除下一项
print	显示变量和文本
printf	用C风格的格式字符串来显示变量和文本
pushd	改变当前工作目录，并将上一个目录放到目录栈中
pushln	将指定参数放到编辑缓冲栈中
pwd	显示当前工作目录的完整路径名
read	读取一行，并用IFS变量将数据字段赋给指定变量
readonly	将值赋给不能修改的变量
rehash	重建命令散列表
set	为shell设置选项或位置参数
setopt	为shell设置选项
shift	读取并删除第一个位置参数，然后将剩余的参数向前移动一个位置
source	找到指定文件并将其内容复制到当前位置
suspend	挂起shell的执行，直到它收到SIGCONT信号
test	如果指定条件为TRUE的话，返回退出状态码0
times	显示当前shell以及shell中所有运行进程的累计用户时间和系统时间
trap	阻断指定信号从而让shell无法处理，如果收到信号则执行指定命令
true	返回退出状态码0
ttyctl	锁定和解锁显示
type	显示shell会如何解释指定的命令

① zsh提供了一种途径来监测和报告指定用户的登录情况，通过设置watch参数来指定要监测的用户、远程登录系统的主机和虚拟终端。

（续）

命　令	描　述
typeset	设置或显示变量的特性
ulimit	设置或显示shell或shell中运行进程的资源限制
umask	设置或显示创建文件和目录的默认权限
unalias	删除指定的命令别名
unfunction	删除指定的已定义函数
unhash	删除散列表中的指定命令
unlimit	取消指定的资源限制
unset	删除指定的变量特性
unsetopt	删除指定的shell选项
wait	等待指定的作业或进程完成
whence	显示指定命令会如何被shell解释
where	如果shell找到的话，显示指定命令的路径名
which	用csh风格的输出显示指定命令的路径名
zcompile	编辑指定的函数或脚本，加速自动加载
zmodload	对可加载zsh模块执行特定操作

zsh shell在提供内建命令方面太强大了！你可以根据bash中对应的命令来识别出其中的大多数命令。zsh shell内建命令最重要的功能是模块。

2. 附加模块

有大量的模块可以为zsh shell提供额外的内建命令，而且这个数量还在随着程序员不断增加新模块而不断增长。表23-5列出了在写作本书时比较流行的模块。

表23-5　zsh模块

模　块	描　述
zsh/datetime	额外的日期和时间命令及变量
zsh/files	基本的文件处理命令
zsh/mapfile	通过关联数组来访问外部文件
zsh/mathfunc	额外的科学函数
zsh/pcre	扩展的正则表达式库
zsh/net/socket	Unix域套接字支持
zsh/stat	访问stat系统调用来提供系统的统计状况
zsh/system	访问各种底层系统功能的接口
zsh/net/tcp	访问TCP套接字
zsh/zftp	专用FTP客户端命令

（续）

模 块	描 述
zsh/zselect	阻塞，直到文件描述符就绪才返回
zsh/zutil	各种shell实用工具

zsh shell模块涵盖了很多方面的功能，从简单的命令行编辑功能到高级网络功能。zsh shell的思想是提供一个基本的、最小化的shell环境，让你在编程时再添加需要的模块。

3. 查看、添加和删除模块

zmodload命令是zsh模块的管理接口。你可以在zsh shell会话中用这个命令查看、添加或删除模块。

zmodload命令不加任何参数会显示zsh shell中当前已安装的模块。

```
% zmodload
zsh/zutil
zsh/complete
zsh/main
zsh/terminfo
zsh/zle
zsh/parameter
%
```

不同的zsh shell实现在默认情况下包含了不同的模块。要添加新模块，只需在zmodload命令行上指定模块名称就行了。

```
% zmodload zsh/zftp
%
```

不会有信息表明模块已经加载成功了。你可以再运行一下zmodload命令，新添加的模块会出现在已安装模块的列表中。

一旦加载了模块，该模块中的命令就成为了可用的内建命令。

```
% zftp open myhost.com rich testing1
Welcome to the myhost FTP server.
% zftp cd test
% zftp dir
01-21-11 11:21PM     120823 test1
01-21-11 11:23PM     118432 test2
% zftp get test1 > test1.txt
% zftp close
%
```

zftp命令允许你直接在zsh shell命令行操作完整的FTP会话！你可以在zsh shell脚本中使用这些命令，直接在脚本中进行文件传输。

要删除已安装的模块，用-u参数和模块名。

```
% zmodload -u zsh/zftp
% zftp
zsh: command not found: zftp
%
```

23

说明　通常习惯将zmodload命令放进$HOME/.zshrc启动文件中，这样在zsh启动时常用的函数就会自动加载。

23.6　zsh 脚本编程

zsh shell的主要目的是为shell程序员提供一个高级编程环境。认识到这点，你就能理解为什么zsh shell会提供那么多方便脚本编程的功能。

23.6.1　数学运算

如你所料，zsh shell可以让你轻松执行数学函数。一直以来，Korn shell因支持使用浮点数而在数学运算支持方面处于领先地位。zsh shell在所有数学运算中都提供了对浮点数的全面支持。

1. 执行计算

zsh shell提供了执行数学运算的两种方法：

- let命令
- 双圆括号

在使用let命令时，你应该在算式前后加上双引号，这样才能使用空格。

```
% let value1=" 4 * 5.1 / 3.2 "
% echo $value1
6.3750000000
%
```

注意，使用浮点数会带来精度问题。为了解决这个问题，通常要使用printf命令，并指定能正确显示结果所需的小数点精度。

```
% printf "%6.3f\n" $value1
6.375
%
```

现在好多了！

第二种方法是使用双圆括号。这个方法结合了两种定义数学运算的方法。

```
% value1=$(( 4 * 5.1 ))
% (( value2 = 4 * 5.1 ))
% printf "%6.3f\n" $value1 $value2
20.400
20.400
%
```

注意，你可以将双圆括号放在算式两边（前面加个美元符）或整个赋值表达式两边。两种方法输出同样的结果。

如果一开始没用typeset命令来声明变量的数据类型，那么zsh shell会尝试自动分配数据类型。这在处理整数和浮点数时很危险。看看下面这个例子。

```
% value1=10
% value2=$(( $value1 / 3 ))
% echo $value2
3
%
```

现在这个结果可能并不是你所期望的。在指定数字时没指定小数点后的位数的话，zsh shell会将它们都当成整数值并进行整数运算。要保证结果是浮点数，你必须指定该数小数点后的位数。

```
% value1=10.
% value2=$(( $value1 / 3. ))
% echo $value2
3.3333333333333335
%
```

结果是浮点数形式了。

2. 数学函数

在zsh shell中，内建数学函数可多可少。默认的zsh并不含有任何特殊的数学函数。但如果安装了`zsh/mathfunc`模块，你就会拥有远远超出你可能需要的数学函数。

```
% value1=$(( sqrt(9) ))
zsh: unknown function: sqrt
% zmodload zsh/mathfunc
% value1=$(( sqrt(9) ))
% echo $value1
3.
%
```

非常简单！现在你拥有了一个完整的数学函数库。

说明 zsh中支持很多数学函数。要查看`zsh/mathfunc`模块提供的所有数学函数的清单，可以参看zsh模块的手册页面。

23.6.2 结构化命令

zsh shell为shell脚本提供了常用的结构化命令：

- `if-then-else`语句
- `for`循环（包括C语言风格的）
- `while`循环
- `until`循环
- `select`语句
- `case`语句

zsh中的每个结构化命令采用的语法都跟你熟悉的bash shell中的一样。zsh shell还包含了另外一个叫作`repeat`的结构化命令。`repeat`命令使用如下格式。

```
repeat param
do
   commands
done
```

param参数必须是一个数字或能算出一个数值的数学算式。repeat命令就会执行指定的命令那么多次。

```
% cat test1
#!/bin/zsh
# using the repeat command

value1=$(( 10 / 2 ))
repeat $value1
do
   echo "This is a test"
done
$ ./test1
This is a test
This is a test
This is a test
This is a test
This is a test
%
```

这条命令还允许你基于计算结果执行指定的代码块若干次。

23.6.3　函数

zsh shell支持使用function命令或通用圆括号定义函数名的方式来创建自定义函数。

```
% function functest1 {
> echo "This is the test1 function"
}
% functest2() {
> echo "This is the test2 function"
}
% functest1
This is the test1 function
% functest2
This is the test2 function
%
```

跟bash shell函数一样（参见第17章），你可以在shell脚本中定义函数，然后使用全局变量或传递参数给该函数。

23.7　小结

本章讨论了可能遇到的两种流行的可选择Linux shell。dash shell是作为Debian Linux发行版的一部分开发的，主要出现在Ubuntu Linux发行版中。它是Bourne shell的精简版，所以它并不像bash shell一样支持那么多功能，这可能会给脚本编程带来一些问题。

zsh shell通常会用在编程环境中，因为它为shell脚本程序员提供了许多好用的功能。它使用可加载的模块来加载单独的代码库，这使得高级函数的使用与在命令行上运行命令一样简单。从复杂的数学算法到网络应用（如FTP和HTTP），可加载模块支持很多功能。

本书接下来将会深入探讨Linux环境中可能会用到的一些特定脚本编程应用。下一章将介绍如何编写简单的实用工具来协助日常的Linux管理工作。这些工具能够极大简化你的工作。

Part 4

第四部分

创建实用的脚本

本部分内容

- 第 24 章　编写简单的脚本实用工具
- 第 25 章　创建与数据库、Web 及电子邮件相关的脚本
- 第 26 章　一些小有意思的脚本

第 24 章

编写简单的脚本实用工具

本章内容

- ❑ 自动备份
- ❑ 管理用户账户
- ❑ 监测磁盘空间

对Linux系统管理员而言，没什么比编写脚本实用工具更有意义。Linux系统管理员每天都会有各种各样的任务，从监测磁盘空间到备份重要文件再到管理用户账户。shell脚本实用工具可以让这些工作轻松许多！本章将演示一些可以通过在bash shell中编写脚本工具来实现的功能。

24.1 归档

不管你负责的是商业环境的Linux系统还是家用环境的，丢失数据都是一场灾难。为了防止这种倒霉事，最好是定时进行备份（或者是归档）。

但是好想法和实用性经常是两回事。制定一个存储重要文件的备份计划绝非易事。这时候shell脚本通常能够助你一臂之力。

本节将会演示两种使用shell脚本备份Linux系统数据的方法。

归档数据文件

如果你正在用Linux系统作为一个重要项目的平台，可以创建一个shell脚本来自动获取特定目录的快照。在配置文件中指定所涉及的目录，这样一来，在项目发生变化时，你就可以做出对应的修改。这有助于避免把时间耗在恢复主归档文件上。

本节将会介绍如何创建自动化shell脚本来获取指定目录的快照并保留旧数据的归档。

1. 需要的功能

Linux中归档数据的主要工具是`tar`命令（参见第4章）。`tar`命令可以将整个目录归档到单个文件中。下面的例子是用`tar`命令来创建工作目录归档文件。

```
$ tar -cf archive.tar /home/Christine/Project/*.*
```

```
tar: Removing leading '/' from member names
$
$ ls -l archive.tar
-rw-rw-r--. 1 Christine Christine 51200 Aug 27 10:51 archive.tar
$
```

tar命令会显示一条警告消息，表明它删除了路径名开头的斜线，将路径从绝对路径名变成相对路径名（参见第3章）。这样就可以将tar归档文件解压到文件系统中的任何地方了。你很可能不想在脚本中出现这条消息。这种情况可以通过将STDERR重定向到/dev/null文件（参见第15章）实现。

```
$ tar -cf archive.tar /home/Christine/Project/*.* 2>/dev/null
$
$ ls -l archive.tar
-rw-rw-r--. 1 Christine Christine 51200 Aug 27 10:53 archive.tar
$
```

由于tar归档文件会消耗大量的磁盘空间，最好能够压缩一下该文件。这只需要加一个-z选项就行了。它会将tar归档文件压缩成gzip格式的tar文件，这种文件也叫作tarball。别忘了使用恰当的文件扩展名来表示这是个tarball，用.tar.gz或.tgz都行。下面的例子创建了项目目录的tarball。

```
$ tar -zcf archive.tar.gz /home/Christine/Project/*.* 2>/dev/null
$
$ ls -l archive.tar.gz
-rw-rw-r--. 1 Christine Christine 3331 Aug 27 10:53 archive.tar.gz
$
```

现在你已经完成了归档脚本的主要部分。

你不需要为待备份的新目录或文件修改或编写新的归档脚本，而是可以借助于配置文件。配置文件应该包含你希望进行归档的每个目录或文件。

```
$ cat Files_To_Backup
/home/Christine/Project
/home/Christine/Downloads
/home/Does_not_exist
/home/Christine/Documents
$
```

24

说明 如果你使用的是带图形化桌面的Linux发行版，那么归档整个$HOME目录时要注意。尽管这个想法很有吸引力，但$HOME目录含有很多跟图形化桌面有关的配置文件和临时文件。它会生成一个比你想象中大很多的归档文件。选择一个用来存储工作文件的子目录，然后在归档配置文件中加入那个子目录。

可以让脚本读取配置文件，然后将每个目录名加到归档列表中。要实现这一点，只需要使用read命令（参见第14章）来读取该文件中的每一条记录就行了。不过不用像之前那样（参见第13章）通过管道将cat命令的输出传给while循环，在这个脚本中我们使用exec命令（参见第14章）来重定向标准输入（STDIN），用法如下。

```
exec < $CONFIG_FILE

read FILE_NAME
```

注意，我们为归档配置文件使用了一个变量，CONFIG_FILE。配置文件中每一条记录都会被读入。只要read命令在配置文件中发现还有记录可读，它就会在?变量中（参见第11章）返回一个表示成功的退出状态码0。可以将它作为while循环的测试条件来读取配置文件中的所有记录。

```
while [ $? -eq 0 ]
do
[...]
read FILE_NAME
done
```

一旦read命令到了配置文件的末尾，它就会返回一个非零状态码。这时脚本会退出while循环。

在while循环中，我们需要做两件事。首先，必须将目录名加到归档列表中。更重要的是要检查那个目录是否存在！很可能你从文件系统中删除了一个目录却忘了更新归档配置文件。可以用一个简单的if语句来检查目录存在与否（参见第12章）。如果目录存在，它会被加入要归档目录列表FILE_LIST中，否则就显示一条警告消息。if语句如下。

```
if [ -f $FILE_NAME -o -d $FILE_NAME ]
        then
                # If file exists, add its name to the list.
                FILE_LIST="$FILE_LIST $FILE_NAME"
        else
                # If file doesn't exist, issue warning
                echo
                echo "$FILE_NAME, does not exist."
                echo "Obviously, I will not include it in this archive."
                echo "It is listed on line $FILE_NO of the config file."
                echo "Continuing to build archive list..."
                echo
        fi
#
        FILE_NO=$[$FILE_NO + 1]            # Increase Line/File number by one.
```

由于归档配置文件中的记录可以是文件名，也可以是目录名，所以if语句会用-f选项和-d选项测试两者是否存在。or选项-o考虑到了，在测试文件或目录的存在性时，只要其中一个测试为真，那么整个if语句就成立。

为了在跟踪不存在的目录和文件上提供一点额外帮助，我们添加了变量FILE_NO。这样，这个脚本就可以告诉你在归档配置文件中哪行中含有不正确或缺失的文件或目录。

2. 创建逐日归档文件的存放位置

如果你只是备份少量文件，那么将这些归档文件放在你的个人目录中就行了。但如果要对多个目录进行备份，最好还是创建一个集中归档仓库目录。

```
$ sudo mkdir /archive
[sudo] password for Christine:
```

```
$
$ ls -ld /archive
drwxr-xr-x. 2 root root 4096 Aug 27 14:10 /archive
$
```

创建好集中归档目录后，你需要授予某些用户访问权限。如果忘记了这一点，在该目录下创建文件时就会出错。

```
$ mv Files_To_Backup /archive/
mv: cannot move 'Files_To_Backup' to
'/archive/Files_To_Backup': Permission denied
$
```

可以通过sudo命令或者创建一个用户组的方式，为需要在集中归档目录中创建文件的用户授权。可以创建一个特殊的用户组Archivers。

```
$ sudo groupadd Archivers
$
$ sudo chgrp Archivers /archive
$
$ ls -ld /archive
drwxr-xr-x. 2 root Archivers 4096 Aug 27 14:10 /archive
$
$ sudo usermod -aG Archivers Christine
[sudo] password for Christine:
$
$ sudo chmod 775 /archive
$
$ ls -ld /archive
drwxrwxr-x. 2 root Archivers 4096 Aug 27 14:10 /archive
$
```

将用户添加到Archivers组后，用户必须先登出然后再登入，才能使组成员关系生效。现在只要是该组的成员，无需超级用户权限就可以在目录中创建文件了。

```
$ mv Files_To_Backup /archive/
$
$ ls /archive
Files_To_Backup
$
```


记住，Archivers组的所有用户都可以在归档目录中添加和删除文件。为了避免组用户删除他人的归档文件，最好还是把目录的粘滞位加上。

现在你已经有足够的信息来编写脚本了。下一节将讲解如何创建按日归档的脚本。

3. 创建按日归档的脚本

Daily_Archive脚本会自动在指定位置创建一个归档，使用当前日期来唯一标识该文件。下面是脚本中的对应部分的代码。

```
DATE=$(date +%y%m%d)
#
# Set Archive File Name
#
```

```
FILE=archive$DATE.tar.gz
#
# Set Configuration and Destination File
#
CONFIG_FILE=/archive/Files_To_Backup
DESTINATION=/archive/$FILE
#
```

DESTINATION变量会将归档文件的全路径名加上去。CONFIG_FILE变量指向含有待归档目录信息的归档配置文件。如果需要，二者都可以很方便地改成备用目录和文件。

说明　如果你刚开始编写脚本，那么在面对一个完整的脚本代码时（你马上就会看到），要养成通读整个脚本的习惯。试着理解内在的逻辑和脚本的控制流程。对于不理解的脚本语法或某些片段，就重新去阅读书中相关的章节。这种习惯能够帮助你非常快速地习得脚本编写技巧。

将所有的内容结合在一起，Daily_Archive脚本内容如下。

```
#!/bin/bash
#
# Daily_Archive - Archive designated files & directories
########################################################
#
# Gather Current Date
#
DATE=$(date +%y%m%d)
#
# Set Archive File Name
#
FILE=archive$DATE.tar.gz
#
# Set Configuration and Destination File
#
CONFIG_FILE=/archive/Files_To_Backup
DESTINATION=/archive/$FILE
#
######### Main Script #########################
#
# Check Backup Config file exists
#
if [ -f $CONFIG_FILE ]   # Make sure the config file still exists.
then                     # If it exists, do nothing but continue on.
     echo
else                     # If it doesn't exist, issue error & exit script.
     echo
     echo "$CONFIG_FILE does not exist."
     echo "Backup not completed due to missing Configuration File"
     echo
     exit
fi
```

```
#
# Build the names of all the files to backup
#
FILE_NO=1                 # Start on Line 1 of Config File.
exec < $CONFIG_FILE       # Redirect Std Input to name of Config File
#
read FILE_NAME            # Read 1st record
#
while [ $? -eq 0 ]        # Create list of files to backup.
do
        # Make sure the file or directory exists.
     if [ -f $FILE_NAME -o -d $FILE_NAME ]
     then
          # If file exists, add its name to the list.
          FILE_LIST="$FILE_LIST $FILE_NAME"
     else
          # If file doesn't exist, issue warning
          echo
          echo "$FILE_NAME, does not exist."
          echo "Obviously, I will not include it in this archive."
          echo "It is listed on line $FILE_NO of the config file."
          echo "Continuing to build archive list..."
          echo
     fi
#
     FILE_NO=$[$FILE_NO + 1]  # Increase Line/File number by one.
     read FILE_NAME           # Read next record.
done
#
#######################################
#
# Backup the files and Compress Archive
#
echo "Starting archive..."
echo
#
tar -czf $DESTINATION $FILE_LIST 2> /dev/null
#
echo "Archive completed"
echo "Resulting archive file is: $DESTINATION"
echo
#
exit
```

4. 运行按日归档的脚本

在测试脚本之前，别忘了修改脚本文件的权限（参见第11章）。必须赋予文件属主可执行权限（x）才能够运行脚本。

```
$ ls -l Daily_Archive.sh
-rw-rw-r--. 1 Christine Christine 1994 Aug 28 15:58 Daily_Archive.sh
$
$ chmod u+x Daily_Archive.sh
$
```

24

```
$ ls -l Daily_Archive.sh
-rwxrw-r--. 1 Christine Christine 1994 Aug 28 15:58 Daily_Archive.sh
$
```

测试Daily_Archive脚本非常简单。

```
$ ./Daily_Archive.sh


/home/Does_not_exist, does not exist.
Obviously, I will not include it in this archive.
It is listed on line 3 of the config file.
Continuing to build archive list...

Starting archive...

Archive completed
Resulting archive file is: /archive/archive140828.tar.gz

$ ls /archive
archive140828.tar.gz  Files_To_Backup
$
```

你会看到这个脚本发现了一个不存在的目录：/home/Does_not_exist。脚本能够告诉你这个错误的行在配置文件中的行号，然后继续创建列表和归档数据。现在数据已经稳妥地归档到了tarball文件中。

5. 创建按小时归档的脚本

如果你是在文件更改很频繁的高容量生产环境中，那么按日归档可能不够用。如果要将归档频率提高到每小时一次，你还要考虑另一个因素。

在按小时备份文件时，如果依然使用date命令为每个tarball文件加入时间戳，事情很快就会变得丑陋不堪。筛选一个含有如下文件名的目录会很乏味：

```
archive010211110233.tar.gz
```

不必将所有的归档文件都放到同一目录中，你可以为归档文件创建一个目录层级。图24-1演示了这个原则。

这个归档目录包含了与一年中的各个月份对应的目录，将月的序号作为目录名。而每月的目录中又包含与当月各天对应的目录（用天的序号作为目录名）。这样你只用给每个归档文件加上时间戳，然后将它们放到与月日对应的目录中就行了。

首先，必须创建新目录/archive/hourly，并设置适当的权限。之前我们说过，Archivers组有权在目录中创建归档文件。因此，这个新创建的目录也得修改它的属组以及组权限。

```
$ sudo mkdir /archive/hourly
[sudo] password for Christine:
$
$ sudo chgrp Archivers /archive/hourly
$
$ ls -ld /archive/hourly/
drwxr-xr-x. 2 root Archivers 4096 Sep  2 09:24 /archive/hourly/
```

```
$
$ sudo chmod 775 /archive/hourly
$
$ ls -ld /archive/hourly
drwxrwxr-x. 2 root Archivers 4096 Sep  2 09:24 /archive/hourly
$
```

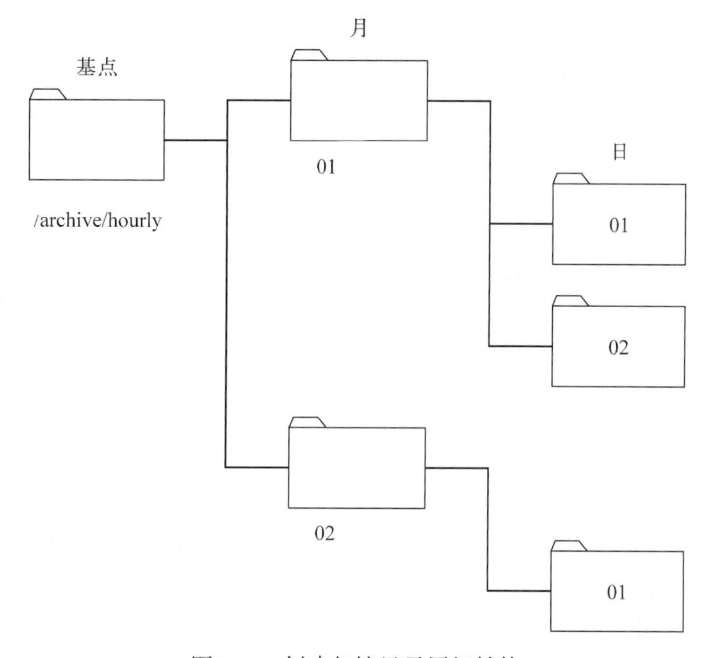

图24-1　创建归档目录层级结构

新目录设置好之后，将按小时归档的配置文件File_To_Backup移动到该目录中。

```
$ cat Files_To_Backup
/usr/local/Production/Machine_Errors
/home/Development/Simulation_Logs
$
$ mv Files_To_Backup /archive/hourly/
$
```

现在，还有个新问题要解决。这个脚本必须自动创建对应每月和每天的目录，如果这些目录已经存在的话，脚本就会报错。这可不是我们想要的结果！

如果仔细查看mkdir命令的命令行选项的话（参见第3章），会发现有一个-p命令行选项。这个选项允许在单个命令中创建目录和子目录。另外，额外的福利是：就算目录已经存在，它也不会产生错误消息。这正是我们的脚本中所需要的！

现在可以创建Hourly_Archive.sh脚本了。以下是前脚本的前半部分。

```
#!/bin/bash
#
# Hourly_Archive - Every hour create an archive
```

```
########################################################
#
# Set Configuration File
#
CONFIG_FILE=/archive/hourly/Files_To_Backup
#
# Set Base Archive Destination Location
#
BASEDEST=/archive/hourly
#
# Gather Current Day, Month & Time
#
DAY=$(date +%d)
MONTH=$(date +%m)
TIME=$(date +%k%M)
#
# Create Archive Destination Directory
#
mkdir -p $BASEDEST/$MONTH/$DAY
#
# Build Archive Destination File Name
#
DESTINATION=$BASEDEST/$MONTH/$DAY/archive$TIME.tar.gz
#
########## Main Script ####################
[...]
```

一旦脚本Hourly_Archive.sh到了Main Script部分，就和Daily_Archive.sh脚本完全一样了。大部分工作都已经完成。

Hourly_Archive.sh会从`date`命令提取天和月，以及用来唯一标识归档文件的时间戳。然后它用这个信息创建与当天对应的目录（如果已经存在的话，就安静地退出）。最后，这个脚本用`tar`命令创建归档文件并将它压缩成一个tarball。

6. 运行按小时归档的脚本

跟Daily_Archive.sh脚本一样，在将Hourly_Archive.sh脚本放到cron表中之前最好先测试一下。脚本运行之前必须修改好权限。另外，通过`date`命令检查小时和分钟。知道了当前的时和分才能够验证最终归档文件名的正确性。

```
$ chmod u+x Hourly_Archive.sh
$
$ date +%k%M
1011
$
$ ./Hourly_Archive.sh

Starting archive...

Archive completed
Resulting archive file is: /archive/hourly/09/02/archive1011.tar.gz

$
```

```
$ ls /archive/hourly/09/02/
archive1011.tar.gz
$
```

这个脚本第一次运行很正常，创建了相应的月和天的目录，随后生成的归档文件名也没问题。注意，归档文件名archive1011.tar.gz中包含了对应的小时（10）和分钟（11）。

说明　如果你当天运行Hourly_Archive.sh脚本，那么当小时数是单个数字时，归档文件名中只会出现3个数字。例如运行脚本的时间是1:15am，那么归档文件名就是archive115.tar.gz。如果你希望文件名中总是保留4位数字，可以将脚本行`TIME=$(date +%k%M)`修改成`TIME=$(date +%k0%M)`。在`%k`后加入数字0后，所有的单数字小时数都会被加入一个前导数字0，填充成两位数字。因此，archive115.tar.gz就变成了archive0115.tar.gz。

为了进行充分的测试，我们再次运行脚本，看看当目录/archive/hourly/09/02/已存在的时候会不会出现问题。

```
$ date +%k%M
1017
$
$ ./Hourly_Archive.sh

Starting archive...

Archive completed
Resulting archive file is: /archive/hourly/09/02/archive1017.tar.gz

$ ls /archive/hourly/09/02/
archive1011.tar.gz  archive1017.tar.gz
$
```

没有问题！这个脚本仍正常运行，并创建了第二个归档文件。现在可以把它放到cron表中了。

24.2　管理用户账户

管理用户账户绝不仅仅是添加、修改和删除账户，你还得考虑安全问题、保留工作的需求以及对账户的精确管理。这可能是一份耗时的工作。在此将介绍另一个可以证明脚本工具能够促进效率的实例。

24.2.1　需要的功能

删除账户在管理账户工作中比较复杂。在删除账户时，至少需要4个步骤：

(1) 获得正确的待删除用户账户名；

(2) 杀死正在系统上运行的属于该账户的进程；

(3) 确认系统中属于该账户的所有文件；

(4) 删除该用户账户。

一不小心就会遗漏某个步骤。本节的shell脚本工具会帮你避免类似的错误。

1. 获取正确的账户名

账户删除过程中的第一步最重要：获取待删除的用户账户的正确名称。由于这是个交互式脚本，所以你可以用read命令（参见第14章）获取账户名称。如果脚本用户一直没有给出答复，你可以在read命令中用-t选项，在超时退出之前给用户60秒的时间回答问题。

```
echo "Please enter the username of the user "
echo -e "account you wish to delete from system: \c"
read -t 60 ANSWER
```

人毕竟难免因为其他事情而耽搁时间，所以最好给用户三次机会来回答问题。要实现这点，可以用一个while循环（参见第13章）加-z选项来测试ANSWER变量是否为空。在脚本第一次进入while循环时，ANSWER变量的内容为空，用来给该变量赋值的提问位于循环的底部。

```
while [ -z "$ANSWER" ]
do
[...]
echo "Please enter the username of the user "
echo -e "account you wish to delete from system: \c"
read -t 60 ANSWER
done
```

当第一次提问出现超时，当只剩下一次回答问题的机会时，或当出现其他情况时，你需要跟脚本用户进行沟通。case语句（参见第12章）是最适合这里的结构化命令。通过给ASK_COUNT变量增值，可以设定不同的消息来回应脚本用户。这部分的代码如下。

```
case $ASK_COUNT in
2)
     echo
     echo "Please answer the question."
     echo
;;
3)
     echo
     echo "One last try...please answer the question."
     echo
;;
4)
     echo
     echo "Since you refuse to answer the question..."
     echo "exiting program."
     echo
     #
     exit
;;
esac
#
```

现在，这个脚本已经拥有了它所需要的全部结构，可以问用户要删除哪个账户了。在这个脚本中，你还需要问用户另外一些问题，可之前只提那么一个问题就已经是一大堆代码了！因此，让我们将这段代码放到一个函数中（参见第17章），以便在Delete_User.sh脚本中重复使用。

2. 创建函数获取正确的账户名

你要做的第一件事是声明函数名get_answer。下一步，用unset命令（参见第6章）清除脚本用户之前给出的答案。完成这两件事的代码如下。

```
function get_answer {
#
unset ANSWER
```

在原来代码中你要修改的另一处地方是对用户脚本的提问。这个脚本不会每次都问同一个问题，所以让我们创建两个新的变量LINE1和LINE2来处理问题。

```
echo $LINE1
echo -e $LINE2" \c"
```

然而，并不是每个问题都有两行要显示，有的只要一行。你可以用if结构（参见第11章）解决这个问题。这个函数会测试LINE2是否为空，如果为空，则只用LINE1。

```
if [ -n "$LINE2" ]
then
     echo $LINE1
     echo -e $LINE2" \c"
else
     echo -e $LINE1" \c"
fi
```

最终，我们的函数需要通过清空LINE1和LINE2变量来清除一下自己。因此，现在这个函数看起来如下。

```
function get_answer {
#
unset ANSWER
ASK_COUNT=0
#
while [ -z "$ANSWER" ]
do
     ASK_COUNT=$[ $ASK_COUNT + 1 ]
#
     case $ASK_COUNT in
     2)
           echo
[...]
     esac
#
     echo
     if [ -n "$LINE2" ]
     then                 #Print 2 lines
           echo $LINE1
           echo -e $LINE2" \c"
     else                    #Print 1 line
           echo -e $LINE1" \c"
```

24

```
     fi
#
     read -t 60 ANSWER
done
#
unset LINE1
unset LINE2
#
}  #End of get_answer function
```

要问脚本用户删除哪个账户，你需要设置一些变量，然后调用get_answer函数。使用新函数让脚本代码清爽了许多。

```
LINE1="Please enter the username of the user "
LINE2="account you wish to delete from system:"
get_answer
USER_ACCOUNT=$ANSWER
```

3. 验证输入的用户名

鉴于可能存在输入错误，应该验证一下输入的用户账户。这很容易，因为我们已经有了提问的代码。

```
LINE1="Is $USER_ACCOUNT the user account "
LINE2="you wish to delete from the system? [y/n]"
get_answer
```

在提出问题之后，脚本必须处理答案。变量ANSWER再次将脚本用户的回答带回问题中。如果用户回答了yes，就得到了要删除的正确用户账户，脚本也可以继续执行。你可以用case语句（参见第12章）来处理答案。case语句部分必须精心编码，这样它才会检查yes的多种输入方式。

```
case $ANSWER in
y|Y|YES|yes|Yes|yEs|yeS|YEs|yES )
#
;;
*)
        echo
        echo "Because the account, $USER_ACCOUNT, is not "
        echo "the one you wish to delete, we are leaving the script..."
        echo
        exit
;;
esac
```

这个脚本有时需要处理很多次用户的yes/no回答。因此，创建一个函数来处理这个任务是有意义的。只要对前面的代码作很少的改动就可以了。必须声明函数名，还要给case语句中加两个变量，EXIT_LINE1和EXIT_LINE2。这些修改以及最后的一些变量清理工作就是process_answer函数的全部。

```
function process_answer {
#
case $ANSWER in
```

```
y|Y|YES|yes|Yes|yEs|yeS|YEs|yES )
;;
*)
        echo
        echo $EXIT_LINE1
        echo $EXIT_LINE2
        echo
        exit
;;
esac
#
unset EXIT_LINE1
unset EXIT_LINE2
#
} #End of process_answer function
```

现在只用调用函数就可以处理答案了。

```
EXIT_LINE1="Because the account, $USER_ACCOUNT, is not "
EXIT_LINE2="the one you wish to delete, we are leaving the script..."
process_answer
```

4. 确定账户是否存在

用户已经给了我们要删除的账户名并且验证过了。现在最好核对一下这个用户账户在系统上是否真实存在。还有，最好将完整的账户记录显示给脚本用户，核对这是不是真的要删除的那个账户。要完成这些工作，需使用变量USER_ACCOUNT_RECORD，将它设成grep（参见第4章）在/etc/passwd文件中查找该用户账户的输出。-w选项允许你对这个特定用户账户进行精确匹配。

```
USER_ACCOUNT_RECORD=$(cat /etc/passwd | grep -w $USER_ACCOUNT)
```

如果在/etc/passwd中没找到用户账户记录，那意味着这个账户已被删除或者从未存在过。不管是哪种情况，都必须通知脚本用户，然后退出脚本。grep命令的退出状态码可以在这里帮到我们。如果没找到这条账户记录，?变量会被设成1。

```
if [ $? -eq 1 ]
then
     echo
     echo "Account, $USER_ACCOUNT, not found. "
     echo "Leaving the script..."
     echo
     exit
fi
```

如果找到了这条记录，你仍然需要验证这个脚本用户是不是正确的账户。我们先前建立的函数在这里就能发挥作用了！你要做的只是设置正确的变量并调用函数。

```
echo "I found this record:"
echo $USER_ACCOUNT_RECORD
echo
#
LINE1="Is this the correct User Account? [y/n]"
get_answer
#
```

```
EXIT_LINE1="Because the account, $USER_ACCOUNT, is not"
EXIT_LINE2="the one you wish to delete, we are leaving the script..."
process_answer
```

5. 删除属于账户的进程

到目前为止，你已经得到并验证了要删除的用户账户的正确名称。为了从系统上删除该用户账户，这个账户不能拥有任何当前处于运行中的进程。因此，下一步就是查找并终止这些进程。这会稍微麻烦一些。

查找用户进程较为简单。这里脚本可以用ps命令（参见第4章）和-u选项来定位属于该账户的所有处于运行中的进程。可以将输出重定向到/dev/null，这样用户就看不到任何输出信息了。这样做很方便，因为如果没有找到相关进程，ps命令只会显示出一个标题，就会把脚本用户搞糊涂的。

```
ps -u $USER_ACCOUNT >/dev/null #Are user processes running?
```

可以用ps命令的退出状态码和case结构来决定下一步做什么。

```
case $? in
1)    # No processes running for this User Account
      #
      echo "There are no processes for this account currently running."
      echo
;;
0)    # Processes running for this User Account.
      # Ask Script User if wants us to kill the processes.
      #
      echo "$USER_ACCOUNT has the following processes running: "
      echo
      ps -u $USER_ACCOUNT
      #
      LINE1="Would you like me to kill the process(es)? [y/n]"
      get_answer
      #
[...]
esac
```

如果ps命令的退出状态码返回了1，那么表明系统上没有属于该用户账户的进程在运行。但如果退出状态码返回了0，那么系统上有属于该账户的进程在运行。在这种情况下，脚本需要询问脚本用户是否要杀死这些进程。可以用get_answer函数来完成这个任务。

你可能会认为脚本下一步就是调用process_answer函数。很遗憾，接下来的任务对process_answer来说太复杂了。你需要嵌入另一个case语句来处理脚本用户的答案。case语句的第一部分看起来和process_answer函数很像。

```
case $ANSWER in
     y|Y|YES|yes|Yes|yEs|yeS|YEs|yES ) # If user answers "yes",
                                       #kill User Account processes.
[...]
;;
*)    # If user answers anything but "yes", do not kill.
```

```
        echo
        echo "Will not kill the process(es)"
        echo
;;
esac
```

可以看出，case语句本身并没什么特别的。值得留意的是case语句的yes部分。在这里需要杀死该用户账户的进程。要实现这个目标，得使用三条命令。首先需要再用一次ps命令，收集当前处于运行状态、属于该用户账户的进程ID（PID）。命令的输出被保存在变量COMMAND_1中。

```
COMMAND_1="ps -u $USER_ACCOUNT --no-heading"
```

第二条命令用来提取PID。下面这条简单的gawk命令（参见第19章）可以从ps命令输出中提取第一个字段，而这个字段恰好就是PID。

```
gawk '{print $1}'
```

第三条命令是xargs，这个命令还没讲过。该命令可以构建并执行来自标准输入STDIN（参见第15章）的命令。它非常适合用在管道的末尾处。xargs命令负责杀死PID所对应的进程。

```
COMMAND_3="xargs -d \\n /usr/bin/sudo /bin/kill -9"
```

xargs命令被保存在变量COMMAND_3中。选项-d指明使用什么样的分隔符。换句话说，既然xargs命令接收多个项作为输入，那么各个项之间要怎么区分呢？在这里，\n（换行符）被作为各项的分隔符。当每个PID发送给xargs时，它将PID作为单个项来处理。又因为xargs命令被赋给了一个变量，所以\n中的反斜杠（\）必须再加上另一个反斜杠（\）进行转义。

注意，在处理PID时，xargs命令需要使用命令的完整路径名。sudo命令和kill命令（参见第4章）用于杀死用户账户的运行进程。另外还注意到kill命令使用了信号-9。

这三条命令通过管道串联在了一起。ps命令生成了处于运行状态的用户进程列表，其中包括每个进程的PID。gawk命令将ps命令的标准输出（STDOUT）作为自己的STDIN，然后从中只提取出PID（参见第15章）。xargs命令将gawk命令生成的每个PID作为STDIN，创建并执行kill命令，杀死用户所有的运行进程。这个命令管道如下。

```
$COMMAND_1 | gawk '{print $1}' | $COMMAND_3
```

因此，用于杀死用户账户所有的运行进程的完整的case语句如下所示。

```
case $ANSWER in
     y|Y|YES|yes|Yes|yEs|yeS|YEs|yES ) # If user answers "yes",
                                       #kill User Account processes.
       echo
       echo "Killing off process(es)..."
       #
       # List user processes running code in variable, COMMAND_1
       COMMAND_1="ps -u $USER_ACCOUNT --no-heading"
       #
       # Create command to kill proccess in variable, COMMAND_3
       COMMAND_3="xargs -d \\n /usr/bin/sudo /bin/kill -9"
       #
       # Kill processes via piping commands together
```

```
    $COMMAND_1 | gawk '{print $1}' | $COMMAND_3
    #
    echo
    echo "Process(es) killed."
;;
```

这是目前为止脚本中最复杂的部分！现在用户账户所拥有的进程都已经被杀死了，脚本可以进行下一步：找出属于用户账户的所有文件。

6. 查找属于账户的文件

在从系统上删除用户账户时，最好将属于该用户的所有文件归档。另外，还有一点比较重要的是，得删除这些文件或将文件的所属关系分配给其他账户。如果你要删除的账户的UID是1003，而你没有删除或修改它们的所属关系，那么下一个创建的UID为1003的账户会拥有这些文件！在这种情况下显然会出现安全隐患。

脚本Delete_User.sh不会替你大包大揽，但它会创建一个在Daily_Archive.sh脚本中作为备份配置文件的报告。可以用这个报告帮助你删除文件或重新分配文件的所属关系。

要找到用户文件，你可以用find命令。find命令用-u选项查找整个文件系统，它能够准确查找到属于该用户的所有文件。该命令如下：

```
find / -user $USER_ACCOUNT > $REPORT_FILE
```

相比处理用户账户的进程，这非常简单。Delete_User.sh脚本接下来的工作就是删除用户账户。

7. 删除账户

对删除系统中的用户账户慎之又慎总是好事。因此，你应该再问一次脚本用户是否真的想删除该账户：

```
LINE1="Remove $User_Account's account from system? [y/n]"
get_answer
#
EXIT_LINE1="Since you do not wish to remove the user account,"
EXIT_LINE2="$USER_ACCOUNT at this time, exiting the script..."
process_answer
```

最后就是脚本的主要目的了：从系统中真正地删除该用户账户。这里用到了userdel命令（参见第7章）。

```
userdel $USER_ACCOUNT
```

现在万事皆备，可以将它们一起拼成一个完整的实用脚本工具了。

24.2.2　创建脚本

记住，Delete_User.sh脚本跟用户的互动很多。因此，有大量的提示能在脚本执行时告诉用户正在做什么是很重要的。

在脚本的顶部声明了两个函数，get_answer和process_answer。脚本通过四个步骤删除用户：获得并确认用户账户名，查找和终止用户的进程，创建一份属于该用户账户的所有文件的报告，删除用户账户。

窍门　如果你刚开始编写脚本，在面对一个完整的脚本代码时（你马上就会看到），要养成通读整个脚本的习惯。这种习惯能够增进你的脚本编写技巧。

下面是完整的Delete_User.sh脚本：

```
#!/bin/bash
#
#Delete_User - Automates the 4 steps to remove an account
#
###############################################################
# Define Functions
#
#####################################################
function get_answer {
#
unset ANSWER
ASK_COUNT=0
#
while [ -z "$ANSWER" ]     #While no answer is given, keep asking.
do
     ASK_COUNT=$[ $ASK_COUNT + 1 ]
#
     case $ASK_COUNT in    #If user gives no answer in time allotted
     2)
          echo
          echo "Please answer the question."
          echo
     ;;
     3)
          echo
          echo "One last try...please answer the question."
          echo
     ;;
     4)
          echo
          echo "Since you refuse to answer the question..."
          echo "exiting program."
          echo
          #
          exit
     ;;
     esac
#
     echo
#
     if [ -n "$LINE2" ]
     then                  #Print 2 lines
          echo $LINE1
          echo -e $LINE2" \c"
     else                       #Print 1 line
          echo -e $LINE1" \c"
     fi
```

24

```
#
#      Allow 60 seconds to answer before time-out
     read -t 60 ANSWER
done
# Do a little variable clean-up
unset LINE1
unset LINE2
#
}  #End of get_answer function
#
#####################################################
function process_answer {
#
case $ANSWER in
y|Y|YES|yes|Yes|yEs|yeS|YEs|yES )
# If user answers "yes", do nothing.
;;
*)
# If user answers anything but "yes", exit script
        echo
        echo $EXIT_LINE1
        echo $EXIT_LINE2
        echo
        exit
;;
esac
#
# Do a little variable clean-up
#
unset EXIT_LINE1
unset EXIT_LINE2
#
} #End of process_answer function
#
##############################################
# End of Function Definitions
#
############# Main Script ###################
# Get name of User Account to check
#
echo "Step #1 - Determine User Account name to Delete "
echo
LINE1="Please enter the username of the user "
LINE2="account you wish to delete from system:"
get_answer
USER_ACCOUNT=$ANSWER
#
# Double check with script user that this is the correct User Account
#
LINE1="Is $USER_ACCOUNT the user account "
LINE2="you wish to delete from the system? [y/n]"
get_answer
#
# Call process_answer funtion:
```

```
#     if user answers anything but "yes", exit script
#
EXIT_LINE1="Because the account, $USER_ACCOUNT, is not "
EXIT_LINE2="the one you wish to delete, we are leaving the script..."
process_answer
#
################################################################
# Check that USER_ACCOUNT is really an account on the system
#
USER_ACCOUNT_RECORD=$(cat /etc/passwd | grep -w $USER_ACCOUNT)
#
if [ $? -eq 1 ]  # If the account is not found, exit script
then
     echo
     echo "Account, $USER_ACCOUNT, not found. "
     echo "Leaving the script..."
     echo
     exit
fi
#
echo
echo "I found this record:"
echo $USER_ACCOUNT_RECORD
#
LINE1="Is this the correct User Account? [y/n]"
get_answer
#
#
# Call process_answer function:
#  if user answers anything but "yes", exit script
#
EXIT_LINE1="Because the account, $USER_ACCOUNT, is not "
EXIT_LINE2="the one you wish to delete, we are leaving the script..."
process_answer
#
#################################################################
# Search for any running processes that belong to the User Account
#
echo
echo "Step #2 - Find process on system belonging to user account"
echo
#
ps -u $USER_ACCOUNT >/dev/null #Are user processes running?
#
case $? in
1)   # No processes running for this User Account
     #
     echo "There are no processes for this account currently running."
     echo
;;
0)   # Processes running for this User Account.
     # Ask Script User if wants us to kill the processes.
     #
     echo "$USER_ACCOUNT has the following processes running: "
```

24

```
    echo
    ps -u $USER_ACCOUNT
    #
    LINE1="Would you like me to kill the process(es)? [y/n]"
    get_answer
    #
    case $ANSWER in
    y|Y|YES|yes|Yes|yEs|yeS|YEs|yES )  # If user answers "yes",
                                       # kill User Account processes.
      #
      echo
      echo "Killing off process(es)..."
      #
      # List user processes running code in variable, COMMAND_1
      COMMAND_1="ps -u $USER_ACCOUNT --no-heading"
      #
      # Create command to kill proccess in variable, COMMAND_3
      COMMAND_3="xargs -d \\n /usr/bin/sudo /bin/kill -9"
      #
      # Kill processes via piping commands together
      $COMMAND_1 | gawk '{print $1}' | $COMMAND_3
      #
      echo
      echo "Process(es) killed."
    ;;
    *)   # If user answers anything but "yes", do not kill.
         echo
         echo "Will not kill the process(es)"
         echo
    ;;
    esac
;;
esac
#################################################################
# Create a report of all files owned by User Account
#
echo
echo "Step #3 - Find files on system belonging to user account"
echo
echo "Creating a report of all files owned by $USER_ACCOUNT."
echo
echo "It is recommended that you backup/archive these files,"
echo "and then do one of two things:"
echo "  1) Delete the files"
echo "  2) Change the files' ownership to a current user account."
echo
echo "Please wait. This may take a while..."
#
REPORT_DATE=$(date +%y%m%d)
REPORT_FILE=$USER_ACCOUNT"_Files_"$REPORT_DATE".rpt"
#
find / -user $USER_ACCOUNT > $REPORT_FILE 2>/dev/null
#
echo
```

```
echo "Report is complete."
echo "Name of report:      $REPORT_FILE"
echo "Location of report:  $(pwd)"
echo
####################################
#  Remove User Account
echo
echo "Step #4 - Remove user account"
echo
#
LINE1="Remove $USER_ACCOUNT's account from system? [y/n]"
get_answer
#
# Call process_answer function:
#       if user answers anything but "yes", exit script
#
EXIT_LINE1="Since you do not wish to remove the user account,"
EXIT_LINE2="$USER_ACCOUNT at this time, exiting the script..."
process_answer
#
userdel $USER_ACCOUNT          #delete user account
echo
echo "User account, $USER_ACCOUNT, has been removed"
echo
#
exit
```

工作量颇大！但Delete_User.sh脚本是非常棒的省时工具，会帮你避免很多删除用户账户时出现的琐碎问题。

24.2.3 运行脚本

由于被设计成了一个交互式脚本，Delete_User.sh脚本不应放入cron表中。但是，保证它能按期望工作仍然很重要。

说明 要运行这种脚本，你必须以root用户账户的身份登录，或者使用sudo命令以root用户账户身份运行脚本。

在测试脚本前，需要为脚本文件设置适合的权限。

```
$ chmod u+x Delete_User.sh
$
$ ls -l Delete_User.sh
-rwxr--r--. 1 Christine Christine 6413 Sep  2 14:20 Delete_User.sh
$
```

我们会通过删除一个系统上临时设置的consultant账户来测试这个脚本。

```
$ sudo ./Delete_User.sh
[sudo] password for Christine:
```

```
Step #1 - Determine User Account name to Delete


Please enter the username of the user
account you wish to delete from system: Consultant

Is Consultant the user account
you wish to delete from the system? [y/n]
Please answer the question.

Is Consultant the user account
you wish to delete from the system? [y/n] y

I found this record:
Consultant:x:504:506::/home/Consultant:/bin/bash

Is this the correct User Account? [y/n] yes

Step #2 - Find process on system belonging to user account

Consultant has the following processes running:

  PID TTY          TIME CMD
 5443 pts/0    00:00:00 bash
 5444 pts/0    00:00:00 sleep

Would you like me to kill the process(es)? [y/n] Yes

Killing off process(es)...

Process(es) killed.

Step #3 - Find files on system belonging to user account

Creating a report of all files owned by Consultant.

It is recommended that you backup/archive these files,
and then do one of two things:
  1) Delete the files
  2) Change the files' ownership to a current user account.

Please wait. This may take a while...

Report is complete.
Name of report:      Consultant_Files_140902.rpt
Location of report:  /home/Christine

Step #4 - Remove user account

Remove Consultant's account from system? [y/n] y

User account, Consultant, has been removed

$
```

```
$ ls Consultant*.rpt
Consultant_Files_140902.rpt
$
$ cat Consultant_Files_140902.rpt
/home/Consultant
/home/Consultant/Project_393
/home/Consultant/Project_393/393_revisionQ.py
/home/Consultant/Project_393/393_Final.py
[...]
/home/Consultant/.bashrc
/var/spool/mail/Consultant
$
$ grep Consultant /etc/passwd
$
```

脚本运行良好！注意，我们是使用sudo来运行脚本的，因为删除账户需要超级用户权限。另外还通过延迟回答下列问题测试了read的超时功能。

```
Is Consultant the user account
you wish to delete from the system? [y/n]
Please answer the question.
```

我们在不同的问题中使用了不同形式的yes进行回答，以确保case语句的测试功正常。最后，脚本找出了用户Consultant所有的文件，并将其写入报告文件中，然后删除了该用户。

现在你已经拥有了一个在删除用户账户时能够辅助你的脚本实用工具。更妙的是你还可以修改它来满足组织的需要！

24.3 监测磁盘空间

对多用户Linux系统来说，最大的一个问题就是可用磁盘空间的总量。在有些情况下，比如在文件共享服务器上，磁盘空间很可能会因为一个粗心的用户而被立刻用完。

窍门 如果你的Linux系统应用于生产环境，那么就不能依赖磁盘空间报告来避免服务器的磁盘空间被填满。应该考虑使用磁盘配额。如果已经安装了quota软件包，可以在shell提示符下输入man -k quota获得有关磁盘限额管理的更多信息。如果没有安装这个软件包，可以使用任何你喜欢的搜索引擎获取进一步的信息。

24

这个shell脚本工具会帮你找出指定目录中磁盘空间使用量位居前十名的用户。它会生成一个以日期命名的报告，使得磁盘空间使用量可以监测。

24.3.1 需要的功能

你要用到的第一个工具是du命令（参见第4章）。该命令能够显示出单个文件和目录的磁盘使用情况。-s选项用来总结目录一级的整体使用状况。这在计算单个用户使用的总体磁盘空间时很方便。下面的例子是使用du命令总结/home目录下每个用户的$HOME目录的磁盘占用情况。

```
$ sudo du -s /home/*
[sudo] password for Christine:
4204    /home/Christine
56      /home/Consultant
52      /home/Development
4       /home/NoSuchUser
96      /home/Samantha
36      /home/Timothy
1024    /home/user1
$
```

-s选项能够很好地处理用户的$HOME目录，但如果我们要查看系统目录（比如/var/log）的磁盘使用情况呢？

```
$ sudo du -s /var/log/*
4       /var/log/anaconda.ifcfg.log
20      /var/log/anaconda.log
32      /var/log/anaconda.program.log
108     /var/log/anaconda.storage.log
40      /var/log/anaconda.syslog
56      /var/log/anaconda.xlog
116     /var/log/anaconda.yum.log
4392    /var/log/audit
4       /var/log/boot.log
[...]
$
```

这个列表很快就变得过于琐碎。这里，-S（大写的S）选项能更适合我们的目的，它为每个目录和子目录分别提供了总计信息。这样你就能快速地定位问题的根源。

```
$ sudo du -S /var/log/
4       /var/log/ppp
4       /var/log/sssd
3020    /var/log/sa
80      /var/log/prelink
4       /var/log/samba/old
4       /var/log/samba
4       /var/log/ntpstats
4       /var/log/cups
4392    /var/log/audit
420     /var/log/gdm
4       /var/log/httpd
152     /var/log/ConsoleKit
2976    /var/log/
$
```

由于我们感兴趣的是占用磁盘空间最多的目录，所以需要使用sort命令对du产生的输出进行排序（参见第4章）。

```
$ sudo du -S /var/log/ | sort -rn
4392    /var/log/audit
3020    /var/log/sa
```

```
2976    /var/log/
420     /var/log/gdm
152     /var/log/ConsoleKit
80      /var/log/prelink
4       /var/log/sssd
4       /var/log/samba/old
4       /var/log/samba
4       /var/log/ppp
4       /var/log/ntpstats
4       /var/log/httpd
4       /var/log/cups
$
```

-n选项允许按数字排序。-r选项会先列出最大数字（逆序）。这对于找出占用磁盘空间最多的用户很有用。

sed编辑器可以让这个列表更容易读懂。我们要关注的是磁盘用量的前10名用户，所以当到了第11行时，sed会删除列表的剩余部分。下一步是给列表中的每行加一个行号。第19章演示过如何使用sed的等号命令（=）来加入行号。要让行号和磁盘空间文本位于同一行，可以用N命令将文本行合并在一起，跟我们在第21章中的处理方法一样。所需的sed命令如下。

```
sed '{11,$D; =}' |
sed 'N; s/\n/ /' |
```

现在可以用gawk命令清理输出了（参见第22章）。sed编辑器的输出会通过管道输出到gawk命令，然后用printf函数打印出来。

```
gawk '{printf $1 ":" "\t" $2  "\t" $3 "\n"}'
```

在行号后面，我们加了一个冒号（:），还给输出的每行文本的字段间放了一个制表符。这样就能得到一个格式精致的磁盘空间用量前10名的用户列表。

```
$ sudo du -S /var/log/ |
> sort -rn |
> sed '{11,$D; =}' |
> sed 'N; s/\n/ /' |
> gawk '{printf $1 ":" "\t" $2 "\t" $3 "\n"}'
[sudo] password for Christine:
1:      4396    /var/log/audit
2:      3024    /var/log/sa
3:      2976    /var/log/
4:      420     /var/log/gdm
5:      152     /var/log/ConsoleKit
6:      80      /var/log/prelink
7:      4       /var/log/sssd
8:      4       /var/log/samba/old
9:      4       /var/log/samba
10:     4       /var/log/ppp
$
```

现在你已经上手啦！下一步就是用这些信息创建脚本。

24.3.2　创建脚本

为了节省时间和精力，这个脚本会为多个指定目录创建报告。我们用一个叫作CHECK_DIRECTORIES的变量来完成这一任务。出于演示的目的，该变量只设置为包含两个目录。

```
CHECK_DIRECTORIES=" /var/log /home"
```

脚本使用for循环来对变量中列出的每个目录执行du命令。这个方法用来读取和处理列表中的值（参见第13章）。每次for循环都会遍历变量CHECK_DIRECTORIES中的值列表，它会将列表中的下一个值赋给DIR_CHECK变量。

```
for DIR_CHECK in $CHECK_DIRECTORIES
do
[...]
  du -S $DIR_CHECK
[...]
done
```

为了方便识别，我们用date命令给报告的文件名加个日期戳。脚本用exec命令（参见第15章）将它的输出重定向到加带日期戳的报告文件中。

```
DATE=$(date '+%m%d%y')
exec > disk_space_$DATE.rpt
```

为了生成格式精致的报告，这个脚本会用echo命令来输出一些报告标题。

```
echo "Top Ten Disk Space Usage"
echo "for $CHECK_DIRECTORIES Directories"
```

现在让我们看一下将这个脚本的各部分组合在一起会是什么样子。

```
#!/bin/bash
#
# Big_Users - Find big disk space users in various directories
###############################################################
# Parameters for Script
#
CHECK_DIRECTORIES=" /var/log /home"  #Directories to check
#
############## Main Script #################################
#
DATE=$(date '+%m%d%y')               #Date for report file
#
exec > disk_space_$DATE.rpt          #Make report file STDOUT
#
echo "Top Ten Disk Space Usage"      #Report header
echo "for $CHECK_DIRECTORIES Directories"
#
for DIR_CHECK in $CHECK_DIRECTORIES  #Loop to du directories
do
  echo ""
  echo "The $DIR_CHECK Directory:"   #Directory header
#
# Create a listing of top ten disk space users in this dir
```

```
    du -S $DIR_CHECK 2>/dev/null |
    sort -rn |
    sed '{11,$D; =}' |
    sed 'N; s/\n/ /' |
    gawk '{printf $1 ":" "\t" $2  "\t" $3 "\n"}'
#
done                                #End of loop
#
exit
```

现在你已经得到完整的脚本了。这个简单的shell脚本会为你选择的每个目录创建一个包含日期戳的磁盘空间用量前10名的用户报告。

24.3.3 运行脚本

在让Big_Users脚本自动运行之前，你会想手动测试几次，以保证它如你期望的那样运行。如你所知，在测试前必须为脚本文件设置适合的权限。不过在这里我们使用了`bash`命令，`chmod u+x`就不需要了。

```
$ ls -l Big_Users.sh
-rw-r--r--. 1 Christine Christine 910 Sep  3 08:43 Big_Users.sh
$
$ sudo bash Big_Users.sh
 [sudo] password for Christine:
$
$ ls disk_space*.rpt
disk_space_090314.rpt
$
$ cat disk_space_090314.rpt
Top Ten Disk Space Usage
for  /var/log /home Directories

The /var/log Directory:
1:      4496    /var/log/audit
2:      3056    /var/log
3:      3032    /var/log/sa
4:      480     /var/log/gdm
5:      152     /var/log/ConsoleKit
6:      80      /var/log/prelink
7:      4       /var/log/sssd
8:      4       /var/log/samba/old
9:      4       /var/log/samba
10:     4       /var/log/ppp

The /home Directory:
1:      34084   /home/Christine/Documents/temp/reports/archive
2:      14372   /home/Christine/Documents/temp/reports
3:      4440    /home/Timothy/Project__42/log/universe
4:      4440    /home/Timothy/Project_254/Old_Data/revision.56
5:      4440    /home/Christine/Documents/temp/reports/report.txt
6:      3012    /home/Timothy/Project__42/log
7:      3012    /home/Timothy/Project_254/Old_Data/data2039432
```

24

```
8:      2968    /home/Timothy/Project__42/log/answer
9:      2968    /home/Timothy/Project_254/Old_Data/data2039432/answer
10:     2968    /home/Christine/Documents/temp/reports/answer
$
```

完全没有问题！现在你可以让这个脚本在需要时自动运行了，可以用cron表来实现（参见第16章）。在周一一大早运行这个脚本是个不错的主意。这样你就可以在周一早上一边喝咖啡一边浏览磁盘使用情况周报了。

24.4　小结

本章充分利用了本书介绍的一些shell脚本编程知识来创建Linux实用工具。在负责Linux系统时，不管它是大型多用户系统，还是你自己的系统，都有很多的事情要考虑。与其手动运行命令，不如创建shell脚本工具来替你完成工作。

本章首先带你逐步了解使用shell脚本归档和备份Linux系统上的数据文件。tar命令是归档数据的常用命令。这部分演示了如何在shell脚本中用它来创建归档文件，以及如何在归档目录中管理归档文件。

接下来介绍了使用shell脚本删除用户账户的四个步骤。为脚本中重复的shell代码创建函数会让代码更易于阅读和修改。这个脚本由多个不同的结构化命令组成，例如case和while命令。这部分还介绍了用于cron表脚本和交互式脚本在结构上的差异。

本章最后演示了如何用du命令来确定磁盘空间使用情况。sed和gawk命令用于提取数据中的特定信息。将命令的输出传给sed和gawk来分析数据是shell脚本中的一个常见功能，所以最好知道该怎么做。

接下来还会讲到更多的高级shell脚本，涉及数据库、Web和电子邮件等。

第 25 章

创建与数据库、Web及电子邮件相关的脚本

本章内容

- ❑ 编写数据库shell脚本
- ❑ 在脚本中使用互联网
- ❑ 在脚本中发送电子邮件

到目前为止，我们已经讲述了shell脚本的很多特性。不过这还不够！要想提供先进的特性，还得利用shell脚本之外的高级功能，例如访问数据库、从互联网上检索数据以及使用电子邮件发送报表。本章将为你展示如何在脚本中使用这三个Linux系统中的常见功能。

25.1 MySQL 数据库

shell脚本的问题之一是持久性数据。你可以将所有信息都保存在shell脚本变量中，但脚本运行结束后，这些变量就不存在了。有时你会希望脚本能够将数据保存下来以备后用。

过去，使用shell脚本存储和提取数据需要创建一个文件，从其中读取数据、解析数据，然后将数据存回到该文件中。在文件中搜索数据意味着要读取文件中的每一条记录进行查找。现在由于数据库非常流行，将shell脚本和有专业水准的开源数据库对接起来非常容易。Linux中最流行的开源数据库是MySQL。它是作为Linux-Apache-MySQL-PHP（LAMP）服务器环境的一部分而逐渐流行起来的。许多互联网Web服务器都采用LAMP来搭建在线商店、博客和其他Web应用。

本节将会介绍如何在Linux环境中使用MySQL数据库创建数据库对象以及如何在shell脚本中使用这些对象。

25.1.1 使用 MySQL

绝大多数Linux发行版在其软件仓库中都含有MySQL服务器和客户端软件包，这使得在Linux系统中安装完整的MySQL环境简直小菜一碟。图25-1展示了Ubuntu Linux发行版中的Add Software（添加软件）功能。

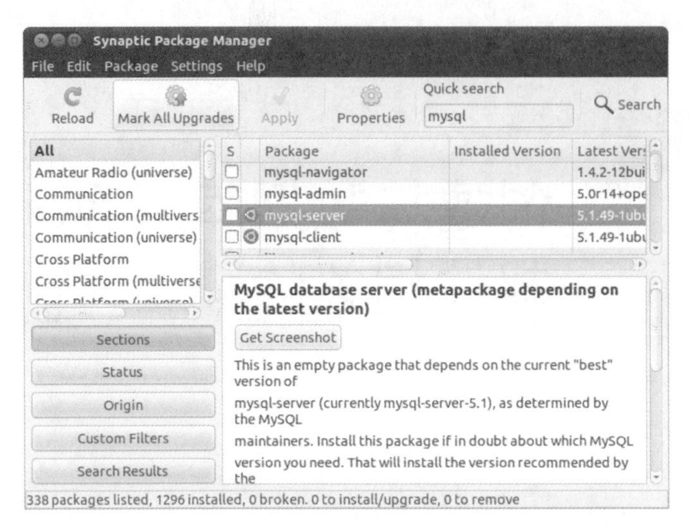

图25-1　在Ubuntu Linux系统上安装MySQL服务器

搜索到mysql-server包之后，只需要选择出现的mysql-server条目就可以了，包管理器会下载并安装完整的MySQL（包括客户端）软件。没什么比这更容易的了！

通往MySQL数据库的门户是`mysql`命令行界面程序。本节将会介绍如何使用mysql客户端程序与数据库进行交互。

1. 连接到服务器

mysql客户端程序允许你通过用户账户和密码连到网络中任何地方的MySQL数据库服务器。默认情况下，如果你在命令行上输入`mysql`，且不加任何参数，它会试图用Linux登录用户名连接运行在同一Linux系统上的MySQL服务器。

大多数情况下，这并不是你连接数据库的方式。通常还是创建一个应用程序专用的账户比较安全，不要用MySQL服务器上的标准用户账户。这样可以针对应用程序用户实施访问限制，即便应用程序出现了偏差，在必要时你也可以删除或重建。可以使用`-u`参数指定登录用户名。

```
$ mysql -u root -p
Enter password:
Welcome to the MySQL monitor.  Commands end with ; or \g.
Your MySQL connection id is 42
Server version: 5.5.38-0ubuntu0.14.04.1 (Ubuntu)

Copyright (c) 2000, 2014, Oracle and/or its affiliates. All rights reserved.

Oracle is a registered trademark of Oracle Corporation and/or its
affiliates. Other names may be trademarks of their respective
owners.

Type 'help;' or '\h' for help. Type '\c' to clear the current input statement.

mysql>
```

-p参数告诉mysql程序提示输入登录用户输入密码。输入root用户账户的密码，这个密码要么是在安装过程中，要么是使用mysqladmin工具获得的。一旦登录了服务器，你就可以输入命令。

2. mysql命令

mysql程序使用两种不同类型的命令：

- 特殊的mysql命令
- 标准SQL语句

mysql程序使用它自有的一组命令，方便你控制环境和提取关于MySQL服务器的信息。这些命令要么是全名（例如status），要么是简写形式（例如\s）。你可以从mysql命令提示符中直接使用命令的完整形式或简形式。

```
mysql> \s
--------------
mysql  Ver 14.14 Distrib 5.5.38, for debian-linux-gnu (i686) using readline 6.3

Connection id:          43
Current database:
Current user:           root@localhost
SSL:                    Not in use
Current pager:          stdout
Using outfile:          ''
Using delimiter:        ;
Server version:         5.5.38-0ubuntu0.14.04.1 (Ubuntu)
Protocol version:       10
Connection:             Localhost via UNIX socket
Server characterset:    latin1
Db     characterset:    latin1
Client characterset:    utf8
Conn.  characterset:    utf8
UNIX socket:            /var/run/mysqld/mysqld.sock
Uptime:                 2 min 24 sec

Threads: 1 Questions: 575 Slow queries: 0 Opens: 421 Flush tables: 1
     Open tables: 41  Queries per second avg: 3.993
--------------

mysql>
```

mysql程序实现了MySQL服务器支持的所有标准SQL（Structured Query Language，结构化查询语言）命令。mysql程序实现的一条很棒的SQL命令是SHOW命令。你可以利用这条命令提取MySQL服务器的相关信息，比如创建的数据库和表。

```
mysql> SHOW DATABASES;
+--------------------+
| Database           |
+--------------------+
| information_schema |
| mysql              |
+--------------------+
2 rows in set (0.04 sec)
```

```
mysql> USE mysql;
Database changed
mysql> SHOW TABLES;
+---------------------------+
| Tables_in_mysql           |
+---------------------------+
| columns_priv              |
| db                        |
| func                      |
| help_category             |
| help_keyword              |
| help_relation             |
| help_topic                |
| host                      |
| proc                      |
| procs_priv                |
| tables_priv               |
| time_zone                 |
| time_zone_leap_second     |
| time_zone_name            |
| time_zone_transition      |
| time_zone_transition_type |
| user                      |
+---------------------------+
17 rows in set (0.00 sec)
mysql>
```

在这个例子中，我们用SQL命令`SHOW`来显示当前在MySQL服务器上配置过的数据库，然后用SQL命令`USE`来连接到单个数据库。mysql会话一次只能连一个数据库。

你会注意到，在每个命令后面我们都加了一个分号。在mysql程序中，分号表明命令的结束。如果不用分号，它会提示输入更多数据。

```
mysql> SHOW
  -> DATABASES;
+--------------------+
| Database           |
+--------------------+
| information_schema |
| mysql              |
+--------------------+
2 rows in set (0.00 sec)

mysql>
```

在处理长命令时，这个功能很有用。你可以在一行输入命令的一部分，按下回车键，然后在下一行继续输入。这样一条命令可以占任意多行，直到你用分号表明命令结束。

说明　本章中，我们用大写字母来表示SQL命令，这已经成了编写SQL命令的通用方式，但mysql程序支持用大写或小写字母来指定SQL命令。

---

3. 创建数据库

MySQL服务器将数据组织成*数据库*。数据库通常保存着单个应用程序的数据，与用这个数据库服务器的其他应用互不相关。为每个shell脚本应用创建一个单独的数据库有助于消除混淆，避免数据混用。

创建一个新的数据库要用如下SQL语句。

```
CREATE DATABASE name;
```

非常简单。当然，你必须拥有在MySQL服务器上创建新数据库的权限。最简单的办法是作为root用户登录MySQL服务器。

```
$ mysql -u root -p
Enter password:
Welcome to the MySQL monitor.  Commands end with ; or \g.
Your MySQL connection id is 42
Server version: 5.5.38-0ubuntu0.14.04.1 (Ubuntu)

Copyright (c) 2000, 2014, Oracle and/or its affiliates. All rights reserved.

Oracle is a registered trademark of Oracle Corporation and/or its
affiliates. Other names may be trademarks of their respective
owners.

Type 'help;' or '\h' for help. Type '\c' to clear the current input statement.

mysql> CREATE DATABASE mytest;
Query OK, 1 row affected (0.02 sec)

mysql>
```

可以使用SHOW命令来查看新数据库是否创建成功。

```
mysql> SHOW DATABASES;
+--------------------+
| Database           |
+--------------------+
| information_schema |
| mysql              |
| mytest             |
+--------------------+
3 rows in set (0.01 sec)

mysql>
```

好了，它已经成功创建了。现在你可以创建一个新的用户账户来访问新数据库了。

4. 创建用户账户

到目前为止，你已经知道了如何用root管理员账户连接到MySQL服务器。这个账户可以完全控制所有的MySQL服务器对象（就和Linux的root账户可以完全控制Linux系统一样）。

在普通应用中使用MySQL的root账户是极其危险的。如果有安全漏洞或有人弄到了root用户账户的密码，各种糟糕事情都可能发生在你的系统（以及数据）上。

为了阻止这种情况的发生，明智的做法是在MySQL上创建一个仅对应用中所涉及的数据库有权限的独立用户账户。可以用GRANT SQL语句来完成。

```
mysql> GRANT SELECT,INSERT,DELETE,UPDATE ON mytest.* TO test IDENTIFIED
by 'test';
Query OK, 0 rows affected (0.35 sec)

mysql>
```

这是一条很长的命令。让我们看看命令的每一部分都做了什么。

第一部分定义了用户账户对数据库有哪些权限。这条语句允许用户查询数据库数据（select权限）、插入新的数据记录以及删除和更新已有数据记录。

mytest.*项定义了权限作用的数据库和表。这通过下面的格式指定。

```
database.table
```

正如在这个例子中看到的，在指定数据库和表时可以使用通配符。这种格式会将指定的权限作用在名为test的数据库中的所有表上。

最后，你可以指定这些权限应用于哪些用户账户。grant命令的便利之处在于，如果用户账户不存在，它会创建。identified by部分允许你为新用户账户设定默认密码。

可以直接在mysql程序中测试新用户账户。

```
$ mysql mytest -u test -p
Enter password:
Welcome to the MySQL monitor.  Commands end with ; or \g.
Your MySQL connection id is 42
Server version: 5.5.38-0ubuntu0.14.04.1 (Ubuntu)

Copyright (c) 2000, 2014, Oracle and/or its affiliates. All rights reserved.

Oracle is a registered trademark of Oracle Corporation and/or its
affiliates. Other names may be trademarks of their respective
owners.

Type 'help;' or '\h' for help. Type '\c' to clear the current input statement.

mysql>
```

第一个参数指定使用的默认数据库（mytest）。如你所见，-u选项定义了登录的用户，-p用来提示输入密码。输入test用户账户的密码后，你就连到了服务器。

现在已经有了数据库和用户账户，可以为数据创建一些表了。

5. 创建数据表

MySQL是一种关系数据库（relational database）。在关系数据库中，数据按照字段、记录和表进行组织。数据字段是信息的单个组成部分，比如员工的姓或工资。记录是相关数据字段的集合，比如员工ID号、姓、名、地址和工资。每条记录都代表一组数据字段。

表含有保存相关数据的所有记录。因此，你会使用一个叫作Employees的表来保存每个员工的记录。

要在数据库中新建一张新表，需要用SQL命令CREATE TABLE。

```
$ mysql mytest -u root -p
Enter password:
mysql> CREATE TABLE employees (
  -> empid int not null,
  -> lastname varchar(30),
  -> firstname varchar(30),
  -> salary float,
  -> primary key (empid));
Query OK, 0 rows affected (0.14 sec)

mysql>
```

首先要注意，为了新建一张表，我们需要用root用户账户登录到MySQL上，因为test用户没有新建表的权限。接下来，我们在mysql程序命令行上指定了test数据库。不这么做的话，就需要用SQL命令USE来连接到test数据库。

警告 在创建新表前，很重要的一点是，要确保你使用了正确的数据库。另外还要确保使用管理员用户账户（MySQL中的root用户）登录来创建表。

表中的每个数据字段都用数据类型来定义。MySQL和PostgreSQL数据库支持许多不同的数据类型。表25-1列出了其中较常见的一些数据类型。

表25-1 MySQL的数据类型

数据类型	描　述
char	定长字符串值
varchar	变长字符串值
int	整数值
float	浮点值
boolean	布尔类型true/false值
date	YYYY-MM-DD格式的日期值
time	HH:mm:ss格式的时间值
timestamp	日期和时间值的组合
text	长字符串值
BLOB	大的二进制值，比如图片或视频剪辑

empid数据字段还指定了一个*数据约束*（data constraint）。数据约束会限制输入什么类型数据可以创建一个有效的记录。not null数据约束指明每条记录都必须有一个指定的empid值。

最后，primary key定义了可以唯一标识每条记录的数据字段。这意味着每条记录中在表中都必须有一个唯一的empid值。

创建新表之后，可以用对应的命令来确保它创建成功了，在mysql中是用show tables命令。

```
mysql> show tables;
+----------------+
| Tables_in_test |
+----------------+
| employees      |
+----------------+
1 row in set (0.00 sec)

mysql>
```

有了新建的表，现在你可以开始保存一些数据了。下一节将会介绍应该怎么做。

6. 插入和删除数据

毫不意外，你需要使用SQL命令INSERT向表中插入新的记录。每条INSERT命令都必须指定数据字段值来供MySQL服务器接受该记录。

SQL命令INSERT的格式如下。

```
INSERT INTO table VALUES (...)
```

每个数据字段的值都用逗号分开。

```
$ mysql mytest -u test -p
Enter password:

mysql> INSERT INTO employees VALUES (1, 'Blum', 'Rich', 25000.00);
Query OK, 1 row affected (0.35 sec)
```

上面的例子用-u命令行选项以mytest用户账户登录。

INSERT命令会将指定的数据写入表中的数据字段里。如果你试图添加另外一条包含相同的empid数据字段值的记录，就会得到一条错误消息。

```
mysql> INSERT INTO employees VALUES (1, 'Blum', 'Barbara', 45000.00);
ERROR 1062 (23000): Duplicate entry '1' for key 1
```

但如果你将empid的值改成唯一的值，那就没问题了。

```
mysql> INSERT INTO employees VALUES (2, 'Blum', 'Barbara', 45000.00);
Query OK, 1 row affected (0.00 sec)
```

现在表中应该有两条记录了。

如果你需要从表中删除数据，可以用SQL命令DELETE，但要非常小心。

DELETE命令的基本格式如下。

```
DELETE FROM table;
```

其中*table*指定了要从中删除记录的表。这个命令有个小问题：它会删除该表中所有记录。

要想只删除其中一条或多条数据行，必须用WHERE子句。WHERE子句允许创建一个过滤器来指定删除哪些记录。可以像下面这样使用WHERE子句。

```
DELETE FROM employees WHERE empid = 2;
```

这条命令只会删除empid值为2的所有记录。当你执行这条命令时，mysql程序会返回一条消息来说明有多少个记录符合条件。

```
mysql> DELETE FROM employees WHERE empid = 2;
Query OK, 1 row affected (0.29 sec)
```

跟期望的一样，只有一条记录符合条件并被删除。

7. 查询数据

一旦将所有数据都放入数据库，就可以开始提取信息了。

所有查询都是用SQL命令SELECT来完成。SELECT命令非常强大，但用起来也很复杂。

SELECT语句的基本格式如下。

```
SELECT datafields FROM table
```

*datafields*参数是一个用逗号分开的数据字段名称列表，指明了希望查询返回的字段。如果你要提取所有的数据字段值，可以用星号作通配符。

你还必须指定要查询的表。要想得到有意义的结果，待查询的数据字段必须对应正确的表。

默认情况下，SELECT命令会返回指定表中的所有记录。

```
mysql> SELECT * FROM employees;
+-------+----------+------------+--------+
| empid | lastname | firstname  | salary |
+-------+----------+------------+--------+
|     1 | Blum     | Rich       |  25000 |
|     2 | Blum     | Barbara    |  45000 |
|     3 | Blum     | Katie Jane |  34500 |
|     4 | Blum     | Jessica    |  52340 |
+-------+----------+------------+--------+
4 rows in set (0.00 sec)

mysql>
```

可以用一个或多个修饰符定义数据库服务器如何返回查询数据。下面列出了常用的修饰符。

- WHERE：显示符合特定条件的数据行子集。
- ORDER BY：以指定顺序显示数据行。
- LIMIT：只显示数据行的一个子集。

WHERE子句是最常用的SELECT命令修饰符。它允许你指定查询结果的过滤条件。下面是一个使用WHERE子句的例子。

```
mysql> SELECT * FROM employees WHERE salary > 40000;
+-------+----------+-----------+--------+
| empid | lastname | firstname | salary |
+-------+----------+-----------+--------+
|     2 | Blum     | Barbara   |  45000 |
|     4 | Blum     | Jessica   |  52340 |
+-------+----------+-----------+--------+
2 rows in set (0.01 sec)

mysql>
```

现在你可以看到将数据库访问功能添加到shell脚本中的强大之处了！只要使用几条SQL命令和mysql程序就可以轻松应对你的数据管理需求。下一节将会介绍如何将这些功能引入shell脚本。

25.1.2　在脚本中使用数据库

现在你已经有了一个可以正常工作的数据库，终于可以将精力放回shell脚本编程了。本节将会介绍如何用shell脚本同数据库交互。

1. 登录到服务器

如果你为自己的shell脚本在MySQL中创建了一个特定的用户账户，那你需要使用mysql命令，以该用户的身份登录。实现的方法有好几种，其中一种是使用-p选项，在命令行中加入密码。

```
mysql mytest -u test -p test
```

不过这并不是一个好做法。所有能够访问你脚本的人都会知道数据库的用户账户和密码。

要解决这个问题，可以借助mysql程序所使用的一个特殊配置文件。mysql程序使用$HOME/.my.cnf文件来读取特定的启动命令和设置。其中一项设置就是用户启动的mysql会话的默认密码。

要想在这个文加中设置默认密码，只需要像下面这样。

```
$ cat .my.cnf
[client]
password = test
$ chmod 400 .my.cnf
$
```

可以使用chmod命令将.my.cnf文件限制为只能由本人浏览。现在可以在命令行上测试一下。

```
$ mysql mytest -u test
Reading table information for completion of table and column names
You can turn off this feature to get a quicker startup with -A

Welcome to the MySQL monitor.  Commands end with ; or \g.
Your MySQL connection id is 44
Server version: 5.5.38-0ubuntu0.14.04.1 (Ubuntu)

Copyright (c) 2000, 2014, Oracle and/or its affiliates. All rights reserved.

Oracle is a registered trademark of Oracle Corporation and/or its
affiliates. Other names may be trademarks of their respective
owners.

Type 'help;' or '\h' for help. Type '\c' to clear the current input statement.

mysql>
```

棒极了！这样就不用在shell脚本中将密码写在命令行上了。

2. 向服务器发送命令

在建立起到服务器的连接后，接着就可以向数据库发送命令进行交互。有两种实现方法：

- 发送单个命令并退出；
- 发送多个命令。

要发送单个命令，你必须将命令作为mysql命令行的一部分。对于mysql命令，可以用-e选项。

```
$ cat mtest1
#!/bin/bash
# send a command to the MySQL server

MYSQL=$(which mysql)

$MYSQL mytest -u test -e 'select * from employees'
$ ./mtest1
+-------+----------+-----------+---------+
| empid | lastname | firstname  | salary  |
+-------+----------+-----------+---------+
|     1 | Blum     | Rich       | 25000   |
|     2 | Blum     | Barbara    | 45000   |
|     3 | Blum     | Katie Jane | 34500   |
|     4 | Blum     | Jessica    | 52340   |
+-------+----------+-----------+---------+
$
```

数据库服务器会将SQL命令的结果返回给shell脚本，脚本会将它们显示在STDOUT中。

如果你需要发送多条SQL命令，可以利用文件重定向（参见第15章）。要在shell脚本中重定向多行内容，就必须定义一个结束（end of file）字符串。结束字符串指明了重定向数据的开始和结尾。

下面的例子定义了结束字符串及其中数据。

```
$ cat mtest2
#!/bin/bash
# sending multiple commands to MySQL

MYSQL=$(which mysql)
$MYSQL mytest -u test <<EOF
show tables;
select * from employees where salary > 40000;
EOF
$ ./mtest2
Tables_in_test
employees
empid    lastname    firstname    salary
2        Blum        Barbara      45000
4        Blum        Jessica      52340
$
```

shell会将EOF分隔符之间的所有内容都重定向给mysql命令。mysql命令会执行这些命令行，就像你在提示符下亲自输入的一样。用了这种方法，你可以根据需要向MySQL服务器发送任意多条命令。但你会注意到，每条命令的输出之间没有没有任何分隔。在25.2.3节中，你会看到如何解决这个问题。

说明 你应该也注意到了，当使用输入重定向时，mysql程序改变了默认的输出风格。mysql程序检测到了输入是重定向过来的，所以它只返回了原始数据而不是在数据两边加上ASCII符号框。这非常有利于提取个别的数据元素。

当然，并不是只能从数据表中提取数据。你可以在脚本中使用任何类型的SQL命令，比如INSERT语句。

```
$ cat mtest3
#!/bin/bash
# send data to the table in the MySQL database

MYSQL=$(which mysql)

if [ $# -ne 4 ]
then
 echo "Usage: mtest3 empid lastname firstname salary"
else
 statement="INSERT INTO employees VALUES ($1, '$2', '$3', $4)"
 $MYSQL mytest -u test << EOF
 $statement
EOF
 if [ $? -eq 0 ]
 then
    echo Data successfully added
 else
    echo Problem adding data
 fi
fi
$ ./mtest3
Usage: mtest3 empid lastname firstname salary
$ ./mtest3 5 Blum Jasper 100000
Data added successfully
$
$ ./mtest3 5 Blum Jasper 100000
ERROR 1062 (23000) at line 1: Duplicate entry '5' for key 1
Problem adding data
$
```

这个例子演示了使用这种方法的一些注意事项。在指定结束字符串时，它必须是该行唯一的内容，并且该行必须以这个字符串开头。如果我们将EOF文本缩进以和其余的if-then缩进对齐，它就不会起作用了。

注意，在INSERT语句里，我们在文本值周围用了单引号，在整个INSERT语句周围用了双引号。一定不要弄混引用字符串值的引号和定义脚本变量文本的引号。

还有，注意我们是怎样使用$?特殊变量来测试mysql程序的退出状态码的。它有助于你判断命令是否成功执行。

将这些命令的结果发送到STDOUT并不是管理和操作数据最简单的方法。下一节将会为你展示一些技巧，帮助脚本获取从数据库中检索到的数据。

3. 格式化数据

mysql命令的标准输出并不太适合提取数据。如果要对提取到的数据进行处理，你需要做一些特别的操作。本节将会介绍一些技巧来帮你从数据库报表中提取数据。

提取数据库数据的第一步是将mysql命令的输出重定向到一个环境变量中。这允许你在其他命令中使用输出信息。这里有个例子。

```
$ cat mtest4
#!/bin/bash
# redirecting SQL output to a variable

MYSQL=$(which mysql)

dbs=$($MYSQL mytest -u test -Bse 'show databases')
for db in $dbs
do
 echo $db
done
$ ./mtest4
information_schema
test
$
```

这个例子在mysql程序的命令行上用了两个额外参数。-B选项指定mysql程序工作在批处理模式运行，-s（silent）选项用于禁止输出列标题和格式化符号。

通过将mysql命令的输出重定向到一个变量，此例可以逐步输出每条返回记录里的每个值。

mysql程序还支持另外一种叫作可扩展标记语言（Extensive Markup Language，XML）的流行格式。这种语言使用和HTML类似的标签来标识数据名和值。

对于mysql程序，可以用-X命令行选项来输出。

```
$ mysql mytest -u test -X -e 'select * from employees where empid = 1'
<?xml version="1.0"?>

<resultset statement="select * from employees">
<row>
    <field name="empid">1</field>
    <field name="lastname">Blum</field>
    <field name="firstname">Rich</field>
    <field name="salary">25000</field>
</row>
</resultset>
$
```

通过使用XML，你能够轻松标识出每条记录以及记录中的各个字段值。然后你就可以使用标准的Linux字符串处理功能来提取需要的数据。

25.2 使用 Web

通常在考虑shell脚本编程时，最不可能考虑到的就是互联网了。命令行世界看起来往往跟丰富多彩的互联网世界格格不入。但你可以在shell脚本中非常方便的利用一些工具访问Web以及其他网络设备中的数据内容。

作为一款于1992年由堪萨斯大学的学生编写的基于文本的浏览器，Lynx程序的历史几乎和互联网一样悠久。因为该浏览器是基于文本的，所以它允许你直接从终端会话中访问网站，只不过

Web页面上的那些漂亮图片被替换成了HTML文本标签。这样你就可以在几乎所有类型的Linux终端上浏览互联网了。图25-2展示了Lynx的界面。

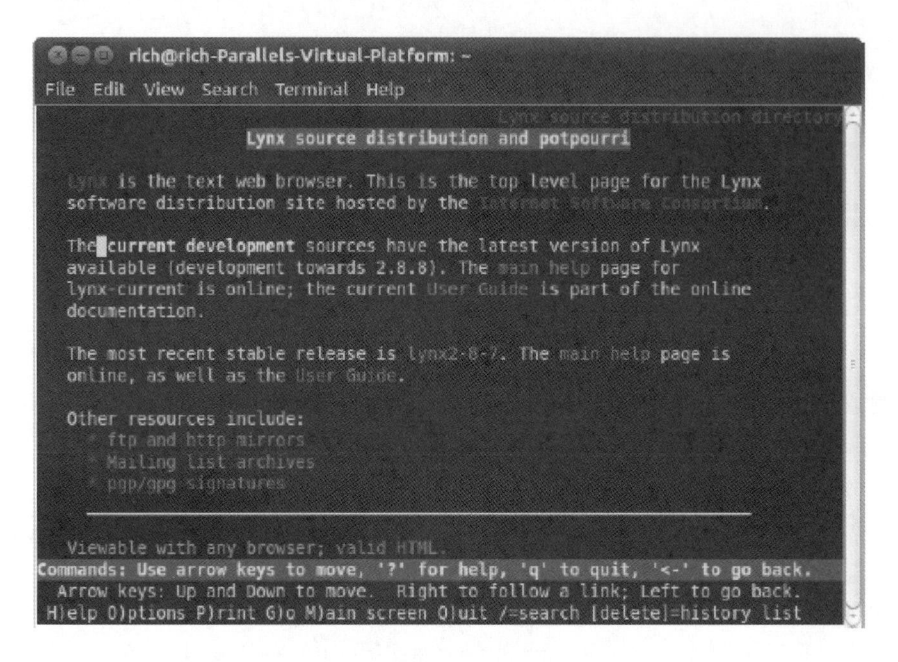

图25-2　使用Lynx浏览Web页面

Lynx使用标准键盘按键浏览网页。链接会在Web页面上以高亮文本的形式出现。使用向右方向键可以跟随一个链接到下一个Web页面。

你可能想知道如何在shell脚本中使用图形化文本程序。Lynx程序还提供了一个功能，允许你将Web页面的文本内容转储到`STDOUT`中。这个功能非常适合用来挖掘Web页面中包含的数据。本节将会介绍如何在shell脚本中用Lynx程序提取网站中的数据。

25.2.1　安装 Lynx

尽管Lynx程序有点古老，但它的开发仍然很活跃。在本书写作时，Lynx的最新版本是2010年6月发布的2.8.8，新版本正在研发中。鉴于它在shell脚本程序员中十分流行，许多Linux发行版都将它作为默认程序安装。

如果你正在用一个不带Lynx程序的Linux系统，请检查一下该发行版的安装包。大多数情况下，你都能在那里找到Lynx包并轻松地安装好。

如果发行版没有提供Lynx包，或者你想用最新版的，可以从lynx.isc.org网站上下载源码并编译（假定你已经在Linux系统上安装了C开发库）。参考第9章获取有关如何编译并安装源码包的相关信息。

说明 Lynx程序使用了Linux中的curses文本图形库。大多数发行版会默认安装这个库。如果你的发行版没有安装，在尝试编译Lynx前先参考你的发行版的安装指南来安装curses库。

下一节将会介绍如何在命令行上使用lynx命令。

25.2.2 lynx 命令行

lynx命令行命令极其擅长从远程网站上提取信息。当用浏览器查看Web页面时，你只是看到了传送到浏览器中信息的一部分。Web页面由三种类型的数据组成：

- HTTP头部
- cookie
- HTML内容

HTTP头部提供了连接中传送的数据类型、发送数据的服务器以及采用的连接安全类型的相关信息。如果你发送的是特殊类型的数据，比如视频或音频剪辑，服务器会将其在HTTP头部中标示出来。Lynx程序允许你查看Web页面会话中发送的所有HTTP头部。

如果你浏览过Web页面，对Web页面cookie一定不会陌生。网站用cookie存储有关网站的访问数据，以供将来使用。每个站点都能存储信息，但只能访问它自己设置的信息。lynx命令提供了一些选项来查看Web服务器发送的cookie，还可以接受或拒绝服务器发过来的特定cookie。

Lynx程序支持三种不同的格式来查看Web页面实际的HTML内容：

- 在终端会话中利用curses图形库显示文本图形；
- 文本文件，文件内容是从Web页面中转储的原始数据；
- 文本文件，文件内容是从Web页面中转储的原始HTML源码。

对于shell脚本，原始数据或HTML源码可是一座金山。一旦你获得了从网站上检索到的信息，就能轻松地从中提取每一条信息。

如你所见，Lynx程序将它的本职工作发挥到了极致。但随之而来的是复杂性，尤其是对命令行参数来说。Lynx程序是你在Linux世界中遇到的较复杂的程序之一。

lynx命令的基本格式如下。

```
lynx options URL
```

其中*URL*是你要连接的HTTP或HTTPS地址，*options*则是一个或多个选项。这些选项可以在Lynx与远程网站交互时改变它的行为。许多命令行参数定义了Lynx的行为，可以用来控制全屏模式下的Lynx，允许在浏览Web页面时对其进行定制。

在正常的浏览环境中，你通常会发现有几组命令行参数非常有用。你不用每次使用Lynx时都在命令行上将这些参数输入一遍，Lynx提供了一个通用配置文件来定义Lynx的基本行为。我们将在下一节中讨论这个配置文件。

25.2.3 Lynx配置文件

lynx命令会从配置文件中读取大量的参数设置。默认情况下，这个文件位于/usr/local/lib/lynx.cfg，不过有许多Linux发行版将其改放到了/etc目录下（/etc/lynx.cfg）（Ubuntu发行版将lynx.cfg放到了/etc/lynx-curl目录中）。

lynx.cfg配置文件将相关的参数分组到不同的区域中，这样更容易找到参数。配置文件中条目的格式为：

```
PARAMETER:value
```

其中*PARAMETER*是参数的全名（通常都是用大写字母，但也不总是如此），*value*是跟参数关联的值。

浏览一下这个文件，你会发现许多参数都跟命令行参数类似，比如ACCEPT_ALL_COOKIES参数就等同于设置了-accept_all_cookies命令行参数。

还有一些配置参数功能类似，但名称不同。FORCE_SSL_COOKIES_SECURE配置文件参数设置可以用-force_secure命令行参数给覆盖掉。

你还会发现少数配置参数并没有对应的命令行参数。这些值只能在配置文件中设定。

最常见的你不能在命令行上设置的配置参数是代理服务器。有些网络（尤其是公司网络）使用代理服务器作为客户端浏览器和目标网站的桥梁。客户端浏览器不能直接向远程Web服务器发送HTTP请求，而是必须将它们的请求发到代理服务器上，然后由代理服务器将请求转发给远程Web服务器，获取结果，再将结果回传给客户端浏览器。

虽然这看起来像在浪费时间，但它是保护客户端不受互联网上危险侵害的重要功能。代理服务器可以过滤不良内容和恶意代码，甚至可以发现钓鱼网站（为了获取用户数据，假扮他人的流氓服务器）。代理服务器还可以帮助降低网络带宽的使用，因为它缓存了经常浏览的Web页面并将其直接返回给客户端，而不用再从原始地址处下载页面。

用来定义代理服务器的配置参数有：

```
http_proxy:http://some.server.dom:port/
https_proxy:http://some.server.dom:port/
ftp_proxy:http://some.server.dom:port/
gopher_proxy:http://some.server.dom:port/
news_proxy:http://some.server.dom:port/
newspost_proxy:http://some.server.dom:port/
newsreply_proxy:http://some.server.dom:port/
snews_proxy:http://some.server.dom:port/
snewspost_proxy:http://some.server.dom:port/
snewsreply_proxy:http://some.server.dom:port/
nntp_proxy:http://some.server.dom:port/
wais_proxy:http://some.server.dom:port/
finger_proxy:http://some.server.dom:port/
cso_proxy:http://some.server.dom:port/
no_proxy:host.domain.dom
```

你可以为任何Lynx支持的网络协议定义不同的代理服务器。NO_PROXY参数是逗号分隔的网站列表。对于列表中的这些网站，不希望使用代理服务器直接访问。这些通常都是不需要过滤的内部网站。

25.2.4 从 Lynx 中获取数据

在shell脚本中使用Lynx时，大多数情况下你只是要提取Web页面中的某条（或某几条）特定信息。完成这个任务的方法称作*屏幕抓取*（screen scraping）。在屏幕抓取过程中，你要尝试通过编程寻找图形化屏幕上某个特定位置的数据，这样你才能获取它并在脚本中使用。

用`lynx`进行屏幕抓取的最简单办法是用`-dump`选项。这个选项不会在终端屏幕上显示Web页面。相反，它会将Web页面文本数据直接显示在`STDOUT`上。

```
$ lynx -dump http://localhost/RecipeCenter/
The Recipe Center
          "Just like mom used to make"
Welcome
   [1]Home
   [2]Login to post
   [3]Register for free login
     _____________________________________________________________

   [4]Post a new recipe
```

每个链接都由一个标号标定，Lynx在Web页面数据后显示了所有标号所指向的地址。

在从Web页面中获得了所有文本数据之后，你可能已经知道我们会从工具箱中取出什么工具来提取数据了。没错，就是我们的老朋友sed编辑器和gawk程序（参见第19章）。

首先，让我们找一些有意思的数据来收集。Yahoo!天气页面是找出全世界任何地区当前气候的不错来源。每个位置都用一个单独的URL来显示该城市的天气信息（你可以在浏览器中打开该站点并输入你的城市信息来获取所在地的特定URL）。查看伊利诺伊州芝加哥市的天气情况的`lynx`命令如下：

```
lynx -dump http://weather.yahoo.com/united-states/illinois/chicago-2379574/
```

这条命令会从页面中转储出很多的数据。第一步是找到你需要的准确信息。要做到这点，需将`lynx`命令的输出重定向到一个文件中，然后在文件中查找数据。执行了前面的命令后，我们在输出文件中找到了这段文本。


```
Current conditions as of 1:54 pm EDT
Mostly Cloudy

   Feels Like:
          32 °F

   Barometer:
          30.13 in and rising

   Humidity:
          50%
```

```
  Visibility:
        10 mi

  Dewpoint:
        15 °F

  Wind:
        W 10 mph
```

这都是你需要的关于当前天气的所有信息。但这段输出中有个小问题。你会注意到，数字都是在标题下面一行的。只提取单独的数字有些困难。第19章讨论过如何处理这样的问题。

解决这一问题的关键是先写一个能查找数据标题的sed脚本。找到之后，你就可以到正确的行中提取数据了。很幸运，这个例子中我们所需要的数据就是那些文本行。这里应该只用sed脚本就能解决了。如果在同一行中还有其他文本，就需要使用gawk工具来过滤出我们需要的数据。

首先，你需要创建一个sed脚本来查找表示地点的文本，然后跳到下一行来获取描述当前天气状况的文本并打印出来。输出芝加哥天气的脚本如下。

```
$ cat sedcond
/IL, United States/{
n
p
}
$
```

地址指明了要查找的行。如果`sed`命令找到了，`n`命令就会跳到下一行，然后`p`命令会打印当前行的内容，也就是描述该城市当前天气状况的文本。

下一步，你需要一段sed脚本来查找文本`Feels Like`，并打印出下一行的温度。

```
$ cat sedtemp
/Feels Like/{
p
}
$
```

漂亮极了。现在你可以在shell脚本中用这两个sed脚本。首先将Web页面的`lynx`输出放入一个临时文件中，然后对Web页面数据使用这两个sed脚本，提取所需的数据。下面的例子演示了具体的做法。

```
$ cat weather
#!/bin/bash
# extract the current weather for Chicago, IL

URL="http://weather.yahoo.com/united-states/illinois/chicago-2379574/"
LYNX=$(which lynx)
TMPFILE=$(mktemp tmpXXXXXX)
$LYNX -dump $URL > $TMPFILE
conditions=$(cat $TMPFILE | sed -n -f sedcond)
temp=$(cat $TMPFILE | sed -n -f sedtemp | awk '{print $4}')
rm -f $TMPFILE
echo "Current conditions: $conditions"
```

```
echo The current temp outside is: $temp
$ ./weather
Current conditions: Mostly Cloudy
The current temp outside is: 32 °F
$
```

天气脚本会连接到指定城市的Yahoo!天气页面，将Web页面保存到一个文件中，提取对应的文本，删除临时文件，然后显示天气信息。这么做的好处在于，一旦你从网站上提取到了数据，就可以随心所欲地处理它，比如创建一个温度表。可以创建一个每天运行的cron任务（参见第16章）来跟踪当天的温度。

警告　互联网无时不刻不在发生变化。如果你花费了几个小时找到了Web页面上数据的精确位置，而几个星期后却发现数据已经不在了，脚本也没法工作了，不必感到惊讶。事实上，很有可能上面这个例子在你阅读本书时已经无法工作了。重要的是要知道从Web页面提取数据的过程。这样你就可以将原理运用到任何情形中。

25.3　使用电子邮件

随着电子邮件的普及，现在几乎每个人都有一个邮件地址。正因如此，人们通常更期望通过邮件接收数据而不是看文件或打印出的资料。在shell脚本编程中也是如此。如果你通过shell脚本生成了报表，大多数情况下都要用电子邮件的形式将结果发送给他人。

可用来从shell脚本中发送电子邮件的主要工具是Mailx程序。不仅可以用它交互地读取和发送消息，还可以用命令行参数指定如何发送消息。

说明　在你安装包含Mailx程序的mailutils包之前，有些Linux发行版还会要求你安装邮件服务器包（例如sendmail或Postfix）。

Mailx程序发送消息的命令行的格式为：

```
mail [-eIinv] [-a header] [-b addr] [-c addr] [-s subj] to-addr
```

mail命令使用表25-2中列出的命令行参数。

表25-2　Mailx命令行参数

参　数	描　述
-a	指定额外的SMTP头部行
-b	给消息增加一个BCC:收件人
-c	给消息增加一个CC:收件人
-e	如果消息为空，不要发送消息
-i	忽略TTY中断信号

（续）

参　　数	描　　述
-I	强制Mailx以交互模式运行
-n	不要读取/etc/mail.rc启动文件
-s	指定一个主题行
-v	在终端上显示投递细节

正如表25-2中所示，你完全可以使用命令行参数来创建整个电子邮件消息。唯一需要添加的就是消息正文。

要这么做的话，你需要将文本重定向给mail命令。下面这个简单的例子演示了如何直接在命令行上创建和发送电子邮件消息。

```
$ echo "This is a test message" | mailx -s "Test message" rich
```

Mailx程序将来自echo命令的文本作为消息正文发送。这提供了一个从shell脚本发送消息的简单途径。下面是一个简单的例子。

```
$ cat factmail
#!/bin/bash
# mailing the answer to a factorial

MAIL=$(which mailx)

factorial=1
counter=1

read -p "Enter the number: " value
while [ $counter -le $value ]
do
   factorial=$[$factorial * $counter]
   counter=$[$counter + 1]
done

echo The factorial of $value is $factorial | $MAIL -s "Factorial
answer" $USER
echo "The result has been mailed to you."
```

这段脚本不会假定Mailx程序位于标准位置。它使用which命令来确定mail程序在哪里。

在计算出阶乘函数的结果后，shell脚本使用mail命令将这个消息发送到用户自定义的$USER环境变量，这应该是运行这个脚本的人。

```
$ ./factmail
Enter the number: 5
The result has been mailed to you.
$
```

你只需要查看邮件，看看是否收到回信。

```
$ mail
"/var/mail/rich": 1 message 1 new
>N   1 Rich Blum          Mon Sep  1 10:32  13/586   Factorial answer
```

```
?
Return-Path: <rich@rich-Parallels-Virtual-Platform>
X-Original-To: rich@rich-Parallels-Virtual-Platform
Delivered-To: rich@rich-Parallels-Virtual-Platform
Received: by rich-Parallels-Virtual-Platform (Postfix, from userid 1000)
        id B4A2A260081; Mon,  1 Sep 2014 10:32:24 -0500 (EST)
Subject: Factorial answer
To: <rich@rich-Parallels-Virtual-Platform>
X-Mailer: mail (GNU Mailutils 2.1)
Message-Id: <20101209153224.B4A2A260081@rich-Parallels-Virtual-Platform>
Date: Mon,  1 Sep 2014 10:32:24 -0500 (EST)
From: rich@rich-Parallels-Virtual-Platform (Rich Blum)

The factorial of 5 is 120
?
```

在消息正文中只发送一行文本有时会不方便。通常，你需要将整个输出作为电子邮件消息发送。这种情况总是可以将文本重定向到临时文件中，然后用cat命令将输出重定向给mail程序。

下面是一个在电子邮件消息中发送大量数据的例子。

```
$ cat diskmail
#!/bin/bash
# sending the current disk statistics in an e-mail message

date=$(date +%m/%d/%Y)
MAIL=$(which mailx)
TEMP=$(mktemp tmp.XXXXXX)

df -k > $TEMP
cat $TEMP | $MAIL -s "Disk stats for $date" $1
rm -f $TEMP
```

diskmail程序用date命令（采用了特殊格式）得到了当前日期，找到Mailx程序的位置后创建了一个临时文件。接着用df命令显示了当前磁盘空间的统计信息（参见第4章），并将输出重定向到了那个临时文件。

然后它使用第一个命令行参数作为目的地地址，使用当前日期作为邮件主题，将临时文件重定向到mail命令。在运行这个脚本时，你不会看到任何命令行输出。

```
$ ./diskmail rich
```

但如果你检查邮件，你就会看到发出的消息。

```
$ mail
"/var/mail/rich": 1 message 1 new
>N   1 Rich Blum          Mon Sep  1 10:35  19/1020  Disk stats for 09/01/2014
?
Return-Path: <rich@rich-Parallels-Virtual-Platform>
X-Original-To: rich@rich-Parallels-Virtual-Platform
Delivered-To: rich@rich-Parallels-Virtual-Platform
Received: by rich-Parallels-Virtual-Platform (Postfix, from userid 1000)
        id 3671B260081; Mon,  1 Sep 2014 10:35:39 -0500 (EST)
Subject: Disk stats for 09/01/2014
```

```
To: <rich@rich-Parallels-Virtual-Platform>
X-Mailer: mail (GNU Mailutils 2.1)
Message-Id: <20101209153539.3671B260081@rich-Parallels-Virtual-Platform>
Date: Mon,  1 Sep 2014 10:35:39 -0500 (EST)
From: rich@rich-Parallels-Virtual-Platform (Rich Blum)

Filesystem           1K-blocks      Used Available Use% Mounted on
/dev/sda1             63315876   2595552  57504044   5% /
none                    507052       228    506824   1% /dev
none                    512648       192    512456   1% /dev/shm
none                    512648       100    512548   1% /var/run
none                    512648         0    512648   0% /var/lock
none                4294967296         0 4294967296   0% /media/psf
?
```

现在你要做的是用cron功能安排每天运行该脚本，这样就可以将磁盘空间报告自动发送到你的收件箱了。系统管理再没比这个更简单的了！

25.4　小结

本章讲解了一些高级功能在脚本中的用法。首先讨论了如何使用MySQL服务器存储应用程序的持久性数据。这只需要为应用程序创建一个数据库和一个唯一的用户账户，然后只给用户赋予该数据库的权限就可以了。你可以创建数据表来存储应用程序数据。shell脚本使用`mysql`命令行工具作为MySQL服务器的接口，提交`SELECT`查询，显示检索结果。接着，讨论了如何使用基于文本的浏览器`lynx`从互联网上的网站中提取数据。`lynx`工具能够转储Web页面的全部文本，你可以使用标准的shell编程技巧存储这些数据，并从中查找所需要的内容。最后，介绍了如何使用标准的Mailx程序通过Linux电子邮件服务器发送报表。Mailx程序可以让你轻松地将命令输出发送到任一电子邮件地址。

在接下来的最后一章中，我们会再介绍一些shell脚本的例子，向你展示shell脚本编程的威力。

第 26 章

一些小有意思的脚本

本章内容

- 发送消息
- 获取灵感
- 发送文本

学习编写shell脚本的主要原因在于能够创建自己的Linux系统实用工具。明白如何编写有实用价值的脚本工具很重要。但有时候寓教于乐也是不错的选择。本章中出现的脚本未必实用，但都充满了趣味！这同时也有助于巩固你的脚本编写知识。

26.1 发送消息

无论是在办公室还是在家里，发送消息的方法有很多：短信、电子邮件，甚至打电话。有种不常用的方法是将消息直接发送到同伴系统的用户终端上。因为这种方法并不广为人知，所以用它和别人来交流一定很好玩。

这个shell脚本工具能够帮你简单快速地向你的Linux系统登录用户发送消息。这个脚本简单至极，也乐趣满满。

26.1.1 功能分析

对于这种简单的脚本，需要的功能不多。涉及的一些命令很常见，本书也讲过。不过有几个命令我们只接触过皮毛，你可能还不太熟悉。本节会讲解编写这个简单有趣的脚本所需的命令。

1. 确定系统中都有谁

要用到的第一个工具就是who命令。该命令可以告诉你当前系统中所有的登录用户。

```
$ who
christine tty2         2015-09-10 11:43
timothy   tty3         2015-09-10 11:46
[...]
$
```

发送消息所需要的所有信息都可以在这部分输出的信息列表中找到。who命令默认给出的是可用信息的简略版本。这些信息包括：

- ❑ 用户名
- ❑ 用户所在终端
- ❑ 用户登入系统的时间

如果要发送消息，只需使用前两项信息。用户名和用户当前终端是必须要用到的。

2. 启用消息功能

用户可以禁止他人使用mesg工具向自己发送消息。因此你在打算发送消息前，最好先检查一下是否允许发送消息。这只需要输入命令mesg就行了。

```
$ mesg
is n
$
```

结果中显示的is n表明消息发送功能被关闭了。如果结果是y，表明允许发送消息。

窍门 有些发行版（如Ubuntu）默认关闭了消息发送功能。而对于其他发行版（如CentOS），消息发送功能默认是开启的。因此在发送消息前，你需要检查一下所使用发行版的具体设置以及其他用户的消息状态。

要查看别人的消息状态，还可以使用who命令。记住，这只检查当前已登入用户的消息状态。使用who命令的-T选项：

```
$ who -T
christine - tty2         2015-09-10 12:56
timothy   - tty3         2015-09-10 11:46
[...]
$
```

用户名后面的破折号（-）表示这些用户的消息功能已经关闭。如果启用的话，你看到的会是加号（+）。

如果要接收消息，你需要使用mesg命令的y选项。

```
$ whoami
christine
$
$ mesg y
$
$ mesg
is y
$
```

当发出mesg y命令后，用户christine的消息功能就启用了。可以使用mesg命令来检查用户的消息状态。毫无疑问，命令的结果是is y，这说明该用户已经可以接收消息。

其他用户使用who命令可以看到用户christine已经改变了她的消息状态。现在消息状态已经变成了加号，表明她可以接收他人的消息了。

```
$ who -T
christine + tty2         2015-09-10 12:56
timothy   - tty3         2015-09-10 11:46
[...]
$
```

要想进行双向通信，其他用户也必须启用消息功能。在这个例子中，用户timothy也启用了他的消息功能。

```
$ who -T
christine + tty2         2015-09-10 12:56
timothy   + tty3         2015-09-10 11:46
[...]
$
```

现在，消息功能至少在两名用户之间启用了，你可以试试用命令发送消息。不过`who`命令还用得上，因为它能够提供消息发送的必需信息。

3. 向其他用户发送消息

我们的脚本用到的主要工具是`write`命令。只要消息功能启用，就可以使用`write`命令通过其他登录用户的用户名和当前终端向其发送消息。

说明 你只能使用`write`命令向登录到虚拟控制台终端（参见第2章）的用户成功发送消息。登入图形化环境的用户是无法接收到消息的。

在下面的例子中，用户christine向登录在终端`tty3`上的用户timothy发送了一条消息。在christine的终端上，会话过程看起来如下。

```
$ who
christine tty2         2015-09-10 13:54
timothy   tty3         2015-09-10 11:46
[...]
$
$ write timothy tty3
Hello Tim!
$
```

消息的接收方会看到如下信息。

```
Message from christine@server01 on tty2 at 14:11 ...
Hello Tim!
EOF
```

接收方可以看到消息是由哪个用户在哪个终端上发送的。也可以给消息加上一个时间戳。注意，消息的末尾出现了`EOF`，表示文件结束，这可以让接收方知道消息已经全部显示出来了。

窍门 接收到消息之后，接收方经常需要按回车键来重新获得命令行提示符。

现在，你可以发送消息了！接下来要使用这些命令创建脚本。

26.1.2 创建脚本

使用脚本发送消息有助于解决一些潜在的问题。首先，如果系统中有很多用户，要找出你想发送消息的那个用户可是个苦差事！你还得确定这个用户是否启用了消息功能。另外，脚本还能够提高效率，可以让你一步就把消息快速发送给特定的用户。

1. 检查用户是否登录

第一个问题就是得让脚本知道要给谁发送消息。这一点很容易实现，只需要在执行脚本是加上一个参数就行了。对于确定特定用户是否登录的问题，可以利用who命令，脚本代码如下。

```
# Determine if user is logged on:
#
logged_on=$(who | grep -i -m 1 $1 | gawk '{print $1}')
#
```

在上面的代码中，who命令的结果被管接入grep命令（参见第4章）。grep命令使用选项-i来忽略大小写，用户名使用大小写字母都可以。grep命令中还包含了选项-m 1，这是为了防止用户多次登入系统。grep命令要么什么都不输出（如果用户还没有登录），要么生成用户首次登录的信息。输出的信息被传给gawk命令（参见第19章）。gawk命令只返回第一个字段，要么为空，要么是用户名。该命令最终的输出结果被保存在变量logged_on中。

窍门　在有些Linux发行版中（例如Ubuntu），可能并没有默认安装gawk。可以输入apt-get install gawk进行安装。还可以在第9章中找到更多有关软件包安装的信息。

变量logged_on中可能什么都没有（如果用户没有登录），也可能包含用户名，可以对变量内容进行测试，并根据测试结果进行相应的处理。

```
#
if [ -z $logged_on ]
then
   echo "$1 is not logged on."
   echo "Exiting script..."
   exit
fi
#
```

利用if语句和test命令来测试变量logged_on是否为空。如果变量为空，通过echo命令提醒脚本用户指定的用户尚未登录系统，然后使用exit命令退出脚本。如果指定用户已经登入系统，则变量logged_on中包含了该用户的用户名，脚本继续执行。

在下面的例子中，用户Charlie被作为参数传给shell脚本。这个用户尚未登入系统。

```
$ ./mu.sh Charlie
Charlie is not logged on.
Exiting script...
$
```

代码工作良好！现在你不用埋头在who命令的输出中翻看某个用户是否登录系统，用这个脚本就可以帮你搞定。

2. 检查用户是否接受消息

下一个重要事项是确定登录用户是否接受消息。这部分脚本的工作方法和确定用户是否登录的那部分脚本非常像。

```
# Determine if user allows messaging:
#
allowed=$(who -T | grep -i -m 1 $1 | gawk '{print $2}')
#
if [ $allowed != "+" ]
then
   echo "$1 does not allowing messaging."
   echo "Exiting script..."
   exit
fi
#
```

注意，这次我们不仅使用了who命令，还加上了-T选项。如果允许接收消息的话，这会在用户名后显示+，否则会显示一个-。who命令的结果会被管接入grep和gawk，只提取出消息接收人，并将其存储在变量allowed中。最后使用if语句测试消息接收人是否被设置了+。如果没有设置+，则提示脚本用户并退出脚本。如果消息接收人能够接收消息，脚本继续向下执行。

要检验这部分脚本，需要一个已登录且不接受消息的用户参与测试。用户Samantha目前关闭接收消息功能。

```
$ ./mu.sh Samantha
Samantha does not allowing messaging.
Exiting script...
$
```

测试结果和预期的一样。有了这部分脚本，就再也不需要手动检查消息功能是否启用了。

3. 检查是否包含要发送的消息

待发送的消息会被作为脚本参数。因此，还要检查mu.sh脚本是否将消息作为了参数。要测试这个消息参数，和之前一样，需要在脚本代码中加入if语句。

```
# Determine if a message was included:
#
if [ -z $2 ]
then
    echo "No message parameter included."
    echo "Exiting script..."
    exit
fi
#
```

我们使用一个已登录且启用了消息功能的用户来测试这部分脚本，不过在测试中并没有加入要发送的消息。

```
$ ./mu.sh Timothy
No message parameter included.
Exiting script...
$
```

这正是我们需要的！现在脚本已经完成了这些前期检查工作，可以开始执行它的主要任务了：发送消息。

4. 发送简单的消息

在发送消息前，必须识别并将用户当前终端保存在变量中。who、grep和gawk再次出马。

```
# Send message to user:
#
uterminal=$(who | grep -i -m 1 $1 | gawk '{print $2}')
#
```

要发送消息，需要使用echo和write。

```
#
echo $2 | write $logged_on $uterminal
#
```

因为write是一个交互式命令，所以它必须从管道中接收消息，这样脚本才能正常工作。echo命令用来将保存在$2中的消息发送到STDOUT，然后再通过管道传给write命令。logged_on变量保存了用户名，uterminal变量保存了用户当前的终端。

现在来测试一下，通过脚本向指定用户发送一条简单的消息。

```
$ ./mu.sh Timothy test
$
```

用户Timothy在自己的终端上接收到了以下消息。

```
Message from christine@server01 on tty2 at 10:23 ...
test
EOF
```

搞定！现在可以通过脚本向系统中的其他用户发送一个单词的消息了。

5. 发送长消息

你通常可不会愿意只向其他用户发送一个单词的消息。让我们来试试用当前的脚本发送更多内容的消息。

```
$ ./mu.sh Timothy Boss is coming. Look busy.
$
```

用户Timothy在自己的终端上接收到了以下消息。

```
Message from christine@server01 on tty2 at 10:24 ...
Boss
EOF
```

看来不行。只有消息中第一个单词Boss被成功发送了。这是因为脚本使用了参数（参见第14章）。bash shell使用空格来区分不同的参数。因为消息中有空格，所以消息中的每个单词都被视为一个不同的参数。必须修改脚本来解决这个问题。

对此，shift命令（参见第14章）和while循环（参见第13章）可助其一臂之力。

```
# Determine if there is more to the message:
#
shift
#
while [ -n "$1" ]
do
   whole_message=$whole_message' '$1
   shift
done
#
```

shift命令允许你在不知道参数总数的情况下处理各种脚本参数。该命令会将下一个参数移动到$1。一开始必须在while循环前使用一次shift，因为消息是从$2参数开始的，而非$1。

进入while循环后，它接着获取消息中的每个单词，并将单词添加到变量whole_message中，然后使用shift命令移动到下一个参数。处理完最后一个参数后，while循环退出，完整的消息就被保存在了变量whole_message中。

还要对脚本进行另一处修改。脚本需要将变量whole_message发送给write，而不是仅仅发送参数$2。

```
# Send message to user:
#
uterminal=$(who | grep -i -m 1 $1 | gawk '{print $2}')
#
echo $whole_message | write $logged_on $uterminal
#
```

现在再试试发送一条警告消息，告诉Timothy，老板正走向他。

```
$ ./mu.sh Timothy Boss is coming
Usage: grep [OPTION]... PATTERN [FILE]...
Try 'grep --help' for more information.
$
```

还是不行。这是因为在脚本中使用shift命令时，参数$1中的内容被删除了。因此当脚本试图在grep命令中使用$1时，就产生了错误。要解决这个问题，需要使用一个变量muser来保存参数$1的内容。

```
# Save the username parameter
#
muser=$1
#
```


现在变量muser中保存了用户名。grep和echo命令中涉及使用参数$1的地方都可以使用muser来替换。

```
# Determine if user is logged on:
#
logged_on=$(who | grep -i -m 1 $muser | gawk '{print $1}')
[...]
   echo "$muser is not logged on."
```

```
[...]
# Determine if user allows messaging:
#
allowed=$(who -T | grep -i -m 1 $muser | gawk '{print $2}')
[...]
   echo "$muser does not allowing messaging."
[...]
# Send message to user:
#
uterminal=$(who | grep -i -m 1 $muser | gawk '{print $2}')
[...]
```

可以再发送一次长消息来测试一下修改后的脚本。另外我们还在消息中加入了几个惊叹号。

```
$ ./mu.sh Timothy The boss is coming! Look busy!
$
```

用户Timothy在自己的终端上接收到下面的消息。

```
Message from christine@server01 on tty2 at 10:30 ...
The boss is coming! Look busy!
EOF
```

没问题啦！现在可以使用这个脚本快速向系统中的其他用户发送消息。最终的脚本代码如下。

```
#!/bin/bash
#
#mu.sh - Send a Message to a particular user
#############################################
#
# Save the username parameter
#
muser=$1
#
# Determine if user is logged on:
#
logged_on=$(who | grep -i -m 1 $muser | gawk '{print $1}')
#
if [ -z $logged_on ]
then
   echo "$muser is not logged on."
   echo "Exiting script..."
   exit
fi
#
# Determine if user allows messaging:
#
allowed=$(who -T | grep -i -m 1 $muser | gawk '{print $2}')
#
if [ $allowed != "+" ]
then
   echo "$muser does not allowing messaging."
   echo "Exiting script..."
   exit
fi
```

```
#
# Determine if a message was included:
#
if [ -z $2 ]
then
    echo "No message parameter included."
    echo "Exiting script..."
    exit
fi
#
# Determine if there is more to the message:
#
shift
#
while [ -n "$1" ]
do
   whole_message=$whole_message' '$1
   shift
done
#
# Send message to user:
#
uterminal=$(who | grep -i -m 1 $muser | gawk '{print $2}')
#
echo $whole_message | write $logged_on $uterminal
#
exit
```

既然你已经读到了本书的最后一章，自然也就应该准备好了应对脚本编写中出现的挑战。下面是对于这个消息发送脚本的一些改进意见，可以试着加入这些功能。

- 选择使用选项（参见第14章），不把用户名和消息作为参数传递。
- 如果用户登入多个终端，允许将消息发往这些终端（提示：使用多个write命令）。
- 如果消息的接收方目前只登入了GUI环境，提示脚本用户并退出脚本（write命令只能向虚拟控制台终端写入信息）。
- 允许将保存在文件中的长消息发送给终端（提示：使用管道将cat命令的输出传入write命令，不要使用echo命令）。

要想巩固学到的脚本编写知识，不仅要通读脚本，还得修改脚本。加入一些自己的点子。找点小乐子吧！这有助于你的学习。

26.2 获取格言

励志格言常见于商业环境中。你的办公室墙上可能现在就有那么几句。这个有趣的小脚本可以帮助你每天获得一句格言以供使用。

本节将介绍如何创建这样的脚本。其中包括一个功能丰富但至今尚未讲过的工具，另外还会用了一些我们已经熟悉的工具，例如sed和gawk。

26.2.1　功能分析

有一些不错的网站可以获得每日格言。打开你惯用的搜索引擎，可以找到很多这类网站。找到之后，你需要使用工具来下载这些格言。对于这种用途的脚本，正是wget工具发挥用途之处。

1. 学习wget

wget是一款非常灵活的工具，它能够将Web页面下载到本地Linux系统中。你可以从这些页面中收集每日格言。

说明　wget命令功能极其丰富。本章中仅使用了很小一部分功能。可以查看wget的手册页获得更多的相关信息。

要通过wget下载Web页面，只需要使用wget命令和网站的地址就行了。

```
$ wget www.quotationspage.com/qotd.html
--2015-09-23 09:14:28--  http://www.quotationspage.com/qotd.html
Resolving www.quotationspage.com... 67.228.101.64
Connecting to www.quotationspage.com|67.228.101.64|:80. connected
HTTP request sent, awaiting response... 200 OK
Length: unspecified [text/html]
Saving to: "qotd.html"

    [ <=>                              ] 13,806 --.-K/s   in 0.1s

2015-09-23 09:14:28 (118 KB/s) - "qotd.html" saved [13806]

$
```

网站的信息被存储在与Web页面同名的文件中。在这个例子中，文件名就是qotd.html。你大概已经猜到了，这个文件中都是HTML代码。

```
$ cat qotd.html

<!DOCTYPE HTML PUBLIC "-//W3C//DTD HTML 4.0 Transitional//EN">

<html xmlns:fb="http://ogp.me/ns/fb#">
<head>
        <title>Quotes of the Day - The Quotations Page</title>
[...]
```

这里只列出了部分HTML代码。脚本可以使用sed和gawk工具提取出需要的格言。不过在使用脚本之前，你需要对wget工具的输入和输出施加一点控制。

可以使用一个变量来保存页面地址（URL）。然后把这个变量作为参数传递给wget就行了。记住，别忘了在变量名前加上$。

```
$ url=www.quotationspage.com/qotd.html
$
$ wget $url
--2015-09-23 09:24:21--  http://www.quotationspage.com/qotd.html
```

```
Resolving www.quotationspage.com... 67.228.101.64
Connecting to www.quotationspage.com|67.228.101.64|:80 connected.
HTTP request sent, awaiting response... 200 OK
Length: unspecified [text/html]
Saving to: "qotd.html.3"

    [ <=>                             ] 13,806      --.-K/s   in 0.1s

2015-09-23 09:24:21 (98.6 KB/s) - "qotd.html.3" saved [13806]

$
```

每日格言脚本最终会通过cron(参见第16章)或其他的脚本自动化工具设置成每天执行一次。所以让wget命令的会话输出出现在STDOUT是不合适的。可以使用-o选项将会话输出保存在日志文件中，随后再浏览。

```
$ url=www.quotationspage.com/qotd.html
$
$ wget -o quote.log $url
$
$ cat quote.log
--2015-09-23 09:41:46--  http://www.quotationspage.com/qotd.html
Resolving www.quotationspage.com... 67.228.101.64
Connecting to www.quotationspage.com|67.228.101.64|:80 connected.
HTTP request sent, awaiting response... 200 OK
Length: unspecified [text/html]
Saving to: "qotd.html.1"

     0K .......... ...                                     81.7K=0.2s

2015-09-23 09:41:46 (81.7 KB/s) - "qotd.html.1" saved [13806]

$
```

现在，当wget检索到Web页面信息时，它会将会话输出保存在日志文件中。如果需要，你可以像上面代码中那样使用cat命令浏览会话日志。

说明 出于各种原因，你可能不希望wget生成日志文件或显示会话输出。如果是这样的话，可以使用-q选项，wget命令会安安静静地完成你下达给它的任务。

要控制Web页面信息保存的位置，可以使用wget命令的-O选项。这样你就可以自己指定文件名，而不是非得使用Web页面的名字作为文件名。

```
$ url=www.quotationspage.com/qotd.html
$
$ wget -o quote.log -O Daily_Quote.html $url
$
$ cat Daily_Quote.html

<!DOCTYPE HTML PUBLIC "-//W3C//DTD HTML 4.0 Transitional//EN">
```

```
<html xmlns:fb="http://ogp.me/ns/fb#">
<head>
[...]
$
```

-O选项允许将Web页面数据保存在指定的文件Daily_Quote.html中。现在我们已经能够控制wget工具的输出了，下一个需要的功能是核查Web地址的有效性。

2. 测试Web地址

Web地址会发生变化。这些地址有时候似乎每天都在变。所以在脚本中测试地址的有效性就非常重要。可以使用wget工具的--spider选项完成这项任务。

```
$ url=www.quotationspage.com/qotd.html
$
$ wget --spider $url
Spider mode enabled. Check if remote file exists.
--2015-09-23 12:45:41--  http://www.quotationspage.com/qotd.html
Resolving www.quotationspage.com... 67.228.101.64
Connecting to www.quotationspage.com|67.228.101.64|:80 connected.
HTTP request sent, awaiting response... 200 OK
Length: unspecified [text/html]
Remote file exists and could contain further links,
but recursion is disabled -- not retrieving.

$
```

命令输出表明指定的URL是有效的，但就是输出的内容太多了。可以加上-nv（代表non-verbose）选项来精简输出信息。

```
$ wget -nv --spider $url
2015-09-23 12:49:13
URL: http://www.quotationspage.com/qotd.html 200 OK
$
```

-nv选项只显示出Web地址的状态，这种输出要容易理解得多。不过和你认为的恰恰相反，行尾的OK并不是说Web地址是有效的，而是表明返回的Web地址和发送的地址是一样的。这个概念有点让人迷惑，等你看到无效的Web地址是什么样的时候就能明白了。

将URL变量的内容修改成一个错误的Web地址，看看wget是如何显示的。使用错误地址重新发出wget命令。

```
$ url=www.quotationspage.com/BAD_URL.html
$
$ wget -nv --spider $url
2015-09-23 12:54:33
URL: http://www.quotationspage.com/error404.html 200 OK
$
```

注意，输出的最后仍然是OK。但是Web地址的结尾是error404.html。这才表示Web地址是无效的。

使用必要的wget命令抓取励志格言的Web页面，并能够测试页面地址的有效性，现在可以来动手编写脚本了。你的每日励志格言正在等着你呢。

26.2.2 创建脚本

要在脚本编写过程中进行测试，需要将一个包含网站URL的参数传递给脚本。在脚本中，变量qutoe_url包含了传入参数的值。

```
#
quote_url=$1
#
```

1. 检查所传递的URL

在脚本中多做检查总是没错的。要检查的第一件事就是确保每日励志格言脚本所使用的网站URL是有效的。

和你想的一样，脚本仍旧使用wget和--spider选项来检查Web地址的有效性。但是结果必须保存到变量中，以便随后使用if语句进行检查。使用wget命令实现这一点稍微有些麻烦。

要保存输出结果，需要在命令上使用标准的$()语法。除此之外，还得重定向STDERR和STDOUT。这可以通过在wget命令后使用2>&1来实现。

```
#
check_url=$(wget -nv --spider $quote_url 2>&1)
#
```

现在网站URL的状态消息被保存在了变量check_url中。要从变量中找出错误指示error404，需要使用参数扩展和echo命令。

```
#
bad_url=$(echo ${check_url/*error404*/error404})
#
```

在这个例子中，字符串参数扩展（string parameter expansion）允许对保存在check_url中的字符串进行搜索。可以把字符串参数扩展视为sed的另一种简单快速的替代形式。在搜索关键词周围加上通配符（*error404*），这样可以搜索整个字符串。如果找到了，echo命令会使得字符串error404被保存在bad_url变量中。要是没有找到，bad_url变量中包含的就是check_url变量中的内容。

现在可以使用if语句（参见第12章）检查bad_url变量中的字符串了。如果从中找到了error404，则显示一条消息，然后退出脚本。

```
#
if [ "$bad_url" = "error404" ]
then
    echo "Bad web address"
    echo "$quote_url invalid"
    echo "Exiting script..."
    exit
fi
#
```

还有一种更简洁易行的方法。这种方法完全不需要使用字符串参数扩展和bad_url变量。if语句的双方括号可以对变量check_url进行搜索。

```
if [[ $check_url == *error404* ]]
then
    echo "Bad web address"
    echo "$quote_url invalid"
    echo "Exiting script..."
    exit
fi
```

if结构中的test语句搜索变量check_url中的字符串。如果从中找到了子串error404，则显示提示信息并退出脚本。要是没有发现错误，脚本继续执行。这条语句可谓省时省力，不需要使用任何的字符串参数扩展，甚至连bad_url变量都用不着。

现在检查工作已经就绪了，可以用一个无效的Web地址来测试一下脚本。将url变量设置成一个错误的URL，作为参数传给get_quote.sh脚本。

```
$ url=www.quotationspage.com/BAD_URL.html
$
$ ./get_quote.sh $url
Bad web address
www.quotationspage.com/BAD_URL.html invalid
Exiting script...
$
```

看起来没问题。为了确保万无一失，再试试有效的Web地址。

```
$ url=www.quotationspage.com/qotd.html
$
$ ./get_quote.sh $url
$
```

没有出现错误。到目前为止一切顺利！目前只是做了必要的检查，下一个需要加入脚本的功能是获取Web页面的数据。

2. 获取Web页面信息

抓取每日励志格言的页面数据很简单。可以在脚本中使用本章先前讲过的wget命令。唯一需要的改变就是将日志文件和包含页面信息的HTML文件保存在/tmp目录中。

```
#
wget -o /tmp/quote.log -O /tmp/quote.html $quote_url
#
```

在编写脚本的其余部分之前，需要使用一个有效的Web地址测试这部分代码。

```
$ url=www.quotationspage.com/qotd.html
$
$ ./get_quote.sh $url
$
$ ls /tmp/quote.*
/tmp/quote.log  /tmp/quote.html
$
$ cat /tmp/quote.html
```

```
<!DOCTYPE HTML PUBLIC "-//W3C//DTD HTML 4.0 Transitional//EN">

<html xmlns:fb="http://ogp.me/ns/fb#">
<head>
[...]
</body>
</html>
$
```

脚本运行一切正常！日志文件/tmp/quote.log和HTML文件/tmp/quote.html也都创建好了。

窍门 如果在获取网站信息时不需要cookie，可以加入`wget`命令的`--no-cookies`选项。默认情况下是不会存储cookie的。

下一个任务是从下载好的Web页面文件的HTML代码中找出每日励志格言。这需要借助sed工具和gawk工具。

3. 解析出需要的信息

为了找出实际的励志格言，需要做一些处理。这部分脚本将使用sed和gawk来解析出需要的信息。

说明 当根据自己的需要修改这个脚本时，这部分需要作出的变动最大。sed和gawk工具用来搜索针对特定格言网站数据的关键字。可能需要使用不同的关键字以及不同的sed/gawk命令来提取需要的数据。

脚本首先从保存着Web页面信息的/tmp/quote.html文件中删除所有的HTML标签。sed工具能够完成这项任务。

```
#
sed 's/<[^>]*//g' /tmp/quote.html
#
```

上面的代码看起来非常眼熟，我们在21.7.6节中讲过。

删除掉HTML标签后，输出信息变成了下面的样子。

```
$ url=www.quotationspage.com/qotd.html
$
$ ./get_quote.sh $url
[...]
        >Quotes of the Day - The Quotations Page>
>
[...]
>>Selected from Michael Moncur's Collection of Quotations
 - September 23, 2015>>
>>>Horse sense is the thing a horse has which keeps
[...]
```

```
>
$
```

从这段经过删节后的输出信息可以看出，文件中还有太多无用的数据，因此还需要进一步解析。幸运的是，我们需要的格言正好位于当前日期的右边。因此脚本可以使用当前日期作为搜索关键字！

这里需要用到grep命令、$()以及date命令。sed命令的输出通过管道传入grep命令。grep命令经过格式化的当前日期来匹配格言页面中的日期。找到日期文本之后，使用-A2选项提取出另外两行文本。

```
#
sed 's/<[^>]*//g' /tmp/quote.html |
grep "$(date +%B' '%-d,' '%Y)" -A2
#
```

现在，脚本的输出如下。

```
$ ./get_quote.sh $url
>>Selected from Michael Moncur's Collection of Quotations
 - September 23, 2015>>
>>>Horse sense is the thing a horse has which keeps it from
 betting on people.> >>>>>>>>>>>>>>>>>>W. C. Fields> (1880 -
 1946)>   >>>
>>Newspapermen learn to call a murderer 'an alleged murderer'
 and the King of England 'the alleged King of England' to
avoid libel suits.> >>>>>>>>>>>>>>>>>Stephen Leacock> (1869
 - 1944)>   >>> - More quotations on: [>Journalism>] >
$
```

窍门　如果Linux系统的日期设置和格言页面上的日期不一样，你只能得到一个空行。上面的grep命令假定你的系统日期和Web页面上的日期是相同的。

尽管输出的信息量已经大为降低，但是文本仍然太杂乱。多余的>符号可以很轻松的使用sed工具删除掉。在脚本中，grep命令的输出被管接到sed工具中，后者用来移除>符号。

```
#
sed 's/<[^>]*//g' /tmp/quote.html |
grep "$(date +%B' '%-d,' '%Y)" -A2 |
sed 's/>//g'
#
```

加入了新的脚本代码后，输出信息看起来清晰了一些。

```
$ ./get_quote.sh $url
Selected from Michael Moncur's Collection of Quotations
 - September 23, 2015
Horse sense is the thing a horse has which keeps it from
 betting on people. W. C. Fields (1880 - 1946)  
Newspapermen learn to call a murderer 'an alleged murderer'
 and the King of England 'the alleged King of England' to
```

```
avoid libel suits. Stephen Leacock (1869 - 1944)    -
More quotations on: [Journalism]
$
```

现在我们总算小有收获了！不过还要继续删除剩下那些杂乱的文本。

你可能已经注意到了，在输出中有不止一条格言（出现了两条）。在我们选用的这个网站上，这种情况偶有发生：有时是一条，有时是两条。所以脚本需要找到一种方法只提取前一条格言。

sed工具又有用武之地了。使用它的next命令和delete命令（参见第21章），先定位字符串 ，找到之后，移动并删除下一行文本。

```
#
sed 's/<[^>]*//g' /tmp/quote.html |
grep "$(date +%B' '%-d,' '%Y)" -A2 |
sed 's/>//g' |
sed '/ /{n ; d}'
#
```

可以测试一下脚本看看新加入的sed命令是否能够解决多条格言的问题。

```
$ ./get_quote.sh $url
Selected from Michael Moncur's Collection of Quotations
 - September 23, 2015
Horse sense is the thing a horse has which keeps it from
betting on people. W. C. Fields (1880 - 1946)  
$
```

多余的格言被删掉啦！留下来的那条还需要继续清理。在格言的末尾仍然有一个字符串 。脚本可以使用另一条sed命令来解决这个麻烦，不过出于多样性的考虑，我们这次使用gawk命令。

```
#
sed 's/<[^>]*//g' /tmp/quote.html |
grep "$(date +%B' '%-d,' '%Y)" -A2 |
sed 's/>//g' |
sed '/ /{n ; d}' |
gawk 'BEGIN{FS=" "} {print $1}'
#
```

在上面的代码中，gawk命令使用了输入字段分隔符FS（参见第22章）。这个字段分隔符被设置成字符串 ，这样会使得gawk从输出中把它丢弃掉。

```
$ ./get_quote.sh $url
Selected from Michael Moncur's Collection of Quotations
 - September 23, 2015
Horse sense is the thing a horse has which keeps it from
betting on people. W. C. Fields (1880 - 1946)
$
```

脚本要做的最后一步是将格言保存到文件中。这里该tee命令（参见第15章）登场了。目前，整个格言提取过程如下。

```
#
sed 's/<[^>]*//g' /tmp/quote.html |
```

```
grep "$(date +%B' '%-d,' '%Y)" -A2 |
sed 's/>//g' |
sed '/ /{n ; d}' |
gawk 'BEGIN{FS=" "} {print $1}' |
tee /tmp/daily_quote.txt  > /dev/null
#
```

提取出的格言被保存在/tmp/daily_quote.txt中，gawk命令生成的所有输出被重定向到/dev/null中（参见第15章）。要想让这个脚本更自主一点的话，可以将URL硬编码到脚本中。

```
#
quote_url=www.quotationspage.com/qotd.html
#
```

现在来测试一下新加入的这两处改变。

```
$ ./get_quote.sh
$
$ cat /tmp/daily_quote.txt
Selected from Michael Moncur's Collection of Quotations
 - September 23, 2015
Horse sense is the thing a horse has which keeps it from
betting on people. W. C. Fields (1880 - 1946)
$
```

棒极了！我们成功从站点数据中提取出了每日励志格言，并将其保存在了一个文本文件中。你可能注意到了，这则格言不太像传统的励志格言，倒更像是一句幽默语录。不过有些人就是能够从幽默中得到激励！

为了便于审看，下面是最终的每日励志格言脚本。

```
#!/bin/bash
#
# Get a Daily Inspirational Quote
#####################################
#
# Script Variables ####
#
quote_url=www.quotationspage.com/qotd.html
#
# Check url validity ###
#
check_url=$(wget -nv --spider $quote_url 2>&1)
#
if [[ $check_url == *error404* ]]
then
    echo "Bad web address"
    echo "$quote_url invalid"
    echo "Exiting script..."
    exit
fi
#
# Download Web Site's Information
#
```

```
wget -o /tmp/quote.log -O /tmp/quote.html $quote_url
#
# Extract the Desired Data
#
sed 's/<[^>]*//g' /tmp/quote.html |
grep "$(date +%B' '%-d,' '%Y)" -A2 |
sed 's/>//g' |
sed '/ /{n ; d}' |
gawk 'BEGIN{FS=" "} {print $1}' |
tee /tmp/daily_quote.txt  > /dev/null
#
exit
```

这个脚本提供了一个极好的机会，可以让你试试新学到的脚本编程以及命令行技巧。下面是对每日励志格言脚本提出的几个改进意见，可以试着加入下列功能。

- 把网站修改成你喜欢的格言或谚语网站，并对格言提取命令作出必要的修改。
- 尝试使用不同的sed和gawk命令来提取每日格言。
- 通过cron（参见第16章）将该脚本设置成每天自动运行。
- 加入可以在特定时刻（比如每天第一次登录的时候）显示格言文件内容的命令。

阅读每日格言能够激励你自己，不过也许只是鼓励你逃避接下来的商务会议。下一节就会教你怎么编写一个远离会议的脚本。

26.3 编造借口

永无休止的员工会议充斥着无关紧要的信息。你对此绝对深有体会。与其在那里开会，不如回到办公桌前和有趣的bash shell脚本项目打交道。这里有一个有意思的小脚本，你可以用它逃离下一次员工大会。

短信服务（SMS）允许在手机之间发送文本消息。不过你也能够直接在电子邮件或命令行中使用SMS发送短信。可以使用本节中的脚本编写短信，然后在特定时间把这条短信发送到你的手机上。收到来自你的Linux系统的“重要”信息可算得上是提前离会的绝佳理由。

26.3.1 功能分析

在命令行中发送短信的方法有好几种。其中一种方法是通过系统的电子邮件使用手机运营商的SMS服务。另一种方法是使用curl工具。

1. 学习curl

和wget类似，curl工具允许你从特定的Web服务器中接收数据。与wget不同之处在于，你还可以用它向Web服务器发送数据。而这一点正是我们需要的。

窍门 有些Linux发行版（例如Ubuntu）默认没有安装curl命令。可以输入apt-get install curl进行安装。你可以在第9章中找到更多关于安装软件包的相关信息。

除了curl工具，你还需要一个能够提供免费SMS消息发送服务的网站。在本节脚本中用到的是http://textbelt.com/text。这个网站允许你每天免费发送最多75条短信。只需要用它发送一条就够了，所以完全没有问题。

窍门 如果你的公司已经有了SMS供应商，例如http://sendhub.com或http://eztexting.com，那你可以在脚本中使用这些站点。注意，要根据SMS供应商的要求修改语法。

要使用curl和http://textbelt.com/text向自己发送短信，需使用下列语法。

```
$ curl http://textbelt.com/text \
-d number=YourPhoneNumber \
-d "message=Your Text Message"
```

-d选项告诉curl向网站发送指定的数据。在这里，网站需要特定的数据来发送短信。这些数据包括*YourPhoneNumber*，即你的手机号码；还包括*Your Text Message*，即你要发送的短信。

说明 curl能做的远不止向Web服务器发送数据（或从Web服务器接收数据）。它无需用户干预就能够处理很多其他的网络协议，例如FTP。可以阅读curl的手册页来了解它的强大功能。

发送消息后，如果没有什么问题，网站会给出一条表示发送成功的消息："success": true。

```
$ curl http://textbelt.com/text \
> -d number=3173334444 \
> -d "message=Test from curl"
{
  "success": true
}$
$
```

如果数据（例如手机号）不正确的话，会产生一条错误消息："success": false。

```
$ curl http://textbelt.com/text \
-d number=317AAABBBB \
-d "message=Test from curl"
{
  "success": false,
  "message": "Invalid phone number."
}$
$
```

说明 如果你的手机运营商不在美国，http://textbelt.com/text可能没法工作。要是手机运营商在加拿大的话，你不妨试试http://textbelt.com/Canada。假如是在其他地区的话，可以换用http://textbell.com/intl看看。更多的帮助，请访问http://textbelt.com。

表明发送成功或失败的消息非常有用，不过对脚本来说就没必要了。要删除这些消息，只需

将STDOUT重定向到/dev/null（参见第15章）就行了。遗憾的是，curl现在的输出结果无法令人满意。

```
$ curl http://textbelt.com/text \
> -d number=3173334444 \
> -d "message=Test from curl" > /dev/null
  % Total    % Received % Xferd  Average Speed...
                                 Dload  Upload...
  0    21    0    21    0    45     27     58 ...
$
```

上面这段经过节选的输出显示了各种统计数据，如果使用curl进行错误排查的话，这些信息将很有用。但是对脚本而言，它们必须被屏蔽掉。好在curl命令有一个-s选项能够满足我们这个需求。

```
$ curl -s http://textbelt.com/text \
> -d number=3173334444 \
> -d "message=Test from curl" > /dev/null
```

这就好多了。可以把curl命令放入脚本中了。不过在查看脚本代码之前，有个话题还得讨论一下：通过电子邮件发送短信。

2. 使用电子邮件发送短信

如果不打算使用http://textbelt.com/text提供的短信中继服务，或是出于某些原因，这些服务没法使用，你可以转而使用电子邮件来发送短信。本节简要讲述了如何实现这种方法。

警告 如果你的手机运营商不在美国，这项网络服务可能没法使用。除此之外，你的手机运营商也许会屏蔽发送自该网站的SMS消息。在这种情况下，你只能尝试使用电子邮件发送。

是否能够使用电子邮件作为替代方案要取决于你的手机运营商。如果运营商使用了SMS网关，那算你运气好。联系你的手机运营商，拿到网关的名字。网关名通常类似于txt.att.net或vtext.com。

窍门 你通常可以使用因特网找出手机运营商的SMS网关。有一个很棒的网站，http://martinfitzpatrick.name/list-of-email-to-sms-gateways/，上面列出了各种SMS网关以及使用技巧。如果在上面没有找到你的运营商，那就使用搜索引擎搜索吧。

通过电子邮件发送短信的基本语法如下。

```
mail -s "your text message" your_phone_number@your_sms_gateway
```

说明 如果mail命令在你的Linux系统上无法使用，就需要安装mailutils包。请阅读本书第9章查看如何安装软件包。

不幸的是，当你按照语法输入完命令之后，必须输入要发送的短信并按下Ctrl+D才能够发送。这类似于发送普通的电子邮件（参见第24章）。在脚本中显然不适合这样做。可以将电子邮件内容保存在文件中，然后用这个文件来发送短信，具体的做法如下。

```
$ echo "This is a test" > message.txt
$ mail -s "Test from email" \
3173334444@vtext.com < message.txt
```

现在，发送电子邮件的语法就更适用于脚本了。不过要注意的是，这种方法还存在不少问题。首先，你的系统中必须运行一个邮件服务器（参见第24章）。其次，你的手机服务提供商可能会屏蔽通过电子邮件发送的SMS消息。如果你打算在家里用这个法子的话，这种事经常会发生。

窍门　如果你的手机服务提供商屏蔽了来自系统的SMS消息，可以使用基于云的电子邮件服务提供商作为SMS中继。使用你惯用的浏览器搜索关键字`SMS relay your_favorite_cloud_email`，查看搜索到的网站。

尽管使用电子邮件发送短信可以作为一种备选方案，但这种方法还是问题多多。如果可以的话，免费的SMS中继网站和`curl`工具要来得容易。在下一节的脚本中，我们使用`curl`向你的手机发送短信。

26.3.2　创建脚本

实现了相应的功能之后，创建脚本来发送短信就非常简单了。你需要的只是几个变量和`curl`命令。

脚本中要用到3个变量。如果信息发生了变化，将特定的数据项设置成变量更易于对脚本作出修改，这些变量如下。

```
#
phone="3173334444"
SMSrelay_url=http://textbelt.com/text
text_message="System Code Red"
#
```

另外需要用到的就是`curl`工具了。完整的短信发送脚本代码如下。

```
#!/bin/bash
#
# Send a Text Message
################################
#
# Script Variables ####
#
phone="3173334444"
SMSrelay_url=http://textbelt.com/text
text_message="System Code Red"
#
```

```
# Send text ###########
#
curl -s $SMSrelay_url -d \
number=$phone \
-d "message=$text_message" > /dev/null
#
exit
```

如果你觉得这个脚本简单易用，那就对了！更重要的是，这意味着你的shell脚本编程功力已增进不小。就算是简单的脚本也需要测试，在继续之前，先确保使用你的手机号测试了脚本。

窍门 在测试脚本时，要注意网站http://textbelt.com/text不允许你在3分钟之内向同一个手机号码发送三条以上的短信。

要想定时发送短信，必须使用at命令。如果不太记得这个命令的用法，请参见第16章。

首先，可以使用这个新脚本测试一下at命令。在本例中，使用at命令的-f选项以及脚本文件名send_text.sh来运行脚本。如果需要立刻运行的话，使用Now选项。

```
$ at -f send_text.sh Now
job 22 at 2015-09-24 10:22
$
```

脚本立刻就开始运行了。不过在你手机接收到短信之前可能需要等待1~2分钟。

要想让脚本在别的时间运行，使用其他的at命令选项（参见第16章）就可以了。在下面的例子中，脚本会在当前时间的25分钟之后运行。

```
$ at -f send_text.sh Now + 25 minutes
job 23 at 2015-09-24 10:48
$
```

注意，在提交了脚本之后，at命令给出了一条提示信息。信息中给出了日期和时间，指明脚本何时会运行。

真有意思！现在你拥有了一件脚本工具，可以在需要借口离开员工会议的时候助你一臂之力。更妙的是，你还可以修改脚本，让它发送真正需要解决的真正严重的系统故障信息。

26.4 小结

本章展示了如何综合运用本书所讲授的shell脚本编程知识来创建一些有乐趣的shell脚本。每个脚本都巩固了我们先前学到的知识，另外还引入了一些新的命令和思路。

首先演示了如何向Linux系统中的其他用户发送消息。脚本检查了用户是否已经登入系统以及是否允许消息功能。检查完之后，使用write命令发送指定的消息。除此之外，我们还给出了一些脚本的修改建议，这些建议有助于提高你的脚本编写水平。

接下来一节介绍了如何使用wget工具获取网站信息。本节所创建的脚本可以从Web页面中提取格言。检索完毕后，脚本利用一些工具找出实际的格言文本。这些工具包括熟悉的sed、grep、 gawk和tee命令。对于这个脚本，我们同样给出了一些修改建议，值得你用心思考，以巩固和提高自己的技能。

本章最后介绍了简单有趣的可以给自己发送短信的脚本。在这一节中我们认识了curl工具的用法以及SMS的概念。尽管这只是个趣味性脚本，但你也可以对其进行修改，用于更严肃的目的。

感谢你加入这场Linux命令与shell脚本编程之旅。希望你能够享受这段旅程，学会如何使用命令行，如何创建shell脚本，提高工作效率。但不要就此停下学习命令行的脚步。在开源世界中，总有一些新东西正在孕育，可能是新的命令行实用工具，也可能是一个全新的shell。不要丢下Linux命令行，也别忘了紧随新的发展和功能。

附录A bash命令快速指南

本章内容

- bash内建命令
- GNU的其他shell命令
- bash环境变量

如本书所述，bash shell包含很多特性，故可用的命令自然也少不到哪里去。本附录提供了一个简明指南，你可以从中快速查找能在bash命令行或bash shell脚本中使用的功能或命令。

A.1 内建命令

bash shell含有许多常用的命令，这些命令都已经内建在了shell中。在使用这些命令时，执行速度就要快很多。表A-1列出了bash shell中直接可用的内建命令。

表A-1 bash内建命令

命　令	描　述
:	扩展参数列表，执行重定向操作
.	读取并执行指定文件中的命令（在当前shell环境中）
alias	为指定命令定义一个别名
bg	将作业以后台模式运行
bind	将键盘序列绑定到一个readline函数或宏
break	退出for、while、select或until循环
builtin	执行指定的shell内建命令
caller	返回活动子函数调用的上下文
cd	将当前目录切换为指定的目录
command	执行指定的命令，无需进行通常的shell查找
compgen	为指定单词生成可能的补全匹配
complete	显示指定的单词是如何补全的
compopt	修改指定单词的补全选项

（续）

命　令	描　述
continue	继续执行for、while、select或until循环的下一次迭代
declare	声明一个变量或变量类型。
dirs	显示当前存储目录的列表
disown	从进程作业表中删除指定的作业
echo	将指定字符串输出到STDOUT
enable	启用或禁用指定的内建shell命令
eval	将指定的参数拼接成一个命令，然后执行该命令
exec	用指定命令替换shell进程
exit	强制shell以指定的退出状态码退出
export	设置子shell进程可用的变量
fc	从历史记录中选择命令列表
fg	将作业以前台模式运行
getopts	分析指定的位置参数
hash	查找并记住指定命令的全路径名
help	显示帮助文件
history	显示命令历史记录
jobs	列出活动作业
kill	向指定的进程ID（PID）发送一个系统信号
let	计算一个数学表达式中的每个参数
local	在函数中创建一个作用域受限的变量
logout	退出登录shell
mapfile	从STDIN读取数据行，并将其加入索引数组
popd	从目录栈中删除记录
printf	使用格式化字符串显示文本
pushd	向目录栈添加一个目录
pwd	显示当前工作目录的路径名
read	从STDIN读取一行数据并将其赋给一个变量
readarray	从STDIN读取数据行并将其放入索引数组
readonly	从STDIN读取一行数据并将其赋给一个不可修改的变量
return	强制函数以某个值退出，这个值可以被调用脚本提取
set	设置并显示环境变量的值和shell属性
shift	将位置参数依次向下降一个位置
shopt	打开/关闭控制shell可选行为的变量值
source	读取并执行指定文件中的命令（在当前shell环境中）
suspend	暂停shell的执行，直到收到一个SIGCONT信号
test	基于指定条件返回退出状态码0或1
times	显示累计的用户和系统时间
trap	如果收到了指定的系统信号，执行指定的命令

（续）

命　令	描　述
type	显示指定的单词如果作为命令将会如何被解释
typeset	声明一个变量或变量类型。
ulimit	为系统用户设置指定的资源的上限
umask	为新建的文件和目录设置默认权限
unalias	删除指定的别名
unset	删除指定的环境变量或shell属性
wait	等待指定的进程完成，并返回退出状态码

相比外部命令，内建命令提供了更高的性能，但shell中包含的内建命令越多，消耗的内存就会越大，而有些命令几乎永远也不会用到。除此之外，bash shell还包含了一些能够为shell提供扩展功能的外部命令。这些都会在A.2节中讨论。

A.2　常见的 bash 命令

除了内建命令外，bash shell还使用外部命令来让你操控文件系统以及处理文件和目录。表A-2列出了在使用bash shell时会用到的常见外部命令。

表A-2　bash shell外部命令

命　令	描　述
bzip2	采用Burrows-Wheeler块排序文本压缩算法和霍夫曼编码进行压缩
cat	列出指定文件的内容
chage	修改指定系统用户账户的密码过期日期
chfn	修改指定用户账户的备注信息
chgrp	修改指定文件或目录的默认属组
chmod	为指定文件或目录修改系统安全权限
chown	修改指定文件或目录的默认属主
chpasswd	读取一个包含登录名/密码的文件并更新密码
chsh	修改指定用户账户的默认shell
clear	从终端仿真器或虚拟控制台终端删除文本
compress	最初的Unix文件压缩工具
coproc	在后台模式中生成子shell，并执行指定的命令
cp	将指定文件复制到另一个位置
crontab	初始化用户的crontable文件对应的编辑器（如果允许的话）
cut	删除文件行中指定的位置
date	以各种格式显示日期
df	显示所有挂载设备的当前磁盘空间使用情况
du	显示指定文件路径的磁盘使用情况
emacs	调用emacs文本编辑器

（续）

命　令	描　述
file	查看指定文件的文件类型
find	对文件进行递归查找
free	查看系统上可用的和已用的内存
gawk	使用编程语言命令的流编辑器
grep	在文件中查找指定的文本字符串
gedit	调用GNOME桌面编辑器
getopt	解析命令选项（包括长格式选项）
groups	显示指定用户的组成员关系
groupadd	创建新的系统组
groupmod	修改已有的系统组
gzip	采用Lempel-Ziv编码的GNU项目压缩工具
head	显示指定文件内容的开头部分
help	显示bash内建命令的帮助页面
killall	根据进程名向运行中的进程发送一个系统信号
kwrite	调用KWrite文本编辑器
less	查看文件内容的高级方法
link	用别名创建一个指向文件的链接
ln	创建针对指定文件的符号链接或硬链接
ls	列出目录内容
makewhatis	创建能够使用手册页关键字进行搜索的whatis数据库
man	显示指定命令或话题的手册页
mkdir	在当前目录下创建指定目录
more	列出指定文件的内容，在每屏数据后暂停下来
mount	显示虚拟文件系统上挂载的磁盘设备或将磁盘设备挂载到虚拟文件系统上
mv	重命名文件
nano	调用nano文本编辑器
nice	在系统上使用不同优先级来运行命令
passwd	修改某个系统用户账户的密码
ps	显示系统上运行中进程的信息
pwd	显示当前目录
renice	修改系统上运行中应用的优先级
rm	删除指定文件
rmdir	删除指定目录
sed	使用编辑器命令的文本流行编辑器
sleep	在指定的一段时间内暂停bash shell操作
sort	基于指定的顺序组织数据文件中的数据
stat	显示指定文件的文件统计数据

（续）

命　令	描　述
sudo	以root用户账户身份运行应用
tail	显示指定文件内容的末尾部分
tar	将数据和目录归档到单个文件中
top	显示活动进程以及其他重要的系统统计数据
touch	新建一个空文件，或更新一个已有文件的时间戳
umount	从虚拟文件系统上删除一个已挂载的磁盘设备
uptime	显示系统已经运行了多久
useradd	新建一个系统用户账户
userdel	删除已有系统用户账户
usermod	修改已有系统用户账户
vi	调用vim文本编辑器
vmstat	生成一个详尽的系统内存和CPU使用情况报告
whereis	显示指定命令的相关文件，包括二进制文件、源代码文件以及手册页
which	查找可执行文件的位置
who	显示当前系统中的登录用户
whoami	显示当前用户的用户名
xargs	从STDIN中获取数据项，构建并执行命令
zip	Windows下PKZIP程序的Unix版本

可以用这些命令在命令行上完成几乎所有的事情。

A.3　环境变量

bash shell还使用了许多环境变量。虽然环境变量不是命令，但它们通常会影响shell命令的执行，所以了解这些shell环境变量很重要。表A-3列出了bash shell中可用的默认环境变量。

表A-3　bash shell环境变量

变　量	描　述
*	含有所有命令行参数（以单个文本值的形式）
@	含有所有命令行参数（以多个文本值的形式）
#	命令行参数数目
?	最近使用的前台进程的退出状态码
-	当前命令行选项标记
$	当前shell的进程ID（PID）
!	最近执行的后台进程的PID
0	命令行中使用的命令名称
_	shell的绝对路径名

（续）

变　量	描　述
BASH	用来调用shell的完整文件名
BASHOPTS	允许冒号分隔列表形式的shell选项
BASHPID	当前bash shell的进程ID
BASH_ALIASED	含有当前所用别名的数组
BASH_ARGC	当前子函数中的参数数量
BASH_ARGV	含有所有指定命令行参数的数组
BASH_CMDS	含有命令的内部散列表的数组
BASH_COMMAND	当前正在被执行的命令名
BASH_ENV	如果设置了的话，每个bash脚本都会尝试在运行前执行由该变量定义的起始文件
BASH_EXECUTION_STRING	在-c命令行选项中用到的命令
BASH_LINENO	含有脚本中每个命令的行号的数组
BASH_REMATCH	含有与指定的正则表达式匹配的文本元素的数组
BASH_SOURCE	含有shell中已声明函数所在源文件名的数组
BASH_SUBSHELL	当前shell生成的子shell数目
BASH_VERSINFO	含有当前bash shell实例的主版本号和次版本号的数组
BASH_VERSION	当前bash shell实例的版本号
BASH_XTRACEFD	当设置一个有效的文件描述符整数时，跟踪输出生成，并与诊断和错误信息分离开文件描述符必须设置-x启动
COLUMNS	含有当前bash shell实例使用的终端的宽度
COMP_CWORD	含有变量COMP_WORDS的索引值，COMP_WORDS包含当前光标所在的位置
COMP_KEY	调用补全功能的按键
COMP_LINE	当前命令行
COMP_POINT	当前光标位置相对于当前命令起始位置的索引
COMP_TYPE	补全类型所对应的整数值
COMP_WORDBREAKS	在进行单词补全时用作单词分隔符的一组字符
COMP_WORDS	含有当前命令行上所有单词的数组
COMPREPLY	含有由shell函数生成的可能补全码的数组
COPROC	含有用于匿名协程I/O的文件描述符的数组
DIRSTACK	含有目录栈当前内容的数组
EMACS	如果设置了该环境变量，则shell认为其使用的是emacs shell缓冲区，同时禁止行编辑功能
ENV	当shell以POSIX模式调用时，每个bash脚本在运行之前都会执行由该环境变量所定义的起始文件
EUID	当前用户的有效用户ID（数字形式）
FCEDIT	fc命令使用的默认编辑器
FIGNORE	以冒号分隔的后缀名列表，在文件名补全时会被忽略
FUNCNAME	当前执行的shell函数的名称
FUNCNEST	嵌套函数的最高层级

（续）

变　量	描　述
GLOBIGNORE	以冒号分隔的模式列表，定义了文件名展开时要忽略的文件名集合
GROUPS	含有当前用户属组的数组
histchars	控制历史记录展开的字符（最多可有3个）
HISTCMD	当前命令在历史记录中的编号
HISTCONTROL	控制哪些命令留在历史记录列表中
HISTFILE	保存shell历史记录列表的文件名（默认是.bash_history）
HISTFILESIZE	保存在历史文件中的最大行数
HISTIGNORE	以冒号分隔的模式列表，用来决定哪些命令不存进历史文件
HISTSIZE	最多在历史文件中保存多少条命令
HISTIMEFORMAT	设置后，决定历史文件条目的时间戳的格式字符串
HOSTFILE	含有shell在补全主机名时读取的文件的名称
HOSTNAME	当前主机的名称
HOSTTYPE	当前运行bash shell的机器
IGNOREEOF	shell在退出前必须收到连续的EOF字符的数量。如果这个值不存在，默认是1
INPUTRC	readline初始化文件名（默认是.inputrc）
LANG	shell的语言环境分类
LC_ALL	定义一个语言环境分类，它会覆盖LANG变量
LC_COLLATE	设置对字符串值排序时用的对照表顺序
LC_CTYPE	决定在进行文件名扩展和模式匹配时，如何解释其中的字符
LC_MESSAGES	决定解释前置美元符（$）的双引号字符串的语言环境设置
LC_NUMERIC	决定格式化数字时的所使用的语言环境设置
LINENO	脚本中当前执行代码的行号
LINES	定义了终端上可见的行数
MACHTYPE	用“cpu-公司-系统”格式定义的系统类型
MAILCHECK	shell多久查看一次新邮件（以秒为单位，默认值是60）
MAPFILE	含有mapfile命令所读入文本的数组，当没有给出变量名的时候，使用该环境变量
OLDPWD	shell之前的工作目录
OPTERR	设置为1时，bash shell会显示getopts命令产生的错误
OSTYPE	定义了shell运行的操作系统
PIPESTATUS	含有前台进程退出状态码的数组
POSIXLY_CORRECT	如果设置了该环境变量，bash会以POSIX模式启动
PPID	bash shell父进程的PID
PROMPT_COMMAND	如果设置该环境变量，在显示命令行主提示符之前会执行这条命令
PS1	主命令行提示符字符串

（续）

变　量	描　述
PS2	次命令行提示符字符串
PS3	select命令的提示符
PS4	如果使用了bash的-x选项，在命令行显示之前显示的提示符
PWD	当前工作目录
RANDOM	返回一个0~32 767的随机数，对其赋值可作为随机数生成器的种子
READLINE_LINE	保存了readline行缓冲区中的内容
READLINE_POINT	当前readline行缓冲区的插入点位置
REPLY	read命令的默认变量
SECONDS	自shell启动到现在的秒数，对其赋值将会重置计时器
SHELL	shell的全路径名
SHELLOPTS	已启用bash shell选项列表，由冒号分隔
SHLVL	表明shell层级，每次启动一个新的bash shell时计数加1
TIMEFORMAT	指定了shell显示的时间值的格式
TMOUT	select和read命令在没输入的情况下等待多久（以秒为单位）。默认值为零，表示无限长
TMPDIR	如果设置成目录名，shell会将其作为临时文件目录
UID	当前用户的真实用户ID（数字形式）

可以用set内建命令来显示这些环境变量。对于不同的Linux发行版，开机时设置的默认shell环境变量经常会不一样。

附录 B

sed和gawk快速指南

本章内容

- ❑ sed编辑器基础
- ❑ gawk必知必会

如果要在shell脚本中进行数据处理,很可能需要使用sed或gawk程序(有时两者都要用)。本附录提供了一份sed和gawk的快速参考。在shell脚本中处理数据时，这应该能派上用场。

B.1 sed 编辑器

sed编辑器可以基于命令来操作数据流中的数据，这些命令要么从命令行中输入，要么保存在命令文本文件中。它每次从输入中读取一行数据，并用提供的编辑器命令匹配该数据，按命令中指定的操作修改数据，然后将生成的新数据输出到`STDOUT`。

B.1.1 启动 sed 编辑器

`sed`命令的格式如下：

```
sed options script file
```

*`options`*参数允许你定制`sed`命令的行为，可包含表B-1中所列的选项。

表B-1 sed命令选项

选　项	描　述
`-e` *`script`*	将*`script`*中指定的命令添加到处理输入时运行的命令中
`-f` *`file`*	将*`file`*文件中指定的命令添加到处理输入时运行的命令中
`-n`	不要为每条命令产生输出，但会等待打印命令

*`script`*参数指定了作用在数据流上的单条命令。如果需要不止一条命令，要么用`-e`选项在命令行上指定它们，要么用`-f`选项在一个单独文件中指定它们。

B.1.2　sed命令

sed编辑器脚本含有sed针对输入流中的每行数据执行的命令。本节将会介绍一些较常见的sed命令。

1. 替换

s命令会替换输入流中的文本。s命令的格式如下。

```
s/pattern/replacement/flags
```

其中*pattern*是要被替换的文本，*replacement*是sed要插到数据流中的新文本。

*flags*参数控制如何进行替换。有4种类型的替换标记可用。

- 一个数字，表明该模式出现的第几处应该被替换。
- g：表明所有该文本出现的地方都应该被替换。
- p：表明原来行中的内容应该被打印出来。
- w *file*：表明替换的结果应该写入到文件*file*中。

在第一类替换中，你可以指定sed编辑器应该替换第几处匹配模式的地方。举个例子，你可以用数字2来只替换该模式第二次出现的地方。

2. 寻址

默认情况下，你在sed编辑器中使用的命令会作用在文本数据的所有行上。如果你想让命令只作用在指定行或一组行上，就必须使用行寻址（line addressing）。

在sed编辑器中，有两种形式的行寻址：

- 行区间（数字形式）
- 可以过滤出特定行的文本模式

两种形式使用相同的格式来指定地址。

```
[address]command
```

当使用数字形式的行寻址时，我们通过行在文本流中的位置来引用行。sed编辑器会给数据流中的第一行分配行号1，然后对接下来的每行依次顺序增加。

```
$ sed '2,3s/dog/cat/' data1
```

另一个限制命令作用在哪些行上的方法有点复杂。sed编辑器允许你指定一个文本模式，它会用这个文本模式来为命令过滤出行，格式如下。

```
/pattern/command
```

必须用斜线来将你指定的*pattern*包围起来。sed编辑器会将*command*只作用在包含你指定的文本模式的行上。

```
$ sed '/rich/s/bash/csh/' /etc/passwd
```

这个过滤器能够找到含有文本rich的行，然后用csh来替换文本bash。

也可以为某个特定地址将多条命令放在一起。

```
address {
    command1
```

```
    command2
    command3 }
```

sed编辑器会将你指定的每条命令作用在匹配指定地址的行上。sed编辑器会处理和地址行对应的每条命令。

```
$ sed '2{
> s/fox/elephant/
> s/dog/cat/
> }' data1
```

sed编辑器将每一条替换命令都作用在数据文件的第二行上。

3. 删除行

删除(`delete`)命令`d`与它的名字十分相配。它会删除所有与提供的地址模式匹配的文本行。使用删除命令时要小心，因为如果你忘记加地址模式，所有的行都会被从数据流中删掉。

```
$ sed 'd' data1
```

显然，删除命令跟指定的地址一起使用时才最有用。它允许你从数据流中删除特定的文本行，要么通过行号指定：

```
$ sed '3d' data6
```

要么通过特定的行区间指定：

```
$ sed '2,3d' data6
```

sed编辑器的模式匹配功能也适用于删除命令。

```
$ sed '/number 1/d' data6
```

只有匹配指定文本的行才会被从流中删掉。

4. 插入和附加文本

如你所料，跟任何其他编辑器一样，sed编辑器允许你向数据流中插入和附加文本。这两个命令的区别有些模糊：

- 插入（`insert`）命令（`i`）在指定行前面添加一个新行；
- 附加（`append`）命令（`a`）在指定行后面添加一个新行。

这两条命令的格式很容易让人困惑：你不能在单个命令行上使用这两条命令。要插入或附加的行必须作为单独的一行出现，格式如下。

```
sed '[address]command\
new line'
```

*`new line`*中的文本按你指定的位置出现在sed编辑器的输出中。记住，当使用插入命令时，文本会出现在指定行之前。

```
$ echo "testing" | sed 'i\
> This is a test'
This is a test
testing
$
```

当使用追加命令时，文本会出现在指定行之后。

```
$ echo "testing" | sed 'a\
> This is a test'
testing
This is a test
$
```

这允许你在普通文本的末尾插入文本。

5. 修改行

修改（change）命令允许你修改数据流中的整行文本。其格式跟插入和附加命令一样，你必须将新行与sed命令的其余部分分开。

```
$ sed '3c\
> This is a changed line of text.' data6
```

反斜线字符用来表明脚本中的新数据行。

6. 转换命令

转换（transform）命令（y）是唯一一个作用在单个字符上的sed编辑器命令。转换命令使用如下格式。

```
[address]y/inchars/outchars/
```

转换命令对*inchars*和*outchars*执行一对一的映射。*inchars*中的第一个字符会转换为*outchars*中的第一个字符，*inchars*中的第二个字符会转换为*outchars*中的第二个字符，依此类推，直到超过了指定字符的长度。如果*inchars*和*outchars*长度不同，sed编辑器会报错。

7. 打印行

类似于替换命令中的p标记，p命令会在sed编辑器的输出中打印一行。打印（print）命令最常见的用法是打印与指定文本模式匹配的文本行。

```
$ sed -n '/number 3/p' data6
This is line number 3.
$
```

打印命令允许你从输入流中过滤出特定的数据行。

8. 写入到文件

w命令用来将文本行写入到文件中。w命令的格式为：

```
[address]w filename
```

*filename*可以用相对路径或绝对路径指定，但不管怎样，运行sed编辑器的人都必须有文件的写权限。*address*可以是任意类型的寻址方法，比如单行行号、文本模式、行号区间或多个文本模式。

这里有个例子，它只将数据流的前两行写入到文本文件。

```
$ sed '1,2w test' data6
```

输出文件test只含有输入流的前两行。

9. 从文件中读取

你已经了解了如何使用sed命令向数据流中插入和附加文本。读取（read）命令（r）允许你插入单个文件中的数据。读取命令的格式为：

```
[address]r filename
```

其中*filename*参数使用相对路径或绝对路径的形式来指定含有数据的文件。读取命令不能使用地址区间，只能使用单个行号或文本模式地址。sed编辑器会将文件中的文本插入指定地址之后：

```
$ sed '3r data' data2
```

sed编辑器将data文件中的全部文本都插入了data2文件中第3行开始的地方。

B.2 gawk 程序

gawk程序是Unix上最初的awk程序的GNU版本。相较于sed编辑器使用的编辑器命令，awk程序采用了编程语言的形式，将流编辑又推进了一步。作为一份gawk功能的快速参考，本节将介绍gawk程序的基础知识。

B.2.1 gawk 命令格式

gawk程序的基本格式如下。

```
gawk options program file
```

表B-2列出了gawk程序支持的选项。

表B-2 gawk选项

选项	描述
-F *fs*	指定用于分隔行中数据字段的文件分隔符
-f *file*	指定要读取的程序文件名
-v *var=value*	定义gawk程序中的一个变量及其默认值
-mf *N*	指定要处理的数据文件中的最大字段数
-mr *N*	指定数据文件中的最大记录数
-W *keyword*	指定gawk的兼容模式或警告等级。用help选项来列出所有可用的关键字

可以使用命令行选项轻松地定制gawk程序的功能。

B.2.2 使用 gawk

可以直接从命令行或shell脚本中使用gawk。本节将会演示如何使用gawk程序以及如何编写由gawk处理的脚本。

1. 从命令行上读取程序脚本

gawk程序脚本是由一对花括号定义的。你必须将脚本命令放在两个花括号之间。由于gawk命令行假定脚本是一个文本字符串，你还必须用单引号来将脚本圈起来。下面是一个在命令行上指定的简单的gawk程序脚本。

```
$ gawk '{print $1}'
```

这个脚本会显示输入流中每行的第一个数据字段。

2. 在程序脚本中使用多条命令

如果只能执行一条命令的话，这门编程语言也没多大用处。gawk编程语言允许你将多条命令组合成一个普通的程序。要在命令行上指定的程序脚本中使用多条命令，只需在每个命令之间放一个分号就可以了。

```
$ echo "My name is Rich" | gawk '{$4="Dave"; print $0}'
My name is Dave
$
```

该脚本执行了两条命令：先用一个不同的值替换第四个数据字段，再显示流中的整个数据行。

3. 从文件中读取程序

跟sed编辑器一样，gawk编辑器允许你将程序存储在文件中，然后在命令行上引用它们。

```
$ cat script2
{ print $5 "'s userid is " $1 }
$ gawk -F: -f script2 /etc/passwd
```

gawk程序在输入数据流上执行了文件中指定的所有命令。

4. 在处理数据前运行脚本

gawk程序还允许你指定程序脚本何时运行。默认情况下，gawk从输入中读取一行文本，然后对这行文本中的数据执行程序脚本。有时，你可能需要在处理数据之前（比如创建报告的标题）运行脚本。为了做到这点，可以使用BEGIN关键字。它会强制gawk先执行BEGIN关键字后面指定的程序脚本，然后再读取数据。

```
$ gawk 'BEGIN {print "This is a test report"}'
This is a test report
$
```

可以在BEGIN块中放置任何类型的gawk命令，比如给变量赋默认值。

5. 在处理数据后运行脚本

类似于BEGIN关键字，END关键字允许你指定一个程序脚本，在gawk读取数据后执行。

```
$ gawk 'BEGIN {print "Hello World!"} {print $0} END {print
     "byebye"}' data1
Hello World!
This is a test
This is a test
This is another test.
This is another test.
byebye
$
```

gawk程序会先执行BEGIN块中的代码，然后处理输入流中的数据，最后执行END块中的代码。

B.2.3 gawk 变量

gawk程序不只是一个编辑器，还是一个完整的编程环境。正因为如此，有大量的命令和特性和gawk息息相关。本节将为你介绍使用gawk编程时需要知道的一些主要功能。

1. 内建变量

gawk程序使用内建变量来引用程序数据中特定特性。本节将会为你介绍可用于gawk程序中的内建变量及其用法。

gawk程序将数据定义成记录和数据字段。记录是一行数据（默认用换行符分隔），而数据字段则是行中独立的数据元素（默认用空白字符分隔，比如空格或制表符）。

gawk程序使用数据字段来引用每条记录中的数据元素。表B-3描述了这些变量。

表B-3 gawk数据字段和记录变量

变 量	描 述
$0	整条记录
$1	记录中的第1个数据字段
$2	记录中的第2个数据字段
$n	记录中的第*n*个数据字段
FIELDWIDTHS	一列由空格分隔的数字，定义了每个字段具体宽度
FS	输入字段分隔符
RS	输入记录分隔符
OFS	输出字段分隔符
ORS	输出字段分隔符

除了字段和记录分隔符变量，gawk还提供了其他一些内建变量，可以帮助你了解数据的相关情况以及从shell环境中提取信息。表B-4介绍了gawk中其他的内建变量。

表B-4 更多的gawk内建变量

变 量	描 述
ARGC	当前命令行参数个数
ARGIND	当前文件在ARGV中的索引
ARGV	包含命令行参数的数组
CONVFMT	数字的转换格式（参见printf语句），默认值为%.6g
ENVIRON	由当前shell环境变量及其值组成的关联数组
ERRNO	当读取或关闭输入文件发生错误时的系统错误号
FILENAME	用作gawk输入的数据文件的文件名
FNR	当前数据文件中的记录数

（续）

变　量	描　述
IGNORECASE	设成非零时，忽略gawk命令中出现的字符串的字符大小写
NF	数据文件中的字段总数
NR	已处理的输入记录数
OFMT	数字的输出格式，默认值为%.6g
RLENGTH	由match函数所匹配的子串的长度
RSTART	由match函数所匹配的子串的起始位置

可以在gawk程序脚本中的任何地方使用内建变量，包括BEGIN和END代码块中。

2. 在脚本中给变量赋值

在gawk程序中给变量赋值类似于在shell脚本中给变量赋值，两者都使用赋值语句。

```
$ gawk '
> BEGIN{
> testing="This is a test"
> print testing
> }'
This is a test
$
```

给变量赋值后，就可以在gawk脚本中任何地方使用该变量了。

3. 在命令行上给变量赋值

也可以用gawk命令行为gawk程序给变量赋值。这允许你在正常代码外设置值，即时修改值。下面的例子使用命令行变量来显示文件中特定数据字段。

```
$ cat script1
BEGIN{FS=","}
{print $n}
$ gawk -f script1 n=2 data1
$ gawk -f script1 n=3 data1
```

这个特性是在gawk脚本中处理shell脚本数据的一个好办法。

B.2.4　gawk 程序的特性

gawk程序有一些特性使它非常便于数据操作，允许你创建gawk脚本来解析包括日志文件在内的几乎任何类型的文本文件。

1. 正则表达式

可使用基础正则表达式（BRE）或扩展正则表达式（ERE）将程序脚本要处理的行过滤出来。在使用正则表达式时，正则表达式必须出现在它所作用的程序代码的左花括号之前。

```
$ gawk 'BEGIN{FS=","} /test/{print $1}' data1
This is a test
$
```

2. 匹配操作符

匹配操作符（matching operator）允许你将正则表达式限定在数据行中的特定数据字段上。匹配操作符是波浪线（~）。你可以指定匹配操作符、数据字段变量以及要匹配的正则表达式。

```
$1 ~ /^data/
```

这个表达式会过滤出第一个数据字段以文本data开头的记录。

3. 数学表达式

除了正则表达式外，还可以在匹配模式中使用数学表达式。这个功能在匹配数据字段中的数字值时非常有用。举个例子，如果你要显示所有属于root用户组（组ID为0）的系统用户，可以使用如下脚本。

```
$ gawk -F: '$4 == 0{print $1}' /etc/passwd
```

这个脚本显示出第四个数据字段含有值0的所有行的第一个数据字段。

4. 结构化命令

gawk程序支持本节讨论的如下结构化命令。

if-then-else语句：

```
if (condition) statement1; else statement2
```

while语句：

```
while (condition)
{
statements
}
```

do-while语句：

```
do {
    statements
} while (condition)
```

for语句：

```
for(variable assignment; condition; iteration process)
```

这为gawk脚本程序员提供了大量的编程手段。可以利用它们编写出能够媲美其他高级语言程序功能的gawk程序。

版 权 声 明

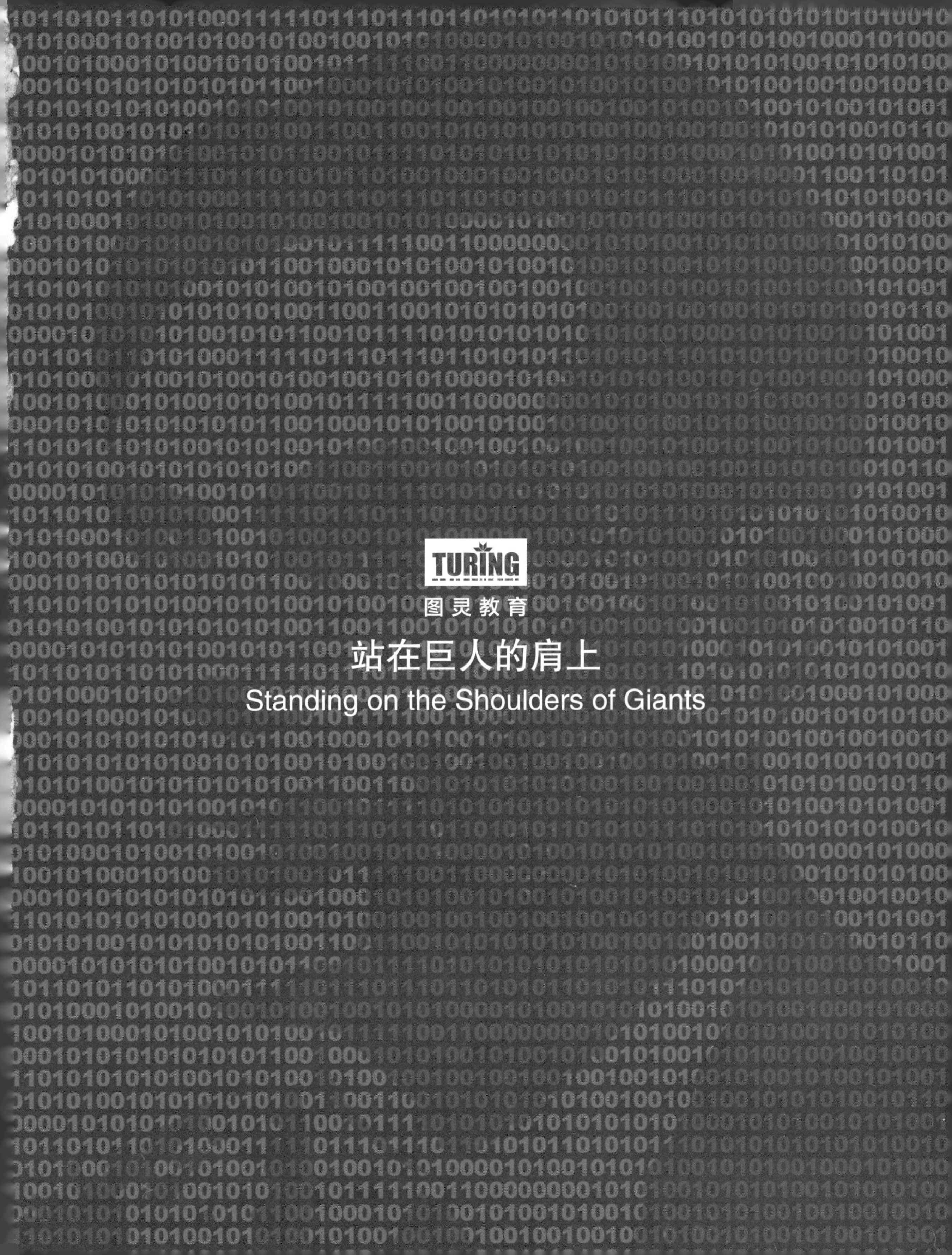
TURING
图灵教育
站在巨人的肩上
Standing on the Shoulders of Giants

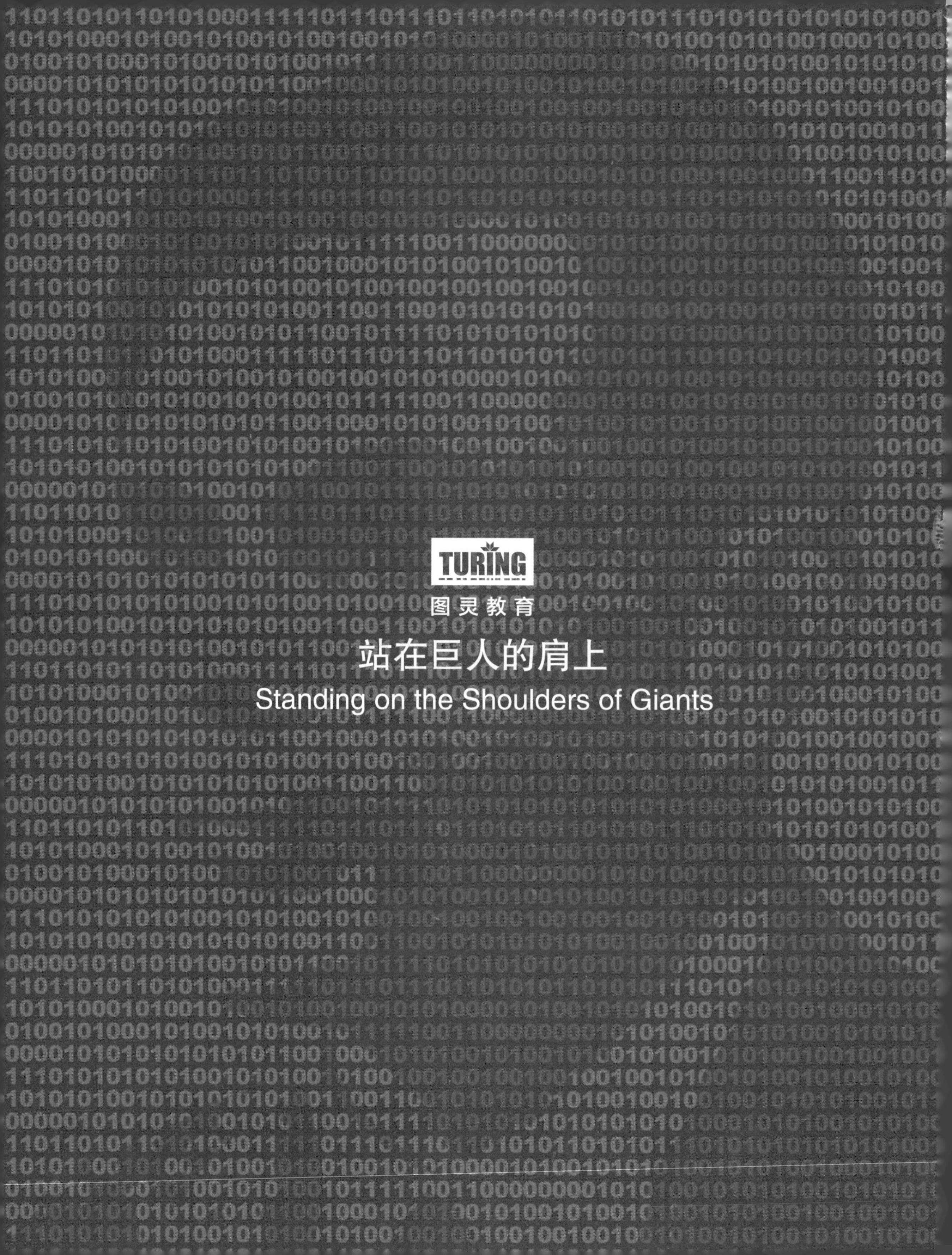
TURING
图灵教育
站在巨人的肩上
Standing on the Shoulders of Giants